U0382688

可靠性分析设计理论及其在涡轮部件中的应用

吕震宙　员婉莹　冯凯旋　凌春燕　周易成　著

科 学 出 版 社
北　京

内 容 简 介

本书较为系统地介绍随机不确定性下结构/机构系统不确定性分析与优化设计的基本理论和高效算法，主要内容包括：①高温材料不确定性寿命模型的分析方法；②不确定性全局灵敏度分析的各类模型与精巧算法；③结构/机构可靠性分析模型与高效算法；④结构/机构可靠性优化设计的解耦法、单层法和类序列解耦法；⑤可靠性分析及可靠性优化设计算法在涡轮热端部件（包括涡轮盘、涡轮叶片和涡轮轴）寿命可靠性分析与可靠性优化设计中的实例分析。

本书可作为从事结构/机构可靠性分析与可靠性优化设计的研究人员和工程技术人员的参考用书，也可供从事航空发动机涡轮部件寿命可靠性分析与优化设计的技术人员，以及高等学校相关专业研究生参考。

图书在版编目(CIP)数据

可靠性分析设计理论及其在涡轮部件中的应用 / 吕震宙等著. —北京：科学出版社，2023.1

ISBN 978-7-03-073216-3

Ⅰ. ①可… Ⅱ. ①吕… Ⅲ. ①涡轮喷气发动机-可靠性设计-研究 Ⅳ. ①V235.11

中国版本图书馆 CIP 数据核字（2022）第 173591 号

责任编辑：宋无汗 / 责任校对：王 瑞
责任印制：张 伟 / 封面设计：陈 敬

科 学 出 版 社 出版
北京东黄城根北街 16 号
邮政编码：100717
http://www.sciencep.com
北京中石油彩色印刷有限责任公司 印刷
科学出版社发行 各地新华书店经销
*
2023 年 1 月第 一 版 开本：720×1000 1/16
2023 年 1 月第一次印刷 印张：22
字数：444 000

定价：198.00 元

（如有印装质量问题，我社负责调换）

前　　言

在工程结构/机构系统中广泛存在随机不确定性，因此对系统的性能进行预测和设计时必须考虑随机不确定性。只有充分考虑客观存在的随机不确定性，才能对结构/机构系统的性能做出合理的预测，同时也只有考虑了客观存在的随机不确定性的设计方法，才能获得满足可靠性要求的产品性能。考虑随机不确定性的结构/机构可靠性分析与设计方法已经历了几十年的发展，随着现代计算技术的飞速发展以及工程应用中逐渐出现的新问题，结构/机构可靠性分析与设计的理论体系日趋完善，可靠性分析与设计算法的精度和效率也在不断提高。

本书重点介绍可靠性分析与优化设计近年来发展的新方法，并介绍这些新方法应用于涡轮部件的疲劳寿命可靠性分析与优化设计的实例分析，可为科研人员和工程技术人员提供参考。除第 2 章寿命模型的预测分析方法主要针对疲劳蠕变寿命分析问题外，其他各章的模型和方法是通用的，既可用于结构的可靠性分析与可靠性优化设计，也可用于机构的可靠性分析与可靠性优化设计。

本书介绍的不确定性分析包括两个方面，一方面是不确定性条件下的全局灵敏度分析；另一方面是可靠性分析。不确定性条件下的全局灵敏度分析旨在从输入变量完整随机取值域的角度出发，掌握输入变量对输出性能各种统计特征（包括输出的方差、概率密度函数和输出性能的失效概率）的平均影响，以便识别出对输出统计特征有较大影响的重要变量和较小影响的次要变量。对识别出的重要变量分配优先级别，可以达到快速实现目标统计性能的目的，而将次要变量固定在其名义值处，则可以在不影响输出统计性能的条件下简化不确定性分析的模型。本书在已有不确定性条件下的全局灵敏度分析算法基础上，着重介绍针对输出性能方差、概率密度函数和失效概率等统计特征的全局灵敏度分析的精巧算法，包括基于 Nataf 变换的方法、共用积分网格点的算法、空间分割的算法、基于 Bayes 公式的算法和嵌入式代理模型的算法等，目的在于通过这些方法来提高不确定性下全局灵敏度算法的效率和精度。

关于可靠性分析，本书重点介绍自适应代理模型结合 Monte Carlo 模拟算法，同时介绍作者课题组发展的自适应代理模型结合高效抽样的算法。在代理模型的选用方面，主要介绍 Kriging 模型、多项式混沌展开模型和支持向量机模型。在 Bayes 理论框架下，将这几种代理模型进行统一，并称其为高斯输出型代理模型。作为一种适用范围广且收敛性与输入变量维度无关的数字模拟算法，Monte Carlo

模拟算法在工程应用中广受关注，但其对小失效概率问题的庞大计算量又阻碍了其应用。为此，研究人员提出了自适应代理模型结合 Monte Carlo 模拟算法。虽然自适应代理模型与 Monte Carlo 模拟算法结合后可以大幅降低小失效概率问题中功能函数的调用次数，但对于小失效概率问题，Monte Carlo 模拟算法要求具有大规模的备选样本池，使得这种方法在训练收敛的代理模型时计算量过大。为此，本书针对备选样本池过大的问题，介绍提高计算效率的逐渐缩减备选样本池的策略、多点加点训练策略和分层训练策略。另外，在自适应代理模型结合 Monte Carlo 模拟算法的方法中，本书还介绍随机和区间混合不确定性条件下失效概率上、下界求解的高效方法，为工程中广泛存在的随机和区间不确定性共存下的可靠性分析提供参考。

对于小失效概率问题中自适应代理模型结合 Monte Carlo 模拟算法中大规模备选样本池的需求，还可以通过将 Monte Carlo 数字模拟替换成高效数字模拟方法来加以改善。众所周知，重要抽样、元模型重要抽样、截断抽样、子集模拟和方向抽样等高效的数字模拟方法在计算小失效概率时所需的样本池容量远小于 Monte Carlo 数字模拟方法，利用自适应代理模型与这些高效的数字模拟方法相结合，则可以改善自适应代理模型结合 Monte Carlo 模拟算法中训练收敛的代理模型计算代价过大的问题。为此，本书详细介绍自适应代理模型与高效数字模拟相结合的失效概率方法的基本原理和实现过程。

可靠性分析可以预测评估产品的可靠性水平，而可靠性优化设计则可以在可靠性与产品性能之间进行折中，以便在满足可靠性要求下尽可能地提高产品性能。与确定性优化算法相比，可靠性优化算法在外层设计参数寻优的过程中嵌套有内层的可靠性分析，从而导致可靠性优化变得十分费时。将嵌套在参数寻优过程中的可靠性分析过程分离出来，通过将可靠性优化转换成等价的确定性优化和确定性优化后的可靠性分析的串行过程，是提高可靠性优化设计效率的最基本策略。为了实现该策略，功能测度法（PMA）起了关键作用。通过 PMA，可靠度指标约束被等价转换成了功能函数在逆设计点处的约束，从而将可靠性优化中内层的可靠性约束转换成了确定性约束。值得指出的是，虽然 PMA 实现了可靠度指标约束向功能函数在逆设计点处约束的转换，但转换后的功能测度中仍然存在逆设计点的求解，而逆设计点的求解还是属于可靠性分析，因此 PMA 并没有实现可靠性分析从设计参数寻优过程中的分离。于是在 PMA 的基础上，研究人员继续研究了完全剥离内层可靠性分析的策略，这些策略主要包括序列解耦法和单层法。

序列解耦法通过上一次确定性优化迭代中求得的最优参数和逆设计点之差构成的转移向量，实现了当前确定性优化约束中可靠性分析的完全分离，该策略实现了可靠性优化设计向序列确定性优化和逆设计点求解串行过程的转化，极大地提高了可靠性优化的求解效率。类似于序列解耦法，单层法也是在 PMA 的基础上实现了可靠性优化设计中内层嵌套的逆设计点可靠性分析过程的分离。单层法利用逆设计点求解的卡罗需-库恩-塔克（KKT）条件，以及上一次迭代过程中标准正态空间的逆设计点近似构造当前确定性优化约束中原始变量空间的逆设计点，从而实现了逆设计点在确定性优化约束中的分离。序列解耦法和单层法是可靠性优化设计的两种基本方法，本书中除了详细介绍这两种方法的基本原理和实现过程外，还将代理模型引入可靠性优化设计模型的求解中，给出可靠性优化设计的基于代理模型的完全解耦法、基于代理模型的类序列解耦法及与序列解耦、单层法分别结合的代理模型方法。

最后，本书进行了涡轮盘、涡轮叶片和涡轮轴的寿命可靠性分析与可靠性优化设计的实例分析。利用本书所介绍的理论方法，通过对这些复杂的涡轮热端部件在多场载荷共同作用下结构和寿命的参数化编程，以及寿命可靠性分析与可靠性优化设计具体策略的构造，实现涡轮部件在给定工况下寿命可靠性的评估及寿命可靠性优化设计，验证本书所介绍的可靠性分析与可靠性优化设计方法对复杂结构问题的适用性。

本书共 8 章，第 1 章由吕震宙、员婉莹和冯凯旋共同撰写，第 2 章由周易成撰写，第 3 章由员婉莹撰写，第 4 章由凌春燕撰写，第 5 章由冯凯旋撰写，第 6 章由吕震宙和王璐共同撰写，第 7 章由吕震宙和周易成共同撰写，第 8 章的 8.1 节由吕震宙和张文鑫共同撰写，8.2 节由吕震宙和贾贝熙共同撰写，8.3 节由吕震宙和冯凯旋共同撰写。全书由吕震宙统稿。

特别感谢国家自然科学基金项目（51775439、52075442、12002237）、“两机”重大专项（2017-IV-0009-0046）和民用飞机专项科研项目（2015-F-024）的资助；感谢中国航空发动机集团有限公司沈阳发动机设计研究所的郭秩维老师、李瑾亮老师、王海旭老师，中国航空发动机集团有限公司四川燃气涡轮研究院的张明磊老师，中国航空发动机集团有限公司商用航空发动机有限责任公司的张屹尚老师对本书中实例分析工作的支持与指导；感谢课题组的王璐、贾贝熙、张文鑫等研究生做出的贡献。撰写本书过程中曾参阅了相关的文献资料，在此谨向文献作者深致谢忱。

尽管作者在撰写的过程中尽心尽力，但由于能力所限，书中不妥之处在所难免，恳请读者批评指正。

目　录

第 1 章　绪　　论

航空发动机和燃气轮机（两机）的可靠运行关系到整个飞机和船舶的安全。涡轮是两机中将高温燃气内能转化为动能的核心热端部件，涡轮部件（涡轮盘、涡轮叶片、涡轮轴和涡轮机匣等）在工作过程中经常承受高温、高压燃气的冲击，以及离心载荷、振动载荷等交变载荷的作用，这将导致涡轮部件发生疲劳断裂。涡轮部件的结构尺寸、所承受的载荷、材料性能和材料寿命方程中的参数等均具有随机性，从而导致涡轮部件的疲劳损伤和疲劳寿命具有随机性。因此，亟须从不确定性传播的角度进行涡轮部件疲劳寿命可靠性分析，以准确有效地评估涡轮部件的安全水平。同时，随着航空、航海工业的发展，在保证发动机安全工作的前提下，对其性能的要求也在不断提高。因此，亟须建立长寿命、高可靠性的发动机涡轮部件设计理论。

1.1　发动机涡轮部件疲劳寿命分析方法

依据国内外学者针对涡轮部件的疲劳寿命分析所开展的工作，可总结出估计涡轮部件疲劳寿命的一般步骤：首先，研究单失效模式对应的材料寿命预测分析模型，并根据试验数据拟合得到各失效模式下材料级的寿命预测模型参数；其次，根据涡轮部件的结构特点和交变受载情况，使用有限元软件分析得出其考核部位的应力幅、应变幅等结构输出；最后，将结构输出代入经过修正的材料寿命预测模型计算出单级交变载荷作用下单个失效模式的寿命，并可利用累积损伤理论计算出涡轮部件在多级循环载荷叠加作用下多个失效模式的复合寿命。

涡轮部件常见寿命分析的单个失效模式包括高周疲劳、低周疲劳和蠕变失效等，寿命分析的复合失效模式包括热机械疲劳、高/低周复合疲劳和蠕变-疲劳等。疲劳为结构在低于材料屈服极限的循环载荷作用下，其应力集中部位在一定的循环次数后萌生裂纹。随着循环次数的增加，裂纹逐渐扩展，最终导致结构断裂。不同类型的外部载荷会造成不同形式的疲劳破坏。其中，低周疲劳失效是指结构在低频大载荷作用下结构发生的疲劳破坏，高周疲劳失效是指结构在高频小载荷作用下结构发生的疲劳破坏，高/低周复合疲劳失效则同时考虑了低频载荷和高频载荷对结构疲劳寿命的影响，而热机械疲劳失效是指在交变机械载荷和交变温度联合作用下引起的疲劳失效。蠕变是结构在持续高温和外力的作用下，随时间增长发生的缓慢永久塑性变形现象，蠕变变形与应力水平及温度范围密切相关。蠕变-疲劳失效是指在循环载荷和高温同时作用下引起的结构失效。

疲劳、蠕变等寿命预测方法主要分为参数唯象模型和基于物理机制的模型。参数唯象模型以试验数据为基础对其进行数学描述，从宏观角度出发考虑疲劳、蠕变等发展过程，模型简单，在工程中得到广泛应用。基于物理机制的模型则从引发材料疲劳、蠕变的根本原因出发，从微观角度考虑疲劳、蠕变发生的机理，现处于研究阶段，在工程应用上进行推广还有距离。工程上常用的单级循环载荷下的寿命模型主要有针对疲劳的名义应力法和局部应力应变法，以及针对蠕变的热强参数法。名义应力法描述了名义应力幅（考虑修正因素）、疲劳极限和疲劳寿命的经验关系[1]，局部应力应变法建立了应变幅和疲劳寿命的经验关系[2]，热强参数法则由不同温度下应力与持久时间试验数据进行拟合得到蠕变寿命曲线[3]。工程应用中，单级循环载荷下的确定性寿命模型建立了应力/应变与寿命的关系曲线，如应变-寿命曲线、应力-寿命曲线和应力-温度-持久寿命曲线，分别适应于低周疲劳、高周疲劳和蠕变失效三种单个失效模式下的寿命预测。实际应用中还需要在这些材料疲劳寿命预测基础模型上加入其他修正因素的影响，以保证寿命模型从材料级向构件级的推广。对于多模式复合寿命的估计，工程上多用带有各模式间影响程度修正的非线性交互复合项模型，如疲劳蠕变交互改进法[4]、疲劳蠕变损伤非线性叠加法[5]、高低周复合疲劳耦合法[6]等，这些方法中反映多模式间耦合影响的系数需要通过试验确定。当交互影响因子不容易通过试验确定时，也可以考虑采用 Miner 线性损伤累积理论[7]，该理论使用简单，已广泛应用于工程领域中。

概率寿命估计方法是进行涡轮部件寿命可靠性分析的基础，其衡量了各载荷水平下寿命的分散性。概率寿命分析模型包括单级循环载荷下的概率寿命分析模型以及多级循环载荷下的多模式概率复合寿命分析模型。单级循环载荷下的概率寿命分析模型充分考虑了寿命的随机性，其中较为成熟和常用的概率寿命分析模型有针对低/高周疲劳的存活概率-应变-寿命曲线族/存活概率-应力-寿命曲线族，以及针对蠕变的概率化修正的存活概率-应力-温度-寿命热强方程族。多级循环载荷下的多模式概率复合寿命分析模型可以通过不同存活率下单级载荷作用下的单模式寿命结合损伤累积理论分析得到。

1.2　结构可靠性分析方法

结构可靠性分析中的关键问题是估计各类不确定性因素影响下结构的失效概率，对于涡轮部件疲劳寿命可靠性分析，需要在考虑加工误差、材料属性的分散性、工作环境的随机性和寿命模型中参数不确定性等的基础上估计涡轮部件疲劳寿命小于要求的寿命阈值的概率。目前，常用的可靠性分析方法主要分为三类，即近似解析方法、数字模拟方法和代理模型方法。

近似解析方法通过将功能函数在均值点或设计点（失效域中联合概率密度函数最大的点）处泰勒展开，取前若干阶展开项来替代隐式功能函数，进而采用功能函数的前若干阶概率矩来计算结构的失效概率，典型的方法包括一次二阶矩和二次二阶矩等方法。近似解析方法仅适用于低维非线性程度不高的单模式可靠性分析问题。对于维度较高或功能函数形式较为复杂的问题，近似解析方法计算精度较低。

数字模拟方法中最基本的是蒙特卡洛方法，其基于大数定律，利用失效事件的频率来近似失效事件的概率。但对于实际工程问题，失效概率通常较小，导致蒙特卡洛方法往往需要容量较大的样本池才能获得收敛解，计算效率较低。因此，研究人员提出了一系列高效的数字模拟方法，如重要抽样法、截断抽样法、方向抽样法和子集模拟法等。这些高效的抽样方法在一定程度上提高了计算效率，但也面临着一些限制条件[8]。作为一类比较通用的方法，可靠性分析的数字模拟方法一直受到研究人员的广泛关注。

代理模型方法是一种针对大型隐式功能函数的高效可靠性分析方法，其基本思想是利用代理模型来近似真实功能函数，进而在此基础上采用数字模拟等方法来估计结构的失效概率。常用估计失效概率的代理模型主要有 Kriging 模型、多项式混沌展开模型、支持向量机模型等。Kriging 模型为插值模型[9]，由两部分组成，分别为回归部分和非参数部分，其中回归部分提供了设计空间内的全局近似模型，非参数部分被视作随机分布的实现，是在全局模拟的基础上创建的局部偏差。Kriging 模型是一种估计方差最小的无偏估计模型，其可适用于高非线性及函数局部突变问题，因而采用 Kriging 模型可以较好地反映被近似功能函数的全局及局部特征。多项式混沌展开模型为拟合模型，其由正交多项式组成，具有较好的全局拟合特性。多项式混沌展开模型以现代概率论为基础，可用于表达任意有限方差随机响应，因而有广泛的适用性，对于光滑的输入-输出关系收敛迅速[3]。支持向量机模型不但引入了结构风险的概念，还采用了核映射的思想，通过结构风险最小化原理来提高泛化能力。支持向量机模型有效地解决了维数灾难和局部最小化问题，并在处理非线性问题上显示了其卓越的性能[10]。

在传统的基于代理模型的可靠性分析方法中，首先使用少量的样本点构建代理模型，并用其替代真实的功能函数，然后在所建立代理模型的基础上通过数字模拟等方法来估计结构的失效概率，从而大幅减少功能函数的调用次数，提高失效概率的计算效率。但是，在此类方法中，构建代理模型和估计失效概率是两个分离的过程。在构建代理模型时并没有考虑到后续可靠性分析的精度问题。因此，所建立的代理模型并不一定能保证后续失效概率估计的准确性。为了克服传统代理模型方法的缺点，研究人员提出了自适应代理模型-数字模拟混合的可靠性分析方法。此类方法的基本思路：首先通过将数字模拟方法估计失效概率的样本池中的少量样本代入真实的功能函数中得到相应的功能函数样本值，并利用这些少量的初始输入-输出训练集信息建立初始的代理模型；其次通过自适应学习函数在备选样本池中挑选出下一步所需的更新样本点对当前的代理模型进行更新，直到满足自适应学习过程的收敛条件；最后利用收敛的代理模型来估计结构的失效概率。由于收敛的代理模型能够以设定的概率水平保证对备选样本池内样本的功能函数值符号的正确识别，因此自适应代理模型-数字模拟混合的可靠性分析方法可在提高效率的同时，保证结构失效概率的估计精度。

1.3 结构可靠性优化设计方法

结构可靠性优化设计（reliability-based design optimization, RBDO）是在常规结构优化设计基础上发展起来的一种考虑结构中普遍存在的不确定性的优化设计方法。与常规结构优化设计相比，结构可靠性优化设计考虑了不确定性因素的影响，增加了包含可靠性要求的约束或目标函数，按照这种方法进行设计，既可以定量地给出结构在服役中的可靠性，又能得到结构在尺寸、质量与成本等方面参数的最优解。

可靠性优化设计求解的双层循环法（简称双层法）是求解可靠性优化设计问题最基本和最直接的方法之一，它采用了一个嵌套循环的结构，即内层进行可靠性分析，外层进行最优设计变量的求解。在该方法中，外层的搜索每进行一步，内层都需要估算一次结构的可靠性，因而该方法的计算量较大，较难应用于实际工程问题中。可靠性优化设计求解的单层循环法（简称单层法）通过利用等价的最优条件以避免可靠性优化设计中内层的可靠性分析过程，进而将原始的双层优化过程转换为单层优化过程。可靠性优化设计求解的解耦法的目标是将内层嵌套的可靠性分析与外层的优化设计进行分离，将可靠性优化问题中包含的概率约束进行显式近似，从而将不确定性优化问题转化成一般的确定性优化问题，进而可以采用常规的确定性优化算法来进行求解。解耦法包括序列解耦和完全解耦两种策略。序列解耦法的主要思想是将可靠性优化转换为一系列确定性优化的循环，利用独立的可靠性分析过程来更新设计的可行域，确定性优化的约束要与可靠性约束相关联。在序列解耦法中，优化解会在每一次的循环中得到改善直至收敛。完全解耦法是在进行优化前预先求得结构失效概率与设计参数之间的函数关系，即失效概率函数；然后将所求得的失效概率函数代入原有的概率约束中；最后完全采用确定性优化求解即可得到可靠性优化设计模型的最优结果。

1.4　发动机涡轮部件疲劳寿命可靠性分析与设计的关键科学问题

涡轮部件作为两机中至关重要的组成部分，其承受着从燃烧室排放出来的高温、高压燃气和各种应力载荷，运行环境十分恶劣，非常容易发生疲劳失效，且涡轮部件的材料属性、几何参数以及载荷环境均具有一定程度的随机不确定性，而目前的可靠性分析与设计理论方法还难以直接应用到涡轮部件这样复杂结构的疲劳寿命可靠性分析与设计中。因此在全面考虑影响涡轮部件疲劳寿命的各种随机不确定性的基础上，研究发展出适用于复杂载荷环境下的两机涡轮部件的高效、高精度疲劳寿命可靠性分析与设计方法是亟待解决的问题，这对于客观评价复杂涡轮部件的疲劳寿命可靠性，以及在保证安全的条件下提高涡轮部件的疲劳寿命性能具有重要意义。发动机涡轮部件疲劳寿命可靠性分析与设计应针对以下关键科学问题开展深入、系统的研究，为两机涡轮部件疲劳可靠性分析与设计提供必要的理论、方法支撑和软件平台。

1. 小子样数据分析方法

疲劳和蠕变试验都是破坏性试验，试验样品不能重复使用，对于造价昂贵的材料和结构复杂的涡轮部件，是不可能进行大量成批试验的，只能获取小子样条件下的试验样本。因此，非常有必要对一些新发展的试验数据评估方法进行对比研究，分析这些方法对小子样数据的适用性和准确性，以便研究者依据所具备试验数据的特点和先验信息选择合理的方法。

2. 涡轮部件概率寿命的全局灵敏度分析方法

概率寿命的全局灵敏度分析方法可以识别影响寿命统计特征的主要因素，从而达到在设计中优先关注主要因素以更有效实现目标，以及忽略次要因素以简化模型的目的。针对涡轮部件这样复杂的结构，如何在保证其概率寿命的全局灵敏度分析精度的同时提高分析的效率是必须解决的问题。不同疲劳失效模式下的概率寿命模式是不同的，而概率寿命的统计特征又具有多样性，如寿命的方差、概率密度以及满足寿命要求的失效概率等，如何对这些不同疲劳失效模式下寿命的不同统计特征进行同时求解也是十分值得研究的问题。

3. 可靠性分析的高效、高精度算法

自适应代理模型-数字模拟混合的可靠性分析方法可在保证一定计算精度的前提下极大地降低失效概率求解过程中功能函数的调用次数，得到了研究人员的广泛关注。但该类方法中最基本的自适应代理模型结合蒙特卡洛模拟的方法在估计小失效概率时，通常需要规模庞大的备选样本池以保证所得结果的收敛性和稳健性，这会在一定程度上降低计算效率。因此，十分有必要从降低备选样本池规模的角度出发，发展高效、高精度的可靠性分析算法以提高自适应代理模型-数字模拟混合的可靠性分析方法的计算效率和增强其工程适用性。

4. 可靠性优化设计的高效、高精度算法

可靠性优化设计属于双层嵌套循环过程，其包括内层的可靠性分析和外层的设计参数优化搜索，这使得对涡轮部件这类复杂结构进行可靠性优化设计非常费时。为提高可靠性优化设计的效率，可将高效的代理模型与已有的可靠性优化设计的单层法和解耦法结合，发展高效、高精度的可靠性优化设计算法。此外，若涡轮部件可靠性优化模型的目标函数和约束条件中同时包含疲劳寿命的函数，也可以考虑通过分段协作和共用训练样本点等策略进一步提高基于代理模型的可靠性优化设计算法的效率。

参 考 文 献

[1] 吴富强, 姚卫星. 一个新的材料疲劳寿命曲线模型[J]. 中国机械工程, 2018, 19(13): 1634-1637.

[2] MANSON S. Behavior of materials under conditions of thermal stress[R].Technical Report NACA-TR-1170, National Advisory Committee for Aeronautics, 1954.

[3] 赵鹏. 航空发动机叶片蠕变寿命预测与可靠性分析[D]. 沈阳: 东北大学, 2013.

[4] LAGNEBORG R, ATTERMO R. The effect of combined low-cycle fatigue and creep on the life of austenitic stainless steels[J]. Metallurgical and Materials Transactions B, 1971, 2(7): 1821-1827.

[5] MAO H, MAHADEVAN S. Reliability analysis of creep-fatigue failure[J]. International Journal of Fatigue, 2000, 22(9): 789-797.

[6] 岳鹏. 发动机涡轮叶片高低周复合疲劳寿命预测与可靠性分析[D]. 成都: 电子科技大学, 2017.

[7] MINER M A. Cumulative damage in fatigue[J]. Journal of the Applied Mechanics, 1945, 12(3): 159-164.

[8] 吕震宙, 宋述芳, 李璐祎, 等. 结构/机构可靠性设计基础[M]. 西安: 西北工业大学出版社, 2019.

[9] ZHU X M, LU Z Z, YUN W Y. An efficient method for estimating failure probability of the structure with multiple implicit failure domains by combining Meta-IS with IS-AK[J]. Reliability Engineering and System Safety, 2020, 193: 106644.

[10] BURGES C J C. A tutorial on support vector machines for pattern recognition[J]. Data Mining and Knowledge Discovery, 1998, 2(2): 121-167.

第2章　试验数据处理方法

由于人力、物力和时间因素的限制，疲劳、蠕变等寿命试验的样本数不可能达到经典统计理论所需求的水平，基于大样本理论的经典统计学遭遇严重挑战。本章以工程中广泛使用的高、低周疲劳和蠕变寿命分析模型为例，对寿命分析模型的共性问题进行研究，并以此为基础，发展基于贝叶斯模型平均（Bayesian model average，BMA）和基于贝叶斯分位数回归（Bayesian quantile regression，BQR）的小子样数据分析方法。

2.1　疲劳/蠕变寿命分析模型的广义描述

2.1.1　应力–寿命分析模型

疲劳失效以前所经历的应力或应变周数称为疲劳寿命，一般用 N_f 表示。高周疲劳载荷作用下，试样的疲劳寿命取决于材料的力学性能和施加的应力水平（一般用 S 表示）。通常，材料的强度极限越高，外加的应力水平越低，试样的疲劳寿命就越长；反之，疲劳寿命就越短。表示这种外加应力水平和标准试样疲劳寿命之间关系的曲线称为材料的 S-N_f 曲线。当构件承受应力幅低于某一个临界值时，它具有无限疲劳寿命，这个临界值称为材料的疲劳极限 S_0。从已有的分析结果来看，S-N_f 曲线适用于应力集中不太严重且破坏循环次数一般高于 10^4 的高周疲劳问题。常用的统计应力与寿命之间关系的 S-N_f 曲线形式[1]如下：

$$\left(S - S_0\right)^m N_\mathrm{f} = C \tag{2-1}$$

式中，m 和 C 均为材料常数。

式（2-1）中，当 S_0 等于 0 时，S-N_f 曲线即为 Basquin 方程[2]；当 m=2 时，S-N_f 曲线即为 Langer 方程[3]。将式（2-1）作为高周疲劳寿命模型的统一形式，两边取对数可得

$$\lg N_\mathrm{f} = \lg C - m \lg\left(S - S_0\right) \tag{2-2}$$

令 $b_0 = \lg C$、$b_1 = -m$ 和 $x = \lg\left(S - S_0\right)$，可得如下线性方程：

$$\lg N_\mathrm{f} = \boldsymbol{x}\boldsymbol{b} \tag{2-3}$$

式中，$\boldsymbol{x} = \left[1, x\right]$；$\boldsymbol{b} = \left[b_0, b_1\right]^\mathrm{T}$。

2.1.2　应变–寿命分析模型

S-N_f 曲线描述的是材料所承受的应力与疲劳寿命之间的关系，且通常施加的载荷相对较小，常用于周数大于 10^4 的高周疲劳寿命预测，而应变–寿命曲线更适用于材料在承受大载荷且产生塑性变形情况下的低周疲劳寿命预测。工程中常用的应变–寿命分析模型主要为 Manson-Coffin 模型，其数学表达式如下[4-5]：

$$\frac{\Delta\varepsilon_\mathrm{t}}{2}=\frac{\Delta\varepsilon_\mathrm{e}}{2}+\frac{\Delta\varepsilon_\mathrm{p}}{2}=\frac{\sigma'_\mathrm{f}}{E}(2N_\mathrm{f})^b+\varepsilon'_\mathrm{f}(2N_\mathrm{f})^c \tag{2-4}$$

式中，$\Delta\varepsilon_\mathrm{t}$、$\Delta\varepsilon_\mathrm{e}$、$\Delta\varepsilon_\mathrm{p}$、$E$、$\sigma'_\mathrm{f}$、$b$、$\varepsilon'_\mathrm{f}$ 和 c 分别为总应变幅、弹性应变幅、塑性应变幅、弹性模量、疲劳强度系数、疲劳强度指数、疲劳塑性系数和疲劳塑性指数。

在双对数坐标系内，Manson-Coffin 方程的疲劳寿命 N_f 分别与弹性应变幅 $\Delta\varepsilon_\mathrm{e}/2$ 和塑性应变幅 $\Delta\varepsilon_\mathrm{p}/2$ 呈线性关系，分别表示为如下形式：

$$\lg(2N_\mathrm{f})=\frac{1}{b}\lg\left(\frac{\Delta\varepsilon_\mathrm{e}}{2}\right)-\frac{1}{b}\lg\left(\frac{\sigma'_\mathrm{f}}{E}\right) \tag{2-5}$$

$$\lg(2N_\mathrm{f})=\frac{1}{c}\lg\left(\frac{\Delta\varepsilon_\mathrm{p}}{2}\right)-\frac{1}{c}\lg(\varepsilon'_\mathrm{f}) \tag{2-6}$$

令 $x_\mathrm{e}=\lg\left(\frac{\Delta\varepsilon_\mathrm{e}}{2}\right)$，$b_{\mathrm{e},0}=-\frac{1}{b}\lg\left(\frac{\sigma'_\mathrm{f}}{E}\right)$ 和 $b_{\mathrm{e},1}=\frac{1}{b}$，则由式（2-5）可得弹性段的标准线性方程为

$$\lg\left(2N_\mathrm{f}\right)=\boldsymbol{x}\boldsymbol{b} \tag{2-7}$$

式中，$\boldsymbol{x}=[1,x_\mathrm{e}]$；$\boldsymbol{b}=[b_{\mathrm{e},0},b_{\mathrm{e},1}]^\mathrm{T}$。

同理，令 $x_\mathrm{p}=\lg\left(\frac{\Delta\varepsilon_\mathrm{p}}{2}\right)$，$b_{\mathrm{p},0}=-\frac{1}{c}\lg(\varepsilon'_\mathrm{f})$ 和 $b_{\mathrm{p},1}=\frac{1}{c}$，则由式（2-6）可得塑性段的标准线性方程为

$$\lg\left(2N_\mathrm{f}\right)=\boldsymbol{x}\boldsymbol{b} \tag{2-8}$$

式中，$\boldsymbol{x}=[1,x_\mathrm{p}]$；$\boldsymbol{b}=[b_{\mathrm{p},0},b_{\mathrm{p},1}]^\mathrm{T}$。

2.1.3　蠕变–寿命分析模型

Larson-Miller（L-M）参数法是目前工程中涡轮部件蠕变寿命预测的经典方法，它建立的蠕变寿命 t 与应力 S 和温度 T_K 之间的函数关系为[6]

$$\lg t=\frac{1}{T_\mathrm{K}}\left(a_0+a_1\lg S+a_2\lg S^2+a_3\lg S^3\right)-C \tag{2-9}$$

式中，T_K 和 t 分别为温度(K)和持久断裂时间(h)；C 为与材料持久性能有关的系数；$\left[a_0,a_1,a_2,a_3\right]$为与应力有关的系数。

对于式（2-9），可得到标准线性方程如下：

$$\lg t = \boldsymbol{x}\boldsymbol{b} \tag{2-10}$$

式中，$\boldsymbol{x}=[1,x_1,x_2,x_3,x_4]=[1,1/T_{\mathrm{K}},\lg S/T_{\mathrm{K}},\lg S^2/T_{\mathrm{K}},\lg S^3/T_{\mathrm{K}}]$；$\boldsymbol{b}=[b_0,b_1,b_2,b_3,b_4]^{\mathrm{T}}=[-C,a_0,a_1,a_2,a_3]^{\mathrm{T}}$。

2.1.4 位置-尺度参数化的寿命分析模型

上述工程中常用的高周疲劳的应力-寿命分析模型、低周疲劳的应变-寿命分析模型和蠕变-寿命分析模型都表示的是寿命与施加的载荷水平之间的确定性关系。为了考虑寿命的分散性，可以将这几个模型作随机化处理，建立高、低周疲劳和蠕变的概率寿命模型，并应用多种回归方法来确定模型中的未知参数。

考虑分散性的标准寿命分析模型的表现形式如下所示[7]。

应力-寿命分析模型：

$$\lg(N_{\mathrm{f}})=\mu(\boldsymbol{x})+\sigma(\boldsymbol{x})\cdot\varepsilon \tag{2-11}$$

应变-寿命分析模型：

$$\lg(2N_{\mathrm{f}})=\mu(\boldsymbol{x})+\sigma(\boldsymbol{x})\cdot\varepsilon \tag{2-12}$$

蠕变-寿命分析模型：

$$\lg t=\mu(\boldsymbol{x})+\sigma(\boldsymbol{x})\cdot\varepsilon \tag{2-13}$$

式中，$-\infty<\mu(\boldsymbol{x})<\infty$ 为位置函数；$\sigma(\boldsymbol{x})>0$ 为尺度函数；$\boldsymbol{x}\in\mathbb{R}^d$ 是维度为 d 的载荷环境变量（关于应力、应变、温度的变量）；误差项 ε 为服从一定分布的标准随机变量，用来表达寿命的分散性。

位置函数 $\mu(\boldsymbol{x})$ 通常为载荷环境变量的线性函数 $\mu(\boldsymbol{x})=\boldsymbol{x}\boldsymbol{b}$，其中 $\boldsymbol{b}\in\mathbb{R}^d$。$\mu(\boldsymbol{x})$ 可以涵盖多种线性化的寿命模型，如式（2-3）、式（2-7）、式（2-8）和式（2-10）。此时，寿命试验的分析模型就变为一个简单的广义线性模型，并可以统一简化为不同失效模式（高周疲劳、低周疲劳和蠕变）下小子样数据分析过程。

误差项 ε 的分布决定了寿命的具体分布类型。式（2-11）～式（2-13）中，误差项 ε 较为典型的分布类型包括正态分布和极值分布，ε 的两种分布类型决定了寿命分别服从对数正态分布和韦布尔分布。具体而言，若 ε 服从标准的正态分布，以 Y 表达的对数寿命服从位置函数为 $\mu(\boldsymbol{x})$ 和尺度函数为 $\sigma(\boldsymbol{x})$ 的正态分布，其概率密度函数 $f_Y(y)$ 如下：

$$f_Y(y)=\frac{1}{\sqrt{2\pi}\sigma(\boldsymbol{x})}\exp\left\{-\frac{\left[y-\mu(\boldsymbol{x})\right]^2}{2\sigma(\boldsymbol{x})^2}\right\} \tag{2-14}$$

那么以 T 表达的寿命（包括高、低周疲劳寿命和蠕变寿命）服从对数正态分布，其概率密度函数 $f_T(t)$ 如下：

$$f_T(t)=\frac{1}{\sqrt{2\pi}\sigma(\boldsymbol{x})t}\exp\left\{-\frac{\left[\ln t-\mu(\boldsymbol{x})\right]^2}{2\sigma(\boldsymbol{x})^2}\right\} \tag{2-15}$$

同理，若 ε 服从标准的极值分布，对数寿命 Y 服从位置函数为 $\mu(\boldsymbol{x})$ 和尺度函数为 $\sigma(\boldsymbol{x})$ 的极值分布，其概率密度函数 $f_Y(y)$ 如下：

$$f_Y(y)=\frac{1}{\sigma(\boldsymbol{x})}\exp\left\{\frac{y-\mu(\boldsymbol{x})}{\sigma(\boldsymbol{x})}-\exp\left[\frac{y-\mu(\boldsymbol{x})}{\sigma(\boldsymbol{x})}\right]\right\} \tag{2-16}$$

此时，令 $\eta(\boldsymbol{x})=\exp\left[\mu(\boldsymbol{x})\right]$，$m(\boldsymbol{x})=1/\sigma(\boldsymbol{x})$，则寿命 T 服从两参数韦布尔分布，其概率密度函数 $f_T(t)$ 如下：

$$f_T(t)=\frac{m(\boldsymbol{x})}{\eta(\boldsymbol{x})^{m(\boldsymbol{x})}}x^{m-1}\exp\left\{-\left[\frac{t}{\eta(\boldsymbol{x})}\right]^{m(\boldsymbol{x})}\right\} \tag{2-17}$$

式中，$m(\boldsymbol{x})>0$ 为韦布尔分布的形状函数；$\eta(\boldsymbol{x})>0$ 为韦布尔分布的尺度函数。

位置-尺度回归分析模型在自然科学和社会科学的各个领域都有广泛的应用，已成为研究变量之间关系的一种切实可行的数学方法，但是传统的回归分析要求尺度函数为一个定值，即尺度函数 $\sigma(\boldsymbol{x})=\sigma$。针对寿命试验数据的大量统计分析结果表明[8-9]，尺度函数 $\sigma(\boldsymbol{x})$ 在不同载荷环境水平 $\boldsymbol{x}$ 下的取值是不相等的，这时传统的回归分析已无法适用。同时，以往寿命试验数据分析中常假设 ε 为一个特定的分布，如果关于 ε 的分布假设存在错误，则会产生显著的估计偏差，因此需要提出更加稳健的回归分析方法。

令 $y=\lg(N_{\mathrm{f}})$（或 $y=\lg(2N_{\mathrm{f}})$、$y=\lg(t)$）和 $\mu(\boldsymbol{x})=\boldsymbol{xb}$，式（2-11）～式（2-13）进一步表示为

$$\begin{aligned}y&=\mu(\boldsymbol{x})+\sigma(\boldsymbol{x})\cdot\varepsilon\\&=\boldsymbol{xb}+\sigma(\boldsymbol{x})\cdot\varepsilon\end{aligned} \tag{2-18}$$

假设对数寿命 Y 的生存率函数为 $R_Y(y)=1-F_Y(y)=P\{Y>y\}$（$P\{\cdot\}$ 为概率算子），则 Y 在 $\boldsymbol{x}$ 条件下生存率为 $q\in[0,1]$ 对应的分位点可以表示为 $y(q|\boldsymbol{x})=\{y(q|\boldsymbol{x})\text{: } P(Y>y(q|\boldsymbol{x}))=q\}$。给定生存率 $q\in[0,1]$ 下 ε 的分位点 $\varepsilon(q)=\{\varepsilon(q):P(\varepsilon>\varepsilon(q))=q\}$，那么 $y(q|\boldsymbol{x})$、$\boldsymbol{x}$ 和 $\varepsilon(q)$ 之间的函数关系可以表示为

$$y(q|\boldsymbol{x})=\mu(\boldsymbol{x})+\sigma(\boldsymbol{x})\cdot\varepsilon(q) \tag{2-19}$$

2.2　基于极大似然估计方法的小子样数据分析

最小二乘回归是应用最为广泛的数据分析方法之一，它的解释与定性分析一致，并且该方法易于计算。然而，最小二乘回归需满足同方差假设，即式（2-18）中尺度函数 $\sigma(\boldsymbol{x})$ 与载荷环境变量（应力、应变、温度参数的变量）$\boldsymbol{x}$ 无关，且最小二乘估计方法本身是以估计量与观测值之差的平方和作为损失函数，它与对数寿命满足正态分布假设下的极大似然估计方法是等价的。显然，当对数寿命不满足正态分布时，由最小二乘估计方法得到的结果存在较大的误差，尤其是估计分布尾部的极端分位点时有显著误差，而韦布尔分布被证明是能够较好描述机械产品寿命分布的模型，但其参数估计量的复杂性限制了其应用[10]。另外，最小二乘估计方法在拟合截尾寿命数据时会丢失试验信息，而且在统计上不够严格。极大似然估计方法的基本思想是利用分布总体的密度函数来构建样本的联合概率密度函数，也就是似然函数，然后在总体分布参数的值域中选择使得观察样本出现概率最大的值作为模型参数的估计量。随着样本量的增加，极大似然估计将逐渐收敛到真实值，此外在样本量足够大时，估计量还具备渐近正态性质，因此极大似然估计也是工程中常用的一种数据分析方法。

2.2.1　拟合优良性评价的准则

根据频率学派的观点，若干次随机试验中发生频次最高的事件被认为是最有可能发生的事件。用 $\boldsymbol{\theta}$ 表示未知参数的集合，$\boldsymbol{S}_y=\{y_1,\cdots,y_N\}^{\mathrm{T}}$ 表示观测到的数据集合，则 $\boldsymbol{S}_y$ 的联合概率密度函数（又称似然函数）可以表示为 $f_Y\left(\boldsymbol{S}_y|\boldsymbol{\theta}\right)=\prod_{j=1}^{N}f_Y(y_j|\boldsymbol{\theta})$，$f_Y\left(\boldsymbol{S}_y|\boldsymbol{\theta}\right)$ 反映了未知参数 $\boldsymbol{\theta}$ 的估计量对于观测数据 $\boldsymbol{S}_y$ 的解释力度。似然度 $f_Y\left(\boldsymbol{S}_y|\boldsymbol{\theta}\right)$ 越高，就越倾向相信此时 $\boldsymbol{\theta}$ 的估计量，使得似然度取值达到最大的那组 $\boldsymbol{\theta}$ 的估计量，就是一组未知参数 $\boldsymbol{\theta}$ 的最优估计量。

利用极大似然估计方法对寿命试验数据进行统计分析以得到未知参数的估计量之前，需假设模型标准差（尺度函数）$\sigma\left(\boldsymbol{x}\right)$ 与 $\boldsymbol{x}$ 的函数关系，这里考察如下同方差和异方差两种情况。

同方差情况假设 $\sigma\left(\boldsymbol{x}\right)$ 独立于 $\boldsymbol{x}$，即 $\sigma\left(\boldsymbol{x}\right)$ 为一个定值 σ，那么式（2-18）可以表示为

$$y=\boldsymbol{x}\boldsymbol{b}+\sigma\cdot\varepsilon \tag{2-20}$$

式中，未知参数为 $\boldsymbol{\theta}=\{\boldsymbol{b},\sigma\}$。

异方差情况假设下材料疲劳/蠕变寿命的分散性会随着载荷环境发生变化，载荷环境变量 $\boldsymbol{x}$ 与尺度函数 $\sigma\left(\boldsymbol{x}\right)$ 通常存在线性函数关系 $\sigma\left(\boldsymbol{x}\right)=\boldsymbol{x}\boldsymbol{c}$，其中 $\boldsymbol{c}$ 为与 $\boldsymbol{x}$

维度相同的常数矢量。此时式（2-18）进一步表示为

$$y = \boldsymbol{x}\boldsymbol{b} + \boldsymbol{x}\boldsymbol{c} \cdot \varepsilon \tag{2-21}$$

式中，未知参数为$\boldsymbol{\theta}=\{\boldsymbol{b},\boldsymbol{c}\}$。

假设寿命试验中有 N 个试验件，施加的载荷水平个数为 L，在第 l 个应力水平进行 N_l 个试验件的独立试验，并满足 $\sum_{l=1}^{L} N_l = N$。

对于这 N 个载荷环境变量为 $\boldsymbol{x}_j\left(j=1,\cdots,N\right)$ 的试验件，通过试验获取的对数寿命记为 $y_j\left(j=1,\cdots,N\right)$。当试验件的寿命服从对数正态分布时，未知参数 $\boldsymbol{\theta}$ 的对数似然函数 $\lg\left(L(\boldsymbol{\theta})\right)$ 的表达式如下：

$$\lg\left(L(\boldsymbol{\theta})\right)=\sum_{j=1}^{N}\left[-\lg\sigma\left(\boldsymbol{x}_j\right)-1/2\lg\left(2\pi\right)-1/2\left(z_j\right)^2\right] \tag{2-22}$$

若试验件的寿命服从韦布尔分布，未知参数 $\boldsymbol{\theta}$ 的对数似然函数 $\lg\left(L(\boldsymbol{\theta})\right)$ 的表达式如下：

$$\lg\left(L(\boldsymbol{\theta})\right)=\sum_{j=1}^{N}\left[-\lg\sigma\left(\boldsymbol{x}_j\right)+z_j-\exp\left(z_j\right)\right] \tag{2-23}$$

式中，$z_j=[y_j-\mu(\boldsymbol{x}_j)]/\sigma\left(\boldsymbol{x}_j\right)$。

极大似然估计方法通过在未知参数 $\boldsymbol{\theta}$ 的可能取值空间内求解 $\max\limits_{\boldsymbol{\theta}}\left[\lg\left(L(\boldsymbol{\theta})\right)\right]$ 得到参数 $\boldsymbol{\theta}$ 的估计量，通常 $\boldsymbol{\theta}$ 的估计量不存在解析解，可采用数值求解技术，如 Newton-Raphson 算法等进行求解。

不同模型假设下极大似然估计方法的拟合效果可以采用赤池信息准则（Akaike information criterion, AIC）来衡量，AIC 建立在熵的概念上，它是提供权衡估计模型拟合数据优良性的标准之一。通常情况下，AIC 定义为[11]

$$\mathrm{AIC} = 2\mathrm{KP} - \lg\left(L(\boldsymbol{\theta})\right) \tag{2-24}$$

式中，KP 为未知模型参数的个数（即 $\boldsymbol{\theta}$ 的维度）。

从一系列可供选择的模型中选择最佳模型时，通常选择 AIC 值最小的模型。当两个模型之间存在较大差异时，差异主要体现在似然函数项 $\lg\left(L(\boldsymbol{\theta})\right)$；当似然函数差异不显著时，式（2-24）等号右边的第一项 2KP（表征模型复杂度）起作用，此时参数个数少的模型则是较好的选择。

2.2.2 基于极大似然估计方法的寿命模型

1. 高周疲劳寿命模型

在同方差假设和异方差假设下，极大似然估计方法求得的高周疲劳失效模式下的寿命估计量 $\hat{N}_{\mathrm{f}}$ 分别如下。

同方差假设：

$$\hat{N}_{\mathrm{f}}=10^{\hat{b}_0+\hat{b}_1 x+\hat{\sigma}\varepsilon} \tag{2-25}$$

异方差假设：

$$\hat{N}_{\mathrm{f}}=10^{\hat{b}_0+\hat{b}_1 x+(\hat{c}_0+\hat{c}_1 x)\varepsilon} \tag{2-26}$$

式中，$x=\lg\left(S-\hat{S}_0\right)$。$S_0$ 通过二分法求解[12]，同方差假设和异方差假设下的参数估计量分别为 $\hat{\boldsymbol{\theta}}=\left\{\hat{b}_0,\hat{b}_1,\hat{\sigma},\hat{S}_0\right\}$ 和 $\hat{\boldsymbol{\theta}}=\left\{\hat{b}_0,\hat{b}_1,\hat{c}_0,\hat{c}_1,\hat{S}_0\right\}$。

2. 低周疲劳寿命模型

在基于 Manson-Coffin 形式的疲劳寿命试验数据分析中，对于同方差假设的 σ_{e} 和 σ_{p}，弹性段和塑性段中对数寿命的估计量 $\lg(2\hat{N}_{\mathrm{f}})$ 分别为

$$\lg\left(2\hat{N}_{\mathrm{f}}\right)=\hat{b}_{\mathrm{e},0}+\hat{b}_{\mathrm{e},1}x_{\mathrm{e}}+\hat{\sigma}_{\mathrm{e}}\varepsilon \tag{2-27}$$

$$\lg\left(2\hat{N}_{\mathrm{f}}\right)=\hat{b}_{\mathrm{p},0}+\hat{b}_{\mathrm{p},1}x_{\mathrm{p}}+\hat{\sigma}_{\mathrm{p}}\varepsilon \tag{2-28}$$

式中，弹性段和塑性段的参数估计量分别为 $\hat{\boldsymbol{\theta}}_{\mathrm{e}}=\left\{\hat{b}_{\mathrm{e},0},\hat{b}_{\mathrm{e},1},\hat{\sigma}_{\mathrm{e}}\right\}$ 和 $\hat{\boldsymbol{\theta}}_{\mathrm{p}}=\left\{\hat{b}_{\mathrm{p},0},\hat{b}_{\mathrm{p},1},\hat{\sigma}_{\mathrm{p}}\right\}$。

令 $\dfrac{\sigma_{\mathrm{f}}'}{E}=10^{\left(-\frac{\hat{b}_{\mathrm{e},0}+\hat{\sigma}_{\mathrm{e}}\varepsilon}{\hat{b}_{\mathrm{e},1}}\right)}$、$b=\dfrac{1}{\hat{b}_{\mathrm{e},1}+\hat{\sigma}_{\mathrm{e}}\varepsilon}$、$\varepsilon_{\mathrm{f}}'=10^{\left(-\frac{\hat{b}_{\mathrm{p},0}+\hat{\sigma}_{\mathrm{p}}\varepsilon}{\hat{b}_{\mathrm{p},1}}\right)}$ 和 $c=\dfrac{1}{\hat{b}_{\mathrm{p},1}+\hat{\sigma}_{\mathrm{p}}\varepsilon}$，则在同方差假设条件下基于极大似然估计方法的低周疲劳寿命模型可以表示为

$$\frac{\Delta\varepsilon_{\mathrm{t}}}{2}=10^{\left(-\frac{\hat{b}_{\mathrm{e},0}+\hat{\sigma}_{\mathrm{e}}\varepsilon}{\hat{b}_{\mathrm{e},1}}\right)}\left(2\hat{N}_{\mathrm{f}}\right)^{\frac{1}{\hat{b}_{\mathrm{e},1}+\hat{\sigma}_{\mathrm{e}}\varepsilon}}+10^{\left(-\frac{\hat{b}_{\mathrm{p},0}+\hat{\sigma}_{\mathrm{p}}\varepsilon}{\hat{b}_{\mathrm{p},1}}\right)}\left(2\hat{N}_{\mathrm{f}}\right)^{\frac{1}{\hat{b}_{\mathrm{p},1}+\hat{\sigma}_{\mathrm{p}}\varepsilon}} \tag{2-29}$$

考虑异方差假设 $\sigma_{\mathrm{e}}(\boldsymbol{x})=c_{\mathrm{e},0}+c_{\mathrm{e},1}x_{\mathrm{e}}$ 和 $\sigma_{\mathrm{p}}(\boldsymbol{x})=c_{\mathrm{p},0}+c_{\mathrm{p},1}x_{\mathrm{p}}$，弹性段和塑性段中对数寿命的估计量 $\lg(2\hat{N}_{\mathrm{f}})$ 分别为

$$\lg\left(2\hat{N}_{\mathrm{f}}\right)=\hat{b}_{\mathrm{e},0}+\hat{b}_{\mathrm{e},1}x_{\mathrm{e}}+\left(\hat{c}_{\mathrm{e},0}+\hat{c}_{\mathrm{e},1}x_{\mathrm{e}}\right)\varepsilon \tag{2-30}$$

$$\lg\left(2\hat{N}_{\mathrm{f}}\right)=\hat{b}_{\mathrm{p},0}+\hat{b}_{\mathrm{p},1}x_{\mathrm{p}}+\left(\hat{c}_{\mathrm{p},0}+\hat{c}_{\mathrm{p},1}x_{\mathrm{p}}\right)\varepsilon \tag{2-31}$$

式中，弹性段和塑性段的参数估计量分别为 $\hat{\boldsymbol{\theta}}_{\mathrm{e}}=\left\{\hat{b}_{\mathrm{e},0},\hat{b}_{\mathrm{e},1},\hat{c}_{\mathrm{e},0},\hat{c}_{\mathrm{e},1}\right\}$ 和 $\hat{\boldsymbol{\theta}}_{\mathrm{p}}=\left\{\hat{b}_{\mathrm{p},0},\hat{b}_{\mathrm{p},1},\hat{c}_{\mathrm{p},0},\hat{c}_{\mathrm{p},1}\right\}$。

令 $\dfrac{\sigma_{\mathrm{f}}'}{E}=10^{\left(-\frac{\hat{b}_{\mathrm{e},0}+\hat{c}_{\mathrm{e},0}\varepsilon}{\hat{b}_{\mathrm{e},1}+\hat{c}_{\mathrm{e},1}\varepsilon}\right)}$、$b=\dfrac{1}{\hat{b}_{\mathrm{e},1}+\hat{c}_{\mathrm{e},1}\varepsilon}$、$\varepsilon_{\mathrm{f}}'=10^{\left(-\frac{\hat{b}_{\mathrm{p},0}+\hat{c}_{\mathrm{p},0}\varepsilon}{\hat{b}_{\mathrm{p},1}+\hat{c}_{\mathrm{p},1}\varepsilon}\right)}$ 和 $c=\dfrac{1}{\hat{b}_{\mathrm{p},1}+\hat{c}_{\mathrm{p},1}\varepsilon}$，则在异方差假设条件下基于极大似然估计方法的低周疲劳寿命模型可以表示为

$$\frac{\Delta\varepsilon_{\mathrm{t}}}{2}=10^{\left(-\frac{\hat{b}_{\mathrm{e},0}+\hat{c}_{\mathrm{e},0}\varepsilon}{\hat{b}_{\mathrm{e},1}+\hat{c}_{\mathrm{e},1}\varepsilon}\right)}\left(2\hat{N}_{\mathrm{f}}\right)^{\frac{1}{\hat{b}_{\mathrm{e},1}+\hat{c}_{\mathrm{e},1}\varepsilon}}+10^{\left(-\frac{\hat{b}_{\mathrm{p},0}+\hat{c}_{\mathrm{p},0}\varepsilon}{\hat{b}_{\mathrm{p},1}+\hat{c}_{\mathrm{p},1}\varepsilon}\right)}\left(2\hat{N}_{\mathrm{f}}\right)^{\frac{1}{\hat{b}_{\mathrm{p},1}+\hat{c}_{\mathrm{p},1}\varepsilon}} \tag{2-32}$$

3. 蠕变寿命模型

考虑蠕变寿命试验的数据处理，对于同方差和异方差两种假设，基于极大似然估计方法的蠕变寿命估计量$\hat{t}$分别如下。

同方差假设：

$$\hat{t}=10^{\hat{b}_0+\hat{b}_1x_1+\hat{b}_2x_2+\hat{b}_3x_3+\hat{b}_4x_4+\hat{\sigma}\varepsilon} \tag{2-33}$$

异方差假设：

$$\hat{t}=10^{\hat{b}_0+\hat{b}_1x_1+\hat{b}_2x_2+\hat{b}_3x_3+\hat{b}_4x_4+(\hat{c}_0+\hat{c}_1x_1+\hat{c}_2x_2+\hat{c}_3x_3+\hat{c}_4x_4)\varepsilon} \tag{2-34}$$

式中，同方差假设下的参数估计量$\hat{\boldsymbol{\theta}}=\left\{\hat{b}_0,\hat{b}_1,\hat{b}_2,\hat{b}_3,\hat{b}_4,\hat{\sigma}\right\}$；异方差假设下的参数估计量$\hat{\boldsymbol{\theta}}=\left\{\hat{b}_0,\hat{b}_1,\hat{b}_2,\hat{b}_3,\hat{b}_4,\hat{c}_0,\hat{c}_1,\hat{c}_2,\hat{c}_3,\hat{c}_4\right\}$。

在上述高、低周疲劳和蠕变三种失效模式下的概率寿命模型中，当试验件寿命分布类型为对数正态分布时，参数估计量$\hat{\boldsymbol{\theta}}$由最大化式（2-22）中的对数似然函数获得。当试验件寿命服从韦布尔分布时，参数估计量$\hat{\boldsymbol{\theta}}$由最大化式（2-23）中的对数似然函数获得。

2.2.3　基于随机加权 Bootstrap 方法的分位寿命置信区间估计

采用随机加权 Bootstrap 方法[13]可以获取参数的渐近分布。当明确它们的渐近分布后，便可以获取不同失效模式下分位寿命的置信区间。相比于传统的非参数 Bootstrap 方法，随机加权 Bootstrap 方法不需要对小子样样本反复抽样[13]。随机加权 Bootstrap 方法已经在回归分析和时间序列模型的统计推断中得到了广泛应用，特别是当某些估计量的渐近协方差矩阵不能被直接估计时，这一方法尤为有效[13]。其次，随机加权 Bootstrap 方法中的随机扰动权重ζ可以产生于众多分布，只要满足随机扰动权重ζ均值为 1 且方差为 1 即可[14]，为满足此条件，可以选定标准指数分布。

依据随机加权 Bootstrap 方法的基本原理，估计q分位寿命置信区间的具体流程如下所示。

第一步：设定寿命试验中有N个试验件，记这N个试验件的寿命为$N_{\mathrm{f}}^{(j)}$或$t^{(j)}\left(j=1,\cdots,N\right)$。

第二步：将试验件的寿命数据转化为对数坐标系（对于高、低周疲劳失效模式）或半对数坐标系（对于蠕变失效模式，寿命取对数，而所承受的应力和温度不取对数）中的试验数据$\boldsymbol{D}=\left\{\left(y_j,\boldsymbol{x}_j\right);j=1,\cdots,N\right\}$。

第三步：利用均值为 1 且方差为 1 的非负分布（如指数分布），产生独立同分

布的 B 组随机扰动权重样本 $\boldsymbol{\zeta}^{(r)}=\left\{\zeta_1^{(r)},\zeta_2^{(r)},\cdots,\zeta_N^{(r)}\right\}^{\mathrm{T}}\ (r=1,2,\cdots,B)$。

第四步：求解得到带有随机扰动的目标对数似然函数。

对于寿命服从对数正态分布的假设，带随机扰动的目标对数似然函数 $\lg\left(L^{(r)}(\boldsymbol{\theta})\right)$ 如下：

$$\lg\left(L^{(r)}(\boldsymbol{\theta})\right)=\sum_{j=1}^{N}\left[-\zeta_j^{(r)}\lg\sigma\left(\boldsymbol{x}_j\right)-1/2\lg(2\pi)-1/2\zeta_j^{(r)}\left(z_j\right)^2\right]\quad(r=1,2,\cdots,B)\tag{2-35}$$

对于寿命服从韦布尔分布的假设，带随机扰动的目标对数似然函数 $\lg\left(L^{(r)}(\boldsymbol{\theta})\right)$ 如下：

$$\lg\left(L^{(r)}(\boldsymbol{\theta})\right)=\sum_{j=1}^{N}\left[-\zeta_j^{(r)}\lg\sigma\left(\boldsymbol{x}_j\right)+\zeta_j^{(r)}z_j-\zeta_j^{(r)}\exp\left(z_j\right)\right]\quad(r=1,2,\cdots,B)\tag{2-36}$$

第五步：利用 Newton-Raphson 算法求解目标对数似然函数的极大值，可以得到 B 组参数估计量 $\boldsymbol{\theta}^{(r)}\ (r=1,2,\cdots,B)$。

第六步：由随机加权 Bootstrap 统计量 $\boldsymbol{\theta}^{(r)}$ 获取感兴趣的 B 组 q 分位寿命估计量 $\hat{N}_{\mathrm{f}}^{(r)}(q\,|\,\boldsymbol{x})$ 或 $\hat{t}^{(r)}(q\,|\,\boldsymbol{x})(r=1,2,\cdots,B)$。

第七步：将 B 个估计量 $\hat{N}_{\mathrm{f}}^{(r)}(q\,|\,\boldsymbol{x})$（或 $\hat{t}^{(r)}(q\,|\,\boldsymbol{x})$）$(r=1,2,\cdots,B)$ 从小到大排序，q 分位寿命在置信水平 $1-\alpha$ 下的置信区间 κ_{M} 表示如下：

$$\kappa_{\mathrm{M}}=\left[\underline{\kappa}_{\mathrm{M},1-\alpha/2},\overline{\kappa}_{\mathrm{M},\alpha/2}\right]\tag{2-37}$$

式中，$\overline{\kappa}_{\mathrm{M},\alpha/2}$ 和 $\underline{\kappa}_{\mathrm{M},1-\alpha/2}$ 分别为分位寿命估计区间的上侧 $\alpha/2$ 经验百分位值和上侧 $1-\alpha/2$ 经验百分位值，分别对应 $\alpha/2$ 和 $1-\alpha/2$ 的分位寿命估计量。

对于随机加权 Bootstrap 方法得到的分位寿命估计量 $\hat{N}_{\mathrm{f}}^{(r)}(q\,|\,\boldsymbol{x})$（或 $\hat{t}^{(r)}(q\,|\,\boldsymbol{x})$）$(r=1,2,\cdots,B)$ 和直接采用试验数据 $\boldsymbol{D}=\left\{\left(y_j,\boldsymbol{x}_j\right);j=1,\cdots,N\right\}$ 得到的分位寿命估计量 $\hat{N}_{\mathrm{f}}(q\,|\,\boldsymbol{x})$（或 $\hat{t}(q\,|\,\boldsymbol{x})$），它们的统计量 $\sqrt{N}\left(\hat{N}_{\mathrm{f}}^{(r)}(q\,|\,\boldsymbol{x})-\hat{N}_{\mathrm{f}}(q\,|\,\boldsymbol{x})\right)$（或 $\sqrt{N}\left(\hat{t}^{(r)}(q\,|\,\boldsymbol{x})-\hat{t}(q\,|\,\boldsymbol{x})\right)$）与 $\sqrt{N}\left(\hat{N}_{\mathrm{f}}(q\,|\,\boldsymbol{x})-N_{\mathrm{f}}(q\,|\,\boldsymbol{x})\right)$（或 $\sqrt{N}\left(\hat{t}(q\,|\,\boldsymbol{x})-t(q\,|\,\boldsymbol{x})\right)$）是渐近相互独立的，且有相同的极限分布[13]，这为上述的分位寿命置信区间估计提供了理论依据。

2.3　基于贝叶斯模型平均方法的小子样数据分析

以贝叶斯学派观点来看，模型中的参数 $\boldsymbol{\theta}$ 被视为随机变量，它们的不确定性可通过其联合概率密度函数来描述。想要通过贝叶斯方法估计这些未知变量，就需要求解它们的联合后验。对于指定模型 M，模型中的所有未知参数 $\boldsymbol{\theta}$ 的联合后验分布 $f\left(\boldsymbol{\theta} \mid \boldsymbol{S}_y, M\right)$ 可由贝叶斯定理给出：

$$f\left(\boldsymbol{\theta} \mid \boldsymbol{S}_y, M\right)=\frac{f_{\boldsymbol{Y}}\left(\boldsymbol{S}_y \mid \boldsymbol{\theta}, M\right) f(\boldsymbol{\theta} \mid M)}{f_{\boldsymbol{Y}}\left(\boldsymbol{S}_y \mid M\right)} \tag{2-38}$$

式中，$\boldsymbol{S}_y=\{y_1, \cdots, y_N\}^{\mathrm{T}}$ 为观测数据；$f_{\boldsymbol{Y}}\left(\boldsymbol{S}_y \mid \boldsymbol{\theta}, M\right)$ 为指定模型 M 下的似然函数；$f(\boldsymbol{\theta} \mid M)$ 为 $\boldsymbol{\theta}$ 的先验分布；$f_{\boldsymbol{Y}}\left(\boldsymbol{S}_y \mid M\right)=\int f_{\boldsymbol{Y}}\left(\boldsymbol{S}_y \mid \boldsymbol{\theta}, M\right) f(\boldsymbol{\theta} \mid M) \mathrm{d} \boldsymbol{\theta}$。

在小子样数据分析中，对数正态分布和韦布尔分布可以提供相似的数据拟合效果，但它们对寿命分布尾部的分位寿命的推断可能有很大不同。因此，建议同时利用这两个寿命模型对数据进行拟合，然后比较两种寿命模型下分位寿命的置信区间。如果两者分位寿命的置信区间高度重叠，表明两种寿命模型的估计结果是相似的，那么可以采用任何一个寿命模型得到预测结果。另外，如果这两种寿命模型下分位寿命的置信区间不重叠，那么盲目地选择其中一个寿命模型得到的预测结果是非常不稳健的。因此，考虑寿命分布类型的不确定性是十分必要的，贝叶斯模型平均方法提供了考虑寿命分布不确定性的新框架。

2.3.1　基于贝叶斯模型平均方法的模型参数估计

贝叶斯模型平均方法通过一组模型来进行预测和推理。用符号 $\{M_1, M_2, \cdots, M_K\}$ 表示潜在模型的集合，其中 $M_k\,(k=1, \cdots, K)$ 表示模型集合中第 k 个候选模型。在第 k 个候选模型中，试验件寿命服从某一特定的统计分布。根据贝叶斯模型平均方法的思想，试验件寿命的后验分布可以写成以下形式：

$$f_Y\left(y \mid \boldsymbol{S}_y\right)=\sum_{k=1}^K f_Y\left(y \mid \boldsymbol{S}_y, M_k\right) P\left\{M_k \mid \boldsymbol{S}_y\right\} \tag{2-39}$$

式中，$P\left\{M_k \mid \boldsymbol{S}_y\right\}$ 表示候选模型 M_k 为真实模型的后验概率；$f_Y\left(y \mid \boldsymbol{S}_y, M_k\right)$ 表示 Y 在候选模型 M_k 下的后验分布。根据贝叶斯理论，候选模型 M_k 的后验概率 $P\left\{M_k \mid \boldsymbol{S}_y\right\}$ 的表达式为

$$P\left\{M_k \mid \boldsymbol{S}_y\right\} \propto f_{\boldsymbol{Y}}\left(\boldsymbol{S}_y \mid M_k\right) P\left\{M_k\right\} \tag{2-40}$$

式中，$P\left\{M_k\right\}$ 表示候选模型 M_k 为真实模型的先验概率；$f_{\boldsymbol{Y}}\left(\boldsymbol{S}_y \mid M_k\right)$ 表示为

$$f_{\boldsymbol{Y}}\left(\boldsymbol{S}_y \mid M_k\right)=\int f_{\boldsymbol{Y}}\left(\boldsymbol{S}_y \mid \theta_k, M_k\right) f\left(\boldsymbol{\theta}_k \mid M_k\right) \mathrm{d} \boldsymbol{\theta}_k \tag{2-41}$$

式中，$f\left(\boldsymbol{\theta}_k \mid M_k\right)$ 表示候选模型 M_k 条件下模型参数 $\boldsymbol{\theta}_k$ 的先验分布；$f_{\boldsymbol{Y}}\left(\boldsymbol{S}_y \mid \boldsymbol{\theta}_k, M_k\right)$ 表示候选模型 M_k 条件下的似然函数。

考虑两个候选模型：候选模型 M_1 中试验件的寿命分布为对数正态分布，参照式（2-20），位置函数表示为 $\mu_1(\boldsymbol{x})=\boldsymbol{x}\boldsymbol{b}_1$，模型参数表示为 $\boldsymbol{\theta}_1=\{\boldsymbol{b}_1,\sigma_1\}$；候选模型 M_2 中试验件的寿命分布为韦布尔分布，参照式（2-20），位置函数表示为 $\mu_2(\boldsymbol{x})=\boldsymbol{x}\boldsymbol{b}_2$，模型参数表示为 $\boldsymbol{\theta}_2=\{\boldsymbol{b}_2,\sigma_2\}$。根据贝叶斯模型平均方法的特点，考虑分散性的疲劳寿命模型表现形式为

$$\begin{aligned} y&=[\mu_1(\boldsymbol{x})+\sigma_1\cdot\varepsilon]P\{M_1\mid\boldsymbol{S}_y\}+[\mu_2(\boldsymbol{x})+\sigma_2\cdot\varepsilon]P\{M_2\mid\boldsymbol{S}_y\}\\ &=[\boldsymbol{x}\boldsymbol{b}_1+\sigma_1\cdot\varepsilon_1]P\{M_1\mid\boldsymbol{S}_y\}+[\boldsymbol{x}\boldsymbol{b}_2+\sigma_2\cdot\varepsilon_2]P\{M_2\mid\boldsymbol{S}_y\} \end{aligned} \tag{2-42}$$

式中，随机变量 ε_1 和 ε_2 分别服从标准正态分布和极值分布。

为了获取候选模型 M_k 为真实模型的后验概率 $P\{M_k\mid\boldsymbol{S}_y\}(k=1,2)$ 和模型参数 $\boldsymbol{\theta}_k=\{\boldsymbol{b}_k,\sigma_k\}(k=1,2)$ 的后验分布，假设模型参数相互独立，并使用共轭先验[15]：

$$\begin{cases} f(\boldsymbol{b}_k\mid M_k)=\dfrac{1}{(2\pi)^d\left|\boldsymbol{\Sigma}_{0,k}\right|^{1/2}}\exp\left[-\dfrac{(\boldsymbol{b}_k-\boldsymbol{\mu}_{0,k})(\boldsymbol{\Sigma}_{0,k})^{-1}(\boldsymbol{b}_k-\boldsymbol{\mu}_{0,k})^{\mathrm{T}}}{2}\right]\\ f(\omega_k\mid M_k)=\dfrac{d_k^{s_k}}{\Gamma(s_k)}(\omega_k)^{s_k-1}\exp(-\omega_k d_k) \end{cases} \tag{2-43}$$

式中，$\omega_k=1/\sigma_k^2$；$\Gamma(\cdot)$ 为伽马函数。由式（2-43）可知，$\boldsymbol{b}_k$ 服从均值向量为 $\boldsymbol{\mu}_{0,k}$ 且协方差矩阵为 $\boldsymbol{\Sigma}_{0,k}$ 的多元正态分布，即 $\boldsymbol{b}_k\sim\mathcal{N}(\boldsymbol{b}_k\mid\boldsymbol{\mu}_{0,k},\boldsymbol{\Sigma}_{0,k})$；$\omega_k$ 服从参数为 s_k 和 d_k 的伽马分布，即 $\omega_k\sim\mathrm{Gamma}(\omega_k\mid s_k,d_k)$。

为了保证先验分布包含有效信息，需要定义式（2-43）中均值向量 $\boldsymbol{\mu}_{0,k}$、协方差矩阵 $\boldsymbol{\Sigma}_{0,k}$、参数 s_k 和 d_k。令 $\hat{\boldsymbol{b}}_k$ 和 $\hat{\omega}_k$ 分别表示 $\boldsymbol{b}_k$ 和 ω_k 的极大似然估计，$\nu_{\boldsymbol{b}_k}$ 为极大似然估计 $\hat{\boldsymbol{b}}_k$ 的协方差矩阵估计，ν_{ω_k} 为极大似然估计 $\hat{\omega}_k$ 的方差估计，此时 $\boldsymbol{\mu}_{0,k}$、$\boldsymbol{\Sigma}_{0,k}$、$s_k$ 和 $d_k\,(k=1,2)$ 分别为[16]

$$\begin{cases} \boldsymbol{\mu}_{0,k}=\hat{\boldsymbol{b}}_k\\ \boldsymbol{\Sigma}_{0,k}=\nu_{\boldsymbol{b}_k}\\ s_k=\dfrac{\hat{\omega}_k^2}{c^2\nu_{\omega_k}}\\ d_k=\dfrac{c^2\nu_{\omega_k}}{\hat{\omega}_k} \end{cases} \tag{2-44}$$

式中，c 为修正系数[16]，建议选取 c=2。

首先使用模型参数的先验分布 $f(\boldsymbol{b}_k\mid M_k)$ 和 $f(\omega_k\mid M_k)$ 计算候选模型 M_k 为真实模型的后验概率 $P\{M_k\mid\boldsymbol{S}_y\}(k=1,2)$，给定先验概率 $P\{M_1\}=P\{M_2\}=0.5$，

后验概率 $P\left\{M_k \mid \boldsymbol{S}_y\right\}(k=1,2)$ 表示为[16]

$$\begin{aligned} P\left\{M_k \mid \boldsymbol{S}_y\right\} &\propto \iint f_{\boldsymbol{Y}}\left(\boldsymbol{S}_y \middle| \boldsymbol{\theta}_k, M_k\right) f\left(\boldsymbol{b}_k \mid M_k\right) f\left(\omega_k \mid M_k\right) \mathrm{d}\boldsymbol{b}_k \mathrm{d}\omega_k \\ &= \iint f_{\boldsymbol{Y}}\left(\boldsymbol{S}_y \middle| \boldsymbol{b}_k, \omega_k, M_k\right) f\left(\boldsymbol{b}_k \mid M_k\right) f\left(\omega_k \mid M_k\right) \mathrm{d}\boldsymbol{b}_k \mathrm{d}\omega_k \end{aligned} \tag{2-45}$$

$P\left\{M_k \mid \boldsymbol{S}_y\right\}$ 不能获得解析解，但可以使用蒙特卡洛模拟（Monte Carlo simulation，MCS）方法得到 $P\left\{M_k \mid \boldsymbol{S}_y\right\}$ 的数值解。由式（2-43）中的先验分布产生模型参数的先验样本 $\boldsymbol{b}_k^{(i)}$ 和 $\omega_k^{(i)}(i=1,\cdots,N_{\mathrm{MCS}})$，那么候选模型的后验概率 $P\left\{M_k \mid \boldsymbol{S}_y\right\}$ 的数值解为

$$P\left\{M_k \mid \boldsymbol{S}_y\right\} \approx \frac{1}{N_{\mathrm{MCS}}} \sum_{i=1}^{N_{\mathrm{MCS}}} f_{\boldsymbol{Y}}\left(\boldsymbol{S}_y \middle| \boldsymbol{b}_k^{(i)}, \omega_k^{(i)}, M_k\right) \tag{2-46}$$

当已知似然函数 $f_{\boldsymbol{Y}}\left(\boldsymbol{S}_y \middle| \boldsymbol{b}_1, \omega_1, M_1\right)$ 及共轭先验 $f\left(\omega_1 \mid M_1\right)$ 和 $f\left(\boldsymbol{b}_1 \mid M_1\right)$，$\boldsymbol{b}_k$ 和 ω_k 的联合后验分布 $f\left(\boldsymbol{b}_k, \omega_k \mid \boldsymbol{S}_y, M_k\right)$ 为

$$f\left(\boldsymbol{b}_k, \omega_k \mid \boldsymbol{S}_y, M_k\right) \propto f\left(\boldsymbol{S}_y \mid \boldsymbol{b}_k, \omega_k, M_k\right) f\left(\boldsymbol{b}_k \mid M_k\right) f\left(\omega_k \mid M_k\right) \quad (k=1,2) \tag{2-47}$$

式中，$f\left(\boldsymbol{b}_k, \omega_k \mid \boldsymbol{S}_y, M_k\right)$ 为非标准分布，它的显式表达式是未知的。

对于寿命服从对数正态分布的候选模型 M_1，虽然无法得到联合后验分布 $f\left(\boldsymbol{b}_k, \omega_k \mid \boldsymbol{S}_y, M_k\right)$，但是可以得到它们的全条件分布如下：

$$\begin{cases} f\left(\boldsymbol{b}_1 \mid \omega_1, \boldsymbol{S}_y, M_1\right) = \int f\left(\boldsymbol{b}_1 \mid M_1\right) f\left(\omega_1 \mid M_1\right) f_{\boldsymbol{Y}}\left(\boldsymbol{S}_y \middle| \boldsymbol{b}_1, \omega_1, M_1\right) \mathrm{d}\omega_1 \\ f\left(\omega_1 \mid \boldsymbol{b}_1, \boldsymbol{S}_y, M_1\right) = \int f\left(\boldsymbol{b}_1 \mid M_1\right) f\left(\omega_1 \mid M_1\right) f_{\boldsymbol{Y}}\left(\boldsymbol{S}_y \middle| \boldsymbol{b}_1, \omega_1, M_1\right) \mathrm{d}\boldsymbol{b}_1 \end{cases} \tag{2-48}$$

式中，似然函数 $f_{\boldsymbol{Y}}\left(\boldsymbol{S}_y \middle| \boldsymbol{b}_1, \omega_1, M_1\right)$ 的函数表达式为

$$f_{\boldsymbol{Y}}\left(\boldsymbol{S}_y \middle| \boldsymbol{b}_1, \omega_1, M_1\right) = \left(\frac{\omega_1}{2\pi}\right)^{\frac{N}{2}} \exp\left[-\frac{\omega_1 \sum_{j=1}^{N}\left(y_j - \boldsymbol{x}_j \boldsymbol{b}_1\right)}{2}\right] \tag{2-49}$$

联合式（2-43）、式（2-48）和式（2-49），$\boldsymbol{b}_1$ 和 ω_1 的全条件分布可表示为

$$\begin{cases} f\left(\boldsymbol{b}_1 \mid \omega_1, \boldsymbol{S}_y, M_1\right) = \dfrac{1}{(2\pi)^d \left|\boldsymbol{\Sigma}_{1,1}\right|^{1/2}} \exp\left[-\dfrac{\left(\boldsymbol{b}_k - \boldsymbol{\mu}_{1,1}\right)\left(\boldsymbol{\Sigma}_{1,1}\right)^{-1}\left(\boldsymbol{b}_k - \boldsymbol{\mu}_{1,1}\right)^{\mathrm{T}}}{2}\right] \\ f\left(\omega_1 \mid \boldsymbol{b}_1, \boldsymbol{S}_y, M_1\right) = \dfrac{\left(d_1'\right)^{s_1'}}{\Gamma\left(s_1'\right)} \left(\omega_1\right)^{s_1'-1} \exp\left(-\omega_1 d_1'\right) \end{cases} \tag{2-50}$$

式中，

$$\boldsymbol{\Sigma}_{1,1}=\left(\boldsymbol{\Sigma}_{0,1}^{-1}+\omega_1\sum_{j=1}^{N}\boldsymbol{x}_j\boldsymbol{x}_j^{\mathrm{T}}\right)^{-1},\quad \boldsymbol{\mu}_{1,1}=\boldsymbol{\Sigma}_{1,1}\left(\boldsymbol{\Sigma}_{0,1}^{-1}\boldsymbol{\mu}_{0,1}+\omega_1\sum_{j=1}^{N}y_j\boldsymbol{x}_j\right)$$
$$s_1'=s_1+\frac{N}{2},\quad d_1'=\frac{2d_1}{2+d_1\sum_{j=1}^{N}\left(y_j-\boldsymbol{x}_j\boldsymbol{b}_1\right)}\tag{2-51}$$

针对候选模型 M_1，当获取 $\boldsymbol{b}_1$ 和 ω_1 的全条件分布后，可以采用 Gibbs 抽样方法抽取后验分布的样本。Gibbs 抽样方法的最主要特征是 Markov 链的转移核由参数的全条件分布构成，从而避免了 Metropolis-Hastings 抽样中建议分布选择的随意性，而且在 Gibbs 抽样方法的 Markov 链移动中，不存在拒绝抽样的情形，从而显著提高了 Markov 链的收敛速度。Gibbs 抽样方法获取满足目标分布 $f\left(\boldsymbol{b}_k,\omega_k\mid\boldsymbol{S}_y,M_k\right)$ 的后验样本的执行过程如下。

第一步：由式（2-44）定义超参数 $\boldsymbol{\mu}_{0,1}=\hat{\boldsymbol{b}}_1$、$\boldsymbol{\Sigma}_{0,1}=\nu_{\boldsymbol{b}_1}$、$s_1=\hat{\omega}_1^2/c^2\nu_{\omega_1}$ 和 $d_1=c^2\nu_{\omega_1}/\hat{\omega}_1$，其中 $\hat{\boldsymbol{b}}_1$ 和 $\hat{\omega}_1$ 分别为 $\boldsymbol{b}_1$ 和 ω_1 的极大似然估计，$\nu_{\boldsymbol{b}_1}$ 为极大似然估计量 $\hat{\boldsymbol{b}}_1$ 的协方差矩阵估计，ν_{ω_1} 为极大似然估计量 $\hat{\omega}_1$ 的方差估计。

第二步：$l=0$，赋予初始值 $\omega_1^{(l)}=\hat{\omega}_1$，$\boldsymbol{b}_1^{(l)}=\hat{\boldsymbol{b}}_1$。

第三步：假设第 $l-1$ 次迭代的参数样本为 $\boldsymbol{b}_1^{(l-1)}$ 和 $\omega_1^{(l-1)}$，则第 l 次抽样过程分两步执行。

（1）从 $f\left(\boldsymbol{b}_1\mid\omega_1^{(l-1)},\boldsymbol{S}_y,M_1\right)$ 中抽取 $\boldsymbol{b}_1^{(l)}$。

（2）从 $f\left(\omega_1\mid\boldsymbol{b}_1^{(l)},\boldsymbol{S}_y,M_1\right)$ 中抽取 $\omega_1^{(l)}$。

第四步：重复操作第三步 B' 次后，得到一组满足目标分布 $f\left(\boldsymbol{b}_1,\omega_1\mid\boldsymbol{S}_y,M_1\right)$ 的后验样本 $\left\{\boldsymbol{b}_1^{(l)},\omega_1^{(l)}\right\}\left(l=1,\cdots,B'\right)$。

候选模型 M_2 条件下，对数寿命服从极值分布，那么似然函数 $f_Y\left(\boldsymbol{S}_y|\boldsymbol{b}_2,\omega_2,M_2\right)$ 的函数表达式为

$$f_Y\left(\boldsymbol{S}_y|\boldsymbol{b}_2,\omega_2,M_2\right)=\omega_2^N\exp\left[\omega_2\sum_{j=1}^{N}\left(y_j-\boldsymbol{x}_j\boldsymbol{b}_2\right)\right]\exp\left\{-\sum_{j=1}^{N}\exp\left[\omega_2\left(y_j-\boldsymbol{x}_j\boldsymbol{b}_2\right)\right]\right\}\tag{2-52}$$

由于不能得到 $\boldsymbol{b}_2$ 和 ω_2 全条件分布的显式表达式 $f\left(\boldsymbol{b}_2\mid\omega_2,\boldsymbol{S}_y,M_2\right)$ 和 $f\left(\omega_2\mid\boldsymbol{b}_2,\boldsymbol{S}_y,M_2\right)$，需要引入 Metropolis-Hastings 抽样方法对目标分布 $f\left(\boldsymbol{b}_2,\omega_2\mid\boldsymbol{S}_y,M_2\right)$ 进行抽样，Metropolis-Hastings 抽样方法如下。

第一步：由式（2-44）定义超参数 $\boldsymbol{\mu}_{0,2}=\hat{\boldsymbol{b}}_2$、$\boldsymbol{\Sigma}_{0,2}=\nu_{\boldsymbol{b}_2}$、$s_2=\hat{\omega}_2^2/c^2\nu_{\omega_2}$ 和

$d_2 = c^2 v_{\omega_2} / \hat{\omega}_2$，其中$\hat{\boldsymbol{b}}_2$和$\hat{\omega}_2$分别为$\boldsymbol{b}_2$和$\omega_2$的极大似然估计，$v_{b_2}$为极大似然估计量$\hat{\boldsymbol{b}}_2$的协方差矩阵估计，$v_{\omega_2}$为极大似然估计量$\hat{\omega}_2$的方差估计。

第二步：$l=0$，赋予初始值$\omega_2^{(l)} = \hat{\omega}_2$，$\boldsymbol{b}_2^{(l)} = \hat{\boldsymbol{b}}_2$。

第三步：假设第$l-1$次迭代的参数样本为$\boldsymbol{b}_2^{(l-1)}$和$\omega_2^{(l-1)}$，则第l次抽样过程按照如下步骤执行。

（1）从多元正态分布$\mathcal{N}\left(\boldsymbol{b}_2 \mid \boldsymbol{b}_2^{(l-1)}, \boldsymbol{\Sigma}_{1,2}^{(l-1)}\right)$中抽出建议值$\boldsymbol{b}_2^*$，其中$\boldsymbol{\Sigma}_{1,2}^{(l-1)}=\left(\boldsymbol{\Sigma}_{0,2}^{-1}+\omega_2^{(l-1)}\sum_{j=1}^{n}\boldsymbol{x}_j\boldsymbol{x}_j^{\mathrm{T}}\right)^{-1}$。

（2）由联合候选模型M_2条件下的式（2-43）和式（2-52）计算r_b^*：

$$r_b^* = \min\left[1, \frac{f\left(\boldsymbol{b}_2^* \mid M_2\right) f_Y\left(\boldsymbol{S}_y \mid \omega_2^{(l-1)}, \boldsymbol{b}_2^*, M_2\right)}{f\left(\boldsymbol{b}_2^{(l-1)} \mid M_2\right) f_Y\left(\boldsymbol{S}_y \mid \omega_2^{(l-1)}, \boldsymbol{b}_2^{(l-1)}, M_2\right)}\right]$$

（3）从标准均匀分布$\mathcal{U}(0,1)$中抽取随机数u^*，如果$r_b^* \geqslant u^*$，则$\boldsymbol{b}_2^{(l)}=\boldsymbol{b}_2^*$；如果$r_b^* < u^*$，则$\boldsymbol{b}_2^{(l)}=\boldsymbol{b}_2^{(l-1)}$。

（4）从伽马分布$\mathrm{Gamma}\left(\omega_2 \mid s_2^{(l-1)}, d_2^{(l-1)}\right)$中抽出建议分布的样本值$\omega_2^*$，其中$s_2^{(l-1)}=\left(\omega_2^{(l-1)}\right)^2 / v_{\omega_2}$和$d_2^{(l-1)}=v_{\omega_2} / \left(\omega_2^{(l-1)}\right)^2$。

（5）由联合候选模型M_2条件下的式（2-43）和式（2-52）计算r_ω^*：

$$r_\omega^* = \min\left[1, \frac{f\left(\omega_2^* \mid M_2\right) f_Y\left(\boldsymbol{S}_y \mid \omega_2^*, \boldsymbol{b}_2^{(l)}, M_2\right) f\left(\omega_2^{(l-1)} \mid s_2^*, d_2^*, M_2\right)}{f\left(\omega_2^* \mid M_2\right) f_Y\left(\boldsymbol{S}_y \mid \omega_2^{(l-1)}, \boldsymbol{b}_2^{(l)}, M_2\right) f\left(\omega_2^* \mid s_2^{(l-1)}, d_2^{(l-1)}, M_2\right)}\right]$$

式中，

$$f\left(\omega_2^{(l-1)} \mid s_2^*, d_2^*, M_2\right) = \frac{\left(d_2^*\right)^{s_2^*}\left(\omega_2^{(l-1)}\right)^{s_2^*-1}}{\Gamma\left(s_2^*\right)} \exp\left[-\omega_2^{(l-1)} d_2^*\right]$$

$$f\left(\omega_2^* \mid s_2^{(l-1)}, d_2^{(l-1)}, M_2\right) = \left(\omega_2^*\right)^{s_2^{(l-1)}-1} \exp\left(-\omega_2^* d_2^{(l-1)}\right)$$

（6）从标准均匀分布$\mathcal{U}(0,1)$中抽取随机数u^*，如果$r_\omega^* \geqslant u^*$，则$\omega_2^{(l)}=\omega_2^*$；如果$r_\omega^* < u^*$，则$\omega_2^{(l)}=\omega_2^{(l-1)}$。

第四步：重复操作第三步B'次后，得到一组满足目标分布$f\left(\boldsymbol{b}_2, \omega_2 \mid \boldsymbol{S}_y, M_2\right)$的后验样本$\left\{\boldsymbol{b}_2^{(l)}, \omega_2^{(l)}\right\}\left(l=1,\cdots,B'\right)$。

2.3.2　消除初始值和自相关性的影响

Gibbs 和 Metropolis-Hastings 抽样过程都能收敛于参数的后验分布，为了消除 Markov 链初始值对抽样结果的影响，需要在 Markov 链达到目标分布 $f\left(\boldsymbol{b}_k,\omega_k \mid \boldsymbol{S}_y, M_k\right)$ 后舍弃掉一定数量的初始阶段样本，此过程称为 burn-in。同时为了消除模型参数自相关性的影响，采用 thinning 方法来降低模型参数的自相关性，具体做法是以比例（ratio）压缩 Markov 链，即每隔 ratio 次迭代选取一组模型样本，这样满足后验分布的样本量就只有整个随机序列的 $1/\text{ratio}$，而丢掉了 $(\text{ratio}-1)/\text{ratio}$ 部分样本。

当执行 burn-in 和 thinning 操作后，保留了服从目标分布 $f\left(\boldsymbol{b}_k,\omega_k \mid \boldsymbol{S}_y, M_k\right)(k=1,2)$ 的 B 个后验样本 $\boldsymbol{b}_k^{(l)}$ 和 $\omega_k^{(l)}$ $(l=1,\cdots,B)$，最终得到模型参数估计量：

$$\hat{\boldsymbol{b}}_k=\frac{1}{B}\sum_{l=1}^{B}\boldsymbol{b}_k^{(l)} \qquad \hat{\sigma}_k=\frac{1}{B}\sum_{l=1}^{B}\sigma_k^{(l)}=\frac{1}{B}\sum_{l=1}^{B}\frac{1}{\sqrt{\omega_k^{(l)}}} \qquad (k=1,2) \tag{2-53}$$

2.3.3　基于贝叶斯模型平均方法的寿命推断

1. 高周疲劳寿命模型

联合式（2-11）和式（2-42），通过贝叶斯模型平均方法得到的高周疲劳失效模式下寿命估计量 $\hat{N}_{\mathrm{f}}$ 为

$$\hat{N}_{\mathrm{f}}=\frac{1}{2}\times 10^{\left(\hat{b}_{1,0}+\hat{b}_{1,1}x+\hat{\sigma}_1\varepsilon_1\right)P\left(M_1|\boldsymbol{S}_y\right)+\left(\hat{b}_{2,0}+\hat{b}_{2,1}x+\hat{\sigma}_2\varepsilon_2\right)P\left(M_2|\boldsymbol{S}_y\right)} \tag{2-54}$$

式中，$x=\lg\left(S-S_0\right)$；候选模型 M_k 的参数估计量为 $\hat{\boldsymbol{\theta}}_k=\left\{\hat{b}_{k,0},\hat{b}_{k,1},\hat{\sigma}_k\right\}(k=1,2)$。

2. 低周疲劳寿命模型

在基于 Manson-Coffin 形式的疲劳寿命试验数据分析中，为了区分弹性段和塑性段，将弹性段和塑性段中的候选模型分别表示为 $M_{\mathrm{e},k}$ 和 $M_{\mathrm{p},k}$ $(k=1,2)$。弹性段中对数寿命的估计量 $\lg(2\hat{N}_{\mathrm{f}})$ 为

$$\lg\left(2\hat{N}_{\mathrm{f}}\right)=\left(\hat{b}_{\mathrm{e},1,0}+\hat{b}_{\mathrm{e},1,1}x+\hat{\sigma}_{\mathrm{e},1}\varepsilon_1\right)P\left\{M_{\mathrm{e},1}\mid\boldsymbol{S}_y\right\}+\left(\hat{b}_{\mathrm{e},2,0}+\hat{b}_{\mathrm{e},2,1}x+\hat{\sigma}_{\mathrm{e},2}\varepsilon_2\right)P\left\{M_{\mathrm{e},2}\mid\boldsymbol{S}_y\right\} \tag{2-55}$$

式中，弹性段候选模型 $M_{\mathrm{e},1}$ 的参数估计量表示为 $\hat{\boldsymbol{\theta}}_{\mathrm{e},1}=\left\{\hat{b}_{\mathrm{e},1,0},\hat{b}_{\mathrm{e},1,1},\hat{\sigma}_{\mathrm{e},1}\right\}$；候选模型 $M_{\mathrm{e},2}$ 的参数估计量表示为 $\hat{\boldsymbol{\theta}}_{\mathrm{e},2}=\left\{\hat{b}_{\mathrm{e},2,0},\hat{b}_{\mathrm{e},2,1},\hat{\sigma}_{\mathrm{e},2}\right\}$。同理，塑性段中对数寿命的估计量 $\lg(2\hat{N}_{\mathrm{f}})$ 为

$$\lg\left(2\hat{N}_{\mathrm{f}}\right)=\left(\hat{b}_{\mathrm{p},1,0}+\hat{b}_{\mathrm{p},1,1}x+\hat{\sigma}_{\mathrm{p},1}\varepsilon_1\right)P\left\{M_{\mathrm{p},1}\mid \boldsymbol{S}_y\right\}+\left(\hat{b}_{\mathrm{p},2,0}+\hat{b}_{\mathrm{p},2,1}x+\hat{\sigma}_{\mathrm{p},2}\varepsilon_2\right)P\left\{M_{\mathrm{p},2}\mid \boldsymbol{S}_y\right\} \tag{2-56}$$

式中，塑性段候选模型 $M_{\mathrm{p},1}$ 的参数估计量表示为 $\hat{\boldsymbol{\theta}}_{\mathrm{p},1}=\left\{\hat{b}_{\mathrm{p},1,0},\hat{b}_{\mathrm{p},1,1},\hat{\sigma}_{\mathrm{p},1}\right\}$；候选模型 $M_{\mathrm{p},2}$ 的参数估计量表示为 $\hat{\boldsymbol{\theta}}_{\mathrm{p},2}=\left\{\hat{b}_{\mathrm{p},2,0},\hat{b}_{\mathrm{p},2,1},\hat{\sigma}_{\mathrm{p},2}\right\}$。

令

$$\frac{\sigma_{\mathrm{f}}'}{E}=10^{\left(-\frac{\left(\hat{b}_{\mathrm{e},1,0}+\hat{b}_{\mathrm{e},1,1}x+\hat{\sigma}_{\mathrm{e},1}\varepsilon_1\right)P\left\{M_{\mathrm{e},1}|\boldsymbol{S}_y\right\}+\left(\hat{b}_{\mathrm{e},2,0}+\hat{b}_{\mathrm{e},2,1}x+\hat{\sigma}_{\mathrm{e},2}\varepsilon_2\right)P\left\{M_{\mathrm{e},2}|\boldsymbol{S}_y\right\}}{\hat{b}_{\mathrm{e},1,1}P\left\{M_{\mathrm{e},1}|\boldsymbol{S}_y\right\}+\hat{b}_{\mathrm{e},2,1}P\left\{M_{\mathrm{e},2}|\boldsymbol{S}_y\right\}}\right)} \tag{2-57}$$

$$b=\frac{1}{\hat{b}_{\mathrm{e},1,1}P\left\{M_{\mathrm{e},1}\mid \boldsymbol{S}_y\right\}+\hat{b}_{\mathrm{e},2,1}P\left\{M_{\mathrm{e},2}\mid \boldsymbol{S}_y\right\}} \tag{2-58}$$

$$\varepsilon_{\mathrm{f}}'=10^{\left(-\frac{\left(\hat{b}_{\mathrm{p},1,0}+\hat{b}_{\mathrm{p},1,1}x+\hat{\sigma}_{\mathrm{p},1}\varepsilon_1\right)P\left\{M_{\mathrm{p},1}|\boldsymbol{S}_y\right\}+\left(\hat{b}_{\mathrm{p},2,0}+\hat{b}_{\mathrm{p},2,1}x+\hat{\sigma}_{\mathrm{p},2}\varepsilon_2\right)P\left\{M_{\mathrm{p},2}|\boldsymbol{S}_y\right\}}{\hat{b}_{\mathrm{p},1,1}P\left\{M_{\mathrm{p},1}|\boldsymbol{S}_y\right\}+\hat{b}_{\mathrm{p},2,1}P\left\{M_{\mathrm{p},2}|\boldsymbol{S}_y\right\}}\right)} \tag{2-59}$$

$$c=\frac{1}{\hat{b}_{\mathrm{p},1,1}P\left\{M_{\mathrm{p},1}\mid \boldsymbol{S}_y\right\}+\hat{b}_{\mathrm{p},2,1}P\left\{M_{\mathrm{p},2}\mid \boldsymbol{S}_y\right\}} \tag{2-60}$$

联合式（2-57）～式（2-60），通过贝叶斯模型平均方法得到低周疲劳寿命模型为

$$\begin{aligned}\frac{\Delta\varepsilon_{\mathrm{t}}}{2}=&10^{\left(-\frac{\left(\hat{b}_{\mathrm{e},1,0}+\hat{b}_{\mathrm{e},1,1}x+\hat{\sigma}_{\mathrm{e},1}\varepsilon_1\right)P\left\{M_{\mathrm{e},1}|\boldsymbol{S}_y\right\}+\left(\hat{b}_{\mathrm{e},2,0}+\hat{b}_{\mathrm{e},2,1}x+\hat{\sigma}_{\mathrm{e},2}\varepsilon_2\right)P\left\{M_{\mathrm{e},2}|\boldsymbol{S}_y\right\}}{\hat{b}_{\mathrm{e},1,1}P\left\{M_{\mathrm{e},1}|\boldsymbol{S}_y\right\}+\hat{b}_{\mathrm{e},2,1}P\left\{M_{\mathrm{e},2}|\boldsymbol{S}_y\right\}}\right)}\left(2N_{\mathrm{f}}\right)^{\frac{1}{\hat{b}_{\mathrm{e},1,1}P\left\{M_{\mathrm{e},1}|\boldsymbol{S}_y\right\}+\hat{b}_{\mathrm{e},2,1}P\left\{M_{\mathrm{e},2}|\boldsymbol{S}_y\right\}}}\\&+10^{\left(-\frac{\left(\hat{b}_{\mathrm{p},1,0}+\hat{b}_{\mathrm{p},1,1}x+\hat{\sigma}_{\mathrm{p},1}\varepsilon_1\right)P\left\{M_{\mathrm{p},1}|\boldsymbol{S}_y\right\}+\left(\hat{b}_{\mathrm{p},2,0}+\hat{b}_{\mathrm{p},2,1}x+\hat{\sigma}_{\mathrm{p},2}\varepsilon_2\right)P\left\{M_{\mathrm{p},2}|\boldsymbol{S}_y\right\}}{\hat{b}_{\mathrm{p},1,1}P\left\{M_{\mathrm{p},1}|\boldsymbol{S}_y\right\}+\hat{b}_{\mathrm{p},2,1}P\left\{M_{\mathrm{p},2}|\boldsymbol{S}_y\right\}}\right)}\left(2N_{\mathrm{f}}\right)^{\frac{1}{\hat{b}_{\mathrm{p},1,1}P\left\{M_{\mathrm{p},1}|\boldsymbol{S}_y\right\}+\hat{b}_{\mathrm{p},2,1}P\left\{M_{\mathrm{p},2}|\boldsymbol{S}_y\right\}}}\end{aligned} \tag{2-61}$$

3. 蠕变寿命模型

考虑蠕变寿命试验的数据处理，依据式（2-42），基于贝叶斯模型平均方法的蠕变寿命估计量 $\hat{t}$ 为

$$\begin{aligned}\hat{t}&=10^{\left(\boldsymbol{x}\hat{\boldsymbol{b}}_1+\hat{\sigma}_1\varepsilon_1\right)P\left\{M_1|\boldsymbol{S}_y\right\}+\left(\boldsymbol{x}\hat{\boldsymbol{b}}_2+\hat{\sigma}_2\varepsilon_2\right)P\left\{M_2|\boldsymbol{S}_y\right\}}\\&=10^{\left(\hat{b}_{1,0}+\hat{b}_{1,1}x_1+\hat{b}_{1,2}x_2+\hat{b}_{1,3}x_3+\hat{b}_{1,4}x_4+\hat{\sigma}_1\varepsilon_1\right)P\left\{M_1|\boldsymbol{S}_y\right\}+\left(\hat{b}_{2,0}+\hat{b}_{2,1}x_1+\hat{b}_{2,2}x_2+\hat{b}_{2,3}x_3+\hat{b}_{2,4}x_4+\hat{\sigma}_2\varepsilon_2\right)P\left\{M_2|\boldsymbol{S}_y\right\}}\end{aligned} \tag{2-62}$$

式中，候选模型 M_k 条件下参数估计量表示为 $\hat{\boldsymbol{\theta}}_k=\left\{\hat{b}_{k,0},\hat{b}_{k,1},\hat{b}_{k,2},\hat{b}_{k,3},\hat{b}_{k,4},\hat{\sigma}_k\right\}$ $\left(k=1,2\right)$。

在高周疲劳和蠕变失效模式的寿命模型中，对数寿命 $\lg\left(N_{\mathrm{f}}\right)$（和 $\lg t$）与载荷环境变量 $\boldsymbol{x}$ 存在明确的线性关系，可以将候选模型 M_k 中误差项 ε_k 的 q 分位点

$\varepsilon_k(q)(k=1,2)$ 直接替代寿命模型中的 ε，得到分位寿命估计量 $\hat{N}_{\mathrm{f}}(q|\boldsymbol{x})$ 和 $\hat{t}(q|\boldsymbol{x})$ 的解析解。但是在低周疲劳的寿命模型中，对数寿命 $\lg(2N_{\mathrm{f}})$ 与应变幅 $\Delta\varepsilon_{\mathrm{t}}$ 的关系并不是线性的，此时需使用数字模拟方法对分位寿命估计量 $\hat{N}_{\mathrm{f}}(q|\boldsymbol{x})$ 进行求解。

2.3.4　基于贝叶斯模型平均方法的分位寿命置信区间估计

通过执行 burn-in 和 thinning 操作消除 Markov 链的初始值和自相关影响后，可以得到满足目标分布的后验样本集合 $\left\{\boldsymbol{b}_k^{(l)},\sigma_k^{(l)}\right\}_{l=1}^{B}(k=1,2)$，将 $\left\{\boldsymbol{b}_k^{(l)},\sigma_k^{(l)}\right\}_{l=1}^{B}(k=1,2)$ 代入 2.3.3 小节中三种失效模式寿命模型后，可得到分位寿命的 B 个后验样本 $\hat{N}_{\mathrm{f}}^{(l)}(q|\boldsymbol{x})$（或 $\hat{t}^{(l)}(q|\boldsymbol{x})$）$(l=1,\cdots,B)$，然后将 B 个分位寿命样本 $\hat{N}_{\mathrm{f}}^{(l)}(q|\boldsymbol{x})$（或 $\hat{t}^{(l)}(q|\boldsymbol{x})$）$(l=1,\cdots,B)$ 从小到大排序，q 分位寿命在置信水平 $1-\alpha$ 下的置信区间 κ_{BM} 表示如下：

$$\kappa_{\mathrm{BM}}=\left[\underline{\kappa}_{\mathrm{BM},1-\alpha/2},\bar{\kappa}_{\mathrm{BM},\alpha/2}\right] \tag{2-63}$$

式中，$\bar{\kappa}_{\mathrm{BM},\alpha/2}$ 和 $\underline{\kappa}_{\mathrm{BM},1-\alpha/2}$ 分别为分位寿命估计区间的上侧 $\alpha/2$ 经验百分位值和上侧 $1-\alpha/2$ 经验百分位值，分别对应 $\alpha/2$ 和 $1-\alpha/2$ 的分位寿命估计量。

2.4　基于贝叶斯分位数回归方法的小子样数据分析

试验件寿命分布类型的设定通常由专家经验或前期试验的研究给出，因此存在不确定性，错误的分布假设显然会使得寿命推断结果产生较大偏差。因此，文献[17]和[18]提出稳健非参数模型用于试验数据的统计分析，但这些模型仅适用于无截尾数据的情况。另外，形状参数一致性的假设在许多工程实践中是不合理的，此时采用分位数回归方法[19]进行小子样数据分析是一种可行的方法。分位数回归方法用于寿命预测的优势主要体现在以下三点：首先，它对寿命不需做任何寿命分布假设，且分位数回归估计量具有在大样本理论下的渐近优良性质；其次，分位数回归由于是对所有分位寿命进行回归[20]，因此对于数据中出现的异常点具有一定的容错性；最后，分位数回归方法不需要考虑尺度函数 $\sigma(\boldsymbol{x})$ 与 $\boldsymbol{x}$ 之间具体的函数关系，可以较好地处理异方差问题。

2.4.1　基于贝叶斯分位数回归方法的模型参数估计

因为表征载荷环境变量 $\boldsymbol{x}$ 对试验件对数寿命影响的统计模型为线性模型，所以对任意的生存率 $q\in[0,1]$，联合对数分位寿命 $y(q|\boldsymbol{x})$ 与载荷环境变量 $\boldsymbol{x}$ 的分位数回归模型如下：

$$y(q|\boldsymbol{x})=\boldsymbol{x}\boldsymbol{\psi} \tag{2-64}$$

式中，$\boldsymbol{\psi}=\left\{\psi_0(q),\cdots,\psi_{d-1}(q)\right\}\in\mathbb{R}^d$ 为与生存率 $q\in[0,1]$ 相关的模型参数，它的维度与载荷环境变量 $\boldsymbol{x}$ 的维度一致。

给定试验数据 $\left\{\left(y_j,\boldsymbol{x}_j\right);j=1,\cdots,N\right\}$，模型参数 $\boldsymbol{\psi}$ 可由式（2-65）估计[19]：

$$\hat{\boldsymbol{\psi}}=\arg\min\sum_{j=1}^{N}\rho_q\left(y_j-\boldsymbol{x}_j\boldsymbol{\psi}\right) \tag{2-65}$$

式中，$\rho_q\left(y_j-\boldsymbol{x}_j\boldsymbol{\psi}\right)$ 表示如下所示的分段线性损失函数，即

$$\rho_q\left(y_j-\boldsymbol{x}_j\boldsymbol{\psi}\right)=\left(y_j-\boldsymbol{x}_j\boldsymbol{\psi}\right)\left\{1-q-I\left[\left(y_j-\boldsymbol{x}_j\boldsymbol{\psi}\right)\right]\right\} \tag{2-66}$$

令指示函数 $I[\cdot]$ 中的自变量 $y_j-\boldsymbol{x}_j\boldsymbol{\psi}=u_j$，则式（2-66）中 $I[u_j]$ 的定义如下：

$$I[u_j]=\begin{cases}1, & u_j<0\\ 0, & \text{其他}\end{cases}\quad\left(j=1,\cdots,N\right) \tag{2-67}$$

式（2-65）中的估计量 $\hat{\boldsymbol{\psi}}$ 可以应用数学规划法，如单纯形法和内点法求得。为了得到分位寿命的区间估计，本书使用贝叶斯分位数回归方法[17]估计模型参数。与基于渐近分布的频率学派不同，贝叶斯后验得到的是融入了先验信息的模型参数 $\boldsymbol{\psi}$ 的精确分布。

采用贝叶斯分位数回归方法的关键是假定位置-尺度参数化模型中的误差项 ε 服从标准的非对称拉普拉斯分布，其概率密度函数为[21]

$$f(\varepsilon)=q(1-q)\exp\left[-\rho_q(\varepsilon)\right] \tag{2-68}$$

式中，生存率 $q(0\leqslant q\leqslant 1)$ 在非对称拉普拉斯分布中称为偏度参数；函数 $\rho_q(\cdot)$ 的定义由式（2-66）给出。与正态分布类似，任意一个非对称拉普拉斯分布都可以从一个标准的非对称拉普拉斯分布得到，通过在式（2-68）中引入位置-尺度参数化模型中的尺度参数 $\tau_{\mathrm{LP}}>0$ 和位置函数 $-\infty<\mu_{\mathrm{LP}}(\boldsymbol{x})=\boldsymbol{x}\boldsymbol{\psi}<+\infty$，得到对数寿命的概率密度函数为[21]

$$f_Y(y)=\frac{q(1-q)}{\tau_{\mathrm{LP}}}\exp\left[-\frac{\rho_q\left(y-\boldsymbol{x}\boldsymbol{\psi}\right)}{\tau_{\mathrm{LP}}}\right] \tag{2-69}$$

与正态分布相比，非对称拉普拉斯分布具有尖峰厚尾的特征。在 $q\in[0,1]$ 取任意固定值时，得到的似然函数表示如下[21]：

$$L_Y\left(\boldsymbol{S}_y\,|\,\boldsymbol{\psi},\tau_{\mathrm{LP}}\right)=\frac{q^N(1-q)^N}{\tau_{\mathrm{LP}}^N}\prod_{j=1}^{N}\exp\left[-\frac{\rho_q\left(y_j-\boldsymbol{x}_j\boldsymbol{\psi}\right)}{\tau_{\mathrm{LP}}}\right] \tag{2-70}$$

式中，$\boldsymbol{S}_y=\{y_1,\cdots,y_N\}^{\mathrm{T}}$ 为观测数据。

极大化式（2-70）的似然函数 $L_Y\left(\boldsymbol{S}_y\,|\,\boldsymbol{\psi},\tau_{\mathrm{LP}}\right)$ 与极小化式（2-65）中的损失函数 $\sum_{j=1}^{N}\rho_q\left(y_j-\boldsymbol{x}_j\boldsymbol{\psi}\right)$ 是等价的，因此分位数回归模型中的参数 $\boldsymbol{\psi}$ 估计量可以通过极

大似然估计方法得到。此结论与最小二乘估计方法和对数寿命满足正态分布假设下的极大似然估计方法等价一致。

在建立极大似然函数后，可以依据贝叶斯定理实现从参数先验分布到后验分布的转换。假设式（2-70）中模型参数$\boldsymbol{\psi}$和τ_{LP}相互独立，$\boldsymbol{\psi}$的先验分布是均值为$\boldsymbol{\psi}_0$且协方差矩阵为$\boldsymbol{\Sigma}_0$的多元正态分布，即$\boldsymbol{\psi} \sim \mathcal{N}\left(\boldsymbol{\psi}_0, \boldsymbol{\Sigma}_0\right)$；$\tau_{\mathrm{LP}}$的先验分布是形状参数为$\eta_0$且尺度参数为$\delta_0$的逆伽马分布，即$\tau_{\mathrm{LP}} \sim \mathrm{IG}\left(\eta_0, \delta_0\right)$。将数学规划法得到的估计量$\hat{\boldsymbol{\psi}}$作为先验分布中的均值向量$\boldsymbol{\psi}_0$，同时由于缺乏$\boldsymbol{\Sigma}_0$、$\eta_0$和$\delta_0$的先验信息，采用较为保守的无信息先验：$\boldsymbol{\Sigma}_0 = 10^{-4} I_{\mathrm{N}}$和$\eta_0 = \delta_0 = 10^{-4}$[22]。根据贝叶斯定理，$\boldsymbol{\psi}$和$\tau_{\mathrm{LP}}$的联合后验分布可以表示为

$$f\left(\boldsymbol{\psi}, \tau_{\mathrm{LP}} \mid \boldsymbol{S}_y\right) \propto L_Y\left(\boldsymbol{S}_y \mid \boldsymbol{\psi}, \tau_{\mathrm{LP}}\right) f\left(\boldsymbol{\psi}\right) f\left(\tau_{\mathrm{LP}}\right) \tag{2-71}$$

由于联合后验分布$f\left(\boldsymbol{\psi}, \tau_{\mathrm{LP}} \mid \boldsymbol{S}_y\right)$没有显式表达式，可以采用 Gibbs 抽样方法得到参数的后验样本。首先，需要将拉普拉斯分布扩展成为指数分布和正态分布的混合表达形式，此时对数寿命数据$y_j\left(j=1,\cdots,N\right)$可以表示为[23]

$$y_j = \boldsymbol{x}_j \boldsymbol{\psi} + \gamma_{\mathrm{LP}} v_j + \zeta_{\mathrm{LP}} \sqrt{\tau_{\mathrm{LP}} v_j}\, u_j \tag{2-72}$$

式中，$\gamma_{\mathrm{LP}} = \left(2q-1\right) / \left[q\left(1-q\right)\right]$；$\zeta_{\mathrm{LP}} = \sqrt{2 / \left[q\left(1-q\right)\right]}$；$v_j$和$u_j$互相独立，$v_j$服从均值为$\tau_{\mathrm{LP}}$的指数分布，$u_j$服从标准的正态分布[23]。利用数据扩展技术[23]将$\boldsymbol{v} = \{v_1, \cdots, v_N\}$看成隐性的随机权重，则对数寿命数据$y_j\left(j=1,\cdots,N\right)$服从均值为$\gamma_{\mathrm{LP}} v_j +$ $\boldsymbol{x}_j \boldsymbol{\psi}$且标准差为$\zeta_{\mathrm{LP}}^2 \tau_{\mathrm{LP}} v_j$的正态分布，即$y_j \mid \boldsymbol{\psi}, \tau_{\mathrm{LP}}, v_j \sim \mathcal{N}\left(\gamma_{\mathrm{LP}} v_j + \boldsymbol{x}_j \boldsymbol{\psi}, \zeta_{\mathrm{LP}}^2 \tau_{\mathrm{LP}} v_j\right)$，此时参数$\boldsymbol{\psi}$的全条件分布为正态分布：

$$\boldsymbol{\psi} \sim \mathcal{N}\left(\boldsymbol{\mu}_{\psi}, \boldsymbol{\Sigma}_{\psi}\right) \tag{2-73}$$

式中，

$$\begin{cases} \boldsymbol{\Sigma}_{\psi}^{-1} = \displaystyle\sum_{j=1}^{N} \left(\boldsymbol{x}_j \boldsymbol{x}_j^{\mathrm{T}} / \zeta_{\mathrm{LP}}^2 \tau_{\mathrm{LP}} v_j\right) + \boldsymbol{\Sigma}_0^{-1} \\ \boldsymbol{\mu}_{\psi} = \boldsymbol{\Sigma}_{\psi} \left[\displaystyle\sum_{j=1}^{N} \frac{\boldsymbol{x}_j \left(y_j - \gamma_{\mathrm{LP}} v_j\right)}{\zeta_{\mathrm{LP}}^2 \tau_{\mathrm{LP}} v_j} + \boldsymbol{\Sigma}_0^{-1} \boldsymbol{\psi}_0\right] \end{cases} \tag{2-74}$$

那么，$\boldsymbol{\psi}$的全条件概率密度函数可表示为

$$f\left(\boldsymbol{\psi} \mid \boldsymbol{S}_y, \tau_{\mathrm{LP}}, \boldsymbol{v}\right) = \frac{1}{\left(2\pi\right)^d \left|\boldsymbol{\Sigma}_{\psi}\right|^{1/2}} \exp\left[-\frac{\left(\boldsymbol{\psi} - \boldsymbol{\mu}_{\psi}\right) \boldsymbol{\Sigma}_{\psi}^{-1} \left(\boldsymbol{\psi} - \boldsymbol{\mu}_{\psi}\right)^{\mathrm{T}}}{2}\right] \tag{2-75}$$

式（2-72）中参数$v_j (j=1,\cdots,N)$的全条件分布为广义的逆高斯分布[23]：

$$v_j \mid \boldsymbol{S}_y, \boldsymbol{\psi}, \tau_{\mathrm{LP}} \sim \mathrm{GIG}\left(v_j \left| \frac{1}{2}, \omega_j, \chi_{\mathrm{LP}}\right.\right) \tag{2-76}$$

式中，$\omega_j = \left(y_j - \boldsymbol{x}_j\boldsymbol{\psi}\right)^2 / \zeta_{\mathrm{LP}}^2\tau_{\mathrm{LP}}$；$\chi_{\mathrm{LP}} = \sqrt{2/\tau_{\mathrm{LP}} + \gamma_{\mathrm{LP}}^2/\zeta_{\mathrm{LP}}^2\tau_{\mathrm{LP}}}$。那么，$v_j(j=1,\cdots,N)$的全条件概率密度函数为

$$f\left(v_j \mid \boldsymbol{S}_y, \boldsymbol{\psi}, \tau_{\mathrm{LP}}\right) = \frac{\left(\chi_{\mathrm{LP}}/\omega_j\right)^{\frac{1}{2}}}{2\mathcal{K}\left(\omega_j\chi_{\mathrm{LP}}\right)} v_j^{-\frac{1}{2}} \exp\left[-\frac{1}{2}\left(\omega_j^2 v_j^{-1} + \tau_{\mathrm{LP}}^2 v_j\right)\right] \tag{2-77}$$

式中，$\mathcal{K}(\cdot)$表示修正的 Bessel 函数[24]。式（2-72）中参数τ_{LP}全条件分布为逆伽马分布[22]：

$$\tau_{\mathrm{LP}} \mid \boldsymbol{S}_y, \boldsymbol{\psi}, \boldsymbol{v} \sim \mathrm{IG}\left(\frac{\tilde{\eta}}{2}, \frac{\tilde{\delta}}{2}\right) \tag{2-78}$$

式中，

$$\begin{cases} \tilde{\eta} = \eta_0 + 3N \\ \tilde{\delta} = \delta_0 + \sum_{j=1}^{N} v_j + \sum_{j=1}^{N}\left(y_j - \boldsymbol{x}_j\boldsymbol{\psi} - \gamma_{\mathrm{LP}}v_j\right)^2 / 2\zeta_{\mathrm{LP}}^2 v_j \end{cases} \tag{2-79}$$

那么，τ_{LP}的全条件概率密度函数为

$$f\left(\tau_{\mathrm{LP}} \mid \boldsymbol{S}_y, \boldsymbol{\psi}, \boldsymbol{v}\right) = \frac{\left(\frac{\tilde{\delta}}{2}\right)^{\frac{\tilde{\eta}}{2}}}{\Gamma\left(\frac{\tilde{\eta}}{2}\right)} \tau_{\mathrm{LP}}^{-\frac{\tilde{\eta}}{2}-1} \exp\left(-\frac{\tilde{\delta}}{2\tau_{\mathrm{LP}}}\right) \tag{2-80}$$

式中，$\Gamma(\cdot)$表示伽马函数。

Gibbs 抽样方法利用参数$\boldsymbol{\psi}$、τ_{LP}和$\boldsymbol{v}$的全条件分布获取参数$\boldsymbol{\psi}$、τ_{LP}和$\boldsymbol{v}$的后验样本，直到 Markov 链收敛，具体执行过程如下。

第一步：给定生存率q，定义$\boldsymbol{\psi}_0 = \hat{\boldsymbol{\psi}}$、$\boldsymbol{\Sigma}_0 = 10^{-4} I_{\mathrm{N}}$、$\eta_0 = \delta_0 = 10^{-4}$，$\gamma_{\mathrm{LP}} = (2q-1)/\left[q(1-q)\right]$和$\zeta_{\mathrm{LP}} = \sqrt{2/\left[q(1-q)\right]}$，其中$\hat{\boldsymbol{\psi}}$表示数学规划法得到的参数$\boldsymbol{\psi}$的估计量。

第二步：l=0，赋予初始值$\boldsymbol{\psi}^{(l)} = \hat{\boldsymbol{\psi}}_0$，$\tau_{\mathrm{LP}}^{(l)} = \eta_0 + 3N$。

第三步：令$\omega_j = \left(y_j - \boldsymbol{x}_j\boldsymbol{\psi}^{(l)}\right)^2 / \zeta_{\mathrm{LP}}^2\tau_{\mathrm{LP}}^{(l)}\left(j=1,\cdots,N\right)$，$\chi_{\mathrm{LP}} = \sqrt{2/\tau_{\mathrm{LP}}^{(l)} + \gamma_{\mathrm{LP}}^2/\zeta_{\mathrm{LP}}^2\tau_{\mathrm{LP}}^{(l)}}$，依据全条件分布$\mathrm{GIG}\left(v_j \middle| \frac{1}{2}, \omega_j, \chi_{\mathrm{LP}}\right)$产生隐性的随机权重$v_j^{(l)}\left(j=1,\cdots,N\right)$。

第四步：$l = l+1$，将$v_j^{(l)}\left(j=1,\cdots,N\right)$代入式（2-74）更新$\boldsymbol{\mu}_{\psi}$和$\boldsymbol{\Sigma}_{\psi}$，依据全条件分布$\mathcal{N}\left(\boldsymbol{\mu}_{\psi}, \boldsymbol{\Sigma}_{\psi}\right)$抽取$\boldsymbol{\psi}$的样本$\boldsymbol{\psi}^{(l)}$。

第五步：将$v_j\left(j=1,\cdots,N\right)$和$\boldsymbol{\psi}^{(l)}$代入式（2-79）更新$\tilde{\eta}$和$\tilde{\delta}$，依据全条件分

布 IG$\left(\frac{\tilde{\eta}}{2},\frac{\tilde{\delta}}{2}\right)$抽取$\tau_{\mathrm{LP}}$的样本$\tau_{\mathrm{LP}}^{(l)}$。

第六步：重复操作第三步～第五步B'次后，得到模型参数$\boldsymbol{\psi}$的一组满足目标分布$f\left(\boldsymbol{\psi},\tau_{\mathrm{LP}} \mid \boldsymbol{S}_y\right)$的后验样本$\left\{\boldsymbol{\psi}^{(1)},\cdots,\boldsymbol{\psi}^{(B')}\right\}$。

执行 burn-in 和 thinning 操作后，保留服从目标分布$f\left(\boldsymbol{\psi},\tau_{\mathrm{LP}} \mid \boldsymbol{S}_y\right)$的后验样本$\left\{\boldsymbol{\psi}^{(l)}\right\}_{l=1}^{B}$，最后得到的模型参数$\boldsymbol{\psi}$的估计量为

$$\hat{\boldsymbol{\psi}}=\frac{1}{B}\sum_{l=1}^{B}\boldsymbol{\psi}^{(l)} \tag{2-81}$$

2.4.2 基于贝叶斯分位数回归方法的寿命推断

1. 高周疲劳寿命模型

当生存率为q时，由贝叶斯分位数回归方法求得的高周疲劳失效模式下分位寿命估计量$\hat{N}_{\mathrm{f}}\left(q|\boldsymbol{x}\right)$为

$$\hat{N}_{\mathrm{f}}\left(q|\boldsymbol{x}\right)=10^{\boldsymbol{x}\hat{\boldsymbol{\psi}}}=10^{\hat{\psi}_0(q)+\hat{\psi}_1(q)x} \tag{2-82}$$

式中，模型参数估计量$\hat{\boldsymbol{\psi}}=\left[\hat{\psi}_0\left(q\right),\hat{\psi}_1\left(q\right)\right]^{\mathrm{T}}$。

2. 低周疲劳寿命模型

在低周疲劳的寿命试验数据分析中，弹性段和塑性段对数分位寿命的估计量$\lg\left(2\hat{N}_{\mathrm{f}}\left(q|\boldsymbol{x}\right)\right)$分别为

$$\lg\left(2\hat{N}_{\mathrm{f}}\left(q|\boldsymbol{x}\right)\right)=10^{\boldsymbol{x}\hat{\boldsymbol{\psi}}_{\mathrm{e}}}=\hat{\psi}_{\mathrm{e},0}\left(q\right)+\hat{\psi}_{\mathrm{e},1}\left(q\right)x \tag{2-83}$$

$$\lg\left(2\hat{N}_{\mathrm{f}}\left(q|\boldsymbol{x}\right)\right)=10^{\boldsymbol{x}\hat{\boldsymbol{\psi}}_{\mathrm{p}}}=\hat{\psi}_{\mathrm{p},0}\left(q\right)+\hat{\psi}_{\mathrm{p},1}\left(q\right)x \tag{2-84}$$

式中，弹性段的模型参数估计量$\hat{\boldsymbol{\psi}}_{\mathrm{e}}=\left[\hat{\psi}_{\mathrm{e},0}\left(q\right),\hat{\psi}_{\mathrm{e},1}\left(q\right)\right]^{\mathrm{T}}$；塑性段的模型参数估计量$\hat{\boldsymbol{\psi}}_{\mathrm{p}}=\left[\hat{\psi}_{\mathrm{p},0}\left(q\right),\hat{\psi}_{\mathrm{p},1}\left(q\right)\right]^{\mathrm{T}}$。

令$\frac{\sigma_{\mathrm{f}}'}{E}=10^{\left(-\hat{\psi}_{\mathrm{e},0}(q)/\hat{\psi}_{\mathrm{e},1}(q)\right)}$，$b=1/\hat{\psi}_{\mathrm{e},1}\left(q\right)$，$\varepsilon_{\mathrm{f}}'=10^{\left(-\hat{\psi}_{\mathrm{p},0}(q)/\hat{\psi}_{\mathrm{p},1}(q)\right)}$和$c=1/\hat{\psi}_{\mathrm{p},1}\left(q\right)$，通过贝叶斯分位数回归方法得到的低周疲劳失效模式下寿命模型为

$$\frac{\Delta\varepsilon_{\mathrm{t}}}{2}=10^{\left(-\hat{\psi}_{\mathrm{e},0}(q)/\hat{\psi}_{\mathrm{e},1}(q)\right)}\left[2\hat{N}_{\mathrm{f}}\left(q|\boldsymbol{x}\right)\right]^{1/\hat{\psi}_{\mathrm{e},1}(q)}+10^{\left(-\hat{\psi}_{\mathrm{p},0}(q)/\hat{\psi}_{\mathrm{p},1}(q)\right)}\left[2\hat{N}_{\mathrm{f}}\left(q|\boldsymbol{x}\right)\right]^{1/\hat{\psi}_{\mathrm{p},1}(q)} \tag{2-85}$$

3. 蠕变寿命模型

考虑蠕变寿命试验的数据处理，通过贝叶斯分位数回归方法得到的蠕变失效

模式下分位寿命的估计量$\hat{t}(q|\boldsymbol{x})$为

$$\hat{t}(q|\boldsymbol{x})=10^{\boldsymbol{x}\hat{\boldsymbol{\psi}}}=10^{\hat{\psi}_0(q)+\hat{\psi}_1(q)x_1+\hat{\psi}_2(q)x_2+\hat{\psi}_3(q)x_3+\hat{\psi}_4(q)x_4} \tag{2-86}$$

式中，模型参数估计量$\hat{\boldsymbol{\psi}}=\left[\hat{\psi}_0(q),\hat{\psi}_1(q),\hat{\psi}_2(q),\hat{\psi}_3(q),\hat{\psi}_4(q)\right]^{\mathrm{T}}$。

2.4.3　基于贝叶斯分位数回归方法的分位寿命置信区间估计

通过执行 burn-in 和 thinning 操作消除 Markov 链的初始值和自相关影响后，可得到服从目标分布的后验样本集合$\left\{\boldsymbol{\psi}^{(l)}\right\}_{l=1}^{B}$。将$\left\{\boldsymbol{\psi}^{(l)}\right\}_{l=1}^{B}$代入 2.4.2 小节中三种失效模式下寿命模型后得到分位寿命的后验样本$\hat{N}_{\mathrm{f}}^{(l)}(q|\boldsymbol{x})$（或$\hat{t}^{(l)}(q|\boldsymbol{x})$）$(l=1,\cdots,B)$。将$B$个分位寿命样本$\hat{N}_{\mathrm{f}}^{(l)}(q|\boldsymbol{x})$（或$\hat{t}^{(l)}(q|\boldsymbol{x})$）$(l=1,\cdots,B)$从小到大排序，$q$分位寿命在置信水平$1-\alpha$下的置信区间$\kappa_{\mathrm{QR}}$表示如下：

$$\kappa_{\mathrm{QR}}=\left[\underline{\kappa}_{\mathrm{QR},1-\alpha/2},\overline{\kappa}_{\mathrm{QR},\alpha/2}\right] \tag{2-87}$$

式中，$\overline{\kappa}_{\mathrm{QR},\alpha/2}$和$\underline{\kappa}_{\mathrm{QR},1-\alpha/2}$分别为$q$分位寿命估计区间的上侧$\alpha/2$经验百分位值和上侧$1-\alpha/2$经验百分位值，分别对应$\alpha/2$和$1-\alpha/2$的分位寿命估计量。

2.5　数 值 模 拟

2.5.1　仿真试验

假设对某镍基高温合金进行高周疲劳的寿命试验，并对试验数据进行统计分析，来建立此高温合金高周疲劳的概率寿命模型，并对它在不同生存率水平下的疲劳寿命进行评估。试验温度为 650℃，应力比为 0.5，通过蒙特卡洛模拟方法获取仿真试验件寿命数据的对数化线性模型表达式为

$$\lg N_{\mathrm{f}}=\boldsymbol{x}\boldsymbol{b}=b_0+b_1x+\sigma(x)\cdot\varepsilon \tag{2-88}$$

式中，b_0=9.3348；b_1=−1.9849；x=lg$S$。

为研究几种方法估算疲劳寿命的稳健性，仿真试验采取不同试验设计，来模拟实际工程中会出现的不同情形，表 2-1 共有 6 组试验设定。

表 2-1　模拟的试验设定

试验设定编号	寿命分布	尺度函数$\sigma(x)$
1	对数正态分布	0.9358
2	对数正态分布	5.7838−1.8549x
3	对数正态分布	exp(5.1838−2.0549x)
4	韦布尔分布	0.9358
5	韦布尔分布	5.7838−1.8549x
6	韦布尔分布	exp(5.1838−2.0549x)

在不同试验设计下，利用经典最小二乘回归（ordinary least square regression，OLSR）方法、均方差线方法[8]、极大似然估计方法、贝叶斯模型平均（BMA）方法和贝叶斯分位数回归（BQR）方法估计模型参数，并用于预测该高温合金在低应力水平 S=200MPa 和不同生存率 q=0.5、0.7、0.9、0.95、0.99 水平下的分位寿命。针对极大似然估计方法，考虑的统计模型有 4 种，分别为对数正态寿命分布-同方差模型（简称 L-S）、对数正态寿命分布-异方差模型（简称 L-D）、韦布尔寿命分布-同方差模型（简称 W-S）和韦布尔寿命分布-异方差模型（简称 W-D）。

每组模拟试验，采用 7 组应力幅，即应力水平数 L=7，试验方案如表 2-2 所示，样本总数 N=45。利用 1000 组模拟试验结果的平均相对误差（average relative error, ARE）和均方误差（mean square error，MSE）来评估方法精度，ARE 和 MSE 的计算公式分别为

$$\begin{aligned}
&\text{ARE}=\frac{1}{1000}\sum_{r=1}^{1000}\left|\lg N_{\mathrm{f}}\left(q|\boldsymbol{x}\right)-\lg \hat{N}_{\mathrm{f}}^{(r)}\left(q|\boldsymbol{x}\right)\right|\Big/\lg N_{\mathrm{f}}\left(q|\boldsymbol{x}\right)\\
&\text{MSE}=\frac{1}{1000}\sum_{r=1}^{1000}\left[\lg N_{\mathrm{f}}\left(q|\boldsymbol{x}\right)-\lg \hat{N}_{\mathrm{f}}^{(r)}\left(q|\boldsymbol{x}\right)\right]^2
\end{aligned}\tag{2-89}$$

式中，$N_{\mathrm{f}}\left(q|\boldsymbol{x}\right)$ 表示在载荷环境 $\boldsymbol{x}$ 下镍基高温合金真实的分位寿命；$\hat{N}_{\mathrm{f}}^{(r)}\left(q|\boldsymbol{x}\right)$ $\left(r=1,\cdots,1000\right)$ 表示在载荷环境 $\boldsymbol{x}$ 下由不同数据处理方法得到的分位寿命估计量。模拟试验结果见表 2-3～表 2-8。

表 2-2　模拟试验的试验方案

应力幅 S/MPa	对数化应力水平 x	试样数 N
1200	2.9089	10
1160	2.8869	10
1120	2.8638	5
1080	2.8394	5
950	2.7488	5
850	2.6635	5
800	2.6136	5

表 2-3　试验设定 1 下不同分位寿命的 ARE 和 MSE

方法	0.5		0.7		0.9		0.95		0.99		AIC
	ARE	MSE	ARE	MSE	ARE	MSE	ARE	MSE	ARE	MSE	
L-S	0.2168	0.0735	0.2207	0.0761	0.2389	0.0886	0.2517	0.0983	0.2814	0.1230	59.7490
W-S	0.4648	0.2958	0.2597	0.1060	0.3756	0.2233	0.5900	0.4958	1.3079	2.0279	62.5442
L-D	0.2168	0.0740	0.2335	0.0856	0.3007	0.1422	0.3437	0.1862	0.4342	2.9152	60.1981

续表

方法	0.5		0.7		0.9		0.95		0.99		AIC
	ARE	MSE	ARE	MSE	ARE	MSE	ARE	MSE	ARE	MSE	
W-D	0.5261	0.2747	0.2537	0.1014	0.4799	0.3707	0.7183	0.8064	1.4273	0.2981	62.8282
BMA	0.2082	0.0612	0.2307	0.0763	0.2630	0.1061	0.2907	0.1366	0.4018	0.2867	—
BQR	0.2907	0.1342	0.3629	0.1780	0.5889	0.4436	0.3597	0.2506	0.4635	0.3176	—
OLSR	0.2168	0.0735	0.2207	0.0761	0.2389	0.0886	0.2517	0.0983	0.2814	0.1230	—
均方差线	0.2233	0.0779	0.2379	0.0889	0.3075	0.1487	0.3531	0.1958	0.4494	0.3162	—

表 2-4　试验设定 2 下不同分位寿命的 ARE 和 MSE

方法	0.5		0.7		0.9		0.95		0.99		AIC
	ARE	MSE	ARE	MSE	ARE	MSE	ARE	MSE	ARE	MSE	
L-S	0.1154	0.0207	0.1323	0.0271	0.2022	0.0586	0.2470	0.0830	0.3384	0.1450	28.5447
W-S	0.3371	0.1403	0.2245	0.0695	0.1861	0.0516	0.1673	0.0432	0.2849	0.1261	31.2945
L-D	0.1148	0.0207	0.1243	0.0242	0.1604	0.1240	0.1836	0.0533	0.2324	0.0855	27.4747
W-D	0.2841	0.1022	0.1348	0.0264	0.2796	0.0406	0.4393	0.2893	0.9129	1.1162	30.1588
BMA	0.1459	0.0359	0.1759	0.0485	0.2264	0.0793	0.2571	0.0968	0.2985	0.1121	—
BQR	0.0838	0.0092	0.1021	0.0145	0.1836	0.0468	0.2705	0.1076	0.3193	0.1540	—
OLSR	0.1162	0.0213	0.1321	0.0272	0.1983	0.0566	0.2404	0.0794	0.3277	0.1375	—
均方差线	0.1153	0.0209	0.1226	0.0237	0.1579	0.0393	0.1809	0.0517	0.2300	0.0835	—

表 2-5　试验设定 3 下不同分位寿命的 ARE 和 MSE

方法	0.5		0.7		0.9		0.95		0.99		AIC
	ARE	MSE	ARE	MSE	ARE	MSE	ARE	MSE	ARE	MSE	
L-S	0.2931	0.1351	0.3097	0.1495	0.3810	0.2212	0.4294	0.2770	0.5367	0.4192	71.7830
W-S	0.7255	0.6882	0.4154	0.2612	0.3813	0.2319	0.5014	0.4031	1.2183	1.9447	74.4076
L-D	0.2944	0.1365	0.3215	0.1625	0.4313	0.2937	0.5001	0.3961	0.6427	0.6568	71.9619
W-D	0.6553	0.5647	0.3411	0.1828	0.6719	0.7244	1.0279	1.6307	2.0879	6.0906	74.4330
BMA	0.2729	0.1012	0.4368	0.2871	0.9031	0.9739	1.1277	1.2538	1.5257	1.8615	—
BQR	0.5598	0.5238	1.0482	1.5164	1.0439	1.4444	1.3280	2.8010	1.5426	3.2301	—
OLSR	0.3956	0.2458	0.4120	0.2676	0.4960	0.3828	0.5549	0.4731	0.6866	0.7039	—
均方差线	0.3987	0.2499	0.4256	0.2863	0.5503	0.4786	0.6307	0.6296	0.8009	1.0155	—

表 2-6 试验设定 4 下不同分位寿命的 ARE 和 MSE

方法	0.5		0.7		0.9		0.95		0.99		AIC
	ARE	MSE	ARE	MSE	ARE	MSE	ARE	MSE	ARE	MSE	
L-S	0.5273	0.3791	0.3260	0.1743	0.3675	0.2117	0.4833	0.3444	1.0389	1.3530	70.3745
W-S	0.2198	0.0772	0.2466	0.0968	0.3098	0.1506	0.3557	0.1979	0.4734	0.3480	66.8505
L-D	0.5288	0.3816	0.3985	0.2609	0.5668	0.5085	0.7106	0.7782	1.2198	2.1022	70.4351
W-D	0.2299	0.0846	0.3316	0.1762	0.5157	0.4244	0.6351	0.6421	0.9158	1.3305	67.3152
BMA	0.3094	0.1151	0.2362	0.1126	0.3399	0.2003	0.4247	0.2815	0.6586	0.5618	—
BQR	0.3907	0.2465	0.4126	0.2919	0.6928	0.6016	0.5304	0.4984	1.0574	1.2370	—
OLSR	0.5300	0.3832	0.3322	0.1787	0.3714	0.2146	0.4788	0.3410	1.0206	1.3203	—
均方差线	0.5500	0.4088	0.4033	0.2621	0.5576	0.4910	0.7034	0.7590	1.2207	2.1150	—

表 2-7 试验设定 5 下不同分位寿命的 ARE 和 MSE

方法	0.5		0.7		0.9		0.95		0.99		AIC
	ARE	MSE	ARE	MSE	ARE	MSE	ARE	MSE	ARE	MSE	
L-S	0.3338	0.1434	0.1669	0.0447	0.3053	0.1307	0.4872	0.2987	0.3157	1.1686	39.1460
W-S	0.1233	0.0237	0.2196	0.0662	0.3852	0.1833	0.4889	0.2865	0.7272	0.6133	35.4402
L-D	0.3341	0.1422	0.2182	0.0777	0.3022	0.1442	0.3905	0.2309	0.7246	0.7192	37.7710
W-D	0.1207	0.0228	0.1768	0.0489	0.2753	0.1189	0.3389	0.1801	0.2877	0.3732	34.6438
BMA	0.1694	0.0352	0.1932	0.0649	0.3911	0.2062	0.5159	0.3392	0.8083	0.7895	—
BQR	0.3187	0.1209	0.1921	0.0579	0.3172	0.1707	0.4143	0.2246	0.7020	0.7124	—
OLSR	0.3341	0.1443	0.1702	0.0460	0.3026	0.1294	0.4800	0.2933	0.3448	0.1916	—
均方差线	0.3484	0.1538	0.2146	0.0745	0.2914	0.1324	0.3854	0.2229	0.6628	0.6554	—

表 2-8 试验设计 6 下不同分位寿命的 ARE 和 MSE

方法	0.5		0.7		0.9		0.95		0.99		AIC
	ARE	MSE	ARE	MSE	ARE	MSE	ARE	MSE	ARE	MSE	
L-S	0.7660	0.7825	0.4204	0.2910	0.5969	0.5317	0.9047	1.1130	1.9870	4.5351	82.2192
W-S	0.3119	0.1535	0.4606	0.3424	0.7330	0.8782	0.9098	1.3533	1.3235	2.8650	78.9578
L-D	0.7645	0.7823	0.5394	0.4774	0.7647	0.9354	0.9835	1.4848	1.7701	4.3326	82.0391
W-D	0.3120	0.1535	0.4419	0.3108	0.6837	0.7482	0.8415	1.1342	1.2133	4.3460	78.9424
BMA	0.5484	0.3780	0.7124	0.6669	0.8108	0.7682	1.5980	1.4342	2.5893	2.1205	—
BQR	0.5840	0.5409	0.6193	0.7225	1.0256	1.1035	1.1231	1.8151	1.4678	2.4335	—
OLSR	1.0417	1.4437	0.5848	0.5500	0.8002	0.9591	1.1921	1.9701	1.4951	3.2322	—
均方差线	1.0531	1.4682	0.7203	0.8312	1.0127	1.5929	1.3120	2.6116	2.1113	6.7928	—

由表 2-3 的对比结果可以发现，对于试验设定 1 中的对数正态寿命分布-同方差情况，经典最小二乘回归方法与对数正态寿命分布-同方差模型下极大似然估计方法的估计精度最高，可以说明经典最小二乘回归方法适用于拟合对数寿命服从

正态分布且正态分布的尺度参数为定值的寿命数据。表 2-4 的对比结果表明，对于试验设定 2 中的对数正态寿命分布-异方差情况，均方差线方法与对数正态寿命分布-异方差模型下的极大似然估计方法精度相似且都要优于其他方法，可以说明均方差线方法适用于拟合对数寿命服从正态分布且尺度函数 $\sigma(x)$ 与 x 存在线性关系的数据。

在其他试验设定下，当极大似然估计方法使用了正确的寿命分布类型与尺度函数假设时，它的估计精度最高。然而，该方法对寿命的估计精度依赖于正确的前提假设，因此需要通过 AIC 选出精度最高的极大似然估计模型。从表 2-5 中结果可以发现，AIC 表现了良好的权衡模型拟合数据优良性的能力，AIC 认定对数正态寿命分布-同方差模型下的极大似然估计方法拟合最优，这与 ARE 和 MSE 评估结果一致。

同时可以发现，贝叶斯模型平均方法在每一种模拟试验设定下，虽然估计精度不是最高的，但能保证拟合效果不会过差。例如，由表 2-8 中试验设定 6 下的分析结果可知，韦布尔寿命分布-异方差模型下的极大似然估计方法有最高的精度，但是由于贝叶斯模型平均方法将韦布尔寿命分布当成候选模型，它的估计精度仅次于正确判定的极大似然估计。

在部分试验设定下，贝叶斯分位数回归方法要优于极大似然估计方法和经典最小二乘回归方法。具体来讲，当模拟的寿命服从韦布尔分布时，贝叶斯分位数回归方法要优于经典最小二乘回归方法和寿命分布类型误判的极大似然估计方法。但总体而言，对于此类小子样问题，贝叶斯分位数回归方法在估计分布尾部寿命的优势并不比贝叶斯模型平均方法的优势明显。

2.5.2　GH4169 低周疲劳小子样数据分析

表 2-9 给出了 360℃下 GH4169 高温合金的低周疲劳寿命试验数据。以下将利用 OLSR 方法、极大似然估计方法、BMA 方法和 BQR 方法对不同生存率水平（q=0.01、0.5）下 GH4169 高温合金的低周疲劳寿命进行评估。

表 2-9　GH4169 高温合金的低周疲劳寿命试验数据（360℃）

样本	$\Delta\varepsilon_t/2$ /%	$\Delta\varepsilon_e/2$ /%	$\Delta\varepsilon_p/2$ /%	$\Delta\sigma/2$	$2N_f$
1	2.155	0.610	1.545	1180	81
2	1.390	0.570	0.820	1102	301
3	1.175	0.500	0.670	974	497
4	0.930	0.535	0.400	1035	845
5	0.785	0.500	0.285	973	1113
6	0.630	0.500	0.130	975	3111
7	0.500	0.425	0.070	827	7228
8	0.425	0.415	0.010	802	34270

首先使用 OLSR 方法，得到了 GH4169 高温合金的疲劳寿命模型：

$$\frac{\Delta\varepsilon_t}{2}=10^{\left(-\frac{-28.1559+0.2736\varepsilon}{-13.6069}\right)}(2N_f)^{\frac{1}{-13.6069}}+10^{\left(-\frac{0.0641+0.1409\varepsilon}{-1.1603}\right)}(2N_f)^{\frac{1}{-1.1603}} \quad (2\text{-}90)$$

然后使用极大似然估计方法，表 2-10 给出了几个模型假设下的分析结果，可以发现，对数正态分布-异方差假设下的极大似然估计方法对数据拟合效果最好，相应的 GH4169 高温合金的疲劳寿命模型为

$$\frac{\Delta\varepsilon_t}{2}=10^{\left(-\frac{-30.2181-5.7665\varepsilon}{-14.5062-2.6038\varepsilon}\right)}(2N_f)^{\frac{1}{-14.5062-2.6038\varepsilon}}+10^{\left(-\frac{0.4860+0.3528\varepsilon}{-1.0122-0.0882\varepsilon}\right)}(2N_f)^{\frac{1}{-1.0122-0.0882\varepsilon}} \quad (2\text{-}91)$$

表 2-10　模型选择中 AIC 的值

极大似然模型假设	AIC
对数正态分布-同方差（L-S）	7.5875
对数正态分布-异方差（L-D）	−26.3447
韦布尔分布-同方差（W-S）	5.9393
韦布尔分布-异方差（W-D）	−6.5927

表 2-11 和表 2-12 分别给出了不同应力幅下得到的疲劳寿命经典最小二乘估计量和极大似然估计量与它们的 95%置信区间。

表 2-11　基于 OLSR 方法和极大似然估计方法的疲劳寿命预测结果与置信区间（q=0.5）

应变幅	OLSR 方法		极大似然估计方法	
$\Delta\varepsilon_t/2$ /%	预测结果	95%置信区间	预测结果	95%置信区间
2.155	69.19	[46.10,111.88]	90.77	[31.50,129.04]
1.390	150.62	[109.26,223.50]	192.71	[111.96,236.82]
1.175	208.16	[150.42,277.40]	255.37	[167.70,309.56]
0.930	348.11	[280.07,406.39]	400.24	[288.54,475.04]
0.785	542.60	[424.81,618.75]	591.86	[452.26,843.98]
0.630	1125.93	[928.27,1258.09]	1140.60	[953.95,1929.08]
0.500	3497.53	[2928.00,4182.36]	3353.08	[2313.17,7386.02]
0.425	12095.27	[5297.96,19346.55]	12362.88	[5780.10,32051.82]

表 2-12　基于 OLSR 方法和极大似然估计方法的疲劳寿命预测结果与置信区间（q=0.01）

应变幅	OLSR 方法		极大似然估计方法	
$\Delta\varepsilon_t/2$ /%	预测结果	95%置信区间	预测结果	95%置信区间
2.155	157.14	[109.50,183.39]	145.06	[40.50,302.07]
1.390	333.55	[263.31,386.43]	475.51	[131.16,637.87]
1.175	466.09	[409.49,503.31]	597.37	[219.66,905.85]
0.930	798.08	[648.05,920.49]	865.12	[496.85,1235.74]

续表

应变幅	OLSR 方法		极大似然估计方法	
$\Delta\varepsilon_t/2$ /%	预测结果	95%置信区间	预测结果	95%置信区间
0.785	1279.09	[1106.97,1422.72]	1206.45	[835.45,2180.85]
0.630	2831.50	[2474.15,3290.21]	2994.15	[1666.55,8590.62]
0.500	10195.40	[7831.43,14326.37]	7638.95	[5932.70,65225.51]
0.425	42115.47	[23646.65,60057.21]	41976.18	[17135.00,952783.13]

使用贝叶斯模型平均方法，得到了 GH4169 高温合金的疲劳寿命模型：

$$\frac{\Delta\varepsilon_t}{2}=10^{\left[-\frac{(-26.4417+0.3197\varepsilon_1)0.5849+(-29.9058+0.2040\varepsilon_2)\ 0.4151}{-0.0740}\right]}(2N_f)^{-0.0740}+10^{\left[-\frac{(0.0687+0.1363\varepsilon_1)0.4243+(0.1178+0.0885\varepsilon_2)0.5757}{-0.8617}\right]}(2N_f)^{-0.8617} \tag{2-92}$$

通过式（2-92）可知，弹性段内疲劳寿命服从对数正态分布的后验概率为 0.5849，服从韦布尔分布的后验概率为 0.4151；塑性段内疲劳寿命服从对数正态分布的后验概率为 0.4243，服从韦布尔分布的后验概率为 0.5757。

最后通过贝叶斯模型平均方法得到了生存率 $q=0.5$ 和 $q=0.01$ 下的 GH4169 高温合金疲劳寿命模型。

贝叶斯分位数回归方法 $(q=0.5)$：

$$\frac{\Delta\varepsilon_t}{2}=0.0081(2N_f)^{-0.0637}+0.7390(2N_f)^{-0.7885} \tag{2-93}$$

贝叶斯分位数回归方法 $(q=0.01)$：

$$\frac{\Delta\varepsilon_t}{2}=0.0078(2N_f)^{-0.0561}+1.2737(2N_f)^{-0.8444} \tag{2-94}$$

表 2-13 和表 2-14 分别给出了基于贝叶斯模型平均方法和贝叶斯分位数回归方法的疲劳寿命预测值与它们的 95%置信区间。

当生存率 q=0.5 时，OLSR 方法和极大似然估计方法对于不同应变幅（除了应变幅 2.155）下疲劳寿命预测结果都低于如表 2-9 所示的真实疲劳寿命。相对而言，对数正态分布-异方差假设下的极大似然估计方法更接近于真实疲劳寿命。当生存率 q=0.01 时，极大似然估计方法疲劳寿命的预测精度显著提升且所有应变幅下的疲劳寿命 95%置信区间都覆盖了试验寿命。

表 2-13 中生存率 q=0.5 时，贝叶斯模型平均方法得到的疲劳寿命预测结果介于 OLSR 方法和极大似然估计方法两种方法得到的结果（表 2-11）之间。但是由表 2-14 中生存率 q=0.01 下的结果可以发现，由于受到韦布尔分布假设的影响，贝叶斯模型平均方法预测效果并不好，贝叶斯分位数回归方法对高应变幅所在的低疲劳寿命区，预测精度要略差于极大似然估计方法，但是优于贝叶斯模型平均方法，随着应变幅逐渐增加，贝叶斯分位数回归方法的预测精度逐渐提高，在高

表 2-13　基于贝叶斯模型平均方法和贝叶斯分位数回归方法的疲劳寿命预测值与置信区间（q=0.5）

应变幅	贝叶斯模型平均方法		贝叶斯分位数回归方法	
$\Delta\varepsilon_t/2$ /%	预测结果	95%置信区间	预测结果	95%置信区间
2.155	74.67	[59.48, 93.61]	77.06	[26.72,176.77]
1.390	155.77	[124.47, 194.62]	180.51	[54.90,406.82]
1.175	215.25	[171.65, 269.59]	314.96	[76.61,648.35]
0.930	359.82	[286.82, 269.59]	479.35	[129.61,1017.56]
0.785	560.51	[446.37, 702.54]	820.79	[206.99,1950.81]
0.630	1135.89	[923.71, 1460.06]	1805.45	[479.15,4303.98]
0.500	3454.02	[2776.31, 4638.85]	5128.82	[1910.86,14139.16]
0.425	12252.99	[8930.53, 17100.25]	21987.83	[8720.46,63859.55]

表 2-14　基于贝叶斯模型平均方法和贝叶斯分位数回归方法的疲劳寿命预测值与置信区间（q=0.01）

应变幅	贝叶斯模型平均方法		贝叶斯分位数回归方法	
$\Delta\varepsilon_t/2$ /%	预测结果	95%置信区间	预测结果	95%置信区间
2.155	135.20	[106.35,169.34]	91.2435	[34.3176,217.3354]
1.390	288.15	[227.83,358.08]	254.3879	[65.8673,524.1017]
1.175	403.81	[319.95,501.95]	371.9367	[89.2022,757.9259]
0.930	696.21	[553.34,872.72]	576.7098	[146.4794,1429.1568]
0.785	1126.12	[895.27,1414.77]	951.2734	[232.0355,2419.1383]
0.630	2555.76	[2034.18,3250.92]	2098.5411	[553.4049,5109.0749]
0.500	9887.73	[7626.87,13287.30]	6924.2885	[2464.9305,19858.1326]
0.425	45534.50	[31778.70,68058.39]	40785.6780	[15811.4764,125987.3120]

疲劳寿命区，它的预测效果最好。虽然贝叶斯分位数回归方法在所有应变幅下得到的疲劳寿命 95%置信区间都覆盖了试验寿命，但是该疲劳寿命置信区间普遍大于其他方法的疲劳寿命置信区间，使得置信区间的应用价值较低。

2.6　本 章 小 结

本章详细描述了极大似然估计方法、贝叶斯模型平均方法和贝叶斯分位数回归方法三种试验数据处理方法，并使用它们建立了高、低周疲劳和蠕变三种失效模式下的概率寿命模型。通过模拟试验和真实试验的结果分析，得到的结论可以总结为以下几点。

（1）高、低周疲劳和蠕变寿命分析模型可以转变为简单的广义线性模型，这无疑给疲劳蠕变寿命试验数据的统计分析带来了很大的简化。

（2）提出的试验数据处理方法可有效地估计在不同生存率条件下高、低周疲劳和蠕变失效模式的寿命曲线及其置信区间。

（3）通过几种数据处理方法的理论分析和试验数据处理结果对比，可以发现如下规律：

① 在概率寿命模型的构建上，极大似然估计方法相比于经典最小二乘回归方法和均方差线方法更加灵活，可以对寿命的分布类型以及尺度函数与载荷水平之间的对应关系做出多种假设。当试验数据的真实情况与假设一致时，极大似然估计方法的精度高，反之，拟合效果变差。在模型选择中，建议使用某种模型评价准则，如 AIC，从所有备选模型的集合中选择一个拟合效果最好的极大似然估计模型，并将此模型用来预测疲劳蠕变寿命。

② 虽然极大似然估计方法可以通过模型评价准则来选择一个拟合效果最好的模型，并将此模型用来预测疲劳蠕变寿命。然而，在工程实践中，即使不是模型评价准则选择出来的最佳模型，其预测值也可以提供一定信息。当两个模型之间的拟合效果存在差异时，不能表明拟合效果较差的模型一定要被丢弃，出现这种结果可能是由于数据不够充足，而不是该模型没有明显的预测价值，因此有必要引入混合模型的建模方法。本章以贝叶斯理论为依托，针对贝叶斯模型平均方法展开了较为深入的研究，仿真试验证明了贝叶斯混合模型的优势，其估计精度在多数情况下，要优于经典最小二乘回归方法和寿命分布假设误判时的极大似然估计方法。贝叶斯模型平均方法不依赖于寿命和方差类型的假设，既保证了估计精度，又解决了在缺乏先验信息的前提下，经典最小二乘回归方法和极大似然估计方法缺乏稳健性的问题。

③ 贝叶斯分位数回归方法是在中位数回归理论的基础上，把中位数回归推广到一般的分位数回归而得到的，它可以看作是正负偏差绝对值加权的最小化结果。贝叶斯分位数回归方法不仅可以度量回归变量对分布中心的影响，同时也可以度量其对分布上、下尾部的影响，充分体现出条件分布的局部信息，因此在应用上有一定的优势。值得指出的是，对于数据变异性较大的小子样问题，贝叶斯分位数回归方法也会由于样本对母体信息反映不够充分而失去在数据回归中的优势。

表 2-15 对本章所提到的几种方法的优缺点进行了相应的总结。

表 2-15　本章数据处理方法的优缺点对比

方法	优点	缺点
极大似然估计	可以对数据的分布类型和变异性做出多种假设，模型选择灵活	需要采用信息准则来筛选候选模型，当样本数量较少时，存在误判的可能性
贝叶斯模型平均	（1）考虑寿命分布类型的不确定性，更加符合实际 （2）后验是参数的精确分布，小样本情况下的推断结论更加可靠 （3）利用了样本信息和参数的先验信息，使用合适的先验分布可以显著提高估计精度 （4）混合模型考虑的信息更加全面，对异常样本的容错度高	依赖较为可信的先验信息
贝叶斯分位数回归	（1）后验是参数的精确分布，小样本情况下的推断结论更加可靠 （2）利用了样本信息和参数的先验信息，使用合适的先验分布可以显著提高估计精度 （3）不需要对寿命的分布类型和尺度参数类型做任何假设，适用于处理缺乏分布类型和尺度参数模型先验信息的试验数据	尾部分位寿命的估计精度随样本数量减少而降低的趋势明显

参 考 文 献

[1] WEIBULL W. Fatigue Testing and Analysis of Results[M]. London: Pergamon Press, 1961.

[2] BASQUIN O H. The exponential law of endurance tests[J]. Proceedings of ASTM, 1919 (10): 625-630.

[3] LANGER B F. Design of pressure vessels for low cycle fatigue[J]. Journal of Basic Engineering ASME, 1962, 84(3): 389-402.

[4] COFFIN L F. A study of the effects of cyclic thermal stresses on a ductile metal[J]. American Society of Mechanical Engineers, 1954, 74: 931-950.

[5] MANSON S S. Behavior of Materials under Conditions of Thermal Stress[M]. Washington: University of Michigan Press, 1953.

[6] LARSON F R, MILLER J. A time-temperature relationship for rupture and creep stresses[J]. Transactions of the ASME, 1952, 74(5): 765-775.

[7] CHEN N , TANG Y , YE Z S. Robust quantile analysis for accelerated life test data[J]. IEEE Transactions on Reliability, 2016, 65(2):901-913.

[8] 赵永翔, 王金诺, 高庆. P-S-N 曲线及其置信限参数估计的统一常规方法[J]. 机械强度, 2000(3):217-221.

[9] 傅惠民, 刘成瑞. S-N 曲线和 P-S-N 曲线小子样测试方法[J]. 机械强度, 2006, 28(4):552-555.

[10] WAYNE N. Accelerated Testing: Statistical Models, Test Plans, and Data Analysis[M]. New York: Wiley, 2008.

[11] LJUNG L. System Identification: Theory for the User[M].Beijing: Tsinghua University Press, 1999.

[12] 高镇同. 疲劳应用统计学[M]. 北京：国防工业出版社，1986.

[13] JIN Z, YING Z, WEI L J. A simple resampling method by perturbing the minimand[J]. Biometrika, 2001, 88: 381-390.

[14] ZHU K. Bootstraping the portmanteau tests in weak auto regressive moving average models[J]. Journal of the Royal Statistical Society: Series B (Statistical Methodology), 2016, 78(2): 463-485.

[15] PRESS S J. Subjective and Objective Bayesian Statistics [M]. 2nd ed. New York: John Wiley & Sons, 2003.

[16] YU I T, CHANG C L. Applying Bayesian model averaging for quantile estimation in accelerated life tests[J]. IEEE Transactions on Reliability, 2012, 61(1): 74-83.

[17] SHEPHARD N. Non-Gaussian Ornstein-Uhlenbeck-based models and some of their uses in financial economics[J]. Journal of the Royal Statistical Society, 2001, 63(2):167-241.

[18] TYOSKIN O I, KRIVOLAPOV S Y. Nonparametric model for step-stress accelerated life testing[J]. IEEE Transactions on Reliability, 1996, 45(2):346-350.

[19] KOENKER R, HALLOCK K F. Quantile regression[J]. Journal of the economic perspectives, 2001, 15(4): 143-156.

[20] 霍翠伟. 贝叶斯分位数回归及其应用[D]. 大连：大连理工大学，2018.

[21] YU K, MOYEED R A. Bayesian quantile regression[J]. Statistics and Probability Letters, 2001, 54: 437-447.

[22] REED C, YU K. A partially collapsed gibbs sampler for Bayesian quantile regression[R]. Brunel: Brunel University, 2009.

[23] KOZUMI H, KOBAYASHI G. Gibbs sampling for Bayesian quantile regression[J]. Journal of Statistical Computation and Simulation, 2011, 81(11):1565-1578.

[24] BARNDORFF-NIELSEN O E, SHEPHARD N. Non-Gaussian Ornstein-Uhlenbeck-based models and some of their uses in financial economics[J]. Journal of the Royal Statistical Society: Series B(Statistical Methodology), 2001, 63(2): 167-241.

第 3 章　不确定性下全局灵敏度分析方法

基于方差的全局灵敏度指标以方差来衡量输出的不确定性，利用高维模型展开建立了输出响应方差分解的模型，其中一阶方差项描述了单个输入变量对输出方差的单独贡献，二阶方差项描述了两个输入变量对输出方差的交叉贡献，高阶方差项描述了多个输入变量对输出方差的交叉贡献。在方差全局灵敏度分析中最为关心的两个量分别是输入变量的方差主指标和方差总指标。其中，输入变量的方差主指标衡量的是输入变量的单独贡献，而方差总指标衡量的是输入变量的总贡献，包括该变量的单独贡献及其与其余变量之间的交叉贡献。基于方差的全局灵敏度分析由于其清晰明确的物理意义而被广泛研究。

方差全局灵敏度指标满足“全局性、可量化性、通用性”，但其仅考虑了输出方差，这在很多情况下对输出不确定性的描述不充分。为此，文献[1]利用概率密度函数这一完整统计规律的描述方法来衡量输出变量的不确定性，提出了矩独立全局灵敏度指标，其定义为输入变量在其整个分布空间取值时引起的输出概率密度函数的平均变化量。相对于方差全局灵敏度指标，矩独立全局灵敏度指标具有矩独立的性质，其利用输出的概率密度函数来完整描述输出的不确定性信息，且具有转换不变性[2]。

可靠性同样是工程中非常关心的输出统计性能，其主要反映的是输出响应概率密度函数的尾部信息。文献[3]在矩独立全局灵敏度指标的基础上建立了可靠性全局灵敏度指标，其衡量的是输入变量在其整个分布空间内变化时，无条件失效概率与条件失效概率之间绝对差异的平均，反映了输入变量对失效概率的全面影响。文献[4]统一了可靠性全局灵敏度与方差全局灵敏度的表达形式。

本章针对结构全局灵敏度分析，从不同角度研究上述三类全局灵敏度指标的高效计算方法，并将三类全局灵敏度求解应用到涡轮叶片结构中，得到了与涡轮叶片结构疲劳寿命相关的基本输入变量对寿命方差、寿命的概率密度函数和寿命失效概率的全局重要性。

3.1　基于方差的全局灵敏度分析方法

3.1.1　基于方差的全局灵敏度指标的定义

设 $Y = g(\boldsymbol{X})$ 为输入输出关系模型，其中 $\boldsymbol{X} = (X_1, X_2, \cdots, X_n)$ 表示 n 维随机输入

向量，Y 表示模型输出。根据高维模型展开，得到一阶方差全局灵敏度指标 S_i 如下[5]：

$$S_i = \frac{V_{X_i}(E_{\boldsymbol{X}_{-i}}(Y \mid X_i))}{V(Y)} = \frac{V(Y) - E_{X_i}(V_{\boldsymbol{X}_{-i}}(Y \mid X_i))}{V(Y)} \tag{3-1}$$

式中，$E(\cdot)$ 表示期望算子；$V(\cdot)$ 表示方差算子；$\boldsymbol{X}_{-i}$ 表示 $\boldsymbol{X}$ 中除变量 X_i 之外的其他输入变量组成的向量；$V(Y)$ 表示模型输出 Y 的无条件方差。

一阶方差全局灵敏度指标 S_i 反映了输入变量 X_i 在其整个分布范围内取不同实现值时对输出无条件方差 $V(Y)$ 的平均影响，输入变量一阶方差全局灵敏度越大，表明其对输出无条件方差的贡献越大。根据高维模型展开，可得一组 r 维输入变量 $\boldsymbol{X_R} = \left(X_{i_1}, \cdots, X_{i_r}\right)(1 \leqslant i_r \leqslant n,\ 1 \leqslant r \leqslant n)$ 的方差全局灵敏度指标 $S_{\boldsymbol{R}}$ 如下：

$$S_{\boldsymbol{R}} = \frac{V_{\boldsymbol{X_R}}(E_{\boldsymbol{X}_{-\boldsymbol{R}}}(Y \mid \boldsymbol{X_R}))}{V(Y)} \tag{3-2}$$

根据高维模型展开，可定义 X_i 的一阶方差贡献总指标 $S_{\mathrm{T}i}$ 和 r 维输入变量 $\boldsymbol{X_R}$ 的方差贡献总指标 $S_{\mathrm{T}\boldsymbol{R}}$ 如下[5]：

$$S_{\mathrm{T}i} = \frac{V(Y) - V_{\boldsymbol{X}_{-i}}(E_{X_i}(Y \mid \boldsymbol{X}_{-i}))}{V(Y)} \tag{3-3}$$

$$S_{\mathrm{T}\boldsymbol{R}} = \frac{V(Y) - V_{\boldsymbol{X}_{-\boldsymbol{R}}}(E_{\boldsymbol{X_R}}(Y \mid \boldsymbol{X}_{-\boldsymbol{R}}))}{V(Y)} \tag{3-4}$$

3.1.2 乘法降维结合数字模拟求解方差全局灵敏度指标的单层分析法

1. 基于乘法降维的方差全局灵敏度指标求解公式

本节中方差全局灵敏度指标的计算仅考虑输入变量独立的情况。对式（3-1）中 $E_{X_i}(V_{\boldsymbol{X}_{-i}}(Y \mid X_i))$ 进行推导，可得到等价表达式如下：

$$\begin{aligned}
& E_{X_i}(V_{\boldsymbol{X}_{-i}}(Y \mid X_i)) \\
=& E_{X_i}(V_{\boldsymbol{X}_{-i}}(g(\boldsymbol{X}) \mid X_i)) \\
=& \int_{X_i}\left\{\int_{\boldsymbol{X}_{-i}}\left[g(\boldsymbol{x}_{-i}, x_i) - \int_{\boldsymbol{X}_{-i}} g(\boldsymbol{x}_{-i}, x_i) f_{\boldsymbol{X}_{-i}}(\boldsymbol{x}_{-i})\mathrm{d}\boldsymbol{x}_{-i}\right]^2 f_{\boldsymbol{X}_{-i}}(\boldsymbol{x}_{-i})\mathrm{d}\boldsymbol{x}_{-i}\right\} f_{X_i}(x_i)\mathrm{d}x_i \\
=& \int_{\boldsymbol{X}}\left[g(\boldsymbol{x}_{-i}, x_i) - \int_{\boldsymbol{X}_{-i}} g(\boldsymbol{x}_{-i}, x_i) f_{\boldsymbol{X}_{-i}}(\boldsymbol{x}_{-i})\mathrm{d}\boldsymbol{x}_{-i}\right]^2 f_{\boldsymbol{X}}(\boldsymbol{x})\mathrm{d}\boldsymbol{x} \\
=& E_{\boldsymbol{X}}\left(g(\boldsymbol{X}) - E_{\boldsymbol{X}_{-i}}(Y \mid X_i)\right)^2 \\
=& E_{\boldsymbol{X}}\left(Y - E_{\boldsymbol{X}_{-i}}(Y \mid X_i)\right)^2
\end{aligned} \tag{3-5}$$

基于上述推导，方差主指标可等价表示为[6]

$$S_i = 1 - \frac{E_{\boldsymbol{X}}(Y - E_{\boldsymbol{X}_{-i}}(Y \mid X_i))^2}{V(Y)} \tag{3-6}$$

式（3-6）将原始的内层条件方差项 $V_{\boldsymbol{X}_{-i}}(Y \mid X_i)$ 转化为内层条件均值项 $E_{\boldsymbol{X}_{-i}}(Y \mid X_i)$，原始的关于 X_i 的期望 $E_{X_i}(\cdot)$ 转化为关于 $\boldsymbol{X}$ 的期望 $E_{\boldsymbol{X}}(\cdot)$。

文献[7]根据高维模型展开后保留一阶项以及等价的对数变换，将功能函数 $Y = g(\boldsymbol{X})$ 这个多维变量函数近似表示为多个一维变量函数的乘积形式，即

$$g(\boldsymbol{X}) \approx [g(\boldsymbol{\mu})]^{1-n} \prod_{k=1}^{n} g(\mu_1, \cdots, \mu_{k-1}, X_k, \mu_{k+1}, \cdots, \mu_n) \tag{3-7}$$

式中，$\boldsymbol{\mu} = [\mu_1, \mu_2, \cdots, \mu_n]$ 为输入变量 $\boldsymbol{X}$ 的均值向量。

将式（3-7）所示的 $g(\boldsymbol{X})$ 的乘法降维近似表达式代入式（3-6）中，可将条件均值 $E_{\boldsymbol{X}_{-i}}(Y \mid X_i)$ 表示为

$$\begin{aligned} E_{\boldsymbol{X}_{-i}}(Y \mid X_i) &= \int_{\boldsymbol{X}_{-i}} g(\boldsymbol{x}) f_{\boldsymbol{X}_{-i}}(\boldsymbol{x}_{-i}) \mathrm{d}\boldsymbol{x}_{-i} \\ &\approx \int_{\boldsymbol{X}_{-i}} [g(\boldsymbol{\mu})]^{1-n} \prod_{i=1}^{n} g(x_1, \cdots, x_{i-1}, \mu_i, x_{i+1}, \cdots, x_n) f_{\boldsymbol{X}_{-i}}(\boldsymbol{x}_{-i}) \mathrm{d}\boldsymbol{x}_{-i} \\ &= [g(\boldsymbol{\mu})]^{1-n} \cdot g(\boldsymbol{\mu}_{-i}, x_i) \prod_{j=1, j \neq i}^{n} \int_{X_j} g(\boldsymbol{\mu}_{-j}, x_j) f_{X_j}(x_j) \mathrm{d}x_j \end{aligned} \tag{3-8}$$

式中，$\boldsymbol{\mu}_{-i}$=$[\mu_1, \cdots, \mu_{i-1}, \mu_{i+1}, \cdots, \mu_n]$ 表示 $\boldsymbol{X}$ 中除 X_i 变量之外的其他输入变量的均值组成的向量。

通过式（3-8），多维积分被转换成了多个一维积分的乘积形式，而式（3-8）中的一维积分 $\int_{X_j} g(\boldsymbol{\mu}_{-j}, x_j) f_{X_j}(x_j) \mathrm{d}x_j$ 可以采用高斯积分进行求解。

方差总指标计算式的推导过程如下，首先根据全方差公式将式（3-3）表示为式（3-9），进一步可以对式（3-9）进行式（3-10）的等价推导：

$$S_{\mathrm{T}i} = \frac{E_{\boldsymbol{X}_{-i}}(V_{X_i}(Y \mid \boldsymbol{X}_{-i}))}{V(Y)} \tag{3-9}$$

$$\begin{aligned} & E_{\boldsymbol{X}_{-i}}(V_{X_i}(Y \mid \boldsymbol{X}_{-i})) \\ &= \int_{\boldsymbol{X}_{-i}} \left\{ \int_{X_i} \left[g(\boldsymbol{x}_{-i}, x_i) - \int_{X_i} g(\boldsymbol{x}_{-i}, x_i) f_{X_i}(x_i) \mathrm{d}x_i \right]^2 f_{X_i}(x_i) \mathrm{d}x_i \right\} f_{\boldsymbol{X}_{-i}}(\boldsymbol{x}_{-i}) \mathrm{d}\boldsymbol{x}_{-i} \\ &= \int_{\boldsymbol{X}} \left[g(\boldsymbol{x}) - \int_{X_i} g(\boldsymbol{x}_{-i}, x_i) f_{X_i}(x_i) \mathrm{d}x_i \right]^2 f_{\boldsymbol{X}}(\boldsymbol{x}) \mathrm{d}\boldsymbol{x} \\ &= E_{\boldsymbol{X}} \left(g(\boldsymbol{X}) - E_{X_i}(Y \mid \boldsymbol{X}_{-i}) \right)^2 \\ &= E_{\boldsymbol{X}} \left(Y - E_{X_i}(Y \mid \boldsymbol{X}_{-i}) \right)^2 \end{aligned} \tag{3-10}$$

将式（3-10）代入式（3-9）可将方差总指标等价表示为

$$S_{\mathrm{T}i}=\frac{E_{\boldsymbol{X}}\left(Y-E_{X_i}(Y\mid\boldsymbol{X}_{-i})\right)^2}{V(Y)} \tag{3-11}$$

将式（3-7）的 $g(\boldsymbol{X})$ 的乘法降维近似表达式代入式（3-11），可得 $E_{X_i}(Y\mid\boldsymbol{X}_{-i})$ 的近似计算式如下：

$$\begin{aligned}E_{X_i}(Y\mid\boldsymbol{X}_{-i})&=\int_{X_i}g(\boldsymbol{x})f_{X_i}(x_i)\mathrm{d}x_i\\&\approx\int_{X_i}[g(\boldsymbol{\mu})]^{1-n}\prod_{i=1}^{n}g(\mu_1,\cdots,\mu_{i-1},x_i,\mu_{i+1},\cdots,\mu_n)f_{X_i}(x_i)\mathrm{d}x_i\\&\approx[g(\boldsymbol{\mu})]^{1-n}\cdot\left[\prod_{j=1,j\neq i}^{n}g(\boldsymbol{\mu}_{-j},x_j)\right]\cdot\int_{X_i}g(\boldsymbol{\mu}_{-i},x_i)f_{X_i}(x_i)\mathrm{d}x_i\end{aligned} \tag{3-12}$$

对于一组输入变量 $\boldsymbol{X_R}$，其一阶方差灵敏度指标可通过推导等价表示为

$$S_{\boldsymbol{R}}=1-\frac{E_{\boldsymbol{X}}\left(Y-E_{\boldsymbol{X}_{-\boldsymbol{R}}}(Y\mid\boldsymbol{X_R})\right)^2}{V(Y)} \tag{3-13}$$

根据乘法降维近似原始功能函数，$E_{\boldsymbol{X}_{-\boldsymbol{R}}}(Y\mid\boldsymbol{X_R})$ 的近似计算式可类似推得，如下所示：

$$\begin{aligned}E_{\boldsymbol{X}_{-\boldsymbol{R}}}(Y\mid\boldsymbol{X_R})&=\int_{\boldsymbol{X}_{-\boldsymbol{R}}}g(\boldsymbol{x})f_{\boldsymbol{X}_{-\boldsymbol{R}}}(\boldsymbol{x}_{-\boldsymbol{R}})\mathrm{d}\boldsymbol{x}_{-\boldsymbol{R}}\\&\approx\int_{\boldsymbol{X}_{-\boldsymbol{R}}}[g(\boldsymbol{\mu})]^{1-n}\prod_{i=1}^{n}g(\mu_1,\cdots,\mu_{i-1},x_i,\mu_{i+1},\cdots,\mu_n)f_{\boldsymbol{X}_{-\boldsymbol{R}}}(\boldsymbol{x}_{-\boldsymbol{R}})\mathrm{d}\boldsymbol{x}_{-\boldsymbol{R}}\\&\approx[g(\boldsymbol{\mu})]^{1-n}\cdot\left[\prod_{i_j=i_1}^{i_r}g(\boldsymbol{\mu}_{-i_j},x_{i_j})\right]\cdot\prod_{k=1,k\neq i_1,i_2,\cdots,i_r}^{n}\int_{X_k}g(\boldsymbol{\mu}_{-k},x_k)f_{X_k}(x_k)\mathrm{d}x_k\end{aligned} \tag{3-14}$$

从式（3-8）、式（3-12）和式（3-14）的推导可以看出，当所有的一维积分 $\int_{X_i}g(\boldsymbol{\mu}_{-i},x_i)f_{X_i}(x_i)\mathrm{d}x_i(i=1,2,\cdots,n)$ 及样本对应的 $g(\boldsymbol{\mu}_{-i},x_i)$ 的值已知时，可同时计算得到所有变量的各阶灵敏度指标。

2. 基于乘法降维结合数字模拟法的方差全局灵敏度指标求解步骤

基于乘法降维结合数字模拟法的方差全局灵敏度指标计算的具体执行步骤如下。

第一步： 根据随机输入变量 $\boldsymbol{X}$ 的联合概率密度函数 $f_{\boldsymbol{X}}(\boldsymbol{x})$ 抽取 N 个样本，并将其放入矩阵 $\boldsymbol{A}$ 中，即

$$\boldsymbol{A}=\begin{bmatrix}x_{11}&x_{12}&\cdots&x_{1n}\\x_{21}&x_{22}&\cdots&x_{2n}\\\vdots&\vdots&&\vdots\\x_{N1}&x_{N2}&\cdots&x_{Nn}\end{bmatrix} \tag{3-15}$$

第二步： 计算 $g_{\mu}=g(\boldsymbol{\mu})$，其中 $\boldsymbol{\mu}=[\mu_1,\mu_2,\cdots,\mu_n]$ 表示随机输入变量的均值向量。

第三步： 构建随机输入变量的 $(N\times n)$ 维均值矩阵 $\boldsymbol{C}$，并令 j=1。

$$\boldsymbol{C}=\begin{bmatrix}\mu_1 & \mu_2 & \cdots & \mu_n\\ \mu_1 & \mu_2 & \cdots & \mu_n\\ \vdots & \vdots & & \vdots\\ \mu_1 & \mu_2 & \cdots & \mu_n\end{bmatrix} \tag{3-16}$$

第四步： 定义 $\boldsymbol{B}^{(j)}$ 矩阵，其由 $\boldsymbol{A}$ 中第 j 列替换 $\boldsymbol{C}$ 中的第 j 列得到

$$\boldsymbol{B}^{(j)}=\begin{bmatrix}\mu_1 & \cdots & x_{1j} & \cdots & \mu_n\\ \mu_1 & \cdots & x_{2j} & \cdots & \mu_n\\ \vdots & & \vdots & & \vdots\\ \mu_1 & \cdots & x_{Nj} & \cdots & \mu_n\end{bmatrix} \tag{3-17}$$

第五步： 计算矩阵 $\boldsymbol{A}$ 和 $\boldsymbol{B}^{(j)}$ 中样本的响应值，$\boldsymbol{y}_{\boldsymbol{A}}=g(\boldsymbol{A})$，$\boldsymbol{y}_{\boldsymbol{B}^{(j)}}=g(\boldsymbol{B}^{(j)})$。

第六步： 采用高斯积分计算关于 X_j 输入变量的一维积分，并记为 y_{x_j}，则有

$$y_{x_j}=\int_{X_j}g(\boldsymbol{\mu}_{-j},x_j)f_{X_j}(x_j)\mathrm{d}x_j=\sum_{p=1}^{N_j}w_j^{(p)}g(\boldsymbol{\mu}_{-j},x_j^{(p)}) \tag{3-18}$$

式中，$w_j^{(p)}$ 和 $x_j^{(p)}$ 分别表示关于第 j 维输入变量的一维高斯积分的第 p 个权重和节点；N_j 表示第 j 维输入变量 X_j 的一维高斯积分的积分节点个数。

当 $j<n$ 时，令 $j=j+1$，返回第四步；否则，继续执行第七步。

第七步： 通过第二步至第六步中计算所得的数据来计算 S_i、$S_{\boldsymbol{R}}$ 和 $S_{\mathrm{T}i}$，即

$$\hat{S}_i=1-\frac{\dfrac{1}{N}\sum\limits_{k=1}^{N}\left[y_{\boldsymbol{A}}^{(k)}-(g_{\mu})^{1-n}\cdot y_{\boldsymbol{B}^{(i)}}^{(k)}\cdot\prod\limits_{m=1,m\neq i}^{n}y_{x_m}\right]^2}{\dfrac{1}{N}\sum\limits_{k=1}^{N}\left(y_{\boldsymbol{A}}^{(k)}\right)^2-\left(\dfrac{1}{N}\sum\limits_{k=1}^{N}y_{\boldsymbol{A}}^{(k)}\right)^2} \tag{3-19}$$

$$\hat{S}_{\boldsymbol{R}}=1-\frac{\dfrac{1}{N}\sum\limits_{k=1}^{N}\left[y_{\boldsymbol{A}}^{(k)}-(g_{\mu})^{1-n}\cdot\left(\prod\limits_{j=i_1,i_2,\cdots,i_r}y_{\boldsymbol{B}^{(i_r)}}^{(k)}\right)\cdot\left(\prod\limits_{m=1,m\neq i_1,i_2,\cdots,i_r}^{n}y_{x_m}\right)\right]^2}{\dfrac{1}{N}\sum\limits_{k=1}^{N}\left(y_{\boldsymbol{A}}^{(k)}\right)^2-\left(\dfrac{1}{N}\sum\limits_{k=1}^{N}y_{\boldsymbol{A}}^{(k)}\right)^2} \tag{3-20}$$

$$\hat{S}_{\mathrm{T}i}=\frac{\dfrac{1}{N}\sum\limits_{k=1}^{N}\left[y_{\boldsymbol{A}}^{(k)}-(g_{\mu})^{1-n}\cdot\left(\prod\limits_{m=1,m\neq i}^{n}y_{\boldsymbol{B}^{(m)}}^{(k)}\right)\cdot y_{x_i}\right]^2}{\dfrac{1}{N}\sum\limits_{k=1}^{N}\left(y_{\boldsymbol{A}}^{(k)}\right)^2-\left(\dfrac{1}{N}\sum\limits_{k=1}^{N}y_{\boldsymbol{A}}^{(k)}\right)^2} \tag{3-21}$$

式中，$y_A^{(k)}$ 表示向量 $\boldsymbol{y}_A$ 中的第 k 个元素；$y_{\boldsymbol{B}^{(i)}}^{(k)}$ 表示向量 $\boldsymbol{y}_{\boldsymbol{B}^{(i)}}$ 中的第 k 个元素。

3. 计算量讨论

乘法降维结合数字模拟的单层分析法可同时计算出方差主指标和方差总指标，在计算全局方差灵敏度指标时的真实功能函数调用次数 N_{call} 为

$$N_{\text{call}} = N \times (n+1) + \sum_{j=1}^{n} N_j + 1 \tag{3-22}$$

式中，N_{call} 为真实功能函数的调用次数；N_j 为第 j 维变量的高斯积分点个数；N 为矩阵 $\boldsymbol{A}$ 中随机输入变量的样本个数，一般情况下 N_j 相对于 N 来说是非常小的。

4. 算例分析

考虑如下所示的乘积形式的功能函数[8]：

$$g(\boldsymbol{X}) = \prod_{i=1}^{n} \left[a_i + b_i g_i(X_i) \right] \tag{3-23}$$

式中，$g_i(X_i) = \sqrt{12}(X_i - 0.5)$，$X_i (i = 1,2,\cdots,n)$ 为相互独立的区间 $[0,1]$ 的均匀分布。本算例中设置 n=6，$\boldsymbol{b}=[b_1,b_2,\cdots,b_n]=\left[1,1,0.5,0.5,0.25,0.25\right]$，$a_i = 1\ (i = 1,2,\cdots,n)$。此时输出响应的方差值为 $V = \prod_{i=1}^{n}\left(a_i^2 + b_i^2\right) - \prod_{i=1}^{n} a_i^2$，该算例的方差主指标和方差总指标的解析计算式如下：

$$S_i = \frac{1}{V}\left[\left(a_i^2 + b_i^2\right) - \prod_{i=1}^{n} a_i\right] \tag{3-24}$$

$$S_{\text{T}i} = \frac{1}{2V}\left[2b_i^2 \prod_{i \neq j}\left(a_j^2 + b_j^2\right)\right] \tag{3-25}$$

为验证本节所提方法的准确性和稳健性，算例中给出了 100 次重复计算的平均绝对误差（mean absolute error, MAE），其定义为

$$\text{MAE} = \frac{1}{100}\sum_{j=1}^{100}\sum_{i=1}^{n} \left| \hat{S}_{i(\text{MCS})}(j) - S_{i(\text{Proposed})}(j) \right| \tag{3-26}$$

式中，$\hat{S}_{i(\text{MCS})}(j)$ 表示理论值或双层 MCS 方法第 j 次的计算值；$S_{i(\text{Proposed})}(j)$ 表示本节方法第 j 次计算值。

图 3-1 和图 3-2 分别给出了 S_i 和 $S_{\text{T}i}$ 的 MAE 随样本量增加的变化图，从计算结果图中可以看出本节方法在计算方差灵敏度指标时的平均绝对误差小于文献[9]～[11]中的方法。

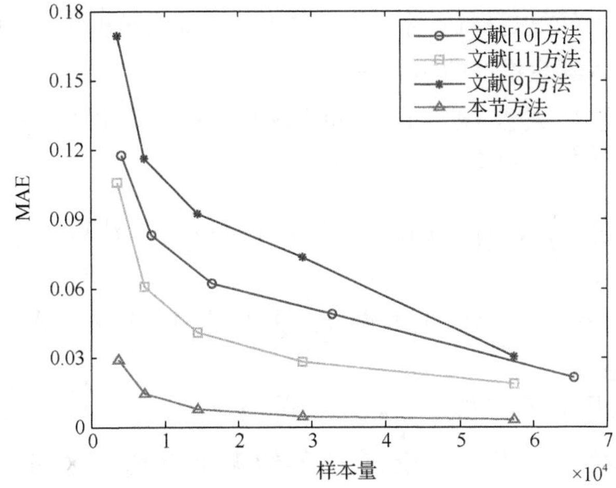

图 3-1　S_i 的 MAE 随样本量增加的变化图

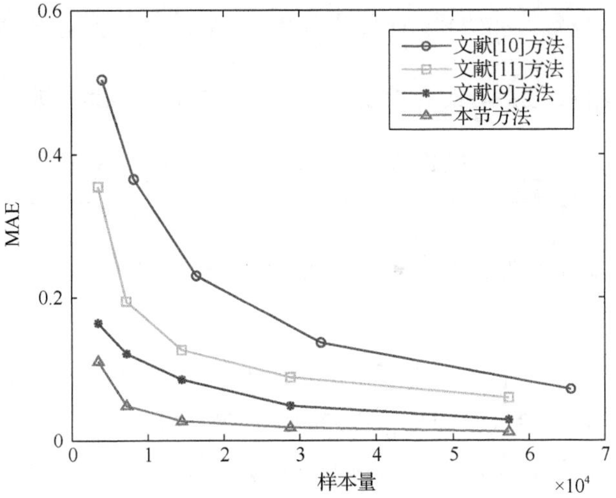

图 3-2　S_{Ti} 的 MAE 随样本量增加的变化图

3.1.3　求解方差全局灵敏度指标的空间分割结合数字模拟法

1. 原始空间分割算法

原始空间分割算法求解方差全局灵敏度指标的基本思想是通过对输入变量的取值域进行连续无重叠的划分，然后找到与输入变量分割空间相应的输出样本，再利用区间内的方差代替方差全局灵敏度指标中内层的条件方差项，从而可以利用一组输入-输出样本求得所有输入变量的方差全局灵敏度指标，消除方差全局灵敏度计算量与输入变量维度的相关性。

根据全方差公式及积分区间可加性原理，可以将条件方差的期望 $E_{X_i}(V_{\boldsymbol{X}_{-i}}(Y\mid X_i))$ 等价表示如下：

$$
\begin{aligned}
E_{X_i}(V_{\boldsymbol{X}_{-i}}(Y\mid X_i)) &= \sum_{k=1}^{s_i} p_i^{(k)}\left[V(Y\mid X_i\in A_i^{(k)}) - V_{X_i}(E(Y\mid X_i)\mid X_i\in A_i^{(k)})\right] \\
&= E_{A_i^{(k)}}(V(Y\mid X_i\in A_i^{(k)})) - \sum_{k=1}^{s_i} p_i^{(k)} V_{X_i}(E(Y\mid X_i)\mid X_i\in A_i^{(k)})
\end{aligned}
\tag{3-27}
$$

式中，$p_i^{(k)}=\int_{a_i^{(k-1)}}^{a_i^{(k)}}\mathrm{d}F_{X_i}(x_i)=F_{X_i}(a_i^{(k)})-F_{X_i}(a_i^{(k-1)})\ (k=1,2,\cdots,s_i)$，$F_{X_i}(\cdot)$ 表示变量 X_i 的累积分布函数；s_i 表示变量 X_i 的连续无重叠划分区间 $A_i^{(k)}=[a_i^{(k-1)},a_i^{(k)}]$ $(k=1,2,\cdots,s_i)$ 的个数。$\bigcup_{k=1}^{s_i}A_i^{(k)}=\left[X_i^{(\mathrm{L})},X_i^{(\mathrm{U})}\right]$ 表示变量 X_i 的整个取值域。

当 $\Delta a=\max_k|a_i^{(k)}-a_i^{(k-1)}|\to 0$ 时，$\sum_{k=1}^{s_i}p_i^{(k)}V_{X_i}(E(Y\mid X_i)\mid X_i\in A_i^{(k)})\to 0$ [12]。因此，当 $\Delta a\to 0$ 时，输入变量 X_i 的方差主指标 S_i 可通过式（3-28）进行计算，即

$$
\hat{S}_i = 1-\frac{\sum_{k=1}^{s_i}p_i^{(k)}V(Y\mid X_i\in A_i^{(k)})}{V(Y)} = 1-\frac{E_{A_i^{(k)}}(V(Y\mid X_i\in A_i^{(k)}))}{V(Y)}
\tag{3-28}
$$

式中，$E_{A_i^{(k)}}(\cdot)$ 表示输入变量 X_i 固定在连续无重叠区间 $A_i^{(k)}(i=1,2,\cdots,n,k=1,2,\cdots,s_i)$ 上的期望算子。

原始空间分割算法存在以下两个问题：①不同的空间划分策略将产生不同的计算结果，如何划分输入空间是较难解决的问题。②在给定的样本容量下较难平衡 $V(Y\mid X_i\in A_i^{(k)})$ 的计算精度和 $\Delta a\to 0$ 的前提假设条件。式（3-28）通过共用一组输入-输出样本矩阵，根据不同输入变量的不同空间划分，以得到所有输入变量的方差全局灵敏度指标。在有限样本容量下，原始空间分割算法的前提假设与准确计算二阶条件矩 $V(Y\mid X_i\in A_i^{(k)})$ 需要较多样本数相矛盾，即若使 $\Delta a\to 0$，则会减少 $A_i^{(k)}$ 区间内的样本数，这将导致二阶条件矩 $V(Y\mid X_i\in A_i^{(k)})$ 的计算精度下降，最终计算结果错误。相反，若在有限样本容量下先保证 $V(Y\mid X_i\in A_i^{(k)})$ 的计算精度，则将破坏 $\Delta a\to 0$ 的假设，这同样也会导致最终方差全局灵敏度计算结果的错误。准确求解一阶条件矩相对准确求解二阶条件矩所需的样本少，因此若将

$V(Y|X_i\in A_i^{(k)})$ 的计算转化为 $E(Y|X_i\in A_i^{(k)})$ 的计算，则在相同样本规模下可缓解 $\Delta a\to 0$ 与准确计算条件矩需要较多样本数之间的矛盾。连续无重叠区间上的全方差公式可对式（3-28）进行等价变换，以条件均值的估计替代条件方差的估计，提高空间分割算法估计方差全局灵敏度指标的精度。

2. 连续无重叠区间上的全期望及全方差公式

概率论中的全方差公式可表示为[13]

$$V(Y)=V_{X_i}(E_{\boldsymbol{X}_{-i}}(Y|X_i))+E_{X_i}(V_{\boldsymbol{X}_{-i}}(Y|X_i)) \tag{3-29}$$

式中，$E_{\boldsymbol{X}_{-i}}(Y|X_i)$ 和 $V_{\boldsymbol{X}_{-i}}(Y|X_i)$ 分别表示随机输入变量 X_i 固定在实现值处时输出响应的条件均值和条件方差。

若全方差公式对于随机输入变量 X_i 固定在连续无重叠区间上时依然成立，依据此连续无重叠区间上的全方差公式，式（3-28）内层的条件方差项就可转化为条件期望项。本小节首先证明连续无重叠区间上的全期望公式。

当 X_i 固定在 $A_i^{(k)}=[a_i^{(k-1)},a_i^{(k)}]$ 时，输出的条件期望 $E(Y|X_i\in A_i^{(k)})$ 可以表示为如下的积分形式：

$$E(Y|X_i\in A_i^{(k)})=\int_{-\infty}^{+\infty}\int_{-\infty}^{+\infty}\cdots\int_{a_i^{(k-1)}}^{a_i^{(k)}}g(\boldsymbol{x})f_{\boldsymbol{X}}^{*}(\boldsymbol{x})\mathrm{d}x_i\prod_{j=1,j\neq i}^{n}\mathrm{d}x_j \tag{3-30}$$

式中，$f_{\boldsymbol{X}}^{*}(\boldsymbol{x})$ 表示 X_i 减缩至 $A_i^{(k)}$ 区间内的输入变量的联合概率密度函数，其定义式为

$$f_{\boldsymbol{X}}^{*}(\boldsymbol{x})=\begin{cases}\dfrac{f_{\boldsymbol{X}}(\boldsymbol{x})}{\int_{a_i^{(k-1)}}^{a_i^{(k)}}f_{X_i}(x_i)\mathrm{d}x_i}, & x_i\in[a_i^{(k-1)},a_i^{(k)}]\\ 0, & x_i\notin[a_i^{(k-1)},a_i^{(k)}]\end{cases}$$

将 $f_{\boldsymbol{X}}^{*}(\boldsymbol{x})$ 的定义式代入式（3-30）中可得式（3-31）：

$$E(Y|X_i\in A_i^{(k)})=\frac{1}{\int_{a_i^{(k-1)}}^{a_i^{(k)}}f_{X_i}(x_i)\mathrm{d}x_i}\int_{-\infty}^{+\infty}\int_{-\infty}^{+\infty}\cdots\int_{a_i^{(k-1)}}^{a_i^{(k)}}g(\boldsymbol{x})f_{\boldsymbol{X}}(\boldsymbol{x})\mathrm{d}x_i\prod_{j=1,j\neq i}^{n}\mathrm{d}x_j \tag{3-31}$$

由于 X_i 的取值范围为 $\bigcup_{k=1}^{s_i}A_i^{(k)}=\left[X_i^{(\mathrm{L})},X_i^{(\mathrm{U})}\right]$，$E_{A_i^{(k)}}(E(Y|X_i\in A_i^{(k)}))$ 可表示为

$$E_{A_i^{(k)}}(E(Y|X_i\in A_i^{(k)}))=\sum_{k=1}^{s_i}p_i^{(k)}E(Y|X_i\in A_i^{(k)}) \tag{3-32}$$

将式（3-31）代入式（3-32）中可得式（3-33）：

$$
\begin{aligned}
& E_{A_i^{(k)}}(E(Y \mid X_i \in A_i^{(k)})) \\
&= \sum_{k=1}^{s_i}\left[\int_{a_i^{(k-1)}}^{a_i^{(k)}} f_{X_i}(x_i)\mathrm{d}x_i \cdot \frac{1}{\int_{a_i^{(k-1)}}^{a_i^{(k)}} f_{X_i}(x_i)\mathrm{d}x_i}\int_{-\infty}^{+\infty}\int_{-\infty}^{+\infty}\cdots\int_{a_i^{(k-1)}}^{a_i^{(k)}} g(\boldsymbol{x}) f_{\boldsymbol{X}}(\boldsymbol{x})\mathrm{d}x_i \prod_{j=1, j\neq i}^{n}\mathrm{d}x_j\right] \\
&= \sum_{k=1}^{s_i}\int_{-\infty}^{+\infty}\int_{-\infty}^{+\infty}\cdots\int_{a_i^{(k-1)}}^{a_i^{(k)}} g(\boldsymbol{x}) f_{\boldsymbol{X}}(\boldsymbol{x})\mathrm{d}x_i \prod_{j=1, j\neq i}^{n}\mathrm{d}x_j \\
&= \int_{-\infty}^{+\infty}\int_{-\infty}^{+\infty}\cdots\int_{X_i^{(\mathrm{L})}}^{X_i^{(\mathrm{U})}} g(\boldsymbol{x}) f_{\boldsymbol{X}}(\boldsymbol{x})\mathrm{d}x_i \prod_{j=1, j\neq i}^{n}\mathrm{d}x_j \\
&= E(Y)
\end{aligned} \tag{3-33}
$$

式（3-33）为连续无重叠区间上的全期望公式。依据式（3-33）证明的连续无重叠区间上的全期望公式，可容易地证明连续无重叠区间上的全方差公式如下：

$$
\begin{aligned}
V_{A_i^{(k)}}(E(Y \mid X_i \in A_i^{(k)})) &= E_{A_i^{(k)}}(E^2(Y \mid X_i \in A_i^{(k)})) - E^2_{A_i^{(k)}}(E(Y \mid X_i \in A_i^{(k)})) \\
&= E_{A_i^{(k)}}(E^2(Y \mid X_i \in A_i^{(k)})) - E^2(Y)
\end{aligned} \tag{3-34}
$$

$$
\begin{aligned}
E_{A_i^{(k)}}(V(Y \mid X_i \in A_i^{(k)})) &= E_{A_i^{(k)}}(E(Y^2 \mid X_i \in A_i^{(k)}) - E^2(Y \mid X_i \in A_i^{(k)})) \\
&= E(Y^2) - E_{A_i^{(k)}}(E^2(Y \mid X_i \in A_i^{(k)}))
\end{aligned} \tag{3-35}
$$

将式（3-34）和式（3-35）相加，即可得式（3-36）所示的连续无重叠区间上的全方差公式[14]：

$$
E_{A_i^{(k)}}(V(Y \mid X_i \in A_i^{(k)})) + V_{A_i^{(k)}}(E(Y \mid X_i \in A_i^{(k)})) = E(Y^2) - E^2(Y) = V(Y) \tag{3-36}
$$

3. 求解方差全局灵敏度指标的改进的空间分割算法

基于式（3-36）可知，$E_{A_i^{(k)}}(V(Y \mid X_i \in A_i^{(k)})) = V(Y) - V_{A_i^{(k)}}(E(Y \mid X_i \in A_i^{(k)}))$，因此式（3-28）可等价表示为式（3-37）：

$$
\begin{aligned}
\hat{S}_i &= 1 - \frac{E_{A_i^{(k)}}(V(Y \mid X_i \in A_i^{(k)}))}{V(Y)} \\
&= 1 - \frac{V(Y) - V_{A_i^{(k)}}(E(Y \mid X_i \in A_i^{(k)}))}{V(Y)} \\
&= \frac{V_{A_i^{(k)}}(E(Y \mid X_i \in A_i^{(k)}))}{V(Y)}
\end{aligned} \tag{3-37}
$$

式（3-37）近似估算 S_i 的前提条件仍为 $\Delta a \to 0$。对比式（3-37）和式（3-28）可知，式（3-37）将式（3-28）中的二阶条件矩 $V(Y \mid X_i \in A_i^{(k)})$ 的估计转化为一阶条

件矩 $E(Y|X_i \in A_i^{(k)})$ 的估计。在相同样本规模的情况下，一阶条件件矩 $E(Y|X_i \in A_i^{(k)})$ 的估计较二阶矩 $V(Y|X_i \in A_i^{(k)})$ 更为精确，即准确估计 $E(Y|X_i \in A_i^{(k)})$ 较准确估计 $V(Y|X_i \in A_i^{(k)})$ 需要的样本更少。因此，在样本规模相同的情况下，估计 $E(Y|X_i \in A_i^{(k)})$ 相对于外层 $V(Y|X_i \in A_i^{(k)})$ 可以增加区间个数 s_i，从而使得 Δa 也更小，同时增加了估计外层 $V_{A_i^{(k)}}(\cdot)$ 的样本，提高了其估计精度。式（3-37）相对于式（3-28）缓解了内层条件矩估计所需较多样本与外层也需要较多区间个数之间的矛盾，因此式（3-37）相对于式（3-28）在估计方差全局灵敏度指标上更合理、更高效。基于式（3-37）求解方差全局灵敏度指标的具体步骤如下。

第一步：根据输入变量的联合概率密度函数 $f_{\boldsymbol{X}}(\boldsymbol{x})$ 产生 N 个输入变量的样本，即 $\{\boldsymbol{x}_1, \boldsymbol{x}_2, \cdots, \boldsymbol{x}_N\}^{\mathrm{T}}$，其中 $\boldsymbol{x}_k = [x_{k1}, x_{k2}, \cdots, x_{kn}] (k = 1, 2, \cdots, N)$。通过调用功能函数得到这 N 个输入变量样本对应的输出响应值，即 $\{y_1, y_2, \cdots, y_N\} = \{g(\boldsymbol{x}_1), g(\boldsymbol{x}_2), \cdots, g(\boldsymbol{x}_N)\}$。根据输出响应 Y 的样本估计输出响应的方差 $\hat{V}(Y)$ 如下：

$$\hat{V}(Y) = \frac{1}{N}\sum_{i=1}^{N} y_i^2 - \left(\frac{1}{N}\sum_{i=1}^{N} y_i\right)^2 \tag{3-38}$$

第二步：将 X_i 的样本空间划分为 s_i 个连续无重叠且具有相同样本数的子区间 $A_i^{(k)} = [a_i^{(k-1)}, a_i^{(k)}]$ $(1 \leqslant k \leqslant s_i)$，根据 $A_i^{(k)}$ 找到与之对应的输出样本的子集，即 $\boldsymbol{y}_i^{(k)} = \{y^{(k)} | x_{ki} \in A_i^{(k)}\} = \{g(x_{k1}, x_{k2}, \cdots, x_{ki}, \cdots, x_{kn}) | x_{ki} \in A_i^{(k)}\} (k = 1, \cdots, s_i, i = 1, \cdots, n)$。

第三步：采用式（3-39）的样本均值估计 X_i 固定在 $A_i^{(k)}$ 区间内的输出响应的条件均值：

$$\hat{E}(Y|X_i \in A_i^{(k)}) = \frac{1}{m_i^{(k)}}\sum_{p=1}^{m_i^{(k)}} y_p^{(k)} \tag{3-39}$$

式中，$m_i^{(k)}$ 为根据第 i 个变量划分得到的相应的输出响应在第 k 个区间内的样本个数；$y_p^{(k)}$ 为 X_i 的第 k 个区间的第 p 个样本响应值。

第四步：根据第三步中得到的 X_i 固定在不同子区间内的输出响应的条件均值样本来计算 $V_{A_i^{(k)}}(E(Y|X_i \in A_i^{(k)}))$，即

$$\begin{aligned} V_{A_i^{(k)}}(E(Y|X_i \in A_i^{(k)})) &= E_{A_i^{(k)}}(E^2(Y|X_i \in A_i^{(k)})) - E^2(Y) \\ &\approx \sum_{k=1}^{s_i} p_i^{(k)}\left(\frac{1}{m_i^{(k)}}\sum_{p=1}^{m_i^{(k)}} y_p^{(k)}\right)^2 - \left(\sum_{k=1}^{s_i} p_i^{(k)}\frac{1}{m_i^{(k)}}\sum_{p=1}^{m_i^{(k)}} y_p^{(k)}\right)^2 \end{aligned} \tag{3-40}$$

因此，S_i 的估计式为

$$\hat{S}_i = \frac{\sum_{k=1}^{s_i} p_i^{(k)} \left(\frac{1}{m_i^{(k)}} \sum_{p=1}^{m_i^{(k)}} y_p^{(k)} \right)^2 - \left(\sum_{k=1}^{s_i} p_i^{(k)} \frac{1}{m_i^{(k)}} \sum_{p=1}^{m_i^{(k)}} y_p^{(k)} \right)^2}{\frac{1}{N} \sum_{i=1}^{N} y_i^2 - \left(\frac{1}{N} \sum_{i=1}^{N} y_i \right)^2} \tag{3-41}$$

4. 区间划分策略

利用空间分割求解方差全局灵敏度指标的一个关键是区间的划分策略。在给定样本数条件下，子区间划分得太少则无法保证近似公式的成立条件，子区间划分得太多将导致落入子空间内的样本个数减少，从而无法保证内层条件矩的准确估计。为合理选择区间数和落入区间内的样本个数，在区间划分策略上可以选取区间数 $s_i = \left[\sqrt{N}\right] = s$（$i = 1,2,\cdots,n$），其中 $[\cdot]$ 表示取整运算，此时随输入–输出样本规模 N 的增加，子区间内的样本个数及子区间个数也同时增加，这样就可以保证随着 N 的增加，内层条件矩的估计精度增加，且同时满足指标求解的近似条件。除此之外，也可以选择先固定子区间内的样本个数，通过增加总样本个数 N 来保证收敛条件。本小节选择低偏差 Sobol 序列产生随机样本，Sobol 序列建议产生的样本个数为 $N = 2^m (m \in Z^+)$。因此子区间内的样本个数 $2^{\tilde{m}}$ 可通过式（3-42）的样本均值估计的相对误差 ε_μ 小于给定阈值 ε_μ^* 进行选取：

$$\varepsilon_\mu = \left| \frac{\sum_{i=1}^{2^m} y_i}{2^m} - \frac{\sum_{j=1}^{2^{\tilde{m}}} y_j}{2^{\tilde{m}}} \right| \Bigg/ \left| \frac{\sum_{i=1}^{2^m} y_i}{2^m} \right| \leqslant \varepsilon_\mu^* \tag{3-42}$$

式中，$\tilde{m} \in Z^+$ 且 $\tilde{m} \leqslant m$。

设置 $\varepsilon_\mu^* = 1\%$，$\tilde{m}$ 为使式（3-42）成立的最小正整数。上述过程仅需重复利用产生的 N 个样本的信息，无需额外功能函数的调用。该子区间划分策略首先固定子区间内的样本个数 $n_s = 2^{\tilde{m}}$，由 $N = s \cdot n_s$ 可知，当 N 增加时，s 会相应增加，Δa 会相应减小，即满足收敛条件。

5. 算例分析

Ishigami 函数如下所示：

$$g(\boldsymbol{X}) = \sin(X_1) + a\sin^2(X_2) + bX_3^4 \sin(X_1) \tag{3-43}$$

式中，$X_i (i = 1,2,3)$ 为 $[-\pi, \pi]$ 的均匀分布；a 为 5；b 为 0.1。

图 3-3 是在 2^m=1024 的条件（此时输出的样本均值和样本方差可以准确估计输出母体的均值和方差）下 Ishigami 函数样本均值及方差计算结果的相对误差 ε_μ 和 ε_{σ^2} 随样本规模 $2^{\tilde{m}}$ 增加的变化图。根据式（3-42）可以确定每个子区间内

样本个数为 32 时，估计样本均值的误差小于1%，而要使得样本方差的相对误差小于1%，则需将样本个数增加到 256 个，其中样本方差ε_{σ^2}可根据式（3-44）计算：

$$\varepsilon_{\sigma^2}=\left|\frac{\sum_{i=1}^{2^m}\left[y_i-\left(\sum_{i=1}^{2^m}y_i\right)/2^m\right]^2}{2^m}-\frac{\sum_{i=1}^{2^{\tilde{m}}}\left[y_i-\left(\sum_{i=1}^{2^{\tilde{m}}}y_i\right)/2^{\tilde{m}}\right]^2}{2^{\tilde{m}}}\right|\Bigg/\frac{\sum_{i=1}^{2^m}\left[y_i-\left(\sum_{i=1}^{2^m}y_i\right)/2^m\right]^2}{2^m}$$

（3-44）

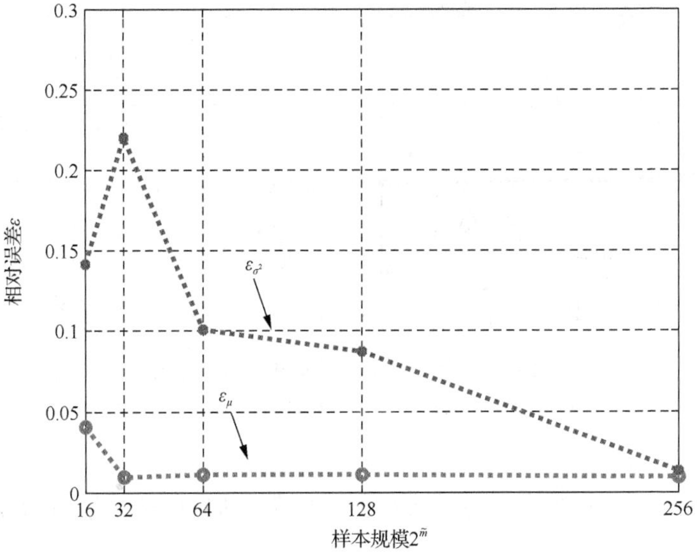

图 3-3　Ishigami 函数样本均值及方差计算结果的相对误差随样本规模增加的变化图

图 3-4 给出了 100 次重复计算式（3-28）（在图中标注为 EV 方法）和式（3-37）（在图中标注为 VE 方法）计算结果随样本规模的变化图，以及计算结果标准差$\mathrm{SD}_i(i=1,2,3)$随样本规模的变化图。从图 3-4 的计算结果中可以看出，改进的空间分割算法较原始空间分割算法收敛快，且稳健性较原始空间分割算法高，其主要原因是内层的 32 个样本无法准确地计算条件方差项，而 32 个样本对条件均值项有较高的估计精度。从图 3-3 中可以看出，准确估计内层方差项每个区间内的样本个数需固定为 256，此时为满足空间分割的收敛条件，则需增加输入-输出样本规模。

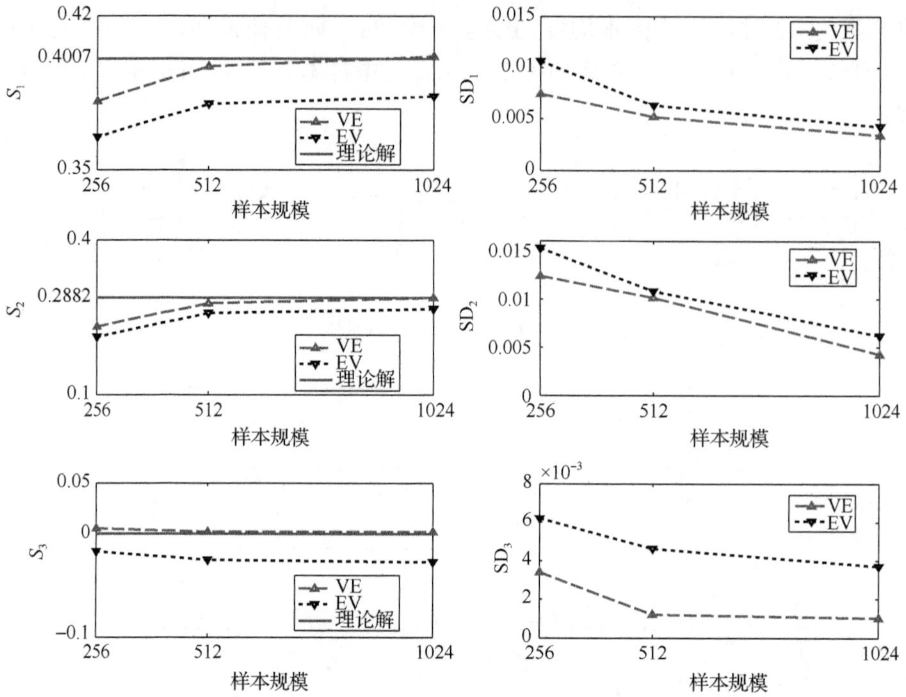

图 3-4　计算结果随样本规模的变化图

VE 表示式（3-37）的方法；EV 表示式（3-28）的方法

3.2　基于概率密度函数的矩独立全局灵敏度分析方法

方差全局灵敏度指标与响应函数的高维模型展开及方差分解一一对应，但其仅从方差角度衡量模型输出的不确定性，并未考虑输出变量的全部分布信息，这在很多情况下对输出不确定性的描述不充分。通过利用输出的概率密度函数，矩独立全局灵敏度可以充分描述输出的不确定性，但其存在计算量较大的问题，因此高效求解矩独立全局灵敏度指标成为目前的研究热点。本节发展了四类矩独立全局灵敏度指标求解算法。第一类是基于分位数回归的方法，第二类是基于分数矩约束的极大熵结合 Nataf 变换的算法，第三类是基于积分节点样本共用的极大熵算法，第四类是空间分割的算法。

3.2.1　分位数回归方法

1. 矩独立全局灵敏度指标及其蒙特卡洛求解法

为全面度量随机输入变量 X_i 对模型输出 Y 的影响，文献[1]提出使用概率密度函数刻画模型输出的不确定性，并在此基础上定义了如式（3-45）所示的矩独立全局灵敏度指标，即 δ_i 指标：

$$\delta_i = \frac{1}{2}\int s(X_i) f_{X_i}(x_i)\mathrm{d}x_i = \frac{1}{2}\iint \left| f_Y(y) - f_{Y|X_i}(y) \right| \mathrm{d}y f_{X_i}(x_i)\mathrm{d}x_i \tag{3-45}$$

式中，$s(X_i) = \int \left| f_Y(y) - f_{Y|X_i}(y) \right| \mathrm{d}y$，表示模型输出 Y 的无条件概率密度函数 $f_Y(y)$ 和输入变量 X_i 固定条件下输出概率密度函数 $f_{Y|X_i}(y)$ 与坐标横轴所围成图形的面积之差的绝对值，$s(X_i)$ 的示意图如图 3-5 所示。X_i 对输出响应 Y 的不确定性影响越大，则 $f_Y(y)$ 与 $f_{Y|X_i}(y)$ 的差异越大，即 $s(X_i)$ 越大。对 $s(X_i)$ 取平均，可以得到 X_i 对 Y 的概率密度函数的平均影响。式（3-45）中的系数 $1/2$ 是保证 δ_i 指标的取值范围在 $[0,1]$。

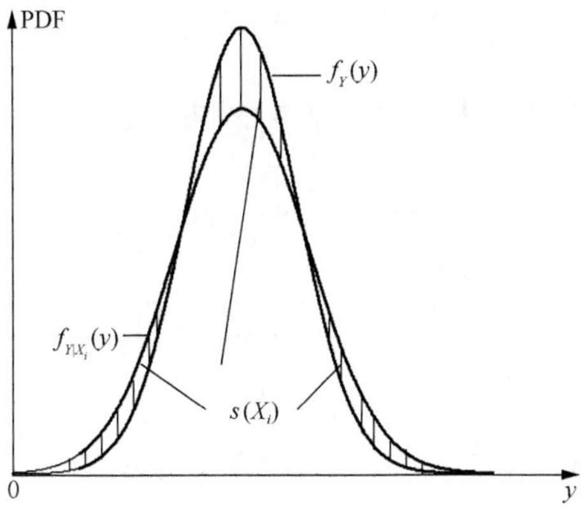

图 3-5　$s(X_i)$ 的示意图

PDF 表示概率密度函数

类似地，一组输入变量 $\boldsymbol{X_R} = (X_{i_1}, X_{i_2}, \cdots, X_{i_r})$ $(1 \leqslant i_1 < i_2 < \cdots < i_r \leqslant n)$ 的 r 阶矩独立全局灵敏度指标的定义如式（3-46）所示：

$$\begin{aligned}\delta_{i_1,i_2,\cdots,i_r} &= \frac{1}{2}E_R(s(\boldsymbol{X_R})) \\ &= \frac{1}{2}\int_{\boldsymbol{X_R}}\left[\int_Y \left| f_Y(y) - f_{Y|X_{i_1},X_{i_2},\cdots,X_{i_r}}(y)\mathrm{d}y \right|\right] f_{X_{i_1},X_{i_2},\cdots,X_{i_r}}(x_{i_1},x_{i_2},\cdots,x_{i_r})\mathrm{d}x_{i_1}\mathrm{d}x_{i_2}\cdots\mathrm{d}x_{i_r}\end{aligned} \tag{3-46}$$

式中，$f_{X_{i_1},X_{i_2},\cdots,X_{i_r}}(x_{i_1},x_{i_2},\cdots,x_{i_r})$ 表示一组输入变量 $\boldsymbol{X_R}$ 的联合概率密度函数；$f_{Y|X_{i_1},X_{i_2},\cdots,X_{i_r}}(y)$ 表示 $\boldsymbol{X_R}$ 固定条件下输出的概率密度函数。

矩独立全局灵敏度指标的性质见表 3-1[1]。

表 3-1　矩独立全局灵敏度指标的性质

序号	性质	性质含义
1	$\delta_i \in [0,1]$	δ_i 的值介于 0 到 1 之间
2	$\delta_i = 0$	若 Y 与 X_i 独立，则 $\delta_i = 0$
3	$\delta_{1,2,\cdots,n} = 1$	所有随机输入变量的 δ 指标恒为 1
4	$\delta_{ij} = \delta_i$	如果 Y 与 X_i 相关而与 X_j 独立，则 $\delta_{ij} = \delta_i$
5	$\delta_i \leqslant \delta_{ij} \leqslant \delta_i + \delta_{j\|i}$	二阶指标 δ_{ij} 的取值介于 δ_i 到 $\delta_i + \delta_{j\|i}$ 之间

为求解矩独立全局灵敏度指标，文献[15]提出了两种蒙特卡洛模拟（Monte Carlo simulation, MCS）方法，即双层 MCS 方法和单层 MCS 方法。双层 MCS 方法建立在式（3-45）等价变换的基础上，其等价变换如式（3-47）所示：

$$\begin{aligned}\delta_i &= \frac{1}{2}\int s(X_i) f_{X_i}(x_i)\mathrm{d}x_i \\ &= \frac{1}{2}\iint \left| f_Y(y) - f_{Y|X_i}(y) \right| \mathrm{d}y f_{X_i}(x_i)\mathrm{d}x_i \\ &= \frac{1}{2}\iint \left| \frac{f_Y(y)}{f_{Y|X_i}(y)} - 1 \right| f_{Y|X_i}(y)\mathrm{d}y f_{X_i}(x_i)\mathrm{d}x_i \\ &= \frac{1}{2}E_{X_i}\left(E_{Y|X_i}\left(\left| \frac{f_Y(y)}{f_{Y|X_i}(y)} - 1 \right| \right) \right)\end{aligned} \tag{3-47}$$

由式（3-47）可以看出，δ_i 可以表示为双重期望的形式，故可以使用双层 MCS 方法进行求解。

单层 MCS 方法依据输入变量的边缘概率密度函数 $f_{X_i}(x_i)$、模型输出的条件概率密度函数 $f_{Y|X_i}(y)$ 和输入-输出之间的联合概率密度函数 $f_{Y,X_i}(y,x_i)$ 三者之间的关系 $f_{Y|X_i}(y) = f_{Y,X_i}(y,x_i) / f_{X_i}(x_i)$，将式（3-47）中的双重期望简化为单层期望，具体推导过程如下：

$$\begin{aligned}\delta_i &= \frac{1}{2}\iint \left| f_Y(y) - f_{Y|X_i}(y) \right| \mathrm{d}y f_{X_i}(x_i)\mathrm{d}x_i \\ &= \frac{1}{2}\iint \left| f_Y(y) f_{X_i}(x_i) - f_{Y,X_i}(y,x_i) \right| \mathrm{d}x_i \mathrm{d}y \\ &= \frac{1}{2}\iint \left| \frac{f_Y(y) f_{X_i}(x_i)}{f_{Y,X_i}(y,x_i)} - 1 \right| f_{Y,X_i}(y,x_i)\mathrm{d}x_i \mathrm{d}y \\ &= \frac{1}{2}E_{Y,X_i}\left(\frac{f_Y(y) f_{X_i}(x_i)}{f_{Y,X_i}(y,x_i)} - 1 \right)\end{aligned} \tag{3-48}$$

通过对比式（3-47）和式（3-48）可以看出，相较于双层 MCS 方法，单层

MCS 方法在求解 δ_i 时仅需要进行单层抽样，因而单层 MCS 方法具有较高的计算效率。但是，单层 MCS 方法在分析过程中引入了二维联合概率密度函数 $f_{Y,X_i}(y,x_i)$ 的估算，而二维联合概率密度函数的估计难度大于一维概率密度函数，因此该方法的计算精度受制于 $f_{Y,X_i}(y,x_i)$ 估算的准确程度。

2. 基于分位数回归方法的矩独立全局灵敏度指标求解策略

作为最小二乘回归方法的拓展，分位数回归方法[16]不仅可以反映输出变量均值随输入变量的变化情况，还能度量输入变量对输出变量任意分位点的影响，即捕捉整个输出变量条件分布的特征。据此，可以进一步获取输出变量的条件概率密度函数信息，该信息也是求解矩独立全局灵敏度指标 δ_i 的关键。因此，可以借助分位数回归方法来计算 δ_i。

对于输出变量 Y，其不确定性不仅可以使用概率密度函数 $f_Y(y)$ 表示，也可以采用分布函数 $F_Y(y)$ 刻画，$F_Y(y)$ 的定义如下：

$$F_Y(y)=P\{Y\leqslant y\} \tag{3-49}$$

式中，$P\{\cdot\}$ 为概率算子。

对任意 $0<\tau<1$，Y 的 τ 分位数对应的分位点 $Q_Y(\tau)$ 定义为

$$Q_Y(\tau)=\inf\{y:F_Y(y)\geqslant\tau\} \tag{3-50}$$

由式（3-50）可以看出，分位点 $Q_Y(\tau)$ 的含义为对于变量 Y，存在比例为 τ 的部分取值小于 $Q_Y(\tau)$，存在比例为 $1-\tau$ 的部分取值大于等于 $Q_Y(\tau)$。因此，当 τ 在 $[0,1]$ 变化时，分位点 $Q_Y(\tau)$ 完全刻画了 Y 的不确定性。

文献[17]指出，分位点 $Q_Y(\tau)$ 的估计实质上是求解如下优化问题：

$$Q_Y(\tau)=\arg\min_{\xi}\sum_{j=1}^{N}\rho_\tau(y_j-\xi) \tag{3-51}$$

式中，$y_j\ (j=1,2,\cdots,N)$ 为变量 Y 的 N 个样本；$\rho_\tau(\cdot)$ 为分段线性的损失函数，其定义式和示意图分别见式（3-52）和图 3-6。

$$\rho_\tau(u)=u(\tau-I(u)) \tag{3-52}$$

式中，$I(u)$ 为指示函数，当 $u\leqslant 0$ 时，$I(u)=1$；否则，$I(u)=0$。

由式（3-51）和式（3-52）可知，可以使用一组样本同时估计出不同分位数下 Y 的分位点。

条件分位数回归是在考虑了输入变量 X_i 对输出变量 Y 分位点影响的基础上对原始分位数回归的一种扩展。在条件分位数回归中，条件分位点 $Q_Y(\tau|X_i)$ 表示输入变量 X_i 和 s 维待定系数向量 $\boldsymbol{\alpha}(\tau)=[\alpha_0(\tau),\alpha_1(\tau),\cdots,\alpha_s(\tau)]$ 的函数 $h(X_i,\boldsymbol{\alpha}(\tau))$，即 $Q_Y(\tau|X_i)=h(X_i,\boldsymbol{\alpha}(\tau))$。$h(X_i,\boldsymbol{\alpha}(\tau))$ 的具体形式可选用指数结构、多项式结构、复合结构等。在本节中，选取最为常用的多项式结构，其表达式如下：

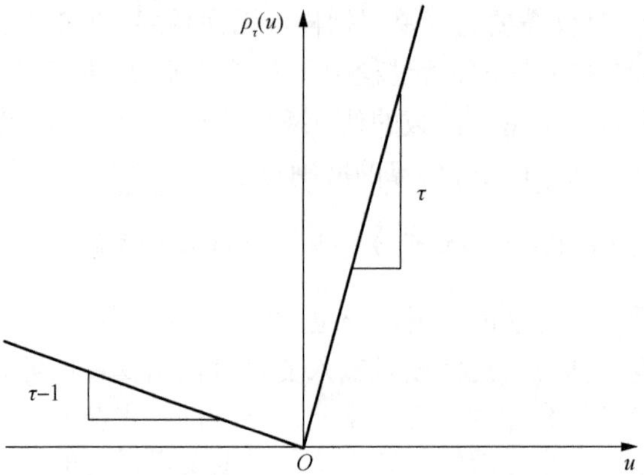

图 3-6　损失函数 $\rho_\tau(u)$ 的示意图

$$h(X_i,\boldsymbol{\alpha}(\tau))=\alpha_0(\tau)+\alpha_1(\tau)X_i+\alpha_2(\tau)X_i^2+\cdots+\alpha_s(\tau)X_i^s \tag{3-53}$$

然后，用 $h(X_i,\boldsymbol{\alpha}(\tau))$ 替换式（3-51）中的优化参数 ξ，即可得到如式（3-54）所示的条件分位数回归求解模型：

$$Q_Y(\tau)=\arg\min_{\boldsymbol{\alpha}(\tau)}\sum_{j=1}^{N}\rho_\tau(y_j-(\alpha_0(\tau)+\alpha_1(\tau)X_i+\alpha_2(\tau)X_i^2+\cdots+\alpha_s(\tau)X_i^s)) \tag{3-54}$$

对于式（3-54）中优化问题的求解，目前已有许多成熟的方法[18]，包括内点法、序列二次规划法、信赖域法、智能算法等。在本节中，选用内点法求解上述优化问题，该方法的具体分析流程参见文献[19]。

由随机变量的分布函数服从[0,1]的均匀分布可知：从区间[0,1]均匀抽取的一组分位数 $\tau_j\,(j=1,2,\cdots,m)$ 对应的条件分位点 $Q_Y(\tau_j|X_i)\,(j=1,2,\cdots,m)$，即为一组由条件概率密度函数 $f_{Y|X_i}(y)$ 产生的样本。因此，在获取了条件分位数回归模型 $Q_Y(\tau|X_i)$ 后，在 X_i 取任意实现值 x_i^* 处都可以使用该模型产生一系列服从条件概率密度函数为 $f_{Y|X_i=x_i^*}(y)$ 的样本点，然后根据这些样本点利用一维核密度估计法估算对应的条件概率密度函数 $f_{Y|X_i=x_i^*}(y)$。在获得了这些条件概率密度函数后，便可以根据式（3-47）通过数字模拟方法计算矩独立全局灵敏度指标 δ_i。基于分位数回归求解 δ_i 的详细步骤如下所示。

第一步：根据输入变量的联合概率密度函数 $f_{\boldsymbol{X}}(\boldsymbol{x})$ 产生 N 个 $\boldsymbol{X}$ 的样本，并将它们置于矩阵 $\boldsymbol{A}$ 中，即

$$\boldsymbol{A}=\begin{pmatrix}\boldsymbol{x}_1\\ \boldsymbol{x}_2\\ \vdots\\ \boldsymbol{x}_N\end{pmatrix}=\begin{pmatrix}x_{11} & x_{12} & \cdots & x_{1n}\\ x_{21} & x_{22} & \cdots & x_{2n}\\ \vdots & \vdots & & \vdots\\ x_{N1} & x_{N2} & \cdots & x_{Nn}\end{pmatrix} \tag{3-55}$$

第二步：计算样本矩阵 $\boldsymbol{A}$ 对应的输出值 $y_j = g(\boldsymbol{x}_j)(j=1,2,\cdots,N)$。$y_j(j=1,2,\cdots,N)$ 可以视为由 Y 的无条件概率密度函数抽取的样本，故可以基于 $y_j(j=1,2,\cdots,N)$ 使用一维核密度估计法估计 Y 的无条件概率密度函数，估计结果记为 $\hat{f}_Y(y)$。

第三步：在区间 $[0,1]$ 均匀抽取分位数 τ 的样本，记为 $\tau_k(k=1,2,\cdots,m)$。对于任意 τ_k，可以根据第 i 维输入样本 $x_{ji}(j=1,2,\cdots,N)$ 和输出样本 $y_j(j=1,2,\cdots,N)$ 估算得到对应的条件分位数回归模型 $Q_Y(\tau_k|X_i)(i=1,2,\cdots,n)$，令 $i=1$。

第四步：根据输入变量 X_i 的概率密度函数 $f_{X_i}(x_i)$ 产生 N_q 个样本 $x_{qi}(q=1,2,\cdots,N_q)$，令 $q=1$。

第五步：对于样本点 x_{qi}，根据 m 个条件分位数回归模型 $Q_Y(\tau_k|X_i)(k=1,2,\cdots,m)$ 分别计算其对应的条件分位点 $y_i^{(q,k)} = Q_Y(\tau_k|x_{qi})(k=1,2,\cdots,m)$。$y_i^{(q,k)}$ 可以视为由 Y 的条件概率密度函数 $f_{Y|X_i=x_{qi}}(y)$ 抽取的样本，故可以基于 $y_i^{(q,k)}(k=1,2,\cdots,m)$ 使用一维核密度估计法估计 $f_{Y|X_i=x_{qi}}(y)$，估计值记为 $\hat{f}_{Y|X_i=x_{qi}}(y)$。

第六步：计算无条件密度 $\hat{f}_Y(y)$ 和条件密度 $\hat{f}_{Y|X_i=x_{qi}}(y)$ 在 m 个样本 $y_i^{(q,k)}$ 处的值，即

$$\hat{f}_Y^{(q,k)} = \hat{f}_Y(y_i^{(q,k)}), \hat{f}_{Y|X_i=x_{qi}}^{(q,k)} = \hat{f}_{Y|X_i=x_{qi}}(y_i^{(q,k)}) \quad (k=1,2,\cdots,m) \tag{3-56}$$

第七步：根据式（3-57）估计 $s(x_{qi})$，估计值记为 $\hat{s}(x_{qi})$：

$$\hat{s}(x_{qi}) = \frac{1}{m}\sum_{k=1}^{m}\left|\frac{\hat{f}_Y^{(q,k)}}{\hat{f}_{Y|X_i=x_{qi}}^{(q,k)}} - 1\right| \tag{3-57}$$

若 $q < N_q$，令 $q = q+1$，返回第五步；否则，执行第八步。

第八步：根据式（3-58）估算矩独立全局灵敏度指标 δ_i，估计值记为 $\hat{\delta}_i$：

$$\hat{\delta}_i = \frac{1}{2N_q}\sum_{l=1}^{N_q}\hat{s}(x_{qi}) \tag{3-58}$$

若 $i < n$，令 $i = i+1$，返回第四步；若 $i = n$，结束程序。

从上述求解步骤可以看出，本节方法只需要调用 N 次功能函数即可估算出所有输入变量的矩独立全局灵敏度指标，因而相较于双层 MCS 方法，大幅提高了计算效率。此外，本节方法仅需要估计一维概率密度函数，而不需要估计二维联合概率密度函数。由于一维核密度估计方法在估计一维概率密度函数时具有更高的精度，因此相较于单层 MCS 方法，基于分位数回归的方法精度更高。

3. 算例分析

风险分析模型被广泛用于比较各类全局灵敏度分析方法的精度和效率。在本例中，该模型顶事件 Y 被视为模型输出，其与输入变量 $\boldsymbol{X}$ 的关系可由布尔运算表示为式（3-59）：

$$\begin{aligned}Y = g(\boldsymbol{X}) = & X_1X_3X_5 + X_1X_3X_6 + X_1X_4X_5 + X_1X_4X_6 + X_2X_3X_4 \\ & + X_2X_3X_5 + X_2X_4X_5 + X_2X_5X_6 + X_2X_4X_7 + X_2X_6X_7\end{aligned} \tag{3-59}$$

式中，$\boldsymbol{X}=\{X_1, X_2, \cdots, X_7\}$ 为输入变量，其分布形式及参数列于表 3-2。

表 3-2　风险分析模型输入变量的分布形式及参数

输入变量	分布形式	均值	误差因子
X_1	对数正态	2	2
X_2	对数正态	3	2
X_3	对数正态	1×10^{-3}	2
X_4	对数正态	2×10^{-3}	2
X_5	对数正态	4×10^{-3}	2
X_6	对数正态	5×10^{-3}	2
X_7	对数正态	3×10^{-3}	2

本节分别使用双层 MCS 方法、单层 MCS 方法和基于分位数回归方法计算风险分析模型的矩独立全局灵敏度指标，所得估算结果及其标准差如表 3-3 所示，其中基于分位数回归方法的样本规模为 $N = 3000$，$m = 100$，$N_q = 10000$。以双层 MCS 方法的分析结果作为参考解，由表 3-3 可以看出，与单层 MCS 方法相比，基于分位数回归方法的估算结果更为准确且标准差更小，即基于分位数回归方法更加精确和稳健。此外还可以看出，输入变量的重要性排序为：$X_2 > X_6 > X_5 > X_4 > X_7 > X_1 > X_3$。因此若要高效地降低模型输出的不确定性，可优先考虑控制输入变量 X_2 的不确定性，其次考虑控制 X_6 和 X_5 等输入变量的不确定性。

表 3-3　风险分析模型的矩独立全局灵敏度指标估算结果

输入变量	双层 MCS 方法	单层 MCS 方法	基于分位数回归方法
X_1	$0.072^{[0.0026]}$	$0.076^{[0.0042]}$	$0.077^{[0.0021]}$
X_2	$0.221^{[0.0072]}$	$0.189^{[0.0061]}$	$0.235^{[0.0052]}$
X_3	$0.048^{[0.0027]}$	$0.061^{[0.0043]}$	$0.058^{[0.0041]}$
X_4	$0.104^{[0.0027]}$	$0.092^{[0.0054]}$	$0.108^{[0.0040]}$
X_5	$0.148^{[0.0032]}$	$0.133^{[0.0058]}$	$0.149^{[0.0028]}$
X_6	$0.166^{[0.0035]}$	$0.152^{[0.0060]}$	$0.171^{[0.0052]}$
X_7	$0.079^{[0.0032]}$	$0.073^{[0.0044]}$	$0.083^{[0.0036]}$
计算量	7×10^6	3000	3000

注：中括号[ ]中的数据表示估计值的标准差，表格中的标准差由 Bootstrap 方法[20]获得。

3.2.2 极大熵结合 Nataf 变换法

求解矩独立全局灵敏度指标的极大熵结合 Nataf 变换法在单层法的基础上，通过基于分数矩约束的极大熵方法估计输出的无条件概率密度函数，通过 Nataf 变换估计输入输出之间的联合概率密度函数，进而高效估计矩独立全局灵敏度指标。

1. 基于分数矩约束的极大熵准则

近些年，基于分数矩约束的极大熵准则吸引了研究者广泛的兴趣[7,21]，其由分数矩作为约束求解未知概率密度函数的优化模型如下所示：

$$\begin{cases} \text{Find: } f_Y(y) \\ \text{Max: } H[f_Y(y)] = -\int_Y f_Y(y)\ln[f_Y(y)]\mathrm{d}y \\ \text{s.t.: } \int_Y y^{\alpha_k} f_Y(y)\mathrm{d}y = M_Y^{\alpha_k} \quad (k=1,2,\cdots,m) \end{cases} \tag{3-60}$$

式中，$M_Y^{\alpha_k}$ 为模型输出 Y 的 α_k 阶分数矩；$\boldsymbol{\alpha}=[\alpha_1,\alpha_2,\cdots,\alpha_m]^{\mathrm{T}}$ 为和各阶分数矩相关的分数向量。$H[f_Y(y)]$ 为 Y 的信息熵，其定义为

$$H[f_Y(y)] = -\int_Y f_Y(y)\ln[f_Y(y)]\mathrm{d}y \tag{3-61}$$

令 $\hat{f}_Y(y)$ 为模型输出真实概率密度函数 $f_Y(y)$ 的估计值。$\hat{f}_Y(y)$ 可以通过对上述极大熵问题构造拉格朗日函数得到，且 $\hat{f}_Y(y)$ 的通用表达式[7, 21]如下：

$$\hat{f}_Y(y) = \exp\left(-\sum_{k=0}^{m}\lambda_k y^{\alpha_k}\right) \tag{3-62}$$

式中，λ_k 为拉格朗日乘子向量的第 k 个分量。可以很容易地推导出 $\alpha_0=0$ 和 $\lambda_0 = \ln\left[\int_Y \exp\left(-\sum_{k=1}^{m}\lambda_k y^{\alpha_k}\right)\right]$，关于 α_0 和 λ_0 的详细推导过程，可以查阅文献[7]和[21]。

为了计算未知向量 $\boldsymbol{\lambda}$ 和 $\boldsymbol{\alpha}$，引入 Kullback-Leibler（K-L）交叉熵[22]对其进行求解。根据 K-L 交叉熵的定义，估计密度 $\hat{f}_Y(y)$ 和真实密度 $f_Y(y)$ 之间的 K-L 距离[22]可以表示为

$$\begin{aligned} K(f,\hat{f}) &= \int_Y f_Y(y)\ln\left[f_Y(y)/\hat{f}_Y(y)\right]\mathrm{d}y \\ &= \int_Y f_Y(y)\ln\left[f_Y(y)\right]\mathrm{d}y - \int_Y f_Y(y)\ln\left[\hat{f}_Y(y)\right]\mathrm{d}y \\ &= -H[f_Y(y)] - \int_Y f_Y(y)\ln\left[\hat{f}_Y(y)\right]\mathrm{d}y \end{aligned} \tag{3-63}$$

将式（3-62）代入式（3-63），发现可以通过最小化 $K(f,\hat{f})$ 来求解 $\boldsymbol{\lambda}$ 和 $\boldsymbol{\alpha}$。由于真实密度函数的信息熵 $H[f_Y(y)]$ 是独立于 $\boldsymbol{\lambda}$ 和 $\boldsymbol{\alpha}$ 的，最小化 $K(f,\hat{f})$ 意味着

最小化式（3-64），即

$$I(\boldsymbol{\lambda},\boldsymbol{\alpha})=K(f,\hat{f})+H[f_Y(y)]=\lambda_0+\sum_{k=1}^{m}\lambda_k M_Y^{\alpha_k} \tag{3-64}$$

因此，式（3-60）所述的极大熵问题转化为了式（3-65）所示的优化问题[22]：

$$\begin{cases}\text{Find}:\ \boldsymbol{\alpha}=[\alpha_1,\alpha_2,\cdots,\alpha_n]^{\mathrm{T}},\ \ \boldsymbol{\lambda}=[\lambda_1,\lambda_2,\cdots,\lambda_n]^{\mathrm{T}}\\ \text{Min}:I(\boldsymbol{\lambda},\boldsymbol{\alpha})=\ln\left[\int_Y\exp\left(-\sum_{k=1}^{m}\lambda_k y^{\alpha_k}\right)\mathrm{d}y\right]+\sum_{k=1}^{m}\lambda_k M_Y^{\alpha_k}\end{cases} \tag{3-65}$$

在式（3-65）中，分数矩 $M_Y^{\alpha_k}(k=1,2,\cdots,m)$ 为未知的，且和分数 α_k 相关联，求得 $M_Y^{\alpha_k}$ 之后，即可以由上述优化模型估计出式（3-62）中的输出变量 Y 的概率密度函数。

2. 降维积分方法求解输出响应分数矩

在本小节中，输出函数分数矩是基于高维模型展开（high-dimensional model representation, HDMR）的概念进行计算的。HDMR 方法是近年发展的一种方法，其受到了研究人员的大量关注[23-25]，在结构可靠性分析中，当处理复杂隐式的输入输出函数时，HDMR 方法能够很好地近似实际的输入输出关系。

Cut-HDMR 方法[24, 25]是 HDMR 方法中的常用方法之一。Zhang 等[7]对 Cut-HDMR 方法进行了改进。假设输出函数 $Y=g(\boldsymbol{X})$ 是一个正的随机量，对其取对数后，可变形为

$$\varphi(\boldsymbol{X})=\ln(Y)=\ln[g(\boldsymbol{X})] \tag{3-66}$$

$\varphi(\boldsymbol{X})$ 的 Cut-HDMR 方法展开形式可以表示为

$$\varphi(\boldsymbol{X})=\varphi_0+\sum_{i=1}^{n}\varphi_i(x_i)+\sum_{1\leqslant i<j\leqslant n}\varphi_{ij}(x_i,x_j)+\cdots+\varphi_{12\cdots n}(x_1,x_2,\cdots,x_n) \tag{3-67}$$

式中，

$$\begin{cases}\varphi_0=\ln[g(\boldsymbol{c})]\\ \varphi_i(x_i)=\ln[g(c_1,\cdots,c_{i-1},x_i,c_{i+1},\cdots,c_n)]-\varphi_0\\ \varphi_{ij}(x_i,x_j)=\ln[g(c_1,\cdots,c_{i-1},x_i,c_{i+1},\cdots,c_{j-1},x_j,c_{j+1},\cdots,c_n)]-\varphi_i(x_i)-\varphi_j(x_j)-\varphi_0\\ \cdots\\ \varphi_{12\cdots n}(x_1,x_2,\cdots,x_n)=\ln[g(x_1,x_2,\cdots,x_n)]-\sum_{i_1}\sum_{i_2>i_1}\cdots\sum_{i_{n-2}>i_{n-3}}\sum_{i_{n-1}>i_{n-2}}\varphi_{i_1i_2\cdots i_{n-1}}(x_{i_1},x_{i_2},\cdots,x_{i_{n-1}})\\ \qquad -\cdots-\sum_{i}\sum_{j>i}\sum_{k>j}\varphi_{ijk}(x_i,x_j,\cdots,x_k)-\sum_{i}\sum_{j>i}\varphi_{ij}(x_i,x_j)-\sum_{i}\varphi_i(x_i)-\varphi_0\end{cases} \tag{3-68}$$

式中，$\boldsymbol{c}=[c_1,c_2,\cdots,c_n]^{\mathrm{T}}=[\mu_1,\mu_2,\cdots,\mu_n]^{\mathrm{T}}$ 为模型输入变量的均值向量，只保留式(3-67)展开式的一阶项来近似输出响应函数，则有

$$\varphi(\boldsymbol{X}) \approx \sum_{i=1}^{n} \ln[g(c_1,\cdots,c_{i-1},x_i,c_{i+1},\cdots,c_n)] - (n-1)\ln[g(\boldsymbol{c})]$$
$$= \sum_{i=1}^{n} \ln[g(x_i,\boldsymbol{c}_{-i})] - (n-1)\ln[g(\boldsymbol{c})] \tag{3-69}$$

式中，$\boldsymbol{c}_{-i}=[c_1,c_2,\cdots,c_{i-1},c_{i+1},\cdots,c_n]^{\mathrm{T}}$。

通过式（3-66）可以看出，对式（3-69）进行逆变换，可以得到原始的输出响应函数的形式[22]如下：

$$Y = g(\boldsymbol{x}) = \exp[\varphi(\boldsymbol{x})] \approx [g(\boldsymbol{c})]^{1-n} \prod_{i=1}^{n} g(x_i,\boldsymbol{c}_{-i}) \tag{3-70}$$

式（3-70）将输出响应函数近似地表示为n个一元函数的乘积形式，利用此表达形式能够比较容易地进行分数矩的计算。对于一个正的输出函数，其α阶分数矩可以推导[7]如下：

$$M_Y^{\alpha} = \int_{\boldsymbol{X}} [g(\boldsymbol{x})]^{\alpha} f_{\boldsymbol{X}}(\boldsymbol{x})\mathrm{d}\boldsymbol{x}$$
$$\approx \int_{\boldsymbol{X}} \left\{ [g(\boldsymbol{c})]^{1-n} \prod_{i=1}^{n} g(x_i,\boldsymbol{c}_{-i}) \right\}^{\alpha} \left[\prod_{i=1}^{n} f_{X_i}(x_i) \right] \mathrm{d}\boldsymbol{x}$$
$$= [g(\boldsymbol{c})]^{\alpha-\alpha n} \prod_{i=1}^{n} \left\{ \int_{X_i} [g(x_i,\boldsymbol{c}_{-i})]^{\alpha} f_{X_i}(x_i)\mathrm{d}x_i \right\} \tag{3-71}$$

式（3-71）将一个多元函数的α阶分数矩近似为n个一元函数的α阶分数矩的乘积，而一元输入函数的积分容易通过高斯积分求解，实际上式（3-71）也可以被用来求解输出响应函数的整数矩，只需要设置α为整数即可。此外，式（3-71）的推导是在输入变量相互独立的前提下完成的，因此如前文所述，本节所提方法均只适用于输入变量相互独立的情况。不同分布类型所对应的一元函数$g(x)$的α阶分数矩的高斯积分表达式如表 3-4 所示，本节利用 5 点高斯积分准则求解一维积分，5 点高斯积分准则的积分权重和积分节点如表 3-5 所示。

表 3-4　一元函数 $g(x)$ 的 α 阶分数矩的高斯积分表达式[23]

分布类型	积分区域	高斯积分准则	数值积分表达式
均匀分布	$[a,b]$	Gaussian-Legendre	$\sum_{j=1}^{N} w_j \frac{1}{2}\left[g\left(\frac{b-a}{2}z_j+\frac{a+b}{2}\right)\right]^{\alpha}$
正态分布	$(-\infty,+\infty)$	Gaussian-Hermite	$\sum_{j=1}^{N} w_j [g(\mu+z_j\sigma)]^{\alpha}$
对数正态分布	$(0,+\infty)$	Gaussian-Hermite	$\sum_{j=1}^{N} w_j \{g[\exp(\mu+z_j\sigma)]\}^{\alpha}$
指数分布	$(0,+\infty)$	Gaussian-Laguerre	$\sum_{j=1}^{N} w_j [g(z_j/\lambda)]^{\alpha}$

续表

分布类型	积分区域	高斯积分准则	数值积分表达式
韦布尔分布	$(0,+\infty)$	Gaussian-Laguerre	$\sum_{j=1}^{N} w_j[g(\theta z_j^{1/\delta})]^{\alpha}$

注：N 表示积分节点个数；w_j 表示积分权重；z_j 表示积分节点；a 与 b 均表示均匀分布的分布参数；μ 与 σ 分别表示正态分布和对数正态分布对应的均值和标准差；λ 表示指数分布的分布参数；θ 与 δ 表示韦布尔分布的分布参数。

表 3-5　5 点高斯积分准则的积分权重和积分节点

高斯积分准则	k	1	2	3	4	5
Gaussian-Hermite	w_k	1.1257×10^{-2}	0.22208	0.53333	0.22208	1.1257×10^{-2}
	z_k	−2.8570	−1.3556	0	1.3556	2.8570
Gaussian-Legendre	w_k	0.23693	0.47863	0.56889	0.47863	0.23693
	z_k	−0.90618	−0.53847	0	0.53847	0.90618
Gaussian-Laguerre	w_k	0.52176	0.39867	7.5942×10^{-2}	3.6118×10^{-3}	2.3370×10^{-5}
	z_k	0.26356	1.4134	3.5964	7.0858	12.641

3. Nataf 变换估计输入输出的联合概率密度

Nataf 变换可以实现相关非正态变量空间向相互独立标准正态空间的转换[26, 27]，并且它可以有效估计随机变量联合概率密度函数。在本小节中，将利用 Nataf 变换来估计模型输出 Y 和输入变量 X_i 之间的联合概率密度函数 $f_{Y,X_i}(y,x_i)$ $(i=1,2,\cdots,n)$。

利用 Nataf 变换进行 X_i 和 Y 的联合概率密度函数估计的条件是已知 X_i 和 Y 的边缘概率密度函数以及 X_i 和 Y 之间的相关系数。当利用 Nataf 变换估计 X_i 和 Y 的联合概率密度函数时，$f_{X_i}(x_i)$ $(i=1,2,\cdots,n)$ 是已知的信息，$f_Y(y)$ 可由基于分数矩约束的极大熵方法估计出来，因此在使用 Nataf 变换估计 $f_{Y,X_i}(y,x_i)$ 之前，还需要求得模型输入 $X_i(i=1,2,\cdots,n)$ 与输出 Y 之间的相关系数。

Y 和 X_i 之间的相关系数 ρ_i 可以通过下式计算：

$$\rho_i=\frac{\text{Cov}(Y,X_i)}{\sigma_Y\cdot\sigma_i} \tag{3-72}$$

式中，σ_Y 和 σ_i 分别为 Y 和 X_i 的标准差；$\text{Cov}(Y,X_i)$ 为 Y 和 X_i 的协方差；σ_Y 和 $\text{Cov}(Y,X_i)$ 的计算公式如下：

$$\sigma_Y=\sqrt{E(Y^2)-E^2(Y)} \tag{3-73}$$

$$\text{Cov}(Y,X_i)=E(Y\cdot X_i)-E(Y)\cdot\mu_i \tag{3-74}$$

式中，μ_i 为变量 X_i 的均值；$E(\cdot)$ 为期望求解算子。

将式（3-73）和式（3-74）代入式（3-72）中，可以得到：

$$\rho_i = \frac{E(Y \cdot X_i) - E(Y) \cdot \mu_i}{\sqrt{E(Y^2) - E^2(Y)} \cdot \sigma_i} \tag{3-75}$$

$E(Y)$ 和 $E(Y^2)$ 的计算比较容易实现，只需要在计算 M_Y^α 的表达式（3-71）中分别令 $\alpha = 1$ 和 $\alpha = 2$ 即可求解。利用式（3-71）计算 $E(Y \cdot X_i)$ 时需要做如下所示的变换：

$$\begin{aligned} E(Y \cdot X_i) &= \int_{\boldsymbol{x}} [g(\boldsymbol{x}) \cdot x_i] f_{\boldsymbol{X}}(\boldsymbol{x}) \mathrm{d}\boldsymbol{x} \\ &\approx \int_{\boldsymbol{x}} \left\{ [g(\boldsymbol{c})]^{1-n} [x_i \cdot g(x_i, \boldsymbol{c}_{-i})] \prod_{j=1, j \neq i}^{n} g(x_j, \boldsymbol{c}_{-i}) \right\} \left[\prod_{i=1}^{n} f_{X_i}(x_i) \right] \mathrm{d}\boldsymbol{x} \\ &= [g(\boldsymbol{c})]^{1-n} \int_{X_i} x_i \cdot g(x_i, \boldsymbol{c}_{-i}) f_{X_i}(x_i) \mathrm{d}x_i \cdot \prod_{j=1, j \neq i}^{n} \left\{ \int g(x_j, \boldsymbol{c}_{-i}) f_{X_j}(x_j) \mathrm{d}x_j \right\} \end{aligned} \tag{3-76}$$

式（3-76）中的一元函数的积分均可以采用高斯积分来完成。值得指出的是，在计算 $E(Y)$、$E(Y^2)$ 和 $E(Y \cdot X_i)$ 时，一元函数 $g(x_i, \boldsymbol{c}_{-i})(i = 1, \cdots, n)$ 在积分节点处的值已由计算 M_Y^α 的过程求得，这些值可以被重复使用。因此，在计算 $E(Y)$、$E(Y^2)$ 和 $E(Y \cdot X_i)$ 时不需要额外地调用输出功能函数 $g(\boldsymbol{X})$ 的计算量。

求得 Y 与 $X_i(i = 1, 2, \cdots, n)$ 的边缘概率密度函数以及 Y 与 $X_i(i = 1, 2, \cdots, n)$ 的相关系数后，即可以利用文献[26]和[27]提出的 Nataf 变换法直接估计 Y 与 $X_i(i = 1, 2, \cdots, n)$ 的联合概率密度函数。以 $F_Y(y)$ 表示模型输出 Y 的累积分布函数，$F_{X_i}(x_i)$ 表示变量 X_i 的累积分布函数。根据式（3-77）等概率变换准则[28]：

$$\begin{cases} \Phi(r_y) = F_Y(y) \\ \Phi(r_i) = F_{X_i}(x_i) \ (i = 1, 2, \cdots, n) \end{cases} \tag{3-77}$$

可以分别得到 Y 和 $X_i(i = 1, \cdots, n)$ 对应的标准正态变量 r_y 和 $r_i(i = 1, 2, \cdots, n)$，如下所示：

$$\begin{cases} r_y = \Phi^{-1}(F_Y(y)) \\ r_i = \Phi^{-1}(F_{X_i}(x_i)) \ (i = 1, 2, \cdots, n) \end{cases} \tag{3-78}$$

式中，$\Phi(\cdot)$ 和 $\Phi^{-1}(\cdot)$ 分别为标准正态分布变量的累积分布函数和逆累积分布函数。

根据 Nataf 变换理论和隐函数的微分法则，Y 和 X_i 的联合概率密度函数可以表示为

$$f_{Y, X_i}(y, x_i) = f_Y(y) f_{X_i}(x_i) \frac{\phi_2(\boldsymbol{r}_i, \tilde{\boldsymbol{\rho}}_{0i})}{\phi(r_y)\phi(r_i)} \tag{3-79}$$

式中，$\boldsymbol{r}_i = [r_y, r_i]^{\mathrm{T}}$；$\phi(\cdot)$ 是标准正态分布的概率密度函数；$\phi_2(\boldsymbol{r}_i, \tilde{\boldsymbol{\rho}}_{0i})$ 是如式（3-80）所示的相关系数矩阵为 $\tilde{\boldsymbol{\rho}}_{0i}(i = 1, 2, \cdots, n) = \begin{bmatrix} 1 & \rho_{0i} \\ \rho_{0i} & 1 \end{bmatrix}$ 的 r_y 和 r_i（因为 r_y 和 r_i 均为标

准正态变量，所以 r_y 与 r_i 的协方差矩阵与相关系数矩阵相同，ρ_{0i} 为 r_y 和 r_i 的相关系数）的联合概率密度函数。

$$\phi_2(\boldsymbol{r}_i,\tilde{\boldsymbol{\rho}}_{0i})=\frac{1}{\sqrt{(2\pi)^2\det(\boldsymbol{\rho}_{0i})}}\exp\left(-\frac{1}{2}\boldsymbol{r}_i^{\mathrm{T}}\tilde{\boldsymbol{\rho}}_{0i}\boldsymbol{r}_i\right) \tag{3-80}$$

从式（3-79）可以看出，若要求得 Y 与 $X_i(i=1,2,\cdots,n)$ 的联合概率密度函数 $f_{Y,X_i}(y,x_i)$，首先需要求解经过 Y 与 X_i 等概率变换到相关标准正态空间后的 r_y 与 $r_i(i=1,2,\cdots,n)$ 的相关系数矩阵 $\tilde{\boldsymbol{\rho}}_{0i}$，即需求解 r_y 与 r_i 的相关系数 ρ_{0i}。然后根据相关系数为标准化的协方差的定义以及式（3-78）和式（3-79），可以建立如下所示的 (Y,X_i) 的相关系数 ρ_i 与 (r_y,r_i) 的相关系数 $\rho_{0i}(i=1,2,\cdots,n)$ 的关系：

$$\begin{aligned}\rho_i&=\int_{-\infty}^{+\infty}\int_{-\infty}^{+\infty}\left(\frac{y-\mu_y}{\sigma_y}\right)\left(\frac{x_i-\mu_i}{\sigma_i}\right)f_{Y,X_i}(y,x_i)\mathrm{d}y\mathrm{d}x_i\\&=\int_{-\infty}^{+\infty}\int_{-\infty}^{+\infty}\left[\frac{F_Y^{-1}(\Phi(r_y))-\mu_y}{\sigma_y}\right]\left[\frac{F_{X_i}^{-1}(\Phi(r_i))-\mu_i}{\sigma_i}\right]\phi_2(\boldsymbol{r}_i,\tilde{\boldsymbol{\rho}}_{0i})\mathrm{d}r_y\mathrm{d}r_i\end{aligned} \tag{3-81}$$

求解式（3-81）的非线性方程就可以完全确定 ρ_{0i}。对此，文献[26]和[27]给出了求解 ρ_{0i} 的经验公式如下：

$$\rho_{0i}=F\rho_i \tag{3-82}$$

式中，$F\geqslant 1$ 为原始空间相关系数 ρ_i 和边缘密度的函数。

文献[26]和[27]提供了 10 种概率分布对应的 F 的 49 个经验公式。然而，这些经验公式只适用于那些限定的概率分布类型，且计算公式过多不易编程实现。

文献[29]提供了一种积分解方程的方法来确定式（3-81）中的 ρ_{0i}，该方法使用 Gaussian-Hermite 积分来直接计算式（3-81）中的积分，然后采用非线性方程求根方法求解 ρ_{0i}。在求得 ρ_{0i} 的过程中，首先选取 ρ_i 作为 ρ_{0i} 的初始解，然后对相关系数矩阵 $\tilde{\boldsymbol{\rho}}_{0i}$ 进行 Choleskey 分解，即

$$\tilde{\boldsymbol{\rho}}_{0i}=\boldsymbol{L}_0\boldsymbol{L}_0^{\mathrm{T}} \tag{3-83}$$

由式（3-83）的 Choleskey 分解得到的 $\boldsymbol{L}_0$ 为下三角矩阵，式（3-84）将相关的标准正态随机向量 $\boldsymbol{r}_i=[r_y,r_i]^{\mathrm{T}}$ 转化为独立的标准正态随机向量 $\boldsymbol{u}=[u_y,u_i]^{\mathrm{T}}$：

$$\boldsymbol{u}=\boldsymbol{L}_0^{-1}\boldsymbol{r}_i \tag{3-84}$$

由式（3-77）和式（3-84）可以得到由原始空间 $[y,x_i]^{\mathrm{T}}$ 到 $\boldsymbol{u}$ 空间的 Jacobian 矩阵 $\boldsymbol{J}$ 为

$$\boldsymbol{J}=\begin{bmatrix}\phi(r_y)/f_Y(y)&0\\0&\phi(r_i)/f_{X_i}(x_i)\end{bmatrix}\boldsymbol{L}_0 \tag{3-85}$$

然后由式（3-84）中的线性转化，将式（3-81）中对相关标准正态向量 $[r_y,r_i]^{\mathrm{T}}$

的积分转换到对独立的标准正态向量$[u_y,u_i]^{\mathrm{T}}$的积分，即

$$\begin{aligned}
&\int_{-\infty}^{+\infty}\int_{-\infty}^{+\infty}\left(\frac{y-\mu_y}{\sigma_y}\right)\left(\frac{x_i-\mu_i}{\sigma_i}\right)f_{Y,X_i}(y,x_i)\mathrm{d}y\mathrm{d}x_i\\
&=\int_{-\infty}^{+\infty}\int_{-\infty}^{+\infty}\left[\frac{F_Y^{-1}(\Phi(r_y))-\mu_y}{\sigma_y}\right]\left[\frac{F_{X_i}^{-1}(\Phi(r_i))-\mu_i}{\sigma_i}\right]\phi_2(\boldsymbol{r}_i,\tilde{\boldsymbol{\rho}}_{0i})\mathrm{d}r_y\mathrm{d}r_i\\
&=\int_{-\infty}^{+\infty}\int_{-\infty}^{+\infty}\left(\frac{y-\mu_y}{\sigma_y}\right)\left(\frac{x_i-\mu_i}{\sigma_i}\right)\phi(u_y)\phi(u_i)\mathrm{d}u_y\mathrm{d}u_i
\end{aligned}\tag{3-86}$$

采用二维 5 点 Gaussian-Hermite 积分求解式(3-86)中的积分，并结合式(3-81)建立式（3-87）所示的非线性方程[29]：

$$\rho_i-\sum_{l=1}^{5}\sum_{k=1}^{5}w_lw_k\left(\frac{y_l-\mu_y}{\sigma_y}\right)\left(\frac{x_{ki}-\mu_i}{\sigma_i}\right)=0\tag{3-87}$$

式中，(y_l,x_{ki})可由下列两式求得，即

$$(r_l,r_{ki})^{\mathrm{T}}=\boldsymbol{L}_0(z_l,z_{ki})^{\mathrm{T}}\tag{3-88}$$

$$(y_l,x_{ki})=(F_Y^{-1}(\Phi(r_l)),F_i^{-1}(\Phi(r_{ki})))\tag{3-89}$$

式中，w_l、w_k、z_l和z_{ki}分别为u_y的积分权重、u_i的积分权重、u_y对应的积分节点和u_i对应的积分点。由式（3-87）迭代即可解出ρ_{0i}。

4. 矩独立全局灵敏度指标的求解

将式（3-79）所示$f_{Y,X_i}(y,x_i)$的表达式代入式（3-45），可以得到：

$$\begin{aligned}
\delta_i&=\frac{1}{2}\int_{-\infty}^{+\infty}\int_{-\infty}^{+\infty}\left|f_Y(y)f_{X_i}(x_i)-f_{Y,X_i}(y,x_i)\right|\mathrm{d}y\mathrm{d}x_i\\
&=\frac{1}{2}\int_{-\infty}^{+\infty}\int_{-\infty}^{+\infty}\left|f_Y(y)f_{X_i}(x_i)-f_Y(y)f_{X_i}(x_i)\frac{\phi_2(\boldsymbol{r}_i,\tilde{\boldsymbol{\rho}}_{0i})}{\phi(r_y)\phi(r_i)}\right|\mathrm{d}y\mathrm{d}x_i\\
&=\frac{1}{2}\int_{-\infty}^{+\infty}\int_{-\infty}^{+\infty}f_Y(y)f_{X_i}(x_i)\left|1-\frac{\phi_2(\boldsymbol{r}_i,\tilde{\boldsymbol{\rho}}_{0i})}{\phi(r_y)\phi(r_i)}\right|\mathrm{d}y\mathrm{d}x_i
\end{aligned}\tag{3-90}$$

进而，对式（3-77）中所有等式进行全微分运算，可以得到：

$$\begin{cases}\phi(r_y)\mathrm{d}r_y=f_Y(y)\mathrm{d}y\\ \phi(r_i)\mathrm{d}r_i=f_{X_i}(x_i)\mathrm{d}x_i\ (i=1,2,\cdots,n)\end{cases}\tag{3-91}$$

将式（3-91）中两式等号同侧的项相乘，即得

$$f_Y(y)f_{X_i}(x_i)\mathrm{d}y\mathrm{d}x_i=\phi(r_y)\phi(r_i)\mathrm{d}r_y\mathrm{d}r_i\tag{3-92}$$

将式（3-92）代入式（3-90），对原积分的积分变量和积分区域作相应的变换，可推得下式：

$$\begin{aligned}\delta_i &= \frac{1}{2}\int_{-\infty}^{+\infty}\int_{-\infty}^{+\infty} f_Y(y) f_{X_i}(x_i)\left|1-\frac{\phi_2(\boldsymbol{r}_i,\tilde{\boldsymbol{\rho}}_{0i})}{\phi(r_y)\phi(r_i)}\right|\mathrm{d}y\mathrm{d}x_i \\ &= \frac{1}{2}\int_{-\infty}^{+\infty}\int_{-\infty}^{+\infty} \phi(r_y)\phi(r_i)\left|1-\frac{\phi_2(\boldsymbol{r}_i,\tilde{\boldsymbol{\rho}}_{0i})}{\phi(r_y)\phi(r_i)}\right|\mathrm{d}r_y\mathrm{d}r_i \\ &= \frac{1}{2}\int_{-\infty}^{+\infty}\int_{-\infty}^{+\infty}\left|\phi(r_y)\phi(r_i)-\phi_2(\boldsymbol{r}_i,\tilde{\boldsymbol{\rho}}_{0i})\right|\mathrm{d}r_y\mathrm{d}r_i\end{aligned} \tag{3-93}$$

值得指出的是，通过式（3-93）的变换，使得矩独立全局灵敏度指标的计算从原始变量空间转换到了相关系数矩阵为 $\tilde{\boldsymbol{\rho}}_{0i}$ 的标准正态空间。实际上，式（3-93）中的积分可以通过下式来计算：

$$\begin{aligned}\delta_i &= \frac{1}{2}\int_{-\infty}^{+\infty}\int_{-\infty}^{+\infty}\left|\phi(r_y)\phi(r_i)-\phi_2(\boldsymbol{r}_i,\tilde{\boldsymbol{\rho}}_{0i})\right|\mathrm{d}r_y\mathrm{d}r_i \\ &= \frac{1}{2}\int_{-\infty}^{+\infty}\int_{-\infty}^{+\infty}\frac{\left|\phi(r_y)\phi(r_i)-\phi_2(\boldsymbol{r}_i,\tilde{\boldsymbol{\rho}}_{0i})\right|}{\phi_2(\boldsymbol{r}_i,\tilde{\boldsymbol{\rho}}_{0i})}\phi_2(\boldsymbol{r}_i,\tilde{\boldsymbol{\rho}}_{0i})\mathrm{d}r_y\mathrm{d}r_i \\ &= \frac{1}{2}E\left(\left|\frac{\phi(r_y)\phi(r_i)}{\phi_2(\boldsymbol{r}_i,\tilde{\boldsymbol{\rho}}_{0i})}-1\right|\right)\end{aligned} \tag{3-94}$$

最终，将 δ_i 的计算转化为函数期望的计算，使得 δ_i 的计算更加容易实现。

5. 运算执行步骤及计算量讨论

求解矩独立全局灵敏度指标的极大熵结合 Nataf 变换方法的具体执行步骤如下。

第一步：根据高斯积分准则和改进的 Cut-HDMR 方法，构建用于求解输出分数矩和整数矩的网格，如表 3-6 所示，表中最后一列数据 $x_i\cdot g(\boldsymbol{c}_{-i},x_i)$ 用于期望 $E(Y\cdot X_i)$ 的计算。

表 3-6　随机变量 $X_i(i=1,2,\cdots,n)$ 的高斯积分网格

输入变量	数值积分网格							被积函数	
	X_1	…	X_{i-1}	X_i	X_{i+1}	…	X_n	$g(\boldsymbol{c}_{-i},x_i)$	$x_i\cdot g(\boldsymbol{c}_{-i},x_i)$
X_i	c_1	…	c_{i-1}	x_{1i}	c_{i+1}	…	c_n	$g(\boldsymbol{c}_{-i},x_{1i})$	$x_{1i}\cdot g(\boldsymbol{c}_{-i},x_{1i})$
	c_1	…	c_{i-1}	x_{2i}	c_{i+1}	…	c_n	$g(\boldsymbol{c}_{-i},x_{2i})$	$x_{2i}\cdot g(\boldsymbol{c}_{-i},x_{2i})$
	⋮		⋮	⋮	⋮		⋮	⋮	⋮
	c_1	…	c_{i-1}	$x_{N_i i}$	c_{i+1}	…	c_n	$g(\boldsymbol{c}_{-i},x_{N_i i})$	$x_{N_i i}\cdot g(\boldsymbol{c}_{-i},x_{N_i i})$

注：c_i 表示变量 X_i 的均值；N_i 表示 X_i 所采用的高斯积分节点个数；$x_{ji}(j=1,\cdots,N_i)$ 表示高斯积分点。

第二步：使用基于分数矩约束的极大熵准则估计模型输出 Y 的概率密度函数 $f_Y(y)$。实际上，$f_Y(y)$ 是通过求解式（3-65）中的优化问题并结合式（3-62）估计出来的，其中分数矩是在表 3-6 的基础上通过式（3-71）进行计算的。

第三步：利用式（3-75）计算模型输出 Y 和输入变量 $X_i(i=1,\cdots,n)$ 之间的相关系数 ρ_i。通过设定不同的 α 值，在表 3-6 的基础上利用式（3-71）和式（3-76）计算所涉及的整数矩。

第四步：使用 Nataf 变换估计联合概率密度函数 $f_{Y,X_i}(y,x_i)$。实际上，后续步骤中需要的是转换后的标准正态空间的相关系数 $\rho_{0i}(i=1,\cdots,n)$。

第五步：利用式（3-94）求解 δ_i，可以通过下式近似地得到 δ_i 的估计值：

$$\hat{\delta}_i=\frac{1}{2N}\sum_{k=1}^{N}\left|\frac{\phi(r_{ky})\phi(r_{ki})}{\phi_2(\boldsymbol{r}_{ki},\tilde{\boldsymbol{\rho}}_{0i})}-1\right| \tag{3-95}$$

式中，$\boldsymbol{r}_{ki}=[r_{ky},r_{ki}]^{\mathrm{T}}$ 为相关系数 ρ_{0i} 的 N 个样本向量 $[r_y,r_i]^{\mathrm{T}}$ 中的第 k 个向量，其中 ρ_{0i} 已经在第四步中通过 Nataf 变换得到。在这一步抽取相关标准正态向量 $\boldsymbol{r}_i$ 的样本 $\boldsymbol{r}_{ki}(k=1,2,\cdots,N)$，并通过式（3-95）计算 $\hat{\delta}_i$ 时，不需要调用模型输出函数。

第六步：利用 Bootstrap 方法计算估计值 $\hat{\delta}_i$ 的标准差。Bootstrap 方法是一种近代统计学中用于数据处理的重要实用方法。通常情况下，利用 Bootstrap 方法可以完成的工作包括[20]：估计量的标准误差估计、未知参数的置信区间估计、试验统计量的分位值估计。本节采用简单随机抽样方法产生样本，进而利用式（3-95）估计 $\hat{\delta}_i$。为了给出所提方法的稳健性，本书中使用 Bootstrap 方法计算所有估计值的标准差。对于每一个估计值 $\hat{\delta}_i$，估计值标准差的大小可以用来衡量所得结果的收敛性，其计算表达式为

$$\mathrm{SD}_i=\sqrt{\frac{1}{m}\sum_{j=1}^{m}(\hat{\delta}_i^{(j)}-\bar{\delta}_i)^2} \tag{3-96}$$

式中，SD_i 为第 i 维变量 X_i 的矩独立全局灵敏度指标估计值的标准差；m 为重复计算所得估计值的次数；$\hat{\delta}_i^{(j)}$ 为第 j 个估计值；$\bar{\delta}_i$ 为所有 m 次估计值的均值，即 $\bar{\delta}_i=\sum_{j=1}^{m}\hat{\delta}_i^{(j)}\Big/m$。$\mathrm{SD}_i$ 越小，则对应估计值的误差越小。本节所介绍的极大熵结合 Nataf 变换求解矩独立全局灵敏度指标的方法仅在建立如表 3-6 所示的高斯积分网格时需要调用模型输出响应函数。本节方法将模型的输出响应函数近似转化为一元函数的乘积形式，从而将求解输出响应函数各阶统计矩的多元积分转化为一元积分的乘积形式，而采用高斯积分法求解一元积分时所需估计的模型输出的次数非常少。根据高斯积分的特点，本节方法中总的输出响应函数的估计次数记为 N_{call}，则有

$$N_{\text{call}} = 1 + \sum_{i=1}^{k}(N_i - 1) + \sum_{i=k+1}^{n} N_i \tag{3-97}$$

式中，$k \leqslant n$ 为对称分布的输入变量的个数，则 $n-k$ 为其余分布的输入变量的个数；N_i 为第 i 维输入变量 X_i 的高斯积分节点的个数。例如，对于一个具有 6 个正态分布的输入变量，当采用 5 点高斯积分时，需要估计输出响应函数的次数 $N_{\text{call}} = 25$。

6. 算例分析

图 3-7 为屋架结构的简单示意图，屋架的上弦杆和其他压杆采用钢筋混凝土杆，下弦杆和其他拉杆采用钢杆。该屋架结构承受的节点载荷 $P = ql/4$，其中 q 为均布载荷。由结构力学分析可得，屋架顶端 C 点沿垂直地面方向的位移为 $\varDelta_C = \dfrac{ql^2}{2}\left(\dfrac{3.81}{A_{\text{C}}E_{\text{C}}} + \dfrac{1.13}{A_{\text{S}}E_{\text{S}}}\right)$，其中 A_{C}、E_{C}、A_{S}、E_{S} 和 l 分别为混凝土（下标为C）和钢杆（下标为S）的横截面积、弹性模量和长度。为考虑屋架结构的安全性和适用性，以屋架顶端 C 点的向下挠度 $\varDelta_C$ 不大于 3.2cm 为约束条件，并考虑分数矩只适用于正的随机变量的情况，本节构建出结构的输出响应函数为 $g(\boldsymbol{X}) = 0.032/\varDelta_C$。假设所有的输入变量均服从相互独立的正态分布，它们的记号、分布类型和参数见表 3-7。采用本节的极大熵结合 Nataf 变换的方法求解矩独立全局灵敏度指标，其中屋架结构计算输出响应各阶统计矩的数值积分网格见表 3-8，屋架结构的矩独立全局灵敏度指标的结果对照见表 3-9。

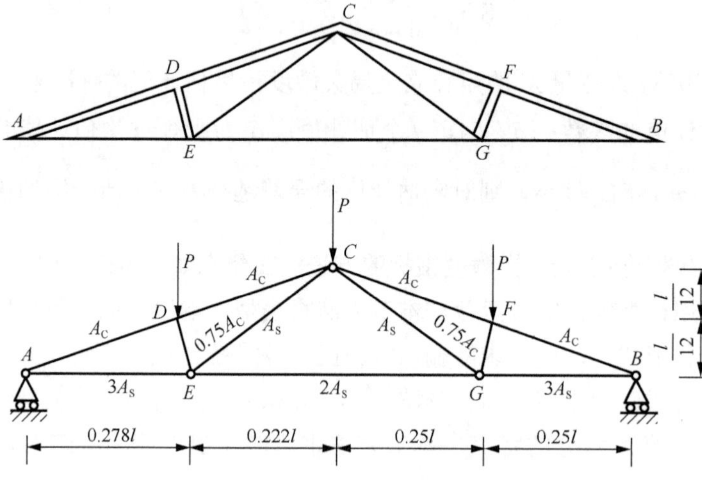

图 3-7　屋架结构的简单示意图

表 3-7　屋架结构输入变量的分布信息

输入变量	记号	分布类型	均值	变异系数
q / (N/m)	X_1	正态分布	20000	0.07
l / m	X_2	正态分布	12	0.01
A_C / m^2	X_3	正态分布	0.04	0.12
A_S / m^2	X_4	正态分布	9.82×10^{-4}	0.06
E_C / (N/m^2)	X_5	正态分布	2×10^{10}	0.06
E_S / (N/m^2)	X_6	正态分布	1×10^{11}	0.06

表 3-8　屋架结构计算输出响应各阶统计矩的数值积分网格

序号	变量	数值积分网格						被积函数	
		X_1	X_2	X_3	X_4	X_5	X_6	$g(\boldsymbol{c}_{-i},x_i)$	$x_i\cdot g(\boldsymbol{c}_{-i},x_i)$
1	X_1	16000.2	12.00	0.040	9.82×10^{-4}	2×10^{10}	10^{11}	1.7073	2.73×10^{4}
2		18102.2	12.00	0.040	9.82×10^{-4}	2×10^{10}	10^{11}	1.5091	2.73×10^{4}
3		21897.8	12.00	0.040	9.82×10^{-4}	2×10^{10}	10^{11}	1.2475	2.73×10^{4}
4		23999.8	12.00	0.040	9.82×10^{-4}	2×10^{10}	10^{11}	1.1382	2.73×10^{4}
5	X_2	20000.0	11.66	0.040	9.82×10^{-4}	2×10^{10}	10^{11}	1.4474	16.8725
6		20000.0	11.84	0.040	9.82×10^{-4}	2×10^{10}	10^{11}	1.4037	16.6157
7		20000.0	12.16	0.040	9.82×10^{-4}	2×10^{10}	10^{11}	1.3296	16.1712
8		20000.0	12.34	0.040	9.82×10^{-4}	2×10^{10}	10^{11}	1.2910	15.9352
9	X_3	20000.0	12.00	0.026	9.82×10^{-4}	2×10^{10}	10^{11}	1.1849	0.0311
10		20000.0	12.00	0.034	9.82×10^{-4}	2×10^{10}	10^{11}	1.2924	0.0433
11		20000.0	12.00	0.047	9.82×10^{-4}	2×10^{10}	10^{11}	1.4242	0.0662
12		20000.0	12.00	0.054	9.82×10^{-4}	2×10^{10}	10^{11}	1.4762	0.0793
13	X_4	20000.0	12.00	0.040	8.11×10^{-4}	2×10^{10}	10^{11}	1.1887	9.64×10^{-4}
14		20000.0	12.00	0.040	9.01×10^{-4}	2×10^{10}	10^{11}	1.2841	1.16×10^{-3}
15		20000.0	12.00	0.040	1.06×10^{-3}	2×10^{10}	10^{11}	1.4438	1.53×10^{-3}
16		20000.0	12.00	0.040	1.15×10^{-3}	2×10^{10}	10^{11}	1.5259	1.76×10^{-3}
17	X_5	20000.0	12.00	0.040	9.82×10^{-4}	1.66×10^{10}	10^{11}	1.2879	2.13×10^{10}
18		20000.0	12.00	0.040	9.82×10^{-4}	1.84×10^{10}	10^{11}	1.3314	2.45×10^{10}
19		20000.0	12.00	0.040	9.82×10^{-4}	2.16×10^{10}	10^{11}	1.3966	3.02×10^{10}
20		20000.0	12.00	0.040	9.82×10^{-4}	2.34×10^{10}	10^{11}	1.4270	3.34×10^{10}
21	X_6	20000.0	12.00	0.040	9.82×10^{-4}	2×10^{10}	8.29×10^{10}	1.1915	9.87×10^{10}
22		20000.0	12.00	0.040	9.82×10^{-4}	2×10^{10}	9.19×10^{10}	1.2854	1.18×10^{11}
23		20000.0	12.00	0.040	9.82×10^{-4}	2×10^{10}	1.08×10^{11}	1.4426	1.56×10^{11}
24		20000.0	12.00	0.040	9.82×10^{-4}	2×10^{10}	1.17×10^{11}	1.5236	1.78×10^{11}
25	c	20000.0	12.00	0.040	9.82×10^{-4}	2×10^{10}	10^{11}	1.3659	—

表 3-9　屋架结构的矩独立全局灵敏度指标的结果对照

输入变量	本节所提方法		双层 MCS 方法		单层 MCS 方法	
	估计值	标准差	估计值	标准差	估计值	标准差
q	0.2862（1）	0.0079	0.2534（1）	0.0085	0.2200（1）	0.0072
l	0.0626（5）	0.0004	0.0614（5）	0.0029	0.0615（5）	0.0046
A_{C}	0.1182（4）	0.0011	0.1140（4）	0.0034	0.1021（4）	0.0049
A_{S}	0.1458（2）	0.0016	0.1385（2）	0.0040	0.1242（2）	0.0032
E_{C}	0.0549（6）	0.0004	0.0540（6）	0.0015	0.0556（6）	0.0038
E_{S}	0.1432（3）	0.0015	0.1348（3）	0.0036	0.1230（3）	0.0061
N_{call}	25		2.4×10^{7}		5×10^{3}	

注：小括号（ ）中数据表示重要性排序的序号。

从表 3-9 可以看出，本节方法的输出响应函数估计次数 $N_{\mathrm{call}}=25$，然而双层 MCS 方法需要计算功能函数至少 2.4×10^{7} 次，单层 MCS 方法需要 5×10^{3} 次。此外，从表 3-9 中小括号里的排序数字可以看出三种方法得到的输入变量重要性排序是相同的，即 $q>A_{\mathrm{S}}>E_{\mathrm{S}}>A_{\mathrm{C}}>l>E_{\mathrm{C}}$。

3.2.3　共用积分网格结合极大熵法

1. 条件分数矩及条件概率密度函数的求解策略

由式（3-45）可知，估计矩独立全局灵敏度指标的关键是输出无条件和条件概率密度函数的估计，由于直接进行指标的求解是一个双层循环过程，对于外层 X_i 的不同取值，内层均需拟合不同 X_i 取值下模型输出 Y 的条件概率密度函数。文献[15]进行等价推导避免了条件概率密度函数的估计，但会引入输入输出联合概率密度函数的估计；文献[30]利用 Nataf 变换估计输入输出的联合概率密度函数，且 Nataf 变换中的相关参数的求解过程利用乘法降维估计分数矩中的功能函数调用而不需额外功能函数调用，但 Nataf 变换对于非正态情况存在一定的局限性。本小节将从另一种角度建立矩独立全局灵敏度指标求解的极大熵方法，该方法的主要思想是重复利用无条件分数矩计算过程中估计功能函数的信息来估计条件分数矩和 $s(X_i)$ 的期望。

基于乘法降维积分公式，功能函数的 α_p 阶条件分数矩 $M_{Y|X_i}^{\alpha_p}(x_i)$ 的计算公式如下：

$$
\begin{aligned}
M_{Y|X_i}^{\alpha_p}(x_i) &= \int_{X_{-i}} \left\{ \left[g(\boldsymbol{\mu})\right]^{1-n} \prod_{k=1}^{n} g(x_k, \boldsymbol{\mu}_{-k}) \right\}^{\alpha_p} f_{X_{-i}}(\boldsymbol{x}_{-i}) \mathrm{d}\boldsymbol{x}_{-i} \\
&= \int_{X_{-i}} \left[g(\boldsymbol{\mu})\right]^{\alpha_p - n\alpha_p} \prod_{k=1}^{n} \left[g(x_k, \boldsymbol{\mu}_{-k})\right]^{\alpha_p} \prod_{j=1, j\neq i}^{n} f_{X_j}(x_j) \mathrm{d}x_j \\
&= \left[g(\boldsymbol{\mu})\right]^{\alpha_p - n\alpha_p} \left[g(x_i, \boldsymbol{\mu}_{-i})\right]^{\alpha_p} \prod_{k=1, k\neq i}^{n} \int_{X_k} \left[g(x_k, \boldsymbol{\mu}_{-k})\right]^{\alpha_p} f_{X_k}(x_k) \mathrm{d}x_k \\
&= \left[g(\boldsymbol{\mu})\right]^{\alpha_p - n\alpha_p} \left[g(x_i, \boldsymbol{\mu}_{-i})\right]^{\alpha_p} \prod_{k=1, k\neq i}^{n} \left(\sum_{j=1}^{N_k} w_{jk} \left[g(x_{jk}, \boldsymbol{\mu}_{-k})\right]^{\alpha_p} \right) \\
&= \left[g(\boldsymbol{\mu})\right]^{\alpha_p - n\alpha_p} \prod_{k=1, k\neq i}^{n} \left(\sum_{j=1}^{N_k} w_{jk} \left[g(x_{jk}, \boldsymbol{\mu}_{-k})\right]^{\alpha_p} \right) \left[g(x_i, \boldsymbol{\mu}_{-i})\right]^{\alpha_p}
\end{aligned} \tag{3-98}
$$

式中，$\boldsymbol{\mu}_{-k}=[\mu_1,\cdots,\mu_{k-1},\mu_{k+1},\cdots,\mu_n]$ 表示除去 X_k 变量均值 μ_k 后其他变量均值组成的向量；$f_{X_{-i}}(\boldsymbol{x}_{-i})$ 表示除去 X_i 变量后其他随机输入变量的联合概率密度函数；x_{jk} 和 w_{jk} 分别表示第 k 维变量 X_k 的第 j 个积分节点和积分权重；N_k 表示第 k 维变量 X_k 的积分节点总数。

式（3-98）中的分项 $\left[g(\boldsymbol{\mu})\right]^{\alpha_p - n\alpha_p} \prod_{k=1, k\neq i}^{n} \left(\sum_{j=1}^{N_k} w_{jk} \left[g(x_{jk}, \boldsymbol{\mu}_{-k})\right]^{\alpha_p} \right)$ 是无条件分数矩 $M_Y^{\alpha_p}$ 求解过程中已获得的信息，因此在计算条件矩时，该分项无需输出功能函数的调用。式（3-98）建立了条件分数矩 $M_{Y|X_i}^{\alpha_p}(x_i)$ 与 $g(x_i,\boldsymbol{\mu}_{-i})$ 之间的函数关系，这表明当 $g(x_i,\boldsymbol{\mu}_{-i})$ 固定在某一实现值时，$M_{Y|X_i}^{\alpha_p}(x_i)$ 可以很容易求出，且调整分数矩阶数 α_p 时，无需额外计算量。

当求得条件分数矩 $M_{Y|X_i}^{\alpha_p}(x_i)$ 后，输出响应 Y 的条件概率密度函数 $f_{Y|X_i}(y)$ 也可通过条件分数矩约束下的极大熵方法求得，相应的优化模型如式（3-99）所示：

$$
\begin{cases}
\text{Find}: f_{Y|X_i}(y) \\
\text{Max}: H\left[f_{Y|X_i}(y)\right] = -\int_Y f_{Y|X_i}(y) \ln\left[f_{Y|X_i}(y)\right] \mathrm{d}y \\
\text{s.t.}: \int_Y y^{\alpha_p} f_{Y|X_i}(y) \mathrm{d}y = M_{Y|X_i}^{\alpha_p}(x_i)
\end{cases} \tag{3-99}
$$

求解上述模型得到输出条件概率密度函数的优化过程无需调用输出响应的功能函数。由于条件分数矩 $M_{Y|X_i}^{\alpha_p}(x_i)$ 是 X_i 的函数，因此由上述优化模型求得的条件概率密度函数也是 $g(x_i,\boldsymbol{\mu}_{-i})$ 的函数，即

$$
f_{Y|X_i}(y) = M_{X_i}(g(x_i, \boldsymbol{\mu}_{-i})) \tag{3-100}
$$

式中，$M_{X_i}(\cdot)$ 表示由极大熵方法估计出的输出响应的条件概率密度函数 $f_{Y|X_i}(y)$ 随 X_i 固定时与响应值 $g(x_i,\boldsymbol{\mu}_{-i})$ 的变化关系。在求解矩独立全局灵敏度指标的外层对

X_i 的一元积分中再次利用高斯积分法则，则在求解 $M_{X_i}(g(x_i,\boldsymbol{\mu}_{-i}))$ 中也不需要额外调用输出响应模型。

2. 矩独立全局灵敏度指标求解公式

矩独立全局灵敏度指标求解中，外层关于 X_i 函数的数学期望也可以采用一维高斯积分进行估计，由于 $s(X_i)$ 是 $g(x_i,\boldsymbol{\mu}_{-i})$ 的函数，外层的一维高斯积分过程可以重复利用无条件分数矩求解过程中的输入积分节点处的输出信息。基于共用无条件输出矩计算过程中的积分网格，采用极大熵法计算矩独立全局灵敏度指标的公式如下[31]：

$$\begin{aligned}\delta_i &= \frac{1}{2}\int_{X_i}\left(\int_Y \left|f_Y(y) - f_{Y|X_i}(y)\right| \mathrm{d}y\right) f_{X_i}(x_i)\mathrm{d}x_i \\ &\approx \frac{1}{2}\int_{X_i}\left(\int_Y \left|f_Y(y) - M_{X_i}(g(x_i,\boldsymbol{\mu}_{-i}))\right| \mathrm{d}y\right) f_{X_i}(x_i)\mathrm{d}x_i \\ &\approx \frac{1}{2}\sum_{j=1}^{N_i} w_{ji}\left(\int_Y \left|f_Y(y) - M_{X_i}(g(x_{ji},\boldsymbol{\mu}_{-i}))\right| \mathrm{d}y\right)\end{aligned} \tag{3-101}$$

式中，w_{ji} 和 x_{ji} 分别为第 i 维变量的 N_i 个积分节点中的第 j 个权重和节点值。

本节方法中的功能函数调用次数与文献[30]所提方法相同，仅产生于输出无条件分数矩的计算过程中。但本节方法避免使用 Nataf 变换，进而克服了 Nataf 变换的局限性，即本节方法在不失文献[30]方法高效性的同时，拓宽了其适用范围，且本节方法也可以非常容易地扩展到方差全局灵敏度和失效概率全局灵敏度指标求解中。基于共用积分网格的极大熵法求解方差全局灵敏度指标的公式如下：

$$\begin{aligned}S_i &= 1 - \frac{\int_{-\infty}^{+\infty}\int_{-\infty}^{+\infty}\left[y - \int_{-\infty}^{+\infty} y M_{X_i}(g(x_i,\boldsymbol{\mu}_{-i}))\mathrm{d}y\right]^2 M_{X_i}(g(x_i,\boldsymbol{\mu}_{-i})) f_{X_i}(x_i)\mathrm{d}y\mathrm{d}x_i}{\int_{-\infty}^{+\infty}\left[y - \int_{-\infty}^{+\infty} y f_Y(y)\mathrm{d}y\right]^2 f_Y(y)\mathrm{d}y} \\ &= 1 - \frac{\sum_{j=1}^{N_i} w_{ji}\int_{-\infty}^{+\infty}\left[y - \int_{-\infty}^{+\infty} y M_{X_i}(g(x_{ji},\boldsymbol{\mu}_{-i}))\mathrm{d}y\right]^2 M_{X_i}(g(x_{ji},\boldsymbol{\mu}_{-i}))}{\int_{-\infty}^{+\infty}\left[y - \int_{-\infty}^{+\infty} y f_Y(y)\mathrm{d}y\right]^2 f_Y(y)\mathrm{d}y}\end{aligned} \tag{3-102}$$

3. 算例分析

涡轮盘结构示意图如图 3-8 所示。依据其所受载荷 $F = C\omega^2/2\pi + 2\rho\omega^2 J$（其中 ρ、C、ω 和 J 分别为质量密度、系数、转动角速度和截面惯性矩，$\omega = 2\pi n$，n 为转动频率）、涡轮盘的强度极限 σ_s 和截面积 A，可建立涡轮盘失效的功能函数为

$$Y=g(\boldsymbol{X})=g(\sigma_s,\rho,C,A,J,n)=\sigma_s A/F \tag{3-103}$$

式中，六个随机输入变量的记号、分布类型和分布参数如表 3-10 所示。

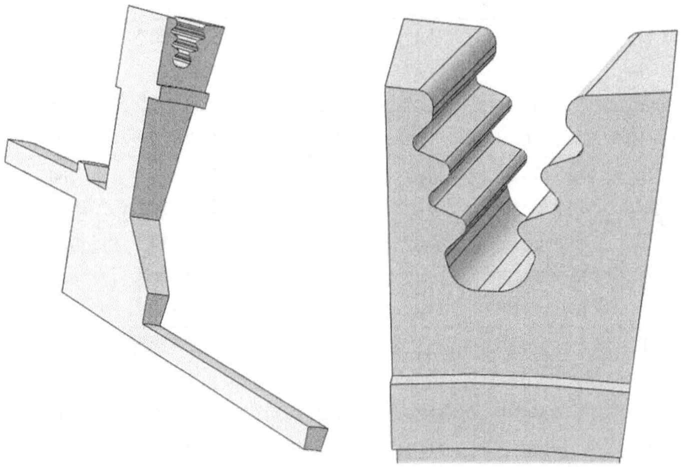

图 3-8　涡轮盘结构示意图

表 3-10　涡轮盘结构随机输入变量的记号、分布类型和分布参数

输入变量	记号	分布类型	均值	变异系数
σ_s /Pa	X_1	正态分布	1.1×10^9	0.1
ρ / （kg / m^3）	X_2	对数正态分布	8240	0.2
C / （kg·m）	X_3	对数正态分布	5.67	0.2
A / m^2	X_4	正态分布	6.2×10^{-3}	0.1
J / m^4	X_5	正态分布	1.22×10^{-4}	0.1
n / (r / s)	X_6	正态分布	200	0.1

表 3-11 给出了乘法降维计算无条件分数矩的高斯积分网格，重复利用该高斯积分网格中的信息，可以同时估计条件分数矩、输出无条件概率密度函数和输出有条件概率密度函数的差异关于条件随机输入变量的一维积分。涡轮盘结构的矩独立全局灵敏度指标计算结果如表 3-12 所示，表 3-12 同时给出了文献[30]中的双层 MCS 方法、单层 MCS 方法和极大熵结合 Nataf 变换（3.2.2 小节）方法的计算结果，从计算结果中可以看出本小节研究的基于共用积分网格的极大熵方法的计算量与极大熵结合 Nataf 变换方法的计算量一致，但本小节方法的计算精度高于文献[30]的方法，尤其对于变量 ρ 和变量 C，Nataf 变换对这两个变量分别与输出变量之间联合概率密度函数的近似出现了较大的误差，导致极大熵结合 Nataf 变换方法在估计矩独立全局灵敏度指标时出现较大的误差。

表 3-11　高斯积分网格

X	积分网格						被积函数值
	X_1	X_2	X_3	X_4	X_5	X_6	$g(x_i,\boldsymbol{\mu}_{-i})$
X_1	7.8573×10^8	8240	5.67	6.2×10^{-3}	1.22×10^{-4}	200	1.0590
	9.5088×10^8	8240	5.67	6.2×10^{-3}	1.22×10^{-4}	200	1.2816
	1.2491×10^9	8240	5.67	6.2×10^{-3}	1.22×10^{-4}	200	1.6836
	1.4143×10^9	8240	5.67	6.2×10^{-3}	1.22×10^{-4}	200	1.9062
X_2	1.1×10^9	4.5886×10^3	5.67	6.2×10^{-3}	1.22×10^{-4}	200	2.1359
	1.1×10^9	6.1776×10^3	5.67	6.2×10^{-3}	1.22×10^{-4}	200	1.7922
	1.1×10^9	8.0800×10^3	5.67	6.2×10^{-3}	1.22×10^{-4}	200	1.5028
	1.1×10^9	1.0568×10^4	5.67	6.2×10^{-3}	1.22×10^{-4}	200	1.2407
	1.1×10^9	1.4228×10^4	5.67	6.2×10^{-3}	1.22×10^{-4}	200	0.9874
X_3	1.1×10^9	8240	3.1575	6.2×10^{-3}	1.22×10^{-4}	200	1.7185
	1.1×10^9	8240	4.2508	6.2×10^{-3}	1.22×10^{-4}	200	1.6072
	1.1×10^9	8240	5.5599	6.2×10^{-3}	1.22×10^{-4}	200	1.4916
	1.1×10^9	8240	7.2721	6.2×10^{-3}	1.22×10^{-4}	200	1.3633
	1.1×10^9	8240	9.7902	6.2×10^{-3}	1.22×10^{-4}	200	1.2102
X_4	1.1×10^9	8240	5.67	4.4×10^{-3}	1.22×10^{-4}	200	1.0590
	1.1×10^9	8240	5.67	5.4×10^{-3}	1.22×10^{-4}	200	1.2816
	1.1×10^9	8240	5.67	7.0×10^{-3}	1.22×10^{-4}	200	1.6836
	1.1×10^9	8240	5.67	8.0×10^{-3}	1.22×10^{-4}	200	1.9062
X_5	1.1×10^9	8240	5.67	6.2×10^{-3}	8.71×10^{-5}	200	1.8468
	1.1×10^9	8240	5.67	6.2×10^{-3}	1.05×10^{-4}	200	1.6357
	1.1×10^9	8240	5.67	6.2×10^{-3}	1.38×10^{-4}	200	1.3558
	1.1×10^9	8240	5.67	6.2×10^{-3}	1.56×10^{-4}	200	1.2384
X_6	1.1×10^9	8240	5.67	6.2×10^{-3}	1.22×10^{-4}	200	2.9058
	1.1×10^9	8240	5.67	6.2×10^{-3}	1.22×10^{-4}	172.89	1.9841
	1.1×10^9	8240	5.67	6.2×10^{-3}	1.22×10^{-4}	227.11	1.1495
	1.1×10^9	8240	5.67	6.2×10^{-3}	1.22×10^{-4}	257.14	0.8969
变量均值	1.1×10^9	8240	5.67	6.2×10^{-3}	1.22×10^{-4}	200	1.4826

表 3-12　涡轮盘结构的矩独立全局灵敏度指标计算结果

随机变量	双层 MCS 方法	单层 MCS 方法	3.2.2 小节方法	本小节方法
σ_s /Pa	0.1099（4）	0.1111（4）	0.1133（3）	0.1134（4）
ρ /（kg/m^3）	0.1588（2）	0.1736（2）	0.0011（6）	0.1610（2）
C /（kg·m）	0.0677（6）	0.0655（6）	0.0113（5）	0.0654（6）
A / m^2	0.1113（3）	0.1116（3）	0.1133（2）	0.1134（3）
J / m^4	0.0750（5）	0.0745（5）	0.0753（4）	0.0733（5）
n /(r/s)	0.2586（1）	0.2665（1）	0.2702（1）	0.2852（1）
N_{call}	6×10^8	10^7	27	27

3.2.4 空间分割算法

矩独立全局灵敏度指标求解的空间分割算法最核心的基础是 Bayes 公式和连续无重叠区间上的全期望公式，因此先简要介绍连续无重叠区间上的全期望公式和 Bayes 公式。

连续无重叠区间上的全期望公式如式（3-104）所示，具体证明见 3.1.3 小节。

$$E_{A_i^{(k)}}(E(Y \mid X_i \in A_i^{(k)})) = E(Y) \tag{3-104}$$

式中，$A_i^{(k)} = [a_i^{(k-1)}, a_i^{(k)}]$ $(k = 1,2,\cdots,s_i)$ 表示输入变量 X_i 的第 k 个子区间，s_i 表示第 i 维输入变量 X_i 子区间的个数；输入变量 X_i 的子区间之间互不重叠，且子区间的并集是输入变量 X_i 的完整取值范围。

Bayes 公式有两个基本形式及一个扩展形式。第一个基本形式描述的是两个变量条件概率密度函数与无条件概率密度函数之间的关系，即

$$f_{Y|X_i}(y) = \frac{f_{Y,X_i}(y, x_i)}{f_{X_i}(x_i)} \tag{3-105}$$

$$f_{X_i|Y}(x_i) = \frac{f_{Y,X_i}(y, x_i)}{f_Y(y)} \tag{3-106}$$

将式（3-105）和式（3-106）组合可得 Bayes 公式的第一个基本形式，即

$$f_{Y|X_i}(y) = \frac{f_{X_i|Y}(x_i) f_Y(y)}{f_{X_i}(x_i)} \tag{3-107}$$

第二个基本形式描述的是两个事件的条件概率与无条件概率之间的关系，记 A 和 B 为两个事件，则有

$$P\{A \mid B\} = \frac{P\{AB\}}{P\{B\}} \tag{3-108}$$

$$P\{B \mid A\} = \frac{P\{AB\}}{P\{A\}} \tag{3-109}$$

式中，$P\{\cdot\}$ 表示概率算子；$P\{A \mid B\}$ 和 $P\{B \mid A\}$ 表示两个事件的条件概率；$P\{AB\}$ 表示两个事件的联合概率。

将式（3-108）和式（3-109）组合可得 Bayes 公式的第二个基本形式，即

$$P\{A \mid B\} = \frac{P\{B \mid A\} P\{A\}}{P\{B\}} \tag{3-110}$$

Bayes 公式的扩展形式如下：

$$P\{F \mid \boldsymbol{\theta}\} = \frac{f_{\boldsymbol{\theta}}(\boldsymbol{\theta} \mid F) P\{F\}}{f_{\boldsymbol{\theta}}(\boldsymbol{\theta})} \tag{3-111}$$

$$P\{F \mid X_i\} = \frac{f_{X_i}(x_i \mid F)P\{F\}}{f_{X_i}(x_i)} \tag{3-112}$$

式中，$P\{F \mid \boldsymbol{\theta}\}$ 表示 $\boldsymbol{\theta}$ 条件下的失效概率；$P\{F \mid X_i\}$ 表示随输入变量 X_i 而变化的条件失效概率；$F=\{g(\boldsymbol{X}) \leqslant 0\}$，表示由功能函数 $g(\boldsymbol{X})$ 定义的失效域；$\boldsymbol{\theta}$ 表示功能函数输入变量 $\boldsymbol{X}$ 的分布参数。

1. 基于空间分割的矩独立全局灵敏度指标求解公式

基于空间分割的矩独立全局灵敏度指标求解算法是建立在 Bayes 公式的扩展形式基础上的。首先，对矩独立全局灵敏度指标进行如下推导：

$$\delta_i = \frac{1}{2}\int_{X_i}\int_Y | f_Y(y) - f_{Y|X_i}(y) | \mathrm{d}y f_{X_i}(x_i)\mathrm{d}x_i = \frac{1}{2}E_{X_i}\left(\int_Y | f_Y(y) - f_{Y|X_i}(y) | \mathrm{d}y\right) \tag{3-113}$$

令 $s(X_i) = \int_Y | f_Y(y) - f_{Y|X_i}(y) | \mathrm{d}y$，式（3-113）可写成如下形式：

$$\delta_i = \frac{1}{2}E_{X_i}\left(s(X_i)\right) \tag{3-114}$$

利用式（3-104）连续无重叠区间上的全期望公式，式（3-114）可进一步展开为

$$\begin{aligned}\delta_i &= \frac{1}{2}E_{X_i}\left(s(X_i)\right) = \frac{1}{2}E_{A_i^{(k)}}(E(s(X_i) \mid X_i \in A_i^{(k)})) \\ &= \frac{1}{2}E_{A_i^{(k)}}\left(\int_{X_i \in A_i^{(k)}}\int_Y | f_Y(y) - f_{Y|X_i}(y) | \mathrm{d}y \frac{f_{X_i}(x_i)}{\int_{A_i^{(k)}} f_{X_i}(x_i)\mathrm{d}x_i}\mathrm{d}x_i\right)\end{aligned} \tag{3-115}$$

式中，在子区域 $A_i^{(k)}$ 的长度 $L(A_i^{(k)}) \to 0$ 时，$\int_{X_i \in A_i^{(k)}}\int_Y | f_Y(y) - f_{Y|X_i}(y) | \mathrm{d}y \dfrac{f_{X_i}(x_i)}{\int_{A_i^{(k)}} f_{X_i}(x_i)\mathrm{d}x_i}$ 可近似表示为

$$\begin{aligned}&\lim_{L(A_i^{(k)})\to 0}\int_{X_i \in A_i^{(k)}}\int_Y | f_Y(y) - f_{Y|X_i}(y) | \mathrm{d}y \frac{f_{X_i}(x_i)}{\int_{A_i^{(k)}} f_{X_i}(x_i)\mathrm{d}x_i}\mathrm{d}x_i \\ &= \lim_{L(A_i^{(k)})\to 0}\int_Y | f_Y(y) - f_{Y|X_i \in A_i^{(k)}}(y) | \mathrm{d}y \int_{X_i \in A_i^{(k)}} \frac{f_{X_i}(x_i)}{\int_{A_i^{(k)}} f_{X_i}(x_i)\mathrm{d}x_i}\mathrm{d}x_i \\ &= \lim_{L(A_i^{(k)})\to 0}\int_Y | f_Y(y) - f_Y(y \mid X_i \in A_i^{(k)}) | \mathrm{d}y\end{aligned} \tag{3-116}$$

因此，当最大子区间的长度 $\max_{k=1}^{s_i} L(A_i^{(k)}) \to 0$ 时，式（3-115）可等价表示为

$$\delta_i = \frac{1}{2}E_{A_i^{(k)}}\left(\int_{X_i\in A_i^{(k)}}\int_Y |f_Y(y)-f_{Y|X_i}(y)|\,\mathrm{d}y \frac{f_{X_i}(x_i)}{\int_{A_i^{(k)}} f_{X_i}(x_i)\mathrm{d}x_i}\mathrm{d}x_i\right)$$
$$\approx \frac{1}{2}E_{A_i^{(k)}}\left(\int_Y |f_Y(y)-f_Y(y\,|\,X_i\in A_i^{(k)})|\,\mathrm{d}y\right)$$
$$\approx \frac{1}{2}\sum_{k=1}^{s_i} p_k^{(i)}\cdot\int_Y |f_Y(y)-f_Y(y\,|\,X_i\in A_i^{(k)})|\,\mathrm{d}y \tag{3-117}$$

基于式（3-111），输出固定在 y 条件下输入变量 X_i 属于区间 $A_i^{(k)}$ 的概率可表示为

$$P\left\{X_i\in A_i^{(k)}\,|\,y\right\} = \frac{P\left\{X_i\in A_i^{(k)}\right\} f_Y(y\,|\,X_i\in A_i^{(k)})}{f_Y(y)} \tag{3-118}$$

因此，$f_Y(y\,|\,X_i\in A_i^{(k)})$ 可以通过式（3-119）计算：

$$f_Y(y\,|\,X_i\in A_i^{(k)}) = \frac{P\left\{X_i\in A_i^{(k)}\,|\,y\right\} f_Y(y)}{P\left\{X_i\in A_i^{(k)}\right\}} \tag{3-119}$$

将式（3-119）代入式（3-117），可得

$$\delta_i = \frac{1}{2}\sum_{k=1}^{s_i} P\left\{X_i\in A_i^{(k)}\right\}\cdot\int_Y \left| f_Y(y) - \frac{P\left\{X_i\in A_i^{(k)}\,|\,y\right\} f_Y(y)}{P\left\{X_i\in A_i^{(k)}\right\}}\right|\mathrm{d}y$$
$$= \frac{1}{2}\sum_{k=1}^{s_i}\int_Y f_Y(y)\left|P\left\{X_i\in A_i^{(k)}\right\} - P\left\{X_i\in A_i^{(k)}\,|\,y\right\}\right|\mathrm{d}y$$
$$= \frac{1}{2}\sum_{k=1}^{s_i} E_Y\left(\left|P\left\{X_i\in A_i^{(k)}\right\} - P\left\{X_i\in A_i^{(k)}\,|\,y\right\}\right|\right) \tag{3-120}$$

从式（3-120）中可以看出，上述变换避免了矩独立全局灵敏度求解中输出变量无条件概率密度函数和条件概率密度函数的估计。

通常情况下，可以采用数字模拟法来计算式（3-120），其中 $P\left\{X_i\in A_i^{(k)}\,|\,y\right\}$ 很难通过有限的样本计算得出。为了克服这一求解困难，再一次使用连续无重叠区间上的全期望公式对式（3-120）做进一步推导，即令

$$\eta(y, A_i^{(k)}) = \left|P\left\{X_i\in A_i^{(k)}\right\} - P\left\{X_i\in A_i^{(k)}\,|\,y\right\}\right| \tag{3-121}$$

则 $E_Y\left(\left|P\left\{X_i\in A_i^{(k)}\right\} - P\left\{X_i\in A_i^{(k)}\,|\,y\right\}\right|\right)$ 可以表示为

$$E_Y\left(\left|P\left\{X_i\in A_i^{(k)}\right\} - P\left\{X_i\in A_i^{(k)}\,|\,y\right\}\right|\right) = E_Y\left(\eta(y, A_i^{(k)})\right) \tag{3-122}$$

通过连续无重叠区间上的全期望公式，式（3-122）可以进一步变换为

$$
\begin{aligned}
E_Y\left(\eta(y,A_i^{(k)})\right) &= E_{A_Y^{(k_y)}}\left(E(\eta(y)\mid y\in A_Y^{(k_y)})\right) \\
&= E_{A_Y^{(k_y)}}\left(\int_{Y\in A_Y^{(k_y)}}\left|P\left\{X_i\in A_i^{(k)}\right\}-P\left\{X_i\in A_i^{(k)}\mid y\right\}\right|\frac{f_Y(y)}{\int_{Y\in A_Y^{(k_y)}}f_Y(y)\mathrm{d}y}\mathrm{d}y\right)
\end{aligned}
\tag{3-123}
$$

式中，$A_Y^{(k_y)}=[a_Y^{(k_y-1)},a_Y^{(k_y)}](k_y=1,2,\cdots,s_y)$ 为输出变量第 k_y 个连续无重叠的子区间，其中 s_y 为模型输出 Y 连续无重叠区间的个数。

当子区间长度 $L(A_Y^{(k_y)})\to 0$ 时，$P\left\{X_i\in A_i^{(k)}\mid y\in A_Y^{(k_y)}\right\}\to P\left\{X_i\in A_i^{(k)}\mid y\right\}$。因此，式（3-123）在模型输出 Y 的最大子区间长度 $\max\limits_{k_y=1}^{s_y}L(A_Y^{(k_y)})\to 0$ 情况下可近似表示为

$$
\begin{aligned}
E_Y\left(\eta(y,A_i^{(k)})\right) &= E_{A_Y^{(k_y)}}\left(\int_{Y\in A_Y^{(k_y)}}\left|P\left\{X_i\in A_i^{(k)}\right\}-P\left\{X_i\in A_i^{(k)}\mid y\right\}\right|\frac{f_Y(y)}{\int_{Y\in A_Y^{(k_y)}}f_Y(y)\mathrm{d}y}\mathrm{d}y\right) \\
&= E_{A_Y^{(k_y)}}\left(\left|P\left\{X_i\in A_i^{(k)}\right\}-P\left\{X_i\in A_i^{(k)}\mid y\in A_Y^{(k_y)}\right\}\right|\int_{Y\in A_Y^{(k_y)}}\frac{f_Y(y)}{\int_{Y\in A_Y^{(k_y)}}f_Y(y)\mathrm{d}y}\mathrm{d}y\right) \\
&= E_{A_Y^{(k_y)}}\left(\left|P\left\{X_i\in A_i^{(k)}\right\}-P\left\{X_i\in A_i^{(k)}\mid y\in A_Y^{(k_y)}\right\}\right|\right) \\
&= \sum_{k_y=1}^{s_y}P\left\{A_Y^{(k_y)}\right\}\left|P\left\{X_i\in A_i^{(k)}\right\}-P\left\{X_i\in A_i^{(k)}\mid y\in A_Y^{(k_y)}\right\}\right|
\end{aligned}
\tag{3-124}
$$

将式（3-124）代入式（3-120），可得矩独立全局灵敏度指标在 $\max\limits_{k=1}^{s_i}L(A_i^{(k)})\to 0$ 和 $\max\limits_{k_y=1}^{s_y}L(A_Y^{(k_y)})\to 0$ 条件下的近似表达式[32]：

$$
\begin{aligned}
\hat{\delta}_i &= \frac{1}{2}\sum_{k=1}^{s_i}E_{A_Y^{(k_y)}}\left(\left|P\left\{X_i\in A_i^{(k)}\right\}-P\left\{X_i\in A_i^{(k)}\mid y\in A_Y^{(k_y)}\right\}\right|\right) \\
&= \frac{1}{2}\sum_{k=1}^{s_i}\sum_{k_y=1}^{s_y}P\left\{A_Y^{(k_y)}\right\}\cdot\left|P\left\{X_i\in A_i^{(k)}\right\}-P\left\{X_i\in A_i^{(k)}\mid y\in A_Y^{(k_y)}\right\}\right|
\end{aligned}
\tag{3-125}
$$

式中，$P\left\{A_Y^{(k_y)}\right\}$ 表示模型输出 Y 的子区间 $A_Y^{(k_y)}=[a_Y^{(k_y-1)},a_Y^{(k_y)}](k_y=1,2,\cdots,s_y)$ 的概率；$P\left\{X_i\in A_i^{(k)}\mid y\in A_Y^{(k_y)}\right\}$ 表示在输出变量落入区间 $A_Y^{(k_y)}$ 条件下输入变量属于区间 $A_i^{(k)}=[a_i^{(k-1)},a_i^{(k)}](k=1,2,\cdots,s_i)$ 的条件概率。

式（3-125）将矩独立灵敏度指标原始定义中的密度函数的估计转换为如下三部分的求解：输入变量在其每个连续无重叠子区间内的概率，输出变量在其每个连续无重叠子区间内的概率以及在输出变量落入其子区间的条件下输入变量落入其子区间的概率。从式（3-125）还可以看出，对不同输入变量的矩独立全局灵敏度指标，可以通过一组输入-输出样本矩阵的不同划分计算得到，即求解矩独立全局灵敏度指标的总计算量与输入变量的维数是无关的。空间分割求解矩独立全局灵敏度指标流程图如图 3-9 所示。

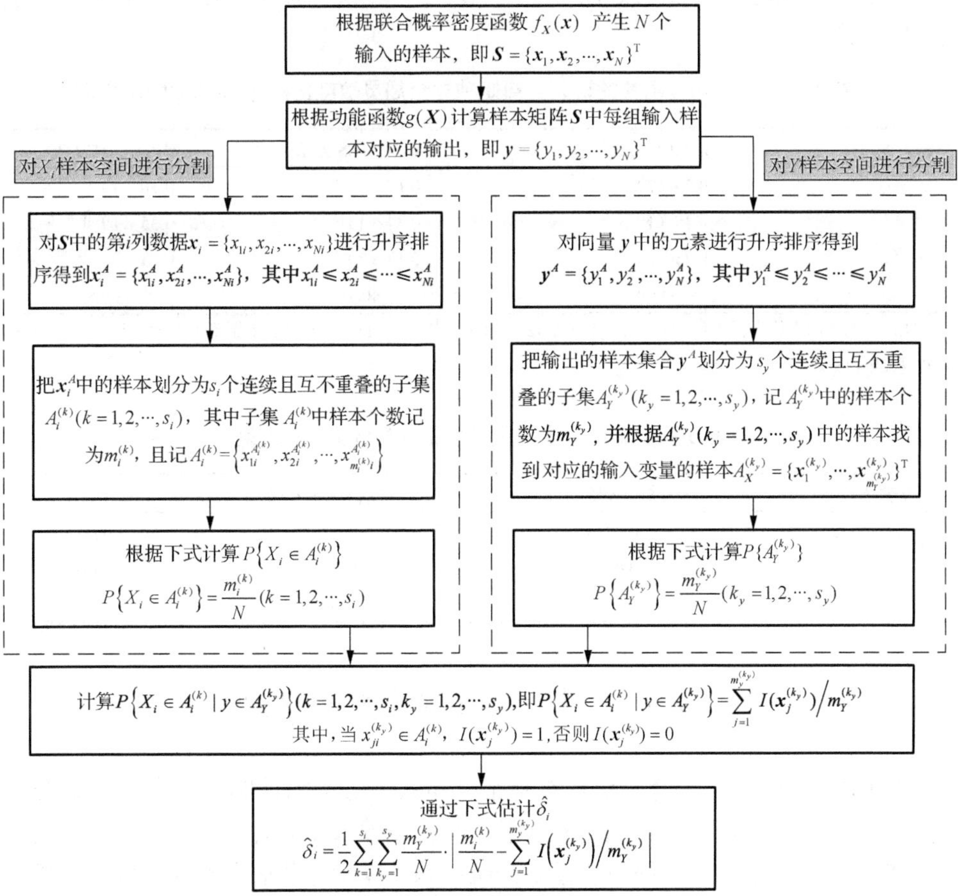

图 3-9　空间分割求解矩独立全局灵敏度指标流程图

2. 算例分析

Ishigami 函数形式如下：

$$Y=g(X)=\sin X_1+a\sin^2 X_2+bX_3^4\sin X_1 \tag{3-126}$$

式中，X_1、X_2和X_3服从区间$[-\pi,\pi]$上的均匀分布且相互独立，常数a和b分别取5和0.1。表3-13中给出了双层MCS方法、单层MCS方法和空间分割算法计算下Ishigami函数的输入变量矩独立全局灵敏度指标计算结果的对照。双层MCS方法的计算量为$(nN_{\text{inner}}+1)\times N_{\text{outer}}$（$N_{\text{inner}}$为内层样本数，$N_{\text{outer}}$为外层样本数）。文献[33]中利用双层MCS方法的计算量大于40000，单层MCS方法的计算量是40000，空间分割算法采用Sobol序列进行随机样本的抽取，样本规模为32768。矩独立全局灵敏度指标估计值的标准差见表3-14。表3-13和表3-14的结果表明，三种方法在计算量及计算稳健性相当的情况下，单层MCS方法的计算精度低于空间分割算法。

表3-13　Ishigami函数的输入变量矩独立全局灵敏度指标计算结果的对照

输入变量	双层MCS方法*	单层MCS方法	空间分割算法
X_1	0.29（2）	0.17（3）[0.4138]	0.30（2）[0.0345]
X_2	0.35（1）	0.34（1）[0.0286]	0.35（1）[0.0000]
X_3	0.23（3）	0.18（2）[0.2174]	0.23（3）[0.0000]
N_{call}	>40000	40000	32768

注：中括号[ ]中的数据表示相对双层MCS方法的相对误差；小括号（ ）中的数据表示重要性排序；*表示结果来自文献[33]。

表3-14　矩独立全局灵敏度指标估计值的标准差

输入变量	双层MCS方法	单层MCS方法	空间分割算法
X_1	0.0018	0.0014	0.0018
X_2	0.0027	0.0017	0.0004
X_3	0.0026	0.0014	0.0013

3.3　基于失效概率的全局灵敏度分析方法

文献[3]提出了反映输入变量在整个分布域内对可靠性影响的失效概率全局灵敏度指标，该指标通过量化输入变量在其分布域内变化时对失效概率的平均影响，来识别出对结构失效概率有重要影响的输入变量，从而分配优先度给重要影响变量为降低结构失效概率提供量化依据。对于识别出的不重要的输入变量，可以将这些变量固定在均值处，以达到简化不确定性分析模型提高效率的目的。本节将从Bayes理论的角度建立多种失效概率全局灵敏度指标高效求解方法。

3.3.1　失效概率全局灵敏度指标的定义及其双层MCS求解法

假设结构的功能函数为

$$Y = g(\boldsymbol{X}) \tag{3-127}$$

式中，Y 为模型的输出；$\boldsymbol{X} = (X_1, X_2, \cdots, X_n)$ 为 n 维输入变量。

记该结构的无条件失效概率为 $P\{F\}$，其中失效域为 $F = \{g(\boldsymbol{X}) \leqslant 0\}$，此时 $P\{F\}$ 可通过式（3-128）求得

$$P\{F\} = P\{g(\boldsymbol{X}) \leqslant 0\} = \int_F f_{\boldsymbol{X}}(\boldsymbol{x})\,\mathrm{d}\boldsymbol{x} \tag{3-128}$$

式中，$f_{\boldsymbol{X}}(\boldsymbol{x})$ 为输入变量 $\boldsymbol{X}$ 的联合概率密度函数。

当第 j 个输入变量 $X_j (j = 1, 2, \cdots, n)$ 固定于某一实现值时，条件失效概率 $P\{F|X_j\}$ 定义为

$$P\{F|X_j\} = P\{g(\boldsymbol{X}) \leqslant 0|X_j\} = \int_{F|X_j} f_{\boldsymbol{X}_{-j}}(\boldsymbol{x}_{-j})\,\mathrm{d}\boldsymbol{x}_{-j} \tag{3-129}$$

式中，$\boldsymbol{X}_{-j}$ 表示除了 X_j 以外的所有其他输入变量；$f_{\boldsymbol{X}_{-j}}(\boldsymbol{x}_{-j})$ 表示 $\boldsymbol{X}_{-j}$ 变量的联合概率密度函数。

文献[3]定义的基于失效概率的全局灵敏度指标 η_j 为

$$\eta_j = \frac{1}{2} E_{X_j}\left(\left|P\{F\} - P\{F \mid X_j\}\right|\right) \tag{3-130}$$

使用样本均值代替期望运算，式（3-130）可以采用式（3-131）进行估计：

$$\eta_j \approx \frac{1}{2} \cdot \frac{1}{N} \sum_{k=1}^{N} \left|P\{F\} - P\{F \mid x_{kj}\}\right| \tag{3-131}$$

式中，$x_{kj} (k = 1, 2, \cdots, N)$ 为第 j 维输入变量 X_j 的第 k 个样本值。

由式（3-130）和式（3-131）可知，若采用 MCS 方法计算失效概率全局灵敏度指标，其内层需求解无条件失效概率和条件失效概率的差异，而外层需求解该差异关于条件输入变量的期望，这属于一个双层嵌套的过程。双层 MCS 方法计算失效概率全局灵敏度指标的步骤如下所示。

第一步： 根据 n 维输入变量 $\boldsymbol{X}$ 的联合概率密度函数 $f_{\boldsymbol{X}}(\boldsymbol{x})$ 生成样本量为 N 的样本集 $\{\boldsymbol{x}_1, \boldsymbol{x}_2, \cdots, \boldsymbol{x}_N\}^{\mathrm{T}}$，其中 $\boldsymbol{x}_j = \{x_{1j}, x_{2j}, \cdots, x_{Nj}\}$ $(j = 1, 2, \cdots, n)$，并由该样本集计算结构输出响应值，进而获得无条件失效概率的估计值：

$$\hat{P}\{F\} = \frac{N_F}{N} \tag{3-132}$$

式中，N_F 为 N 个随机样本 $\{\boldsymbol{x}_1, \boldsymbol{x}_2, \cdots, \boldsymbol{x}_N\}^{\mathrm{T}}$ 中落入失效域 $F = \{g(\boldsymbol{X}) \leqslant 0\}$ 内的样本点个数。

第二步： 计算输入变量 X_j 固定于样本点 x_{kj} $(j = 1, 2, \cdots, n, k = 1, 2, \cdots, N)$ 处的条件失效概率：

$$\hat{P}\{F|X_j = x_{kj}\} = \frac{N_{F_{kj}}}{N} \tag{3-133}$$

式中，$N_{F_{kj}}$ 表示由 $f_{\boldsymbol{X}_{-j}}(\boldsymbol{x}_{-j})$ 产生的 $\boldsymbol{X}_{-j}$ 的 N 个随机样本中落入失效域 $F_{kj}=\left\{g(\boldsymbol{X}_{-j},x_{kj})\leqslant 0\right\}$ 内的样本点个数。

第三步： 基于上述 N 个条件失效概率，根据式（3-134）求解输入变量 X_j 的失效概率全局灵敏度指标估计值 $\hat{\eta}_j$ 为

$$\hat{\eta}_j \approx \frac{1}{2}\cdot\frac{1}{N}\sum_{k=1}^{N}\left|\hat{P}\{F\}-\hat{P}\{F\,|\,x_{kj}\}\right| \tag{3-134}$$

从双层 MCS 方法求解步骤可以看出，对于含 n 维输入变量的结构功能函数，当样本总量为 N 时，计算 $\eta_j(j=1,2,\cdots,n)$ 的总代价为 $N+N\times N\times n$，其中计算无条件失效概率 $P\{F\}$ 的代价为 N，计算 n 维输入变量中任意一维输入变量的条件失效概率 $P\left\{F\middle|X_j\right\}$ 的计算代价为 $N\times N$。利用双层 MCS 方法计算失效概率全局灵敏度指标简单直接，但计算代价较大。

3.3.2 Bayes 公式与 MCS 相结合的失效概率全局灵敏度求解算法

除基本的双层 MCS 方法外，目前失效概率全局灵敏度指标最具竞争力的求解算法是基于 Bayes 公式的方法[34-35]。基于 Bayes 公式，条件失效概率 $P\left\{F\middle|X_j\right\}$ 可转化为

$$P\left\{F\middle|X_j\right\}=\frac{f_{X_j}(x_j\,|\,F)P\{F\}}{f_{X_j}(x_j)} \tag{3-135}$$

式中，$f_{X_j}(x_j\,|\,F)$ 表示 $X_j(j=1,2,\cdots,n)$ 在失效域 F 下的条件概率密度函数。

利用式（3-135）中的 Bayes 公式，失效概率全局灵敏度指标 $\eta_j(j=1,2,\cdots,n)$ 可以表示为

$$\begin{aligned}\eta_j&=\frac{1}{2}E_{X_j}\left(\left|P\{F\}-P\{F\,|\,X_j\}\right|\right)\\&=\frac{1}{2}E_{X_j}\left(\left|P\{F\}-\frac{f_{X_j}(x_j\,|\,F)P\{F\}}{f_{X_j}(x_j)}\right|\right)\\&=\frac{1}{2}P\{F\}E_{X_j}\left(\left|1-\frac{f_{X_j}(x_j\,|\,F)}{f_{X_j}(x_j)}\right|\right)\end{aligned} \tag{3-136}$$

由式（3-136）可以看出，$\eta_j(j=1,2,\cdots,n)$ 可以通过利用计算无条件失效概率 $P\{F\}$ 的失效样本近似所有维输入变量的条件概率密度函数 $f_{X_j}(x_j\,|\,F)$ 来获得。以下将给出 Bayes 公式与 MCS 相结合来求解失效概率全局灵敏度的基本步骤。

第一步： 根据 n 维输入变量 $\boldsymbol{X}$ 的联合概率密度函数 $f_{\boldsymbol{X}}(\boldsymbol{x})$ 生成样本量为 N 的

样本集 $\boldsymbol{S}_{\boldsymbol{x}}=\{\boldsymbol{x}_1,\boldsymbol{x}_2,\cdots,\boldsymbol{x}_N\}^{\mathrm{T}}$，其中 $\boldsymbol{x}_j=\{x_{j1},x_{j2},\cdots,x_{jn}\}$ $(j=1,2,\cdots,N)$，计算 $\boldsymbol{S}_{\boldsymbol{x}}$ 对应的输出响应值，根据式（3-133）估计无条件失效概率的估计值 $\hat{P}\{F\}$。

第二步： 记 N 个样本中失效样本点个数为 N_F，并记 N_F 个失效样本组成的失效样本集为 $\boldsymbol{S}_{\boldsymbol{x}}^F=\{\boldsymbol{x}_1^F,\boldsymbol{x}_2^F,\cdots,\boldsymbol{x}_{N_F}^F\}^{\mathrm{T}}$，由失效样本集 $\boldsymbol{S}_{\boldsymbol{x}}^F$ 中的第 j 列数据 $\{x_{1j}^F,x_{2j}^F,\cdots,x_{N_Fj}^F\}^{\mathrm{T}}$ 拟合输入变量 X_j 的条件概率密度函数 $f_{X_j}(x_j\,|\,F)(j=1,2,\cdots,n)$，将结果记为 $\hat{f}_{X_j}(x_j\,|\,F)(j=1,2,\cdots,n)$。

第三步： 估计每一维输入变量失效概率全局灵敏度指标 $\hat{\eta}_j(j=1,2,\cdots,n)$：

$$\hat{\eta}_j=\frac{1}{2}\hat{P}\{F\}E_{X_j}\left(\left|1-\frac{\hat{f}_{X_j}(x_j\,|\,F)}{f_{X_j}(x_j)}\right|\right)(j=1,2,\cdots,n) \tag{3-137}$$

由上述 Bayes 公式和 MCS 相结合求解失效概率全局灵敏度的步骤可知，通过将输入变量样本空间分成失效集和安全集两类，并依据失效集估计每一维输入变量的条件概率密度函数，即可得到所有输入变量的失效概率全局灵敏度指标的估计值 $\hat{\eta}_j$。因此，Bayes 公式和 MCS 相结合来计算所有输入变量的失效概率灵敏度 $\eta_j(j=1,2,\cdots,n)$ 的模型调用次数为 N。相比于经典的双层 MCS 方法，Bayes 公式与 MCS 相结合来计算失效概率全局灵敏度方法的计算效率大大提高。

3.3.3 Bayes 公式与重要抽样相结合的失效概率全局灵敏度求解算法

对于式（3-136）的估计，除可以采用基本的 MCS 方法外，也可以将一些高效抽样方法结合到式（3-136）的计算中，本小节将重要抽样方法引入基于 Bayes 公式的失效概率全局灵敏度指标的计算中。Bayes 公式与重要抽样相结合来求解失效概率全局灵敏度指标的关键步骤包括：利用重要抽样法求解无条件失效概率，将重要抽样的失效样本集转换成原概率密度函数的失效样本集，最后由转换后的失效样本集近似估计输入变量的条件概率密度函数，并最终由式（3-137）估计出所有输入变量的失效概率全局灵敏度指标。

1. 重要抽样法求解无条件失效概率

重要抽样法是通过构造重要抽样概率密度函数来进行抽样，通过增加落入失效域的样本来缩减失效概率估计值的方差。利用构造的重要抽样概率密度函数 $h_{\boldsymbol{X}}(\boldsymbol{x})$，可将无条件失效概率的计算等价表示为

$$P_f=P\{F\}=\int_{R^n}I_F(\boldsymbol{x})\frac{f_{\boldsymbol{X}}(\boldsymbol{x})}{h_{\boldsymbol{X}}(\boldsymbol{x})}h_{\boldsymbol{X}}(\boldsymbol{x})\mathrm{d}\boldsymbol{x}=E\left(I_F(\boldsymbol{x})\frac{f_{\boldsymbol{X}}(\boldsymbol{x})}{h_{\boldsymbol{X}}(\boldsymbol{x})}\right) \tag{3-138}$$

理论上可推得最优重要抽样概率密度函数为 $h_{\mathrm{opt}}(\boldsymbol{x})=I_F(\boldsymbol{x})f_{\boldsymbol{X}}(\boldsymbol{x})/P_f$。最优重

要抽样密度的构造必须知道失效域指示函数和失效概率，但失效概率是所要求解的量，因此最优重要抽样概率密度函数无法预先求得。由于设计点是失效域中对失效概率贡献最大的点，因此最为常见的重要抽样概率密度函数是通过将原始概率密度函数的抽样中心平移到设计点处来构造的，对于设计点难以求解以及多设计点问题，其重要抽样概率密度函数的构造可以采用文献[36]提出的多设计点重要抽样密度函数以及文献[37]的元模型法。二维标准正态空间中重要抽样密度函数 $h_{\boldsymbol{X}}(\boldsymbol{x})$ 与 $f_{\boldsymbol{X}}(\boldsymbol{x})$ 的示意图如图 3-10 所示。本小节算例中的重要抽样法均采用基于设计点的重要抽样概率密度函数。

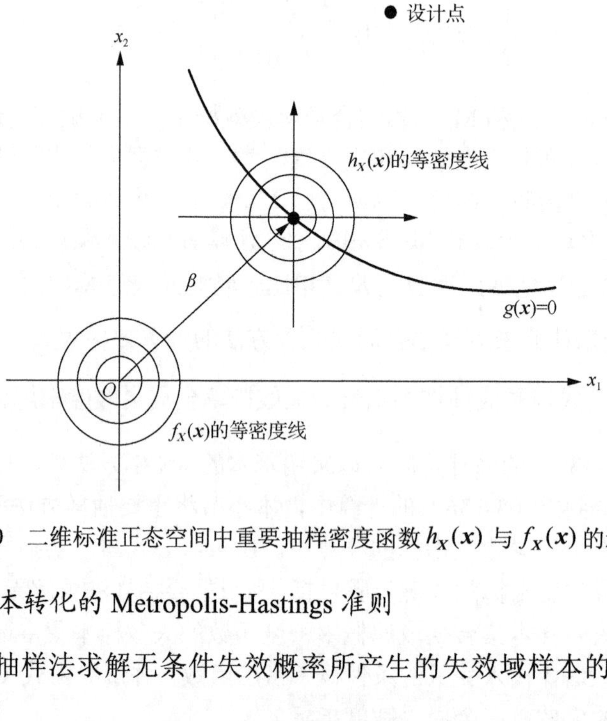

图 3-10　二维标准正态空间中重要抽样密度函数 $h_{\boldsymbol{X}}(\boldsymbol{x})$ 与 $f_{\boldsymbol{X}}(\boldsymbol{x})$ 的示意图

2. 失效样本转化的 Metropolis-Hastings 准则

利用重要抽样法求解无条件失效概率所产生的失效域样本的概率密度函数 $h_{\boldsymbol{X}}(\boldsymbol{x}|F)$ 如下：

$$h_{\boldsymbol{X}}(\boldsymbol{x}|F)=\frac{I_F(\boldsymbol{x})h_{\boldsymbol{X}}(\boldsymbol{x})}{P_{\mathrm{f}}^{\mathrm{h}}} \tag{3-139}$$

式中，$P_{\mathrm{f}}^{\mathrm{h}}=\int_F h_{\boldsymbol{X}}(\boldsymbol{x})\mathrm{d}\boldsymbol{x}$。

由式（3-136）可知，利用 Bayes 公式计算失效概率全局灵敏度指标的关键是求得每一维输入变量在失效条件下的边缘概率密度函数，因此需要通过一定的转换将概率密度函数 $h_{\boldsymbol{X}}(\boldsymbol{x}|F)$ 的失效样本转换为概率密度函数 $f_{\boldsymbol{X}}(\boldsymbol{x}|F)$ 的样本，具体转化可采用 Metropolis-Hastings 准则。根据 Metropolis-Hastings 准则[38-39]，在第 k 个目标样本 $\boldsymbol{x}_k$ 的基础上，接受建议概率密度分布产生的备选样本 $\boldsymbol{x}^*$ 为第 $k+1$ 个目标样本的概率 $\alpha(\boldsymbol{x}_k,\boldsymbol{x}^*)$ 的定义为

$$\alpha(\boldsymbol{x}_k,\boldsymbol{x}^*)=\min\left\{1,\frac{\pi(\boldsymbol{x}^*)p(\boldsymbol{x}_k)}{\pi(\boldsymbol{x}_k)p(\boldsymbol{x}^*)}\right\} \tag{3-140}$$

式中，$\pi(\cdot)$ 为目标概率密度分布；$p(\cdot)$ 为建议概率密度分布。

第 $k+1$ 步的目标样本值 $\boldsymbol{x}_{k+1}$ 的取值由式（3-141）确定：

$$\boldsymbol{x}_{k+1}=\begin{cases}\boldsymbol{x}^*, & \alpha(\boldsymbol{x}_k,\boldsymbol{x}^*)>\text{random}[0,1]\\ \boldsymbol{x}_k, & \alpha(\boldsymbol{x}_k,\boldsymbol{x}^*)\leqslant\text{random}[0,1]\end{cases} \tag{3-141}$$

式中，random[0,1] 表示 0 与 1 之间的随机数。

本小节采用 Metropolis-Hastings 准则的目的是将 $h_{\boldsymbol{X}}(\boldsymbol{x}|F)$ 的样本转换成 $f_{\boldsymbol{X}}(\boldsymbol{x}|F)=f_{\boldsymbol{X}}(\boldsymbol{x})I_F(\boldsymbol{x})/P_{\mathrm{f}}$（$P_{\mathrm{f}}=\int_F f_{\boldsymbol{X}}(\boldsymbol{x})I_F(\boldsymbol{x})\mathrm{d}\boldsymbol{x}$）的样本，因此本小节目标概率密度函数是 $f_{\boldsymbol{X}}(\boldsymbol{x}|F)$，建议概率密度函数是 $h_{\boldsymbol{X}}(\boldsymbol{x}|F)$。根据式（3-140）可以构建 $h_{\boldsymbol{X}}(\boldsymbol{x}|F)$ 的第 $k+1$ 个样本 $\boldsymbol{x}_{k+1}^{\mathrm{h}}$ 向目标分布中第 $k+1$ 个目标状态 $\boldsymbol{x}_{k+1}^{\mathrm{f}}$ 转化的接受概率为

$$\begin{aligned}\alpha(\boldsymbol{x}_k^{\mathrm{f}},\boldsymbol{x}_{k+1}^{\mathrm{h}})&=\min\left\{1,\frac{f_{\boldsymbol{X}}(\boldsymbol{x}_{k+1}^{\mathrm{h}}|F)h_{\boldsymbol{X}}(\boldsymbol{x}_k^{\mathrm{f}}|F)}{f_{\boldsymbol{X}}(\boldsymbol{x}_k^{\mathrm{f}}|F)h_{\boldsymbol{X}}(\boldsymbol{x}_{k+1}^{\mathrm{h}}|F)}\right\}\\
&=\min\left\{1,\frac{\dfrac{f_{\boldsymbol{X}}(\boldsymbol{x}_{k+1}^{\mathrm{h}})I_F(\boldsymbol{x}_{k+1}^{\mathrm{h}})}{P_{\mathrm{f}}}\dfrac{h_{\boldsymbol{X}}(\boldsymbol{x}_k^{\mathrm{f}})I_F(\boldsymbol{x}_k^{\mathrm{f}})}{P_{\mathrm{f}}^{\mathrm{h}}}}{\dfrac{f_{\boldsymbol{X}}(\boldsymbol{x}_k^{\mathrm{f}})I_F(\boldsymbol{x}_k^{\mathrm{f}})}{P_{\mathrm{f}}}\dfrac{h_{\boldsymbol{X}}(\boldsymbol{x}_{k+1}^{\mathrm{h}})I_F(\boldsymbol{x}_{k+1}^{\mathrm{h}})}{P_{\mathrm{f}}^{\mathrm{h}}}}\right\}\\
&=\min\left\{1,\frac{f_{\boldsymbol{X}}(\boldsymbol{x}_{k+1}^{\mathrm{h}})I_F(\boldsymbol{x}_{k+1}^{\mathrm{h}})h_{\boldsymbol{X}}(\boldsymbol{x}_k^{\mathrm{f}})I_F(\boldsymbol{x}_k^{\mathrm{f}})}{f_{\boldsymbol{X}}(\boldsymbol{x}_k^{\mathrm{f}})I_F(\boldsymbol{x}_k^{\mathrm{f}})h_{\boldsymbol{X}}(\boldsymbol{x}_{k+1}^{\mathrm{h}})I_F(\boldsymbol{x}_{k+1}^{\mathrm{h}})}\right\}\\
&=\min\left\{1,\frac{f_{\boldsymbol{X}}(\boldsymbol{x}_{k+1}^{\mathrm{h}})h_{\boldsymbol{X}}(\boldsymbol{x}_k^{\mathrm{f}})}{f_{\boldsymbol{X}}(\boldsymbol{x}_k^{\mathrm{f}})h_{\boldsymbol{X}}(\boldsymbol{x}_{k+1}^{\mathrm{h}})}\right\}\end{aligned} \tag{3-142}$$

因此，第 $k+1$ 个目标状态 $\boldsymbol{x}_{k+1}^{\mathrm{f}}$ 是否接受 $\boldsymbol{x}_{k+1}^{\mathrm{h}}$ 可根据如下判据进行判断：

$$\boldsymbol{x}_{k+1}^{\mathrm{f}}=\begin{cases}\boldsymbol{x}_{k+1}^{\mathrm{h}}, & \alpha(\boldsymbol{x}_k^{\mathrm{f}},\boldsymbol{x}_{k+1}^{\mathrm{h}})>\text{random}[0,1]\\ \boldsymbol{x}_k^{\mathrm{f}}, & \alpha(\boldsymbol{x}_k^{\mathrm{f}},\boldsymbol{x}_{k+1}^{\mathrm{h}})\leqslant\text{random}[0,1]\end{cases} \tag{3-143}$$

3. Bayes 公式结合重要抽样法求解失效概率全局灵敏度的步骤

第一步：选任意一种方法求解设计点，利用所求得的设计点构造重要抽样概率密度函数 $h_{\boldsymbol{X}}(\boldsymbol{x})$。

第二步：根据 $h_{\boldsymbol{X}}(\boldsymbol{x})$ 产生样本规模为 N_{h} 的重要抽样样本矩阵。

$$\boldsymbol{S}_{\mathrm{h}}=\begin{bmatrix}x_{11}^{\mathrm{h}} & x_{12}^{\mathrm{h}} & \cdots & x_{1n}^{\mathrm{h}}\\ x_{21}^{\mathrm{h}} & x_{22}^{\mathrm{h}} & \cdots & x_{2n}^{\mathrm{h}}\\ \vdots & \vdots & & \vdots\\ x_{N_{\mathrm{h}}1}^{\mathrm{h}} & x_{N_{\mathrm{h}}2}^{\mathrm{h}} & \cdots & x_{N_{\mathrm{h}}n}^{\mathrm{h}}\end{bmatrix}=\begin{bmatrix}\boldsymbol{x}_1^{\mathrm{h}}\\ \boldsymbol{x}_2^{\mathrm{h}}\\ \vdots\\ \boldsymbol{x}_{N_{\mathrm{h}}}^{\mathrm{h}}\end{bmatrix} \tag{3-144}$$

第三步：计算无条件失效概率 $P\{F\}$ 并得到重要抽样样本池内服从概率密度函数为 $h_{\boldsymbol{X}}(\boldsymbol{x}\mid F)$ 的失效样本集 $\boldsymbol{S}_{\mathrm{h}}^{F}$，即

$$P\{F\}=E\left(I_F(\boldsymbol{x})\frac{f_{\boldsymbol{X}}(\boldsymbol{x})}{h_{\boldsymbol{X}}(\boldsymbol{x})}\right)\approx\frac{1}{N_{\mathrm{h}}}\sum_{i=1}^{N_{\mathrm{h}}}I_F(\boldsymbol{x}_i^{\mathrm{h}})\frac{f_{\boldsymbol{X}}(\boldsymbol{x}_i^{\mathrm{h}})}{h_{\boldsymbol{X}}(\boldsymbol{x}_i^{\mathrm{h}})} \tag{3-145}$$

$$\boldsymbol{S}_{\mathrm{h}}^{F}=\begin{bmatrix} x_{11}^{\mathrm{h}F} & x_{12}^{\mathrm{h}F} & \cdots & x_{1n}^{\mathrm{h}F} \\ x_{21}^{\mathrm{h}F} & x_{22}^{\mathrm{h}F} & \cdots & x_{2n}^{\mathrm{h}F} \\ \vdots & \vdots & & \vdots \\ x_{N_{\mathrm{h}}^F 1}^{\mathrm{h}F} & x_{N_{\mathrm{h}}^F 2}^{\mathrm{h}F} & \cdots & x_{N_{\mathrm{h}}^F n}^{\mathrm{h}F} \end{bmatrix}=\begin{bmatrix} \boldsymbol{x}_1^{\mathrm{h}F} \\ \boldsymbol{x}_2^{\mathrm{h}F} \\ \vdots \\ \boldsymbol{x}_{N_{\mathrm{h}}^F}^{\mathrm{h}F} \end{bmatrix} \tag{3-146}$$

式中，N_{h}^{F} 为重要抽样样本池 $\boldsymbol{S}_{\mathrm{h}}$ 内失效样本的个数，显然失效样本矩阵 $\boldsymbol{S}_{\mathrm{h}}^{F}$ 中的样本满足 $g(\boldsymbol{x}_i^{\mathrm{h}F})\leqslant 0\ (i=1,2,\cdots,N_{\mathrm{h}}^{F})$。

第四步：根据式（3-142）和式（3-143）的 Metropolis-Hastings 准则，将 $\boldsymbol{S}_{\mathrm{h}}^{F}$ 中服从概率密度函数 $h_{\boldsymbol{X}}(\boldsymbol{x}\mid F)$ 的样本转化成概率密度函数 $f_{\boldsymbol{X}}(\boldsymbol{x}\mid F)$ 的失效样本集 $\boldsymbol{S}_{\mathrm{f}}^{F}$，即

$$\boldsymbol{S}_{\mathrm{f}}^{F}=\begin{bmatrix} x_{11}^{\mathrm{f}F} & x_{12}^{\mathrm{f}F} & \cdots & x_{1n}^{\mathrm{f}F} \\ x_{21}^{\mathrm{f}F} & x_{22}^{\mathrm{f}F} & \cdots & x_{2n}^{\mathrm{f}F} \\ \vdots & \vdots & & \vdots \\ x_{N_{\mathrm{h}}^F 1}^{\mathrm{f}F} & x_{N_{\mathrm{h}}^F 2}^{\mathrm{f}F} & \cdots & x_{N_{\mathrm{h}}^F n}^{\mathrm{f}F} \end{bmatrix}=\begin{bmatrix} \boldsymbol{x}_1^{\mathrm{f}F} \\ \boldsymbol{x}_2^{\mathrm{f}F} \\ \vdots \\ \boldsymbol{x}_{N_{\mathrm{h}}^F}^{\mathrm{f}F} \end{bmatrix} \tag{3-147}$$

第五步：利用样本矩阵 $\boldsymbol{S}_{\mathrm{f}}^{F}$ 中的第 i 列样本并借助核密度估计法获得第 i 维输入变量 X_i 的条件边缘概率密度函数估计值 $\hat{f}_{X_i}(x_i\mid F)(i=1,2,\cdots,n)$。

第六步：根据 $f_{\boldsymbol{X}}(\boldsymbol{x})$ 产生 MCS 样本矩阵 $\boldsymbol{S}_{\boldsymbol{x}}$：

$$\boldsymbol{S}_{\boldsymbol{x}}=\begin{bmatrix} x_{11} & x_{12} & \cdots & x_{1n} \\ x_{21} & x_{22} & \cdots & x_{2n} \\ \vdots & \vdots & & \vdots \\ x_{N1} & x_{N2} & \cdots & x_{Nn} \end{bmatrix}=\begin{bmatrix} \boldsymbol{x}_1 \\ \boldsymbol{x}_2 \\ \vdots \\ \boldsymbol{x}_N \end{bmatrix} \tag{3-148}$$

结合样本矩阵 $\boldsymbol{S}_{\boldsymbol{x}}$ 中第 i 列样本、条件边缘概率密度函数估计值 $\hat{f}_{X_i}(x_i\mid F)$ 和无条件失效概率 $P\{F\}$，计算第 i 维输入变量的失效概率全局灵敏度指标估计值 $\hat{\eta}_i$ 如下：

$$\hat{\eta}_i=\frac{1}{2}\hat{P}\{F\}\cdot\sum_{j=1}^{N}\left(\left|1-\frac{\hat{f}_{X_i}(x_{ji}\mid F)}{f_{X_i}(x_{ji})}\right|\right) \tag{3-149}$$

4. 算例分析

本算例中以无头铆钉为例，并对真实铆接过程进行合理简化，无头铆钉铆接

过程的示意图如图 3-11 所示。该过程分为两个阶段。阶段 I，铆钉从状态 A（铆接前的初始状态，其无变形）被敲击至状态 B（中间状态，铆钉和孔之间零间隙）。阶段 II，铆钉由状态 B 至状态 C（最终状态，铆钉头部变形）。为建立挤压应力与铆钉几何尺寸之间的数学关系，需做出如下的假设条件：

（1）铆钉孔在铆接过程中不被扩大；

（2）整个铆接过程中铆钉体积不变；

（3）铆接过程结束后，铆钉受力端的表面呈圆柱形；

（4）铆钉所用材料为各向同性。

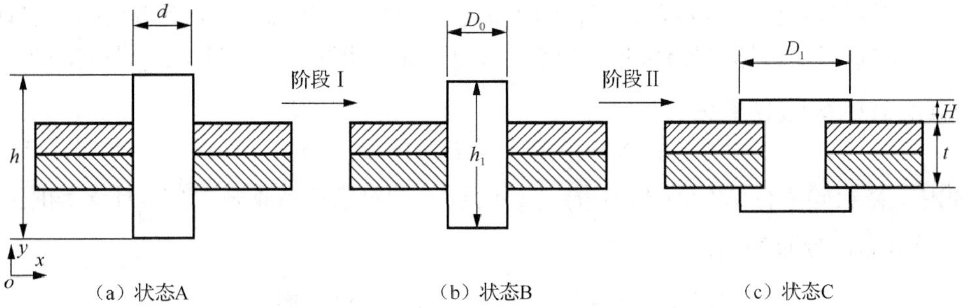

图 3-11　无头铆钉铆接过程的示意图

在铆接受冲击前，无头铆钉的初始体积 V_0 为

$$V_0 = \frac{\pi}{4} d^2 h \tag{3-150}$$

式中，d 和 h 分别表示铆钉在状态 A 时的直径和高度。

经过阶段 I，铆钉在状态 B 时的体积 V_1 为

$$V_1 = \frac{\pi}{4} D_0^2 h_1 \tag{3-151}$$

式中，D_0 和 h_1 分别表示铆钉在状态 B 时的直径和高度。

经过阶段 II，假设状态 C 时，成型铆钉上下表面的尺寸相同，则状态 C 时铆钉的体积 V_2 为

$$V_2 = \frac{\pi}{4} D_0^2 t + 2 \times \frac{\pi}{4} D_1^2 H \tag{3-152}$$

式中，t 表示薄壁件的整体厚度；D_1 和 H 分别表示状态 C 时铆钉头的直径和高度。

根据硬化强度理论，y 方向上的最大挤压应力为

$$\sigma_{\max} = K(\varepsilon_y)^{n_{\mathrm{SHE}}} \tag{3-153}$$

式中，K 表示强度因子；n_{SHE} 表示铆钉材料的强化因子；ε_y 表示铆钉头在铆接中

的真实应变，由两部分组成：钉杆在阶段Ⅰ的应变ε_{y_1}和墩头成型阶段的应变ε_{y_2}，ε_y可表示为

$$\varepsilon_y = \varepsilon_{y_1} + \varepsilon_{y_2} \tag{3-154}$$

式中，$\varepsilon_{y_1} = \ln\dfrac{h}{h_1}$；$\varepsilon_{y_2} = \ln\dfrac{h_1 - t}{2H}$。

在铆接过程中铆钉体积不变的假设条件下，可以得到铆钉的最大挤压应力为

$$\sigma_{\max} = K\left(\ln\frac{d^2 h - D_0^2 t}{2Hd^2}\right)^{n_{\mathrm{SHE}}} \tag{3-155}$$

铆钉材料为2017-T4，其强化因子$n_{\mathrm{SHE}} = 0.15$。在状态C，上下墩头必须留有一定余量，以免破坏连接件，墩头高度$H = 2.2\mathrm{mm}$。铆钉的挤压强度σ_{sq}为582MPa，据此可建立功能函数为

$$Y = g(\boldsymbol{X}) = g(d, h, K, D_0, t) = \sigma_{\mathrm{sq}} - \sigma_{\max} \tag{3-156}$$

式中，随机输入变量(d, h, K, D_0, t)与其记号$\boldsymbol{X}$的对应关系见表3-15，且$\boldsymbol{X}$均服从正态分布，分布参数见表3-15。

表3-15　无头铆钉结构随机输入变量的分布参数

输入变量	d / mm	h / mm	K / MPa	D_0 / mm	t / mm
记号	X_1	X_2	X_3	X_4	X_5
均值	5	20	547.2	5.1	5
标准差	0.05	0.3	5.472	0.0102	0.01

无头铆钉算例失效概率全局灵敏度分析结果见表3-16，失效概率全局灵敏度指标随样本量增加的收敛图如图3-12所示。表3-16和图3-12中的结果表明：Bayes公式结合重要抽样法的计算效率是远高于Bayes公式结合MCS方法的。

表3-16　无头铆钉算例失效概率全局灵敏度分析结果

可靠性全局灵敏度	Bayes 公式结合 MCS 方法		Bayes 公式结合重要抽样法	
	估计值	SD	估计值	SD
X_1	7.53×10^{-5}	0.075	7.06×10^{-5}	0.065
X_2	2.12×10^{-4}	0.026	2.29×10^{-4}	0.024
X_3	6.05×10^{-4}	0.425	6.46×10^{-4}	0.007
X_4	1.69×10^{-5}	0.240	1.64×10^{-5}	0.128
X_5	1.01×10^{-5}	0.360	1.27×10^{-5}	0.157
N_{call}	5×10^7		10000+6	

注：N_{call}表示输出响应函数的调用次数；SD表示失效概率全局灵敏度指标估计值的标准差；6表示构造重要抽样概率密度函数的计算量。

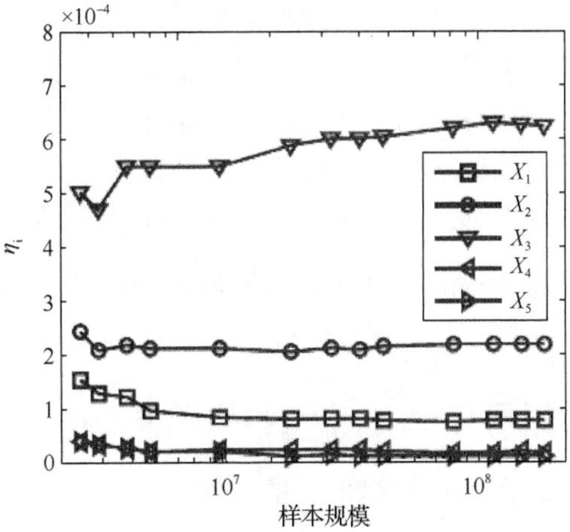

（a）Bayes公式结合MCS方法

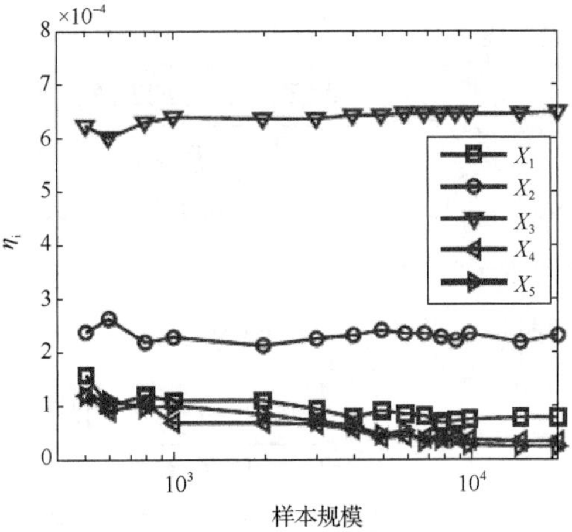

（b）Bayes公式结合重要抽样法

图 3-12　失效概率全局灵敏度指标随样本量增加的收敛图

3.3.4　基于条件概率公式的失效概率全局灵敏度算法

在大多数情况下，输入变量的条件概率密度函数在其整个分布域内很难精确求解，尤其是在条件概率密度函数的尾部部分。为了避免失效概率全局灵敏度求解过程中对条件概率密度函数的估计，本小节将引入一种基于条件概率公式的失效概率全局灵敏度求解算法。

1. 基于条件概率公式求解 η_j 的基本原理

基于条件概率公式求解 η_j 的基本思想：首先将输入变量固定于某一实现值处

的条件失效概率转换为输入变量位于实现值周围某一微分区间的条件失效概率；其次基于事件的条件概率公式，将各个样本实现值条件下的条件失效概率转化为无条件失效概率和一系列相对应的条件事件的概率进行求解；最后通过对样本点的分类，实现对无条件失效概率和一系列条件事件概率的同时求解。

首先，令 $I_{x_{kj}}=[x_{kj}^{(\mathrm{L})},x_{kj}^{(\mathrm{U})}]$ 是一个围绕在第 j 维输入变量 X_j 的第 k 个实现值 x_{kj} 周围的微分区间，其中 $x_{kj}^{(\mathrm{L})}$ 和 $x_{kj}^{(\mathrm{U})}$ 分别表示该微分区间的下界和上界。在 $X_j=x_{kj}$ 条件下的结构失效概率 $P\left\{F\middle|X_j=x_{kj}\right\}$ 可表示为

$$P\left\{F\middle|X_j=x_{kj}\right\}=\lim_{\Delta I_{x_{kj}}\to 0}P\{F\mid X_j\in I_{x_{kj}}\} \tag{3-157}$$

式中，$\Delta I_{x_{kj}}=x_{kj}^{(\mathrm{U})}-x_{kj}^{(\mathrm{L})}$ 表示该微分区间 $I_{x_{kj}}$ 的长度。

其次，基于随机事件的条件概率公式，输入变量在微分区间 $I_{x_{kj}}$ 上的条件失效概率 $P\{F\mid X_j\in I_{x_{kj}}\}$ 可表示为

$$P\{F\mid X_j\in I_{x_{kj}}\}=\frac{P\{X_j\in I_{x_{kj}}\mid F\}P\{F\}}{P\{X_j\in I_{x_{kj}}\}} \tag{3-158}$$

根据式（3-157）和式（3-158），输入变量固定在某一实现值 $X_j=x_{kj}$ 下的条件失效概率 $P\left\{F\middle|X_j=x_{kj}\right\}$ 可表示为

$$\begin{aligned}P\left\{F\middle|X_j=x_{kj}\right\}&=\lim_{\Delta I_{x_{kj}}\to 0}P\{F\mid X_j\in I_{x_{kj}}\}\\&=\lim_{\Delta I_{x_{kj}}\to 0}\frac{P\{X_j\in I_{x_{kj}}\mid F\}P\{F\}}{P\{X_j\in I_{x_{kj}}\}}\end{aligned} \tag{3-159}$$

利用式（3-159），失效概率全局灵敏度指标 η_j 可由下式近似估计：

$$\begin{aligned}\eta_j&\approx\frac{1}{2}\cdot\frac{1}{N}\sum_{k=1}^{N}\left|P\{F\}-P\{F\mid X_j=x_{kj}\}\right|\\&\approx\frac{1}{2N}\sum_{k=1}^{N}\left|P\{F\}-\frac{P\{X_j\in I_{x_{kj}}\mid F\}P\{F\}}{P\{X_j\in I_{x_{kj}}\}}\right|\\&=\frac{1}{2N}P\{F\}\sum_{k=1}^{N}\left|1-\frac{P\{X_j\in I_{x_{kj}}\mid F\}}{P\{X_j\in I_{x_{kj}}\}}\right|\end{aligned} \tag{3-160}$$

式中，$P\{X_j\in I_{x_{kj}}\}$ 可由输入变量 X_j 的概率密度函数 $f_{X_j}(x_j)$ 轻易求得。若区间上界 $x_{kj}^{(\mathrm{U})}$ 和下界 $x_{kj}^{(\mathrm{L})}$ 已确定，在计算无条件失效概率 $P\{F\}$ 的同时，条件概率 $P\{X_j\in I_{x_{kj}}\mid F\}$ 也可同时求得。因此，该方法在计算代价上与 3.3.2 小节的基于 Bayes 公式的方法一致，但是本小节的方法避免了 3.3.2 小节的方法中对条件概率

密度函数的求解，降低了失效概率全局灵敏度指标求解的计算复杂度。

2. 围绕 $X_j = x_{kj}$ 的微分区间 $I_{x_{kj}}$ 的选取策略

由式（3-160）可知，η_j 的表达式中将基于 Bayes 公式的失效概率全局灵敏度求解方法中的条件概率密度函数转化成了对应的条件概率，降低了失效概率全局灵敏度求解的计算复杂度。然而，根据式（3-157）可知，式（3-160）成立的一个前提条件是相应微分区间的长度 $\Delta I_{x_{kj}}$ 应该足够小，即 $\Delta I_{x_{kj}} \to 0$。当 $\Delta I_{x_{kj}} \to 0$ 时，事件 $\{X_j \in I_{x_{kj}} | F\}$ 属于稀少事件，此时条件概率 $P\{X_j \in I_{x_{kj}} | F\}$ 就很难被精确计算，即式（3-160）成立的条件与准确计算其中所包含的条件概率项存在矛盾。为此，本小节提出了微分区间 $I_{x_{kj}}$ 的选取策略，通过该策略确定出的微分区间范围，可以在保证式（3-160）成立的同时又能够实现对条件概率 $P\{X_j \in I_{x_{kj}} | F\}$ 的精确计算。

基于数字模拟的方法估计条件概率 $P\{X_j \in I_{x_{kj}} | F\}$ 得到收敛解的前提是落入失效域 F 内的样本数 N_F 需要满足以下不等式：

$$N_F \geqslant \frac{100}{P\{X_j \in I_{x_{kj}} | F\}} \tag{3-161}$$

此外，条件概率 $P\{X_j \in I_{x_{kj}} | F\}$ 数字模拟估计值可通过式（3-162）获得

$$P\{X_j \in I_{x_{kj}} | F\} \approx \frac{N_{I_{x_{kj}}|F}}{N_F} \tag{3-162}$$

式中，$N_{I_{x_{kj}}|F}$ 表示落入 $\{X_j \in I_{x_{kj}} | F\}$ 中的样本数。

将式（3-161）代入式（3-162）中，可得

$$N_{I_{x_{kj}}|F} \geqslant 100 \tag{3-163}$$

式（3-163）表明至少需要 100 个样本点落入 $\{X_j \in I_{x_{kj}} | F\}$ 中，才能保证基于数字模拟方法求得的条件概率 $P\{X_j \in I_{x_{kj}} | F\}$ 的收敛性。将失效域 F 内的输入样本点记为 $\boldsymbol{x}_p^F = \{x_{p1}^F, x_{p2}^F, \cdots, x_{pn}^F\}$ $(p = 1, 2, \cdots, N_F)$，则微分区间 $I_{x_{kj}}$ 和微分区间长度 $\Delta I_{x_{kj}}$ 可通过以下步骤获得。

第一步： 构建关于输入变量 X_j 的失效样本集 $\boldsymbol{S}_{x_j}^F$。从失效样本点 $\boldsymbol{x}_p^F = \{x_{p1}^F, x_{p2}^F, \cdots, x_{pn}^F\}$ $(p = 1, 2, \cdots, N_F)$ 中选出第 j 维输入变量 X_j 的失效样本点构成的失效样本集 $\boldsymbol{S}_{x_j}^F = \{x_{j1}^F, x_{j2}^F, \cdots, x_{jN_F}^F\}$。

第二步： 从 X_j 的失效样本集 $\boldsymbol{S}_{x_j}^F$ 中选择 $N_{I_{x_{kj}}|F}$ 个距离 x_{kj} 最近的样本点。为了计算条件概率 $P\{X_j \in I_{x_{kj}} | F\}$，需要先标记出失效样本集 $\boldsymbol{S}_{x_j}^F$ 中各样本点距离点 x_{kj}

的绝对距离 $d_p = \left|x_{pj}^F - x_{kj}\right|$ $(p=1,2,\cdots,N_F)$，将绝对距离 d_p 的值从小到大进行排序，排序后的距离记为 $d_{(p)}$（其中 $d_{(1)} \leqslant d_{(2)} \leqslant \cdots \leqslant d_{(N_F)}$）。相应地，失效样本集 $\boldsymbol{S}_{x_j}^F$ 据此重新排序后记为 $\boldsymbol{S}_{x_j}^{(F)} = \{x_{1j}^{(F)}, x_{2j}^{(F)}, \cdots, x_{N_F j}^{(F)}\}$。从排序后的失效样本集 $\boldsymbol{S}_{x_j}^{(F)}$ 中选出前 $N_{I_{x_{kj}}|F}$ 个样本点，记为 $\boldsymbol{S}_{I_{X_{kj}}}^{(F)}=\{x_{1j}^{(F)}, x_{2j}^{(F)}, \cdots, x_{N_{I_{x_{kj}}|F}j}^{(F)}\}$，此时，$\boldsymbol{S}_{I_{X_{kj}}}^{(F)}$ 中的样本点为 $\boldsymbol{S}_{x_j}^{(F)}$ 中距离 x_{kj} 最近的 $N_{I_{x_{kj}}|F}$ 个样本点。

第三步： 确定微分区间 $I_{x_{kj}}$ 的上界 $x_{kj}^{(\mathrm{U})}$、下界 $x_{kj}^{(\mathrm{L})}$ 和区间长度 $\Delta I_{x_{kj}}$。通过式（3-164）可分别获得 $x_{kj}^{(\mathrm{U})}$、$x_{kj}^{(\mathrm{L})}$ 和 $\Delta I_{x_{kj}}$：

$$x_{kj}^{(\mathrm{U})} = \max_{p=1}^{N_{I_{x_{kj}}|F}} x_{pj}^{(F)},\ x_{kj}^{(\mathrm{L})} = \min_{p=1}^{N_{I_{x_{kj}}|F}} x_{pj}^{(F)},\ \Delta I_{x_{kj}} = x_{kj}^{(\mathrm{U})} - x_{kj}^{(\mathrm{L})} \tag{3-164}$$

图 3-13 以落入 $\{X_j \in I_{x_{kj}} | F\}$ 中的样本数 $N_{I_{x_{kj}}|F}$=5 为例说明微分区间的选择策略。

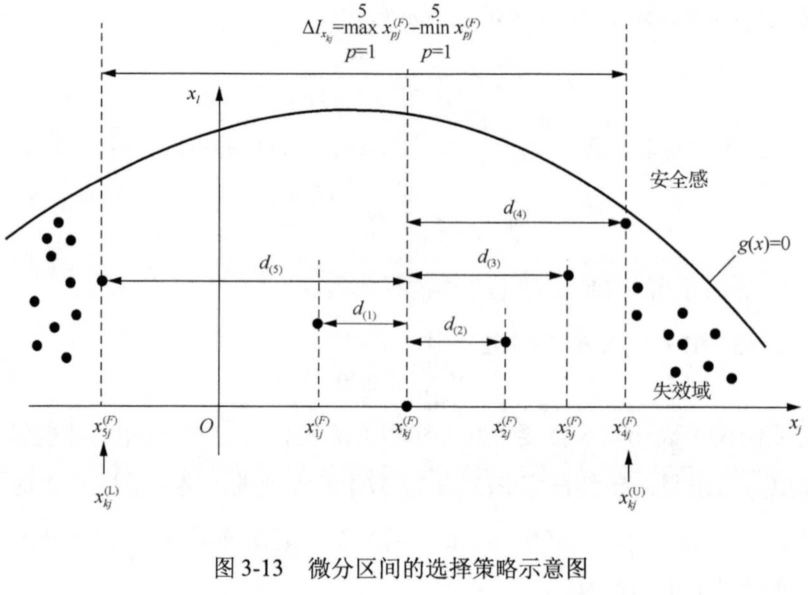

图 3-13　微分区间的选择策略示意图

综上可知，在确保条件概率 $P\{X_j \in I_{x_{kj}} | F\}$ 计算结果收敛的情况下，为了能够同时使区间长度 $\Delta I_{x_{kj}} \to 0$ 以保证式（3-160）计算的正确性，失效样本点的个数 N_F 越多越好。当落入 $\{X_j \in I_{x_{kj}} | F\}$ 中的样本数 $N_{I_{x_{kj}}|F}$ 为常数时，失效样本点个数 N_F 越多，则区间 $I_{x_{kj}}$ 的区间长度 $\Delta I_{x_{kj}}$ 就越小，那么通过 $P\{F | X_{kj} \in I_{x_{kj}}\}$ 计算 $P\left\{F\middle|X_j=x_{kj}\right\}$ 的精度就越高。

3. 条件概率公式结合数字模拟求解 η_j 的算法步骤

利用数字模拟法和条件概率相结合来求解 η_j 的具体步骤如下所示。

第一步： 根据 n 维输入变量 $\boldsymbol{X}$ 的联合概率密度函数 $f_{\boldsymbol{X}}(\boldsymbol{x})$ 生成样本容量为 N 的样本集 $\boldsymbol{S}_{\boldsymbol{x}}=\{\boldsymbol{x}_1,\boldsymbol{x}_2,\cdots,\boldsymbol{x}_N\}^{\mathrm{T}}$，其中 $\boldsymbol{x}_k=\{x_{k1},x_{k2},\cdots,x_{kn}\}\ (k=1,2,\cdots,N)$。

第二步： 从样本集 $\boldsymbol{S}_{\boldsymbol{x}}$ 中选出失效样本，并记 $\boldsymbol{S}_F=\{\boldsymbol{x}_1^F,\boldsymbol{x}_2^F,\cdots,\boldsymbol{x}_{N_F}^F\}^{\mathrm{T}}$ 为失效样本集，其中 N_F 为样本集中的失效样本点的个数，$\boldsymbol{x}_k^F=\{x_{k1}^F,x_{k2}^F,\cdots,x_{kn}^F\}\ (k=1,2,\cdots,N_F)$，由此计算出无条件失效概率 $P\{F\}\approx\dfrac{N_F}{N}$。

第三步： 根据失效样本集 $\boldsymbol{S}_F$ 和微分区间选取策略，确定围绕在中心点 $x_{kj}\ \left(j=1,2,\cdots,n,\ k=1,2,\cdots,N\right)$ 周围小区间的下界 $x_{kj}^{(\mathrm{L})}$、上界 $x_{kj}^{(\mathrm{U})}$ 和区间长度 $\Delta I_{x_{kj}}$。

第四步： 计算条件概率 $P\{X_j\in I_{x_{kj}}\mid F\}\approx\dfrac{N_{I_{x_{kj}}|F}}{N_F}$。

第五步： 根据 X_j 的概率密度函数 $f_{X_j}(x_j)$ 和微分区间 $I_{x_{kj}}=[x_{kj}^{(\mathrm{L})},x_{kj}^{(\mathrm{U})}]$ 计算无条件概率 $P\{X_j\in I_{x_{kj}}\}=\int_{x_{kj}^{(\mathrm{L})}}^{x_{kj}^{(\mathrm{U})}}f_{X_j}(x_j)\mathrm{d}x_j$。

第六步： 由式（3-160）计算 η_j。

4. 条件概率公式结合自适应代理模型的 η_j 求解算法

根据条件概率公式结合数字模拟求解 η_j 的流程可知，求解 η_j 的计算时间主要用在估计无条件失效概率 $P\{F\}$ 时对 $\boldsymbol{S}_{\boldsymbol{x}}$ 中样本点失效与否的分类上，而在计算条件概率 $P\{X_j\in I_{x_{kj}}\mid F\}$ 时并不需要调用功能函数，因而产生的计算时间较少。为此，本小节将利用无条件失效概率估计的自适应代理模型结合 MCS 方法来识别 $\boldsymbol{S}_{\boldsymbol{x}}$ 中样本点的状态，进而可以高效求得 $P\{F\}$，并结合条件概率公式对 η_j 指标进行高效求解。在 $\boldsymbol{S}_{\boldsymbol{x}}$ 中嵌入自适应代理模型后，条件概率公式求解 η_j 的具体计算步骤如下。

第一步： 根据 n 维输入变量 $\boldsymbol{X}$ 的联合概率密度函数 $f_{\boldsymbol{X}}(\boldsymbol{x})$ 生成样本量为 N 的样本池 $\boldsymbol{S}_{\boldsymbol{x}}=\{\boldsymbol{x}_1,\boldsymbol{x}_2,\cdots,\boldsymbol{x}_N\}^{\mathrm{T}}$，其中 $\boldsymbol{x}_k=\{x_{k1},x_{k2},\cdots,x_{kn}\}\ (k=1,2,\cdots,N)$。

第二步： 从样本池 $\boldsymbol{S}_{\boldsymbol{x}}$ 中任意挑选出 N_0 个初始训练样本点置于 $\boldsymbol{S}_{\mathrm{T}}$ 中，并计算对应的真实功能函数值放入集合 $\boldsymbol{g}_{\mathrm{T}}$ 中。将初始训练样本点集 $\boldsymbol{S}_{\mathrm{T}}$ 和对应的功能函数值 $\boldsymbol{g}_{\mathrm{T}}$ 形成初始训练集 $\left\{\boldsymbol{S}_{\mathrm{T}},\boldsymbol{g}_{\mathrm{T}}\right\}$，并利用该训练集构建初始的代理模型 $\hat{g}(\boldsymbol{X})$。

第三步： 通过 U 学习函数在 $\boldsymbol{S}_{\boldsymbol{x}}$ 中挑选出新的训练样本点，以最大限度提高 $\hat{g}(\boldsymbol{X})$ 代替 $g(\boldsymbol{X})$ 识别 $\boldsymbol{S}_{\boldsymbol{x}}$ 中样本点状态的能力。

$$U(\boldsymbol{x}_j)=\frac{\left|\mu_{\hat{g}}(\boldsymbol{x}_j)\right|}{\sigma_{\hat{g}}(\boldsymbol{x}_j)}\ (j=1,2,\cdots,N) \tag{3-165}$$

式中，$\mu_{\hat{g}}(\boldsymbol{x}_j)$ 和 $\sigma_{\hat{g}}(\boldsymbol{x}_j)$ 分别为当前代理模型在点 $\boldsymbol{x}_j$ 处的预测均值和标准差。由于 $U(\boldsymbol{x}_j)$ 可以反映当前 $\hat{g}(\boldsymbol{X})$ 正确识别 $\boldsymbol{x}_j$ 点状态的能力[40]，因此选择 $\boldsymbol{S}_x$ 中 U 学习函数值最小的点(对应于当前 $\hat{g}(\boldsymbol{X})$ 对该点状态正确识别的概率最低)作为训练点，可以最大限度提高 $\hat{g}(\boldsymbol{X})$ 对 $\boldsymbol{S}_x$ 中样本点状态的识别能力。新的训练样本点 $\boldsymbol{x}_u$ 按式（3-166）选取：

$$\boldsymbol{x}_u=\arg\min_{\boldsymbol{x}_j\in\boldsymbol{S}_x}\left[U(\boldsymbol{x}_j)\right] \tag{3-166}$$

第四步：判断当前的代理模型 $\hat{g}(\boldsymbol{X})$ 是否收敛。若 $U(\boldsymbol{x}_u)<2$，则表明当前的代理模型 $\hat{g}(\boldsymbol{X})$ 正确识别 $\boldsymbol{x}_u$ 点状态的概率小于 $\Phi(2)=97.7\%$（$\Phi(\cdot)$ 为标准正态变量的累积分布函数）[40]，一般认为此时的 $\hat{g}(\boldsymbol{X})$ 没有收敛，则需要将新的训练样本点 $\boldsymbol{x}_u$ 与其相对应的真实功能函数值 $g(\boldsymbol{x}_u)$ 加入到训练样本集中，更新后的训练样本集为 $\{\boldsymbol{S}_T\cup\boldsymbol{x}_u,\boldsymbol{g}_T\cup g(\boldsymbol{x}_u)\}$。利用更新后的训练样本集更新代理模型 $\hat{g}(\boldsymbol{X})$，返回第三步。若 $U(\boldsymbol{x}_u)\geqslant 2$，则表明当前的代理模型 $\hat{g}(\boldsymbol{X})$ 正确识别 $\boldsymbol{x}_u$ 点状态的概率大于等于 97.7%，一般认为此时 $\hat{g}(\boldsymbol{X})$ 是收敛的，且 $\hat{g}(\boldsymbol{X})$ 能够准确判断样本池中所有样本点对应输出值的正负号，此时执行第五步。

第五步：从样本池 $\boldsymbol{S}_x$ 中选出失效样本，记为 $\boldsymbol{S}_F=\{\boldsymbol{x}_1^F,\boldsymbol{x}_2^F,\cdots,\boldsymbol{x}_{N_F}^F\}^{\mathrm{T}}$，其中 N_F 为样本集中失效样本个数，$\boldsymbol{x}_k^F=\{x_{k1}^F,x_{k2}^F,\cdots,x_{kn}^F\}\ (k=1,2,\cdots,N_F)$，基于此计算无条件失效概率 $P\{F\}\approx\dfrac{N_F}{N}$。

第六步：确定围绕在 $x_{kj}\ \left(k=1,2,\cdots,N,j=1,2,\cdots,n\right)$ 周围的微分区间的下界 $x_{kj}^{(\mathrm{L})}$、上界 $x_{kj}^{(\mathrm{U})}$ 和微分区间长度 $\Delta I_{x_{kj}}$。

第七步：计算条件概率 $P\{X_j\in I_{x_{kj}}\mid F\}\approx\dfrac{N_{I_{x_{kj}}|F}}{N_F}$。

第八步：计算无条件概率 $P\{X_j\in I_{x_{kj}}\}=\int_{x_{kj}^{(\mathrm{L})}}^{x_{kj}^{(\mathrm{U})}}f_{X_j}(x_j)\mathrm{d}x_j$。

第九步：利用式（3-160）计算 η_j。

通过在 $\boldsymbol{S}_x$ 中自适应构建代理模型 $\hat{g}(\boldsymbol{X})$，以收敛的 $\hat{g}(\boldsymbol{X})$ 代替 $g(\boldsymbol{X})$ 来识别 $\boldsymbol{S}_x$ 中样本点的状态，可以大幅减少以 $g(\boldsymbol{X})$ 来识别 $\boldsymbol{S}_x$ 中样本点状态的功能函数调用次数，提高失效概率全局灵敏度的计算效率。

5. 算例分析

考虑一个数值算例，其功能函数的形式如下：

$$g(\boldsymbol{X})=\sin X_1+5\sin^2 X_2+0.1X_3^4\sin X_1 \tag{3-167}$$

式中，$X_i(i=1,2,3)$ 相互独立，且 $X_i \sim U[-\pi,\pi](i=1,2,3)$。

表3-17给出了该算例用不同方法计算得到的失效概率全局灵敏度指标结果的对照。由表 3-17 可知，当样本量 N=314694 时，条件概率公式与 MCS 相结合的方法和条件概率公式结合自适应代理模型（此例中选用 Kriging 模型）的方法获得的计算结果与参考值基本保持一致。该计算结果表明利用条件概率公式的方法计算失效概率全局灵敏度指标是正确的，此外，在条件概率公式的方法中嵌入自适应代理模型能较大地提高计算效率。在该算例中，条件概率公式结合自适应代理模型的方法在计算所有维输入变量的失效概率全局灵敏度时功能函数的调用次数仅为 432 次。

表 3-17　数值算例计算结果

方法	η_w	η_{V_0}	η_{M_0}	N_{call}
MCS 方法	0.1019	0.0698	0.0434	2.971×10^{11}
条件概率公式与 MCS 相结合的方法	0.1013	0.0701	0.0437	314694
条件概率公式方法结合自适应代理模型的方法	0.1013	0.0701	0.0437	432
Bayes 公式结合 MCS 的方法	0.1012	0.0510	0.0302	314694
$P\{F\}$	0.1961			

3.4　涡轮叶片全局灵敏度分析

涡轮叶片作为发动机核心部件，在高温、高压及高转速的复杂环境下，承受着机械载荷、气动载荷和温度载荷等多场载荷的作用，其寿命在很大程度上决定了航空发动机的寿命，其可靠与否关系到整个发动机和飞机的安全。研究随机不确定性输入因素对涡轮叶片疲劳寿命及其可靠性的影响，可以有效甄别影响涡轮叶片疲劳寿命及其可靠性的关键因素，这对于提高涡轮叶片结构的寿命性能和可靠性具有重要工程应用价值。

3.4.1　涡轮叶片疲劳寿命分析模型

1. 涡轮叶片有限元模型

涡轮叶片几何模型如图 3-14 所示，考核部位为图 3-14 中虚线框内的气膜孔。为了对该叶片结构进行疲劳寿命及其可靠性的全局灵敏度分析，本节建立涡轮叶片气膜孔结构几何尺寸、材料属性和外载荷的参数化模型，实现利用模型命令对整个有限元分析过程的控制，以及“参数-建模-结构分析-修改参数-再建模-再结构分析”的自动化执行，以便为计算机自动实现涡轮叶片疲劳寿命分析、可靠性分析和全局灵敏度分析中结构的重分析提供基础。

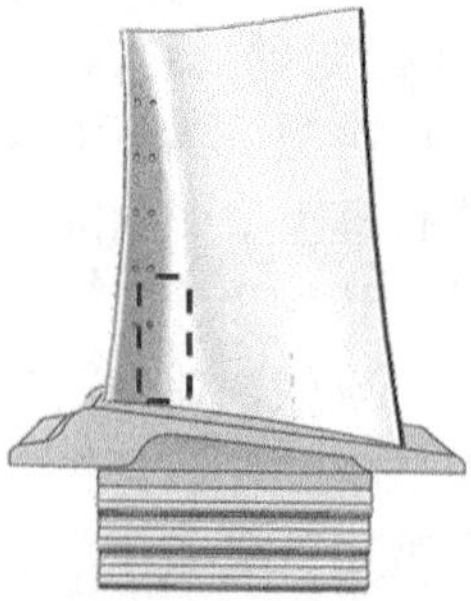

图 3-14　涡轮叶片几何模型

2. 涡轮叶片（材料为 DZ125）的低周概率疲劳寿命模型

800℃下 DZ125 合金铸件低周疲劳试验数据如表 3-18 所示[41]，其概率-应变-寿命分析模型如下：

$$\frac{\Delta\varepsilon_t}{2}=10^{-\frac{\overline{a}_e+u\sigma_{e0}(1-\theta_e x_{e0})}{\overline{b}_e+u\sigma_{e0}\theta_e}}(2N_f)^{\frac{1}{\overline{b}_e+u\sigma_{e0}\theta_e}}+10^{-\frac{\overline{a}_p+u\sigma_{p0}(1-\theta_p x_{p0})}{\overline{b}_p+u\sigma_{p0}\theta_p}}(2N_f)^{\frac{1}{\overline{b}_p+u\sigma_{p0}\theta_p}} \tag{3-168}$$

式中，$\Delta\varepsilon_t=\varepsilon_{max}-\varepsilon_{min}$ 为总应变幅值；N_f 为疲劳循环次数；$\overline{a}_e$、$\overline{b}_e$、σ_{e0}、θ_e、x_{e0}、$\overline{a}_p$、$\overline{b}_p$、σ_{p0}、θ_p、x_{p0} 为模型待求参数；u 为服从标准正态分布的辅助变量。

表 3-18　800℃下 DZ125 合金铸件低周疲劳试验数据

$\Delta\varepsilon_t/2/\%$	$\Delta\varepsilon_e/2/\%$	$\Delta\varepsilon_p/2/\%$	$\Delta\sigma/2/\text{MPa}$	$2N_f$/周
1.502	1.203	0.299	1155	46
1.214	1.090	0.124	1046	448
0.949	0.950	−0.001	912	1048
0.954	0.918	0.035	882	1632
0.799	0.776	0.023	745	5584
0.800	0.783	0.017	752	5944
0.699	0.714	−0.015	686	13918
0.600	0.604	0.003	580	33904
0.600	0.605	0.005	578	70776

注：$\Delta\varepsilon_t/2$ 表示总应变幅；$\Delta\varepsilon_e/2$ 表示弹性应变幅；$\Delta\varepsilon_p/2$ 表示塑性应变幅；$\Delta\sigma/2$ 表示应力幅值；N_f 表示疲劳循环次数。

根据线性异方差回归分析[42]并结合表 3-18 中 DZ125 材料的低周疲劳寿命试验数据，可以得到式（3-168）中的参数估计值如下：

$$\begin{cases} \overline{a}_{\mathrm{e}} = -15.7151 \\ \overline{b}_{\mathrm{e}} = -9.2323 \\ \sigma_{\mathrm{e0}} = 0.2124 \\ \theta_{\mathrm{e}} = -0.0475 \\ x_{\mathrm{e0}} = -2.0824 \end{cases} \quad \begin{cases} \overline{a}_{\mathrm{p}} = -2.0579 \\ \overline{b}_{\mathrm{p}} = -1.5465 \\ \sigma_{\mathrm{p0}} = 0.2830 \\ \theta_{\mathrm{p}} = -0.1898 \\ x_{\mathrm{p0}} = -3.5884 \end{cases} \tag{3-169}$$

将式（3-169）的模型参数代入式（3-168），可得到基于线性异方差回归分析的 DZ125 材料概率-应变-寿命模型（应变比为-1）为

$$\begin{aligned} \frac{\Delta\varepsilon_{\mathrm{t}}}{2} &= \frac{\Delta\varepsilon_{\mathrm{e}}}{2} + \frac{\Delta\varepsilon_{\mathrm{p}}}{2} = \frac{\sigma_{\mathrm{f}}'}{E}(2N_{\mathrm{f}})^{b} + \varepsilon_{\mathrm{f}}'(2N_{\mathrm{f}})^{c} \\ &= 10^{-\frac{15.7151-0.19147u}{9.2323+0.0101u}}(2N_{\mathrm{f}})^{-\frac{1}{9.2323+0.0101u}} + 10^{-\frac{2.0579-0.0903u}{1.5465+0.0537u}}(2N_{\mathrm{f}})^{-\frac{1}{1.5465+0.0537u}} \end{aligned} \tag{3-170}$$

通过在对称循环概率寿命模型中添加平均应力 σ_{m} 修正项，Morrow 给出了一般非对称循环载荷作用下修正的低周疲劳概率寿命模型为

$$\begin{aligned} \frac{\Delta\varepsilon_{\mathrm{t}}}{2} &= \frac{\Delta\varepsilon_{\mathrm{e}}}{2} + \frac{\Delta\varepsilon_{\mathrm{p}}}{2} = \frac{\sigma_{\mathrm{f}}'}{E}(2N_{\mathrm{f}})^{b} + \varepsilon_{\mathrm{f}}'(2N_{\mathrm{f}})^{c} \\ &= \left(10^{-\frac{15.7151-0.19147u}{9.2323+0.0101u}} - \frac{\sigma_{\mathrm{m}}}{E}\right)(2N_{\mathrm{f}})^{-\frac{1}{9.2323+0.0101u}} + 10^{-\frac{2.0579-0.0903u}{1.5465+0.0537u}}(2N_{\mathrm{f}})^{-\frac{1}{1.5465+0.0537u}} \end{aligned} \tag{3-171}$$

式中，E 为弹性模量。

3.4.2　涡轮叶片疲劳寿命可靠性分析模型

影响涡轮叶片寿命的因素包括与结构考核部位应力和应变相关的基本随机输入变量 $\boldsymbol{X}$（表 3-19）和对应主循环（表 3-20）疲劳寿命模型中的辅助变量 u_1 以及对应次循环（表 3-20）疲劳寿命模型中的辅助变量 u_2。基本随机输入变量 $\boldsymbol{X}$ 的随机性会使得不同工作状态下结构考核部位的应力和应变产生随机性，进而使得不同工作循环下的循环应力和循环应变产生随机性，而辅助变量 u_1 和 u_2 的随机性反映了在相同应变幅值下疲劳寿命的分散性，这种分散性主要来自材料微观组织的不确定性，如材料的晶体取向、夹杂、初始裂纹以及测量误差和试验器的性能差异等。

表 3-19 叶片结构的随机输入变量 X 及辅助变量的不确定性分布类型及分布参数

输入类型	变量编号	随机输入变量	分布类型	均值	标准差
几何尺寸	X_1	孔径 r	正态分布	0.5	0.00165
	X_2	第 1 列孔位置 l_1	正态分布	−17	0.0033
	X_3	第 2 列孔位置 l_2	正态分布	−2	0.0033
材料属性	X_4	密度 $\rho/(\mathrm{kg/m^3})$	正态分布	8480	84.8
	X_5	横向杨氏模量 E_{800}^{T} / GPa	正态分布	139.5	1.395
	X_6	纵向杨氏模量 E_{800}^{l} / GPa	正态分布	102	1.020
	X_7	横向泊松比 μ_{800}^{T}	正态分布	0.29	0.0029
	X_8	纵向泊松比 μ_{800}^{l}	正态分布	0.43	0.0043
	X_9	横向剪切模量 G_{800}^{T} / GPa	正态分布	52.5	0.5250
	X_{10}	纵向剪切模量 G_{800}^{l} / GPa	正态分布	90.5	0.9050
外载荷	X_{11}	转速辅助变量 $\tilde{n}$	正态分布	0	1
辅助变量	X_{12}	主循环概率寿命方程中的 u_1	正态分布	0	1
	X_{13}	次循环概率寿命方程中的 u_2	正态分布	0	1

表 3-20 叶片结构主循环和次循环工况

循环类型		转速范围/（r/min）	循环次数
主循环	工况 1	0-13880-0	1
次循环	工况 2	11828-13881-11828	1

考虑影响寿命的输入因素，可建立涡轮叶片的概率寿命分析模型如下：

$$Y = N_{\mathrm{f}}^{(g)}(\boldsymbol{X}) \tag{3-172}$$

式中，Y 表示寿命输出；$\boldsymbol{X}$ 表示表 3-19 所示的基本随机输入变量；$N_{\mathrm{f}}^{(g)}(\cdot)$ 表示有限元分析过程以及寿命分析过程。随机输入变量 $\boldsymbol{X}$ 包含了三类变量，第一类是几何尺寸变量，第二类是材料属性变量，第三类是外载荷变量和辅助变量。$\boldsymbol{X}$ 中各分量的分布类型及分布参数如表 3-19 所示。几何尺寸变量包括：气膜孔孔径 r、第 1 列气膜孔的位置 l_1、第 2 列气膜孔的位置 l_2。材料属性变量包括：密度 ρ、横向杨氏模量 E_{800}^{T}、纵向杨氏模量 E_{800}^{l}、横向泊松比 μ_{800}^{T}、纵向泊松比 μ_{800}^{l}、横向剪切模量 G_{800}^{T}、纵向剪切模量 G_{800}^{l}。外载荷变量包括：转速 n_1、转速 n_2 和转速 n_3。在转速服从正态分布的假设下，$n = E_n + \sigma_n \cdot \tilde{n}$ 的关系成立，其中 E_n 表示转速为 n 时的转速均值，σ_n 表示转速为 n 时的转速标准差，$\tilde{n}$ 表示标准正态随机变量。

表 3-20 为简化的一次起飞-降落情况下叶片结构主循环和次循环工况。图 3-15 给出了温度为 800℃且各随机输入变量取均值情况下，结构分析的涡轮叶片应力分布云图，从应力分布云图可以看出孔周的应力集中现象，本小节以最底部气膜孔作为考核部位。

图 3-15　涡轮叶片应力分布云图

主循环和次循环作用下，复合寿命的求解采用如下所示的线性损伤累积理论：

$$N_{\mathrm{f}}^{(g)}(\boldsymbol{X})=\frac{1}{\dfrac{1}{N_{\mathrm{f1}}^{(g)}(\boldsymbol{X})}+\dfrac{1}{N_{\mathrm{f2}}^{(g)}(\boldsymbol{X})}} \tag{3-173}$$

式中，$N_{\mathrm{f1}}^{(g)}(\cdot)$ 表示有限元分析过程以及主循环寿命分析过程；$N_{\mathrm{f2}}^{(g)}(\cdot)$ 表示有限元分析过程以及次循环寿命分析过程。

主循环和次循环疲劳寿命分别根据式（3-174）和式（3-175）计算得到：

$$\frac{\Delta\varepsilon_{\mathrm{t1}}}{2}=\left(10^{-\frac{15.7151-0.19147u_1}{9.2323+0.0101u_1}}-\frac{\sigma_{\mathrm{m1}}}{E}\right)(2N_{\mathrm{f1}})^{-\frac{1}{9.2323+0.0101u_1}}+10^{-\frac{2.0579-0.0903u_1}{1.5465+0.0537u_1}}(2N_{\mathrm{f1}})^{-\frac{1}{1.5465+0.0537u_1}} \tag{3-174}$$

$$\frac{\Delta\varepsilon_{\mathrm{t2}}}{2}=\left(10^{-\frac{15.7151-0.19147u_2}{9.2323+0.0101u_2}}-\frac{\sigma_{\mathrm{m2}}}{E}\right)(2N_{\mathrm{f2}})^{-\frac{1}{9.2323+0.0101u_2}}+10^{-\frac{2.0579-0.0903u_2}{1.5465+0.0537u_2}}(2N_{\mathrm{f2}})^{-\frac{1}{1.5465+0.0537u_2}} \tag{3-175}$$

式中，$\Delta\varepsilon_{\mathrm{t1}}$ 和 $\Delta\varepsilon_{\mathrm{t2}}$ 分别表示主循环和次循环的应变幅值；σ_{m1} 和 σ_{m2} 分别表示主循环和次循环的平均应力；N_{f1} 和 N_{f2} 分别表示主循环和次循环的疲劳寿命；u_1 和 u_2 分别表示主循环和次循环下概率疲劳寿命计算的辅助变量。

涡轮叶片在给定主循环和次循环下疲劳寿命失效概率分析模型为

$$P_{\mathrm{f}}=P\left\{N_{\mathrm{f}}^{(g)}(\boldsymbol{X})<N_{\mathrm{f}}^{*}\right\} \tag{3-176}$$

式中，寿命阈值 N_{f}^{*} 为 2000 个循环。

式（3-176）的失效概率计算模型可以等价为对数寿命形式：

$$P_{\mathrm{f}}=P\left\{\lg(N_{\mathrm{f}}^{(g)}(\boldsymbol{X}))<\lg(N_{\mathrm{f}}^{*})\right\} \tag{3-177}$$

3.4.3 涡轮叶片结构疲劳寿命的方差全局灵敏度分析结果

本小节采用结合 MCS 的空间分割算法以及嵌入自适应 Kriging 模型的 MCS（AK-MCS）空间分割算法计算得到涡轮叶片疲劳寿命方差全局灵敏度分析结果如图 3-16 所示。利用 MCS 方法抽取随机输入变量的 10000 个样本，通过有限元分析模型以及疲劳寿命分析模型得到了对应的气膜孔考核部位的疲劳寿命。MCS 方法中共产生了 10000 个随机输入变量的样本，每个样本条件下计算一次涡轮叶片的主、次循环复合疲劳寿命需要三次有限元模型分析，因此对于 10000 个输入样本，MCS 方法对涡轮叶片结构有限元调用次数为 30000 次。当嵌入自适应代理模型时，在保证留一交叉验证误差小于等于10^{-5}条件下，需要 8814 次有限元模型分析去建立较为精确的 Kriging 模型（模型的详细原理见第 4 章，这里不再赘述），即在保证计算精度的同时，在空间分割算法中嵌入 Kriging 模型，相对于结合 MCS 的空间分割算法节省了 70.62%的有限元模型分析次数。

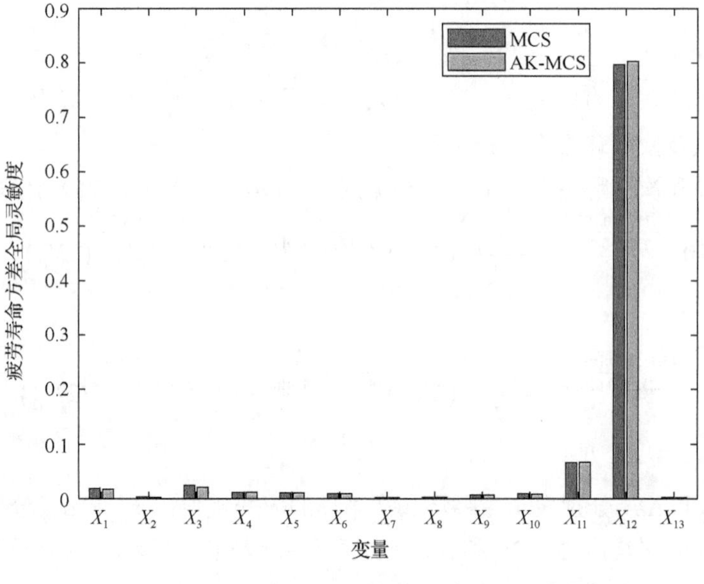

图 3-16　涡轮叶片疲劳寿命方差全局灵敏度分析结果

涡轮叶片结构疲劳寿命的方差全局灵敏度分析结果表明：主循环概率疲劳寿命分析模型中的辅助变量u_1对寿命分散性影响最大，其次是外载荷，其他输入变量的方差全局灵敏度值均较小。因此，最为有效地降低寿命方差的途径是降低相同应变幅值下寿命的分散性。

3.4.4　涡轮叶片结构疲劳寿命的矩独立全局灵敏度分析结果

3.2.4 小节介绍的空间分割算法求解了涡轮叶片疲劳寿命的矩独立全局灵敏度指标，其中利用的输入-输出样本与 3.4.3 小节中求解方差全局灵敏度时的样本一致。所得涡轮叶片结构疲劳寿命矩独立全局灵敏度分析结果见图 3-17。图 3-17 的结果表明：影响涡轮叶片结构疲劳寿命概率密度函数的最重要变量仍然是主循环疲劳寿命估计方程中的辅助变量 u_1，即通过改善材料的加工工艺，降低相同应变幅值下的寿命分散性是降低叶片结构疲劳寿命分散性最有效的途径。

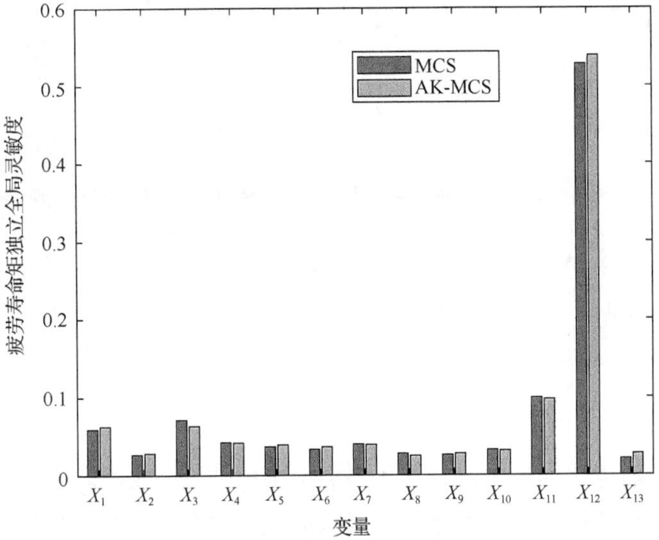

图 3-17　涡轮叶片结构疲劳寿命矩独立全局灵敏度分析结果

3.4.5　涡轮叶片结构疲劳寿命的失效概率全局灵敏度分析结果

利用 Bayes 公式求解涡轮叶片结构疲劳寿命失效概率全局灵敏度指标时采用两种策略：第一种策略是调用有限元分析和寿命分析过程计算 MCS 样本的状态；第二种策略是在 MCS 样本池内自适应建立叶片疲劳寿命可靠性分析中极限状态函数的 Kriging 模型，利用收敛的 Kriging 模型识别 MCS 样本的状态。在第二种策略（AK-MCS）中叶片有限元分析次数为 4509 次，而在第一种策略（MCS）中叶片有限元分析次数为 30000 次。相对于 MCS 方法，AK-MCS 方法节省了 84.97% 的叶片有限元分析次数。涡轮叶片结构疲劳寿命失效概率全局灵敏度分析结果如图 3-18 所示。图 3-18 的计算结果表明：概率疲劳寿命模型分散性的辅助变量仍是影响涡轮叶片结构疲劳寿命失效概率的最主要输入变量，因此降低相同应变幅值下的寿命分散性是降低涡轮叶片结构疲劳寿命失效概率最有效的途径。

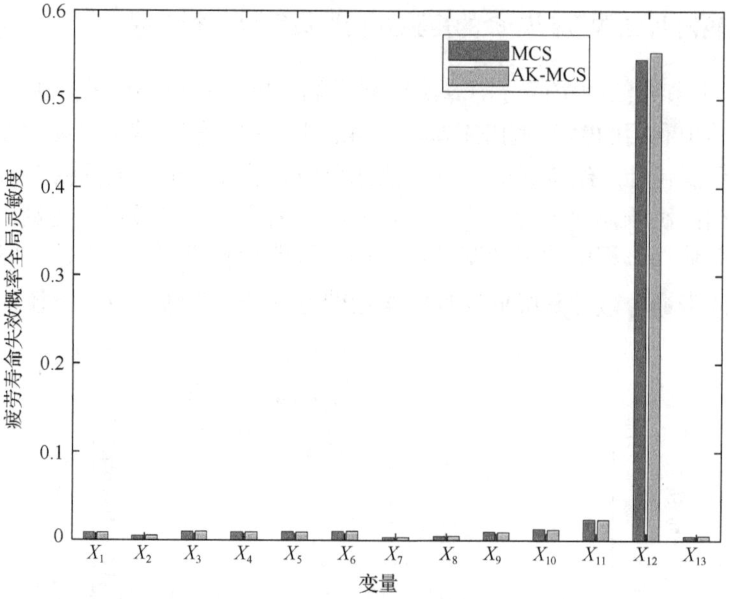

图 3-18　涡轮叶片结构疲劳寿命失效概率全局灵敏度分析结果

3.5　本章小结

本章主要研究了随机不确定性下全局灵敏度分析的各类指标，包括：基于方差的全局灵敏度指标、基于概率密度函数的矩独立全局灵敏度指标和基于失效概率的全局灵敏度指标。在求解方差全局灵敏度指标中，建立了两类求解算法，分别是乘法降维结合数字模拟的算法和数字模拟结合空间分割的算法。在基于概率密度函数的矩独立全局灵敏度指标的求解中，建立了四类求解方法，分别是基于分位数回归的方法、基于分数矩的极大熵结合 Nataf 变换的方法、基于共用积分网格策略的极大熵方法和空间分割算法。在基于失效概率的全局灵敏度指标的求解中，着重建立了基于 Bayes 公式和基于微分区间近似的条件概率求解算法，在基于 Bayes 公式的算法中还通过引入重要抽样法提高了计算效率。在基于微分区间近似的条件概率求解算法中，利用微分区间条件特征代替点条件特征，以条件概率的估计代替了基于 Bayes 公式方法中的条件概率密度函数的估计，降低了可靠性全局灵敏度分析的计算复杂度。最后，从输入变量对涡轮叶片疲劳寿命的不同统计性能（方差、概率密度函数、失效概率）影响的角度，分析了涡轮叶片结构疲劳寿命的方差全局灵敏度、基于概率密度函数的矩独立全局灵敏度和基于失效概率的可靠性全局灵敏度，分析结果均表明：不论是对于疲劳寿命的方差、概率密度函数还是失效概率，代表材料概率疲劳寿命模型分散性的辅助变量的影响都最为显著。因此，降低相同应变幅值下的寿命分散性是改善疲劳寿命统计特性最有效的途径。

参考文献

[1] BORGONOVO E. A new uncertainty importance measure[J]. Reliability Engineering & System Safety, 2007, 92(6): 771-784.

[2] BORGONOVO E, TARANTOLA S, PLISCHKE E, et al. Transformations and invariance in the sensitivity analysis of computer experiments[J]. Journal of the Royal Statistical Society B, 2014, 76(5): 925-947.

[3] CUI L J, LU Z Z, ZHAO X P. Moment-independent importance measure of basic random variable and its probability density evolution solution[J]. Science China Technological Science, 2010, 53(4):1138-1145.

[4] LI L Y, LU Z Z, FENG J, et al. Moment-independent importance measure of basic variable and its state dependent parameter solution[J]. Structural Safety, 2012, 38: 40-47.

[5] SOBOL I M. Global sensitivity indices for nonlinear mathematical models and their Monte Carlo estimates[J]. Mathematics and Computers in Simulation, 2001, 55(1-3): 271-280.

[6] YUN W Y, LU Z Z, ZHANG Y, et al. An efficient global reliability sensitivity analysis algorithm based on classification of model output and subset simulation[J]. Structural Safety, 2018, 74: 49-57.

[7] ZHANG X F, PANDEY M D. Structural reliability analysis based on the concepts of entropy, fractional moment and dimensional reduction method[J]. Structural Safety, 2013, 43(9):28-40.

[8] OWEN A B. Better estimation of small Sobol's sensitivity[J]. ACM Transaction on Modelling and Computer Simulation, 2012, 23(2): 1-17.

[9] JANSEN M J W. Analysis of variance designs for model output[J]. Computer Physics Communications, 1999, 117(16): 35-43.

[10] SALTELLI A. Making best use of model evaluations to compute sensitivity indices[J]. Computer Physics Communications, 2002, 145(2): 280-297.

[11] SALTELLI A, ANNONI P, AZZINI I, et al. Variance based sensitivity analysis of model output. Design and estimator for the total sensitivity index[J]. Computer Physics Communications, 2010, 181(2): 259-270.

[12] ZHAI Q Q, YANG J, ZHAO Y. Space-partition method for the variance-based sensitivity analysis: Optimal partition scheme and comparative study[J]. Reliability Engineering & System Safety, 2014, 131: 66-82.

[13] SALTELLI A, RATTO M, ANDRES T, et al. Global Sensitivity Analysis[M]. England: John Wiley & Sons, 2008.

[14] YUN W Y, LU Z Z, JIANG X. An efficient sampling approach for variance-based sensitivity analysis based on the law of total variance in the successive intervals without overlapping[J]. Mechanical Systems and Signal Processing, 2018, 106: 495-510.

[15] WEI P F, LU Z Z, YUAN X K. Monte Carlo simulation for moment-independent sensitivity analysis[J]. Reliability Engineering & System Safety, 2013, 110: 60-67.

[16] PENG L M, HUANG Y J. Survival analysis with quantile regression models[J]. Journal of the American Statistical Association, 2008, 103(482): 637-649.

[17] KOENKER R, BASSETT G. Regression quantiles[J]. Econometrica, 1978, 46: 33-50.

[18] CHEN C, WEI Y. Computational issues for quantile regression[J]. Sankhya: The Indian Journal of Statistics, 2005, 67(2): 399-417.

[19] MIZUNO S, TODD M J, YE Y. On adaptive-step primal-dual interior-point algorithms for linear programming[J]. Mathematics of Operations Research, 1993, 18(4): 964-981.

[20] EFRON B. The Jackknife, the Bootstrap and other Resampling Plans[M]. Philadelphia: Society for Industrial and Applied Mathematics, 1982.

[21] INVERARDI P, TAGLIANI A. Maximum entropy density estimation from fractional moments[J]. Communications in Statistics-Theory and Methods, 2003, 32(2): 327-345.

[22] KULLBACK S. Information Theory and Statistics[M]. New York: Wiley, 1959.

[23] RABITZ H, ALIS O. General foundations of high-dimensional model representations[J]. Journal of Mathematical Chemistry, 1999, 25(2): 197-233.

[24] LI G, ROSENTHAL C, RABITZ H. High dimensional model representations[J]. Journal of Physical Chemistry, 2001, 105(33): 7765-7777.

[25] LI G Y, WANG S W, RABITZ H, et al. Global uncertainty assessments by high dimensional model representations (HDMR)[J]. Chemical Engineering Science, 2002, 57: 4445-4460.

[26] LIU P L, DER KIUREGHIAN A. Multivariate distribution models with prescribed marginals and covariances[J]. Probabilistic Engineering Mechanics, 1986, 1(2): 105-112.

[27] DER KIUREGHIAN A, LIU P L. Structural reliability under incomplete probability information[J]. Journal of Engineering Mechanics ASCE, 1986, 112(1): 85-104.

[28] DITLEVEN O, MADSEN H O. Structures Reliability Methods[M]. New York: Wiley, 1996.

[29] LI H S, LU Z Z, YUAN X K. Nataf transformation based point estimate method[J]. Chinese Science Bulletin, 2008, 53(17): 2586-2592.

[30] ZHANG L G, LU Z Z, CHENG L, et al. A new method for evaluating Borgonovo moment-independent importance measure with its application in an aircraft structure[J]. Reliability Engineering & System Safety, 2014, 132: 163-175.

[31] YUN W Y, LU Z Z, JIANG X. An efficient method for moment-independent global sensitivity analysis by dimensional reduction technique and principle of maximum entropy[J]. Reliability Engineering & System Safety, 2019, 187: 174-182.

[32] YUN W Y, LU Z Z, FENG K X, et al. An elaborate algorithm for analyzing the Borgonovo moment-independent sensitivity by replacing the probability density function estimation with the probability estimation[J]. Reliability Engineering & System Safety, 2019, 189: 99-108.

[33] LIU Q, HOMMA T. A new computational method of a moment-independent uncertainty importance measure[J]. Reliability Engineering & System Safety, 2009, 94(7): 1205-1211.

[34] WANG Y P, XIAO S N, LU Z Z. A new efficient simulation method based on Bayes' theorem and importance sampling Markov chain simulation to estimate the failure-probability-based global sensitivity measure[J]. Aerospace Science and Technology, 2018, 79: 364-372.

[35] HE L L, LU Z Z, FENG K X. A novel estimation method for failure probability-based sensitivity by conditional probability theorem[J]. Structural & Multidisciplinary Optimization, 2020, 61(4): 1589-1602.

[36] 吕震宙, 冯元生. 多个设计点安全边界方程的重要抽样函数[J]. 航空学报, 1995, 16(4): 484-487.

[37] DUBOURG V, SUDRET B, DEHEEGER F. Metamodel-based importance sampling for structural reliability analysis[J]. Probabilistic Engineering Mechanics, 2013, 33: 47-57.

[38] METROPOLIS N, ROSENBLUTH A W, ROSENBLUTH M N, et al. Equation of state calculations by fast computing machines[J]. Journal of Chemical Physics, 1953, 26(6): 1087-1092.

[39] HASTINGS W K. Monte Carlo sampling methods using Markov chains and their applications[J]. Biometrika, 1970, 57: 97-109.

[40] ECHARD B, GAYTON N, LEMAIRE M. AK-MCS: An active learning reliability method combining Kriging and Monte Carlo Simulation[J]. Structural Safety, 2011, 33: 145-154.

[41] 《中国航空材料手册》编委会. 中国航空材料手册[M]. 第 2 版. 北京：中国标准出版社, 2002.

[42] 傅惠民. 多元异方差回归分析[J]. 机械强度, 1995, 17(4): 35-38.

第 4 章　Monte Carlo 结合自适应代理模型的可靠性分析方法

自适应代理模型结合 Monte Carlo 模拟（adaptive surrogate model combined with Monte Carlo simulation，AS-MCS）是一种通用且高效的可靠性分析方法。本章将从两个方面进行结构可靠性分析的 AS-MCS 方法研究，即随机不确定性下结构可靠性分析的改进 AS-MCS 方法研究以及随机和区间混合不确定性下结构可靠性分析的 AS-MCS 方法研究。

随机不确定性下结构可靠性分析的 AS-MCS 方法存在两个主要缺陷：①在估计小失效概率时，AS-MCS 方法通常需要规模较大的备选样本池，以保证所得结果的收敛性和稳健性（即变异系数小于 5%）。由于在每一次迭代时，AS-MCS 方法都需要遍历计算整个备选样本池中每个样本的学习函数值，以便选择出对提高代理模型预测精度贡献最大的新训练样本点来更新代理模型，这种遍历大规模备选样本池的计算方法降低了 AS-MCS 方法的效率。②AS-MCS 方法在每一次迭代中选择新的训练样本点更新代理模型时，训练点的添加准则通常为单点加点，即每次从备选样本池中选出一个样本点加入到训练样本集中。这种单点加点准则虽然能够在备选样本池中选出对代理精度贡献最大的样本（最优样本）对代理模型进行更新，但是每次更新训练样本集后都需要重构一次代理模型，这种传统的单点加点准则在所建模型需要的训练样本数较多时会非常耗时，甚至重构一次代理模型的时间会超过调用真实模型的时间。本章将分别从改进这两个方面的缺陷出发，研究随机不确定性下结构可靠性分析的改进 AS-MCS 方法。

传统的随机和区间混合不确定性下的结构可靠性分析方法，本质上是估计区间变量在取值域内变化时随区间变量变化的可靠度指标极值对应的失效概率，这种方法无法准确估计结构真实的安全程度。本章在传统的随机和区间混合不确定性下结构可靠性分析方法的基础上，提出了失效概率上下界求解的更为准确高效的扩展跨越率法、双层 AS-MCS 方法和单层 AS-MCS 方法。

4.1　自适应高斯输出型代理模型

代理模型在可靠性研究领域有着极其广泛的应用，合理应用代理模型可以在很大程度上提高可靠性分析与设计的效率。可靠性分析领域中常用的代理模型主要有 Kriging 模型、多项式混沌展开模型、支持向量机模型等。针对传统 Kriging 模型在分析高维可靠性问题时的局限性，本节将介绍基于切片逆回归降维的 Kriging 模型。针对传统多项式混沌展开模型和支持向量机模型无法直接提供非训练样本点处预测误差的缺陷，本节将分别介绍贝叶斯稀疏多项式混沌展开模型和贝叶斯支持向量机模型，这两种模型通过引入待定参数的先验分布，解析推导出了模型输出的后验分布，从而得到模型输出值的预测误差，而所得到的预测误差为这两种模型的自适应学习奠定了基础。

4.1.1 基于切片逆回归降维的 Kriging 模型

1. 传统 Kriging 模型

Kriging[1]是一种通过已知观察点来预测未知观察点响应的插值方法，其优点包括：①可以同时给出目标观察点处响应的预测值和预测误差；②可以根据不同的问题选择不同的回归函数和相关函数；③对于高阶函数和中低维问题，能以相对较少的训练数据光滑地近似原始模型。

假设结构的功能函数为$Y=g(\boldsymbol{X})$，其中$\boldsymbol{X}=\{X_1,X_2,\cdots,X_n\}^{\mathrm{T}}$为$n$维随机输入向量，则功能函数的 Kriging 模型$g_{\mathrm{K}}(\boldsymbol{X})$可以表示为一个多项式与随机过程之和的形式：

$$g_{\mathrm{K}}(\boldsymbol{X})=\sum_{i=1}^{p}\alpha_i f_i(\boldsymbol{X})+z(\boldsymbol{X}) \tag{4-1}$$

式中，$\boldsymbol{f}(\boldsymbol{X})=\left\{f_1(\boldsymbol{X}),f_2(\boldsymbol{X}),\cdots,f_p(\boldsymbol{X})\right\}^{\mathrm{T}}$为随机向量$\boldsymbol{X}$的基函数，其提供了变量空间内的全局近似模型，$\boldsymbol{f}(\boldsymbol{X})$有多种选择[1]，常用的有常数型、一次线性型和二次型，Kriging 模型中常用的基函数如表 4-1 所示；$\boldsymbol{\alpha}=\left\{\alpha_1,\alpha_2,\cdots,\alpha_p\right\}^{\mathrm{T}}$为回归函数的待定系数，其值可通过已知的训练样本估计得到；p为基函数的个数；$z(\boldsymbol{X})$为一个随机过程，其是在全局模拟的基础上创建的期望为 0 且方差为σ_{z}^2的局部偏差，其协方差矩阵可表示为

$$\mathrm{Cov}[z(\boldsymbol{x}_i),z(\boldsymbol{x}_j)]=\sigma_{\mathrm{z}}^2 R(\boldsymbol{x}_i,\boldsymbol{x}_j) \tag{4-2}$$

式中，$R(\boldsymbol{x}_i,\boldsymbol{x}_j)$为任意两个样本点$\boldsymbol{x}_i$和$\boldsymbol{x}_j$的相关函数，其基本形式为$R(\boldsymbol{x}_i,\boldsymbol{x}_j)=\prod_{k=1}^{n}R_k(\theta_k,x_{ik}-x_{jk})$，$x_{ik}$和$x_{jk}$分别为样本点$\boldsymbol{x}_i$和$\boldsymbol{x}_j$的第$k$维分量，$\theta_k(k=1,2,\cdots,n)$为未知的相关参数。$R_k(\theta_k,x_{ik}-x_{jk})$有多种函数形式可供选择[1]，常用的形式包括指数型、一般指数型、高斯型、线性型、球型、立方型和样条函数型，具体类型如表 4-2 所示。

表 4-1　Kriging 模型中常用的基函数

类型	表达式
常数型 $p=1$	$f_1(\boldsymbol{X})=1$
一次线性型 $p=n+1$	$f_1(\boldsymbol{X})=1, f_2(\boldsymbol{X})=X_1,\cdots,f_{n+1}(\boldsymbol{X})=X_n$
二次型 $p=(n+1)(n+2)/2$	$\begin{cases} f_1(\boldsymbol{X})=1, f_2(\boldsymbol{X})=X_1,\cdots,f_{n+1}(\boldsymbol{X})=X_n \\ f_{n+2}(\boldsymbol{X})=X_1^2, f_{n+3}(\boldsymbol{X})=X_1X_2,\cdots,f_{2n+1}(\boldsymbol{X})=X_1X_n \\ f_{2n+2}(\boldsymbol{X})=X_2^2, f_{2n+3}(\boldsymbol{X})=X_2X_3,\cdots,f_{3n}(\boldsymbol{X})=X_2X_n \\ \vdots \\ f_p(\boldsymbol{X})=X_n^2 \end{cases}$

表 4-2　Kriging 模型中常用的相关函数

类型	表达式
指数型	$R_k(\theta_k,x_{ik}-x_{jk})=\exp(-\theta_k\mid x_{ik}-x_{jk}\mid)$
一般指数型	$R_k(\theta_k,x_{ik}-x_{jk})=\exp(-\theta_k\mid x_{ik}-x_{jk}\mid^{\theta_{n+1}}),\theta_{n+1}\in(0,2]$
高斯型	$R_k(\theta_k,x_{ik}-x_{jk})=\exp\left[-\theta_k(x_{ik}-x_{jk})^2\right]$
线性型	$R_k(\theta_k,x_{ik}-x_{jk})=\max\{0,1-\theta_k\mid x_{ik}-x_{jk}\mid\}$
球型	$\begin{cases} R_k(\theta_k,x_{ik}-x_{jk})=1-1.5\varepsilon_k+0.5\varepsilon_k^3 \\ \varepsilon_k=\min\{1,\theta_k\mid x_{ik}-x_{jk}\mid\} \end{cases}$
立方型	$\begin{cases} R_k(\theta_k,x_{ik}-x_{jk})=1-3\varepsilon_k^2+2\varepsilon_k^3 \\ \varepsilon_k=\min\{1,\theta_k\mid x_{ik}-x_{jk}\mid\} \end{cases}$
样条函数型	$\begin{cases} R_k(\theta_k,x_{ik}-x_{jk})=\begin{cases} 1-15\varepsilon_k^2+30\varepsilon_k^3, & \varepsilon_k=[0,0.2] \\ 1.25(1-\varepsilon_k)^3, & \varepsilon_k=(0.2,1) \\ 0, & \varepsilon_k=[1,\infty) \end{cases} \\ \varepsilon_k=\theta_k\mid x_{ik}-x_{jk}\mid \end{cases}$

给定规模为 N_0 的训练样本集 $\{\boldsymbol{x}^{\mathrm{t}},\boldsymbol{y}^{\mathrm{t}}\}=\{(\boldsymbol{x}_1^{(\mathrm{t})},\boldsymbol{x}_2^{(\mathrm{t})},\cdots,\boldsymbol{x}_{N_0}^{(\mathrm{t})}),(y_1^{(\mathrm{t})},y_2^{(\mathrm{t})},\cdots,y_{N_0}^{(\mathrm{t})})\}$，其中 $y_j^{(\mathrm{t})}=g(\boldsymbol{x}_j^{(\mathrm{t})})$ $(j=1,2,\cdots,N_0)$。根据 Kriging 理论，未知预测点 $\boldsymbol{x}$ 处的响应估计值为

$$g_{\mathrm{K}}(\boldsymbol{x})=\boldsymbol{f}^{\mathrm{T}}(\boldsymbol{x})\hat{\boldsymbol{\alpha}}+\boldsymbol{r}^{\mathrm{T}}(\boldsymbol{x})\boldsymbol{R}^{-1}(\boldsymbol{y}^{\mathrm{t}}-\boldsymbol{F}\hat{\boldsymbol{\alpha}}) \tag{4-3}$$

式中，$\hat{\boldsymbol{\alpha}}$ 为 $\boldsymbol{\alpha}$ 的估计值；$\boldsymbol{F}$ 为由训练样本处的回归模型组成的 $N_0\times p$ 维矩阵；$\boldsymbol{r}(\boldsymbol{x})=\left\{R(\boldsymbol{x},\boldsymbol{x}_j^{(\mathrm{t})}),j=1,2,\cdots,N_0\right\}^{\mathrm{T}}$ 为训练样本点和未知预测点之间的相关函数向量；$\boldsymbol{R}$ 为相关矩阵，且 $R_{ij}=R(\boldsymbol{x}_i^{(\mathrm{t})},\boldsymbol{x}_j^{(\mathrm{t})})$。

式（4-3）中的 $\hat{\boldsymbol{\alpha}}$ 和方差 σ_z^2 的估计值 $\hat{\sigma}_z^2$ 可以通过式（4-4）求得

$$\hat{\boldsymbol{\alpha}}=(\boldsymbol{F}^{\mathrm{T}}\boldsymbol{R}^{-1}\boldsymbol{F})^{-1}\boldsymbol{F}^{\mathrm{T}}\boldsymbol{R}^{-1}\boldsymbol{y}^{\mathrm{t}},\quad \hat{\sigma}_z^2=(\boldsymbol{y}^{\mathrm{t}}-\boldsymbol{F}\hat{\boldsymbol{\alpha}})^{\mathrm{T}}\boldsymbol{R}^{-1}(\boldsymbol{y}-\boldsymbol{F}\hat{\boldsymbol{\alpha}})/N_0 \tag{4-4}$$

相关参数 $\boldsymbol{\theta}=\{\theta_1,\theta_2,\cdots,\theta_n\}^{\mathrm{T}}$ 可以通过下式所示的极大似然估计得到[1]：

$$\max_{\boldsymbol{\theta}} \ -\frac{N_0\ln(\hat{\sigma}_{\mathrm{z}}^2)+\ln|\boldsymbol{R}|}{2} \tag{4-5}$$

通过求解式（4-5）得到的 $\boldsymbol{\theta}$ 值构成的 Kriging 模型为拟合精度最优的代理模型。

对于任意一个未知的预测点 $\boldsymbol{x}$，$g_{\mathrm{K}}(\boldsymbol{x})$ 服从高斯分布，即 $g_{\mathrm{K}}(\boldsymbol{x})\sim N(\mu_{g_{\mathrm{K}}}(\boldsymbol{x}),\sigma_{g_{\mathrm{K}}}^2(\boldsymbol{x}))$，其中均值 $\mu_{g_{\mathrm{K}}}(\boldsymbol{x})$ 和方差 $\sigma_{g_{\mathrm{K}}}^2(\boldsymbol{x})$ 的计算公式[1]为

$$\mu_{g_{\mathrm{K}}}(\boldsymbol{x})=\boldsymbol{f}^{\mathrm{T}}(\boldsymbol{x})\hat{\boldsymbol{\alpha}}+\boldsymbol{r}^{\mathrm{T}}(\boldsymbol{x})\boldsymbol{R}^{-1}(\boldsymbol{y}^{\mathrm{t}}-\boldsymbol{F}\hat{\boldsymbol{\alpha}}) \tag{4-6}$$

$$\sigma_{g_{\mathrm{K}}}^2(\boldsymbol{x})=\sigma^2\left\{1-\boldsymbol{r}^{\mathrm{T}}(\boldsymbol{x})\boldsymbol{R}^{-1}\boldsymbol{r}(\boldsymbol{x})+[\boldsymbol{F}^{\mathrm{T}}\boldsymbol{R}^{-1}\boldsymbol{r}(\boldsymbol{x})-\boldsymbol{f}(\boldsymbol{x})]^{\mathrm{T}}(\boldsymbol{F}^{\mathrm{T}}\boldsymbol{R}^{-1}\boldsymbol{F})^{-1}[\boldsymbol{F}^{\mathrm{T}}\boldsymbol{R}^{-1}\boldsymbol{r}(\boldsymbol{x})-\boldsymbol{f}(\boldsymbol{x})]\right\} \tag{4-7}$$

通常情况下，Kriging 模型在处理中低维可靠性分析问题时具有较高的精度和效率[2]。但是，对于高维问题，Kriging 模型中涉及的协方差矩阵的规模随着问题维度的增加会急剧增加，这会影响 Kriging 模型中相关参数求解的精度和效率，从而影响 Kriging 模型在高维可靠性分析问题中的适用性。为了克服传统 Kriging 模型的缺陷，文献[3]提出了基于切片逆回归降维的 Kriging 模型。该模型首先使用切片逆回归方法将高维输入变量空间映射到低维输入变量空间，然后利用高维输入变量空间和低维输入变量空间之间的转换关系构造新的相关函数，从而大幅减少 Kriging 模型中待求参数的数量，进而提高构建 Kriging 模型的效率，增强 Kriging 模型在高维可靠性分析问题中的适用性。

2. 切片逆回归方法的基本概念

回归方法通常分为普通回归方法和逆回归方法两种，普通回归方法考虑的是输出变量和输入变量的回归关系，而逆回归方法考虑的是输入变量中每一维和输出变量的回归关系，通过变换输出变量和输入变量的位置，逆回归方法将高维回归问题分解为多个较为容易解决的一维回归问题。切片逆回归（sliced inverse regression）方法属于逆回归方法的一种，由于其具有适用性广且容易实施等特点，被广泛应用于实际分析和研究中，成为多元统计分析中高维数据降维的工具之一[4]。

切片逆回归方法的关键思想是通过转换矩阵 $\boldsymbol{\beta}$ 将原始 n 维空间中的输入向量 $\boldsymbol{X}=\{X_1,X_2,\cdots,X_n\}^{\mathrm{T}}$ 映射到 d 维空间中，映射后的输入向量记为 $\boldsymbol{\eta}=\{\eta_1,\eta_2,\cdots,\eta_d\}^{\mathrm{T}}$，即 $\boldsymbol{\eta}=\boldsymbol{\beta}^{\mathrm{T}}\boldsymbol{X}$。如果向量 $\boldsymbol{\eta}$ 的维度 d 小于 n，且 $\boldsymbol{\eta}$ 可以捕获真实响应的主要信息，即可实现降维。

切片逆回归方法的模型如下：

$$Y\perp \boldsymbol{X}\,|\,(\boldsymbol{\beta}_1^{\mathrm{T}}\boldsymbol{X},\boldsymbol{\beta}_2^{\mathrm{T}}\boldsymbol{X},\cdots,\boldsymbol{\beta}_d^{\mathrm{T}}\boldsymbol{X}) \qquad \boldsymbol{\beta}_l\in R^n\ (l=1,2,\cdots,d) \tag{4-8}$$

式中，$\perp$ 为统计独立性；$\boldsymbol{\beta}_l=\{\beta_{1l},\beta_{2l},\cdots,\beta_{nl}\}^{\mathrm{T}}$，为转换矩阵 $\boldsymbol{\beta}$ 的第 l 列，表示第 l 个投影方向。

切片逆回归方法通过对条件期望 $\boldsymbol{E}(\boldsymbol{X}\mid Y)=\left\{E(X_1\mid Y),E(X_2\mid Y),\cdots,E(X_n\mid Y)\right\}^{\mathrm{T}}$ 的协方差矩阵 $\boldsymbol{C}_{\boldsymbol{E}(\boldsymbol{X}|Y)}$ 进行式（4-9）所示的谱分解来获得转换矩阵 $\boldsymbol{\beta}$，如下式所示：

$$\begin{cases}\boldsymbol{C}_{\boldsymbol{E}(\boldsymbol{X}|Y)}\boldsymbol{\beta}_l=\lambda_l\boldsymbol{C}_{\boldsymbol{X}}\boldsymbol{\beta}_l \\ \boldsymbol{\beta}_l^{\mathrm{T}}\boldsymbol{C}_{\boldsymbol{X}}\boldsymbol{\beta}_l=1\end{cases}\quad (l=1,2,\cdots,d) \tag{4-9}$$

式中，$\lambda_1\geqslant\lambda_2\geqslant\cdots\geqslant\lambda_d$ 表示与 $\boldsymbol{\beta}_l\ (l=1,2,\cdots,d)$ 对应的 d 个非零特征根；$\boldsymbol{C}_{\boldsymbol{X}}$ 表示 $\boldsymbol{X}$ 的协方差矩阵。

基于式（4-9），可以通过计算输入向量 $\boldsymbol{X}$ 的切片平均值，并以每个切片内的样本比例作为权重来进行加权主成分分析，从而获得 $\{\boldsymbol{\beta}_1,\boldsymbol{\beta}_2,\cdots,\boldsymbol{\beta}_d\}$ 的估计值。

给定规模为 N_0 的训练样本集 $\{\boldsymbol{x}^{\mathrm{t}},\boldsymbol{y}^{\mathrm{t}}\}=\{(\boldsymbol{x}_1^{(\mathrm{t})},\boldsymbol{x}_2^{(\mathrm{t})},\cdots,\boldsymbol{x}_{N_0}^{(\mathrm{t})}),(y_1^{(\mathrm{t})},y_2^{(\mathrm{t})},\cdots,y_{N_0}^{(\mathrm{t})})\}$，构造切片逆回归模型的具体步骤如下。

第一步： 初始化。将 $\{\boldsymbol{x}^{\mathrm{t}},\boldsymbol{y}^{\mathrm{t}}\}$ 转化至标准空间，将训练样本按照 $\boldsymbol{y}^{\mathrm{t}}=\{y_1^{(\mathrm{t})},y_2^{(\mathrm{t})},\cdots,y_{N_0}^{(\mathrm{t})}\}^{\mathrm{T}}$ 的降序排列。

第二步： 区间分割。将排序后的 $\boldsymbol{y}^{\mathrm{t}}$ 均匀地划分为 H 个切片集 I_h（$h=1,2,\cdots,H$），并记第 h 个切片内训练样本点的数目 $n_h=\sum_{j=1}^{N_0}\delta_h(y_j^{(\mathrm{t})})$，其中 $\delta_h(y_j^{(\mathrm{t})})=\begin{cases}1, & y_j^{(\mathrm{t})}\in I_h \\ 0, & y_j^{(\mathrm{t})}\notin I_h\end{cases}$。

第三步： 估计条件期望。每个切片内输入变量的条件期望 $E_{X_i}(X_i\mid Y\in I_h)$ $(i=1,2,\cdots,n)$ 可以通过式（4-10）估计为

$$\hat{E}_{X_i}(X_i\mid Y\in I_h)=\frac{1}{n_h}\sum_{j=1}^{N_0}x_{ji}\delta_h(y_j^{(\mathrm{t})})\qquad (i=1,2,\cdots,n) \tag{4-10}$$

式中，$\hat{E}_{X_i}(X_i\mid Y\in I_h)$ 为 $E_{X_i}(X_i\mid Y\in I_h)$ 的估计值；x_{ji} 为随机变量 X_i 的第 j 个样本。记 $\boldsymbol{E}(\boldsymbol{X}\mid Y\in I_h)=\left\{E_{X_i}(X_i\mid Y\in I_h),i=1,2,\cdots,n\right\}^{\mathrm{T}}$ 且 $\hat{\boldsymbol{E}}(\boldsymbol{X}\mid Y\in I_h)=\left\{\hat{E}_{X_i}(X_i\mid Y\in I_h),i=1,2,\cdots,n\right\}^{\mathrm{T}}$。

第四步： 构建加权协方差矩阵。加权协方差矩阵 $\boldsymbol{C}_{\boldsymbol{E}(\boldsymbol{X}|Y)}$ 可通过式（4-11）估计为

$$\hat{\boldsymbol{C}}_{\boldsymbol{E}(\boldsymbol{X}|Y)}=\frac{1}{N_0}\sum_{h=1}^{H}\left[n_h\left(\hat{\boldsymbol{E}}(\boldsymbol{X}\mid Y\in I_h)-\hat{\boldsymbol{E}}(\boldsymbol{X})\right)^{\mathrm{T}}\left(\hat{\boldsymbol{E}}(\boldsymbol{X}\mid Y\in I_h)-\hat{\boldsymbol{E}}(\boldsymbol{X})\right)\right] \tag{4-11}$$

式中，$\hat{\boldsymbol{C}}_{\boldsymbol{E}(\boldsymbol{X}|Y)}$ 为 $\boldsymbol{C}_{\boldsymbol{E}(\boldsymbol{X}|Y)}$ 的估计值；$\hat{\boldsymbol{E}}(\boldsymbol{X})=\left\{\hat{E}(X_1),\hat{E}(X_2),\cdots,\hat{E}(X_n)\right\}^{\mathrm{T}}$，其中 $\hat{E}(X_i)=\frac{1}{N_0}\sum_{j=1}^{N_0}x_{ji}$ 为训练样本集中输入变量 X_i 的样本均值。

第五步：主成分分析。通过求解式（4-12）所示的主成分分析获得 $\boldsymbol{\beta}_l$ 的估计值 $\hat{\boldsymbol{\beta}}_l$：

$$\hat{\boldsymbol{C}}_{\boldsymbol{E}(\boldsymbol{X}|Y)}\boldsymbol{\beta}_l = \lambda_l \hat{\boldsymbol{C}}_{\boldsymbol{X}}\boldsymbol{\beta}_l \quad (l = 1,2,\cdots,d) \tag{4-12}$$

式中，$\hat{\boldsymbol{C}}_{\boldsymbol{X}}$ 为 $\boldsymbol{C}_{\boldsymbol{X}}$ 的估计值。

在使用切片逆回归方法时需要选择合适的切片数目 H，研究表明[4]：当训练样本点数量为几百时，H 一般取 10～20；当训练样本点数量为几千时，H 一般取 20～30；当训练样本点数量为几万时，H 一般取 50～60。

通过切片逆回归方法进行降维处理后，可以将功能函数 $g(\boldsymbol{X})$ 近似为低维函数，即

$$g(\boldsymbol{X}) \approx g(\boldsymbol{\beta\eta}) = M(\boldsymbol{\eta}) \tag{4-13}$$

式中，$M(\cdot)$ 表示从 d 维 $\boldsymbol{\eta}$ 空间到一维空间的映射关系。

上述切片逆回归方法的基本过程如图 4-1 所示。

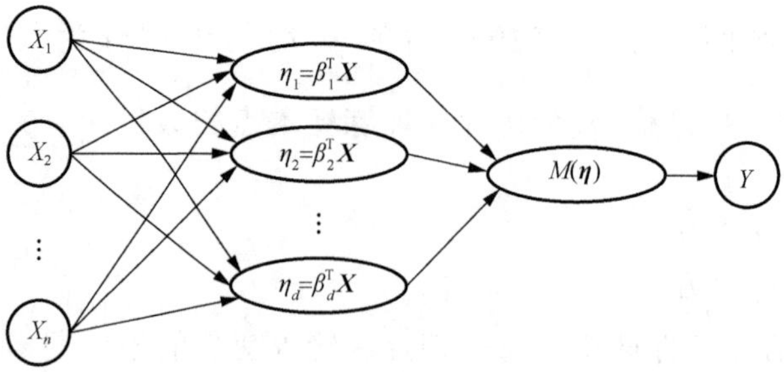

图 4-1　切片逆回归方法的基本过程

3. 相关函数的构建

在式（4-12）中，第一投影方向 $\boldsymbol{\beta}_1 = \{\beta_{11}, \beta_{21}, \cdots, \beta_{n1}\}^{\mathrm{T}}$ 被用于构造第一主分量 $\eta_1 = \boldsymbol{\beta}_1^{\mathrm{T}}\boldsymbol{X}$，该主分量确定了刻画逆回归曲线 $\boldsymbol{E}(\boldsymbol{X}|Y)$ 最重要的子空间。$\boldsymbol{\beta}_1$ 中每个分量 $\beta_{i1}(i=1,2,\cdots,n)$ 都可以理解为输入变量 $X_i(i=1,2,\cdots,n)$ 在构造第一主分量时的贡献程度，这表明 β_{i1} 起到了和传统 Kriging 模型中相关参数 θ_i 在构造 Kriging 模型时类似的作用，即用来度量输入变量 X_i 的重要性。

根据 $\boldsymbol{\beta}_1$ 的性质，定义相关函数 $R_1(F_1(\boldsymbol{x}_i^{(\mathrm{t})}), F_1(\boldsymbol{x}_j^{(\mathrm{t})}))$，其中 R_1 表示从 R^n 空间到 R^1 空间的映射关系，F_1 表示线性映射关系 $\boldsymbol{X} \in R^n \to \{\beta_{11}X_1, \beta_{21}X_2, \cdots, \beta_{n1}X_n\} \in R^n$，$\boldsymbol{x}_i^{(\mathrm{t})}$ 和 $\boldsymbol{x}_j^{(\mathrm{t})}$ 表示两个训练样本点。利用 $F_1(\cdot)$ 可以将原始的输入变量 $\boldsymbol{X}$ 作为基底进行空间旋转得到新的基底 $\{\beta_{11}X_1, \beta_{21}X_2, \cdots, \beta_{n1}X_n\}$。

虽然 $\boldsymbol{\beta}_1$ 提供了刻画逆回归曲线 $\boldsymbol{E}(\boldsymbol{X}|Y)$ 最重要的信息，但这些信息在描述 $\boldsymbol{X}$ 空间到 $\boldsymbol{\eta}$ 空间的转换关系时仍不够充分，还需要加入其他子空间的信息进行补充。

因此，基于切片逆回归降维的 Kriging 模型中的相关函数 $R_{\mathrm{SIR}}(\boldsymbol{x}_i^{(\mathrm{t})},\boldsymbol{x}_j^{(\mathrm{t})})$ 可定义为

$$R_{\mathrm{SIR}}(\boldsymbol{x}_i^{(\mathrm{t})},\boldsymbol{x}_j^{(\mathrm{t})})=\prod_{l=1}^{d}R_l(F_l(\boldsymbol{x}_i^{(\mathrm{t})}),F_l(\boldsymbol{x}_j^{(\mathrm{t})})) \tag{4-14}$$

由式（4-14）可以看出，在基于切片逆回归降维的 Kriging 模型中需要求解的待定参数数量为 d，小于原始 Kriging 模型中待求参数的数量 n。因此该方法在构建 Kriging 模型时更为高效，在处理高维可靠性分析问题时具有更强的适用性。

4. 基于切片逆回归降维的 Kriging 模型的具体求解过程

由于嵌入了切片逆回归降维方法，Kriging 模型的预测精度依赖于降维空间的维度 d。确定 d 最直接的方法是对其进行逐步更新，然后重构 Kriging 模型并计算交叉验证误差 $\varepsilon_{\mathrm{LOO}}$，当 $\varepsilon_{\mathrm{LOO}}$ 小于给定的阈值 $\varepsilon_{\mathrm{LOO}}^*$ 时，即认为当前低维空间中的代理模型满足精度要求。基于此策略，下面将具体介绍构建基于切片逆回归降维的 Kriging 模型的具体过程。

第一步：算法初始化。在原始输入变量空间随机产生容量为 N_0 的初始训练样本集 $\boldsymbol{x}^{\mathrm{t}}=\{\boldsymbol{x}_1^{(\mathrm{t})},\boldsymbol{x}_2^{(\mathrm{t})},\cdots,\boldsymbol{x}_{N_0}^{(\mathrm{t})}\}^{\mathrm{T}}$，计算训练样本点处的功能函数值 $\boldsymbol{y}^{\mathrm{t}}=\{y_1^{(\mathrm{t})},y_2^{(\mathrm{t})},\cdots,y_{N_0}^{(\mathrm{t})}\}^{\mathrm{T}}$。设置初始降维维度为 $d=1$。

第二步：确定投影方向。执行切片逆回归方法，获得投影方向 $\{\boldsymbol{\beta}_1,\boldsymbol{\beta}_2,\cdots,\boldsymbol{\beta}_d\}$。

第三步：构造新的相关函数。根据投影方向 $\{\boldsymbol{\beta}_1,\boldsymbol{\beta}_2,\cdots,\boldsymbol{\beta}_d\}$，利用式（4-14）构造新的相关函数。

第四步：建立 Kriging 模型。使用新的相关函数构造基于切片逆回归降维的 Kriging 模型 $g_{\mathrm{KSIR}}(\boldsymbol{X})$。

第五步：收敛性判定。根据留一交叉验证方法[5]估计交叉验证误差 $\varepsilon_{\mathrm{LOO}}$，即

$$\varepsilon_{\mathrm{LOO}}=\frac{1}{N_0}\sum_{i=1}^{N_0}\left[y_i^{(\mathrm{t})}-g_{\mathrm{KSIR}}^{\sim i}(\boldsymbol{x}_i^{(\mathrm{t})})\right]^2 \tag{4-15}$$

式中，$g_{\mathrm{KSIR}}^{\sim i}(\boldsymbol{x})$ 表示去除训练样本集中第 i 个训练样本 $(\boldsymbol{x}_i^{(\mathrm{t})},y_i^{(\mathrm{t})})$ 后构建的基于切片逆回归降维的 Kriging 模型。若 $\varepsilon_{\mathrm{LOO}}<\varepsilon_{\mathrm{LOO}}^*$，执行第六步；否则，令 $d=d+1$，返回第二步。

第六步：输出预测。根据建立的 Kriging 模型 $g_{\mathrm{KSIR}}(\boldsymbol{X})$，即可计算任意样本点 $\boldsymbol{x}$ 对应的输出的预测均值 $\mu_{g_{\mathrm{KSIR}}}(\boldsymbol{x})$ 和预测方差 $\sigma_{g_{\mathrm{KSIR}}}^2(\boldsymbol{x})$。

4.1.2　贝叶斯稀疏多项式混沌展开模型

多项式混沌展开（polynomial chaos expansion，PCE）[6]起源于 1938 年 Wiener 提出的齐次混沌理论，该方法数学基础严谨，并且可以直接通过多项式混沌展开后的系数来计算结构响应的各阶矩，近年来得到了研究人员的广泛关注。

1. 传统 PCE 模型

真实功能函数 $Y = g(\boldsymbol{X})$ 的 PCE 代理模型可以表示为

$$g_{\text{PCE}}(\boldsymbol{X}) = \sum_{j=0}^{\infty} \omega_j \Psi_j(\boldsymbol{X}) \tag{4-16}$$

式中，$\left\{\Psi_j(\boldsymbol{X}), j = 1,2,\cdots,\infty\right\}$ 为 Hilbert 空间中的正交基函数；$\boldsymbol{\omega} = \{\omega_j, j = 1,2,\cdots,\infty\}$ 为相应的系数。PCE 代理模型中的多项式基函数如表 4-3 所示。

表 4-3　PCE 代理模型中的多项式基函数

输入变量分布形式	多项式基函数	输入变量取值范围
正态分布	Hermite	$(-\infty, +\infty)$
伽马分布	Laguerre	$[0, +\infty)$
贝塔分布	Jacobi	$[a, b)$
均匀分布	Legendre	$[a, b)$

注：a、b 分别为随机变量分布的下界和上界。

由于式（4-16）为无穷项的和的形式，故实际计算中需要对其进行截断，得到不超过 p 阶的 n 维正交多项式来近似响应量，即

$$g_{\text{PCE}}(\boldsymbol{X}) \approx \sum_{j=0}^{P-1} \omega_j \Psi_j(\boldsymbol{X}) \tag{4-17}$$

式中，待定系数 $\boldsymbol{\omega} = \{\omega_j, j = 1,2,\cdots,P-1\}$ 的个数为

$$P = \begin{pmatrix} n+p \\ p \end{pmatrix} = \frac{(n+p)!}{n!\,p!} \tag{4-18}$$

由式（4-18）可知，PCE 模型中待定系数的个数为 P，在构造 PCE 模型的过程中，展开项个数 P 会随着输入变量维度 n 和最大展开阶数 p 的增加而大幅增加。然而，大部分高阶展开项的数值往往很小，甚至接近于 0，基本可以忽略；另外，即使是低阶项，不同项对响应量的影响也有所区别，对于影响较小的展开项，也可以近似认为其展开系数为 0，因此 PCE 模型具有显著稀疏性。在输入变量样本有限或希望通过少量功能函数调用就可以获得有效代理模型的问题中，可以只选择对输出响应影响较大的展开项构造稀疏 PCE 模型[7]。

传统方法构建的 PCE 模型或稀疏 PCE 模型不能像 Kriging 模型一样直接提供非训练样本点的预测误差，因此需要考虑其他方法衡量模型的预测误差，采用贝叶斯方法构建稀疏 PCE 模型（称为贝叶斯稀疏 PCE 模型）就是其中一种获得模型预测误差的方式[8-9]。

2. 贝叶斯稀疏 PCE 模型

给定规模 N_0 的训练样本集 $\{\boldsymbol{x}^{\mathrm{t}},\boldsymbol{y}^{\mathrm{t}}\}=\{(\boldsymbol{x}_1^{(\mathrm{t})},\boldsymbol{x}_2^{(\mathrm{t})},\cdots,\boldsymbol{x}_{N_0}^{(\mathrm{t})}),(y_1^{(\mathrm{t})},y_2^{(\mathrm{t})},\cdots,y_{N_0}^{(\mathrm{t})})\}$，$\boldsymbol{y}^{\mathrm{t}}$ 和 $\boldsymbol{x}^{\mathrm{t}}$ 之间的关系可以使用式（4-19）所示的线性系统表征：

$$\boldsymbol{y}^{\mathrm{t}}=\boldsymbol{\varPsi}\boldsymbol{\omega}+\boldsymbol{\vartheta} \tag{4-19}$$

式中，$\boldsymbol{\omega}=\{\omega_0,\omega_1,\cdots,\omega_{P_{\mathrm{c}}-1}\}^{\mathrm{T}}$ 为稀疏 PCE 模型中的系数向量；$\boldsymbol{\varPsi}=\left\{\boldsymbol{\varPsi}_0(\boldsymbol{x}^{\mathrm{t}}),\boldsymbol{\varPsi}_1(\boldsymbol{x}^{\mathrm{t}}),\cdots,\boldsymbol{\varPsi}_{P_{\mathrm{c}}-1}(\boldsymbol{x}^{\mathrm{t}})\right\}^{\mathrm{T}}$ 为训练样本集 $\boldsymbol{x}^{\mathrm{t}}$ 对应的基函数值构成的矩阵，且 $\boldsymbol{\varPsi}_j(\boldsymbol{x}^{\mathrm{t}})=\left\{\varPsi_j(\boldsymbol{x}_i^{(\mathrm{t})}),i=1,2,\cdots,N_0\right\}^{\mathrm{T}}$ $(j=1,2,\cdots,P_{\mathrm{c}}-1)$，$P_{\mathrm{c}}$ 为稀疏 PCE 模型中多项式的个数；$\boldsymbol{\vartheta}=\left\{\vartheta(\boldsymbol{x}_i^{(\mathrm{t})}),i=1,2,\cdots,N_0\right\}^{\mathrm{T}}$ 表示训练样本 $\{\boldsymbol{x}_1^{(\mathrm{t})},\boldsymbol{x}_2^{(\mathrm{t})},\cdots,\boldsymbol{x}_{N_0}^{(\mathrm{t})}\}$ 对应的残差构成的向量，其表达式为

$$\vartheta(\boldsymbol{x}_i^{(\mathrm{t})})=y_i^{(\mathrm{t})}-\sum_{j=0}^{P_{\mathrm{c}}-1}\omega_j\varPsi_j(\boldsymbol{x}_i^{(\mathrm{t})})\quad(i=1,2,\cdots,N_0) \tag{4-20}$$

为描述未知系数向量 $\boldsymbol{\omega}$ 的不确定性，首先给其预设一个高斯型的先验分布 $f(\boldsymbol{\omega}\,|\,\boldsymbol{\delta})$，如下所示：

$$f(\boldsymbol{\omega}\,|\,\boldsymbol{\delta})=\prod_{j=0}^{P_{\mathrm{c}}-1}f(\omega_j\,|\,\delta_j)=\prod_{j=0}^{P_{\mathrm{c}}-1}\frac{\delta_j}{2}\exp\left(-\frac{\delta_j}{2}\omega_j\right) \tag{4-21}$$

式中，$\boldsymbol{\delta}=\{\delta_0,\delta_1,\cdots,\delta_{P_{\mathrm{c}}-1}\}^{\mathrm{T}}$ 为超参数，其决定了 $\omega_j\,(j=0,1,\cdots,P_{\mathrm{c}}-1)$ 的变异性。

$\boldsymbol{y}^{\mathrm{t}}$ 的条件分布 $f(\boldsymbol{y}^{\mathrm{t}}\,|\,\boldsymbol{\omega},\kappa)$ 为一个高斯分布，即

$$f(\boldsymbol{y}^{\mathrm{t}}\,|\,\boldsymbol{\omega},\kappa)=\left(\frac{\kappa}{2\pi}\right)^{\frac{N_0}{2}}\exp\left(-\frac{\kappa}{2}\left\|\boldsymbol{y}^{\mathrm{t}}-\boldsymbol{\varPsi}\boldsymbol{\beta}\right\|_2^2\right) \tag{4-22}$$

式中，$\kappa=\sigma_\vartheta^{-2}$ 为逆残差方差，σ_ϑ^2 为残差的方差。

根据式（4-21）定义的 $\boldsymbol{\omega}$ 的先验分布 $f(\boldsymbol{\omega}\,|\,\boldsymbol{\delta})$ 和式（4-22）推导的 $\boldsymbol{y}^{\mathrm{t}}$ 的条件分布 $f(\boldsymbol{y}^{\mathrm{t}}\,|\,\boldsymbol{\omega},\kappa)$，$\boldsymbol{\omega}$ 的后验分布 $f(\boldsymbol{\omega}\,|\,\boldsymbol{y}^{\mathrm{t}},\boldsymbol{\delta},\kappa)$ 可以解析地表示为

$$f(\boldsymbol{\omega}\,|\,\boldsymbol{y}^{\mathrm{t}},\boldsymbol{\delta},\kappa)=\frac{f(\boldsymbol{y}^{\mathrm{t}}\,|\,\boldsymbol{\omega},\kappa)f(\boldsymbol{\omega}\,|\,\boldsymbol{\delta})}{f(\boldsymbol{y}^{\mathrm{t}}\,|\,\boldsymbol{\delta},\kappa)}=(2\pi)^{-\frac{N_0}{2}}\left|\boldsymbol{\varSigma}_{\boldsymbol{\omega}}\right|^{-\frac{1}{2}}\exp\left[-\frac{1}{2}(\boldsymbol{\omega}-\boldsymbol{\mu}_{\boldsymbol{\omega}})^{\mathrm{T}}\boldsymbol{\varSigma}_{\boldsymbol{\omega}}^{-1}(\boldsymbol{\omega}-\boldsymbol{\mu}_{\boldsymbol{\omega}})\right] \tag{4-23}$$

式中，$\boldsymbol{\omega}$ 的后验均值向量 $\boldsymbol{\mu}_{\boldsymbol{\omega}}$ 和协方差矩阵 $\boldsymbol{\varSigma}_{\boldsymbol{\omega}}$ 的表达式如下：

$$\boldsymbol{\mu}_{\boldsymbol{\omega}}=\kappa\boldsymbol{\varSigma}_{\boldsymbol{\omega}}\boldsymbol{\varPsi}^{\mathrm{T}}\boldsymbol{y}^{\mathrm{t}},\quad \boldsymbol{\varSigma}_{\boldsymbol{\omega}}=(\boldsymbol{\delta}_{\mathrm{D}}+\kappa\boldsymbol{\varPsi}^{\mathrm{T}}\boldsymbol{\varPsi})^{-1} \tag{4-24}$$

式中，$\boldsymbol{\delta}_{\mathrm{D}}=\mathrm{diag}(\boldsymbol{\delta})$。超参数 $\boldsymbol{\delta}$ 和 κ 可以通过极大似然估计得到，即

$$(\boldsymbol{\delta},\kappa)=\arg\max_{\boldsymbol{\delta},\kappa} f(\boldsymbol{y}^{\mathrm{t}}\mid\boldsymbol{\delta},\kappa)=\arg\max_{\boldsymbol{\delta},\kappa}\int f(\boldsymbol{y}^{\mathrm{t}}\mid\boldsymbol{\omega},\kappa)f(\boldsymbol{\omega}\mid\boldsymbol{\delta})\mathrm{d}\boldsymbol{\omega}$$

$$=\arg\max_{\boldsymbol{\delta},\kappa}(2\pi)^{-\frac{N_0}{2}}\left|\boldsymbol{\Sigma}_{\boldsymbol{y}^{\mathrm{t}}}\right|^{-\frac{1}{2}}\exp\left(-\frac{1}{2}(\boldsymbol{y}^{\mathrm{t}})^{\mathrm{T}}\boldsymbol{\Sigma}_{\boldsymbol{y}^{\mathrm{t}}}^{-1}\boldsymbol{y}^{\mathrm{t}}\right) \tag{4-25}$$

式中，$\boldsymbol{\Sigma}_{\boldsymbol{y}^{\mathrm{t}}}=\kappa^{-1}\boldsymbol{I}_{N_0}+\boldsymbol{\Psi}\boldsymbol{\delta}_{\mathrm{D}}\boldsymbol{\Psi}^{\mathrm{T}}$，$\boldsymbol{I}_{N_0}$ 为单位矩阵。

通过求解式(4-25)中的优化问题确定最优超参数$\boldsymbol{\delta}$和κ后，对于任一样本$\boldsymbol{x}$，可以得到其贝叶斯稀疏 PCE 模型的预测输出的分布为

$$f(g_{\mathrm{PCE}}(\boldsymbol{x})\mid\boldsymbol{y}^{\mathrm{t}},\boldsymbol{\delta},\kappa)=\int f(g_{\mathrm{PCE}}(\boldsymbol{x})\mid\boldsymbol{\omega},\kappa)f(\boldsymbol{\omega}\mid\boldsymbol{y}^{\mathrm{t}},\boldsymbol{\delta},\kappa)\mathrm{d}\boldsymbol{\omega} \tag{4-26}$$

即贝叶斯稀疏PCE模型的预测输出为一个高斯分布，$g_{\mathrm{PCE}}(\boldsymbol{x})\sim N(\mu_{g_{\mathrm{PCE}}}(\boldsymbol{x}),\sigma_{g_{\mathrm{PCE}}}^2(\boldsymbol{x}))$，其中预测均值$\mu_{g_{\mathrm{PCE}}}(\boldsymbol{x})$和预测方差$\sigma_{g_{\mathrm{PCE}}}^2(\boldsymbol{x})$的表达式为

$$\mu_{g_{\mathrm{PCE}}}(\boldsymbol{x})=\boldsymbol{\mu}_{\boldsymbol{\omega}}{}^{\mathrm{T}}\boldsymbol{\Psi}(\boldsymbol{x}),\quad \sigma_{g_{\mathrm{PCE}}}^2(\boldsymbol{x})=\kappa^{-1}+\boldsymbol{\Psi}(\boldsymbol{x})^{\mathrm{T}}\boldsymbol{\Sigma}_{\boldsymbol{\omega}}\boldsymbol{\Psi}(\boldsymbol{x}) \tag{4-27}$$

式中，均值$\mu_{g_{\mathrm{PCE}}}(\boldsymbol{x})$为$g_{\mathrm{PCE}}(\boldsymbol{x})$的无偏估计，而方差$\sigma_{g_{\mathrm{PCE}}}^2(\boldsymbol{x})$则衡量了 PCE 模型预测的不确定性，可以为自适应更新 PCE 模型提供指导。

4.1.3 贝叶斯支持向量回归模型

支持向量机（support vector machine，SVM）[10]是近些年来受到广泛关注的一种机器学习方法，基于此方法衍生的支持向量回归（support vector regression，SVR）模型具有很多优点[11]，包括：①SVR 模型为稀疏模型，即只有训练样本中的支持向量对最终所得模型有影响，因此，相较于其他代理模型，SVR 模型的训练和预测更加简单高效。②SVR 模型采取结构风险最小化原则，通过正则化系数对模型经验风险和模型复杂度进行折中，可以有效地避免过拟合且具有良好的泛化性能。③SVR 模型通过核函数将样本映射至高维特征空间，对非线性函数的拟合十分优异。

1. 传统 SVR 模型

给定规模为N_0的训练样本集$\{\boldsymbol{x}^{\mathrm{t}},\boldsymbol{y}^{\mathrm{t}}\}=\{(\boldsymbol{x}_1^{(\mathrm{t})},\boldsymbol{x}_2^{(\mathrm{t})},\cdots,\boldsymbol{x}_{N_0}^{(\mathrm{t})}),(y_1^{(\mathrm{t})},y_2^{(\mathrm{t})},\cdots,y_{N_0}^{(\mathrm{t})})\}$，功能函数$Y=g(\boldsymbol{X})$的 SVR 模型可表示为

$$g_{\mathrm{SVR}}(\boldsymbol{X})=\boldsymbol{w}^{\mathrm{T}}\boldsymbol{\varphi}(\boldsymbol{X})+\nu \tag{4-28}$$

式中，$\boldsymbol{\varphi}(\boldsymbol{X})$为特征映射；$\boldsymbol{w}$为系数向量；$\nu$为截距。

SVR 模型允许模型输出和真实输出之间存在误差ℓ，据此可得如下优化模型：

$$\begin{aligned}&\min \frac{1}{2}\|\boldsymbol{w}\|^2 + C\sum_{i=1}^{N_0}(\xi_i + \xi_i^*)\\&\text{s.t.}\ \ g_{\text{SVR}}(\boldsymbol{x}_i^{(\text{t})}) - y_i^{(\text{t})} \leqslant \ell + \xi_i^*\\&\qquad y_i^{(\text{t})} - g_{\text{SVR}}(\boldsymbol{x}_i^{(\text{t})}) \leqslant \ell + \xi_i\\&\qquad \xi_i, \xi_i^* \geqslant 0,\quad i = 1,2,\cdots,N_0\end{aligned} \tag{4-29}$$

式中，C 为正则化常数；ξ_i 和 $\xi_i^*(i=1,2,\cdots,N_0)$ 均为松弛变量。

对式（4-29）引入拉格朗日函数可得

$$\begin{aligned}L(\boldsymbol{w},\nu,\boldsymbol{\xi},\boldsymbol{\xi}^*,\boldsymbol{s},\boldsymbol{s}^*,\boldsymbol{\upsilon},\boldsymbol{\upsilon}^*) = {}&\frac{1}{2}\|\boldsymbol{w}\|^2 + C\sum_{i=1}^{N_0}(\xi_i + \xi_i^*) - \sum_{i=1}^{N_0}\upsilon_i\xi_i - \sum_{i=1}^{N_0}\upsilon_i^*\xi_i^*\\&+ \sum_{i=1}^{N_0}s_i(g_{\text{SVR}}(\boldsymbol{x}_i^{(\text{t})}) - y_i^{(\text{t})} - \ell - \xi_i)\\&+ \sum_{i=1}^{N_0}s_i^*(y_i^{(\text{t})} - g_{\text{SVR}}(\boldsymbol{x}_i^{(\text{t})}) - \ell - \xi_i^*)\end{aligned} \tag{4-30}$$

式中，$\boldsymbol{w}$、ν、ξ_i、$\xi_i^*(i=1,2,\cdots,N_0)$ 为优化变量；s_i、s_i^*、υ_i、υ_i^* $(i=1,2,\cdots,N_0)$ 为拉格朗日乘子。

根据对偶优化理论，式（4-29）的优化问题可转化为

$$\max_{\substack{\boldsymbol{s}\geqslant 0,\boldsymbol{s}^*\geqslant 0,\\ \boldsymbol{\upsilon}\geqslant 0,\boldsymbol{\upsilon}^*\geqslant 0,}}\ \min_{\substack{\boldsymbol{w},\nu\\ \boldsymbol{\xi},\boldsymbol{\xi}^*}} L(\boldsymbol{w},\nu,\boldsymbol{\xi},\boldsymbol{\xi}^*,\boldsymbol{s},\boldsymbol{s}^*,\boldsymbol{\upsilon},\boldsymbol{\upsilon}^*) \tag{4-31}$$

由 Karush-Kuhn-Tucker（KKT）条件可知：

$$\begin{cases}\dfrac{\partial L(\boldsymbol{w},\nu,\boldsymbol{\xi},\boldsymbol{\xi}^*,\boldsymbol{s},\boldsymbol{s}^*,\boldsymbol{\upsilon},\boldsymbol{\upsilon}^*)}{\partial \boldsymbol{w}} = 0 \to \boldsymbol{w} = \displaystyle\sum_{i=1}^{N_0}(s_i - s_i^*)\boldsymbol{\varphi}(\boldsymbol{x}_i)\\[2ex]\dfrac{\partial L(\boldsymbol{w},\nu,\boldsymbol{\xi},\boldsymbol{\xi}^*,\boldsymbol{s},\boldsymbol{s}^*,\boldsymbol{\upsilon},\boldsymbol{\upsilon}^*)}{\partial \nu} = 0 \to \displaystyle\sum_{i=1}^{N_0}(s_i - s_i^*) = 0\\[2ex]\dfrac{\partial L(\boldsymbol{w},\nu,\boldsymbol{\xi},\boldsymbol{\xi}^*,\boldsymbol{s},\boldsymbol{s}^*,\boldsymbol{\upsilon},\boldsymbol{\upsilon}^*)}{\partial \xi_i} = 0 \to C - s_i - \upsilon_i = 0\\[2ex]\dfrac{\partial L(\boldsymbol{w},\nu,\boldsymbol{\xi},\boldsymbol{\xi}^*,\boldsymbol{s},\boldsymbol{s}^*,\boldsymbol{\upsilon},\boldsymbol{\upsilon}^*)}{\partial \xi_i^*} = 0 \to C - s_i^* - \upsilon_i^* = 0\end{cases} \tag{4-32}$$

将式（4-32）代入式（4-31），式（4-31）中的优化问题可简化为

$$\begin{aligned}&\max_{\boldsymbol{s}\geqslant 0,\boldsymbol{s}^*\geqslant 0}\sum_{i=1}^{N_0}y_i^{(\text{t})}(s_i^* - s_i) - \ell(s_i + s_i^*) - \frac{1}{2}\sum_{i=1}^{N_0}\sum_{j=1}^{N_0}(s_i^* - s_i)(s_j^* - s_j)\boldsymbol{\varphi}^{\text{T}}(\boldsymbol{x}_i^{(\text{t})})\cdot\boldsymbol{\varphi}(\boldsymbol{x}_j^{(\text{t})})\\&\text{s.t.}\quad \sum_{i=1}^{N_0}(s_i^* - s_i) = 0\\&\qquad 0 \leqslant s_i^*, s_i \leqslant C,\ i = 1,2,\cdots,N_0\end{aligned} \tag{4-33}$$

优化求解式（4-33）可得 s_i 和 $s_i^*(i=1,2,\cdots,N_0)$。

由 KKT 条件和式（4-32）中的第三、四个等式可得

$$\begin{cases} s_i(g_{\mathrm{SVR}}(\boldsymbol{x}_i^{(\mathrm{t})}) - y_i^{(\mathrm{t})} - \ell - \xi_i) = 0 \\ s_i^*(y_i^{(\mathrm{t})} - g_{\mathrm{SVR}}(\boldsymbol{x}_i^{(\mathrm{t})}) - \ell - \xi_i^*) = 0 \\ \xi_i + \xi_i^* = 0 \\ \upsilon_i \xi_i = 0 \\ \upsilon_i^* \xi_i^* = 0 \\ (C - s_i)\xi_i = \upsilon_i \xi_i = 0 \\ (C - s_i^*)\xi_i^* = \upsilon_i^* \xi_i^* = 0 \end{cases} \quad i = 1, 2, \cdots, N_0 \tag{4-34}$$

通过式（4-34）可利用任意一个支持向量（$s_i - s_i^* \neq 0$ 对应的样本点 $\boldsymbol{x}_i$）求得 ν 的值，如下所示：

$$\begin{cases} \nu = y_i^{(\mathrm{t})} + \ell - \sum_{i=1}^{N_0} (s_i - s_i^*) k(\boldsymbol{x}_i^{(\mathrm{t})}, \boldsymbol{x}_j^{(\mathrm{t})}), \quad s_i \in (0, C] \\ \nu = y_i^{(\mathrm{t})} - \ell - \sum_{i=1}^{N_0} (s_i - s_i^*) k(\boldsymbol{x}_i^{(\mathrm{t})}, \boldsymbol{x}_j^{(\mathrm{t})}), \quad s_i^* \in (0, C] \end{cases} \tag{4-35}$$

式中，$k(\boldsymbol{x}_i^{(\mathrm{t})}, \boldsymbol{x}_j^{(\mathrm{t})}) = \boldsymbol{\varphi}^{\mathrm{T}}(\boldsymbol{x}_i^{(\mathrm{t})}) \cdot \boldsymbol{\varphi}(\boldsymbol{x}_j^{(\mathrm{t})})$。

求得超参数 s_i、$s_i^* (i = 1, 2, \cdots, N_0)$ 和 ν 后，SVR 模型的最终表达式为

$$g_{\mathrm{SVR}}(\boldsymbol{X}) = \sum_{i=1}^{N_0} (s_i - s_i^*) k(\boldsymbol{x}_i^{(\mathrm{t})}, \boldsymbol{X}) + \nu \tag{4-36}$$

式中，$k(\boldsymbol{x}_i^{(\mathrm{t})}, \boldsymbol{X}) = \boldsymbol{\varphi}^{\mathrm{T}}(\boldsymbol{x}_i^{(\mathrm{t})}) \cdot \boldsymbol{\varphi}(\boldsymbol{X})$ 为核函数。

2. 贝叶斯 SVR 模型

与 PCE 类似，SVR 也无法直接提供非训练样本点的预测误差，因此本节采用贝叶斯方法构建 SVR 模型（称为贝叶斯 SVR 模型），以获得 SVR 模型的预测误差[12-13]。

假设回归模型存在一定的独立同分布噪声 $\varpi_i (i = 1, 2, \cdots, N_0)$，则输出响应 $y_i^{(\mathrm{t})} (i = 1, 2, \cdots, N_0)$ 可以表示为

$$y_i^{(\mathrm{t})} = g_{\mathrm{SVR}}(\boldsymbol{x}_i^{(\mathrm{t})}) + \varpi_i \quad (i = 1, 2, \cdots, N_0) \tag{4-37}$$

假设回归模型 $g_{\mathrm{SVR}}(\boldsymbol{x}_i^{(\mathrm{t})})$ 为高斯过程，其均值为 τ，任意两个点 $g_{\mathrm{SVR}}(\boldsymbol{x}_i^{(\mathrm{t})})$ 和 $g_{\mathrm{SVR}}(\boldsymbol{x}_j^{(\mathrm{t})})$ $(i, j = 1, 2, \cdots, N_0)$ 之间的协方差为如下的高斯形式：

$$\mathrm{Cov}[g_{\mathrm{SVR}}(\boldsymbol{x}_i^{(\mathrm{t})}), g_{\mathrm{SVR}}(\boldsymbol{x}_j^{(\mathrm{t})})] = \prod_{k=1}^{n} \exp\left[-\lambda_k (x_{ik} - x_{jk})^2\right] = k(\boldsymbol{x}_i^{(\mathrm{t})}, \boldsymbol{x}_j^{(\mathrm{t})}) \tag{4-38}$$

式中，$\boldsymbol{\lambda} = \{\lambda_1, \lambda_2, \cdots, \lambda_n\}^{\mathrm{T}}$ 为待求超参数向量。

记 $\boldsymbol{\Upsilon}$ 为贝叶斯 SVR 模型中所有超参数（包括 $\boldsymbol{\lambda}$）组成的向量，则训练点集

的输出向量 $\boldsymbol{g}=\left\{g_{\text{SVR}}(\boldsymbol{x}_i^{(\text{t})}), i=1,2,\cdots,N_0\right\}^{\text{T}}$ 在超参数 $\boldsymbol{\Upsilon}$ 给定的情况下的先验分布为

$$f(\boldsymbol{g}\mid\boldsymbol{\Upsilon})=\frac{1}{(2\pi)^{N_0/2}\mid\boldsymbol{K}\mid^{1/2}}\exp\left[-\frac{1}{2}(\boldsymbol{g}-\tau\boldsymbol{1})^{\text{T}}\boldsymbol{K}^{-1}(\boldsymbol{g}-\tau\boldsymbol{1})\right] \tag{4-39}$$

式中，$\boldsymbol{1}$ 为 $N_0\times 1$ 的全 1 向量；$\boldsymbol{K}$ 为协方差矩阵，其元素为 $K_{ij}=\text{Cov}[g_{\text{SVR}}(\boldsymbol{x}_i), g_{\text{SVR}}(\boldsymbol{x}_j)]\ (i,j=1,2,\cdots,N_0)$。

由于噪声是独立同分布的随机变量，因此输出响应集 $\boldsymbol{y}^{\text{t}}=\{y_1^{(\text{t})},y_2^{(\text{t})},\cdots,y_{N_0}^{(\text{t})}\}^{\text{T}}$ 的似然函数可以写为

$$f(\boldsymbol{y}^{\text{t}}\mid\boldsymbol{g},\boldsymbol{\Upsilon})=\prod_{i=1}^{N_0}f(y_i^{(\text{t})}-g_{\text{SVR}}(\boldsymbol{x}_i^{(\text{t})})\mid\boldsymbol{g},\boldsymbol{\Upsilon})=\prod_{i=1}^{N_0}f(\varpi_i) \tag{4-40}$$

通常，噪声的分布 $f(\varpi_i)$ 可以表示为

$$f(\varpi_i)=\frac{1}{\int\exp\left[-\rho L_f(\varpi_i)\right]\mathrm{d}\varpi_i}\exp\left[-\rho L_f(\varpi_i)\right]\quad(i=1,2,\cdots,N_0) \tag{4-41}$$

式中，$L_f(\cdot)$ 为损失函数；ρ 为正则化系数。为了使建立的 SVR 模型既能得到预测方差又保持 SVR 模型的稀疏性，本书采用式（4-42）所示的 ε- 均方损失函数[13]：

$$L_f(\varpi)=\begin{cases}0, & 若\ |\varpi|<\varepsilon\\ \dfrac{1}{2}(|\varpi|-\varepsilon)^2, & 其他\end{cases} \tag{4-42}$$

式中，ε 为不敏感损失系数。

根据贝叶斯理论，$\boldsymbol{g}$ 的后验分布可以写为

$$f(\boldsymbol{g}\mid\boldsymbol{y}^{\text{t}},\boldsymbol{\Upsilon})=\frac{f(\boldsymbol{y}^{\text{t}}\mid\boldsymbol{g},\boldsymbol{\Upsilon})f(\boldsymbol{g}\mid\boldsymbol{\Upsilon})}{f(\boldsymbol{y}^{\text{t}}\mid\boldsymbol{\Upsilon})} \tag{4-43}$$

将式（4-39）和式（4-40）代入式（4-43），可得

$$f(\boldsymbol{g}\mid\boldsymbol{y}^{\text{t}},\boldsymbol{\Upsilon})=\frac{1}{Z}\exp\left[-\rho\sum_{i=1}^{N_0}L_f(y_i^{(\text{t})}-g_{\text{SVR}}(\boldsymbol{x}_i^{(\text{t})}))-\frac{1}{2}(\boldsymbol{g}-\tau\boldsymbol{1})^{\text{T}}\boldsymbol{K}^{-1}(\boldsymbol{g}-\tau\boldsymbol{1})\right] \tag{4-44}$$

式中，$Z=\int\exp[-S(\boldsymbol{g})]\mathrm{d}\boldsymbol{g}$ 为归一化常数，且 $S(\boldsymbol{g})$ 的定义如下：

$$S(\boldsymbol{g})=\rho\sum_{i=1}^{N_0}L_f(y_i^{(\text{t})}-g_{\text{SVR}}(\boldsymbol{x}_i^{(\text{t})}))+\frac{1}{2}(\boldsymbol{g}-\tau\boldsymbol{1})^{\text{T}}\boldsymbol{K}^{-1}(\boldsymbol{g}-\tau\boldsymbol{1}) \tag{4-45}$$

因此最大化式（4-44）所示的后验分布等价于式（4-46）所示的优化问题：

$$\min_{\boldsymbol{g}}\quad\underbrace{\rho\sum_{i=1}^{N_0}L_f(y_i^{(\text{t})}-g_{\text{SVR}}(\boldsymbol{x}_i^{(\text{t})}))}_{(1)}+\underbrace{\frac{1}{2}(\boldsymbol{g}-\tau\boldsymbol{1})^{\text{T}}\boldsymbol{K}^{-1}(\boldsymbol{g}-\tau\boldsymbol{1})}_{(2)} \tag{4-46}$$

式中，（1）为经验风险，用于衡量模型训练误差；（2）为推广风险，用于衡量模型的泛化性。

对于ε-均方损失函数，引入松弛变量ξ_i和$\xi_i^*(i=1,2,\cdots,N_0)$后，式（4-46）可以表示为

$$\begin{aligned}\min_{\boldsymbol{g}}\ & \frac{\rho}{2}\sum_{i=1}^{N_0}(\xi_i^2+\xi_i^{*2})+\frac{1}{2}(\boldsymbol{g}-\tau\boldsymbol{1})^{\mathrm{T}}\boldsymbol{K}^{-1}(\boldsymbol{g}-\tau\boldsymbol{1})\\ \text{s.t.}\ & g_{\mathrm{SVR}}(\boldsymbol{x}_i^{(\mathrm{t})})-y_i^{(\mathrm{t})}\leqslant\varepsilon+\xi_i^*\\ & y_i^{(\mathrm{t})}-g_{\mathrm{SVR}}(\boldsymbol{x}_i^{(\mathrm{t})})\leqslant\varepsilon+\xi_i\\ & \xi_i^*,\xi_i\geqslant 0,\quad i=1,2,\cdots,N_0\end{aligned}\tag{4-47}$$

利用对偶优化方法求解式（4-47），可得$\boldsymbol{g}$的最优解$\hat{\boldsymbol{g}}$为

$$\hat{\boldsymbol{g}}=\boldsymbol{K}(\boldsymbol{s}-\boldsymbol{s}^*)+\tau\boldsymbol{1}\tag{4-48}$$

式中，$\boldsymbol{s}=\{s_1,s_2,\cdots,s_{N_0}\}^{\mathrm{T}}$和$\boldsymbol{s}^*=\{s_1^*,s_2^*,\cdots,s_{N_0}^*\}^{\mathrm{T}}$为拉格朗日乘子；$s_i-s_i^*=0$对应的样本点$\boldsymbol{x}_i$为非支持向量，而$s_i-s_i^*\neq 0$对应的样本点$\boldsymbol{x}_i$为支持向量。

3. 贝叶斯 SVR 模型参数估计

基于ε-均方损失函数的贝叶斯 SVR 模型的超参数包括协方差参数$\boldsymbol{\lambda}$、正则化系数ρ和不敏感损失系数ε三组，即$\boldsymbol{\Upsilon}=\{\boldsymbol{\lambda},\rho,\varepsilon\}$。超参数$\boldsymbol{\Upsilon}$可以通过最大化后验概率进行计算。

首先，求解$\boldsymbol{\Upsilon}$的后验概率$f(\boldsymbol{\Upsilon}\mid\boldsymbol{y}^{\mathrm{t}})$，如下式所示：

$$f(\boldsymbol{\Upsilon}\mid\boldsymbol{y}^{\mathrm{t}})=\frac{f(\boldsymbol{y}^{\mathrm{t}}\mid\boldsymbol{\Upsilon})f(\boldsymbol{\Upsilon})}{f(\boldsymbol{y}^{\mathrm{t}})}\tag{4-49}$$

式中，$f(\boldsymbol{\Upsilon})$为$\boldsymbol{\Upsilon}$的先验概率，通常假设为常数；$f(\boldsymbol{y}^{\mathrm{t}})$为常数；$f(\boldsymbol{y}^{\mathrm{t}}\mid\boldsymbol{\Upsilon})$的表达式为

$$f(\boldsymbol{y}^{\mathrm{t}}\mid\boldsymbol{\Upsilon})=\int_{\boldsymbol{g}}f(\boldsymbol{y}^{\mathrm{t}}\mid\boldsymbol{g},\boldsymbol{\Upsilon})f(\boldsymbol{g}\mid\boldsymbol{\Upsilon})\mathrm{d}\boldsymbol{g}=\frac{\int_{\boldsymbol{g}}\exp\left[-S(\boldsymbol{g})\right]\mathrm{d}\boldsymbol{g}}{(2\pi)^{N_0/2}\mid\boldsymbol{K}\mid^{1/2}\left\{\int_{\varpi}\exp\left[-\rho L_f(\varpi)\right]\mathrm{d}\varpi\right\}^{N_0}}\tag{4-50}$$

根据上述分析，最大化后验概率$f(\boldsymbol{\Upsilon}\mid\boldsymbol{y}^{\mathrm{t}})$就转化为了最大化$f(\boldsymbol{y}^{\mathrm{t}}\mid\boldsymbol{\Upsilon})$。

设$S(\boldsymbol{g})$取最小值时对应的$\boldsymbol{g}$取$\boldsymbol{g}_0$，则

$$\left.\frac{\partial S(\boldsymbol{g})}{\partial\boldsymbol{g}}\right|_{\boldsymbol{g}_0}=\left.\frac{\partial\left(\rho\sum_{i=1}^{N_0}L_f(y_i^{(\mathrm{t})}-g_{\mathrm{SVR}}(\boldsymbol{x}_i^{(\mathrm{t})}))\right)}{\partial\boldsymbol{g}}\right|_{\boldsymbol{g}_0}+\left.\frac{\partial\left(\frac{1}{2}(\boldsymbol{g}-\tau\boldsymbol{1})^{\mathrm{T}}\boldsymbol{K}^{-1}(\boldsymbol{g}-\tau\boldsymbol{1})\right)}{\partial\boldsymbol{g}}\right|_{\boldsymbol{g}_0}=0\tag{4-51}$$

将$S(\boldsymbol{g})$在$\boldsymbol{g}_0$处进行二阶泰勒展开可得

$$S(\boldsymbol{g})\approx S(\boldsymbol{g}_0)+\frac{1}{2}(\boldsymbol{g}-\boldsymbol{g}_0)^{\mathrm{T}}\left.\frac{\partial^2 S(\boldsymbol{g})}{\partial\boldsymbol{g}\partial\boldsymbol{g}^{\mathrm{T}}}\right|_{\boldsymbol{g}_0}(\boldsymbol{g}-\boldsymbol{g}_0)\tag{4-52}$$

式中，$\dfrac{\partial^2 S(\boldsymbol{g})}{\partial \boldsymbol{g}\partial \boldsymbol{g}^{\mathrm{T}}}=\boldsymbol{K}^{-1}+\rho\boldsymbol{\varLambda}$，$\boldsymbol{\varLambda}\in R^{N_0\times N_0}$ 为对角阵，非支持向量样本处对应的值为 0，支持向量样本处对应的值为 1。

综上所述，$f(\boldsymbol{y}^{\mathrm{t}}\mid\boldsymbol{\varUpsilon})$ 的负对数表达式为

$$\begin{aligned}-\ln\left[f(\boldsymbol{y}^{\mathrm{t}}\mid\boldsymbol{\varUpsilon})\right]&=\frac{1}{2}(\boldsymbol{s}-\boldsymbol{s}^*)^{\mathrm{T}}\boldsymbol{K}(\boldsymbol{s}-\boldsymbol{s}^*)+\rho\sum_{i=1}^{N_0}L_f(y_i^{(\mathrm{t})}-g_{\mathrm{SVR}}(\boldsymbol{x}_i^{(\mathrm{t})}))\\&\quad+\frac{1}{2}\ln\left|\boldsymbol{I}+\rho\boldsymbol{\varLambda}\boldsymbol{K}\right|+N_0\ln\left\{\int_{\varpi}\exp\left[-\rho L_f(\varpi)\right]\mathrm{d}\varpi\right\}\\&=\rho\sum_{i=1}^{N_0}L_f(y_i^{(\mathrm{t})}-g_{\mathrm{SVR}}(\boldsymbol{x}_i^{(\mathrm{t})}))+\frac{1}{2}(\boldsymbol{s}-\boldsymbol{s}^*)^{\mathrm{T}}\boldsymbol{K}(\boldsymbol{s}-\boldsymbol{s}^*)\\&\quad+\frac{1}{2}\ln\left|\boldsymbol{I}+\rho\boldsymbol{\varLambda}\boldsymbol{K}\right|+N_0\ln\left(2\varepsilon+\sqrt{2\pi/\rho}\right)\end{aligned}\tag{4-53}$$

最小化式（4-53），即可得到贝叶斯 SVR 模型中超参数的估计值 $\hat{\boldsymbol{\varUpsilon}}$。

4. 贝叶斯 SVR 模型预测特性

任意待预测点 $\boldsymbol{x}$ 处的贝叶斯 SVR 模型的预测值 $g_{\mathrm{SVR}}(\boldsymbol{x})$ 与训练集的预测向量 $\boldsymbol{g}$ 之间的联合分布为如下高斯型：

$$\begin{bmatrix}g_{\mathrm{SVR}}(\boldsymbol{x})\\\boldsymbol{g}\end{bmatrix}\sim N\left(\begin{bmatrix}\tau\\\tau\boldsymbol{1}\end{bmatrix},\ \begin{bmatrix}k(\boldsymbol{x},\boldsymbol{x}) & \boldsymbol{k}\\\boldsymbol{k}^{\mathrm{T}} & \boldsymbol{K}\end{bmatrix}\right)\tag{4-54}$$

式中，$\boldsymbol{k}=\left\{k(\boldsymbol{x},\boldsymbol{x}_i^{(\mathrm{t})}),i=1,2,\cdots,N_0\right\}^{\mathrm{T}}$。在给定 $\boldsymbol{g}$ 的情况下，模型输出 $g_{\mathrm{SVR}}(\boldsymbol{x})$ 的后验分布 $f(g_{\mathrm{SVR}}(\boldsymbol{x})\mid\boldsymbol{g})$ 为高斯分布，即

$$f(g_{\mathrm{SVR}}(\boldsymbol{x})|\boldsymbol{g})=\frac{1}{\sqrt{2\pi}\sigma(\boldsymbol{x})}\exp\left\{-\frac{\left[g_{\mathrm{SVR}}(\boldsymbol{x})-\mu(\boldsymbol{x})\right]^2}{2\sigma^2(\boldsymbol{x})}\right\}\tag{4-55}$$

式中，$\mu(\boldsymbol{x})=\boldsymbol{k}^{\mathrm{T}}\boldsymbol{K}^{-1}(\boldsymbol{g}-\tau\boldsymbol{1})+\tau$；$\sigma^2(\boldsymbol{x})=k(\boldsymbol{x},\boldsymbol{x})-\boldsymbol{k}^{\mathrm{T}}\boldsymbol{K}^{-1}\boldsymbol{k}$。

通过最小化式（4-53）得到模型超参数的估计值 $\hat{\boldsymbol{\varUpsilon}}$ 后，对式（4-55）进行积分以消除 $\boldsymbol{g}$ 的不确定性，得到 $f(g_{\mathrm{SVR}}(\boldsymbol{x})\mid\boldsymbol{y}^{\mathrm{t}})$，如下所示：

$$\begin{aligned}f(g_{\mathrm{SVR}}(\boldsymbol{x})\mid\boldsymbol{y}^{\mathrm{t}})&=\int f(g_{\mathrm{SVR}}(\boldsymbol{x})|\boldsymbol{g})f(\boldsymbol{g}\mid\boldsymbol{y}^{\mathrm{t}})\mathrm{d}\boldsymbol{g}\\&\propto\int\exp\left\{-\frac{\left[g_{\mathrm{SVR}}(\boldsymbol{x})-\mu(\boldsymbol{x})\right]^2}{2\sigma^2(\boldsymbol{x})}-S(\boldsymbol{g})\right\}\mathrm{d}\boldsymbol{g}\end{aligned}\tag{4-56}$$

将式（4-44）和式（4-55）代入式（4-56），可得

$$f(g_{\mathrm{SVR}}(\boldsymbol{x})\mid\boldsymbol{y}^{\mathrm{t}})=\frac{1}{\sqrt{2\pi}\sigma_{g_{\mathrm{SVR}}}(\boldsymbol{x})}\exp\left\{-\frac{\left[g_{\mathrm{SVR}}(\boldsymbol{x})-\mu_{g_{\mathrm{SVR}}}(\boldsymbol{x})\right]^2}{2\sigma_{g_{\mathrm{SVR}}}^2(\boldsymbol{x})}\right\}\tag{4-57}$$

式中，$\mu_{g_{\mathrm{SVR}}}(\boldsymbol{x})$ 为贝叶斯 SVR 模型的预测均值；$\sigma^2_{g_{\mathrm{SVR}}}(\boldsymbol{x})$ 为贝叶斯 SVR 模型的预测方差。$\mu_{g_{\mathrm{SVR}}}(\boldsymbol{x})$ 和 $\sigma^2_{g_{\mathrm{SVR}}}(\boldsymbol{x})$ 的表达式为

$$\begin{cases} \mu_{g_{\mathrm{SVR}}}(\boldsymbol{x}) = \sum_{j=1}^{N_0}(s_j - s_j^*)k(\boldsymbol{x}, \boldsymbol{x}_j^{(\mathrm{t})}) + \tau \\ \sigma^2_{g_{\mathrm{SVR}}}(\boldsymbol{x}) = k(\boldsymbol{x}, \boldsymbol{x}) - \boldsymbol{k}_m^{\mathrm{T}}\left(\boldsymbol{K}_m + \boldsymbol{I}_m / \rho\right)^{-1}\boldsymbol{k}_m \end{cases} \tag{4-58}$$

式中，$\boldsymbol{k}_m$、$\boldsymbol{K}_m$ 和 $\boldsymbol{I}_m$ 分别表示 $\boldsymbol{k}$、$\boldsymbol{K}$ 和 $\boldsymbol{I}$ 中仅保留 m 个支持向量对应的元素后形成的矩阵。

由式（4-57）可知，$g_{\mathrm{SVR}}(\boldsymbol{x})$ 的后验分布为高斯分布，即

$$g_{\mathrm{SVR}}(\boldsymbol{x}) \sim N(\mu_{g_{\mathrm{SVR}}}(\boldsymbol{x}), \sigma^2_{g_{\mathrm{SVR}}}(\boldsymbol{x})) \tag{4-59}$$

贝叶斯 SVR 模型在保留了传统 SVR 模型优点的基础上，获得了高斯概率输出特性，其提供的预测方差可以为自适应更新 SVR 模型提供指导。

4.1.4　高斯输出型代理模型及自适应学习函数

由 4.1.1～4.1.3 小节的内容可知，Kriging 模型（包括传统 Kriging 模型和基于切片逆回归降维的 Kriging 模型）、贝叶斯稀疏 PCE 模型和贝叶斯 SVR 模型均具有高斯型概率预测特性，因此这三种代理模型可以统一为一类代理模型，即高斯输出型代理模型。

以 $\hat{g}(\boldsymbol{X})$ 表示高斯输出型代理模型，其在任意一点 $\boldsymbol{x}$ 处的预测值 $\hat{g}(\boldsymbol{x})$ 服从均值为 $\mu_{\hat{g}}(\boldsymbol{x})$ 且方差为 $\sigma^2_{\hat{g}}(\boldsymbol{x})$ 的高斯分布，即 $\hat{g}(\boldsymbol{x}) \sim N(\mu_{\hat{g}}(\boldsymbol{x}), \sigma^2_{\hat{g}}(\boldsymbol{x}))$，其中 $\mu_{\hat{g}}(\boldsymbol{x})$ 用来预测功能函数 $g(\boldsymbol{X})$ 在 $\boldsymbol{x}$ 处值的大小，$\sigma^2_{\hat{g}}(\boldsymbol{x})$ 则反映了代理模型在 $\boldsymbol{x}$ 处估计的准确程度。

基于高斯输出型代理模型的预测特性，可以通过自适应构建高斯输出型代理模型来高效估算结构的可靠性，其基本思路如下：①从输入变量空间抽取少量训练样本点建立初始代理模型；②通过自适应学习函数从估算失效概率的备选样本池中挑选出对提高代理模型预测精度贡献最大的样本点加入当前训练样本集内，以更新代理模型直到满足收敛条件；③利用收敛的代理模型来进行可靠性分析。

根据可靠性分析中失效域和安全域的定义可知，功能函数取值的符号在失效概率计算过程中至关重要，即利用代理模型准确逼近极限状态面 $g(\boldsymbol{x}) = 0$ 是准确估计失效概率的关键。因此，在更新代理模型时加入训练集的样本点需要满足：①在输入变量分布密度较大的区域；②距离功能函数极限状态面较近且功能函数取值符号误判的风险较大。目前，可靠性分析中应用较为广泛的自适应学习函数有：预期可行性学习函数（expected feasibility function，EFF）[14]、基于信息熵的

H 学习函数[15]和 U 学习函数[16]。

1. EFF 学习函数

EFF 学习函数的定义如下：

$$
\begin{aligned}
\mathrm{EFF}(\boldsymbol{x}) &= \int_{0-e}^{0+e}\left(e-\left|0-\hat{g}(\boldsymbol{x})\right|\right) f_{\hat{g}}(\hat{g}(\boldsymbol{x}))\mathrm{d}\hat{g}(\boldsymbol{x}) \\
&= \int_{-e}^{e}\left(e-\left|\hat{g}(\boldsymbol{x})\right|\right) f_{\hat{g}}(\hat{g}(\boldsymbol{x}))\mathrm{d}\hat{g}(\boldsymbol{x}) \\
&= \mu_{\hat{g}}(\boldsymbol{x})\left[2\Phi\left(-\frac{\mu_{\hat{g}}(\boldsymbol{x})}{\sigma_{\hat{g}}(\boldsymbol{x})}\right)-\Phi\left(-\frac{e+\mu_{\hat{g}}(\boldsymbol{x})}{\sigma_{\hat{g}}(\boldsymbol{x})}\right)-\Phi\left(\frac{e-\mu_{\hat{g}}(\boldsymbol{x})}{\sigma_{\hat{g}}(\boldsymbol{x})}\right)\right] \\
&\quad -\sigma_{\hat{g}}(\boldsymbol{x})\left[2\phi\left(-\frac{\mu_{\hat{g}}(\boldsymbol{x})}{\sigma_{\hat{g}}(\boldsymbol{x})}\right)-\phi\left(-\frac{e+\mu_{\hat{g}}(\boldsymbol{x})}{\sigma_{\hat{g}}(\boldsymbol{x})}\right)-\phi\left(\frac{e-\mu_{\hat{g}}(\boldsymbol{x})}{\sigma_{\hat{g}}(\boldsymbol{x})}\right)\right] \\
&\quad +2\sigma_{\hat{g}}(\boldsymbol{x})\left[\Phi\left(\frac{e-\mu_{\hat{g}}(\boldsymbol{x})}{\sigma_{\hat{g}}(\boldsymbol{x})}\right)-\Phi\left(-\frac{e+\mu_{\hat{g}}(\boldsymbol{x})}{\sigma_{\hat{g}}(\boldsymbol{x})}\right)\right]
\end{aligned}
\tag{4-60}
$$

式中，$f_{\hat{g}}(\hat{g}(\boldsymbol{x}))$ 表示高斯输出型代理模型 $\hat{g}(\boldsymbol{x})$ 的概率密度函数，其均值为 $\mu_{\hat{g}}(\boldsymbol{x})$ 且方差为 $\sigma_{\hat{g}}^2(\boldsymbol{x})$； $e>0$ 与 $\sigma_{\hat{g}}(\boldsymbol{x})$ 成比例，一般取 $e=2\sigma_{\hat{g}}(\boldsymbol{x})$； Φ 和 ϕ 分别表示标准正态变量的分布函数和概率密度函数。

式（4-60）的详细证明过程参见文献[17]。EFF 学习函数从估计值变异性的角度考虑了不同备选样本 $\boldsymbol{x}$ 对提高代理模型逼近极限状态面 $g(\boldsymbol{x})=0$ 的精度的贡献，$\mathrm{EFF}(\boldsymbol{x})$ 越大表明将样本点 $\boldsymbol{x}$ 加入到训练样本集中对提高代理模型预测精度的贡献越大。$\mathrm{EFF}(\boldsymbol{x})$ 学习函数对应的收敛停止条件[14]为 $\max\limits_{\boldsymbol{x}\in \boldsymbol{S}_x}\mathrm{EFF}(\boldsymbol{x})\leqslant 0.1\%$，其中 $\boldsymbol{S}_{\boldsymbol{x}}$ 为备选样本池。

2. H 学习函数

根据 Shannon[18]提出的用来表示不确定性的信息熵理论，代理模型预测值 $\hat{g}(\boldsymbol{x})$ 的信息熵 $h[\hat{g}(\boldsymbol{x})]$ 可以表示为

$$
h[\hat{g}(\boldsymbol{x})]=-\int \ln[f_{\hat{g}}(\hat{g}(\boldsymbol{x}))]f_{\hat{g}}(\hat{g}(\boldsymbol{x}))\mathrm{d}\hat{g}(\boldsymbol{x}) \tag{4-61}
$$

式中， $h[\hat{g}(\boldsymbol{x})]$ 表示 $\hat{g}(\boldsymbol{x})$ 取值的混乱等级，可以定量表示 $\hat{g}(\boldsymbol{x})$ 的不确定性。信息熵 $h[\hat{g}(\boldsymbol{x})]$ 的绝对值越小，预测值 $\hat{g}(\boldsymbol{x})$ 的不确定性就越小。

根据上述分析，H 学习函数的定义[17]为

$$
\begin{aligned}
H(\boldsymbol{x}) &= \left| -\int_{-2\sigma_{\hat{g}}(\boldsymbol{x})}^{2\sigma_{\hat{g}}(\boldsymbol{x})} f_{\hat{g}}(\hat{g}(\boldsymbol{x})) \ln\left[f_{\hat{g}}(\hat{g}(\boldsymbol{x})) \right] \mathrm{d}\hat{g}(\boldsymbol{x}) \right| \\
&= \left| \begin{aligned} &\left\{ \ln\left[\sqrt{2\pi}\sigma_{\hat{g}}(\boldsymbol{x})\right] + \frac{1}{2} \right\} \left[\Phi\left(\frac{2\sigma_{\hat{g}}(\boldsymbol{x}) - \mu_{\hat{g}}(\boldsymbol{x})}{\sigma_{\hat{g}}(\boldsymbol{x})} \right) - \Phi\left(\frac{-2\sigma_{\hat{g}}(\boldsymbol{x}) - \mu_{\hat{g}}(\boldsymbol{x})}{\sigma_{\hat{g}}(\boldsymbol{x})} \right) \right] \\
&- \frac{2\sigma_{\hat{g}}(\boldsymbol{x}) - \mu_{\hat{g}}(\boldsymbol{x})}{2\sigma_{\hat{g}}(\boldsymbol{x})} \phi\left(\frac{2\sigma_{\hat{g}}(\boldsymbol{x}) - \mu_{\hat{g}}(\boldsymbol{x})}{\sigma_{\hat{g}}(\boldsymbol{x})} \right) \\
&+ \frac{2\sigma_{\hat{g}}(\boldsymbol{x}) + \mu_{\hat{g}}(\boldsymbol{x})}{2\sigma_{\hat{g}}(\boldsymbol{x})} \phi\left(\frac{-2\sigma_{\hat{g}}(\boldsymbol{x}) - \mu_{\hat{g}}(\boldsymbol{x})}{\sigma_{\hat{g}}(\boldsymbol{x})} \right) \end{aligned} \right|
\end{aligned} \tag{4-62}
$$

H 学习函数可用于表征预测值 $\hat{g}(\boldsymbol{x})$ 的不确定性。在备选样本池 $\boldsymbol{S}_{\boldsymbol{x}}$ 内选出 $H(\boldsymbol{x})$ 最大的样本点作为训练样本点，其对提高代理模型预测精度的贡献是最大的，因此可以将 $H(\boldsymbol{x})$ 最大的样本点 $\boldsymbol{x}$ 及其相应的真实功能函数值 $g(\boldsymbol{x})$ 加入训练样本集中更新当前代理模型。H 学习函数对应的收敛停止条件[15]为 $\max\limits_{\boldsymbol{x}\in\boldsymbol{S}_{\boldsymbol{x}}} H(\boldsymbol{x}) \leqslant 1$ 。

3. U 学习函数

1）U 学习函数的基本思想

文献[16]提出了 U 学习函数 $U(\boldsymbol{x})$ 用以从备选样本池 $\boldsymbol{S}_{\boldsymbol{x}}$ 中逐步选择更新训练样本点。本质上，$U(\boldsymbol{x})$ 代表了 $\boldsymbol{S}_{\boldsymbol{x}}$ 中每个样本点 $\boldsymbol{x} \in \boldsymbol{S}_{\boldsymbol{x}}$ 对应的功能函数的取值符号被当前代理模型准确判断的概率 $P(\boldsymbol{x})$，即与 $U(\boldsymbol{x})$ 对应的 $P(\boldsymbol{x})$ 反映了备选样本点 $\boldsymbol{x}$ 对提高代理模型准确预测备选样本池内样本点对应的功能函数取值符号的贡献。样本点 $\boldsymbol{x} \in \boldsymbol{S}_{\boldsymbol{x}}$ 的 $P(\boldsymbol{x})$ 值越小，则其对提高 $\hat{g}(\boldsymbol{x})$ 预测 $g(\boldsymbol{x})$ 取值符号能力的贡献越大，因此可以采用以下准则来选择每一次更新 $\hat{g}(\boldsymbol{X})$ 的训练样本点 $\boldsymbol{x}_{\text{new}}$：

$$
\boldsymbol{x}_{\text{new}} = \arg\min_{\boldsymbol{x}\in\boldsymbol{S}_{\boldsymbol{x}}} P(\boldsymbol{x}) \tag{4-63}
$$

2）$P(\boldsymbol{x})$ 的具体求解

高斯输出型代理模型可以同时给出每个备选样本点 $\boldsymbol{x} \in \boldsymbol{S}_{\boldsymbol{x}}$ 的预测均值 $\mu_{\hat{g}}(\boldsymbol{x})$ 和预测标准差 $\sigma_{\hat{g}}(\boldsymbol{x})$，并以 $\mu_{\hat{g}}(\boldsymbol{x})$ 作为 $g(\boldsymbol{x})$ 的预测值，即 $\hat{g}(\boldsymbol{x}) = \mu_{\hat{g}}(\boldsymbol{x})$。基于高斯输出型代理模型 $\hat{g}(\boldsymbol{x}) \sim N(\mu_{\hat{g}}(\boldsymbol{x}), \sigma_{\hat{g}}^2(\boldsymbol{x}))$ 的预测特性，可以利用 $\mu_{\hat{g}}(\boldsymbol{x})$ 和 $\sigma_{\hat{g}}(\boldsymbol{x})$ 求得 $\hat{g}(\boldsymbol{x})$ 正确预测 $g(\boldsymbol{x})$ 符号的概率 $P(\boldsymbol{x})$ 。求解 $P(\boldsymbol{x})$ 的过程分 $\mu_{\hat{g}}(\boldsymbol{x}) > 0$ 和 $\mu_{\hat{g}}(\boldsymbol{x}) \leqslant 0$ 两部分进行，以下将分别给出这两部分的推导过程[17]。

（1） $\mu_{\hat{g}}(\boldsymbol{x}) > 0$ 的情况。

因为 $\hat{g}(\boldsymbol{x}) \sim N(\mu_{\hat{g}}(\boldsymbol{x}), \sigma_{\hat{g}}^2(\boldsymbol{x}))$，所以 $\mu_{\hat{g}}(\boldsymbol{x}) > 0$ 时 $\hat{g}(\boldsymbol{x})$ 的概率密度函数如图 4-2 所示。以 $P_1(\boldsymbol{x})$ 表示 $\mu_{\hat{g}}(\boldsymbol{x}) > 0$ 时，$\hat{g}(\boldsymbol{x})$ 正确识别 $g(\boldsymbol{x})$ 符号的概率，即 $\hat{g}(\boldsymbol{x}) \geqslant 0$ 的概率，则 $P_1(\boldsymbol{x})$ 可由下式求得

$$
\begin{aligned}
P_1(\boldsymbol{x}) &= P\{\hat{g}(\boldsymbol{x}) \geqslant 0\} = 1 - P\{\hat{g}(\boldsymbol{x}) < 0\} \\
&= 1 - P\left\{\frac{\hat{g}(\boldsymbol{x}) - \mu_{\hat{g}}(\boldsymbol{x})}{\sigma_{\hat{g}}(\boldsymbol{x})} < \frac{0 - \mu_{\hat{g}}(\boldsymbol{x})}{\sigma_{\hat{g}}(\boldsymbol{x})}\right\} \\
&= 1 - \varPhi\left(-\frac{\mu_{\hat{g}}(\boldsymbol{x})}{\sigma_{\hat{g}}(\boldsymbol{x})}\right) = \varPhi\left(\frac{\mu_{\hat{g}}(\boldsymbol{x})}{\sigma_{\hat{g}}(\boldsymbol{x})}\right)
\end{aligned} \tag{4-64}
$$

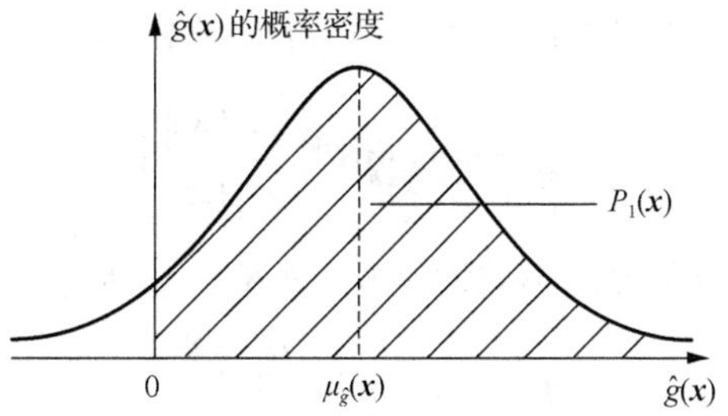

图 4-2　$\mu_{\hat{g}}(\boldsymbol{x}) > 0$ 时 $\hat{g}(\boldsymbol{x})$ 的概率密度函数示意图

（2）$\mu_{\hat{g}}(\boldsymbol{x}) \leqslant 0$ 的情况。

类似于 $\mu_{\hat{g}}(\boldsymbol{x}) > 0$ 的情况，$\mu_{\hat{g}}(\boldsymbol{x}) \leqslant 0$ 时 $\hat{g}(\boldsymbol{x})$ 的概率密度函数如图 4-3 所示。以 $P_2(\boldsymbol{x})$ 表示 $\mu_{\hat{g}}(\boldsymbol{x}) \leqslant 0$ 时，$\hat{g}(\boldsymbol{x})$ 正确识别 $g(\boldsymbol{x})$ 符号的概率，即 $\hat{g}(\boldsymbol{x}) < 0$ 的概率，则 $P_2(\boldsymbol{x})$ 可以由下式求得

$$
\begin{aligned}
P_2(\boldsymbol{x}) &= P\{\hat{g}(\boldsymbol{x}) < 0\} \\
&= P\left\{\frac{\hat{g}(\boldsymbol{x}) - \mu_{\hat{g}}(\boldsymbol{x})}{\sigma_{\hat{g}}(\boldsymbol{x})} \leqslant \frac{0 - \mu_{\hat{g}}(\boldsymbol{x})}{\sigma_{\hat{g}}(\boldsymbol{x})}\right\} \\
&= \varPhi\left(\frac{-\mu_{\hat{g}}(\boldsymbol{x})}{\sigma_{\hat{g}}(\boldsymbol{x})}\right)
\end{aligned} \tag{4-65}
$$

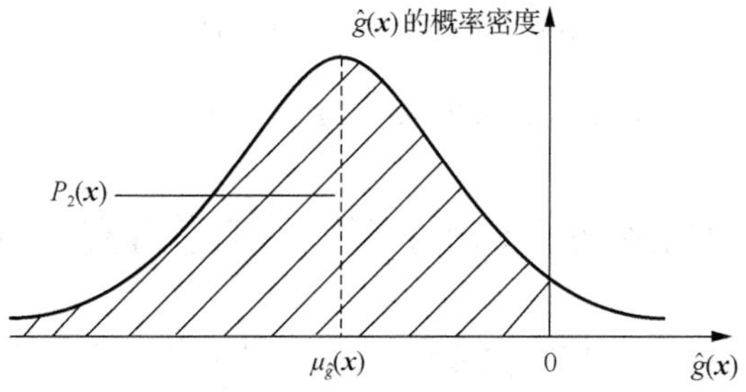

图 4-3　$\mu_{\hat{g}}(\boldsymbol{x}) \leqslant 0$ 时 $\hat{g}(\boldsymbol{x})$ 的概率密度函数示意图

综合式（4-64）的 $\mu_{\hat{g}}(\boldsymbol{x})>0$ 的情况和式（4-65）的 $\mu_{\hat{g}}(\boldsymbol{x})\leqslant 0$ 的情况，可得 $\hat{g}(\boldsymbol{x})$ 正确预测 $g(\boldsymbol{x})$ 取值符号的概率 $P(\boldsymbol{x})$ 为

$$P(\boldsymbol{x})=\Phi\left[\frac{\left|\mu_{\hat{g}}(\boldsymbol{x})\right|}{\sigma_{\hat{g}}(\boldsymbol{x})}\right] \tag{4-66}$$

3）选取训练样本点的准则

式（4-66）给出了 $\hat{g}(\boldsymbol{x})$ 正确识别 $g(\boldsymbol{x})$ 取值符号的概率 $P(\boldsymbol{x})$，将式（4-66）代入式（4-63）就可以得到更新训练点 $\boldsymbol{x}_{\text{new}}$ 的选择准则，即

$$\boldsymbol{x}_{\text{new}}=\arg\min_{\boldsymbol{x}\in \boldsymbol{S}_{\boldsymbol{x}}}\Phi\left[\frac{\left|\mu_{\hat{g}}(\boldsymbol{x})\right|}{\sigma_{\hat{g}}(\boldsymbol{x})}\right] \tag{4-67}$$

根据标准正态分布函数的不减性，式（4-67）可以等价变换为

$$\boldsymbol{x}_{\text{new}}=\arg\min_{\boldsymbol{x}\in \boldsymbol{S}_{\boldsymbol{x}}}\frac{\left|\mu_{\hat{g}}(\boldsymbol{x})\right|}{\sigma_{\hat{g}}(\boldsymbol{x})} \tag{4-68}$$

文献[16]将式（4-68）中的 $|\mu_{\hat{g}}(\boldsymbol{x})|/\sigma_{\hat{g}}(\boldsymbol{x})$ 记为 $U(\boldsymbol{x})$，即

$$U(\boldsymbol{x})=\frac{\left|\mu_{\hat{g}}(\boldsymbol{x})\right|}{\sigma_{\hat{g}}(\boldsymbol{x})} \tag{4-69}$$

因此式（4-68）可以等价表示为

$$\boldsymbol{x}_{\text{new}}=\arg\min_{\boldsymbol{x}\in \boldsymbol{S}_{\boldsymbol{x}}}U(\boldsymbol{x}) \tag{4-70}$$

4）更新过程的停止条件

实际上，只要不等式 $\min\limits_{\boldsymbol{x}\in \boldsymbol{S}_{\boldsymbol{x}}}P(\boldsymbol{x})\geqslant P^{*}$ 成立，则至少能以 P^{*} 的概率保证 $\hat{g}(\boldsymbol{x})$ 在 $\boldsymbol{S}_{\boldsymbol{x}}$ 内正确识别 $g(\boldsymbol{x})$ 的取值符号，因此可以将 $\min\limits_{\boldsymbol{x}\in \boldsymbol{S}_{\boldsymbol{x}}}P(\boldsymbol{x})\geqslant P^{*}$ 作为更新过程的停止条件。由式（4-69）和式（4-66）可知，$\min\limits_{\boldsymbol{x}\in \boldsymbol{S}_{\boldsymbol{x}}}P(\boldsymbol{x})\geqslant P^{*}$ 与 $\min\limits_{\boldsymbol{x}\in \boldsymbol{S}_{\boldsymbol{x}}}U(\boldsymbol{x})\geqslant U^{*}$（其中 $U^{*}=\Phi^{-1}(P^{*})$）是等价的，因此代理模型更新过程的停止条件为

$$\min_{\boldsymbol{x}\in \boldsymbol{S}_{\boldsymbol{x}}}U(\boldsymbol{x})\geqslant U^{*}=\Phi^{-1}(P^{*}) \tag{4-71}$$

文献[16]中取 $P^{*}=97.72\%$，此时 $U^{*}=\Phi^{-1}(P^{*})=2$。

4.2　基于样本池缩减策略的自适应代理模型结合 MCS 的方法

第 4.1 节已经详细介绍了高斯输出型代理模型的基本理论，为了提高自适应代理模型结合 Monte Carlo 方法模拟求解失效概率的效率，本节将讨论一种样本池减缩策略来改进 AS-MCS 方法。所讨论方法的基本思想是利用高斯输出型代理模

型的预测特性和 U 学习函数的分类特性，将备选样本池由当前代理模型分为两类，一类为功能函数取值符号已被当前代理模型准确识别的样本；另一类为功能函数取值符号未被当前代理模型准确识别的样本。显然，可以将第一类样本从当前备选样本池中删除而不影响失效概率的估计精度。采用样本池缩减策略，在每次代理模型更新之后都可以将功能函数值符号识别准确的样本从备选样本池中删除以降低备选样本池规模，从而降低了迭代过程中选择新训练样本点的计算耗时，进而提高了 AS-MCS 方法求解失效概率的效率。样本池缩减策略对于提高小失效概率问题的计算效率尤为明显。

由于本节方法均会用到 MCS 方法求解失效概率的表达式，因此本节首先简要回顾 MCS 方法估计失效概率的基本算法，然后详细介绍基于样本池缩减策略的改进 AS-MCS 方法，其中样本池缩减策略中的分类方式包括确定性分类和自适应分类两种。

4.2.1　失效概率求解的 MCS 方法

结构功能函数 $Y = g(\boldsymbol{X})$ 对应的极限状态面 $g(\boldsymbol{x}) = 0$ 将输入变量空间分为失效域 $F = \{\boldsymbol{x} : g(\boldsymbol{x}) \leqslant 0\}$ 和安全域 $S = \{\boldsymbol{x} : g(\boldsymbol{x}) > 0\}$ 两部分，则结构的失效概率 P_{f} 可表示为

$$P_{\mathrm{f}} = \int_F f_{\boldsymbol{X}}(\boldsymbol{x})\,\mathrm{d}\boldsymbol{x} = \int_{R^n} I_{\mathrm{F}}(\boldsymbol{x}) f_{\boldsymbol{X}}(\boldsymbol{x})\,\mathrm{d}\boldsymbol{x} = E\left(I_{\mathrm{F}}(\boldsymbol{x})\right) \tag{4-72}$$

式中，$f_{\boldsymbol{X}}(\boldsymbol{x})$ 为输入随机变量 $\boldsymbol{X} = \{X_1, X_2, \cdots, X_n\}^{\mathrm{T}}$ 的联合概率密度函数，当输入变量相互独立时有 $f_{\boldsymbol{X}}(\boldsymbol{x}) = \prod_{i=1}^{n} f_{X_i}(x_i)$，$f_{X_i}(x_i)(i = 1, 2, \cdots, n)$ 为输入变量 X_i 的边缘概率密度函数；$I_{\mathrm{F}}(\boldsymbol{x})$ 为失效域指示函数，如果 $\boldsymbol{x} \in F$，则 $I_{\mathrm{F}}(\boldsymbol{x}) = 1$，否则 $I_{\mathrm{F}}(\boldsymbol{x}) = 0$；$E(\cdot)$ 为期望算子。

利用 MCS 方法求解失效概率时，首先根据输入变量的联合概率密度函数 $f_{\boldsymbol{X}}(\boldsymbol{x})$ 抽取 N 个输入变量的样本 $\{\boldsymbol{x}_1, \boldsymbol{x}_2, \cdots, \boldsymbol{x}_N\}^{\mathrm{T}}$，然后由失效域指示函数的样本均值或落入失效域内的样本个数 N_{f} 与总样本个数 N 的比值来求得失效概率的估计值 $\hat{P}_{\mathrm{f}}$ 如下：

$$\hat{P}_{\mathrm{f}} = \frac{1}{N}\sum_{j=1}^{N} I_{\mathrm{F}}(\boldsymbol{x}_j) = \frac{N_{\mathrm{f}}}{N} \tag{4-73}$$

估计值 $\hat{P}_{\mathrm{f}}$ 的变异系数为

$$\mathrm{Cov}[\hat{P}_{\mathrm{f}}] \approx \sqrt{\frac{1 - \hat{P}_{\mathrm{f}}}{(N-1)\hat{P}_{\mathrm{f}}}} \tag{4-74}$$

4.2.2 样本池缩减策略的确定性分类方式

1. 样本池缩减策略基本原理

由第 4.1 节所述的 U 学习函数的基本原理可知，若$U(\boldsymbol{x})\geqslant 2$，则说明预测点 $\boldsymbol{x}$ 对应的功能函数 $g(\boldsymbol{x})$ 的取值符号被当前代理模型误判的概率小于 $\Phi(-2)\approx 0.023$，即表明当前代理模型至少能够以 97.7%的概率正确识别功能函数 $g(\boldsymbol{x})$ 的取值符号。基于此，本书利用当前代理模型 $\hat{g}(\boldsymbol{X})$ 将备选样本池 $\boldsymbol{S}_x$ 内的样本点分为两类，一类为功能函数值符号不能被当前代理模型 $\hat{g}(\boldsymbol{X})$ 准确判断的点，即 $U(\boldsymbol{x})<2$ 的样本点，将这些样本点存储在集合 $\boldsymbol{S}_{U<2}$ 中，即

$$\boldsymbol{S}_{U<2}=\left\{\boldsymbol{x}\,|\,U(\boldsymbol{x})<2,\boldsymbol{x}\in\boldsymbol{S}_{\boldsymbol{x}}\right\} \tag{4-75}$$

另一类为功能函数值符号能被当前代理模型 $\hat{g}(\boldsymbol{X})$ 准确判断的点，即 $U(\boldsymbol{x})\geqslant 2$ 的样本点，将这些样本点存储在集合 $\boldsymbol{S}_{U\geqslant 2}$ 中，即

$$\boldsymbol{S}_{U\geqslant 2}=\left\{\boldsymbol{x}\,|\,U(\boldsymbol{x})\geqslant 2,\boldsymbol{x}\in\boldsymbol{S}_{\boldsymbol{x}}\right\} \tag{4-76}$$

由于 $\boldsymbol{S}_{U\geqslant 2}$ 中样本的功能函数取值符号被当前代理模型错误判断的概率小于 0.023，因此可以认为 $\boldsymbol{S}_{U\geqslant 2}$ 中的样本点的状态已大概率地被当前代理模型正确识别，此时可以将 $\boldsymbol{S}_{U\geqslant 2}$ 中的样本点从备选样本池 $\boldsymbol{S}_x$ 中删除，以 $\boldsymbol{S}_{U<2}$ 作为新的备选样本池继续更新代理模型。该过程持续进行，直到所有备选样本点的 U 学习函数值均大于或等于 2 时停止。这种利用当前代理模型能够提供的部分正确信息来缩减备选样本池的策略可以逐步降低代理模型在备选样本池中自适应学习的时间，避免了遍历整个备选样本池搜索最小 U 学习函数值时不必要的计算量，从而大幅提高 AS-MCS 方法估计失效概率的效率。

考虑式（4-77）所示的功能函数：

$$g(X_1,X_2)=(X_1-2)^2/2-1.5(X_2-5)^3-20 \tag{4-77}$$

式中，X_1 和 X_2 为相互独立的标准正态随机变量。利用样本池缩减的 AS-MCS 方法（以 Kriging 模型为例）求解失效概率时，其备选样本缩减过程如图 4-4 所示。

从图 4-4 中结果可以看出，样本池缩减策略经过不多的迭代步骤就可以实现 AS-MCS 方法备选样本池规模的大幅降低，而且缩减样本池策略不需引入任何的附加局限性，直接利用原始 AS-MCS 方法迭代过程中的部分正确信息，实现失效概率估计效率的提高。由图 4-4 的结果还可以看出，代理模型在第一次自适应学习后，备选样本池就明显大幅缩减。从备选样本池中删除的点主要是离极限状态

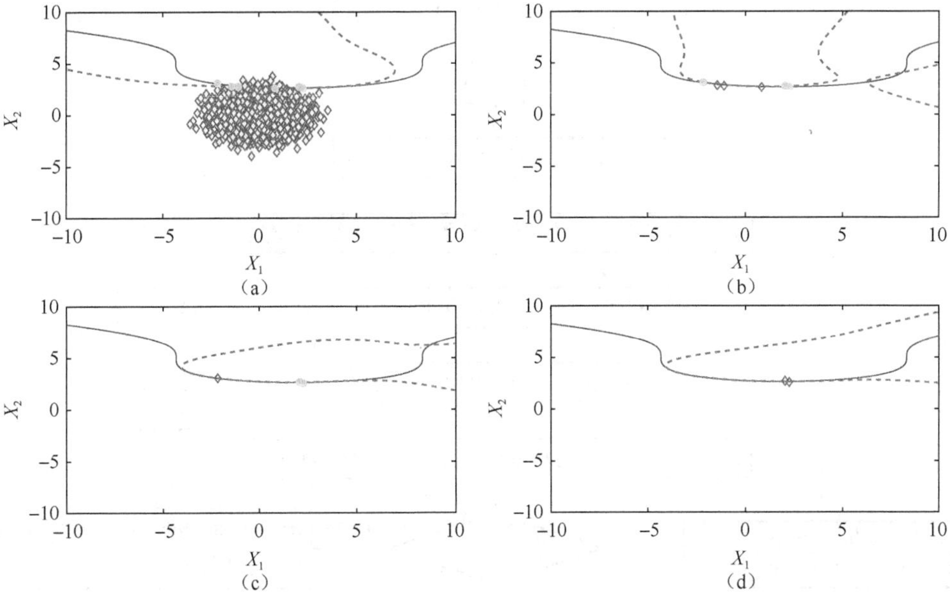

图 4-4　备选样本缩减过程示意图

面较远的点，这类点的状态通常容易被当前代理模型准确判断。随着迭代的进行，备选样本池的规模不断缩减，同时代理模型也逐渐逼近真实的极限状态面。

2. 基于确定性分类方式缩减样本池的 AS-MCS 方法求解失效概率的步骤

基于确定性分类方式缩减样本池的 AS-MCS 方法求解失效概率的具体步骤如下，相应的流程如图 4-5 所示。

第一步： 设定初始化迭代次数为 $i=1$。

第二步： 根据输入变量的联合概率密度函数 $f_{\boldsymbol{X}}(\boldsymbol{x})$ 抽取容量为 N 的初始备选样本池 $\boldsymbol{S}_{\boldsymbol{x}}=\{\boldsymbol{x}_1,\boldsymbol{x}_2,\cdots,\boldsymbol{x}_N\}^{\mathrm{T}}$。

第三步： 从 $\boldsymbol{S}_{\boldsymbol{x}}$ 中随机选取 N_{t} 个样本作为初始训练样本 $\boldsymbol{X}^{(\mathrm{t})}=\left\{\boldsymbol{x}_1^{(\mathrm{t})},\boldsymbol{x}_2^{(\mathrm{t})},\cdots,\boldsymbol{x}_{N_{\mathrm{t}}}^{(\mathrm{t})}\right\}^{\mathrm{T}}$，计算其对应的真实功能函数值并存放在向量 $\boldsymbol{g}^{(\mathrm{t})}=\left\{g(\boldsymbol{x}_1^{(\mathrm{t})}),g(\boldsymbol{x}_2^{(\mathrm{t})}),\cdots,g(\boldsymbol{x}_{N_{\mathrm{t}}}^{(\mathrm{t})})\right\}^{\mathrm{T}}$ 中。

第四步： 利用训练样本集 $(\boldsymbol{X}^{(\mathrm{t})},\boldsymbol{g}^{(\mathrm{t})})$ 建立或更新真实功能函数的代理模型 $\hat{g}(\boldsymbol{X})$。

第五步： 利用代理模型 $\hat{g}(\boldsymbol{X})$ 预测备选样本池 $\boldsymbol{S}_{\boldsymbol{x}}$ 中所有样本对应的功能函数值的均值 $\mu_{\hat{g}}(\boldsymbol{x})$ 和标准差 $\sigma_{\hat{g}}(\boldsymbol{x})$，计算 U 学习函数值 $U(\boldsymbol{x})=|\mu_{\hat{g}}(\boldsymbol{x})|/\sigma_{\hat{g}}(\boldsymbol{x})$ $(\boldsymbol{x}\in\boldsymbol{S}_{\boldsymbol{x}})$。

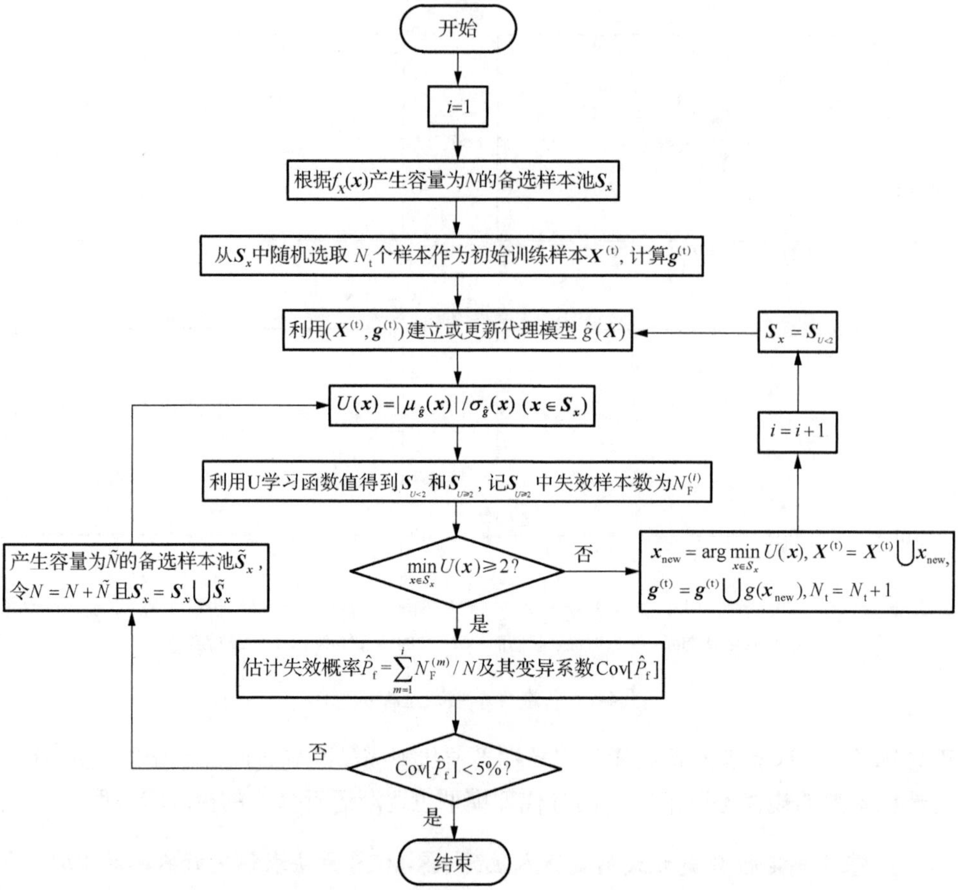

图 4-5　基于确定性分类方式缩减样本池的 AS-MCS 方法求解失效概率的流程图

第六步：根据第五步中的 U 学习函数值将 $\boldsymbol{S}_x$ 中样本分为两类，即 $\boldsymbol{S}_{U<2}$ 和 $\boldsymbol{S}_{U\geqslant 2}$，记 $\boldsymbol{S}_{U\geqslant 2}$ 中失效样本点的个数为 $N_F^{(i)}$。

第七步：若 $\min\limits_{x \in S_x} U(\boldsymbol{x}) \geqslant 2$，停止更新代理模型，转第九步；否则，选择新的训练样本点 $\boldsymbol{x}_{new} = \arg\min\limits_{x \in S_x} U(\boldsymbol{x})$，令 $\boldsymbol{X}^{(t)} = \boldsymbol{X}^{(t)} \bigcup \boldsymbol{x}_{new}$，$\boldsymbol{g}^{(t)} = \boldsymbol{g}^{(t)} \bigcup g(\boldsymbol{x}_{new})$ 且 $N_t = N_t + 1$。

第八步：令 $i = i+1$，$\boldsymbol{S}_x = \boldsymbol{S}_{U<2}$，转第四步。

第九步：估计失效概率 $\hat{P}_f = \sum_{m=1}^{i} N_F^{(m)} / N$，利用式（4-74）求解其变异系数 $\mathrm{Cov}[\hat{P}_f]$。

第十步：若 $\mathrm{Cov}[\hat{P}_{\mathrm{f}}]<5\%$，停止整个算法，得到收敛的失效概率估计值。否则，利用第二步中的方法重新产生容量为 $\tilde{N}$ 的备选样本池 $\tilde{\boldsymbol{S}}_{\boldsymbol{x}}$，令 $N=N+\tilde{N}$ 且 $\boldsymbol{S}_{\boldsymbol{x}}=\boldsymbol{S}_{\boldsymbol{x}}\bigcup\tilde{\boldsymbol{S}}_{\boldsymbol{x}}$，转第五步。

本节的利用当前代理模型能够提供的部分正确信息以确定性的分类方式来缩减样本池的策略可以大幅提高原始 AS-MCS 方法的效率，而且完整保留了 AS-MCS 方法的广泛适用性及易于编程执行的特点。

4.2.3　样本池缩减策略的自适应分类方式

虽然理论上 $U(\boldsymbol{x})\geqslant 2$ 样本点的状态被当前代理模型正确识别的概率大于 97.7%，然而在功能函数形式较为复杂且训练样本数较少时，97.7%的正确识别概率仍然不能完全保证当前代理模型能够正确识别功能函数的符号。为了克服这一缺点，本小节将采用自适应分类方式来缩减样本池，以避免功能函数较复杂且训练样本数较小时可能导致的备选样本点因状态被误判而被错误删除的情况。与基于确定性分类方式来缩减样本池的策略相比，基于自适应分类方式来缩减样本池删除样本点时 U 学习函数的阈值不再是确定的，而是自适应调整的。自适应缩减样本池的方式通过调整删除样本池中样本点 U 学习函数的阈值，避免了利用确定性的 U 学习函数阈值来进行样本点分类可能带来的状态误判而导致计算结果有较大误差的问题。

基于自适应分类方式缩减样本池的 AS-MCS 方法求解失效概率的具体步骤如下，对应的流程如图 4-6 所示。

第一步：设定初始化迭代次数为 $i=1$，并设自适应分类的 U 学习函数初始阈值为 $u^{*}=2$。

第二步：根据输入变量的联合概率密度函数 $f_{\boldsymbol{X}}(\boldsymbol{x})$ 抽取 N 个样本 $\boldsymbol{S}_{\boldsymbol{x}}=\left\{\boldsymbol{x}_1,\boldsymbol{x}_2,\cdots,\boldsymbol{x}_N\right\}^{\mathrm{T}}$ 作为初始备选样本，令 $\boldsymbol{S}_{\boldsymbol{x}}^{(0)}=\boldsymbol{S}_{\boldsymbol{x}}$。

第三步：从 $\boldsymbol{S}_{\boldsymbol{x}}$ 中随机选取 N_{t} 个样本作为初始训练样本 $\boldsymbol{X}^{(\mathrm{t})}=\left\{\boldsymbol{x}_1^{(\mathrm{t})},\boldsymbol{x}_2^{(\mathrm{t})},\cdots,\boldsymbol{x}_{N_{\mathrm{t}}}^{(\mathrm{t})}\right\}^{\mathrm{T}}$，计算其对应的真实功能函数值并存入集合 $\boldsymbol{g}^{(\mathrm{t})}=\left\{g(\boldsymbol{x}_1^{(\mathrm{t})}),g(\boldsymbol{x}_2^{(\mathrm{t})}),\cdots,g(\boldsymbol{x}_{N_{\mathrm{t}}}^{(\mathrm{t})})\right\}^{\mathrm{T}}$。

第四步：利用训练样本集 $(\boldsymbol{X}^{(\mathrm{t})},\boldsymbol{g}^{(\mathrm{t})})$ 建立或更新真实功能函数的代理模型 $\hat{g}(\boldsymbol{X})$。

第五步：利用代理模型 $\hat{g}(\boldsymbol{X})$ 预测得到 $\boldsymbol{S}_{\boldsymbol{x}}$ 中所有样本点对应的功能函数值的均值 $\mu_{\hat{g}}(\boldsymbol{x})$ 和标准差 $\sigma_{\hat{g}}(\boldsymbol{x})$，计算所有备选样本点的 U 学习函数值 $U(\boldsymbol{x})=|\mu_{\hat{g}}(\boldsymbol{x})|/\sigma_{\hat{g}}(\boldsymbol{x})\ (\boldsymbol{x}\in\boldsymbol{S}_{\boldsymbol{x}})$。

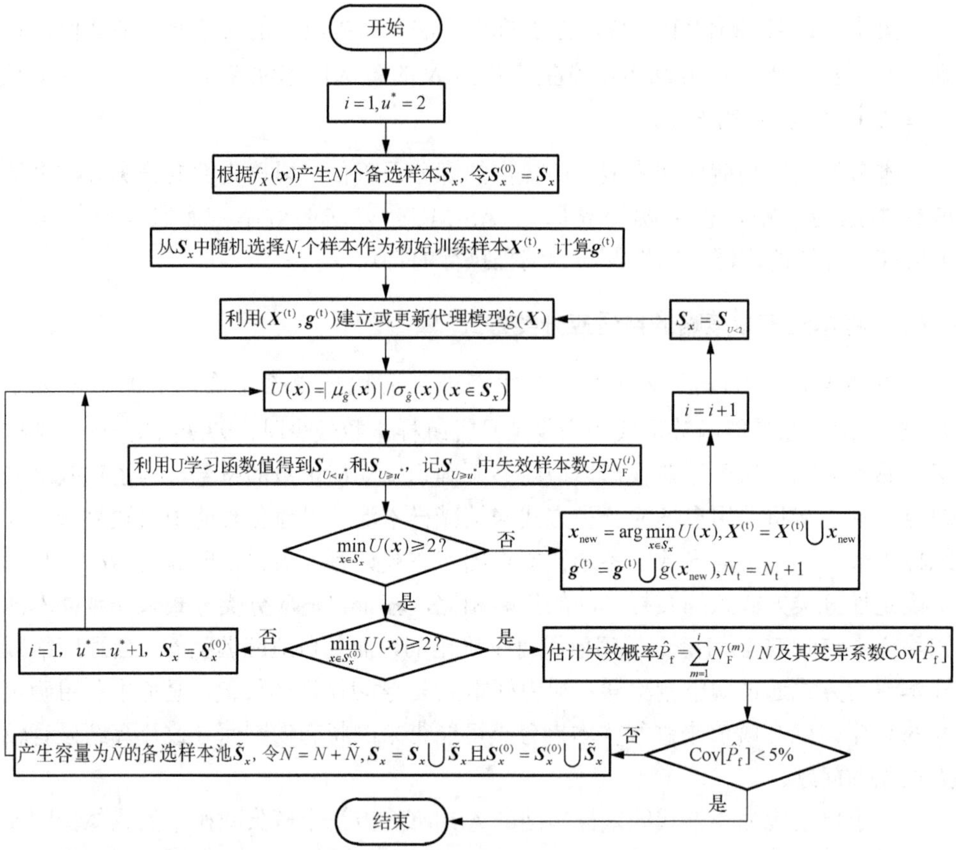

图 4-6　基于自适应分类方式缩减样本池的 AS-MCS 方法求解失效概率的流程图

第六步：根据第五步中的 U 学习函数值将 $\boldsymbol{S}_x$ 中样本分为两类，即 $\boldsymbol{S}_{U<u^*}$ 和 $\boldsymbol{S}_{U\geqslant u^*}$，记 $\boldsymbol{S}_{U\geqslant u^*}$ 中失效样本点的个数为 $N_F^{(i)}$。

第七步：若 $\min\limits_{\boldsymbol{x}\in\boldsymbol{S}_x} U(\boldsymbol{x})\geqslant 2$，转第九步；否则，选择新的训练样本点 $\boldsymbol{x}_{new}=\arg\min\limits_{\boldsymbol{x}\in\boldsymbol{S}_x} U(\boldsymbol{x})$，令 $\boldsymbol{X}^{(t)}=\boldsymbol{X}^{(t)}\bigcup \boldsymbol{x}_{new}$，$\boldsymbol{g}^{(t)}=\boldsymbol{g}^{(t)}\bigcup g(\boldsymbol{x}_{new})$ 且 $N_t=N_t+1$。

第八步：令 $i=i+1$ 且 $\boldsymbol{S}_x=\boldsymbol{S}_{U<2}$，转第四步。

第九步：若 $\min\limits_{\boldsymbol{x}\in\boldsymbol{S}_x^{(0)}} U(\boldsymbol{x})\geqslant 2$，停止更新代理模型，转第十步；否则，令 $i=1$，$u^*=u^*+1$ 且 $\boldsymbol{S}_x=\boldsymbol{S}_x^{(0)}$，转第五步。

第十步：估计失效概率 $\hat{P}_f=\sum\limits_{m=1}^{i} N_F^{(m)}/N$，利用式（4-74）估计其变异系数 $\mathrm{Cov}[\hat{P}_f]$。

第十一步：若 $\mathrm{Cov}[\hat{P}_f]<5\%$，停止整个算法，得到收敛的失效概率估计值；

否则，利用第二步中的方法重新产生容量为 $\tilde{N}$ 的备选样本池 $\tilde{\boldsymbol{S}}_x$，令 $N = N + \tilde{N}$，$\boldsymbol{S}_x = \boldsymbol{S}_x \bigcup \tilde{\boldsymbol{S}}_x$，且 $\boldsymbol{S}_x^{(0)} = \boldsymbol{S}_x^{(0)} \bigcup \tilde{\boldsymbol{S}}_x$，转第五步。

4.2.4 算例分析

算例 4.1 考虑式（4-78）所示的某四模式串联系统的功能函数：

$$g(X_1, X_2) = \left\{ 3 + 0.1(X_1 - X_2)^2 \pm \frac{X_1 + X_2}{\sqrt{2}}, \pm (X_1 - X_2) + \frac{6}{\sqrt{2}} \right\} \tag{4-78}$$

式中，X_1 和 X_2 为相互独立的标准正态变量。

由 MCS 方法、自适应 Kriging 结合 MCS 的方法（adaptive Kriging combined with MCS, AK-MCS）、自适应 PCE 结合 MCS 的方法（adaptive PCE combined with MCS, APCE-MCS）和自适应 SVR 结合 MCS 的方法（adaptive SVR combined with MCS, ASVR-MCS）求得的失效概率估计值列于表 4-4 中。由表 4-4 中结果可以看到，APCE-MCS 方法的计算精度较低，求得的失效概率估计值的相对误差超过了 5%，这是由于贝叶斯 PCE 模型的高斯型预测特性是假设的，而不是准确的正态分布，其引入了部分假设误差，另外在构造稀疏 PCE 模型时，各项的保留与舍弃也存在一定的误差，从而导致了估计失效概率的较大误差。与 APCE-MCS 方法相比，AK-MCS 方法和 ASVR-MCS 方法能够得到满足精度要求的失效概率估计值，并且 ASVR-MCS 方法的功能函数调用次数略少于 AK-MCS 方法，但是 ASVR-MCS 方法由于要优化求得超参数，因此计算耗时较长。

表 4-4 算例 4.1 参考结果

结果	MCS	AK-MCS	APCE-MCS	ASVR-MCS
备选样本数	3×10^5	3×10^5	3×10^5	3×10^5
初始训练样本数	—	10	10	10
功能函数调用次数	3×10^5	87	82	84
失效概率估计值	4.45×10^{-3}	4.45×10^{-3}	3.97×10^{-3}	4.40×10^{-3}
变异系数/%	2.7	2.7	2.9	2.7
相对误差/%	—	0	10.8	1.1
计算时间/s	—	102.4	60.0	156.7

由于 APCE-MCS 方法在估计算例 4.1 的失效概率时存在较大误差，因此此算例中不再将其与样本池缩减策略结合进而估计失效概率。基于确定性分类方式以及自适应分类方式缩减样本池的 AK-MCS 方法和 ASVR-MCS 方法求得的失效概率估计值分别列于表 4-5 中。

表 4-5　算例 4.1 可靠性分析结果

方法	结果	确定性分类			自适应分类
	U 值	$u^*=2$	$u^*=3$	$u^*=4$	最终 $u^*=4$
AK-MCS	备选样本数	3×10^5			3×10^5
	初始训练样本数	10			10
	功能函数调用次数	57	67	84	88
	失效概率估计值	2.77×10^{-3}	3.34×10^{-3}	4.40×10^{-3}	4.44×10^{-3}
	变异系数/%	3.5	3.2	2.8	2.7
	相对误差/%	37.8	24.9	1.1	0.2
	计算时间/s	3.5	4.1	5.5	15.9

方法	结果	确定性分类				自适应分类
	U 值	$u^*=2$	$u^*=3$	$u^*=4$	$u^*=5$	最终 $u^*=5$
ASVR-MCS	备选样本数	3×10^5				3×10^5
	初始训练样本数	10				10
	功能函数调用次数	49	74	77	78	290
	失效概率估计值	2.48×10^{-3}	3.94×10^{-3}	4.15×10^{-3}	4.29×10^{-3}	4.35×10^{-3}
	变异系数/%	3.7	2.9	2.8	2.8	2.8
	相对误差/%	44.3	11.5	6.7	3.6	2.2
	计算时间/s	16.7	31.6	36.2	39.5	228.2

从表 4-5 中的可靠性分析结果可以看出：

（1）对于 Kriging 模型，在 MCS 样本池容量和初始训练样本数相同的情况下，基于确定性分类方式缩减样本池的 AK-MCS 方法在 $u^*=2$ 和 $u^*=3$ 时会产生较大的相对误差，逐渐提高分类的 U 学习函数阈值 u^* 时，基于确定性分类的 AK-MCS 方法的精度是在不断改善的。本节的基于自适应分类方式缩减样本池的 AK-MCS 方法虽然计算时间相比基于确定性分类方式的 AK-MCS 方法更长，但是其能够得到更加准确的失效概率估计值，同时其计算时间仅为 AK-MCS 方法计算时间的 15.5%，即基于自适应分类方式缩减样本池的 AK-MCS 方法在计算效率上仍然远高于 AK-MCS 方法。

（2）对于 SVR 模型，在备选样本数和初始训练样本相同时，基于确定性分类方式缩减样本池的 ASVR-MCS 方法在 $u^*=2\sim4$ 时得到的失效概率估计值的相对误差均大于 5%，而 $u^*=5$ 时得到可接受的失效概率估计值，增大 u^* 的值可以提升该方法的估计精度。基于自适应分类方式缩减样本池的 ASVR-MCS 方法可以得到满足精度要求的失效概率估计值，但是其计算效率低于基于确定性分类的 ASVR-MCS 方法。

（3）对于此算例，在确定性分类方式缩减样本池的条件下，达到可接受精度水平的失效概率估计值时，ASVR-MCS 方法的功能函数调用次数少于 AK-MCS

方法，但是 ASVR-MCS 方法的计算时间比 AK-MCS 方法长；在自适应分类方式缩减样本池的条件下，AK-MCS 方法的效率（不论是模型调用次数还是计算时间）均高于 ASVR-MCS 方法。

基于自适应分类方式缩减样本池的 AK-MCS 方法和 ASVR-MCS 方法得到的近似极限状态面及用于建立代理模型的训练样本点如图 4-7 所示。由图 4-7 可知，本节的基于自适应分类方式缩减样本池的 AK-MCS 方法和 ASVR-MCS 方法均能够较好地拟合真实极限状态面，并且所用训练样本点几乎都在极限状态面附近。

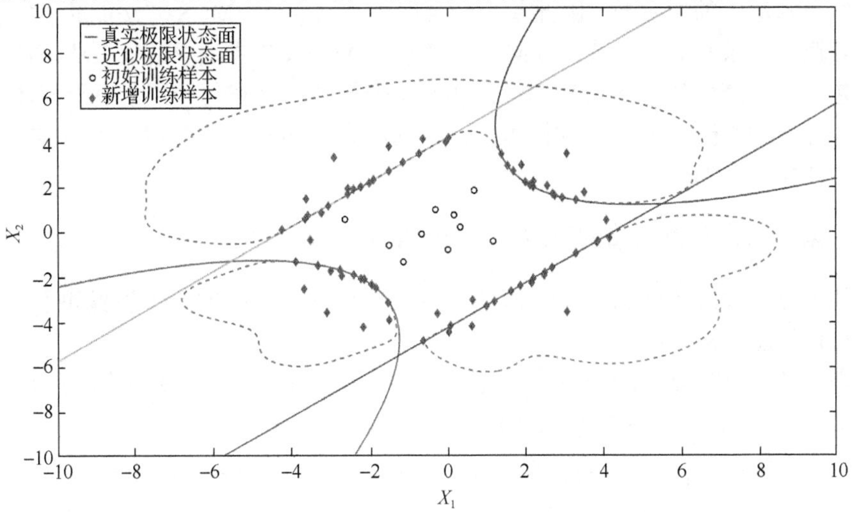

（a）基于自适应分类方式缩减样本池的AK-MCS方法

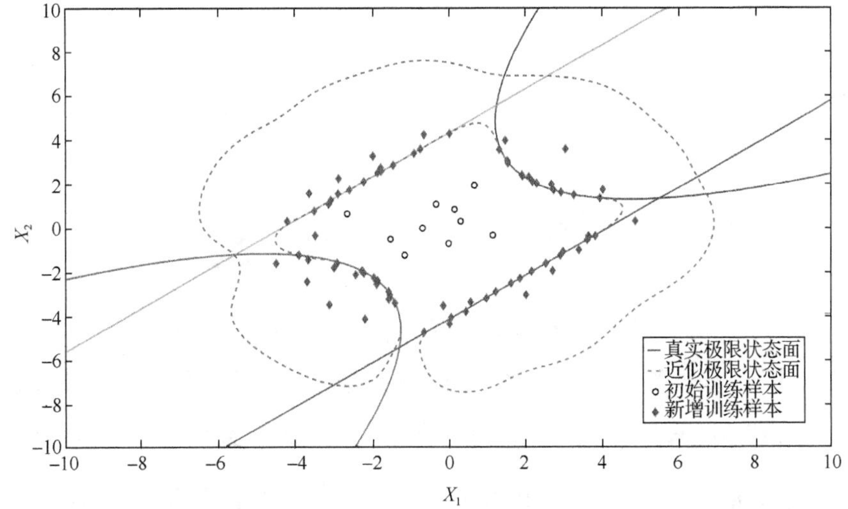

（b）基于自适应分类方式缩减样本池的ASVR-MCS方法

图 4-7　算例 4.1 的近似极限状态面及训练样本点

4.3 基于分层训练策略的自适应代理模型结合 MCS 的方法

本节将介绍另一种求解小失效概率问题的改进的 AS-MCS 方法，即基于分层训练策略的 AS-MCS 方法。基于分层训练策略的 AS-MCS 方法的基本思想是将初始的、较大的备选样本池分割成连续的、互不重叠的子备选样本池，然后在各个子备选样本池中更新代理模型。由于子备选样本池的样本数远远小于初始的完整的备选样本池中的样本数，因此基于分层训练策略的 AS-MCS 方法能够大大提高小失效概率的求解效率。基于分层训练策略的 AS-MCS 方法求解失效概率的基本步骤包括：①产生初始备选样本池；②确定分层数；③在每一层子备选样本池中训练代理模型得到对应的失效样本数；④利用失效样本总数与初始备选样本数的比值估计失效概率。

4.3.1 基于分层训练策略的自适应代理模型结合 MCS 的步骤

基于分层训练策略的 AS-MCS 方法在求解失效概率时的具体步骤如下，其对应的流程如图 4-8 所示。

第一步： 根据输入变量的联合概率密度函数 $f_{\boldsymbol{X}}(\boldsymbol{x})$ 抽取 N 个样本 $\boldsymbol{S}_{\boldsymbol{x}}=\left\{\boldsymbol{x}_1,\boldsymbol{x}_2,\cdots,\boldsymbol{x}_N\right\}^{\mathrm{T}}$ 作为初始备选样本。

第二步： 标准化 $\boldsymbol{S}_{\boldsymbol{x}}$ 中的备选样本，计算标准化后的备选样本点与坐标原点的距离。将备选样本按照距离由大到小排列，记排列后的备选样本池为 $\tilde{\boldsymbol{S}}_{\boldsymbol{x}}=\left\{\tilde{\boldsymbol{x}}_1,\tilde{\boldsymbol{x}}_2,\cdots,\tilde{\boldsymbol{x}}_N\right\}^{\mathrm{T}}$。

第三步： 将备选样本池 $\tilde{\boldsymbol{S}}_{\boldsymbol{x}}$ 分割成 n_{c} 个连续且互不重叠的子备选样本池 $\left\{\tilde{\boldsymbol{S}}_1,\tilde{\boldsymbol{S}}_2,\cdots,\tilde{\boldsymbol{S}}_{n_{\mathrm{c}}}\right\}^{\mathrm{T}}$，每个子备选样本池的样本数为 N/n_{c}，即

$$
\begin{aligned}
\tilde{\boldsymbol{S}}_1&=\left\{\tilde{\boldsymbol{x}}_1,\tilde{\boldsymbol{x}}_2,\cdots,\tilde{\boldsymbol{x}}_{N/n_{\mathrm{c}}}\right\}^{\mathrm{T}}\\
\tilde{\boldsymbol{S}}_2&=\left\{\tilde{\boldsymbol{x}}_{N/n_{\mathrm{c}}+1},\tilde{\boldsymbol{x}}_{N/n_{\mathrm{c}}+2},\cdots,\tilde{\boldsymbol{x}}_{2N/n_{\mathrm{c}}}\right\}^{\mathrm{T}}\\
&\vdots\\
\tilde{\boldsymbol{S}}_{n_{\mathrm{c}}}&=\left\{\tilde{\boldsymbol{x}}_{(n_{\mathrm{c}}-1)N/n_{\mathrm{c}}+1},\tilde{\boldsymbol{x}}_{(n_{\mathrm{c}}-1)N/n_{\mathrm{c}}+2},\cdots,\tilde{\boldsymbol{x}}_N\right\}^{\mathrm{T}}
\end{aligned}
\tag{4-79}
$$

第四步： 从子备选样本池 $\tilde{\boldsymbol{S}}_1$ 中随机选取 N_{t} 个样本作为初始训练样本 $\boldsymbol{X}^{(\mathrm{t})}=\left\{\boldsymbol{x}_1^{(\mathrm{t})},\boldsymbol{x}_2^{(\mathrm{t})},\cdots,\boldsymbol{x}_{N_{\mathrm{t}}}^{(\mathrm{t})}\right\}^{\mathrm{T}}$，计算其对应的真实功能函数值存放在集合 $\boldsymbol{g}^{(\mathrm{t})}=\left\{g(\boldsymbol{x}_1^{(\mathrm{t})}),g(\boldsymbol{x}_2^{(\mathrm{t})}),\cdots,g(\boldsymbol{x}_{N_{\mathrm{t}}}^{(\mathrm{t})})\right\}^{\mathrm{T}}$ 中。初始化 $i=1$（表示第 i 个子备选样本池）。

第五步： 利用训练样本集 $(\boldsymbol{X}^{(\mathrm{t})},\boldsymbol{g}^{(\mathrm{t})})$ 建立或更新真实功能函数的代理模型 $\hat{g}(\boldsymbol{X})$。

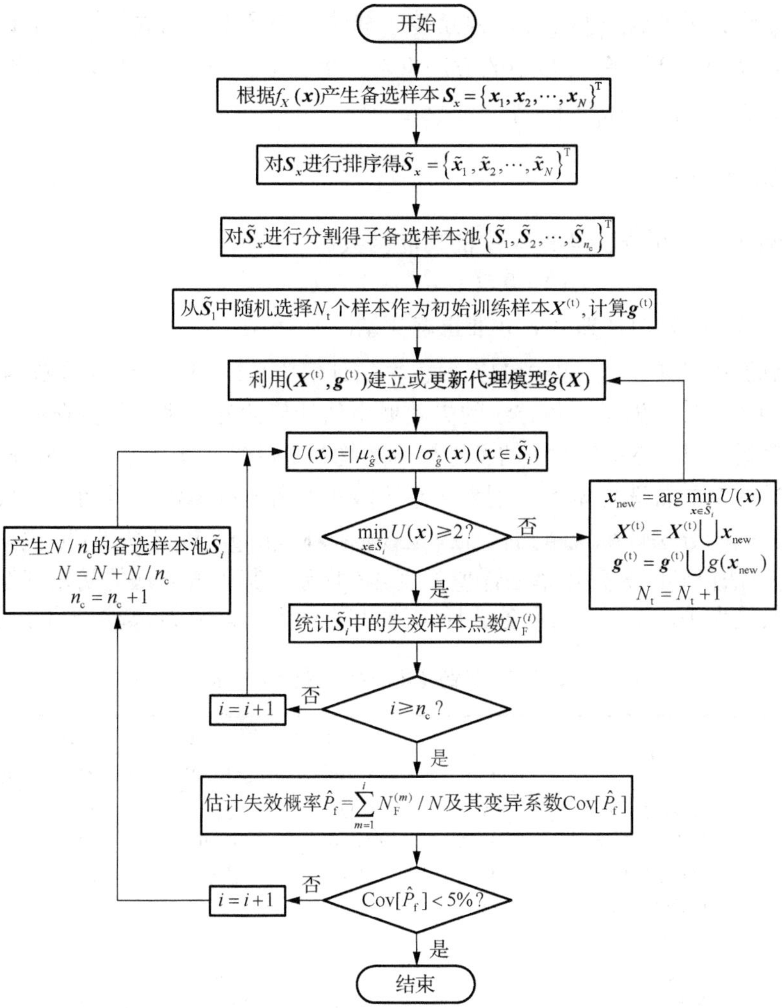

图 4-8 基于分层训练策略的 AS-MCS 方法求解失效概率的流程图

第六步：利用代理模型 $\hat{g}(\boldsymbol{X})$ 预测子备选样本池 $\tilde{\boldsymbol{S}}_i$ 中样本对应的功能函数值的均值 $\mu_{\hat{g}}(\boldsymbol{x})$ 和标准差 $\sigma_{\hat{g}}(\boldsymbol{x})$，计算 U 学习函数值 $U(\boldsymbol{x})=|\mu_{\hat{g}}(\boldsymbol{x})|/\sigma_{\hat{g}}(\boldsymbol{x})\ (\boldsymbol{x}\in\tilde{\boldsymbol{S}}_i)$。

第七步：若 $\min\limits_{\boldsymbol{x}\in\tilde{\boldsymbol{S}}_i} U(\boldsymbol{x})\geqslant 2$，转第八步；否则，选择新的训练样本点 $\boldsymbol{x}_{\text{new}}=\arg\min\limits_{\boldsymbol{x}\in\tilde{\boldsymbol{S}}_i} U(\boldsymbol{x})$，令 $\boldsymbol{X}^{(\text{t})}=\boldsymbol{X}^{(\text{t})}\bigcup\boldsymbol{x}_{\text{new}}$，$\boldsymbol{g}^{(\text{t})}=\boldsymbol{g}^{(\text{t})}\bigcup g(\boldsymbol{x}_{\text{new}})$ 且 $N_{\text{t}}=N_{\text{t}}+1$，转第五步。

第八步：统计 $\tilde{\boldsymbol{S}}_i$ 中的失效样本点个数，记作 $N_{\text{F}}^{(i)}$。

第九步：若 $i\geqslant n_{\text{c}}$，估计失效概率 $\hat{P}_{\text{f}}=\sum\limits_{i=1}^{n_{\text{c}}}N_{\text{F}}^{(i)}/N$ 及其变异系数 $\text{Cov}[\hat{P}_{\text{f}}]$，转第十步；否则，令 $i=i+1$，转第六步。

第十步： 若 $\mathrm{Cov}[\hat{P}_\mathrm{f}]<5\%$，停止整个算法，得到收敛的失效概率估计值；否则，令 $i=i+1$，利用第一步中的方法重新产生容量为 N/n_c 的备选样本池 $\tilde{\boldsymbol{S}}_i$，令 $N=N+N/n_\mathrm{c}$ 且 $n_\mathrm{c}=n_\mathrm{c}+1$，转第六步。

4.3.2 算例分析

算例 4.2 考虑式（4-80）中的功能函数：

$$g(\boldsymbol{X})=0.5(X_1-2)-1.5(X_2-5)^3-1.8 \tag{4-80}$$

式中，X_1 和 X_2 为相互独立的标准正态变量。

此算例中，MCS 方法得到的失效概率估计值为 9.13×10^{-6}，变异系数为 3.96%，计算量为 7×10^7。为了使各方法的失效概率估计值的变异系数保持在同一个水平下，代理模型结合 MCS 方法的备选样本数均为 7×10^7。所提方法采用分层策略，将 7×10^7 容量的备选样本池分割为一系列较小的备选样本池，进而进行失效概率的估计。基于分层训练策略的代理模型（包括 Kriging、PCE 和 SVR 模型）结合 MCS 的方法得到的失效概率估计值如表 4-6 所示，其中各方法的初始训练样本相同，且数量为 10，$n_\mathrm{c}=1$ 表示备选样本池只有一层，即不对备选样本池进行分层。

表 4-6　算例 4.2 的可靠性分析结果

模型	结果	基于分层训练的代理模型结合 MCS 方法				
		n_c=1	n_c=10^3	n_c=2×10^3	n_c=5×10^3	n_c=7×10^3
Kriging	功能函数调用次数	33	22	25	23	24
	失效概率估计值	9.13×10^{-6}	9.11×10^{-6}	9.13×10^{-6}	9.13×10^{-6}	9.13×10^{-6}
	变异系数/%	3.96	3.96	3.96	3.96	3.96
	相对误差/%	0	0.22	0	0	0
	计算时间/s	1946.1	128.1	138.5	122.3	126.6
PCE	功能函数调用次数	10	10	10	10	10
	失效概率估计值	9.13×10^{-6}	9.13×10^{-6}	9.13×10^{-6}	9.13×10^{-6}	9.13×10^{-6}
	变异系数/%	3.96	3.96	3.96	3.96	3.96
	相对误差/%	0	0	0	0	0
	计算时间/s	145.8	123.3	123.0	127.0	127.8
SVR	功能函数调用次数	212	102	102	103	103
	失效概率估计值	0	2.35×10^{-5}	2.35×10^{-5}	1.48×10^{-5}	1.07×10^{-5}
	变异系数/%	—	2.47	2.47	3.11	3.65
	相对误差/%	100	157.39	157.39	62.10	17.20
	计算时间/s	5491.5	655.9	660.4	657.2	659.0

由表 4-6 中可靠性分析结果可以看到，原始的不分层训练的 AK-MCS 方法和 APCE-MCS 方法以及基于分层训练的 AK-MCS 方法和 APCE-MCS 方法能够得到准确的失效概率估计值（相对误差均在 5%以内）。原始的不分层训练的 ASVR-MCS 方法和基于分层训练的 ASVR-MCS 方法估计得到的失效概率估计值的误差

很大，其原因是推导的 SVR 概率输出是近似正态，而非准确的正态分布，在利用正态分布近似 SVR 的预测特性时，产生了较大的误差。此外，原始的不分层训练的 APCE-MCS 方法和所提分层训练的 APCE-MCS 方法只需利用初始训练样本点即可准确估计失效概率，这是因为此算例的功能函数为一个简单的三阶多项式，因此 PCE 模型能够快速准确地逼近真实的功能函数。

基于分层训练的 AK-MCS 方法（对应 $n_c = 5\times10^3$）和 APCE-MCS 方法得到的近似极限状态面及训练样本点如图 4-9 所示。可以看到，基于分层训练的 AK-MCS 方法和 APCE-MCS 方法能够准确地拟合极限状态面，并且基于分层训练策略的 AK-MCS 方法的新增训练样本点几乎都在极限状态面上或者极限状态面附近。

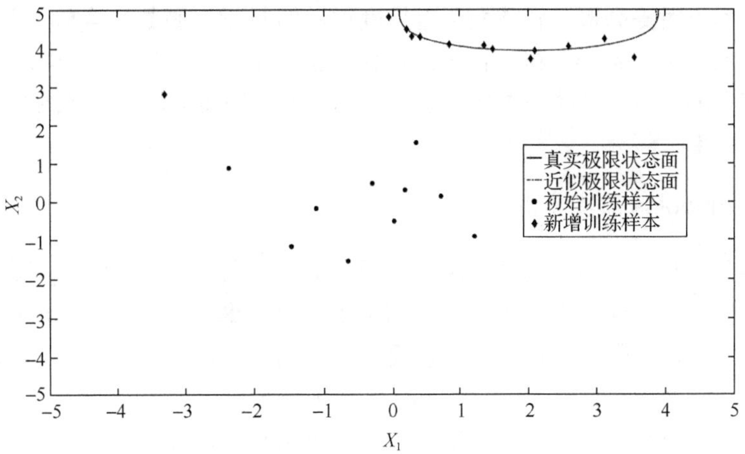

（a）基于分层训练的AK-MCS方法

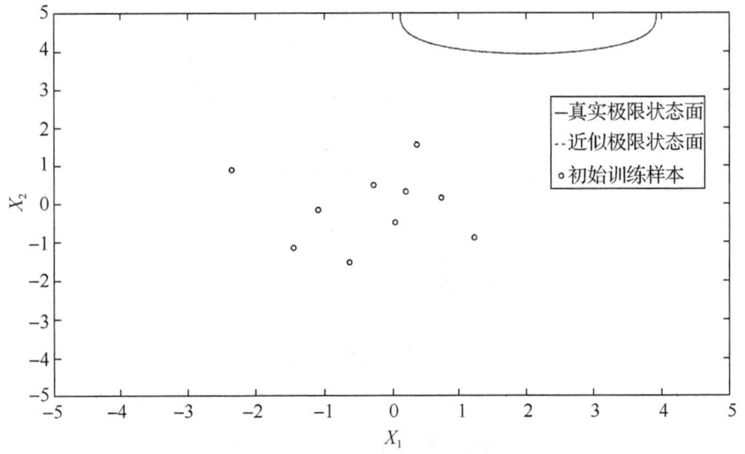

（b）基于分层训练的APCE-MCS方法

图 4-9　算例 4.2 的近似极限状态面及训练样本点

4.4　基于多点加点准则的自适应代理模型结合 MCS 的方法

AS-MCS 方法求解失效概率时，自适应选择的训练样本点一般是对极限状态面逼近精度贡献最大的点，即 U 学习函数值最小的样本点，因此在每一次迭代更新代理模型时仅选出一个新的训练样本点。此外，由于 MCS 方法产生的备选样本池较大，训练样本点之间容易出现聚集现象，仅通过 U 学习函数值信息而不考虑距离信息选出来的样本点可能会导致信息冗余。这些情况均会使得代理模型法的效率降低。因此，本节探讨基于加权 *K*-medoids 聚类的多点加点准则，其综合考虑了样本点对提高极限状态面逼近精度贡献的 U 学习函数值信息和样本点之间的距离信息，基于聚类分析，在一次迭代中识别出多个对提高极限状态面逼近精度贡献较大的样本点，减少重构代理模型的次数，进而提高 AS-MCS 方法求解失效概率的效率。

4.4.1　*K*-medoids 聚类分析

聚类分析是按照事物的特定属性，根据类内成员之间相似性尽可能大、类与类之间相似性尽可能小的原则，将事物聚集成类。聚类分析在数据预处理中得到了广泛的应用，是数据分析的一个重要方法，如 *K*-means 算法[19-20]和 *K*-medoids 算法[21-22]等。其中，*K*-medoids 算法能有效降低 *K*-means 算法对于离群点的敏感性，并且是在每个类中选出一个实际的样本点来代表该类，而无需根据类中各成员的均值产生一个参照点来代表该类，因此本节采用 *K*-medoids 算法进行样本点的聚类分析。

K-medoids 算法的基本思想：首先，为每个类随意选择一个代表样本点，剩余的样本点根据其与每个代表样本点的距离（如欧氏距离）分配给最近的代表样本点所代表的类；然后，反复用非中心点替换中心点以提高聚类的质量。聚类质量可以用评估函数 J 来衡量，当 J 达到最小值时，说明当前的划分是最优的。

给定样本集合 $\boldsymbol{S}_{\boldsymbol{x}}=\{\boldsymbol{x}_1,\boldsymbol{x}_2,\cdots,\boldsymbol{x}_N\}^{\mathrm{T}}$，评估函数 J 定义为

$$J=\sum_{i=1}^{k}\sum_{\boldsymbol{x}\in\boldsymbol{S}_{\boldsymbol{x}},\boldsymbol{x}_i^*\in C_i}d(\boldsymbol{x},\boldsymbol{x}_i^*) \tag{4-81}$$

式中，k 为划分的类 $C_i\ (i=1,2,\cdots,k)$ 的总数；$\boldsymbol{x}_i^*$ 为类 C_i 的聚类中心；$d(\boldsymbol{x},\boldsymbol{x}_i^*)$ 为样本点 $\boldsymbol{x}\in\boldsymbol{S}_{\boldsymbol{x}}$ 与类 C_i 的聚类中心 $\boldsymbol{x}_i^*$ 的距离（本节采用欧氏距离）。

K-medoids 聚类的具体执行步骤如下。

第一步： 从样本集 $\boldsymbol{S}_{\boldsymbol{x}}$ 中随机选择 k 个不同的样本点作为初始聚类中心 $\boldsymbol{x}_i^*\ (i=1,2,\cdots,k)$。

第二步：计算 $\boldsymbol{S}_{\boldsymbol{x}}$ 内样本点到各个类 C_i 的聚类中心 $\boldsymbol{x}_i^*$ 的距离 $d(\boldsymbol{x},\boldsymbol{x}_i^*)$，按照使得 $d(\boldsymbol{x},\boldsymbol{x}_i^*)$ 最小的原则，将剩余的 $N-k$ 个样本点分配到当前最佳的类中。

第三步：在每个类中除了当前聚类中心外的其他所有样本点，按顺序计算当其为新的聚类中心时的评估函数 J，选取 J 最小的样本点作为新的聚类中心。

第四步：重复第二步和第三步，直到所有类的聚类中心不再发生变化或者已经达到设定的最大迭代次数，从而得到最终的 k 个类。

4.4.2 基于加权 *K*-medoids 聚类的多点加点准则

基于 *K*-medoids 的聚类方法进行多点加点时，首先需要明确的是进行分类的样本集并不是 MCS 方法产生的整个备选样本池 $\boldsymbol{S}_{\boldsymbol{x}}=\{\boldsymbol{x}_1,\boldsymbol{x}_2,\cdots,\boldsymbol{x}_N\}^{\mathrm{T}}$，而是样本池中符号未被准确判断的样本点构成的样本集，即 $\boldsymbol{S}_{\boldsymbol{x}}$ 中 $U(\boldsymbol{x})<2$ 对应的样本点构成的样本集 $\boldsymbol{S}_{U<2}=\{\boldsymbol{x}\,|\,U(\boldsymbol{x})<2,\boldsymbol{x}\in\boldsymbol{S}_{\boldsymbol{x}}\}$。考虑到样本集 $\boldsymbol{S}_{U<2}$ 中样本点的 U 学习函数值信息以及对聚类的贡献程度的不同，本节在原始 *K*-medoids 聚类算法的基础上，利用加权方法对聚类距离进行修正，其对应的新的评估函数 $\tilde{J}$ 定义为

$$\tilde{J}=\sum_{i=1}^{k}\sum_{\boldsymbol{x}_j\in\boldsymbol{S}_{\boldsymbol{x}},\boldsymbol{x}_i^*\in C_i}w_j d(\boldsymbol{x}_j,\boldsymbol{x}_i^*) \tag{4-82}$$

式中，$w_j=\dfrac{U(\boldsymbol{x}_j)}{\sum\limits_{\boldsymbol{x}_j\in\boldsymbol{S}_{U<2}}U(\boldsymbol{x}_j)}$ 为考虑了 U 学习函数值的权重系数，其表示样本集 $\boldsymbol{S}_{U<2}$ 中第 j 个样本点的 U 学习函数值信息对聚类的贡献度，且 $\sum\limits_j w_j=1$。

由式（4-82）中的评估函数 $\tilde{J}$ 可知，本节所探讨的加权 *K*-medoids 聚类法将对提高代理模型逼近精度贡献程度基本一致且相近的样本点划分成一类。此时，各类的聚类中心不仅包含了样本点的位置信息，还具有该类样本对提高代理模型逼近精度贡献程度的信息。因此，聚类的 k 类中心样本点 $\{\boldsymbol{x}_1^*,\boldsymbol{x}_2^*,\cdots,\boldsymbol{x}_k^*\}^{\mathrm{T}}$ 可作为新的训练样本点，用于更新代理模型。极小化评估函数 $\tilde{J}$ 的优化模型如下所示：

$$\begin{aligned}\min\quad&\tilde{J}=\sum_{i=1}^{k}\sum_{\boldsymbol{x}\in\boldsymbol{S}_{\boldsymbol{x}},\boldsymbol{x}_i^*\in C_i}w_j d(\boldsymbol{x},\boldsymbol{x}_i^*)\\ \text{s.t.}\quad&\sum_j w_j=1\\ &0<w_j\leqslant 1\end{aligned} \tag{4-83}$$

基于加权 *K*-medoids 聚类的多点加点准则的具体执行过程如下。

第一步：利用当前代理模型将样本池 $\boldsymbol{S}_{\boldsymbol{x}}$ 内的样本点根据 U 学习函数值进行分类，将 $U(\boldsymbol{x})<2$ 的样本点放入样本集 $\boldsymbol{S}_{U<2}$ 中，记其样本数为 N_1。

第二步：计算 $\boldsymbol{S}_{U<2}$ 中每个样本点的权重 w_j $(j=1,2,\cdots,N_1)$。

第三步：从样本集 $\boldsymbol{S}_{U<2}$ 中随机选择 k 个不同的样本点作为初始聚类中心 $\boldsymbol{x}_i^*$ $(i=1,2,\cdots,k)$。

第四步：计算 $\boldsymbol{S}_{U<2}$ 内样本点 $\boldsymbol{x}$ 到各个类的聚类中心 $\boldsymbol{x}_i^*$ 的距离 $d(\boldsymbol{x},\boldsymbol{x}_i^*)$ $(i=1,2,\cdots,k)$。

第五步：求解式（4-83）所示的优化问题，直到收敛或者达到最大迭代步数而完成分类。

第六步：将得到的 k 个最优的聚类中心 $\left\{\boldsymbol{x}_1^*,\boldsymbol{x}_2^*,\cdots,\boldsymbol{x}_k^*\right\}^{\mathrm{T}}$ 作为新的训练样本点加入到训练样本集中。

由上述步骤可知，本节探讨的基于加权 K-medoids 聚类的多点加点准则，其每次重构代理模型所增加的训练点个数为分类数 k，而 k 的取值可以视样本集 $\boldsymbol{S}_{U<2}$ 中的样本量 N_1 而定。当 N_1 很大时，说明当前代理模型对样本池 $\boldsymbol{S}_{\boldsymbol{x}}$ 中样本点的状态判别准确的样本数量很少，需要增加较多训练样本点信息才可以对样本池中所有样本点的状态进行准确判断，此时分类数 k 可以取较大的值，以便于高效获取对提高代理模型逼近精度贡献较大的 k 个训练样本点。若 N_1 较小，说明当前代理模型对样本池 $\boldsymbol{S}_{\boldsymbol{x}}$ 内样本点的状态判别不准确的样本点个数很少，则仅需要增加少量训练样本点信息就可以使该代理模型的精度达到要求，此时分类的个数 k 取较小的值就能够满足精度要求。

4.4.3　多点加点准则自适应代理模型结合 MCS 的步骤

基于加权 K-medoids 聚类多点加点准则的 AS-MCS 方法求解失效概率的基本流程如图 4-10 所示，其具体步骤如下。

第一步：根据输入变量的联合概率密度函数 $f_{\boldsymbol{X}}(\boldsymbol{x})$ 产生 N 个备选样本 $\boldsymbol{S}_{\boldsymbol{x}}=\left\{\boldsymbol{x}_1,\boldsymbol{x}_2,\cdots,\boldsymbol{x}_N\right\}^{\mathrm{T}}$。

第二步：从 $\boldsymbol{S}_{\boldsymbol{x}}$ 中随机选择 N_{t} 个样本作为初始训练样本 $\boldsymbol{X}^{(\mathrm{t})}=\left\{\boldsymbol{x}_1^{(\mathrm{t})},\boldsymbol{x}_2^{(\mathrm{t})},\cdots,\boldsymbol{x}_{N_{\mathrm{t}}}^{(\mathrm{t})}\right\}^{\mathrm{T}}$，计算其对应的真实功能函数值并存放在集合 $\boldsymbol{g}^{(\mathrm{t})}=\left\{g(\boldsymbol{x}_1^{(\mathrm{t})}),g(\boldsymbol{x}_2^{(\mathrm{t})}),\cdots,g(\boldsymbol{x}_{N_{\mathrm{t}}}^{(\mathrm{t})})\right\}^{\mathrm{T}}$ 中。

第三步：根据训练样本集 $(\boldsymbol{X}^{(\mathrm{t})},\boldsymbol{g}^{(\mathrm{t})})$ 建立或更新真实功能函数的代理模型 $\hat{g}(\boldsymbol{X})$。

第四步：根据文献[23]中的方法计算失效概率估计的最大相对误差 $\varepsilon_{\mathrm{r}}^{\max}$。若 $\varepsilon_{\mathrm{r}}^{\max}\leqslant 0.03$，则停止自适应学习过程，执行第八步；否则执行第五步。

第五步：搜索 $\boldsymbol{S}_{\boldsymbol{x}}$ 中 $U(\boldsymbol{x})<2$ 的样本点，记为 $\boldsymbol{S}_{U<2}$。

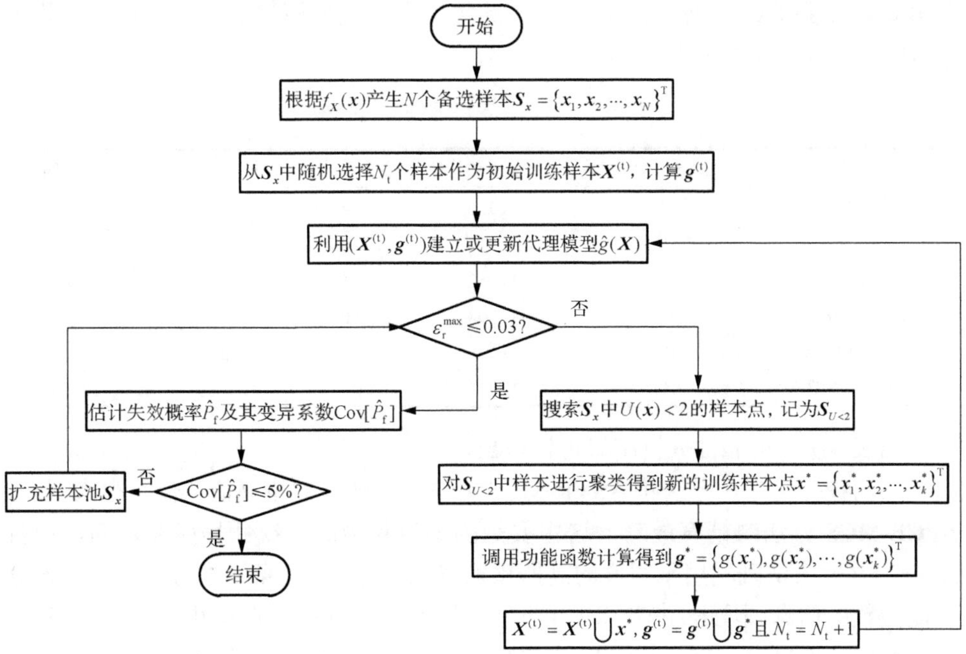

图 4-10　基于加权 K-medoids 聚类多点加点准则的 AS-MCS 方法求解失效概率的流程图

第六步：利用加权 K-medoids 聚类法对样本集 $\boldsymbol{S}_{U<2}$ 中样本进行聚类，得到 k 个聚类中心，即为新的训练样本点 $\boldsymbol{x}^*=\left\{\boldsymbol{x}_1^*,\boldsymbol{x}_2^*,\cdots,\boldsymbol{x}_k^*\right\}^{\mathrm{T}}$，计算其真实功能函数值存放在集合 $\boldsymbol{g}^*=\left\{g(\boldsymbol{x}_1^*),g(\boldsymbol{x}_2^*),\cdots,g(\boldsymbol{x}_k^*)\right\}^{\mathrm{T}}$ 中。

第七步：令 $\boldsymbol{X}^{(\mathrm{t})}=\boldsymbol{X}^{(\mathrm{t})}\bigcup\boldsymbol{x}^*$，$\boldsymbol{g}^{(\mathrm{t})}=\boldsymbol{g}^{(\mathrm{t})}\bigcup\boldsymbol{g}^*$ 且 $N_{\mathrm{t}}=N_{\mathrm{t}}+1$，转第三步。

第八步：利用代理模型 $\hat{g}(\boldsymbol{X})$ 判别样本池 $\boldsymbol{S}_x$ 中样本点对应的输出响应值的正负号，进而得到失效概率估计值 $\hat{P}_{\mathrm{f}}$ 及其变异系数 $\mathrm{Cov}[\hat{P}_{\mathrm{f}}]$。

第九步：若 $\mathrm{Cov}[\hat{P}_{\mathrm{f}}]\leqslant 5\%$，则失效概率估计值 $\hat{P}_{\mathrm{f}}$ 为收敛解，算法结束；否则，扩充样本池 $\boldsymbol{S}_x$，返回第四步。

4.4.4　算例分析

算例 4.3　考虑式（4-84）所示的功能函数：

$$g(X_1,X_2)=10-\sum_{i=1}^{2}\left[X_i^2-5\cos(2\pi X_i)\right] \tag{4-84}$$

式中，X_1 和 X_2 为相互独立的标准正态变量。

利用 MCS 方法、AK-MCS 方法、APCE-MCS 方法、ASVR-MCS 方法以及基于加权 K-medoids 聚类的 AK-MCS 方法和 ASVR-MCS 方法对此算例的可靠性进行分析，得到的结果列于表 4-7 中。此算例中，代理模型法的备选样本数均为 6×10^4，初始训练样本数为 20。

表 4-7　算例 4.3 可靠性分析结果

方法	功能函数调用次数	失效概率估计值	变异系数/%	相对误差/%	计算时间/s
MCS	6×10^4	0.0726	1.46	—	—
AK-MCS	412	0.0726	1.46	0	3082.8
APCE-MCS	362	0.0052	5.67	92.84	189.4
ASVR-MCS	323	0.0398	2.01	45.18	460.8
AK-MCS+聚类	356	0.0728	1.46	0.28	158.3
ASVR-MCS+聚类	967	0.0712	1.47	1.93	1804.8

由表 4-7 中可靠性分析结果可以得出以下结论：

（1）APCE-MCS 方法和 ASVR-MCS 方法得到的失效概率估计值有很大误差，APCE-MCS 方法的精度最差，这主要是因为该算例的非线性程度非常高，而且 APCE-MCS 方法既利用了假设的高斯预测特性，又采用了稀疏的方式舍弃了部分功能函数的信息。因此 APCE-MCS 方法无法准确近似真实的极限状态面，导致失效概率估计值错误。ASVR-MCS 方法得到的失效概率估计值也有较大误差，这主要是因为假设的高斯预测特性使得其选出的训练样本点并不是真正的对代理精度贡献最大的点，并且在利用式（4-71）所示的停止条件时，其真实的最大误判概率可能比 SVR 模型估计得大，从而导致最终失效概率估计结果的错误。

（2）由于 APCE-MCS 方法有很大的相对误差，因此算例 4.3 中不再将其与加权 *K*-medoids 聚类多点加点准则相结合，而是仅给出了基于加权 *K*-medoids 聚类多点加点准则的 AK-MCS 方法和 ASVR-MCS 方法估计得到的失效概率估计值。由表 4-7 中结果可知，所提基于加权 *K*-medoids 聚类多点加点准则的 AK-MCS 方法和 ASVR-MCS 方法可以准确估计失效概率（相对误差小于 5%）。

（3）基于加权 *K*-medoids 聚类多点加点准则的 AK-MCS 方法不仅功能函数调用次数小于 AK-MCS 方法，而且其运行时间仅为 AK-MCS 方法的 5.1%。因此，AK-MCS 方法更加适用于与加权 *K*-medoids 聚类多点加点准则相结合来解决高度非线性功能函数情况下的失效概率估计问题。

（4）相比于直接的 ASVR-MCS 方法，基于加权 *K*-medoids 聚类多点加点准则的 ASVR-MCS 方法的精度大大提升，这是因为多点加点策略选择了更多的对代理模型精度贡献较大的训练点，使得最终的失效概率估计值满足精度要求。但是，基于加权 *K*-medoids 聚类多点加点准则的 ASVR-MCS 方法的功能函数调用次数远多于 AK-MCS 方法和基于加权 *K*-medoids 聚类多点加点准则的 AK-MCS 方法。

由上述分析可知，Kriging 模型更加适用于高度非线性且不连续的极限状态面的可靠性分析问题，而 PCE 和 SVR 代理模型在处理这类问题时，精度和效率有所欠缺。

基于加权 K-medoids 聚类多点加点准则的 AK-MCS 方法和 ASVR-MCS 方法得到的近似极限状态面及训练样本点如图 4-11 所示，从图中结果可以看出，基于加权 K-medoids 聚类多点加点准则的 AK-MCS 方法和 ASVR-MCS 方法可以准确地逼近真实极限状态面，并且其所用训练样本点基本在极限状态面上或者极限状态面附近。

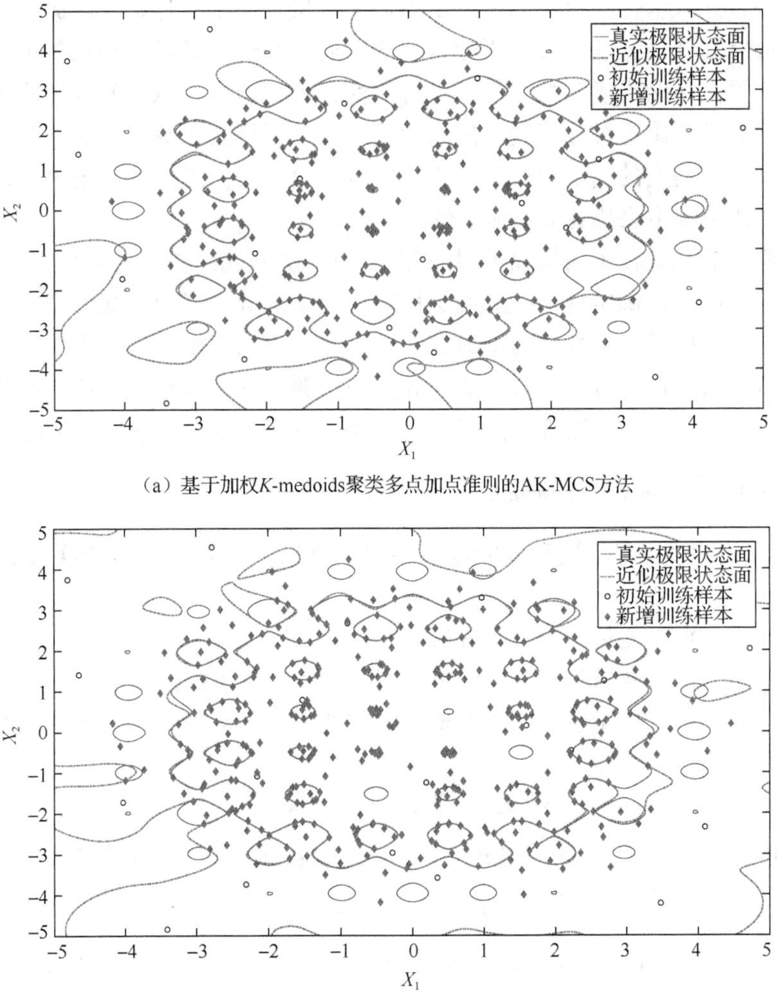

（a）基于加权K-medoids聚类多点加点准则的AK-MCS方法

（b）基于加权K-medoids聚类多点加点准则的ASVR-MCS方法

图 4-11　算例 4.3 近似极限状态面及训练样本点

4.5 随机和区间混合不确定性下传统可靠性分析的双层嵌套优化法

随机不确定性的描述需要输入变量大量的样本信息，而在工程中普遍存在的情况是有些变量具有充足的样本信息，可以采用概率分布来描述其不确定性，有些变量往往很难获得充足的样本信息。对于信息量不足的变量，如果仍然采用概率模型描述其不确定性，将会使得其可靠性分析结果产生较大的误差。此时宜采用不同的方式来量化具有不同信息量的输入变量的不确定性，并在此基础上建立相应的可靠性评估方法，以便更为客观地掌握已有信息条件下结构的可靠程度。对于样本量充足的不确定性变量，在可靠性分析模型中可以将其处理成随机不确定性，而对于不确定性输入变量的精确概率分布类型难以获得（第一类问题）或者其概率分布类型的精确分布参数不能确定（第二类问题）的两类情况，研究人员使用非概率模型来描述其不确定性[24-25]。

在样本信息量较少的情况下，尽管对于第一类问题的概率分布数据难以得到，但一般工程中可以确定这一类不确定性输入变量的取值界限，此时可采用区间模型来描述信息量不足的变量的不确定性[25]。对于第二类输入变量具有已知的概率分布类型而只知道其分布参数的取值界限的问题，其可以转化成第一类问题，即此二类问题可以统一为随机和区间混合不确定性输入下的可靠性分析问题。

4.5.1 随机和区间混合不确定性的三种类型

当结构同时具有随机和区间混合不确定性时，其可靠性分析主要包括三种类型[26]。

第一类：输入变量中同时包含随机变量和区间变量；

第二类：输入变量只含随机变量，但其分布参数为区间变量；

第三类：输入变量包含随机变量和区间变量，部分随机变量的分布参数为区间变量。

以正态分布的随机变量为例，假设随机变量 X^{R} 服从均值为 $\mu_{X^{\mathrm{R}}}$、标准差为 $\sigma_{X^{\mathrm{R}}}$ 的正态分布，则 X^{R} 可以通过式（4-85）转换为标准正态变量 U：

$$X^{\mathrm{R}}=U\cdot\sigma_{X^{\mathrm{R}}}+\mu_{X^{\mathrm{R}}} \tag{4-85}$$

将式（4-85）代入功能函数，则当 $\mu_{X^{\mathrm{R}}}$ 或（且）$\sigma_{X^{\mathrm{R}}}$ 为区间变量时，其就转换成了功能函数中的区间输入变量，此时第二、三类问题就转换成了第一类问题。因此，三类随机和区间混合不确定性下的可靠性分析问题均可以归为第一类问题，故后文中将以第一类问题为例，研究随机和区间混合不确定性下的可靠性分析。

4.5.2　失效概率上下界求解的双层嵌套优化法

假设结构的 n 维独立的随机输入向量为 $\boldsymbol{X}^{\mathrm{R}}=\left\{X_1^{\mathrm{R}},X_2^{\mathrm{R}},\cdots,X_n^{\mathrm{R}}\right\}^{\mathrm{T}}$，其取值规律可以由边缘概率密度函数 $f_{X_i^{\mathrm{R}}}(x_i^{\mathrm{R}})$ $(i=1,2,\cdots,n)$ 描述。m 维区间输入向量为 $\boldsymbol{X}^{\mathrm{I}}=\left\{X_1^{\mathrm{I}},X_2^{\mathrm{I}},\cdots,X_m^{\mathrm{I}}\right\}^{\mathrm{T}}$，其取值规律可以由区间向量 $[\boldsymbol{x}^{\mathrm{I(L)}},\boldsymbol{x}^{\mathrm{I(U)}}]$ 描述，其中 $\boldsymbol{x}^{\mathrm{I(L)}}=\left\{x_1^{\mathrm{I(L)}},x_2^{\mathrm{I(L)}},\cdots,x_m^{\mathrm{I(L)}}\right\}^{\mathrm{T}}$ 和 $\boldsymbol{x}^{\mathrm{I(U)}}=\left\{x_1^{\mathrm{I(U)}},x_2^{\mathrm{I(U)}},\cdots,x_m^{\mathrm{I(U)}}\right\}^{\mathrm{T}}$ 分别表示区间变量的下界向量和上界向量。结构的功能函数为 $Y=g(\boldsymbol{X}^{\mathrm{R}},\boldsymbol{X}^{\mathrm{I}})$。由于随机和区间混合不确定性下结构的功能函数中含有区间变量，因此该情况下的失效概率也为一个区间变量。文献[27]～[29]先采用下述双层嵌套优化（标准正态空间中）来求解可靠度指标的下界 β^{L} 和可靠度指标的上界 β^{U}。

1）求 β^{L} 的内、外层优化模型

在求解 β^{L} 的内、外双层优化模型中，内层用于搜索随机变量固定在 $\boldsymbol{x}^{\mathrm{R}}$ 处时，功能函数关于区间变量取最小值时对应的区间变量的值 $\boldsymbol{x}^{\mathrm{I}*}$，即

$$\boldsymbol{x}^{\mathrm{I}*}=\arg\min_{\boldsymbol{x}^{\mathrm{L}}\leqslant\boldsymbol{x}^{\mathrm{I}}\leqslant\boldsymbol{x}^{\mathrm{U}}}g(\boldsymbol{x}^{\mathrm{R}},\boldsymbol{x}^{\mathrm{I}}) \tag{4-86}$$

而外层先搜索区间变量固定在 $\boldsymbol{x}^{\mathrm{I}*}$ 处时，极限状态面上距离原点最近的点 $\boldsymbol{x}^{\mathrm{R}*}$（为表达简洁，此处假设随机变量被标准正态化了），如下所示：

$$\boldsymbol{x}^{\mathrm{R}*}=\arg\min_{g(\boldsymbol{x}^{\mathrm{R}},\boldsymbol{x}^{\mathrm{I}*})=0}\|\boldsymbol{x}^{\mathrm{R}}\| \tag{4-87}$$

然后通过 $\beta^{\mathrm{L}}=\|\boldsymbol{x}^{\mathrm{R}*}\|$ 求得 β^{L} 的值。

2）求 β^{U} 的内、外层优化模型

在求解 β^{U} 的内、外双层优化模型中，内层用于搜索随机变量固定在 $\boldsymbol{x}^{\mathrm{R}}$ 处时，功能函数关于区间变量取最大值时对应的区间变量的值 $\boldsymbol{x}^{\mathrm{I}*}$，即

$$\boldsymbol{x}^{\mathrm{I}*}=\arg\max_{\boldsymbol{x}^{\mathrm{L}}\leqslant\boldsymbol{x}^{\mathrm{I}}\leqslant\boldsymbol{x}^{\mathrm{U}}}g(\boldsymbol{x}^{\mathrm{R}},\boldsymbol{x}^{\mathrm{I}}) \tag{4-88}$$

而外层先搜索区间变量固定在 $\boldsymbol{x}^{\mathrm{I}*}$ 处时，极限状态面上距离原点最近的点 $\boldsymbol{x}^{\mathrm{R}*}$，即

$$\boldsymbol{x}^{\mathrm{R}*}=\arg\min_{g(\boldsymbol{x}^{\mathrm{R}},\boldsymbol{x}^{\mathrm{I}*})=0}\|\boldsymbol{x}^{\mathrm{R}}\| \tag{4-89}$$

然后通过 $\beta^{\mathrm{U}}=\|\boldsymbol{x}^{\mathrm{R}*}\|$ 求得 β^{U} 的值。

求得 β^{L} 和 β^{U} 后，则可以容易地近似得到失效概率的下界 $\underline{P}_{\mathrm{f}}$ 和上界 $\overline{P}_{\mathrm{f}}$ 的估计值如下：

$$\underline{P}_{\mathrm{f}}\approx\Phi(-\beta^{\mathrm{U}}),\ \ \overline{P}_{\mathrm{f}}\approx\Phi(-\beta^{\mathrm{L}}) \tag{4-90}$$

4.5.3　双层嵌套优化方法求解失效概率上下界的内在本质分析

采用上述双层嵌套优化方法求得的失效概率上界 $\overline{P}_{\mathrm{f}}$ 实际上是区间变量在取

值区间$[\boldsymbol{x}^{\mathrm{I(L)}},\boldsymbol{x}^{\mathrm{I(U)}}]$内变化时，可靠度指标极小值$\min\limits_{\boldsymbol{x}^{\mathrm{I}}\in[\boldsymbol{x}^{\mathrm{I(L)}},\boldsymbol{x}^{\mathrm{I(U)}}]}\beta(\boldsymbol{x}^{\mathrm{I}})$对应的失效概率；而失效概率下界$\underline{P}_{\mathrm{f}}$实际上是区间变量在取值区间$[\boldsymbol{x}^{\mathrm{I(L)}},\boldsymbol{x}^{\mathrm{I(U)}}]$内变化时，可靠度指标极大值$\max\limits_{\boldsymbol{x}^{\mathrm{I}}\in[\boldsymbol{x}^{\mathrm{I(L)}},\boldsymbol{x}^{\mathrm{I(U)}}]}\beta(\boldsymbol{x}^{\mathrm{I}})$对应的失效概率，即

$$\beta^{\mathrm{L}}=\min_{\boldsymbol{x}^{\mathrm{I}}\in[\boldsymbol{x}^{\mathrm{I(L)}},\boldsymbol{x}^{\mathrm{I(U)}}]}\beta(\boldsymbol{x}^{\mathrm{I}}),\quad \beta^{\mathrm{U}}=\max_{\boldsymbol{x}^{\mathrm{I}}\in[\boldsymbol{x}^{\mathrm{I(L)}},\boldsymbol{x}^{\mathrm{I(U)}}]}\beta(\boldsymbol{x}^{\mathrm{I}}) \tag{4-91}$$

为了证明式(4-91)，首先将第 4.5.2 小节的求解可靠度指标下界β^{L}和上界β^{U}的双层嵌套优化改写成下述形式：

$$\begin{cases}\beta^{\mathrm{L}}=\|\boldsymbol{x}^{\mathrm{R}*}\|=\left\|\left\{\arg\min\limits_{g_{\min}(\boldsymbol{x}^{\mathrm{R}})=0}\|\boldsymbol{x}^{\mathrm{R}}\|\right\}\right\|\\ \beta^{\mathrm{U}}=\|\boldsymbol{x}^{\mathrm{R}*}\|=\left\|\left\{\arg\min\limits_{g_{\max}(\boldsymbol{x}^{\mathrm{R}})=0}\|\boldsymbol{x}^{\mathrm{R}}\|\right\}\right\|\end{cases} \tag{4-92}$$

式中，$g_{\min}(\boldsymbol{x}^{\mathrm{R}})=0$和$g_{\max}(\boldsymbol{x}^{\mathrm{R}})=0$分别为可靠度指标下界$\beta^{\mathrm{L}}$和上界$\beta^{\mathrm{U}}$对应的极小值极限状态面和极大值极限状态面，其表达式如下：

$$\begin{cases}g_{\min}(\boldsymbol{x}^{\mathrm{R}})=\min\limits_{\boldsymbol{x}^{\mathrm{I}}\in[\boldsymbol{x}^{\mathrm{I(L)}},\boldsymbol{x}^{\mathrm{I(U)}}]}g(\boldsymbol{x}^{\mathrm{R}},\boldsymbol{x}^{\mathrm{I}})=0\\ g_{\max}(\boldsymbol{x}^{\mathrm{R}})=\max\limits_{\boldsymbol{x}^{\mathrm{I}}\in[\boldsymbol{x}^{\mathrm{I(L)}},\boldsymbol{x}^{\mathrm{I(U)}}]}g(\boldsymbol{x}^{\mathrm{R}},\boldsymbol{x}^{\mathrm{I}})=0\end{cases} \tag{4-93}$$

由极小值极限状态面和极大值极限状态面构成的随机和区间混合不确定性下的极限状态带如图 4-12 所示。

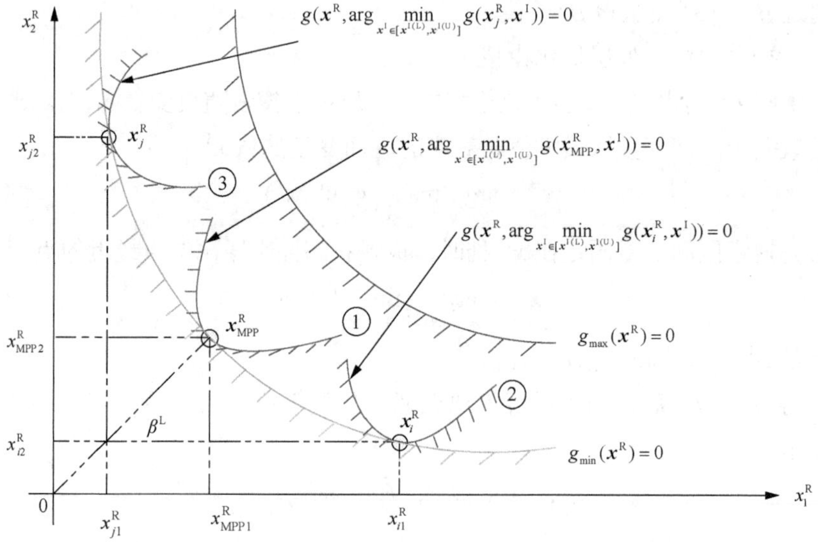

图 4-12　随机和区间混合不确定性下的极限状态带

要证明 $\beta^{\mathrm{L}}=\min\limits_{\boldsymbol{x}^{\mathrm{I}}\in[\boldsymbol{x}^{\mathrm{I(L)}},\boldsymbol{x}^{\mathrm{I(U)}}]}\beta(\boldsymbol{x}^{\mathrm{I}})$，则需要证明以下两个命题[30]。

命题①：$g_{\min}(\boldsymbol{x}^{\mathrm{R}})=0$ 对应的设计点 $\boldsymbol{x}_{\mathrm{MPP}}^{\mathrm{R}}$ 一定是区间变量 $\boldsymbol{x}^{\mathrm{I}}$ 固定在某个离散取值点 $\boldsymbol{x}^{\mathrm{I*}}$ 处时的极限状态方程 $g(\boldsymbol{x}^{\mathrm{R}},\boldsymbol{x}^{\mathrm{I*}})=0$ 的设计点。

命题②：$g_{\min}(\boldsymbol{x}^{\mathrm{R}})=0$ 对应的可靠度指标 β^{L} 不大于区间变量所有可能离散取值点 $\boldsymbol{x}^{\mathrm{I}}\in[\boldsymbol{x}^{\mathrm{I(L)}},\boldsymbol{x}^{\mathrm{I(U)}}]$ 处的极限状态方程 $g(\boldsymbol{x}^{\mathrm{R}},\boldsymbol{x}^{\mathrm{I}})=0$ 的可靠度指标 $\beta(\boldsymbol{x}^{\mathrm{I}})$。

命题①的证明：

因为求解随机和区间混合不确定性下可靠度指标下界 β^{L} 的极限状态方程如式(4-93)所示，所以与 $g_{\min}(\boldsymbol{x}^{\mathrm{R}})=0$ 的设计点 $\boldsymbol{x}_{\mathrm{MPP}}^{\mathrm{R}}$ 对应的极限状态方程 $g(\boldsymbol{x}^{\mathrm{R}},\boldsymbol{x}^{\mathrm{I*}})=0$ 中的 $\boldsymbol{x}^{\mathrm{I*}}$ 的值可以采用式（4-94）求解：

$$\boldsymbol{x}^{\mathrm{I*}}=\arg\min_{\boldsymbol{x}^{\mathrm{I}}\in[\boldsymbol{x}^{\mathrm{I(L)}},\boldsymbol{x}^{\mathrm{I(U)}}]}g(\boldsymbol{x}_{\mathrm{MPP}}^{\mathrm{R}},\boldsymbol{x}^{\mathrm{I}})\tag{4-94}$$

显然，$g_{\min}(\boldsymbol{x}^{\mathrm{R}})=0$ 的设计点 $\boldsymbol{x}_{\mathrm{MPP}}^{\mathrm{R}}$ 满足式（4-95）：

$$g_{\min}(\boldsymbol{x}_{\mathrm{MPP}}^{\mathrm{R}})=\min_{\boldsymbol{x}^{\mathrm{I}}\in[\boldsymbol{x}^{\mathrm{I(L)}},\boldsymbol{x}^{\mathrm{I(U)}}]}g(\boldsymbol{x}_{\mathrm{MPP}}^{\mathrm{R}},\boldsymbol{x}^{\mathrm{I}})=g(\boldsymbol{x}_{\mathrm{MPP}}^{\mathrm{R}},\boldsymbol{x}^{\mathrm{I*}})=0\tag{4-95}$$

式（4-95）表明 $g_{\min}(\boldsymbol{x}^{\mathrm{R}})=0$ 的设计点 $\boldsymbol{x}_{\mathrm{MPP}}^{\mathrm{R}}$ 是在区间离散取值点 $\boldsymbol{x}^{\mathrm{I*}}$ 处极限状态方程 $g(\boldsymbol{x}^{\mathrm{R}},\boldsymbol{x}^{\mathrm{I*}})=0$ 上的。

以下将证明 $g(\boldsymbol{x}^{\mathrm{R}},\boldsymbol{x}^{\mathrm{I*}})=0$ 与 $g_{\min}(\boldsymbol{x}^{\mathrm{R}})=0$ 具有共同的设计点 $\boldsymbol{x}_{\mathrm{MPP}}^{\mathrm{R}}$。

由于 $g(\boldsymbol{x}^{\mathrm{R}},\boldsymbol{x}^{\mathrm{I*}})=0$ 上的任意一个点 $\boldsymbol{x}^{\mathrm{R}}$ 均满足：

$$0=g(\boldsymbol{x}^{\mathrm{R}},\boldsymbol{x}^{\mathrm{I*}})\geqslant\min_{\boldsymbol{x}^{\mathrm{I}}\in[\boldsymbol{x}^{\mathrm{I(L)}},\boldsymbol{x}^{\mathrm{I(U)}}]}g(\boldsymbol{x}^{\mathrm{R}},\boldsymbol{x}^{\mathrm{I}})=g_{\min}(\boldsymbol{x}^{\mathrm{R}})\tag{4-96}$$

即 $g(\boldsymbol{x}^{\mathrm{R}},\boldsymbol{x}^{\mathrm{I*}})=0$ 上的任意一个点均满足 $g_{\min}(\boldsymbol{x}^{\mathrm{R}})\leqslant 0$，而 $\boldsymbol{x}_{\mathrm{MPP}}^{\mathrm{R}}$ 是满足 $g_{\min}(\boldsymbol{x}^{\mathrm{R}})\leqslant 0$ 的点中距离坐标原点最近的点，因此 $\boldsymbol{x}_{\mathrm{MPP}}^{\mathrm{R}}$ 也是 $g(\boldsymbol{x}^{\mathrm{R}},\boldsymbol{x}^{\mathrm{I*}})=0$ 上的设计点。

上述过程表明 $g_{\min}(\boldsymbol{x}^{\mathrm{R}})=0$ 与 $g(\boldsymbol{x}^{\mathrm{R}},\boldsymbol{x}^{\mathrm{I*}})=0$ 具有共同的设计点，从而使得命题①得以证明。

命题②的证明：

功能函数 $g(\boldsymbol{x}^{\mathrm{R}},\boldsymbol{x}^{\mathrm{I*}})$ 对应的失效事件 $\{g(\boldsymbol{x}^{\mathrm{R}},\boldsymbol{x}^{\mathrm{I*}})\leqslant 0\}$ 发生时，功能函数 $g_{\min}(\boldsymbol{x}^{\mathrm{R}})$ 对应的失效事件 $\{g_{\min}(\boldsymbol{x}^{\mathrm{R}})\leqslant 0\}$ 一定发生，因此有 $\{g(\boldsymbol{x}^{\mathrm{R}},\boldsymbol{x}^{\mathrm{I*}})\leqslant 0\}\subseteq\{g_{\min}(\boldsymbol{x}^{\mathrm{R}})\leqslant 0\}$。任意区间离散取值点 $\boldsymbol{x}^{\mathrm{I}}\in[\boldsymbol{x}^{\mathrm{I(L)}},\boldsymbol{x}^{\mathrm{I(U)}}]$ 处的功能函数 $g(\boldsymbol{x}^{\mathrm{R}},\boldsymbol{x}^{\mathrm{I}})$ 的可靠度指标满足 $\beta(\boldsymbol{x}^{\mathrm{L}})\geqslant\beta^{\mathrm{L}}$，从而使得命题②得以证明。

综合命题①和②的证明可知：传统的双层嵌套优化方法求得的随机和区间混合不确定性下的可靠度指标的下界本质上是区间变量离散取值点处的功能函数对应的可靠度指标的极小值，即式(4-91)中的第一式成立。类似地可以证明式(4-91)

中的第二式也是成立的。

当采用可靠度指标来近似失效概率上下界时，利用标准正态变量分布函数的不减性，可得随机和区间混合不确定性下失效概率上下界计算方法的实质分别如式（4-97）和式（4-98）所示：

$$\overline{P}_{\mathrm{f}} \approx \Phi\left(-\min_{\boldsymbol{x}^{\mathrm{I}}\in[\boldsymbol{x}^{\mathrm{I(L)}},\boldsymbol{x}^{\mathrm{I(U)}}]}\beta(\boldsymbol{x}^{\mathrm{I}})\right)=\max_{\boldsymbol{x}^{\mathrm{I}}\in[\boldsymbol{x}^{\mathrm{I(L)}},\boldsymbol{x}^{\mathrm{I(U)}}]}\Phi(-\beta(\boldsymbol{x}^{\mathrm{I}}))\approx\max_{\boldsymbol{x}^{\mathrm{I}}\in[\boldsymbol{x}^{\mathrm{I(L)}},\boldsymbol{x}^{\mathrm{I(U)}}]}P_{\mathrm{f}}(\boldsymbol{x}^{\mathrm{I}}) \tag{4-97}$$

$$\underline{P}_{\mathrm{f}} \approx \Phi\left(-\max_{\boldsymbol{x}^{\mathrm{I}}\in[\boldsymbol{x}^{\mathrm{I(L)}},\boldsymbol{x}^{\mathrm{I(U)}}]}\beta(\boldsymbol{x}^{\mathrm{I}})\right)=\min_{\boldsymbol{x}^{\mathrm{I}}\in[\boldsymbol{x}^{\mathrm{I(L)}},\boldsymbol{x}^{\mathrm{I(U)}}]}\Phi(-\beta(\boldsymbol{x}^{\mathrm{I}}))\approx\min_{\boldsymbol{x}^{\mathrm{I}}\in[\boldsymbol{x}^{\mathrm{I(L)}},\boldsymbol{x}^{\mathrm{I(U)}}]}P_{\mathrm{f}}(\boldsymbol{x}^{\mathrm{I}}) \tag{4-98}$$

式中，$P_{\mathrm{f}}(\boldsymbol{x}^{\mathrm{I}})\approx\Phi(-\beta(\boldsymbol{x}^{\mathrm{I}}))$ 为区间变量固定在 $\boldsymbol{x}^{\mathrm{I}}$ 处时对应的失效概率近似值。

由上述分析过程可知：使用 $\Phi(-\beta^{\mathrm{L}})$ 来估计失效概率的上界时，其失效域为图 4-12 中的曲线①（即 $g(\boldsymbol{x}^{\mathrm{R}},\boldsymbol{x}^{\mathrm{I*}})$ ）对应的失效域，而不是由 $g_{\min}(\boldsymbol{x}^{\mathrm{R}})$ 定义的失效域。同理，由双层嵌套优化方法求得的可靠度指标上界 β^{U} 对应的失效概率下界也不是由 $g_{\max}(\boldsymbol{x}^{\mathrm{R}})$ 定义的失效域的概率。因此，使用双层嵌套优化方法求得的结果与真实的失效概率上下界可能存在较大的误差。

4.6 随机和区间混合不确定性下失效概率的真实界限模型

针对传统随机和区间混合不确定性下可靠性分析方法的缺陷，本节将对随机和区间混合不确定性下可靠性分析的安全域和失效域进行分析，然后研究其与传统方法的区别与联系，为后续研究随机和区间混合不确定性下失效概率上、下界限的高效算法奠定基础。

4.6.1 随机和区间混合不确定性下的安全域与失效域分析

在随机和区间混合不确定性下，当输入随机变量固定在 $\boldsymbol{x}^{\mathrm{R*}}$ 处时，结构功能函数 $g(\boldsymbol{x}^{\mathrm{R*}},\boldsymbol{x}^{\mathrm{I}})$ 仅为区间变量的函数，因此其也为一个区间变量，且 $g(\boldsymbol{x}^{\mathrm{R*}},\boldsymbol{x}^{\mathrm{I}})\in[g^{\mathrm{L}}(\boldsymbol{x}^{\mathrm{R*}},\boldsymbol{x}^{\mathrm{I}}),g^{\mathrm{U}}(\boldsymbol{x}^{\mathrm{R*}},\boldsymbol{x}^{\mathrm{I}})]$，其中 $g^{\mathrm{L}}(\boldsymbol{x}^{\mathrm{R*}},\boldsymbol{x}^{\mathrm{I}})$ 和 $g^{\mathrm{U}}(\boldsymbol{x}^{\mathrm{R*}},\boldsymbol{x}^{\mathrm{I}})$ 分别表示输入随机变量固定在 $\boldsymbol{x}^{\mathrm{R*}}$ 处时，结构功能函数 $g(\boldsymbol{x}^{\mathrm{R*}},\boldsymbol{x}^{\mathrm{I}})$ 的下界和上界。当 $g^{\mathrm{L}}(\boldsymbol{x}^{\mathrm{R*}},\boldsymbol{x}^{\mathrm{I}})>0$ 时，结构绝对安全，当 $g^{\mathrm{U}}(\boldsymbol{x}^{\mathrm{R*}},\boldsymbol{x}^{\mathrm{I}})<0$ 时，结构完全失效，而当 $g^{\mathrm{L}}(\boldsymbol{x}^{\mathrm{R*}},\boldsymbol{x}^{\mathrm{I}})\leqslant 0\leqslant g^{\mathrm{U}}(\boldsymbol{x}^{\mathrm{R*}},\boldsymbol{x}^{\mathrm{I}})$ 时，结构可能失效也可能安全。基于上述分析，可以定义随机和区间混合不确定性下结构的完全失效域（记为 F^{L} ）和完全安全域（记为 S^{U} ）为

$$\begin{aligned}F^{\mathrm{L}}&=\left\{g(\boldsymbol{x}^{\mathrm{R}},\boldsymbol{x}^{\mathrm{I}})\leqslant 0,\forall\boldsymbol{x}^{\mathrm{I}}\in[\boldsymbol{x}^{\mathrm{I(L)}},\boldsymbol{x}^{\mathrm{I(U)}}]\right\}\\&=\left\{\max_{\boldsymbol{x}^{\mathrm{I}}\in[\boldsymbol{x}^{\mathrm{I(L)}},\boldsymbol{x}^{\mathrm{I(U)}}]}g(\boldsymbol{x}^{\mathrm{R}},\boldsymbol{x}^{\mathrm{I}})\leqslant 0\right\}=\left\{g_{\max}(\boldsymbol{x}^{\mathrm{R}})\leqslant 0\right\}\end{aligned} \tag{4-99}$$

$$S^{\mathrm{U}}=\left\{g(\boldsymbol{x}^{\mathrm{R}},\boldsymbol{x}^{\mathrm{I}})>0,\forall\boldsymbol{x}^{\mathrm{I}}\in[\boldsymbol{x}^{\mathrm{I(L)}},\boldsymbol{x}^{\mathrm{I(U)}}]\right\}$$
$$=\left\{\min_{\boldsymbol{x}^{\mathrm{I}}\in[\boldsymbol{x}^{\mathrm{I(L)}},\boldsymbol{x}^{\mathrm{I(U)}}]}g(\boldsymbol{x}^{\mathrm{R}},\boldsymbol{x}^{\mathrm{I}})>0\right\}=\left\{g_{\min}(\boldsymbol{x}^{\mathrm{R}})>0\right\} \tag{4-100}$$

式中，$\forall$ 表示任意。

记完全失效域 F^{L} 的补集为 S^{L}，完全安全域 S^{U} 的补集为 F^{U}，则

$$F^{\mathrm{U}}=\left\{g(\boldsymbol{x}^{\mathrm{R}},\boldsymbol{x}^{\mathrm{I}})\leqslant 0,\exists\boldsymbol{x}^{\mathrm{I}}\in[\boldsymbol{x}^{\mathrm{I(L)}},\boldsymbol{x}^{\mathrm{I(U)}}]\right\}$$
$$=\left\{\min_{\boldsymbol{x}^{\mathrm{I}}\in[\boldsymbol{x}^{\mathrm{I(L)}},\boldsymbol{x}^{\mathrm{I(U)}}]}g(\boldsymbol{x}^{\mathrm{R}},\boldsymbol{x}^{\mathrm{I}})\leqslant 0\right\}=\left\{g_{\min}(\boldsymbol{x}^{\mathrm{R}})\leqslant 0\right\} \tag{4-101}$$

$$S^{\mathrm{L}}=\left\{g(\boldsymbol{x}^{\mathrm{R}},\boldsymbol{x}^{\mathrm{I}})>0,\exists\boldsymbol{x}^{\mathrm{I}}\in[\boldsymbol{x}^{\mathrm{I(L)}},\boldsymbol{x}^{\mathrm{I(U)}}]\right\}$$
$$=\left\{\max_{\boldsymbol{x}^{\mathrm{I}}\in[\boldsymbol{x}^{\mathrm{I(L)}},\boldsymbol{x}^{\mathrm{I(U)}}]}g(\boldsymbol{x}^{\mathrm{R}},\boldsymbol{x}^{\mathrm{I}})>0\right\}=\left\{g_{\max}(\boldsymbol{x}^{\mathrm{R}})>0\right\} \tag{4-102}$$

由上述分析可知，F^{U} 对应的失效概率即为随机和区间混合不确定性下失效概率的真实上界 $P_{\mathrm{f}}^{\mathrm{U}}$，而 F^{L} 对应的失效概率则为随机和区间混合不确定性下失效概率的真实下界 $P_{\mathrm{f}}^{\mathrm{L}}$。

4.6.2 随机和区间混合不确定性下传统失效概率的界限与真实界限的关系

1. $P_{\mathrm{f}}^{\mathrm{U}}$ 与 $\overline{P}_{\mathrm{f}}$ 的关系

失效概率上界 $P_{\mathrm{f}}^{\mathrm{U}}$ 对应着完全安全域 S^{U} 的补集 F^{U}，而 F^{U} 实际上可以看作是区间变量所有可能离散点处的功能函数对应的失效域的并集，即

$$F^{\mathrm{U}}=\bigcup_{i=1}^{N_{\mathrm{I}}}\left\{g(\boldsymbol{x}^{\mathrm{R}},\boldsymbol{x}_i^{\mathrm{I}})\leqslant 0\right\} \tag{4-103}$$

式中，$\boldsymbol{x}_i^{\mathrm{I}}\in[\boldsymbol{x}^{\mathrm{I(L)}},\boldsymbol{x}^{\mathrm{I(U)}}]$（$i=1,2,\cdots,N_{\mathrm{I}}$）表示区间变量的 N_{I} 个离散点。该失效域对应的失效概率即为随机和区间混合不确定性下结构失效概率的真实上界，即 $P_{\mathrm{f}}^{\mathrm{U}}=P\{F^{\mathrm{U}}\}$。

区间变量不同离散取值点处对应的失效概率是不同的，记最大失效概率对应的区间变量离散点为 $\boldsymbol{x}_{\max}^{\mathrm{I}}$，则

$$\boldsymbol{x}_{\max}^{\mathrm{I}}=\arg\max_{\boldsymbol{x}^{\mathrm{I}}\in[\boldsymbol{x}^{\mathrm{I(L)}},\boldsymbol{x}^{\mathrm{I(U)}}]}P\left\{g(\boldsymbol{x}^{\mathrm{R}},\boldsymbol{x}^{\mathrm{I}})\leqslant 0\right\} \tag{4-104}$$

根据式（4-103）可得 $\left\{g(\boldsymbol{x}^{\mathrm{R}},\boldsymbol{x}_{\max}^{\mathrm{I}})\leqslant 0\right\}\subseteq F^{\mathrm{U}}$，则

$$P_{\mathrm{f}}^{\mathrm{U}}\geqslant P\left\{g(\boldsymbol{x}^{\mathrm{R}},\boldsymbol{x}_{\max}^{\mathrm{I}})\leqslant 0\right\}$$
$$=\max_{\boldsymbol{x}^{\mathrm{I}}\in[\boldsymbol{x}^{\mathrm{I(L)}},\boldsymbol{x}^{\mathrm{I(U)}}]}P\left\{g(\boldsymbol{x}^{\mathrm{R}},\boldsymbol{x}^{\mathrm{I}})\leqslant 0\right\}$$
$$=\max_{\boldsymbol{x}^{\mathrm{I}}\in[\boldsymbol{x}^{\mathrm{I(L)}},\boldsymbol{x}^{\mathrm{I(U)}}]}P_{\mathrm{f}}(\boldsymbol{x}^{\mathrm{I}})\approx\overline{P}_{\mathrm{f}} \tag{4-105}$$

2. P_f^L 与 $\underline{P}_f$ 的关系

失效概率下界 P_f^L 对应着完全失效域 F^L，而 F^L 实际上可以看作是区间变量所有可能离散点处的功能函数对应的失效域的交集，即

$$F^L = \bigcap_{i=1}^{N_I} \left\{ g(\boldsymbol{x}^R, \boldsymbol{x}_i^I) \leqslant 0 \right\} \tag{4-106}$$

该失效域对应的失效概率即为随机和区间混合不确定性下结构失效概率的真实下界，即 $P_f^L = P\{F^L\}$。

区间变量不同离散取值点处对应的失效概率不同，记最小失效概率对应的区间变量离散点为 $\boldsymbol{x}_{\min}^I$，则

$$\boldsymbol{x}_{\min}^I = \arg \min_{\boldsymbol{x}^I \in [\boldsymbol{x}^{I(L)}, \boldsymbol{x}^{I(U)}]} P\left\{ g(\boldsymbol{x}^R, \boldsymbol{x}^I) \leqslant 0 \right\} \tag{4-107}$$

根据式（4-106）可得 $F^L \subseteq \left\{ g(\boldsymbol{x}^R, \boldsymbol{x}_{\min}^I) \leqslant 0 \right\}$，则

$$\begin{aligned} P_f^L &\leqslant P\left\{ g(\boldsymbol{x}^R, \boldsymbol{x}_{\min}^I) \leqslant 0 \right\} \\ &= \min_{\boldsymbol{x}^I \in [\boldsymbol{x}^{I(L)}, \boldsymbol{x}^{I(U)}]} P\left\{ g(\boldsymbol{x}^R, \boldsymbol{x}^I) \leqslant 0 \right\} \\ &= \min_{\boldsymbol{x}^I \in [\boldsymbol{x}^{I(L)}, \boldsymbol{x}^{I(U)}]} P_f(\boldsymbol{x}^I) \approx \underline{P}_f \end{aligned} \tag{4-108}$$

综合式（4-105）和式（4-108）可得随机和区间混合不确定性下传统的失效概率界限与失效概率真实界限的关系，如下所示：

$$P_f^L \leqslant \min_{\boldsymbol{x}^I \in [\boldsymbol{x}^{I(L)}, \boldsymbol{x}^{I(U)}]} P_f(\boldsymbol{x}^I) \leqslant \max_{\boldsymbol{x}^I \in [\boldsymbol{x}^{I(L)}, \boldsymbol{x}^{I(U)}]} P_f(\boldsymbol{x}^I) \leqslant P_f^U \tag{4-109}$$

4.6.3 算例分析

算例 4.4　考虑下述随机和区间混合不确定性下的功能函数：

$$g(\boldsymbol{X}^R, X^I) = 4X_1^R - 3.9998X_2^R + 4X_3^R - X^I \tag{4-110}$$

式中，$\boldsymbol{X}^R = \left\{ X_1^R, X_2^R, X_3^R \right\}^T$ 为随机变量，且 $X_i^R \sim N(83.5, 10.02^2)\ (i = 1,2,3)$；$X^I$ 为一维区间变量。采用 MCS 方法分别估计 P_f^L、$\min_{\boldsymbol{x}^I \in [\boldsymbol{x}^{I(L)}, \boldsymbol{x}^{I(U)}]} P_f(\boldsymbol{x}^I)$、$\max_{\boldsymbol{x}^I \in [\boldsymbol{x}^{I(L)}, \boldsymbol{x}^{I(U)}]} P_f(\boldsymbol{x}^I)$ 和 P_f^U，其结果见表 4-8。

表 4-8　算例 4.4 可靠性分析结果

结果	$x^I \in [112.5, 187.5]$	$x^I \in [75, 225]$	$x^I \in [37.5, 262.5]$
P_f^L	7.000×10^{-4}	9.000×10^{-5}	8.000×10^{-6}
$\min_{\boldsymbol{x}^I \in [\boldsymbol{x}^{I(L)}, \boldsymbol{x}^{I(U)}]} P_f(\boldsymbol{x}^I)$	7.099×10^{-4}	9.529×10^{-5}	9.718×10^{-6}
$\max_{\boldsymbol{x}^I \in [\boldsymbol{x}^{I(L)}, \boldsymbol{x}^{I(U)}]} P_f(\boldsymbol{x}^I)$	0.0174	0.0582	0.1511
P_f^U	0.0174	0.0583	0.1514

表 4-8 中列出了区间变量取值域不同时的 P_f^L、$\min\limits_{x^I\in[x^{I(L)},x^{I(U)}]} P_f(x^I)$、$\max\limits_{x^I\in[x^{I(L)},x^{I(U)}]} P_f(x^I)$ 和 P_f^U 的估计值。从结果中可以看出，区间变量取值域不同时，式（4-109）都是满足的。工程中普遍采用失效概率上界，即 P_f^U 来表示结构的安全程度，可以看到，随着区间变量取值域范围的增大，P_f^U 的值逐渐增大，结构的失效概率越来越大，可靠度越来越低。

4.7　随机和区间混合不确定性下失效概率上下界求解的扩展跨越率法

第 4.6 节已经详细介绍了随机和区间混合不确定性下失效概率真实上下界分析模型及其与传统失效概率上下界分析模型的关系。本节将介绍随机和区间混合不确定性下失效概率上下界求解的扩展跨越率法[31]。本节首先详细介绍失效概率上界求解的扩展跨越率法，然后对失效概率下界的定义式加以等价变换，再利用扩展跨越率法对其进行求解。

4.7.1　失效概率上界的等价表达式

由第 4.6 节内容可知随机和区间混合不确定性下失效概率上界为

$$P_f^U = P\left\{\min_{x^I\in[x^{I(L)},x^{I(U)}]} g(x^R,x^I)\leqslant 0\right\} = P\left\{g(x^R,x^I)\leqslant 0,\ \exists x^I\in[x^{I(L)},x^{I(U)}]\right\} \tag{4-111}$$

根据结构的功能函数可以将结构在观察域$[x^{I(L)},x^{I(U)}]$内的状态分为以下四种：①在区间变量起始点 $x^{I(L)}$ 安全，且在区间变量观察域$[x^{I(L)},x^{I(U)}]$内不发生穿越事件（穿越 $g(x^R,x_1^I,x_2^I)=0$，如图 4-13（a））。②在区间变量起始点 $x^{I(L)}$ 安全，且在区间变量观察域$[x^{I(L)},x^{I(U)}]$内发生穿越事件（图 4-13（b））。③在区间变量起始点 $x^{I(L)}$ 失效，且在区间变量观察域$[x^{I(L)},x^{I(U)}]$内不发生穿越事件（图 4-13（c））。④在区间变量起始点 $x^{I(L)}$ 失效，且在区间变量观察域$[x^{I(L)},x^{I(U)}]$内发生穿越事件（图 4-13（d））。显然，结构只有在第一种情况下是安全的，在其他三种情况下都是失效的。

综上所述，若结构在区间变量起始点 $x^{I(L)}$ 处失效或者在区间变量观察域$[x^{I(L)},x^{I(U)}]$内发生穿越事件，那么结构就失效，因此失效概率上界 P_f^U 可以等价表示为

$$P_f^U = P\left\{\left\{g(x^R,x^{I(L)})\leqslant 0\right\}\cup\left\{N^+(x^{I(L)},x^{I(U)})>0\right\}\right\} \tag{4-112}$$

式中，$\left\{g(x^R,x^{I(L)})\leqslant 0\right\}$ 表示在区间变量起始点 $x^{I(L)}$ 处的失效事件；$N^+(x^{I(L)},x^{I(U)})$ 表示结构状态在观察域$[x^{I(L)},x^{I(U)}]$内的穿越次数。

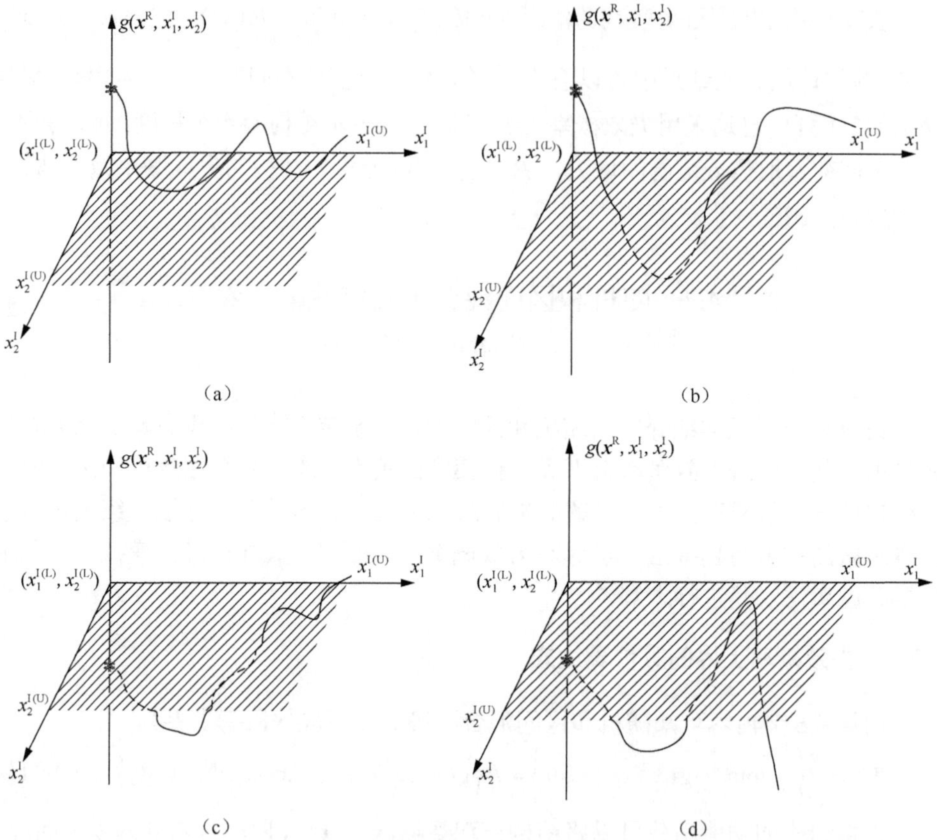

图 4-13　结构在区间变量观察域内的状态示意图

4.7.2　扩展跨越率的定义

原始的随机不确定性下的时变可靠性分析的跨越率[32-33]表示的是单位时间内结构状态从安全状态跨越到失效状态的概率。同理，本节中当区间变量固定在实现值 $\boldsymbol{\chi}^{\mathrm{I}}=\left\{\chi_1^{\mathrm{I}},\chi_2^{\mathrm{I}},\cdots,\chi_m^{\mathrm{I}}\right\}^{\mathrm{T}}$ 处的扩展跨越率 $\nu^{+}(\boldsymbol{\chi}^{\mathrm{I}})$ 表示区间变量单位观察域内结构从安全状态跨越到失效状态的概率，其定义如下：

$$
\begin{aligned}
\nu^{+}(\boldsymbol{\chi}^{\mathrm{I}}) &= \lim_{\substack{\Delta\chi_i^{\mathrm{I}}\to 0,\Delta\chi_i^{\mathrm{I}}>0\\(i=1,2,\cdots,m)}} \frac{P\left\{N^{+}\left(\boldsymbol{\chi}^{\mathrm{I}},\boldsymbol{\chi}^{\mathrm{I}}+\Delta\boldsymbol{\chi}^{\mathrm{I}}\right)=1\right\}}{\left\|\left(\boldsymbol{\chi}^{\mathrm{I}},\boldsymbol{\chi}^{\mathrm{I}}+\Delta\boldsymbol{\chi}^{\mathrm{I}}\right)\right\|} \\
&= \lim_{\substack{\Delta\chi_i^{\mathrm{I}}\to 0,\Delta\chi_i^{\mathrm{I}}>0\\(i=1,2,\cdots,m)}} \frac{P\left\{N^{+}\left(\boldsymbol{\chi}^{\mathrm{I}},\boldsymbol{\chi}^{\mathrm{I}}+\Delta\boldsymbol{\chi}^{\mathrm{I}}\right)=1\right\}}{\Delta\chi_1^{\mathrm{I}}\cdot\Delta\chi_2^{\mathrm{I}}\cdot\ \cdots\ \cdot\Delta\chi_m^{\mathrm{I}}} \\
&= \lim_{\substack{\Delta\chi_i^{\mathrm{I}}\to 0,\Delta\chi_i^{\mathrm{I}}>0\\(i=1,2,\cdots,m)}} \frac{P\left\{E_{\mathrm{C}}\right\}}{\Delta\chi_1^{\mathrm{I}}\cdot\Delta\chi_2^{\mathrm{I}}\cdot\ \cdots\ \cdot\Delta\chi_m^{\mathrm{I}}}
\end{aligned}
\tag{4-113}
$$

式中，$\left\|(\boldsymbol{\chi}^{\mathrm{I}},\boldsymbol{\chi}^{\mathrm{I}}+\Delta\boldsymbol{\chi}^{\mathrm{I}})\right\|$表示区域$[\boldsymbol{\chi}^{\mathrm{I}},\boldsymbol{\chi}^{\mathrm{I}}+\Delta\boldsymbol{\chi}^{\mathrm{I}}]$的尺寸；$E_{\mathrm{C}}=\left\{N^{+}\left(\boldsymbol{\chi}^{\mathrm{I}},\boldsymbol{\chi}^{\mathrm{I}}+\Delta\boldsymbol{\chi}^{\mathrm{I}}\right)=1\right\}$表示区域$[\boldsymbol{\chi}^{\mathrm{I}},\boldsymbol{\chi}^{\mathrm{I}}+\Delta\boldsymbol{\chi}^{\mathrm{I}}]$内的跨越次数等于 1 的事件；$\Delta\boldsymbol{\chi}^{\mathrm{I}}$表示区间变量的增量，如下所示：

$$\begin{aligned}\Delta\boldsymbol{\chi}^{\mathrm{I}}&=\bigcup_{i=1}^{m}\left\{0,\cdots,0,\Delta\chi_i^{\mathrm{I}},0,\cdots,0\right\}^{\mathrm{T}}\bigcup_{\substack{i,j=1\\i\neq j}}^{m}\left\{0,\cdots,0,\Delta\chi_i^{\mathrm{I}},0,\cdots,0,\Delta\chi_j^{\mathrm{I}},0,\cdots,0\right\}^{\mathrm{T}}\\&\bigcup\cdots\bigcup\left\{\Delta\chi_1^{\mathrm{I}},\Delta\chi_2^{\mathrm{I}},\cdots,\Delta\chi_m^{\mathrm{I}}\right\}^{\mathrm{T}}=\bigcup_{i=1}^{m}\varDelta_i\bigcup_{\substack{i,j=1\\i\neq j}}^{m}\varDelta_{i,j}\bigcup\cdots\bigcup\varDelta_{1,2,\cdots,m}\end{aligned}\tag{4-114}$$

式中，$\Delta\chi_i^{\mathrm{I}}\ (i=1,2,\cdots,m)$表示第$i$个区间变量的增量；$\varDelta_i=\left\{0,\cdots,0,\Delta\chi_i^{\mathrm{I}},0,\cdots,0\right\}^{\mathrm{T}}$表示一阶增量；$\varDelta_{i,j}=\left\{0,\cdots,0,\Delta\chi_i^{\mathrm{I}},0,\cdots,0,\Delta\chi_j^{\mathrm{I}},0,\cdots,0\right\}^{\mathrm{T}}$表示二阶增量；$\varDelta_{1,2,\cdots,m}=\left\{\Delta\chi_1^{\mathrm{I}},\Delta\chi_2^{\mathrm{I}},\cdots,\Delta\chi_m^{\mathrm{I}}\right\}^{\mathrm{T}}$表示$m$阶增量。

根据跨越率法的原理，事件E_{C}可以表示为

$$E_{\mathrm{C}}=\left\{\{g(\boldsymbol{x}^{\mathrm{R}},\boldsymbol{\chi}^{\mathrm{I}})>0\}\cap\{g(\boldsymbol{x}^{\mathrm{R}},\boldsymbol{\chi}^{\mathrm{I}}+\Delta\boldsymbol{\chi}^{\mathrm{I}})\leqslant 0\}\right\}\tag{4-115}$$

式（4-115）表示结构在点$\boldsymbol{\chi}^{\mathrm{I}}$处安全而在$[\boldsymbol{\chi}^{\mathrm{I}},\boldsymbol{\chi}^{\mathrm{I}}+\Delta\boldsymbol{\chi}^{\mathrm{I}}]$内失效。结合式（4-114）可得

$$\left\{g(\boldsymbol{x}^{\mathrm{R}},\boldsymbol{\chi}^{\mathrm{I}}+\Delta\boldsymbol{\chi}^{\mathrm{I}})\leqslant 0\right\}=\left\{\begin{aligned}&\bigcup_{i=1}^{m}\left\{g(\boldsymbol{x}^{\mathrm{R}},\boldsymbol{\chi}^{\mathrm{I}}+\varDelta_i)\leqslant 0\right\}\bigcup_{\substack{i,j=1\\i\neq j}}^{m}\left\{g(\boldsymbol{x}^{\mathrm{R}},\boldsymbol{\chi}^{\mathrm{I}}+\varDelta_{i,j})\leqslant 0\right\}\\&\bigcup\cdots\bigcup\left\{g(\boldsymbol{x}^{\mathrm{R}},\boldsymbol{\chi}^{\mathrm{I}}+\varDelta_{1,2,\cdots,m})\leqslant 0\right\}\end{aligned}\right\}\tag{4-116}$$

将式（4-116）代入式（4-115），可得事件E_{C}的展开式如下所示：

$$\begin{aligned}E_{\mathrm{C}}&=\left\{g(\boldsymbol{x}^{\mathrm{R}},\boldsymbol{\chi}^{\mathrm{I}})>0\right\}\cap\left\{\begin{aligned}&\bigcup_{i=1}^{m}\left\{g(\boldsymbol{x}^{\mathrm{R}},\boldsymbol{\chi}^{\mathrm{I}}+\varDelta_i)\leqslant 0\right\}\bigcup_{\substack{i,j=1\\i\neq j}}^{m}\left\{g(\boldsymbol{x}^{\mathrm{R}},\boldsymbol{\chi}^{\mathrm{I}}+\varDelta_{i,j})\leqslant 0\right\}\\&\bigcup\cdots\bigcup\left\{g(\boldsymbol{x}^{\mathrm{R}},\boldsymbol{\chi}^{\mathrm{I}}+\varDelta_{1,2,\cdots,m})\leqslant 0\right\}\end{aligned}\right\}\\&=E_0\cap\left\{\bigcup_{i=1}^{m}E_i\bigcup_{\substack{i,j=1\\i\neq j}}^{m}E_{i,j}\bigcup\cdots\bigcup E_{1,2,\cdots,m}\right\}\end{aligned}\tag{4-117}$$

式中，

$$\begin{cases}E_0=\left\{g(\boldsymbol{x}^{\mathrm{R}},\boldsymbol{\chi}^{\mathrm{I}})>0\right\}\\E_i=\left\{g(\boldsymbol{x}^{\mathrm{R}},\boldsymbol{\chi}^{\mathrm{I}}+\varDelta_i)\leqslant 0\right\}\\E_{i,j}=\left\{g(\boldsymbol{x}^{\mathrm{R}},\boldsymbol{\chi}^{\mathrm{I}}+\varDelta_{i,j})\leqslant 0\right\}\\E_{1,2,\cdots,m}=\left\{g(\boldsymbol{x}^{\mathrm{R}},\boldsymbol{\chi}^{\mathrm{I}}+\varDelta_{1,2,\cdots,m})\leqslant 0\right\}\end{cases}\tag{4-118}$$

将式（4-117）代入式（4-113）可得扩展跨越率为

$$\nu^{+}(\boldsymbol{\chi}^{\mathrm{I}})=\lim_{\substack{\Delta\chi_i^{\mathrm{I}}\to 0,\Delta\chi_i^{\mathrm{I}}>0\\(i=1,2,\cdots,m)}}\frac{P\left\{E_0\cap\left\{\bigcup_{i=1}^{m}E_i\bigcup_{\substack{i,j=1\\i\neq j}}^{m}E_{i,j}\bigcup\cdots\bigcup E_{1,2,\cdots,m}\right\}\right\}}{\Delta\chi_1^{\mathrm{I}}\cdot\Delta\chi_2^{\mathrm{I}}\cdot\cdots\cdot\Delta\chi_m^{\mathrm{I}}} \tag{4-119}$$

4.7.3 扩展跨越率的成立条件及解释

1. 扩展跨越率法成立条件

本节介绍的扩展跨越率法采用了 Poisson 假设，因此其必须满足的条件包括：在互不重叠的区域，结构状态的穿越是相互独立的，以及对于一个足够小的增量 $\Delta\boldsymbol{\chi}^{\mathrm{I}}$，有式（4-120）和式（4-121）成立：

$$P\left\{N^{+}\left(\boldsymbol{\chi}^{\mathrm{I}},\boldsymbol{\chi}^{\mathrm{I}}+\Delta\boldsymbol{\chi}^{\mathrm{I}}\right)=1\right\}=\lambda\left\|\left(\boldsymbol{\chi}^{\mathrm{I}},\boldsymbol{\chi}^{\mathrm{I}}+\Delta\boldsymbol{\chi}^{\mathrm{I}}\right)\right\|+o\left\|\left(\boldsymbol{\chi}^{\mathrm{I}},\boldsymbol{\chi}^{\mathrm{I}}+\Delta\boldsymbol{\chi}^{\mathrm{I}}\right)\right\| \tag{4-120}$$

$$\sum_{j=2}^{+\infty}P\left\{N^{+}\left(\boldsymbol{\chi}^{\mathrm{I}},\boldsymbol{\chi}^{\mathrm{I}}+\Delta\boldsymbol{\chi}^{\mathrm{I}}\right)=j\right\}=o\left\|\left(\boldsymbol{\chi}^{\mathrm{I}},\boldsymbol{\chi}^{\mathrm{I}}+\Delta\boldsymbol{\chi}^{\mathrm{I}}\right)\right\| \tag{4-121}$$

式中，$o\left\|\left(\boldsymbol{\chi}^{\mathrm{I}},\boldsymbol{\chi}^{\mathrm{I}}+\Delta\boldsymbol{\chi}^{\mathrm{I}}\right)\right\|$ 表示当 $\Delta\boldsymbol{\chi}^{\mathrm{I}}\to\mathbf{0}$ 时是一个高阶无穷小量；常数 $\lambda>0$ 表示 Poisson 过程的强度，且 $\lambda=\nu^{+}(\boldsymbol{\chi}^{\mathrm{I}})$。式（4-121）表示区域 $[\boldsymbol{\chi}^{\mathrm{I}},\boldsymbol{\chi}^{\mathrm{I}}+\Delta\boldsymbol{\chi}^{\mathrm{I}}]$ 内的穿越次数超过 1 的概率与穿越次数等于 1 的概率相比可以忽略。

综上所述，本节介绍的扩展穿越率法仅适用于互不重叠区域内结构状态的穿越相互独立，且结构状态的穿越在观察域 $[\boldsymbol{\chi}^{\mathrm{I}},\boldsymbol{\chi}^{\mathrm{I}}+\Delta\boldsymbol{\chi}^{\mathrm{I}}]$ 内只发生一次的问题。

2. 扩展跨越率 $\nu^{+}(\boldsymbol{\chi}^{\mathrm{I}})$ 的解释

与求解时变问题的跨越率的定义类似，当仅存在一个区间变量时结构的跨越率为

$$\nu^{+}(\boldsymbol{\chi}^{\mathrm{I}})=\lim_{\Delta\boldsymbol{\chi}^{\mathrm{I}}\to 0,\Delta\boldsymbol{\chi}^{\mathrm{I}}>0}\frac{P\left\{N^{+}\left(\boldsymbol{\chi}^{\mathrm{I}},\boldsymbol{\chi}^{\mathrm{I}}+\Delta\boldsymbol{\chi}^{\mathrm{I}}\right)=1\right\}}{\left\|\left(\boldsymbol{\chi}^{\mathrm{I}},\boldsymbol{\chi}^{\mathrm{I}}+\Delta\boldsymbol{\chi}^{\mathrm{I}}\right)\right\|}=\lim_{\Delta\boldsymbol{\chi}^{\mathrm{I}}\to 0,\Delta\boldsymbol{\chi}^{\mathrm{I}}>0}\frac{P\left\{N^{+}\left(\boldsymbol{\chi}^{\mathrm{I}},\boldsymbol{\chi}^{\mathrm{I}}+\Delta\boldsymbol{\chi}^{\mathrm{I}}\right)=1\right\}}{\Delta\boldsymbol{\chi}^{\mathrm{I}}} \tag{4-122}$$

此时，区域 $[\boldsymbol{\chi}^{\mathrm{I}},\boldsymbol{\chi}^{\mathrm{I}}+\Delta\boldsymbol{\chi}^{\mathrm{I}}]$ 的尺寸为区间的长度，且只有一个方向会发生穿越，即沿着 $\boldsymbol{\chi}^{\mathrm{I}}\to\boldsymbol{\chi}^{\mathrm{I}}+\Delta\chi^{\mathrm{I}}$ 穿越，如图 4-14（a）所示。

考虑包含两区间变量 X_1^{I} 和 X_2^{I} 的问题，此时扩展跨越率 $\nu^{+}(\chi_1^{\mathrm{I}},\chi_2^{\mathrm{I}})$ 定义为结构状态在单位区域内由安全状态穿越到失效状态的概率，如下所示：

$$\begin{aligned}\nu^{+}(\chi_1^{\mathrm{I}},\chi_2^{\mathrm{I}})&=\lim_{\Delta\chi_1^{\mathrm{I}}\to 0^{+},\Delta\chi_2^{\mathrm{I}}\to 0^{+}}\frac{P\left\{N^{+}\left[(\chi_1^{\mathrm{I}},\chi_1^{\mathrm{I}}+\Delta\chi_1^{\mathrm{I}}),(\chi_2^{\mathrm{I}},\chi_2^{\mathrm{I}}+\Delta\chi_2^{\mathrm{I}})\right]=1\right\}}{\left\|\left[(\chi_1^{\mathrm{I}},\chi_1^{\mathrm{I}}+\Delta\chi_1^{\mathrm{I}}),(\chi_2^{\mathrm{I}},\chi_2^{\mathrm{I}}+\Delta\chi_2^{\mathrm{I}})\right]\right\|}\\&=\lim_{\Delta\chi_1^{\mathrm{I}}\to 0^{+},\Delta\chi_2^{\mathrm{I}}\to 0^{+}}\frac{P\left\{E_{\mathrm{C}}\right\}}{\Delta\chi_1^{\mathrm{I}}\cdot\Delta\chi_2^{\mathrm{I}}}\end{aligned} \tag{4-123}$$

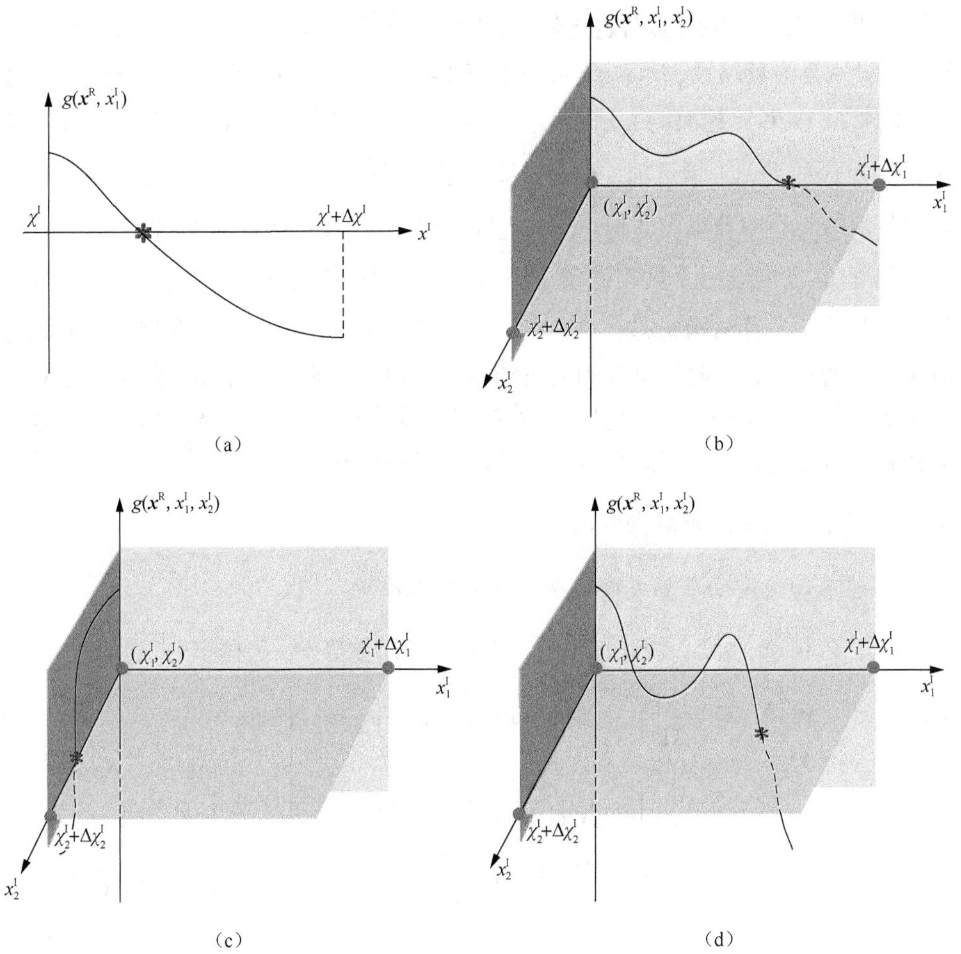

图 4-14　穿越路径示意图

式中，

$$
\begin{aligned}
E_{\mathrm{C}} &= \left\{ \begin{array}{l} g(\boldsymbol{x}^{\mathrm{R}}, \chi_1^{\mathrm{I}}, \chi_2^{\mathrm{I}}) > 0 \cap \\ \left\{ \begin{array}{l} g(\boldsymbol{x}^{\mathrm{R}}, \chi_1^{\mathrm{I}} + \Delta\chi_1^{\mathrm{I}}, \chi_2^{\mathrm{I}}) \leqslant 0 \cup g(\boldsymbol{x}^{\mathrm{R}}, \chi_1^{\mathrm{I}}, \chi_2^{\mathrm{I}} + \Delta\chi_2^{\mathrm{I}}) \leqslant 0 \\ \cup g(\boldsymbol{x}^{\mathrm{R}}, \chi_1^{\mathrm{I}} + \Delta\chi_1^{\mathrm{I}}, \chi_2^{\mathrm{I}} + \Delta\chi_2^{\mathrm{I}}) \leqslant 0 \end{array} \right. \end{array} \right\} \\
&= \underbrace{\left\{ g(\boldsymbol{x}^{\mathrm{R}}, \chi_1^{\mathrm{I}}, \chi_2^{\mathrm{I}}) > 0 \cap g(\boldsymbol{x}^{\mathrm{R}}, \chi_1^{\mathrm{I}} + \Delta\chi_1^{\mathrm{I}}, \chi_2^{\mathrm{I}}) \leqslant 0 \right\}}_{\text{路径1}} \\
&\quad \bigcup \underbrace{\left\{ g(\boldsymbol{x}^{\mathrm{R}}, \chi_1^{\mathrm{I}}, \chi_2^{\mathrm{I}}) > 0 \cap g(\boldsymbol{x}^{\mathrm{R}}, \chi_1^{\mathrm{I}}, \chi_2^{\mathrm{I}} + \Delta\chi_2^{\mathrm{I}}) \leqslant 0 \right\}}_{\text{路径2}} \\
&\quad \bigcup \underbrace{\left\{ g(\boldsymbol{x}^{\mathrm{R}}, \chi_1^{\mathrm{I}}, \chi_2^{\mathrm{I}}) > 0 \cap g(\boldsymbol{x}^{\mathrm{R}}, \chi_1^{\mathrm{I}} + \Delta\chi_1^{\mathrm{I}}, \chi_2^{\mathrm{I}} + \Delta\chi_2^{\mathrm{I}}) \leqslant 0 \right\}}_{\text{路径3}}
\end{aligned}
\tag{4-124}
$$

此时区域$\left[(\chi_1^{\mathrm{I}},\chi_1^{\mathrm{I}}+\Delta\chi_1^{\mathrm{I}}),(\chi_2^{\mathrm{I}},\chi_2^{\mathrm{I}}+\Delta\chi_2^{\mathrm{I}})\right]$的尺寸是其面积，且结构状态有三种穿越路径，分别为沿着路径$\chi_1^{\mathrm{I}}\to(\chi_1^{\mathrm{I}}+\Delta\chi_1^{\mathrm{I}})$（图 4-14（b））、沿着路径$\chi_2^{\mathrm{I}}\to(\chi_2^{\mathrm{I}}+\Delta\chi_2^{\mathrm{I}})$（图 4-14（c））和穿越面$\left[\chi_1^{\mathrm{I}},\chi_1^{\mathrm{I}}+\Delta\chi_1^{\mathrm{I}},\chi_2^{\mathrm{I}},\chi_2^{\mathrm{I}}+\Delta\chi_2^{\mathrm{I}}\right]$（图 4-14（d））。虽然路径 1 和路径 2 对应的是一阶增量项，但是其均属于区域$\left[(\chi_1^{\mathrm{I}},\chi_1^{\mathrm{I}}+\Delta\chi_1^{\mathrm{I}}),(\chi_2^{\mathrm{I}},\chi_2^{\mathrm{I}}+\Delta\chi_2^{\mathrm{I}})\right]$，因此扩展跨越率的分母为面积$(\Delta\chi_1^{\mathrm{I}}\cdot\Delta\chi_2^{\mathrm{I}})$，而不是它们对应的一阶增量。

同理，对于包含三个区间变量$\boldsymbol{X}^{\mathrm{I}}=\left\{X_1^{\mathrm{I}},X_2^{\mathrm{I}},X_3^{\mathrm{I}}\right\}^{\mathrm{T}}$的问题，区域$[\boldsymbol{\chi}^{\mathrm{I}},\boldsymbol{\chi}^{\mathrm{I}}+\Delta\boldsymbol{\chi}^{\mathrm{I}}]$的尺寸是其体积，且结构状态有$C_3^1+C_3^2+C_3^3=7$条穿越路径。这些穿越路径分别对应了一阶增量项、二阶增量项和三阶增量项，但是一阶增量项和二阶增量项对应的穿越也是发生在$[\boldsymbol{\chi}^{\mathrm{I}},\boldsymbol{\chi}^{\mathrm{I}}+\Delta\boldsymbol{\chi}^{\mathrm{I}}]$，因此在求解跨越率时，分母是区域$[\boldsymbol{\chi}^{\mathrm{I}},\boldsymbol{\chi}^{\mathrm{I}}+\Delta\boldsymbol{\chi}^{\mathrm{I}}]$的体积。对于包含更多区间变量的问题可以得到相似的结论。

4.7.4　扩展跨越率法求解失效概率上界

1. 扩展跨越率法求解失效概率上界的基本原理

基于 Poisson 假设，观察域$[\boldsymbol{x}^{\mathrm{I(L)}},\boldsymbol{x}^{\mathrm{I(U)}}]$穿越次数等于$s$的概率为

$$\begin{aligned}P\left\{N^+(\boldsymbol{x}^{\mathrm{I(L)}},\boldsymbol{x}^{\mathrm{I(U)}})=s\right\}&=\frac{1}{s!}\left[\int_{\boldsymbol{x}^{\mathrm{I(L)}}}^{\boldsymbol{x}^{\mathrm{I(U)}}}v^+(\boldsymbol{\chi}^{\mathrm{I}})\mathrm{d}\boldsymbol{\chi}^{\mathrm{I}}\right]^s\exp\left[-\int_{\boldsymbol{x}^{\mathrm{I(L)}}}^{\boldsymbol{x}^{\mathrm{I(U)}}}v^+(\boldsymbol{\chi}^{\mathrm{I}})\mathrm{d}\boldsymbol{\chi}^{\mathrm{I}}\right]\\&=\frac{1}{s!}\left[\int_{x_1^{\mathrm{I(L)}}}^{x_1^{\mathrm{I(U)}}}\int_{x_2^{\mathrm{I(L)}}}^{x_2^{\mathrm{I(U)}}}\cdots\int_{x_m^{\mathrm{I(L)}}}^{x_m^{\mathrm{I(U)}}}v^+(\chi_1^{\mathrm{I}},\chi_2^{\mathrm{I}},\cdots,\chi_m^{\mathrm{I}})\mathrm{d}\chi_1^{\mathrm{I}}\mathrm{d}\chi_2^{\mathrm{I}}\cdots\mathrm{d}\chi_m^{\mathrm{I}}\right]^s\\&\quad\times\exp\left[-\int_{x_1^{\mathrm{I(L)}}}^{x_1^{\mathrm{I(U)}}}\int_{x_2^{\mathrm{I(L)}}}^{x_2^{\mathrm{I(U)}}}\cdots\int_{x_m^{\mathrm{I(L)}}}^{x_m^{\mathrm{I(U)}}}v^+(\chi_1^{\mathrm{I}},\chi_2^{\mathrm{I}},\cdots,\chi_m^{\mathrm{I}})\mathrm{d}\chi_1^{\mathrm{I}}\mathrm{d}\chi_2^{\mathrm{I}}\cdots\mathrm{d}\chi_m^{\mathrm{I}}\right]\end{aligned}\tag{4-125}$$

结合式（4-119）和式（4-125）可知，基于扩展跨越率$v^+(\boldsymbol{\chi}^{\mathrm{I}})$直接求解失效概率上界是非常困难的，因为准确的穿越次数事先无法获得。因此，先利用扩展跨越率$v^+(\boldsymbol{\chi}^{\mathrm{I}})$求解失效概率上界对应的可靠性下界$R^{\mathrm{L}}$，然后利用$P_{\mathrm{f}}^{\mathrm{U}}=1-R^{\mathrm{L}}$求解失效概率上界。

由前述分析可知，当且仅当结构在区间变量起始点$\boldsymbol{x}^{\mathrm{I(L)}}$处安全且在区间变量观察域$[\boldsymbol{x}^{\mathrm{I(L)}},\boldsymbol{x}^{\mathrm{I(U)}}]$内不发生穿越事件（穿越次数为 0）时结构安全，因此对应于失效概率上界的可靠性下界R^{L}为

$$\begin{aligned}R^{\mathrm{L}}&=P\left\{\left\{g(\boldsymbol{x}^{\mathrm{R}},\boldsymbol{x}^{\mathrm{I(L)}})>0\right\}\bigcap\left\{N^+(\boldsymbol{x}^{\mathrm{I(L)}},\boldsymbol{x}^{\mathrm{I(U)}})=0\right\}\right\}\\&=P\left\{g(\boldsymbol{x}^{\mathrm{R}},\boldsymbol{x}^{\mathrm{I(L)}})>0\right\}\cdot P\left\{N^+(\boldsymbol{x}^{\mathrm{I(L)}},\boldsymbol{x}^{\mathrm{I(U)}})=0\right\}\\&=\left(1-P\left\{g(\boldsymbol{x}^{\mathrm{R}},\boldsymbol{x}^{\mathrm{I(L)}})\leqslant 0\right\}\right)\times\exp\left[-\int_{\boldsymbol{x}^{\mathrm{I(L)}}}^{\boldsymbol{x}^{\mathrm{I(U)}}}v^+(\boldsymbol{\chi}^{\mathrm{I}})\mathrm{d}\boldsymbol{\chi}^{\mathrm{I}}\right]\end{aligned}$$

$$
\begin{aligned}
&=\left(1-P\left\{g(\boldsymbol{x}^{\mathrm{R}},\boldsymbol{x}^{\mathrm{I(L)}})\leqslant 0\right\}\right)\\
&\quad\times\exp\left[-\int_{x_1^{\mathrm{I(L)}}}^{x_1^{\mathrm{I(U)}}}\int_{x_2^{\mathrm{I(L)}}}^{x_2^{\mathrm{I(U)}}}\cdots\int_{x_m^{\mathrm{I(L)}}}^{x_m^{\mathrm{I(U)}}}\int_{t_1}^{t_{\mathrm{u}}}v^{+}(x_1^{\mathrm{I}},x_2^{\mathrm{I}},\cdots,x_m^{\mathrm{I}})\mathrm{d}x_1^{\mathrm{I}}\mathrm{d}x_2^{\mathrm{I}}\cdots\mathrm{d}x_m^{\mathrm{I}}\right]
\end{aligned}
\tag{4-126}
$$

因此失效概率的上界可由式（4-127）求得

$$
\begin{aligned}
P_{\mathrm{f}}^{\mathrm{U}}&=1-R^{\mathrm{L}}=1-\left(1-P\left\{g(\boldsymbol{x}^{\mathrm{R}},\boldsymbol{x}^{\mathrm{I(L)}})\leqslant 0\right\}\right)\times\exp\left[-\int_{\boldsymbol{x}^{\mathrm{I(L)}}}^{\boldsymbol{x}^{\mathrm{I(U)}}}v^{+}(\boldsymbol{\chi}^{\mathrm{I}})\mathrm{d}\boldsymbol{\chi}^{\mathrm{I}}\right]\\
&=1-\left(1-P\left\{g(\boldsymbol{x}^{\mathrm{R}},\boldsymbol{x}^{\mathrm{I(L)}})\leqslant 0\right\}\right)\\
&\quad\times\exp\left[-\int_{x_1^{\mathrm{I(L)}}}^{x_1^{\mathrm{I(U)}}}\int_{x_2^{\mathrm{I(L)}}}^{x_2^{\mathrm{I(U)}}}\cdots\int_{x_m^{\mathrm{I(L)}}}^{x_m^{\mathrm{I(U)}}}\int_{t_1}^{t_{\mathrm{u}}}v^{+}(x_1^{\mathrm{I}},x_2^{\mathrm{I}},\cdots,x_m^{\mathrm{I}})\mathrm{d}x_1^{\mathrm{I}}\mathrm{d}x_2^{\mathrm{I}}\cdots\mathrm{d}x_m^{\mathrm{I}}\right]
\end{aligned}
\tag{4-127}
$$

由式（4-127）可以看出，求解失效概率上界 $P_{\mathrm{f}}^{\mathrm{U}}$ 是一个 m 维积分问题，可以利用高斯积分来求解这一定积分，即

$$
\begin{aligned}
P_{\mathrm{f}}^{\mathrm{U}}&=1-\left(1-P\left\{g(\boldsymbol{x}^{\mathrm{R}},\boldsymbol{x}^{\mathrm{I(L)}})\leqslant 0\right\}\right)\\
&\quad\times\exp\left[-\sum_{l_1=1}^{N_1}w_{X_1^{\mathrm{I}}}^{(l_1)}\sum_{l_2=1}^{N_2}w_{X_2^{\mathrm{I}}}^{(l_2)}\cdots\sum_{l_m=1}^{N_m}w_{X_m^{\mathrm{I}}}^{(l_m)}v^{+}(x_{1l_1}^{\mathrm{I}},x_{2l_2}^{\mathrm{I}},\cdots,x_{ml_m}^{\mathrm{I}})\right]
\end{aligned}
\tag{4-128}
$$

式中，$w_{X_i^{\mathrm{I}}}^{(l_i)}\ (i=1,2,\cdots,m)$ 表示区间变量 X_i^{I} 的第 l_i 个高斯积分权重；$x_{il_i}^{\mathrm{I}}$ 表示相应的高斯积分点。

2. 扩展跨越率法求解失效概率上界的具体步骤

扩展跨越率法求解失效概率上界的具体步骤如下。

第一步：根据随机变量的联合概率密度函数 $f_{\boldsymbol{X}^{\mathrm{R}}}(\boldsymbol{x}^{\mathrm{R}})$ 产生 N 个样本 $\left\{\boldsymbol{x}_1^{\mathrm{R}},\boldsymbol{x}_2^{\mathrm{R}},\cdots,\boldsymbol{x}_N^{\mathrm{R}}\right\}^{\mathrm{T}}$。

第二步：输入区间变量的高斯积分点和权重，即 $(x_{il_i}^{\mathrm{I}},w_{X_i^{\mathrm{I}}}^{(l_i)})$ $(i=1,2,\cdots,m;l_i=1,2,\cdots,N_i)$。这些高斯积分点有 $\prod_{i=1}^{m}N_i$ 种组合方式，记所有的组合方式为 $\boldsymbol{x}_r^{\mathrm{I}}=\left\{x_{r1}^{\mathrm{I}},x_{r2}^{\mathrm{I}},\cdots,x_{rm}^{\mathrm{I}}\right\}^{\mathrm{T}}\ (r=1,2,\cdots,\prod_{i=1}^{m}N_i)$。

第三步：输入第 i 个区间变量 X_i^{I} 的增量 $\Delta x_i^{\mathrm{I}}\ (i=1,2,\cdots,m)$。

第四步：计算扩展跨越率 $v^{+}(\boldsymbol{x}_r^{\mathrm{I}})$。

对每一个点 $\boldsymbol{x}_r^{\mathrm{I}}=\left\{x_{r1}^{\mathrm{I}},x_{r2}^{\mathrm{I}},\cdots,x_{rm}^{\mathrm{I}}\right\}^{\mathrm{T}}\ (r=1,2,\cdots,\prod_{i=1}^{m}N_i)$，执行如下（1）～（4）。

（1）计算当随机变量固定在 $\boldsymbol{x}_q^{\mathrm{R}}\ (q=1,2,\cdots,N)$ 处时，事件 $(E_0,E_i,E_{i,j},\cdots,E_{1,2,\cdots,m})$ 对应的指示函数值，即

$$\begin{cases} I_{E_0}^{(r)}(\boldsymbol{x}_q^{\mathrm{R}}) = \begin{cases} 1, & 若E_0发生 \\ 0, & 其他 \end{cases} = \begin{cases} 1, & g(\boldsymbol{x}_q^{\mathrm{R}}, \boldsymbol{x}_r^{\mathrm{I}}) > 0 \\ 0, & 其他 \end{cases} \\ I_{E_i}^{(r)}(\boldsymbol{x}_q^{\mathrm{R}}) = \begin{cases} 1, & 若E_i发生 \\ 0, & 其他 \end{cases} = \begin{cases} 1, & g(\boldsymbol{x}_q^{\mathrm{R}}, \boldsymbol{x}_r^{\mathrm{I}} + \boldsymbol{\Delta}_i) \leqslant 0 \\ 0, & 其他 \end{cases} \\ I_{E_{i,j}}^{(r)}(\boldsymbol{x}_q^{\mathrm{R}}) = \begin{cases} 1, & 若E_{i,j}发生 \\ 0, & 其他 \end{cases} = \begin{cases} 1, & g(\boldsymbol{x}_q^{\mathrm{R}}, \boldsymbol{x}_r^{\mathrm{I}} + \boldsymbol{\Delta}_{i,j}) \leqslant 0 \\ 0, & 其他 \end{cases} \\ \vdots \\ I_{E_{1,2,\cdots,m}}^{(r)}(\boldsymbol{x}_q^{\mathrm{R}}) = \begin{cases} 1, & 若E_{1,2,\cdots,m}发生 \\ 0, & 其他 \end{cases} = \begin{cases} 1, & g(\boldsymbol{x}_q^{\mathrm{R}}, \boldsymbol{x}_r^{\mathrm{I}} + \boldsymbol{\Delta}_{1,2,\cdots,m}) \leqslant 0 \\ 0, & 其他 \end{cases} \end{cases} \tag{4-129}$$

（2）基于式（4-129），计算事件 $\tilde{E} = \left\{ \bigcup_{i=1}^{m} E_i \bigcup_{\substack{i,j=1 \\ i \neq j}}^{m} E_{i,j} \bigcup \cdots \bigcup E_{1,2,\cdots,m} \right\}$ 对应的指示函数值：

$$I_{\tilde{E}}^{(r)}(\boldsymbol{x}_q^{\mathrm{R}}) = \begin{cases} 1, & 若\tilde{E}发生 \\ 0, & 其他 \end{cases} = \begin{cases} 1, & \sum_{i=1}^{m+1} I_{E_i}^{(r)}(\boldsymbol{x}_q^{\mathrm{R}}) + \sum_{\substack{i,j=1 \\ i \neq j}}^{m+1} I_{E_{i,j}}^{(r)}(\boldsymbol{x}_q^{\mathrm{R}}) + \cdots + I_{E_{1,2,\cdots,m}}^{(r)}(\boldsymbol{x}_q^{\mathrm{R}}) > 0 \\ 0, & 其他 \end{cases} \tag{4-130}$$

只要 $(E_i, E_{i,j}, \cdots, E_{1,2,\cdots,m})$ 中至少有一个事件发生，则事件 $\tilde{E}$ 发生。

（3）估计 $P\{E_{\mathrm{C}}\}$。

事件 E_{C} 对应的指示函数值为

$$I_{E_{\mathrm{C}}}^{(r)}(\boldsymbol{x}_q^{\mathrm{R}}) = \begin{cases} 1, & 若E_{\mathrm{C}}发生 \\ 0, & 其他 \end{cases} = \begin{cases} 1, & I_{E_0}^{(r)}(\boldsymbol{x}_q^{\mathrm{R}}) + I_{\tilde{E}}^{(r)}(\boldsymbol{x}_q^{\mathrm{R}}) > 1 \\ 0, & 其他 \end{cases} \tag{4-131}$$

式（4-131）表示当且仅当事件 E_0 和事件 $\tilde{E}$ 同时发生，则跨越事件 E_{C} 发生。因此，概率 $P\{E_{\mathrm{C}}\}$ 可由下式求得

$$P\{E_{\mathrm{C}}\} \approx \frac{1}{N} \sum_{q=1}^{N} I_{E_{\mathrm{C}}}^{(r)}(\boldsymbol{x}_q^{\mathrm{R}}) \tag{4-132}$$

（4）估计扩展跨越率 $v^{+}(\boldsymbol{x}_r^{\mathrm{I}})$：

$$v^{+}(\boldsymbol{x}_r^{\mathrm{I}}) \approx \frac{\frac{1}{N} \sum_{q=1}^{N} I_{E_{\mathrm{C}}}^{(r)}(\boldsymbol{x}_q^{\mathrm{R}})}{\Delta x_1^{\mathrm{I}} \cdot \Delta x_2^{\mathrm{I}} \cdot \ \cdots \ \cdot \Delta x_m^{\mathrm{I}}} \tag{4-133}$$

第五步：计算初始点 $\boldsymbol{x}^{\mathrm{I(L)}}$ 处对应的失效概率值：

$$P\left\{g(\boldsymbol{x}^{\mathrm{R}},\boldsymbol{x}^{\mathrm{I(L)}})\leqslant 0\right\}\approx\frac{1}{N}\sum_{q=1}^{N}I_{F_{\mathrm{L}}}(\boldsymbol{x}_q^{\mathrm{R}}) \tag{4-134}$$

式中，$F_{\mathrm{L}}=\left\{\boldsymbol{x}^{\mathrm{R}}\mid g(\boldsymbol{x}^{\mathrm{R}},\boldsymbol{x}^{\mathrm{I(L)}})\leqslant 0\right\}$ 且 $I_{F_{\mathrm{L}}}(\boldsymbol{x}^{\mathrm{R}})=\begin{cases}1, & \boldsymbol{x}^{\mathrm{R}}\in F_{\mathrm{L}}\\0, & \boldsymbol{x}^{\mathrm{R}}\notin F_{\mathrm{L}}\end{cases}$。

第六步：估计失效概率上界 $P_{\mathrm{f}}^{\mathrm{U}}$：

$$\hat{P}_{\mathrm{f}}^{\mathrm{U}}=1-\left(1-\frac{1}{N}\sum_{q=1}^{N}I_{F_{\mathrm{L}}}(\boldsymbol{x}_q^{\mathrm{R}})\right)\exp\left[-\sum_{l_1=1}^{N_1}w_{X_1^{\mathrm{I}}}^{(l_1)}\sum_{l_2=1}^{N_2}w_{X_2^{\mathrm{I}}}^{(l_2)}\cdots\sum_{l_m=1}^{N_m}w_{X_m^{\mathrm{I}}}^{(l_m)}\frac{\frac{1}{N}\sum_{q=1}^{N}I_{E_{\mathrm{C}}}^{(r)}(\boldsymbol{x}_q^{\mathrm{R}})}{\Delta x_1^{\mathrm{I}}\cdot\Delta x_2^{\mathrm{I}}\cdot\ \cdots\ \cdot\Delta x_m^{\mathrm{I}}}\right] \tag{4-135}$$

第七步：估计失效概率上界估计值 $\hat{P}_{\mathrm{f}}^{\mathrm{U}}$ 的变异系数 $\mathrm{Cov}[\hat{P}_{\mathrm{f}}^{\mathrm{U}}]$。

重复执行以上过程 k 次，可得 k 个失效概率上界的估计值 $\hat{P}_{\mathrm{f}(s)}^{\mathrm{U}}\ (s=1,2,\cdots,k)$。因此，失效概率上界的估计值 $\hat{P}_{\mathrm{f}}^{\mathrm{U}}$ 的变异系数 $\mathrm{Cov}[\hat{P}_{\mathrm{f}}^{\mathrm{U}}]$ 可以由下式求得

$$\mathrm{Cov}[\hat{P}_{\mathrm{f}}^{\mathrm{U}}]=\frac{\sqrt{\frac{1}{k}\sum_{s=1}^{k}\left(\hat{P}_{\mathrm{f}(s)}^{\mathrm{U}}-\frac{1}{k}\sum_{s=1}^{k}\hat{P}_{\mathrm{f}(s)}^{\mathrm{U}}\right)^2}}{\frac{1}{k}\sum_{s=1}^{k}\hat{P}_{\mathrm{f}(s)}^{\mathrm{U}}} \tag{4-136}$$

4.7.5　扩展跨越率法求解失效概率下界

根据第 4.6.2 小节内容可知，失效概率下界可以等价表示为

$$\begin{aligned}P_{\mathrm{f}}^{\mathrm{L}}&=P\left\{\max_{\boldsymbol{x}^{\mathrm{I}}\in[\boldsymbol{x}^{\mathrm{I(L)}},\boldsymbol{x}^{\mathrm{I(U)}}]}g(\boldsymbol{x}^{\mathrm{R}},\boldsymbol{x}^{\mathrm{I}})\leqslant 0\right\}=P\left\{g(\boldsymbol{x}^{\mathrm{R}},\boldsymbol{x}^{\mathrm{I}})\leqslant 0,\ \forall\boldsymbol{x}^{\mathrm{I}}\in[\boldsymbol{x}^{\mathrm{I(L)}},\boldsymbol{x}^{\mathrm{I(U)}}]\right\}\\&=P\left\{\min_{\boldsymbol{x}^{\mathrm{I}}\in[\boldsymbol{x}^{\mathrm{I(L)}},\boldsymbol{x}^{\mathrm{I(U)}}]}\left(-g(\boldsymbol{x}^{\mathrm{R}},\boldsymbol{x}^{\mathrm{I}})\right)\geqslant 0\right\}=1-P\left\{\min_{\boldsymbol{x}^{\mathrm{I}}\in[\boldsymbol{x}^{\mathrm{I(L)}},\boldsymbol{x}^{\mathrm{I(U)}}]}\left(-g(\boldsymbol{x}^{\mathrm{R}},\boldsymbol{x}^{\mathrm{I}})\right)<0\right\}\\&=1-P\left\{\min_{\boldsymbol{x}^{\mathrm{I}}\in[\boldsymbol{x}^{\mathrm{I(L)}},\boldsymbol{x}^{\mathrm{I(U)}}]}G(\boldsymbol{x}^{\mathrm{R}},\boldsymbol{x}^{\mathrm{I}})<0\right\}\end{aligned} \tag{4-137}$$

式中，$G(\boldsymbol{x}^{\mathrm{R}},\boldsymbol{x}^{\mathrm{I}})=-g(\boldsymbol{x}^{\mathrm{R}},\boldsymbol{x}^{\mathrm{I}})$。

因此，要利用扩展跨越率法求解失效概率下界 $P_{\mathrm{f}}^{\mathrm{L}}$，只需利用扩展跨越率法求解 $P\left\{\min_{\boldsymbol{x}^{\mathrm{I}}\in[\boldsymbol{x}^{\mathrm{I(L)}},\boldsymbol{x}^{\mathrm{I(U)}}]}G(\boldsymbol{x}^{\mathrm{R}},\boldsymbol{x}^{\mathrm{I}})<0\right\}$，而其求解步骤与失效概率上界求解的步骤一致，仅需将 $g(\boldsymbol{x}^{\mathrm{R}},\boldsymbol{x}^{\mathrm{I}})$ 替换为 $G(\boldsymbol{x}^{\mathrm{R}},\boldsymbol{x}^{\mathrm{I}})$ 即可。

4.8　随机和区间混合不确定性下可靠性分析的双层自适应代理模型法

本节将在第 4.6 节随机和区间混合不确定性下传统失效概率真实上下界分析模型的基础上，研究失效概率上下界求解的自适应代理模型结合 MCS 的方法（AS-MCS），即失效概率上下界求解的双层 AS-MCS 方法。

4.8.1　失效概率上界求解的双层自适应代理模型结合 MCS 的方法

依据 P_f^U 相应的失效域分析可知，求解 P_f^U 的代理模型方法可以分为两层进行。外层在随机变量备选样本池 $\boldsymbol{S}_R$ 中构建功能函数极小值与随机输入变量关系 $g_{\min}(\boldsymbol{x}^R)$ 的代理模型 $\hat{g}_{\min}(\boldsymbol{x}^R)$，进而由代理模型 $\hat{g}_{\min}(\boldsymbol{x}^R)$ 代替 $g_{\min}(\boldsymbol{x}^R)$ 来判别样本池 $\boldsymbol{S}_R$ 中的样本点是否落入失效域 F^U 中。内层则构建随机变量固定在某一点 $\boldsymbol{x}^{R*}$ 处时功能函数 $g(\boldsymbol{x}^{R*},\boldsymbol{x}^I)$ 的代理模型 $\hat{g}(\boldsymbol{x}^{R*},\boldsymbol{x}^I)$，用于高效求解随机变量固定在点 $\boldsymbol{x}^{R*}$ 处时的功能函数关于区间变量的极小值。外层和内层代理都是通过相应的学习函数选择训练样本点来自适应更新代理模型的，其目的都是希望利用尽可能少的功能函数调用次数得到收敛的代理模型，进而实现由代理模型对 P_f^U 的高效、高精度估计。

1. 双层代理的内层代理模型的学习函数

内层的代理模型 $\hat{g}(\boldsymbol{x}^{R*},\boldsymbol{x}^I)$ 是为了高效地求解随机变量固定在某一点 $\boldsymbol{x}^{R*}$ 处时功能函数的极小值，因此可以定义式（4-138）所示的求极值的学习函数[34]：

$$
\begin{aligned}
E_{\min}(\boldsymbol{x}^I) &= E\left(\max\left(\overline{g}_{\min}(\boldsymbol{x}^{R*})-\hat{g}(\boldsymbol{x}^{R*},\boldsymbol{x}^I),0\right)\right) \\
&= \int_{-\infty}^{\overline{g}_{\min}(\boldsymbol{x}^{R*})}\left[\overline{g}_{\min}(\boldsymbol{x}^{R*})-\hat{g}(\boldsymbol{x}^{R*},\boldsymbol{x}^I)\right] \\
&\quad \cdot\frac{1}{\sqrt{2\pi}\sigma_{\hat{g}}(\boldsymbol{x}^{R*},\boldsymbol{x}^I)}\exp\left\{-\frac{\left[\hat{g}(\boldsymbol{x}^{R*},\boldsymbol{x}^I)-\mu_{\hat{g}}(\boldsymbol{x}^{R*},\boldsymbol{x}^I)\right]^2}{2\sigma_{\hat{g}}^2(\boldsymbol{x}^{R*},\boldsymbol{x}^I)}\right\}\mathrm{d}\hat{g}(\boldsymbol{x}^{R*},\boldsymbol{x}^I) \\
&= \left[\overline{g}_{\min}(\boldsymbol{x}^{R*})-\mu_{\hat{g}}(\boldsymbol{x}^{R*},\boldsymbol{x}^I)\right]\Phi\left(\frac{\overline{g}_{\min}(\boldsymbol{x}^{R*})-\mu_{\hat{g}}(\boldsymbol{x}^{R*},\boldsymbol{x}^I)}{\sigma_{\hat{g}}(\boldsymbol{x}^{R*},\boldsymbol{x}^I)}\right) \\
&\quad +\sigma_{\hat{g}}(\boldsymbol{x}^{R*},\boldsymbol{x}^I)\phi\left(\frac{\overline{g}_{\min}(\boldsymbol{x}^{R*})-\mu_{\hat{g}}(\boldsymbol{x}^{R*},\boldsymbol{x}^z)}{\sigma_{\hat{g}}(\boldsymbol{x}^{R*},\boldsymbol{x}^I)}\right)
\end{aligned}
\tag{4-138}
$$

式中，$\overline{g}_{\min}(\boldsymbol{x}^{R*})=\min\limits_{\boldsymbol{x}^I\in[\boldsymbol{x}^{I(L)},\boldsymbol{x}^{I(U)}]}\mu_{\hat{g}}(\boldsymbol{x}^{R*},\boldsymbol{x}^z)$；$\mu_{\hat{g}}(\boldsymbol{x}^{R*},\boldsymbol{x}^I)$ 和 $\sigma_{\hat{g}}(\boldsymbol{x}^{R*},\boldsymbol{x}^I)$ 分别为代理模型 $\hat{g}(\boldsymbol{x}^{R*},\boldsymbol{x}^I)$ 的预测均值和标准差；$\phi(\cdot)$ 为标准正态变量的概率密度函数。

$E_{\min}(\boldsymbol{x}^{\mathrm{I}})$ 越大，则表示在 $\hat{g}(\boldsymbol{x}^{\mathrm{R}*},\boldsymbol{x}^{\mathrm{I}})$ 的值小于 $\overline{g}_{\min}(\boldsymbol{x}^{\mathrm{R}*})$ 的情况下，$\hat{g}(\boldsymbol{x}^{\mathrm{R}*},\boldsymbol{x}^{\mathrm{I}})$ 与 $\overline{g}_{\min}(\boldsymbol{x}^{\mathrm{R}*})$ 差异的期望越大，即 $E_{\min}(\boldsymbol{x}^{\mathrm{I}})$ 越大，则表明加入该区间变量备选样本点 $\boldsymbol{x}^{\mathrm{I}}$ 对提高代理模型 $\hat{g}(\boldsymbol{x}^{\mathrm{R}*},\boldsymbol{x}^{\mathrm{I}})$ 识别区间变量取值域内极小值 $\overline{g}_{\min}(\boldsymbol{x}^{\mathrm{R}*})$ 精度的贡献越大。因此，在区间变量备选样本池 $\boldsymbol{S}_{\mathrm{I}}$ 中选择使 $E_{\min}(\boldsymbol{x}^{\mathrm{I}})$ 最大的样本点来更新代理模型 $g(\boldsymbol{X}^{\mathrm{R}},\boldsymbol{X}^{\mathrm{I}})$，对应的停止准则为 $E_{\min}(\boldsymbol{x}^{\mathrm{I}})$ 的最大值小于预先设置的阈值 $C_{\mathrm{R}}^{\min}$，本节取 $C_{\mathrm{R}}^{\min}=1\times10^{-5}$。

2. 双层代理的外层代理模型的学习函数

构建外层代理模型 $\hat{g}_{\min}(\boldsymbol{x}^{\mathrm{R}})$ 的目的是准确识别样本池 $\boldsymbol{S}_{\mathrm{R}}$ 中落入失效域 F^{U} 的样本点，因此更新点选择的关键是要正确判别 $g_{\min}(\boldsymbol{x}^{\mathrm{R}})$ 的取值符号而并不需要准确求得 $g_{\min}(\boldsymbol{x}^{\mathrm{R}})$ 的取值，这样就可以采用 U 学习函数来选择备选样本池 $\boldsymbol{S}_{\mathrm{R}}$ 中的样本点以便逐步更新 $\hat{g}_{\min}(\boldsymbol{x}^{\mathrm{R}})$。通过设置较高的代理模型 $\hat{g}_{\min}(\boldsymbol{x}^{\mathrm{R}})$ 正确识别 $g_{\min}(\boldsymbol{x}^{\mathrm{R}})$ 的取值符号的概率（如 $\Phi(2)\approx 0.977$）对应的 U 学习函数阈值，可以保证收敛的代理模型 $\hat{g}_{\min}(\boldsymbol{x}^{\mathrm{R}})$ 能以较大的概率正确识别 $g_{\min}(\boldsymbol{x}^{\mathrm{R}})$ 的取值符号，进而正确地估计失效概率上界 $P_{\mathrm{f}}^{\mathrm{U}}$。

本节中的 U 学习函数为 $U(\boldsymbol{x}^{\mathrm{R}})=|\mu_{\hat{g}_{\min}}(\boldsymbol{x}^{\mathrm{R}})|/\sigma_{\hat{g}_{\min}}(\boldsymbol{x}^{\mathrm{R}})$，其中 $\mu_{\hat{g}_{\min}}(\boldsymbol{x}^{\mathrm{R}})$ 和 $\sigma_{\hat{g}_{\min}}(\boldsymbol{x}^{\mathrm{R}})$ 分别表示代理模型 $\hat{g}_{\min}(\boldsymbol{x}^{\mathrm{R}})$ 的预测均值和标准差。$U(\boldsymbol{x}^{\mathrm{R}})$ 越小，说明备选样本点 $\boldsymbol{x}^{\mathrm{R}}$ 越接近极限状态面或者代理模型的标准差越大（即代理模型的预测不确定性越大），将备选样本池 $\boldsymbol{S}_{\mathrm{R}}$ 中 $U(\boldsymbol{x}^{\mathrm{R}})$ 最小的点加入代理模型的训练集中将能够最大限度地提高代理模型 $\hat{g}_{\min}(\boldsymbol{x}^{\mathrm{R}})$ 准确预测 $g_{\min}(\boldsymbol{x}^{\mathrm{R}})$ 取值符号的能力。更新停止的准则为备选样本池中备选样本点的 U 学习函数的最小值大于等于 2，此时可以保证收敛的代理模型 $\hat{g}_{\min}(\boldsymbol{x}^{\mathrm{R}})$ 准确识别 $g_{\min}(\boldsymbol{x}^{\mathrm{R}})$ 取值符号的概率大于 97%。

3. 双层 AS-MCS 方法求解失效概率上界的具体步骤

1）内层代理模型的建立步骤

第一步：将区间变量的取值域 $[\boldsymbol{x}^{\mathrm{I(L)}},\boldsymbol{x}^{\mathrm{I(U)}}]$ 离散为容量 N_{I} 的备选样本池 $\boldsymbol{S}_{\mathrm{I}}=\left\{\boldsymbol{x}_1^I,\boldsymbol{x}_2^I,\cdots,\boldsymbol{x}_{N_{\mathrm{I}}}^I\right\}^{\mathrm{T}}$。

第二步：从 $\boldsymbol{S}_{\mathrm{I}}$ 中随机选取 $N_{\mathrm{I}}^{(\mathrm{t})}$ $(N_{\mathrm{I}}^{(\mathrm{t})}\ll N_{\mathrm{I}})$ 个样本 $\boldsymbol{x}^{\mathrm{I(t)}}=\left\{\boldsymbol{x}_k^{\mathrm{I(t)}},k=1,2,\cdots,N_{\mathrm{I}}^{(\mathrm{t})}\right\}^{\mathrm{T}}$ 作为初始训练样本，计算 $\boldsymbol{g}_{\mathrm{inner}}^{(\mathrm{t})}=\left\{g(\boldsymbol{x}^{\mathrm{R}*},\boldsymbol{x}_k^{\mathrm{I(t)}}),k=1,2,\cdots,N_{\mathrm{I}}^{(\mathrm{t})}\right\}^{\mathrm{T}}$。

第三步：由训练样本集 $(\boldsymbol{x}^{\mathrm{I(t)}},\boldsymbol{g}_{\mathrm{inner}}^{(\mathrm{t})})$ 建立或更新内层代理模型 $\hat{g}(\boldsymbol{x}^{\mathrm{R}*},\boldsymbol{x}^{\mathrm{I}})$。

第四步：若 $\max\limits_{\boldsymbol{x}_i^{\mathrm{I}}\in\boldsymbol{S}_{\mathrm{I}}}E_{\min}(\boldsymbol{x}_i^{\mathrm{I}})\leqslant C_{\mathrm{R}}^{\min}$，转第五步；否则，选择新的训练样本点 $\boldsymbol{x}_{\mathrm{new}}^{\mathrm{I}}=\arg\max\limits_{\boldsymbol{x}_i^{\mathrm{I}}\in\boldsymbol{S}_{\mathrm{I}}}E_{\min}(\boldsymbol{x}_i^{\mathrm{I}})$，计算 $g(\boldsymbol{x}^{\mathrm{R}*},\boldsymbol{x}_{\mathrm{new}}^{\mathrm{I}})$。令 $\boldsymbol{x}^{\mathrm{I(t)}}=\boldsymbol{x}^{\mathrm{I(t)}}\bigcup\boldsymbol{x}_{\mathrm{new}}^{\mathrm{I}}$，$\boldsymbol{g}_{\mathrm{inner}}^{(\mathrm{t})}=\boldsymbol{g}_{\mathrm{inner}}^{(\mathrm{t})}\bigcup g(\boldsymbol{x}^{\mathrm{R}*},\boldsymbol{x}_{\mathrm{new}}^{\mathrm{I}})$ 且 $N_{\mathrm{I}}^{(\mathrm{t})}=N_{\mathrm{I}}^{(\mathrm{t})}+1$，转第三步。

第五步：输出收敛的代理模型 $\bar{g}_{\min}(\boldsymbol{x}^{R*})=\min\limits_{\boldsymbol{x}^{I}\in[\boldsymbol{x}^{I(L)},\boldsymbol{x}^{I(U)}]}\mu_{\hat{g}}(\boldsymbol{x}^{R*},\boldsymbol{x}^{I})$。

2）外层代理模型的建立步骤

第一步：由随机输入变量的联合概率密度函数 $f_{\boldsymbol{X}^{R}}(\boldsymbol{x}^{R})$ 产生容量为 N_R 的备选样本池 $\boldsymbol{S}_R=\left\{\boldsymbol{x}_1^R,\boldsymbol{x}_2^R,\cdots,\boldsymbol{x}_{N_R}^R\right\}^T$。

第二步：从 $\boldsymbol{S}_R$ 中随机选取 $N_R^{(t)}$ ($N_R^{(t)}\ll N_R$) 个样本 $\boldsymbol{x}^{R(t)}=\left\{\boldsymbol{x}_k^{R(t)},k=1,2,\cdots,N_R^{(t)}\right\}^T$ 作为初始训练样本，调用内层代理模型计算 $\boldsymbol{g}_{outer}^{(t)}=\left\{\bar{g}_{\min}(\boldsymbol{x}_k^{R(t)}),k=1,2,\cdots,N_R^{(t)}\right\}^T$。

第三步：由训练样本集 $(\boldsymbol{x}^{R(t)},\boldsymbol{g}_{outer}^{(t)})$ 建立外层代理模型 $\hat{g}_{\min}(\boldsymbol{x}^{R})$。

第四步：若 $\min\limits_{\boldsymbol{x}_k^R\in\boldsymbol{S}_R}U(\boldsymbol{x}_k^R)\geqslant 2$，转第五步；否则，选择新的训练样本点 $\boldsymbol{x}_{new}^R=\arg\min\limits_{\boldsymbol{x}_k^R\in\boldsymbol{S}_R}U(\boldsymbol{x}_k^R)$，利用内层代理模型计算 $\bar{g}_{\min}(\boldsymbol{x}_{new}^R)$。令 $\boldsymbol{x}^{R(t)}=\boldsymbol{x}^{R(t)}\bigcup\boldsymbol{x}_{new}^R$，$\boldsymbol{g}_{outer}^{(t)}=\boldsymbol{g}_{outer}^{(t)}\bigcup\bar{g}_{\min}(\boldsymbol{x}_{new}^R)$ 且 $N_R^{(t)}=N_R^{(t)}+1$，转入第三步。

第五步：利用收敛的代理模型 $\hat{g}_{\min}(\boldsymbol{x}^{R})$ 估计失效概率上界为

$$P_f^U=\frac{1}{N_R}\sum_{i=1}^{N_R}I_F[\mu_{\hat{g}_{\min}}(\boldsymbol{x}_i^R)]，其中\ I_F[\mu_{\hat{g}_{\min}}(\boldsymbol{x}_i^R)]=\begin{cases}1, & \mu_{\hat{g}_{\min}}(\boldsymbol{x}_i^R)\leqslant 0\\ 0, & \mu_{\hat{g}_{\min}}(\boldsymbol{x}_i^R)>0\end{cases}\tag{4-139}$$

双层 AS-MCS 方法求解随机和区间混合不确定性下失效概率上界的流程如图 4-15 所示。

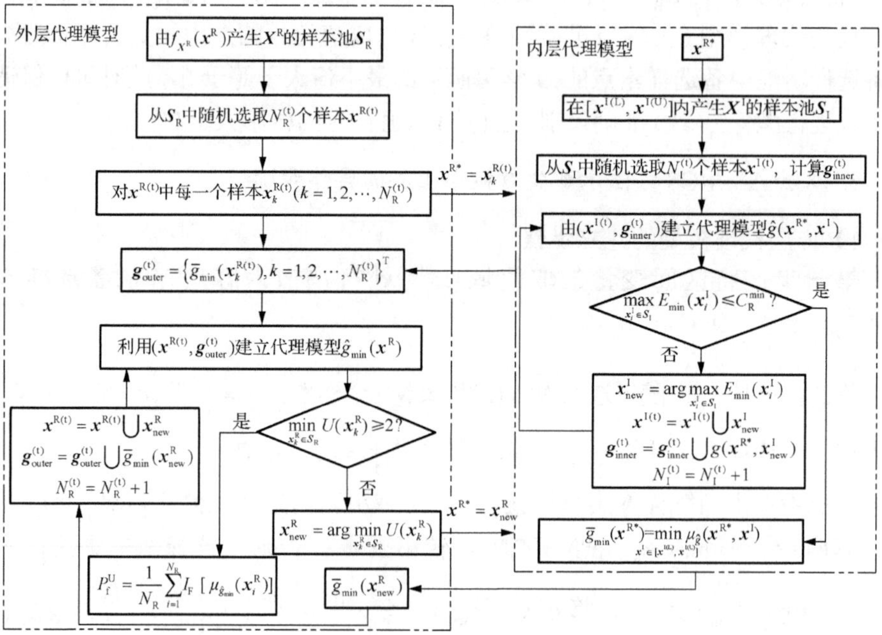

图 4-15　双层 AS-MCS 方法求解随机和区间混合不确定性下失效概率上界的流程图

4.8.2　失效概率下界求解的双层自适应代理模型结合 MCS 的方法

双层 AS-MCS 方法求解 P_f^L 和 P_f^U 的区别主要在内层学习函数的构建上，而双层 AS-MCS 方法求解 P_f^L 的外层学习函数以及整个算法的步骤与求解 P_f^U 时完全相同，因此本节只给出双层 AS-MCS 方法求解 P_f^L 的内层学习函数以及流程图（图 4-16）。

1. 内层学习函数

由于内层代理模型 $\hat{g}(\boldsymbol{x}^{R*},\boldsymbol{x}^I)$ 是为了高效求解随机变量固定在某一点 $\boldsymbol{x}^{R*}$ 处时功能函数的极大值 $g_{\max}(\boldsymbol{x}^{R*})$，因此可以采用下式所示的学习函数：

$$\begin{aligned}
E_{\max}(\boldsymbol{x}^I) &= E\left(\max\left(\hat{g}(\boldsymbol{x}^{R*},\boldsymbol{x}^I)-\overline{g}_{\max}(\boldsymbol{x}^{R*}),0\right)\right)\\
&=\int_{-\infty}^{\overline{g}_{\max}(\boldsymbol{x}^{R*})}\left[\hat{g}(\boldsymbol{x}^{R*},\boldsymbol{x}^I)-\overline{g}_{\max}(\boldsymbol{x}^{R*})\right]\\
&\quad\cdot\frac{1}{\sqrt{2\pi}\sigma_{\hat{g}}(\boldsymbol{x}^{R*},\boldsymbol{x}^I)}\exp\left\{-\frac{\left[\hat{g}(\boldsymbol{x}^{R*},\boldsymbol{x}^I)-\mu_{\hat{g}}(\boldsymbol{x}^{R*},\boldsymbol{x}^I)\right]^2}{2\sigma_{\hat{g}}^2(\boldsymbol{x}^{R*},\boldsymbol{x}^I)}\right\}\mathrm{d}\hat{g}(\boldsymbol{x}^{R*},\boldsymbol{x}^I)\\
&=\left[\mu_{\hat{g}}(\boldsymbol{x}^{R*},\boldsymbol{x}^I)-\overline{g}_{\max}(\boldsymbol{x}^{R*})\right]\Phi\left(\frac{\mu_{\hat{g}}(\boldsymbol{x}^{R*},\boldsymbol{x}^I)-\overline{g}_{\max}(\boldsymbol{x}^{R*})}{\sigma_{\hat{g}}(\boldsymbol{x}^{R*},\boldsymbol{x}^I)}\right)\\
&\quad+\sigma_{\hat{g}}(\boldsymbol{x}^{R*},\boldsymbol{x}^I)\phi\left(\frac{\mu_{\hat{g}}(\boldsymbol{x}^{R*},\boldsymbol{x}^I)-\overline{g}_{\max}(\boldsymbol{x}^{R*})}{\sigma_{\hat{g}}(\boldsymbol{x}^{R*},\boldsymbol{x}^I)}\right)
\end{aligned}\tag{4-140}$$

式中，$\overline{g}_{\max}(\boldsymbol{x}^{R*})=\max\limits_{\boldsymbol{x}^I\in[\boldsymbol{x}^{I(L)},\boldsymbol{x}^{I(U)}]}\mu_{\hat{g}}(\boldsymbol{x}^{R*},\boldsymbol{x}^I)$。

$E_{\max}(\boldsymbol{x}^I)$ 越大，则表示在 $\hat{g}(\boldsymbol{X}^R,\boldsymbol{X}^I)$ 的值大于 $\overline{g}_{\max}(\boldsymbol{x}^{R*})$ 的情况下，$\hat{g}(\boldsymbol{x}^{R*},\boldsymbol{x}^I)$ 与 $\overline{g}_{\max}(\boldsymbol{x}^{R*})$ 差异值的期望越大，即 $E_{\max}(\boldsymbol{x}^I)$ 越大，则表明加入该区间变量备选样本点 $\boldsymbol{x}^I$ 对提高代理模型 $\hat{g}(\boldsymbol{x}^{R*},\boldsymbol{x}^I)$ 识别区间变量取值域内极大值 $\overline{g}_{\max}(\boldsymbol{x}^{R*})$ 精度的贡献越大。因此，在区间变量备选样本池 $\boldsymbol{S}_I$ 中选择使 $E_{\max}(\boldsymbol{x}^I)$ 最大的样本点来更新代理模型 $\hat{g}(\boldsymbol{x}^{R*},\boldsymbol{x}^I)$，对应的停止准则为 $E_{\max}(\boldsymbol{x}^I)$ 的最大值小于等于预先设置的阈值 $C_R^{\max}$，本节取 $C_R^{\max}=1\times10^{-5}$。

2. 求解步骤

双层 AS-MCS 方法求解失效概率下界的具体流程如图 4-16 所示，其中如果 $\mu_{\hat{g}_{\max}}(\boldsymbol{x}_i^R)\leqslant 0$，则 $I_F[\hat{g}_{\max}(\boldsymbol{x}_i^R)]=1$，否则 $I_F[\hat{g}_{\max}(\boldsymbol{x}_i^R)]=0$，$\mu_{\hat{g}_{\max}}(\boldsymbol{x}_i^R)$ 表示由代理模型 $\hat{g}_{\max}(\boldsymbol{X})$ 得到的预测均值。

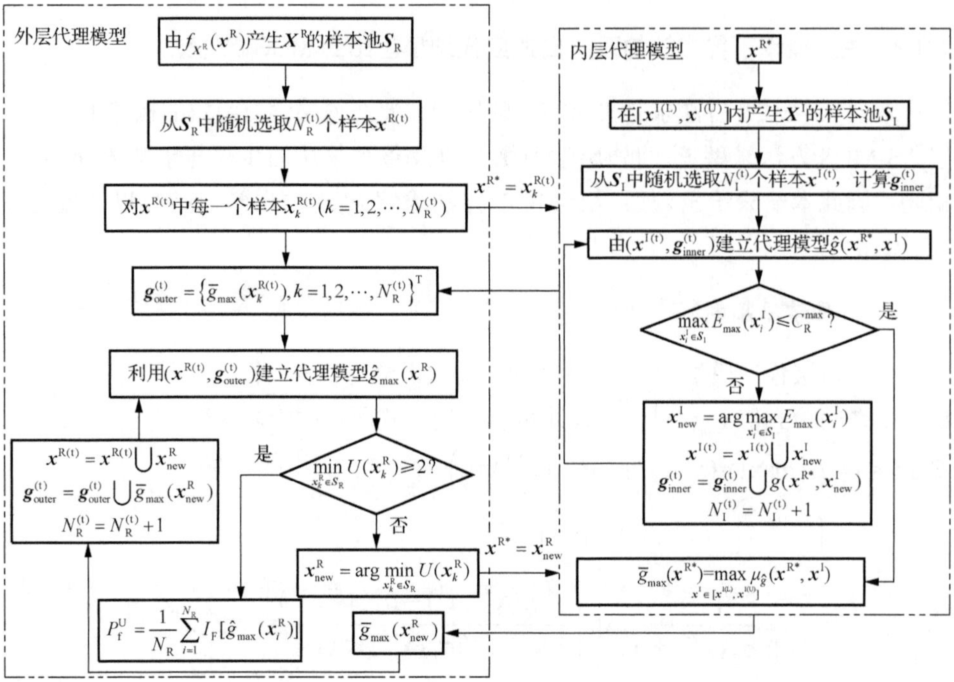

图 4-16　双层 AS-MCS 方法求解失效概率下界的流程图

4.9　随机和区间混合不确定性下可靠性分析的单层自适应代理模型法

与双层 AS-MCS 方法不同的是，单层 AS-MCS 方法直接构造真实功能函数 $g(\boldsymbol{X}^{\mathrm{R}},\boldsymbol{X}^{\mathrm{I}})$ 的代理模型 $\hat{g}(\boldsymbol{X}^{\mathrm{R}},\boldsymbol{X}^{\mathrm{I}})$。单层代理策略能够更好地考虑随机输入变量和区间输入变量在功能函数中的关系，可以在双层代理的基础上进一步减少功能函数的调用次数。与双层 AS-MCS 方法相同的是单层 AS-MCS 方法也是通过自适应更新代理模型的策略，来达到利用更少的功能函数调用次数得到满足精度要求的失效概率估计值。

4.9.1　失效概率上界求解的单层自适应代理模型结合 MCS 的方法

单层 AS-MCS 方法的基本思想是首先构造随机变量的备选样本池 $\boldsymbol{S}_{\mathrm{R}}$ 和区间变量的备选样本池 $\boldsymbol{S}_{\mathrm{I}}$，然后在 $\boldsymbol{S}_{\mathrm{R}}$ 和 $\boldsymbol{S}_{\mathrm{I}}$ 的组合样本池 $\boldsymbol{S}$ 中构建功能函数 $g(\boldsymbol{X}^{\mathrm{R}},\boldsymbol{X}^{\mathrm{I}})$ 的代理模型 $\hat{g}(\boldsymbol{X}^{\mathrm{R}},\boldsymbol{X}^{\mathrm{I}})$，再采用逐步更新的策略得到收敛的代理模型 $\hat{g}(\boldsymbol{X}^{\mathrm{R}},\boldsymbol{X}^{\mathrm{I}})$，进而利用 $\hat{g}(\boldsymbol{X}^{\mathrm{R}},\boldsymbol{X}^{\mathrm{I}})$ 代替 $g(\boldsymbol{X}^{\mathrm{R}},\boldsymbol{X}^{\mathrm{I}})$ 来高效地估计失效概率上界 $P_{\mathrm{f}}^{\mathrm{U}}$。

1. 学习函数

由于构造代理模型 $\hat{g}(\boldsymbol{X}^{\mathrm{R}},\boldsymbol{X}^{\mathrm{I}})$ 的目的是利用 $\hat{g}(\boldsymbol{X}^{\mathrm{R}},\boldsymbol{X}^{\mathrm{I}})$ 来识别 $\boldsymbol{S}_{\mathrm{R}}$ 中的失效样本，即用代理模型得到的失效域 $\hat{F}^{\mathrm{U}}=\left\{\hat{g}(\boldsymbol{x}^{\mathrm{R}},\boldsymbol{x}^{\mathrm{I}})\leqslant 0,\exists \boldsymbol{x}_{\mathrm{I}}\in[\boldsymbol{x}_{\mathrm{I}}^{\mathrm{L}},\boldsymbol{x}_{\mathrm{I}}^{\mathrm{U}}]\right\}$ 来逼近真实失效域 $F^{\mathrm{U}}=\left\{g(\boldsymbol{x}^{\mathrm{R}},\boldsymbol{x}^{\mathrm{I}})\leqslant 0,\exists \boldsymbol{x}_{\mathrm{I}}\in[\boldsymbol{x}_{\mathrm{I}}^{\mathrm{L}},\boldsymbol{x}_{\mathrm{I}}^{\mathrm{U}}]\right\}$，因此 $\hat{g}(\boldsymbol{X}^{\mathrm{R}},\boldsymbol{X}^{\mathrm{I}})$ 需要能够正确识别组合样本池 $\boldsymbol{S}$ 中样本点的取值符号。U 学习函数可用于选择对正确识别功能函数取值符号贡献最大的样本点，因此在单层代理模型中将采用 U 学习函数来选择更新样本点，以便快速得到满足要求的代理模型 $\hat{g}(\boldsymbol{X}^{\mathrm{R}},\boldsymbol{X}^{\mathrm{I}})$。代理模型 $\hat{g}(\boldsymbol{X}^{\mathrm{R}},\boldsymbol{X}^{\mathrm{I}})$ 对应的 U 学习函数如下所示：

$$U(\boldsymbol{x}^{\mathrm{R}},\boldsymbol{x}^{\mathrm{I}})=\frac{\left|\mu_{\hat{g}}(\boldsymbol{x}^{\mathrm{R}},\boldsymbol{x}^{\mathrm{I}})\right|}{\sigma_{\hat{g}}(\boldsymbol{x}^{\mathrm{R}},\boldsymbol{x}^{\mathrm{I}})},\qquad(\boldsymbol{x}^{\mathrm{R}},\boldsymbol{x}^{\mathrm{I}})\in\boldsymbol{S}\tag{4-141}$$

式中，$\mu_{\hat{g}}(\boldsymbol{x}^{\mathrm{R}},\boldsymbol{x}^{\mathrm{I}})$ 和 $\sigma_{\hat{g}}(\boldsymbol{x}^{\mathrm{R}},\boldsymbol{x}^{\mathrm{I}})$ 分别为代理模型 $\hat{g}(\boldsymbol{X}^{\mathrm{R}},\boldsymbol{X}^{\mathrm{I}})$ 在点 $(\boldsymbol{x}^{\mathrm{R}},\boldsymbol{x}^{\mathrm{I}})$ 处的预测均值和标准差。

为了选择新的训练样本点更新代理模型，首先确定随机变量的新的训练样本点 $\boldsymbol{x}_{\mathrm{new}}^{\mathrm{R}}=\arg\min\limits_{\boldsymbol{x}^{\mathrm{R}}\in\boldsymbol{S}_{\mathrm{R}}}U_1(\boldsymbol{x}^{\mathrm{R}})$，式中，

$$U_1(\boldsymbol{x}^{\mathrm{R}})=\begin{cases}\max\limits_{\boldsymbol{x}^{\mathrm{I}}\in\boldsymbol{S}_{\mathrm{I}}}U(\boldsymbol{x}^{\mathrm{R}},\boldsymbol{x}^{\mathrm{I}}), & \mu_{\hat{g}}(\boldsymbol{x}^{\mathrm{R}},\boldsymbol{x}^{\mathrm{I}})\leqslant 0\cap U(\boldsymbol{x}^{\mathrm{R}},\boldsymbol{x}^{\mathrm{I}})\geqslant 2,\exists\boldsymbol{x}^{\mathrm{I}}\in\boldsymbol{S}_{\mathrm{I}}\\ \min\limits_{\boldsymbol{x}^{\mathrm{I}}\in\boldsymbol{S}_{\mathrm{I}}}U(\boldsymbol{x}^{\mathrm{R}},\boldsymbol{x}^{\mathrm{I}}), & \text{其他}\end{cases}\tag{4-142}$$

然后确定区间输入变量的新的训练样本点 $\boldsymbol{x}_{\mathrm{new}}^{\mathrm{I}}=\arg\min\limits_{\boldsymbol{x}^{\mathrm{I}}\in\boldsymbol{S}_{\mathrm{I}}}U(\boldsymbol{x}_{\mathrm{new}}^{\mathrm{R}},\boldsymbol{x}^{\mathrm{I}})$。

在求解失效概率上界 $P_{\mathrm{f}}^{\mathrm{U}}$ 的单层 AS-MCS 方法中，利用 U 学习函数来选择新的训练样本点的目的是从组合样本池 $\boldsymbol{S}$ 中挑选出对识别功能函数取值符号贡献最大的样本点（对应 U 学习函数值最小的点），并将该样本加入训练集中，以提高代理模型 $\hat{g}(\boldsymbol{X}^{\mathrm{R}},\boldsymbol{X}^{\mathrm{I}})$ 代替 $g(\boldsymbol{X}^{\mathrm{R}},\boldsymbol{X}^{\mathrm{I}})$ 来识别样本池中失效样本的精度和效率。由于 $U(\boldsymbol{x}^{\mathrm{R}},\boldsymbol{x}^{\mathrm{I}})\geqslant 2$ 时代理模型可以以大于 97%的概率正确识别 $g(\boldsymbol{x}^{\mathrm{R}},\boldsymbol{x}^{\mathrm{I}})$ 的取值符号，因此当 $U(\boldsymbol{x}^{\mathrm{R}},\boldsymbol{x}^{\mathrm{I}})\geqslant 2$ 时就不需要再将 $(\boldsymbol{x}^{\mathrm{R}},\boldsymbol{x}^{\mathrm{I}})$ 加入训练集中。如果存在 $\boldsymbol{x}^{\mathrm{I}}\in\boldsymbol{S}_{\mathrm{I}}$，使得 $\mu_{\hat{g}}(\boldsymbol{x}^{\mathrm{R}},\boldsymbol{x}^{\mathrm{I}})\leqslant 0$ 和 $U(\boldsymbol{x}^{\mathrm{R}},\boldsymbol{x}^{\mathrm{I}})\geqslant 2$ 同时成立，则说明 $\hat{g}(\boldsymbol{X}^{\mathrm{R}},\boldsymbol{X}^{\mathrm{I}})$ 已经能够正确识别出 $\boldsymbol{x}^{\mathrm{R}}\in F^{\mathrm{U}}$。因此 $\boldsymbol{x}^{\mathrm{R}}$ 将不需要再加入到训练集中，这就是在满足条件 $\left(\mu_{\hat{g}}(\boldsymbol{x}^{\mathrm{R}},\boldsymbol{x}^{\mathrm{I}})\leqslant 0\cap U(\boldsymbol{x}^{\mathrm{R}},\boldsymbol{x}^{\mathrm{I}})\geqslant 2,\exists\boldsymbol{x}^{\mathrm{I}}\in\boldsymbol{S}_{\mathrm{I}}\right)$ 时，取 $U_1(\boldsymbol{x}^{\mathrm{R}})=\max\limits_{\boldsymbol{x}^{\mathrm{I}}\in\boldsymbol{S}_{\mathrm{I}}}U(\boldsymbol{x}^{\mathrm{R}},\boldsymbol{x}^{\mathrm{I}})$ 的原因。如果不满足条件 $\left(\mu_{\hat{g}}(\boldsymbol{x}^{\mathrm{R}},\boldsymbol{x}^{\mathrm{I}})\leqslant 0\cap U(\boldsymbol{x}^{\mathrm{R}},\boldsymbol{x}^{\mathrm{I}})\geqslant 2,\exists\boldsymbol{x}^{\mathrm{I}}\in\boldsymbol{S}_{\mathrm{I}}\right)$，那么取 $U_1(\boldsymbol{x}^{\mathrm{R}})=\min\limits_{\boldsymbol{x}^{\mathrm{I}}\in\boldsymbol{S}_{\mathrm{I}}}U(\boldsymbol{x}^{\mathrm{R}},\boldsymbol{x}^{\mathrm{I}})$。由 $\boldsymbol{x}_{\mathrm{new}}^{\mathrm{R}}=\arg\min\limits_{\boldsymbol{x}^{\mathrm{R}}\in\boldsymbol{S}_{\mathrm{R}}}U_1(\boldsymbol{x}^{\mathrm{R}})$ 选出随机输入变量的更新样本点后，相应

地就可以由 $\boldsymbol{x}_{\text{new}}^{\text{I}}=\arg\min\limits_{\boldsymbol{x}^{\text{I}}\in\boldsymbol{S}_{\text{I}}}U(\boldsymbol{x}_{\text{new}}^{\text{R}},\boldsymbol{x}^{\text{I}})$ 选出区间输入变量的更新点。

2. 停止准则

利用U学习函数来选择新的训练样本点的策略中可以采用 $\min\limits_{\boldsymbol{x}^{\text{R}}\in\boldsymbol{S}_{\text{R}}}U_1(\boldsymbol{x}^{\text{R}})\geqslant 2$ 的停止准则，但是此准则可能偏保守，从而降低了单层 AS-MCS 法的计算效率。因此本节将采用文献[33]的类似方法，通过控制失效概率上界 P_{f}^{U} 估计值的最大误差小于预设的阈值 ε^* 来作为更新代理模型的准则。为表达方便起见，引入如下所示的记号：

$$\hat{N}^{\text{true}}=\text{card}(\boldsymbol{S}_{U_1\geqslant 2})=\text{card}\left(\left\{\boldsymbol{x}_{\text{R}}\mid U_1(\boldsymbol{x}_{\text{R}})\geqslant 2,\boldsymbol{x}_{\text{R}}\in\boldsymbol{S}_{\text{R}}\right\}\right)$$

$$\hat{N}^{\text{false}}=\text{card}(\boldsymbol{S}_{U_1<2})=\text{card}\left(\left\{\boldsymbol{x}_{\text{R}}\mid U_1(\boldsymbol{x}_{\text{R}})<2,\boldsymbol{x}_{\text{R}}\in\boldsymbol{S}_{\text{R}}\right\}\right)$$

$$\hat{N}_{\text{f}}^{\text{true}}=\text{card}(\boldsymbol{S}_{U_1\geqslant 2}^{\text{F}})=\text{card}\left(\left\{\boldsymbol{x}_{\text{R}}\mid \mu_{\hat{g}}(\boldsymbol{x}^{\text{R}},\boldsymbol{x}^{\text{I}})\leqslant 0,\exists\boldsymbol{x}_{\text{I}}\in\boldsymbol{S}_{\text{I}},\boldsymbol{x}_{\text{R}}\in\boldsymbol{S}_{U_1\geqslant 2}\right\}\right)$$

$$\hat{N}_{\text{f}}^{\text{false}}=\text{card}(\boldsymbol{S}_{U_1<2}^{\text{F}})=\text{card}\left(\left\{\boldsymbol{x}_{\text{R}}\mid \mu_{\hat{g}}(\boldsymbol{x}^{\text{R}},\boldsymbol{x}^{\text{I}})\leqslant 0,\exists\boldsymbol{x}_{\text{I}}\in\boldsymbol{S}_{\text{I}},\boldsymbol{x}_{\text{R}}\in\boldsymbol{S}_{U_1<2}\right\}\right)$$

式中，$\text{card}(\cdot)$ 表示集合 $(\cdot)$ 中的样本个数。

由于集合 $\boldsymbol{S}_{U_1\geqslant 2}=\left\{\boldsymbol{x}_{\text{R}}\mid U_1(\boldsymbol{x}_{\text{R}})\geqslant 2,\boldsymbol{x}_{\text{R}}\in\boldsymbol{S}_{\text{R}}\right\}$ 中的样本点 $\boldsymbol{x}_{\text{R}}\in\boldsymbol{S}_{\text{R}}$ 满足 $U_1(\boldsymbol{x}_{\text{R}})\geqslant 2$，因此该集合中样本点 $\boldsymbol{x}_{\text{R}}\in\boldsymbol{S}_{\text{R}}$ 的状态已被当前代理模型 $\hat{g}(\boldsymbol{X}^{\text{R}},\boldsymbol{X}^{\text{I}})$ 正确识别，即 $\hat{N}^{\text{true}}$ 表示的是随机变量备选样本池 $\boldsymbol{S}_{\text{R}}$ 中状态已被当前代理模型 $\hat{g}(\boldsymbol{X}^{\text{R}},\boldsymbol{X}^{\text{I}})$ 正确识别了的样本点的个数。类似地，$\hat{N}^{\text{false}}$ 表示的是随机变量备选样本池 $\boldsymbol{S}_{\text{R}}$ 中状态未被当前代理模型 $\hat{g}(\boldsymbol{X}^{\text{R}},\boldsymbol{X}^{\text{I}})$ 正确识别的样本点的个数，显然 $\hat{N}^{\text{false}}+\hat{N}^{\text{true}}=N_{\text{R}}$。$\hat{N}_{\text{f}}^{\text{true}}$ 表示的是集合 $\boldsymbol{S}_{U_1\geqslant 2}$ 中失效样本点集 $\boldsymbol{S}_{U_1\geqslant 2}^{\text{F}}$ 所包含的样本个数，由于集合 $\boldsymbol{S}_{U_1\geqslant 2}$ 中样本点的状态均已被当前代理模型准确识别，因此 $\hat{N}_{\text{f}}^{\text{true}}$ 是被当前代理模型正确识别的失效样本的个数。$\hat{N}_{\text{f}}^{\text{false}}$ 表示的是集合 $\boldsymbol{S}_{U_1<2}$ 中失效样本点集 $\boldsymbol{S}_{U_1\geqslant 2}^{\text{F}}$ 所包含的样本个数，由于集合 $\boldsymbol{S}_{U_1<2}$ 中样本点的状态均未被当前代理模型准确识别，因此 $\hat{N}_{\text{f}}^{\text{false}}$ 是未被当前代理模型正确识别的失效样本的个数。

以 $\hat{N}_{\text{f}}^*$ 表示 $\boldsymbol{S}_{U_1<2}$ 中真实的失效样本个数，则显然有 $0\leqslant\hat{N}_{\text{f}}^*\leqslant\hat{N}^{\text{false}}$，且可以由式（4-143）计算当前代理模型求得的失效概率上界 P_{f}^{U} 估计值的最大误差 $\varepsilon_{\max}$：

$$\varepsilon_{\max}=\max_{0\leqslant\hat{N}_{\text{f}}^*\leqslant\hat{N}^{\text{false}}}\frac{\left|\dfrac{\hat{N}_{\text{f}}^{\text{true}}+\hat{N}_{\text{f}}^{\text{false}}}{N_{\text{R}}}-\dfrac{\hat{N}_{\text{f}}^{\text{true}}+\hat{N}_{\text{f}}^*}{N_{\text{R}}}\right|}{\dfrac{\hat{N}_{\text{f}}^{\text{true}}+\hat{N}_{\text{f}}^*}{N_{\text{R}}}}=\max_{0\leqslant\hat{N}_{\text{f}}^*\leqslant\hat{N}^{\text{false}}}\frac{\left|\hat{N}_{\text{f}}^{\text{false}}-\hat{N}_{\text{f}}^*\right|}{\hat{N}_{\text{f}}^{\text{true}}+\hat{N}_{\text{f}}^*}\tag{4-143}$$

本节采用 $\varepsilon_{\max}\leqslant\varepsilon^*$（$\varepsilon^*=5\%$）为停止准则，其比采用 $\min\limits_{\boldsymbol{x}^{\text{R}}\in\boldsymbol{S}_{\text{R}}}U_1(\boldsymbol{x}^{\text{R}})\geqslant 2$ 作为

停止准则将具有更高的效率。

3. 单层 AS-MCS 方法求解 P_f^U 的具体步骤

单层 AS-MCS 方法求解失效概率上界 P_f^U 的流程如图 4-17 所示。

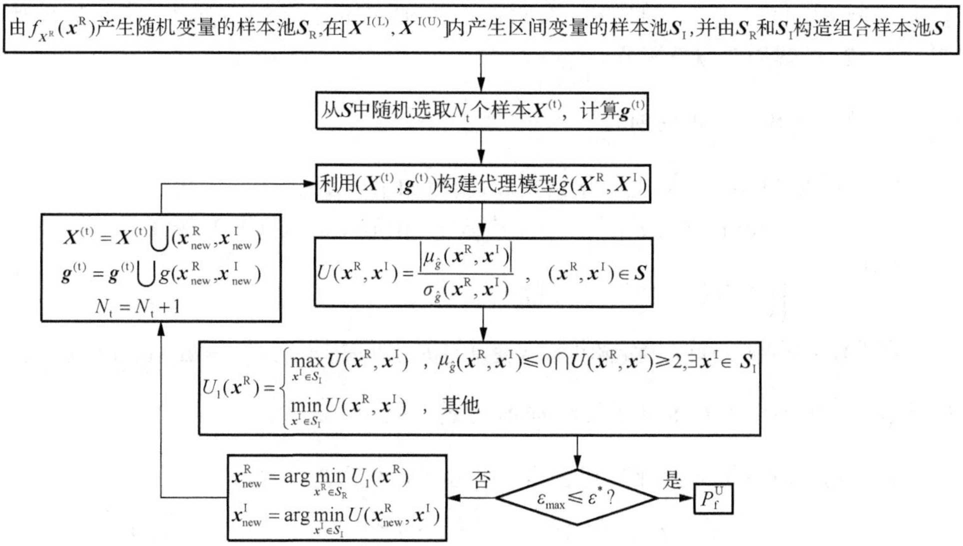

图 4-17　单层 AS-MCS 方法求解失效概率上界的流程图

第一步：在区间变量的取值域 $[x^{I(L)}, x^{I(U)}]$ 产生容量为 N_I 的备选样本池 $S_I = \left\{x_1^I, x_2^I, \cdots, x_{N_I}^I\right\}^T$。由随机输入变量的联合概率密度函数 $f_{X^R}(x^R)$ 产生容量为 N_R 的备选样本池 $S_R = \left\{x_1^R, x_2^R, \cdots, x_{N_R}^R\right\}^T$。根据 S_I 和 S_R 构建组合样本池 $S = \left\{(x_j^R, x_j^I), j = 1, 2, \cdots, N\right\}^T$，其中 $N = N_R N_I$。

第二步：从 S 中随机选取 N_t 个样本 $X^{(t)} = \left\{(x_j^{R(t)}, x_j^{I(t)}), j = 1, 2, \cdots, N_t\right\}^T$ 作为初始训练样本，计算 $g^{(t)} = \left\{g(x_j^{R(t)}, x_j^{I(t)}), j = 1, 2, \cdots, N_t\right\}^T$。

第三步：利用训练样本集 $(X^{(t)}, g^{(t)})$ 构建代理模型 $\hat{g}(X^R, X^I)$。

第四步：计算 S 中每个样本点的 U 学习函数值 $U(x^R, x^I)$（$(x^R, x^I) \in S$），进而计算 $U_1(x^R)$（$x^R \in S_R$）。

第五步：若 $\varepsilon_{max} \leqslant \varepsilon^*$，转入第六步；否则，选择新的训练样本点 (x_{new}^R, x_{new}^I)，令 $X^{(t)} = X^{(t)} \bigcup (x_{new}^R, x_{new}^I)$，$g^{(t)} = g^{(t)} \bigcup g(x_{new}^R, x_{new}^I)$ 且 $N_t = N_t + 1$，转入第三步。

第六步：由收敛的代理模型 $\hat{g}(X^R, X^I)$ 估计失效概率上界 P_f^U。

4.9.2 失效概率下界求解的单层自适应代理模型结合 MCS 的方法

单层 AS-MCS 方法求解 P_f^L 与 P_f^U 最大的不同之处在于学习函数的不同，由于求解 P_f^U 时的安全域为 $S^L=\left\{g(\boldsymbol{x}^R,\boldsymbol{x}^I)>0,\exists\boldsymbol{x}^I\in[\boldsymbol{x}^{I(L)},\boldsymbol{x}^{I(U)}]\right\}$，其形式与求解 P_f^U 时的失效域 F^U 的形式是类似的，因此可以先求出可靠度的下界 R^L，然后使用 $P_f^L=1-R^L$ 求解失效概率下界。

1. 学习函数及停止准则

求解 R^L 的单层 AS-MCS 方法的学习函数如下所示：

$$U_2(\boldsymbol{x}^R)=\begin{cases}\max\limits_{\boldsymbol{x}^I\in\boldsymbol{S}_I}U(\boldsymbol{x}^R,\boldsymbol{x}^I), & \mu_{\hat{g}}(\boldsymbol{x}^R,\boldsymbol{x}^I)>0\bigcap U(\boldsymbol{x}^R,\boldsymbol{x}^I)\geqslant 2,\exists\boldsymbol{x}^I\in\boldsymbol{S}_I\\ \min\limits_{\boldsymbol{x}^I\in\boldsymbol{S}_I}U(\boldsymbol{x}^R,\boldsymbol{x}^I), & \text{其他}\end{cases}\tag{4-144}$$

在选择更新点时，首先确定随机输入变量的新的训练样本点 $\boldsymbol{x}_{\text{new}}^R=\arg\min\limits_{\boldsymbol{x}^R\in\boldsymbol{S}_R}U_2(\boldsymbol{x}^R)$，然后确定区间输入变量的新的训练样本点 $\boldsymbol{x}_{\text{new}}^I=\arg\min\limits_{\boldsymbol{x}^I\in\boldsymbol{S}_I}U(\boldsymbol{x}_{\text{new}}^R,\boldsymbol{x}^I)$。

为了确定对应的停止准则和表达方便起见，引入如下所示的符号：

$$\hat{N}_s^{\text{true}}=\text{card}(\boldsymbol{S}_{U_1\geqslant 2}^S)=\text{card}\left(\left\{\boldsymbol{x}_R\mid\mu_{\hat{g}}(\boldsymbol{x}^R,\boldsymbol{x}^I)>0,\forall\boldsymbol{x}_I\in\boldsymbol{S}_I,\boldsymbol{x}_R\in\boldsymbol{S}_{U_1\geqslant 2}\right\}\right)$$

$$\hat{N}_s^{\text{false}}=\text{card}(\boldsymbol{S}_{U_1<2}^S)=\text{card}\left(\left\{\boldsymbol{x}_R\mid\mu_{\hat{g}}(\boldsymbol{x}^R,\boldsymbol{x}^I)>0,\forall\boldsymbol{x}_I\in\boldsymbol{S}_I,\boldsymbol{x}_R\in\boldsymbol{S}_{U_1<2}\right\}\right)$$

式中，$\hat{N}_s^{\text{true}}$ 表示的是集合 $\boldsymbol{S}_{U_1\geqslant 2}$ 中安全样本点集 $\boldsymbol{S}_{U_1\geqslant 2}^S$ 所包含的样本个数，由于集合 $\boldsymbol{S}_{U_1\geqslant 2}$ 中样本点的状态均已被当前代理模型准确识别，因此 $\hat{N}_s^{\text{true}}$ 是被当前代理模型正确识别的安全样本的个数；$\hat{N}_s^{\text{false}}$ 表示的是集合 $\boldsymbol{S}_{U_1<2}$ 中安全样本点集 $\boldsymbol{S}_{U_1\geqslant 2}^S$ 所包含的样本个数，由于集合 $\boldsymbol{S}_{U_1<2}$ 中样本点的状态均未被当前代理模型准确识别，因此 $\hat{N}_s^{\text{false}}$ 是未被当前代理模型正确识别的安全样本的个数。

以 $\hat{N}_s^*$ 表示 $\boldsymbol{S}_{U_1<2}$ 中真实的安全样本个数，则显然有 $0\leqslant\hat{N}_s^*\leqslant\hat{N}^{\text{false}}$，且可以由式（4-145）计算当前代理模型求得的可靠度上界 R^U 估计值的最大误差 $\tilde{\varepsilon}_{\max}$：

$$\tilde{\varepsilon}_{\max}=\max_{0\leqslant\hat{N}_s^*\leqslant\hat{N}^{\text{false}}}\frac{\left|\dfrac{\hat{N}_s^{\text{true}}+\hat{N}_s^{\text{false}}}{N_R}-\dfrac{\hat{N}_s^{\text{true}}+\hat{N}_s^*}{N_R}\right|}{\dfrac{\hat{N}_s^{\text{true}}+\hat{N}_s^*}{N_R}}=\max_{0\leqslant\hat{N}_s^*\leqslant\hat{N}^{\text{false}}}\frac{\left|\hat{N}_s^{\text{false}}-\hat{N}_s^*\right|}{\hat{N}_s^{\text{true}}+\hat{N}_s^*}\tag{4-145}$$

本节采用 $\tilde{\varepsilon}_{\max}\leqslant\varepsilon^*$ 为停止准则，$\varepsilon^*=5\%$。

2. 单层 AS-MCS 方法求解失效概率下界的具体步骤

单层 AS-MCS 方法求解 R^{U} 的步骤与求解 $P_{\mathrm{f}}^{\mathrm{U}}$ 是类似的，因此本节不再赘述，仅给出单层 AS-MCS 方法求解 R^{U} 和 $P_{\mathrm{f}}^{\mathrm{L}}$ 的流程，如图 4-18 所示。

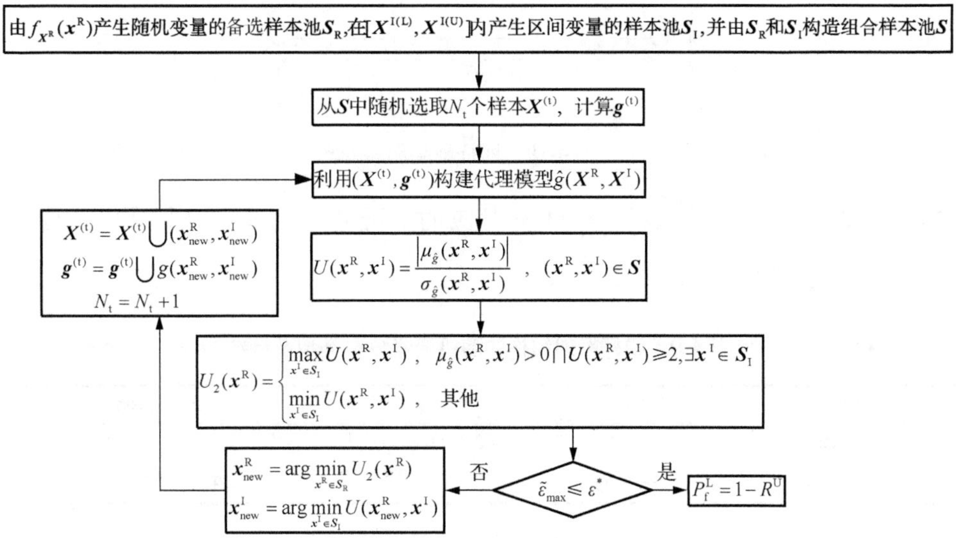

图 4-18　单层 AS-MCS 方法求解失效概率下界的流程图

4.9.3 算例分析

算例 4.5　图 4-19 为一个四杆桁架结构[35]，杆（1）～（3）的横截面积均为 A_1，长度均为 $l=500\mathrm{mm}$，杆（4）的横截面积为 A_2，长度为 $\sqrt{3}l$。杆的弹性模量均为 $E=200\mathrm{GPa}$。节点 a 和节点 b 处加有垂直载荷，其大小分别为 $2P=3.2\times10^4\mathrm{N}$ 和 $P=1.6\times10^4\mathrm{N}$。算例 4.5 要求节点 a 的位移不超过允许值 $\delta_a=1.7\mathrm{mm}$，相应地可以建立如下功能函数：

$$g(\boldsymbol{X}^R)=\delta_a-\frac{6Pl}{E}\left(\frac{3}{A_1}+\frac{\sqrt{3}}{A_2}\right) \tag{4-146}$$

式中，$\boldsymbol{X}^{\mathrm{R}}=\{A_1,A_2\}^{\mathrm{T}}$ 为输入随机变量，其分布类型及参数见表 4-9。

从表 4-9 可知，A_1 和 A_2 均服从正态分布，但 A_1 的均值 μ_{A_1} 和 A_2 的标准差 σ_{A_2} 均为区间变量。为了对此结构进行可靠性分析，本节先将其转化为第一类随机和区间混合不确定性问题，即将式（4-146）中的功能函数等价转化为

$$g(\boldsymbol{X}^{\mathrm{R}},\boldsymbol{X}^{\mathrm{I}})=\delta_a-\frac{6Pl}{E}\left(\frac{3}{\sigma_{A_1}\cdot X_1^{\mathrm{R}}+X_1^{\mathrm{I}}}+\frac{\sqrt{3}}{X_2^{\mathrm{I}}\cdot X_2^{\mathrm{R}}+\mu_{A_2}}\right) \tag{4-147}$$

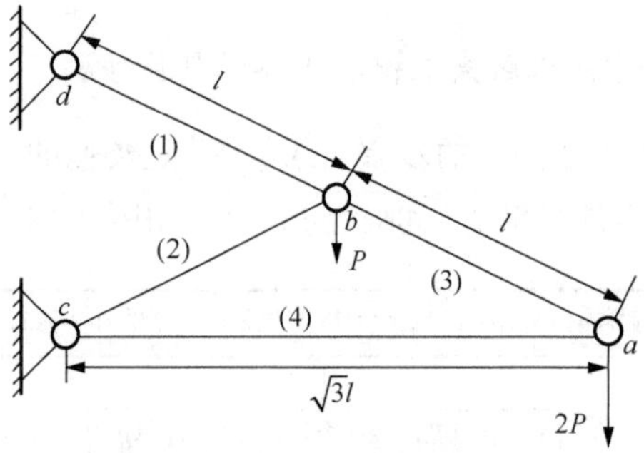

图 4-19　四杆桁架结构

式中，$\boldsymbol{X}^{\mathrm{R}}=\left\{X_1^{\mathrm{R}},X_2^{\mathrm{R}}\right\}^{\mathrm{T}}$ 表示 A_1 和 A_2 对应的标准正态变量；$\boldsymbol{X}^{\mathrm{I}}=\left\{X_1^{\mathrm{I}},X_2^{\mathrm{I}}\right\}^{\mathrm{T}}=\left\{\mu_{A_1},\sigma_{A_2}\right\}^{\mathrm{T}}$ 表示区间变量。

表 4-9　四杆桁架结构的随机变量分布类型及参数

随机变量	分布类型	均值	标准差
A_1 / mm^2	正态分布	$\mu_{A_1}\in[635.85,777.15]$	$\sigma_{A_1}=70.65$
A_2 / mm^2	正态分布	$\mu_{A_2}=1256$	$\sigma_{A_2}\in[169.56,207.24]$

表 4-10 列出了各个方法求解得到的失效概率下界和上界的计算结果、功能函数调用次数（计算量）与相对误差。由表 4-10 中的结果可得以下结论：

表 4-10　算例 4.5 可靠性分析结果

方法	失效概率上界			失效概率下界		
	$P_{\mathrm{f}}^{\mathrm{U}}$	计算量	相对误差	$P_{\mathrm{f}}^{\mathrm{L}}$	计算量	相对误差
MCS	0.0820	10^7	—	6.1×10^{-4}	10^7	—
扩展跨越率	0.0803	2.6×10^4	2.0%	6.2×10^{-4}	5.2×10^6	1.6%
双层 AK-MCS	0.0817	45	0.4%	6.5×10^{-4}	25	6.6%
单层 AK-MCS	0.0803	30	2.0%	5.8×10^{-4}	20	4.9%
双层 APCE-MCS	0.0824	41	0.5%	5.7×10^{-4}	24	6.6%
单层 APCE-MCS	0.0812	30	1.0%	6.2×10^{-4}	20	1.6%
双层 ASVR-MCS	0.0818	43	0.2%	6.0×10^{-4}	40	1.6%
单层 ASVR-MCS	0.0823	40	0.4%	5.8×10^{-4}	30	4.9%

（1）扩展跨越率方法的效率高于 MCS 方法，且可以得到和 MCS 方法基本一致的失效概率上下界估计值；

（2）单层代理模型方法的功能函数调用次数低于双层代理模型方法，即单层代理模型方法的效率高于双层代理模型方法；

（3）在估计失效概率上下界时，单层 AK-MCS 方法和单层 APCE-MCS 方法的效率高于单层 ASVR-MCS 方法；

（4）相对于失效概率上界的估计，自适应代理模型结合 MCS 的方法在估计失效概率下界时的效率更高一些，但精度要低一些。

4.10 本 章 小 结

本章主要包括两个方面内容：随机不确定性下结构可靠性分析的改进 AS-MCS 方法及随机和区间混合不确定性下结构可靠性分析的 AS-MCS 方法。为了提高随机不确定性下结构失效概率求解的效率，本章探讨了样本池缩减策略、分层训练策略和基于加权 *K*-medoids 聚类的多点加点策略。样本池缩减策略利用高斯输出型代理模型的预测特性以及 U 学习函数的分类特性，通过删减备选样本池中状态已被当前代理模型准确识别的样本，达到降低后续学习中备选池规模的目的，进而提高失效概率求解的效率。分层训练策略则将大规模的备选样本池划分为多个互不重叠的规模较小的备选样本池，利用在小规模备选样本池中训练代理模型更加省时的优势进行逐层训练，以提高代理模型的训练效率。基于加权 *K*-medoids 聚类的多点加点策略从降低代理模型构建耗时的角度出发，通过在每次迭代中选出多个对极限状态面逼近精度贡献较大的样本点更新代理模型，达到降低重构代理模型次数的目的，进而降低失效概率求解的计算量。从算例验证结果来看，与 AS-MCS 方法相比，本章探讨的策略均能提高失效概率求解的效率，并且这些策略在延续了 AS-MCS 方法的广泛适用性的基础上提高了计算的效率，因而更加适用于工程实际问题的可靠性分析。

为了高效估计随机和区间混合不确定性下结构的可靠性，本章首先分析了传统双层嵌套优化算法求解的失效概率上、下界的本质以及存在的问题；其次建立了随机和区间混合不确定性下的失效概率真实的上、下界模型，并给出了失效概率真实的界限与传统方法的界限的关系；最后研究了失效概率真实上、下界求解的扩展跨越率方法和单/双层 AS-MCS 方法。扩展跨越率方法将失效概率上、下界的求解转换成了扩展跨越率的求解，有效地降低了 MCS 双层嵌套求解失效概率上、下界方法的计算量。双层 AS-MCS 方法在内层构建随机变量固定在某一实现值处时功能函数的代理模型，以便求解功能函数极值，在外层则构建功能函数极值的代理模型用于失效概率上、下界的估计。与 MCS 方法相比，双层 AS-MCS 方法大大提高了失效概率上、下界求解的效率。与双层 AS-MCS 方法不同，单层 AS-MCS 方法直接构造真实功能函数的代理模型来求解失效概率上、下界，这样构造的代理模型可以充分考虑功能函数中随机变量与区间变量的关系，从而能够进一步降低随机和区间混合不确定性下求解失效概率上、下界的计算量。

参 考 文 献

[1] LOPHAVEN S N, NIELSEN H B, SONDERGAARD J. Aspects of the Matlab Toolbox DACE [M]. Kongens Lyngby: Informatics and Mathematical Modelling, 2002.

[2] HU Z, MAHADEVAN S. A single-loop kriging surrogate modelling for time-dependent reliability analysis [J]. Journal of Mechanical Design, 2016, 138(6): 061406.

[3] ZHOU Y C, LU Z Z. An enhanced Kriging surrogate modeling technique for high-dimensional problems [J]. Mechanical Systems and Signal Processing, 2020, 140: 106687.

[4] LI W, LIN G, LI B. Inverse regression-based uncertainty quantification algorithms for high-dimensional models: Theory and practice [J]. Journal of Computational Physics, 2016, 321: 259-278.

[5] BOURINET J M, DEHEEGER F, LEMAURE M. Assessing small failure probabilities by combined subset simulation and support vector machines [J]. Structural Safety, 2011, 33(6): 343-353.

[6] WIENER N. The homogeneous Chaos [J]. American Journal of Mathematics, 1938, 60(4): 897-936.

[7] BLATMAN, G, SUDRET B. Adaptive sparse polynomial chaos expansion based on least angle regression [J]. Journal of Computational Physics, 2011, 230(6): 2345-2367.

[8] MICHAEL E T. Sparse Bayesian learning and the relevance vector machine [J]. Journal of Machine Leaning Research, 2001, 1: 211-244.

[9] ZHOU Y C, LU Z Z. Active polynomial chaos expansion for reliability-based design optimization [J]. AIAA Journal, 2019, 57(6): 1-16.

[10] CORTES C, VAPNIK V. Support-vector networks [J]. Machine Learning, 1995, 20(3): 273-297.

[11] 史朝印, 吕震宙, 李璐祎, 等. 结构失效概率计算的 ASVR-MCS 方法 [J]. 机械工程学报, 2019, 55(24): 260-268.

[12] WEI C, KEERTHI S S, CHONG J O. Bayesian support vector regression using a unified loss function [J]. IEEE Transactions on Neural Networks, 2004, 15: 29-44.

[13] CHENG K, LU Z Z. Adaptive Bayesian support vector regression model for structural reliability analysis [J]. Reliability Engineering and System Safety, 2012, 206: 107286.

[14] BICHON B J, ELDRED M S, SWILER L P, et al. Efficient global reliability analysis for nonlinear implicit performance functions [J]. AIAA Journal, 2008, 46: 2459-2468.

[15] LV Z Y, LU Z Z, WANG P. A new learning function for Kriging and its applications to solve reliability problems in engineering [J]. Computers and Mathematics with Applications, 2015, 70: 1182-1197.

[16] ECHARD B, GAYTON N, LEMAIRE M. AK-MCS: An active learning reliability method combining Kriging and Monte Carlo simulation [J]. Structural safety, 2011, 33: 145-154.

[17] 吕震宙, 宋述芳, 李璐祎, 等. 结构/机构可靠性设计基础 [M]. 西安: 西北工业大学出版社, 2019.

[18] SHANNON C E. A mathematical theory of communication [J]. Bell System Technical Journal, 1948, 27: 379-423.

[19] YOON T, SHIM K. K-means clustering for handling high-dimensional large data [J]. Journal of KIISE: Computing Practices, 2012, 18 (1): 55-59.

[20] HUANG Z X. Extensions to the k-means algorithm for clustering large data sets with categorical values [J]. Data Mining and Knowledge Discovery, 1998, 2 (2): 283-304.

[21] CHEN X Q, PENG H, HU J S. K-medoids clustering method and a new clustering validity index method [C]. 2006 6th World Congress on Intelligent Control and Automation, IEEE, 2006, 2: 5896-5900.

[22] 任晓东, 张永奎, 薛晓飞. 基于 K-Mode 聚类的自适应话题追踪技术 [J]. 计算机工程，2009，35 (9): 222-224.

[23] WANG Z Q, SHAFIEEZADEH A. ESC: An efficient error-based criterion for Kriging-based reliability analysis methods [J]. Structural and Multidisciplinary Optimization, 2019, 59: 1621-1637.

[24] LU H, SHANGGUAN W B, YU D J. A new hybrid uncertainty analysis method and its application to squeal analysis with random and interval variables [J]. Probabilistic Engineering Mechanics, 2018, 51: 1-10.

[25] ALVAREZ D A, URIBE F, HURTADO J E. Estimation of the lower and upper bounds on the probability of failure using subset simulation and random set theory [J]. Mechanical Systems and Signal Processing, 2018, 100: 782-801.

[26] WANG W X, GAO H S, ZHOU C C, et al. Reliability analysis of motion mechanism under three types of hybrid uncertainties [J]. Mechanism and Machine Theory, 2018, 121: 769-784.

[27] DU X P, SUDJIANTO A, HUANG B. Reliability-based design under the mixture of random and interval variables[J]. Journal of Mechanical Design, 2005, 127: 1068-1076.

[28] DU X P, VENIGELLA P K, LIU D S. Robust mechanism synthesis with random and interval variables [J]. Mechanism and Machine Theory, 2009, 44: 1321-1337.

[29] JIA G, DU X P. Reliability sensitivity analysis with random and interval variables [J]. International Journal for Numerical Methods in Engineering. 2009, 78: 1585-1617.

[30] WANG J Q, LU Z Z. Probabilistic safety model and its efficient solution for structure with random and interval mixed uncertainties [J]. Mechanism and Machine Theory, 2020, 147: 103782.

[31] LING C Y, LU Z Z, FENG K X. A novel extended crossing rate method for time-dependent hybrid reliability analysis under random and interval inputs [J]. Engineering Optimization, 2020, 52(10): 1720-1742.

[32] DONG Y, TEIXEIRA A P, SOARES C G. Time-variant fatigue reliability assessment of welded joints based on the PHI2 and response surface methods [J]. Reliability Engineering & System Safety, 2018, 177: 120-130.

[33] HU Z, DU X P. Time-dependent reliability analysis with joint upcrossing rates [J]. Structural and Multidisciplinary Optimization, 2013, 48 (5): 893-907.

[34] WANG Z Q, WANG P F. A double-loop adaptive sampling approach for sensitivity-free dynamic reliability analysis[J]. Reliability Engineering and System Safety, 2015, 142: 346-356.

[35] JIANG C, LI W X, HAN X, et al. Structural reliability analysis based on random distributions with interval parameters [J]. Computers and Structures, 2011, 89: 2292-2302.

第 5 章　自适应代理模型结合高效抽样的可靠性分析方法

在求解小失效概率问题时，自适应代理模型结合 MCS 的可靠性分析方法的备选样本池规模较大，这在一定程度上会影响代理模型的更新效率，从而降低该方法求解失效概率的效率。为缓解这一问题，本章利用高效抽样方法估算失效概率效率较高的优势，分别使用改进重要抽样、元模型重要抽样、自适应超球截断抽样、方向抽样和子集模拟构建估计失效概率的备选样本池，然后在各类高效抽样法抽取的备选样本池中自适应构建代理模型，以准确快速地判断备选样本池中样本的状态，从而提高可靠性分析的效率。

5.1　自适应代理模型结合改进重要抽样的可靠性分析方法

重要抽样法[1]是一种常用的改进数字模拟法，本节首先从重要抽样法入手，定义重要样本权重函数[2]，在原始重要抽样法的基础上，进一步减少估计失效概率所需的样本数。然后将自适应代理模型嵌入改进的重要抽样法中，从降低样本池规模和减少代理模型构建过程中功能函数调用次数的两个角度建立可靠性分析的高效算法。

5.1.1　重要抽样法

重要抽样法通过构造重要抽样密度函数，并以此进行抽样，通过提高失效样本抽取的概率来提高估计失效概率的效率和稳健性。利用构造的重要抽样密度函数 $h_{\boldsymbol{X}}(\boldsymbol{x})$，可将失效概率 P_{f} 表示为如下形式：

$$P_{\mathrm{f}}=\int_{R^n} I_{\mathrm{F}}(\boldsymbol{x}) f_{\boldsymbol{X}}(\boldsymbol{x}) \mathrm{d}\boldsymbol{x}=\int_{R^n} I_{\mathrm{F}}(\boldsymbol{x}) \frac{f_{\boldsymbol{X}}(\boldsymbol{x})}{h_{\boldsymbol{X}}(\boldsymbol{x})} h_{\boldsymbol{X}}(\boldsymbol{x}) \mathrm{d}\boldsymbol{x}=E\left(I_{\mathrm{F}}(\boldsymbol{x}) \frac{f_{\boldsymbol{X}}(\boldsymbol{x})}{h_{\boldsymbol{X}}(\boldsymbol{x})}\right) \tag{5-1}$$

式中，R^n 表示 n 维输入随机变量空间；$f_{\boldsymbol{X}}(\boldsymbol{x})$ 表示输入变量 $\boldsymbol{X}$ 的联合概率密度函数，对于输入变量相互独立的情况，$f_{\boldsymbol{X}}(\boldsymbol{x})=\prod_{i=1}^{n} f_{X_i}(x_i)$；$I_{\mathrm{F}}(\boldsymbol{x})$ 表示失效域 F 的指示函数，当 $\boldsymbol{x}\in F$ 时，$I_{\mathrm{F}}(\boldsymbol{x})=1$，否则 $I_{\mathrm{F}}(\boldsymbol{x})=0$；$E(\cdot)$ 表示期望算子。

由文献[1]的推导可知，最优重要抽样密度函数 $h_{\boldsymbol{X}}^{\mathrm{opt}}(\boldsymbol{x})$ 为

$$h_{\boldsymbol{X}}^{\mathrm{opt}}(\boldsymbol{x})=\frac{I_{\mathrm{F}}(\boldsymbol{x}) f_{\boldsymbol{X}}(\boldsymbol{x})}{P_{\mathrm{f}}} \tag{5-2}$$

以 $h_X^{\text{opt}}(\boldsymbol{x})$ 作为重要抽样密度函数时，失效概率估计值的方差为零。但是若要构造最优重要抽样密度函数，必须提前得到失效域指示函数及失效概率，但失效概率是所要估计的量，因此最优重要抽样密度函数无法预先求得。由于设计点是失效域中对失效概率贡献最大的点，因此最为常见的重要抽样概率密度函数是通过将原始抽样中心平移到设计点处来构造的。

5.1.2　改进的重要抽样法

由重要抽样密度函数 $h_X(\boldsymbol{x})$ 抽取 N 个样本点 $\boldsymbol{x}_i(i=1,2,\cdots,N)$，式（5-1）的数学期望可由式（5-3）的样本均值来估计：

$$\hat{P}_{\text{f}}=\frac{1}{N}\sum_{i=1}^{N}I_{\text{F}}(\boldsymbol{x}_i)\frac{f_X(\boldsymbol{x}_i)}{h_X(\boldsymbol{x}_i)} \tag{5-3}$$

失效概率估计值 $\hat{P}_{\text{f}}$ 的变异系数 $\text{Cov}(\hat{P}_{\text{f}})$ 为

$$\text{Cov}(\hat{P}_{\text{f}})=\frac{\sqrt{\dfrac{1}{N-1}\left[\dfrac{1}{N}\displaystyle\sum_{i=1}^{N}I_{\text{F}}(\boldsymbol{x}_i)\frac{f_X^2(\boldsymbol{x}_i)}{h_X^2(\boldsymbol{x}_i)}-\hat{P}_{\text{f}}^2\right]}}{\hat{P}_{\text{f}}} \tag{5-4}$$

标准正态空间中，可靠度指标 β 被定义为坐标原点到标准正态空间极限面 $g_{\boldsymbol{u}}(\boldsymbol{u})=0$ 的最短距离，由此可建立如下求解可靠度指标 β 的优化模型：

$$\beta=\min_{g_{\boldsymbol{u}}(\boldsymbol{u})=0}\|\boldsymbol{u}\| \tag{5-5}$$

与可靠度指标对应的 $g_{\boldsymbol{u}}(\boldsymbol{u})=0$ 上的点 $\boldsymbol{u}^*=\arg\min\limits_{g_{\boldsymbol{u}}(\boldsymbol{u})=0}\|\boldsymbol{u}\|$ 被称为设计点，相互独立的原始变量 $\boldsymbol{x}=[x_1,x_2,\cdots,x_n]^{\text{T}}$ 向标准正态变量 $\boldsymbol{u}=[u_1,u_2,\cdots,u_n]^{\text{T}}$ 的转换可通过式（5-6）来完成：

$$u_i=\Phi^{-1}\left(F_{X_i}(x_i)\right)\quad(i=1,2,\cdots,n) \tag{5-6}$$

式中，$\Phi^{-1}(\cdot)$ 为标准正态分布的逆累积分布函数；$F_{X_i}(x_i)$ 为随机变量 X_i 的累积分布函数。

根据可靠度指标的定义可知，在标准正态空间中，当样本落入以可靠度指标 β 为半径的超球内时，结构一定处于安全状态，而当样本落入以可靠度指标 β 为半径的超球外时，结构的安全失效状态则无法事先预测。二维输入变量情况下 β 球的示意图如图 5-1 所示。β 球内的样本由于处于安全状态，因此其失效域指示函数值 $I_{\text{F}}(\cdot)$ 为零，此时其对式（5-3）分子项的贡献为 0。对于 β 球外的样本，当其失效域指示函数值 $I_{\text{F}}(\cdot)$ 为零时，该样本对式（5-3）分子项的贡献为 0，而当 $I_{\text{F}}(\cdot)$ 为 1 时，该样本对式（5-3）分子项的贡献为 $f_X(\cdot)/h_X(\cdot)$。因此，对于 β 球外的样本，定义其样本贡献权重函数为[2]

$$W(\boldsymbol{x})=\frac{f_X(\boldsymbol{x})}{h_X(\boldsymbol{x})} \tag{5-7}$$

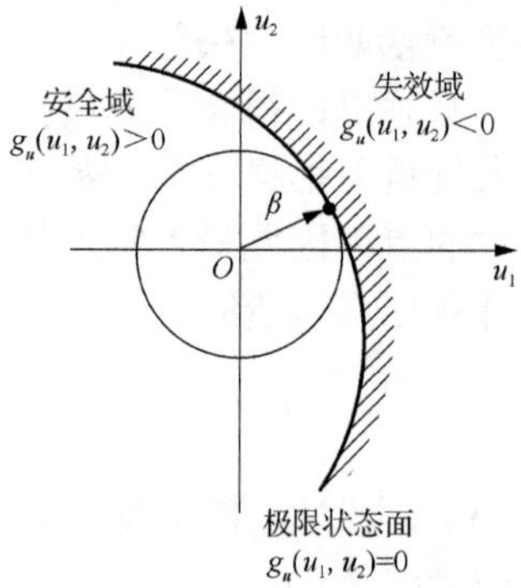

图 5-1　二维输入变量情况下 β 球的示意图

对 β 球外的重要抽样样本按照式（5-7）的权重函数进行降序排序（为表达简洁，重新排列后的样本记为 $[\boldsymbol{x}_1,\boldsymbol{x}_2,\cdots,\boldsymbol{x}_N]^{\mathrm{T}}$ ），则式（5-3）可等价表示为

$$\hat{P}_{\mathrm{f}}=\frac{1}{N}\left[\sum_{i=1}^{k_1}0+\sum_{j=k_1+1}^{k_2}I_{\mathrm{F}}(\boldsymbol{x}_j)\frac{f_{\boldsymbol{X}}(\boldsymbol{x}_j)}{h_{\boldsymbol{X}}(\boldsymbol{x}_j)}+\sum_{k=k_2+1}^{N}I_{\mathrm{F}}(\boldsymbol{x}_k)\frac{f_{\boldsymbol{X}}(\boldsymbol{x}_k)}{h_{\boldsymbol{X}}(\boldsymbol{x}_k)}\right] \tag{5-8}$$

式中，k_1 表示落入 β 球内的样本，可根据下式求得

$$k_1=\sum_{i=1}^{N}I_{\beta}(\boldsymbol{x}_i) \tag{5-9}$$

式中，$I_{\beta}(\boldsymbol{x})$ 为 β 球内指示函数，定义为当与 $\boldsymbol{x}$ 对应的 $\boldsymbol{u}$ 满足 $\|\boldsymbol{u}\|<\beta$ 时，$I_{\beta}(\boldsymbol{x})=1$，而当与 $\boldsymbol{x}$ 对应的 $\boldsymbol{u}$ 满足 $\|\boldsymbol{u}\|\geqslant\beta$ 时，$I_{\beta}(\boldsymbol{x})=0$。

式（5-8）中，$W(\boldsymbol{x}_k)(k\in[k_2+1,N])$ 比任一 $W(\boldsymbol{x}_j)(j\in[k_1+1,k_2])$ 都小。通过忽略式（5-8）中求和式的第三项，式（5-8）的近似表达式如下：

$$\hat{P}_{\mathrm{f}}^{(k_2)}=\frac{1}{N}\left[\sum_{i=1}^{k_1}0+\sum_{j=k_1+1}^{k_2}I_{\mathrm{F}}(\boldsymbol{x}_j)\frac{f_{\boldsymbol{X}}(\boldsymbol{x}_j)}{h_{\boldsymbol{X}}(\boldsymbol{x}_j)}\right] \tag{5-10}$$

k_2 的值可以由 $\hat{P}_{\mathrm{f}}^{(k_2)}$ 近似 $\hat{P}_{\mathrm{f}}$ 的最大误差小于给定阈值来确定，用式（5-10）的 $\hat{P}_{\mathrm{f}}^{(k_2)}$ 来近似式（5-8）的 $\hat{P}_{\mathrm{f}}$ 的相对误差 ε_{k_2} 如下：

$$\begin{aligned}\varepsilon_{k_2}=\frac{\hat{P}_{\mathrm{f}}-\hat{P}_{\mathrm{f}}^{(k_2)}}{\hat{P}_{\mathrm{f}}}&=\frac{(1/N)\sum\limits_{k=k_2+1}^{N}I_{\mathrm{F}}(\boldsymbol{x}_k)f_{\boldsymbol{X}}(\boldsymbol{x}_k)/h_{\boldsymbol{X}}(\boldsymbol{x}_k)}{(1/N)\sum\limits_{j=k_1+1}^{k_2}I_{\mathrm{F}}(\boldsymbol{x}_j)f_{\boldsymbol{X}}(\boldsymbol{x}_j)/h_{\boldsymbol{X}}(\boldsymbol{x}_j)+(1/N)\sum\limits_{k=k_2+1}^{N}I_{\mathrm{F}}(\boldsymbol{x}_k)f_{\boldsymbol{X}}(\boldsymbol{x}_k)/h_{\boldsymbol{X}}(\boldsymbol{x}_k)}\\&=\frac{1}{1+\dfrac{\sum\limits_{j=k_1+1}^{k_2}I_{\mathrm{F}}(\boldsymbol{x}_j)f_{\boldsymbol{X}}(\boldsymbol{x}_j)/h_{\boldsymbol{X}}(\boldsymbol{x}_j)}{\sum\limits_{k=k_2+1}^{N}I_{\mathrm{F}}(\boldsymbol{x}_k)f_{\boldsymbol{X}}(\boldsymbol{x}_k)/h_{\boldsymbol{X}}(\boldsymbol{x}_k)}}\end{aligned} \tag{5-11}$$

由于并未调用第 k_2+1 至第 N 个样本的功能函数，因此其状态并不可知，但可以知道当第 k_2+1 至第 N 个样本均处于失效状态时，$\sum_{k=k_2+1}^{N} I_{\mathrm{F}}(\boldsymbol{x}_k) f_{\boldsymbol{X}}(\boldsymbol{x}_k)/h_{\boldsymbol{X}}(\boldsymbol{x}_k)$ 的最大值为 $\sum_{k=k_2+1}^{N} f_{\boldsymbol{X}}(\boldsymbol{x}_k)/h_{\boldsymbol{X}}(\boldsymbol{x}_k)$。当 $\sum_{k=k_2+1}^{N} I_{\mathrm{F}}(\boldsymbol{x}_k) f_{\boldsymbol{X}}(\boldsymbol{x}_k)/h_{\boldsymbol{X}}(\boldsymbol{x}_k)$ 取最大值时，将使得式（5-11）取值最大，因此由 $\hat{P}_{\mathrm{f}}^{(k_2)}$ 近似 $\hat{P}_{\mathrm{f}}$ 的最大相对误差 $\varepsilon_{k_2}^{\max}$ 可以推得如下式所示：

$$\varepsilon_{k_2}^{\max} = \frac{1}{1+\dfrac{\sum_{k=k_2+1}^{N} I_{\mathrm{F}}(\boldsymbol{x}_k) f_{\boldsymbol{X}}(\boldsymbol{x}_k)/h_{\boldsymbol{X}}(\boldsymbol{x}_k)}{\sum_{k=k_2+1}^{N} f_{\boldsymbol{X}}(\boldsymbol{x}_k)/h_{\boldsymbol{X}}(\boldsymbol{x}_k)}} \tag{5-12}$$

k_2 的确定可以从 k_1 向 N 递增地搜索直到满足 $\varepsilon_{k_2}^{\max} < \varepsilon_{k_2}^{*}$ 为止，其中 $\varepsilon_{k_2}^{*}$ 为预先设置的精度水平。

改进的重要抽样法从两个区域来降低原始重要抽样法的功能函数调用次数。第一个区域是通过构建重要抽样密度函数过程中寻找到的可靠度指标 β 来预先筛选出 β 球内的样本，这些样本处于安全状态而无需调用功能函数来判断。第二个区域是从定义的样本贡献权重的角度来避免一些对失效概率估计值影响较小的样本点的功能函数的调用，该区域的样本筛选是通过使式（5-11）相对误差的最大值小于某一误差限来控制的。在改进重要抽样法[2]中，β 球内的样本点和贡献权重较小的区域的样本点都无需调用功能函数来识别其状态。实际上，在改进的重要抽样法中，样本集合可以分为如下所示的三个部分：

$$\begin{cases} \boldsymbol{A} = \{\boldsymbol{x} \mid \|\boldsymbol{u}\| < \beta\} \\ \boldsymbol{B} = \left\{\boldsymbol{x} \mid \dfrac{f_{\boldsymbol{X}}(\boldsymbol{x})}{h_{\boldsymbol{X}}(\boldsymbol{x})} < \dfrac{f_{\boldsymbol{X}}(\boldsymbol{x}_i)}{h_{\boldsymbol{X}}(\boldsymbol{x}_i)},\ \forall i \in [1, k_2]\right\} \\ \boldsymbol{C} = \boldsymbol{S}_{\mathrm{IS}} - \boldsymbol{A} \cup \boldsymbol{B} \end{cases} \tag{5-13}$$

式中，$\boldsymbol{S}_{\mathrm{IS}}$ 表示包含 N 个重要抽样样本的全集；$\boldsymbol{A}$ 表示落入 β 球内的样本集合；$\boldsymbol{B}$ 表示通过停止准则找到的对失效概率估计影响较小的样本集合。集合 $\boldsymbol{A}$ 与集合 $\boldsymbol{B}$ 中的样本都不需要进行功能函数的调用来判别其状态，因此改进重要抽样法中估计重要抽样样本状态的功能函数调用次数仅为 $\boldsymbol{C}$ 集合中的样本个数，记功能函数调用次数为 N_{call}，则 N_{call} 可通过下式计算：

$$N_{\mathrm{call}} = \mathrm{card}(\boldsymbol{C}) \tag{5-14}$$

式中，$\mathrm{card}(\cdot)$ 为集合元素个数统计算子。

5.1.3　求解失效概率的自适应代理模型结合改进重要抽样的方法

5.1.2 小节介绍了改进重要抽样法[2]计算失效概率的基本原理，本小节则将自适应代理模型与改进重要抽样法相结合，利用改进重要抽样法来减缩估计失效概率的备选样本池，并在改进重要抽样的备选样本池中自适应训练代理模型，以收敛的代理模型代替原功能函数来识别重要抽样的备选样本点状态，从而建立求解失效概率的自适应代理模型结合改进重要抽样的高效方法。

在改进的重要抽样法中，其样本集中的样本是原始重要抽样法的 N 个样本按贡献权重从大到小排列而成，可以取重要抽样样本集中的前 k 个（k 的取值可以采用 5.1.2 小节的方法，但本节采用的是自适应确定的方法）样本作为自适应代理模型备选样本池。相对于原始重要抽样法的备选样本池规模 N，改进重要抽样法的备选样本池规模为 k，比原始重要抽样法减少了 $N-k$ 个样本。备选样本池规模的减小会直接影响代理模型更新所消耗的时间和所需的功能函数的调用次数，显然，改进重要抽样法可以降低原始重要抽样法构建功能函数自适应代理模型的样本池规模，降低功能函数的调用次数，提高基于自适应代理模型失效概率估计方法的效率。

在应用改进重要抽样法时，需选择合适的备选样本池规模，即 k 的取值。为了最大化利用代理模型的预测能力，本小节基于 5.1.2 小节的基本原理和当前代理模型提供的信息建立了如下所示的自适应选择 k 值的策略。

假设 N 个重要抽样样本中有 M 个落在了 β 球外，从落入 β 球外的 M 个样本中进行选择以构造改进重要抽样法的样本池，其中前 k 个样本为重要样本，后 $M-k$ 个样本为不重要样本。本小节的方法仅采用前 k 个重要样本建立自适应代理模型的备选样本池，因此所建立的收敛的代理模型可以保证前 k 个样本对应的功能函数取值符号判断正确的概率大于等于预先设定的值（一般取 97.7%）。由于代理模型具有一定的推广预测能力，因此利用前 k 个样本作为样本池构建的收敛的代理模型也可以用来预测后 $M-k$ 个样本功能函数的取值符号。本小节确定合适 k 值的策略是逐步自适应地增加 k 的取值，以保证所构建的代理模型能正确识别前 k 个改进重要抽样法的样本对应的功能函数取值符号，同时也要保证所有 M 个重要抽样样本对应的功能函数取值符号被正确识别的频率 f_M 不低于预先设定的值（本小节中设定该值为 97.7%），f_M 可以由下式计算：

$$f_M = \text{freq}\left\{U_{\hat{g}}(\boldsymbol{x}) \geqslant 2, \forall \boldsymbol{x} \in \boldsymbol{S}_{\text{IS}}^{\text{d}}\right\} \tag{5-15}$$

式中，$\boldsymbol{S}_{\text{IS}}^{\text{d}}$ 为改进重要抽样法的备选样本集，是由重要抽样的备选样本池 $\boldsymbol{S}_{\text{IS}}$ 按贡献权重排序得到的；$U_{\hat{g}}(\boldsymbol{x})$ 为备选样本点 $\boldsymbol{x} \in \boldsymbol{S}_{\text{IS}}^{\text{d}}$ 的 U 学习函数，由前文可知

$U_{\hat{g}}(\boldsymbol{x}) \geqslant 2$ 表明代理模型 $\hat{g}(\boldsymbol{x})$ 正确识别 $g(\boldsymbol{x})$ 符号的概率大于等于 $\Phi(2)=97.7\%$；$\text{freq}\{\cdot\}$ 为求频率的算子。定义 $U_{\hat{g}}(\boldsymbol{x}) \geqslant 2$ ($\boldsymbol{x} \in \boldsymbol{S}_{\text{IS}}^{\text{d}}$) 的指示函数 $I_{\text{u}}(\boldsymbol{x})$ 如式（5-16）所示，则 f_M 可以采用式（5-17）计算：

$$I_{\text{u}}(\boldsymbol{x})=\begin{cases}1, & U_{\hat{g}}(\boldsymbol{x}) \geqslant 2 \\ 0, & U_{\hat{g}}(\boldsymbol{x})<2\end{cases} \tag{5-16}$$

$$f_M=\frac{1}{M} \sum_{i=1}^{M} I_{\text{u}}(\boldsymbol{x}_i) \tag{5-17}$$

式中，$\boldsymbol{x}_i \in \boldsymbol{S}_{\text{IS}}^{\text{d}}$。

自适应增加 k 值的停止条件可以设置为 $f_M \geqslant f_M^*$。显然，当阈值 $f_M^*=100\%$ 时，表明这 M 个样本对应的功能函数取值符号均可以被当前代理模型以大于等于 97.7% 的概率正确识别。本小节中，选择 $f_M^*=97.7\%$，即以 $f_M \geqslant 97.7\%$ 作为自适应选择 k 值结束的准则，此准则表明仅有 2.3% 的样本对应的功能函数的取值符号没有满足被当前代理模型以大于等于 97.7%的概率准确识别，且这 2.3% 的样本均位于相对不重要的区域，因此对整个失效概率的估计影响非常小。

依据以上自适应选择重要样本数目 k 的策略，自适应代理模型结合改进重要抽样的方法求解失效概率的流程图如图 5-2 所示，具体执行步骤如下。

第一步：构造重要抽样密度函数 $h_{\boldsymbol{X}}(\boldsymbol{x})$。采用改进一次二阶矩（advanced first-order and second-moment，AFOSM）方法求解设计点 $\boldsymbol{P}^*$ 和可靠度指标 β，将原始抽样密度函数的抽样中心平移到 $\boldsymbol{P}^*$ 处构造重要抽样密度函数 $h_{\boldsymbol{X}}(\boldsymbol{x})$。

第二步：构建初始训练集 $\boldsymbol{T}_{\text{IS}}$ 并抽取重要抽样样本。将求解设计点过程中的输入-输出样本作为构建功能函数 $g(\boldsymbol{x})$ 代理模型 $\hat{g}(\boldsymbol{x})$ 的训练样本集 $\boldsymbol{T}_{\text{IS}}$，并利用 $h_{\boldsymbol{X}}(\boldsymbol{x})$ 产生容量为 N 的重要抽样样本，取其中 β 球外的重要抽样样本（记其数量为 M）构成重要抽样备选样本集 $\boldsymbol{S}_{\text{IS}}=\{\tilde{\boldsymbol{x}}_1, \tilde{\boldsymbol{x}}_2, \cdots, \tilde{\boldsymbol{x}}_M\}^{\text{T}}$。

第三步：利用式（5-7）计算 $\boldsymbol{S}_{\text{IS}}$ 中每个样本的贡献权重 $W(\boldsymbol{x})$后按权重的降序排列，形成改进重要抽样的备选样本池 $\boldsymbol{S}_{\text{IS}}^{\text{d}}=\{\boldsymbol{x}_1, \boldsymbol{x}_2, \cdots, \boldsymbol{x}_M\}^{\text{T}}$，其中 $W(\boldsymbol{x}_i) \geqslant W(\boldsymbol{x}_{i+1})$ $(i=1,2,\cdots,M-1)$。

第四步：令 $\boldsymbol{S}_{\text{IS}}^{\text{d}}$ 中的重要样本数目 k 的初值为 1，即 $k=1$。

第五步：取改进重要抽样备选样本池 $\boldsymbol{S}_{\text{IS}}^{\text{d}}$ 中的前 k 个样本形成训练功能函数代理模型的备选样本池 $\boldsymbol{S}_k=\{\boldsymbol{x}_1, \boldsymbol{x}_2, \cdots, \boldsymbol{x}_k\}^{\text{T}}$。

第六步：在 $\boldsymbol{S}_k$ 中更新 $\hat{g}(\boldsymbol{x})$ 直至收敛。利用当前 $\hat{g}(\boldsymbol{x})$ 计算 $\boldsymbol{S}_k$ 中每个样本点的 U 学习函数值，然后选择样本点 $\boldsymbol{x}^{\text{u}}=\arg\min\limits_{\boldsymbol{x} \in \boldsymbol{S}_k} U_{\hat{g}}(\boldsymbol{x})$，当 $U_{\hat{g}}(\boldsymbol{x}^{\text{u}}) \geqslant 2$ 时，表明 $\hat{g}(\boldsymbol{x})$ 在 $\boldsymbol{S}_k$ 中已收敛，执行第七步；否则，计算 $g(\boldsymbol{x}^{\text{u}})$，并以 $\{\boldsymbol{x}^{\text{u}}, g(\boldsymbol{x}^{\text{u}})\}$ 更新训练集 $\boldsymbol{T}_{\text{IS}}$

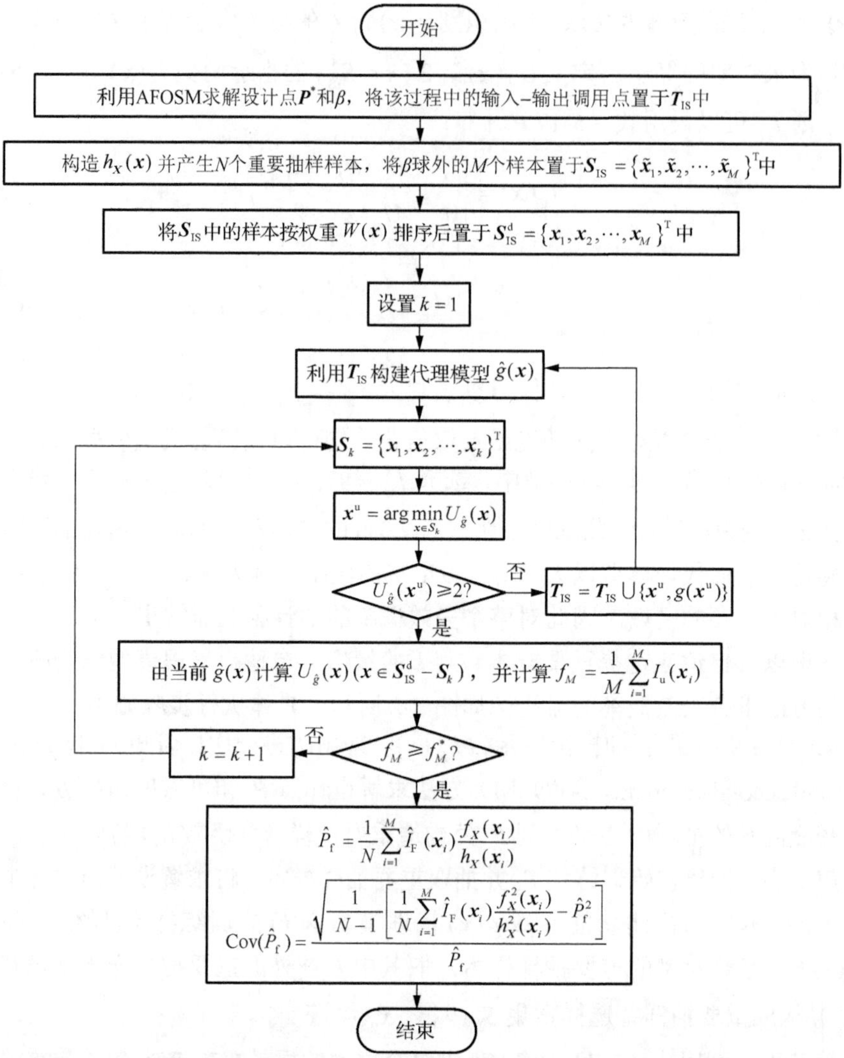

图 5-2　自适应代理模型结合改进重要抽样的方法求解失效概率的流程图

为$\boldsymbol{T}_{\mathrm{IS}}=\boldsymbol{T}_{\mathrm{IS}}\cup\{\boldsymbol{x}^{\mathrm{u}},g(\boldsymbol{x}^{\mathrm{u}})\}$，然后利用$\boldsymbol{T}_{\mathrm{IS}}$构建代理模型$\hat{g}(\boldsymbol{x})$，并重复第六步直至$\hat{g}(\boldsymbol{x})$在$\boldsymbol{S}_k$中训练收敛后执行第七步。

第七步： 自适应更新k值直至$f_M\geqslant f_M^*$。利用当前$\hat{g}(\boldsymbol{x})$计算$\boldsymbol{S}_{\mathrm{IS}}^{\mathrm{d}}$中剩余的$M-k$个备选样本点的U学习函数$U_{\hat{g}}(\boldsymbol{x})\ (\boldsymbol{x}\in\boldsymbol{S}_{\mathrm{IS}}^{\mathrm{d}}-\boldsymbol{S}_k)$，并利用式(5-17)计算$f_M$，若$f_M<f_M^*$，则自适应增加$k$至$k+1$，并返回第五步；若$f_M\geqslant f_M^*$，则执行第八步。

第八步： 利用当前 $\hat{g}(\boldsymbol{x})$ 估计失效概率。首先根据当前 $\hat{g}(\boldsymbol{x})$ 计算 $\boldsymbol{S}_{\mathrm{IS}}^{\mathrm{d}}$ 中每个样本点对应的失效域指示函数值 $\hat{I}_{\mathrm{F}}(\boldsymbol{x}_i)\ (i=1,2,\cdots,M)$，当 $\hat{g}(\boldsymbol{x}_i)\leqslant 0$ 时，$\hat{I}_{\mathrm{F}}(\boldsymbol{x}_i)=1$，当 $\hat{g}(\boldsymbol{x}_i)>0$ 时，$\hat{I}_{\mathrm{F}}(\boldsymbol{x}_i)=0$，则失效概率的估计值 $\hat{P}_{\mathrm{f}}$ 及其变异系数 $\mathrm{Cov}(\hat{P}_{\mathrm{f}})$ 可以分别由式（5-18）和式（5-19）得

$$\hat{P}_{\mathrm{f}}=\frac{1}{N}\sum_{i=1}^{M}\hat{I}_{\mathrm{F}}(\boldsymbol{x}_i)\frac{f_{\boldsymbol{X}}(\boldsymbol{x}_i)}{h_{\boldsymbol{X}}(\boldsymbol{x}_i)} \tag{5-18}$$

$$\mathrm{Cov}(\hat{P}_{\mathrm{f}})=\frac{\sqrt{\dfrac{1}{N-1}\left[\dfrac{1}{N}\displaystyle\sum_{i=1}^{M}\hat{I}_{\mathrm{F}}(\boldsymbol{x}_i)\frac{f_{\boldsymbol{X}}^2(\boldsymbol{x}_i)}{h_{\boldsymbol{X}}^2(\boldsymbol{x}_i)}-\hat{P}_{\mathrm{f}}^2\right]}}{\hat{P}_{\mathrm{f}}} \tag{5-19}$$

分别使用第 4 章研究的 Kriging 模型、贝叶斯稀疏 PCE 模型和贝叶斯 SVR 模型作为上述求解步骤中的代理模型，即可形成相应的自适应 Kriging（adaptive Kriging, AK）模型结合改进重要抽样（adaptive importance sampling, AIS）的方法（AK-AIS）、自适应 PCE（adaptive polynomial chaos expansion, APCE）模型结合改进重要抽样的方法（APCE-AIS）和自适应 SVR（adaptive support vector regression, ASVR）模型结合改进重要抽样的方法（ASVR-AIS），以下将使用这三种方法进行算例分析。

5.1.4　算例分析

算例 5.1　简单数值算例

考虑如下功能函数：

$$g(\boldsymbol{X})=1.016\sqrt{\frac{X_1X_3^2}{X_2X_4^4}}-380 \tag{5-20}$$

式中，四个输入变量 X_1、X_2、X_3 和 X_4 的分布形式及分布参数如表 5-1 所示。

表 5-1　算例 5.1 输入变量分布形式及分布参数

输入变量	分布形式	均值	标准差
X_1	正态分布	1×10^{7}	3×10^{5}
X_2	正态分布	2.5×10^{-4}	1.25×10^{-5}
X_3	正态分布	0.98	4.9×10^{-2}
X_4	正态分布	20	1

表 5-2 列出了 MCS 方法、AK-MCS 方法、AK-AIS 方法、APCE-MCS 方法、APCE-AIS 方法、ASVR-MCS 方法和 ASVR-AIS 方法计算失效概率的结果。

表 5-2　算例 5.1 失效概率计算结果

方法	$\hat{P}_f$	$\mathrm{Cov}(\hat{P}_f)$	相对误差	样本池规模	计算量	计算时间/s
MCS	7.93×10^{-3}	0.0353	—	1×10^{5}	1×10^{5}	—
AK-MCS	7.93×10^{-3}	0.0353	0	1×10^{5}	40	8.09
AK-AIS	8.23×10^{-3}	0.0304	0.0376	3000	29	3.72
APCE-MCS	8.03×10^{-3}	0.0351	0.0126	1×10^{5}	16	0.77
APCE-AIS	8.13×10^{-3}	0.0305	0.0255	3000	28	0.63
ASVR-MCS	7.93×10^{-3}	0.0353	0	1×10^{5}	65	125.16
ASVR-AIS	8.04×10^{-3}	0.0305	0.0136	3000	30	12.04

通过分析表 5-2 中的计算结果可以得出如下结论：

（1）AK-AIS 方法和 ASVR-AIS 方法所需的功能函数调用次数（计算量）和计算时间均小于对应的 AK-MCS 方法和 ASVR-MCS 方法，验证了 AK-AIS 方法和 ASVR-AIS 方法的高效性。

（2）APCE-AIS 方法的功能函数调用次数大于 APCE-MCS 方法，出现该现象的原因在于原始 APCE-MCS 方法仅需要少量的训练样本即可准确判断 MCS 样本池中样本对应功能函数的符号，但 APCE-AIS 方法在构造重要抽样样本池之前需首先求解设计点，这会增加额外的功能函数调用次数。但是，由于 APCE-AIS 方法的样本池规模仅占 APCE-MCS 方法样本池规模的 3%，这会大量减少更新 PCE 模型过程的耗时，故 APCE-AIS 方法的计算时间少于 APCE-MCS 方法。

算例 5.2　疲劳-蠕变交互损伤问题

航空发动机热端部件（涡轮盘、涡轮叶片、涡轮轴、涡轮机匣等）通常需承受交变载荷的作用，其服役过程伴随着严重的疲劳-蠕变载荷交互作用，这对部件寿命预测与设计方法提出了新的挑战。为了定量描述疲劳和蠕变之间的相互作用对材料性能的影响，文献[3]基于试验数据提出了如下所示的基于非线性疲劳-蠕变破坏准则的功能函数：

$$\begin{aligned}
&g(N_c,N_f,n_c,n_f,\theta_1,\theta_2)\\
&=D_{cr}-(D_f+D_c)\\
&=2-\exp\left(\frac{\theta_1 n_c}{N_c}\right)+\frac{\exp(\theta_1)-2}{\exp(\theta_2)-1}\left[\exp\left(-\frac{\theta_2 n_c}{N_c}\right)-1\right]-\frac{n_f}{N_f}
\end{aligned}\tag{5-21}$$

式中，D_{cr} 表示临界损伤；D_f 表示疲劳损伤；D_c 表示蠕变损伤；n_f 和 n_c 分别表示疲劳和蠕变载荷循环的数量；N_f 和 N_c 分别表示材料的疲劳寿命和蠕变寿命；θ_1 和 θ_2 是根据试验数据拟合的两个系数，本例取 $\theta_1=0.42$ 和 $\theta_2=0.6$。n_f、n_c、N_f 和 N_c 被视为四个随机输入变量，它们的分布形式及分布参数如表 5-3 所示。表 5-4 列出了 MCS 方法、AK-MCS 方法、AK-AIS 方法、APCE-MCS 方法、APCE-AIS

方法、ASVR-MCS 方法和 ASVR-AIS 方法计算该疲劳-蠕变交互损伤问题的失效概率结果。

表 5-3　算例 5.2 输入变量分布形式及分布参数

方法	分布形式	均值	标准差
n_f	正态分布	12800	640
n_c	正态分布	520	26
N_f	正态分布	17500	875
N_c	正态分布	5500	275

表 5-4　算例 5.2 失效概率计算结果

方法	$\hat{P}_f$	$\mathrm{Cov}(\hat{P}_f)$	相对误差	样本池规模	计算量	计算时间/s
MCS	7.65×10^{-5}	0.0402	—	8×10^6	8×10^6	—
AK-MCS	7.65×10^{-5}	0.0402	0	8×10^6	37	1072.34
AK-AIS	7.60×10^{-5}	0.0377	0.0061	3000	28	0.80
APCE-MCS	7.74×10^{-5}	0.0402	0.0114	8×10^6	41	311.29
APCE-AIS	7.66×10^{-5}	0.0376	0.0016	3000	27	0.65
ASVR-MCS	7.65×10^{-5}	0.0402	0	8×10^6	62	4541.14
ASVR-AIS	7.58×10^{-5}	0.0376	0.0086	3000	27	6.48

由表 5-4 可以得出如下结论：AK-MCS 方法、APCE-MCS 方法和 ASVR-MCS 方法中的样本池规模都为 8×10^6，AK-AIS 方法、APCE-AIS 方法和 ASVR-AIS 方法中样本池的规模都仅为 3000，远小于 8×10^6 的样本池规模的大小，这也使得 AK-AIS 方法、APCE-AIS 方法和 ASVR-AIS 方法的计算时间少于对应的 AK-MCS 方法、APCE-MCS 方法和 ASVR-MCS 方法。

5.2　自适应代理模型结合元模型重要抽样的可靠性分析方法

5.1 节所研究的基于设计点的自适应代理模型结合改进重要抽样的可靠性分析方法实现较为简单，但该方法依赖于通过 AFOSM 方法所求取的设计点。AFOSM 方法在处理多设计点、多失效域等复杂问题时存在缺陷，这会限制 5.1 节的方法对于此类复杂问题的求解。基于此，本节研究一种自适应代理模型结合元模型重要抽样的可靠性分析方法，用以高效解决多失效域、多设计点等复杂的可靠性分析问题。

5.2.1　元模型重要抽样法

由 5.1.1 小节的内容可知，以式（5-2）中定义的 $h_{\boldsymbol{X}}^{\mathrm{opt}}(\boldsymbol{x})$ 作为重要抽样密度函

数时，失效概率估计值的方差为零。但由于需要知道失效域指示函数和待估计的失效概率，故对于隐式功能函数无法直接获取最优重要抽样密度函数及其样本。为此研究人员提出了用代理模型 $\hat{g}(\boldsymbol{x})$ 近似最优重要抽样密度函数的元模型重要抽样（meta model importance sampling，Meta-IS）[4]。由式（5-2）可知，要通过代理模型近似最优重要抽样密度函数，需要考虑两个部分，一是失效域指示函数 $I_{\mathrm{F}}(\boldsymbol{x})$ 的近似，二是失效概率 P_{f} 的估计。借助代理模型 $\hat{g}(\boldsymbol{x})$，可构造形式如下所示的近似最优重要抽样密度函数 $h_X(\boldsymbol{x})$：

$$h_X(\boldsymbol{x}) = \frac{\pi(\boldsymbol{x}) \cdot f_X(\boldsymbol{x})}{P_{\mathrm{f}\varepsilon}} \tag{5-22}$$

式中，$\pi(\boldsymbol{x})$ 为代理模型的概率分类函数，它表示在样本点 $\boldsymbol{x}$ 处，代理模型 $\hat{g}(\boldsymbol{x})$ 预测响应值 $\hat{g}(\boldsymbol{x}) \leqslant 0$ 的概率。对于高斯输出型代理模型 $\hat{g}(\boldsymbol{x})$，其概率分类函数为

$$\pi(\boldsymbol{x}) = P\{\hat{g}(\boldsymbol{x}) \leqslant 0\} = \Phi\left(-\frac{\mu_{\hat{g}}(\boldsymbol{x})}{\sigma_{\hat{g}}(\boldsymbol{x})}\right) \tag{5-23}$$

式（5-22）中的 $P_{\mathrm{f}\varepsilon}$ 为归一化系数，其计算式如下：

$$P_{\mathrm{f}\varepsilon} = \int_{R^n} \pi(\boldsymbol{x}) \cdot f_X(\boldsymbol{x}) \mathrm{d}\boldsymbol{x} \tag{5-24}$$

注意到，式（5-24）的 $P_{\mathrm{f}\varepsilon}$ 同时包含了代理模型的不确定性 $\pi(\boldsymbol{x})$ 和输入变量的不确定性 $f_X(\boldsymbol{x})$，因此 $P_{\mathrm{f}\varepsilon}$ 也称为扩展失效概率[4]。

利用代理模型构造的重要抽样密度函数 $h_X(\boldsymbol{x}) = \pi(\boldsymbol{x}) f_X(\boldsymbol{x}) / P_{\mathrm{f}\varepsilon}$，可对失效概率的估计式进行如下推导[4]：

$$\begin{aligned} P_{\mathrm{f}} &= \int_{R^n} I_{\mathrm{F}}(\boldsymbol{x}) f_X(\boldsymbol{x}) \mathrm{d}\boldsymbol{x} = \int_{R^n} I_{\mathrm{F}}(\boldsymbol{x}) \frac{f_X(\boldsymbol{x})}{h_X(\boldsymbol{x})} h_X(\boldsymbol{x}) \mathrm{d}\boldsymbol{x} \\ &= \int_{R^n} I_{\mathrm{F}}(\boldsymbol{x}) \frac{f_X(\boldsymbol{x})}{\dfrac{\pi(\boldsymbol{x}) f_X(\boldsymbol{x})}{P_{\mathrm{f}\varepsilon}}} h_X(\boldsymbol{x}) \mathrm{d}\boldsymbol{x} = P_{\mathrm{f}\varepsilon} \int_{R^n} \frac{I_{\mathrm{F}}(\boldsymbol{x})}{\pi(\boldsymbol{x})} h_X(\boldsymbol{x}) \mathrm{d}\boldsymbol{x} \\ &= P_{\mathrm{f}\varepsilon} \alpha_{\mathrm{corr}} \end{aligned} \tag{5-25}$$

式中，

$$\alpha_{\mathrm{corr}} = \int_{R^n} \frac{I_{\mathrm{F}}(\boldsymbol{x})}{\pi(\boldsymbol{x})} h_X(\boldsymbol{x}) \mathrm{d}\boldsymbol{x} \tag{5-26}$$

称为修正因子。

Meta-IS 方法将失效概率的计算转换为了扩展失效概率 $P_{\mathrm{f}\varepsilon}$ 和修正因子 α_{corr} 两部分乘积的形式。式（5-24）和式（5-26）均为积分的形式，可以采用样本均值来近似估计，$P_{\mathrm{f}\varepsilon}$ 和 α_{corr} 的估计式如式（5-27）和式（5-28）所示：

$$\hat{P}_{f\varepsilon}=\frac{1}{N_{\varepsilon}}\sum_{i=1}^{N_{\varepsilon}}\pi(\boldsymbol{x}_i^{f}) \tag{5-27}$$

$$\hat{\alpha}_{corr}=\frac{1}{N_{corr}}\sum_{j=1}^{N_{corr}}\frac{I_F(\boldsymbol{x}_j^{h})}{\pi(\boldsymbol{x}_j^{h})} \tag{5-28}$$

式中，$\boldsymbol{x}_i^{f}\,(i=1,2,\cdots,N_{\varepsilon})$ 表示按照原始密度函数 $f_{\boldsymbol{X}}(\boldsymbol{x})$ 抽取的 N_{ε} 个样本中的第 i 个；$\boldsymbol{x}_j^{h}\ (j=1,2,\cdots,N_{corr})$ 表示按照代理模型构造的近似最优重要抽样密度函数 $h_{\boldsymbol{X}}(\boldsymbol{x})$ 抽取的 N_{corr} 个重要样本中的第 j 个。

同时，还可以得到估计值 $\hat{P}_{f\varepsilon}$ 和 $\hat{\alpha}_{corr}$ 的方差与变异系数如下所示：

$$\mathrm{Var}(\hat{P}_{f\varepsilon})=\frac{1}{N_{\varepsilon}-1}\left[\sum_{i=1}^{N_{\varepsilon}}\frac{1}{N_{\varepsilon}}\pi^2(\boldsymbol{x}_i^{f})-\hat{P}_{f\varepsilon}^2\right] \tag{5-29}$$

$$\mathrm{Cov}(\hat{P}_{f\varepsilon})=\frac{\sqrt{\mathrm{Var}(\hat{P}_{f\varepsilon})}}{\hat{P}_{f\varepsilon}} \tag{5-30}$$

$$\mathrm{Var}(\hat{\alpha}_{corr})=\frac{1}{N_{corr}-1}\left[\frac{1}{N_{corr}}\sum_{j=1}^{N_{corr}}\frac{I_F(\boldsymbol{x}_j^{h})}{\pi^2(\boldsymbol{x}_j^{h})}-\hat{\alpha}_{corr}^2\right] \tag{5-31}$$

$$\mathrm{Cov}(\hat{\alpha}_{corr})=\frac{\sqrt{\mathrm{Var}(\hat{\alpha}_{corr})}}{\hat{\alpha}_{corr}} \tag{5-32}$$

最终,失效概率估计值 $\hat{P}_f$ 及其变异系数 $\mathrm{Cov}(\hat{P}_f)$ 可分别通过式(5-33)及式(5-34)计算：

$$\hat{P}_f=\hat{P}_{f\varepsilon}\hat{\alpha}_{corr} \tag{5-33}$$

$$\mathrm{Cov}(\hat{P}_f)\approx\sqrt{\mathrm{Cov}^2(\hat{P}_{f\varepsilon})+\mathrm{Cov}^2(\hat{\alpha}_{corr})} \tag{5-34}$$

Meta-IS 方法采用代理模型直接近似最优重要抽样密度函数,相较于通过设计点构造重要抽样密度函数的方法具有更广的适用范围。注意到利用式（5-28）估计修正因子时，需要计算 N_{corr} 个重要抽样样本 $\boldsymbol{x}_j^{h}(j=1,2,\cdots,N_{corr})$ 的指示函数值 $I_F(\boldsymbol{x}_j^{h})$，此过程仍然需要大量调用功能函数。为了避免这个问题，本节采用继续更新已有代理模型，使其可以准确识别 N_{corr} 个重要抽样样本对应功能函数取值符号的策略[5]，从而显著降低计算式（5-28）时功能函数的调用次数，该方法称为自适应代理模型结合元模型重要抽样（Meta-IS-AS）方法。

5.2.2　求解失效概率的自适应代理模型结合元模型重要抽样的方法

Meta-IS-AS 方法分两个阶段来构建代理模型，分别为高效估计扩展失效概率 $P_{f\varepsilon}$ 和修正因子 α_{corr}。第一阶段：利用 Meta-IS 方法的迭代更新代理模型策略，逐步得到近似最优重要抽样密度函数的样本，在第一阶段迭代收敛后就可以得到相应的收敛代理模型 $\hat{g}_1(\boldsymbol{x})$ 和重要抽样样本点 $\boldsymbol{x}_j^{\mathrm{h}}\,(j=1,2,\cdots,N_{\mathrm{corr}})$，然后利用收敛的 $\hat{g}_1(\boldsymbol{x})$ 和 $f_{\boldsymbol{X}}(\boldsymbol{x})$ 抽取的样本点 $\boldsymbol{x}_i^{\mathrm{f}}\,(i=1,2,\cdots,N_{\varepsilon})$，就可以计算扩展失效概率 $P_{\mathrm{f}\varepsilon}$ 的估计值 $\hat{P}_{\mathrm{f}\varepsilon}$。第二阶段：利用 AS-IS 方法，继续更新代理模型 $\hat{g}_1(\boldsymbol{x})$，构建能够对重要抽样样本 $\boldsymbol{x}_j^{\mathrm{h}}\,(j=1,2,\cdots,N_{\mathrm{corr}})$ 处的指示函数值 $I_{\mathrm{F}}(\boldsymbol{x}_j^{\mathrm{h}})$ 做出准确预测的代理模型 $\hat{g}_2(\boldsymbol{x})$，以便高效准确地求解修正因子 α_{corr} 的估计值 $\hat{\alpha}_{\mathrm{corr}}$。图 5-3 给出了 Meta-IS-AS 方法计算失效概率的主要框架，其具体步骤如下。

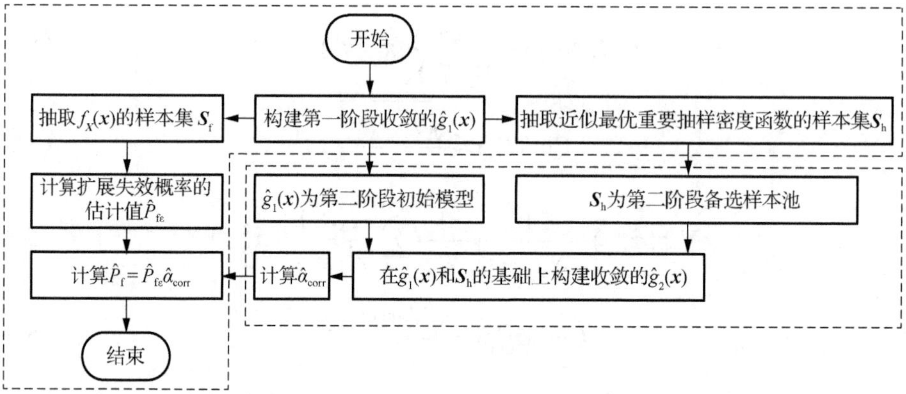

图 5-3　Meta-IS-AS 方法计算失效概率的主要框架

第一步：构造初始训练集。由输入变量 $\boldsymbol{X}$ 的概率密度函数 $f_{\boldsymbol{X}}(\boldsymbol{x})$ 抽取初始训练点并计算相应的功能函数值，从而形成训练集 $\boldsymbol{T}$。

第二步：由 $\boldsymbol{T}$ 和代理模型工具箱构建 $g(\boldsymbol{x})$ 第一阶段的初始代理模型 $\hat{g}_1(\boldsymbol{x})$。

第三步：抽取重要抽样样本。依据当前代理模型 $\hat{g}_1(\boldsymbol{x})$，通过马尔可夫链蒙特卡洛（Markov chain Monte Carlo, MCMC）法抽取当前近似最优重要抽样密度函数 $h_{\boldsymbol{X}}(\boldsymbol{x})=\pi(\boldsymbol{x})f_{\boldsymbol{X}}(\boldsymbol{x})/P_{\mathrm{f}\varepsilon}$ 的样本集 $\boldsymbol{S}_{\mathrm{h}}$。值得注意的是在抽取近似最优重要抽样密度函数 $h_{\boldsymbol{X}}(\boldsymbol{x})$ 的样本时不需要求得归一化系数 $P_{\mathrm{f}\varepsilon}$，只需求得 $\pi(\boldsymbol{x})f_{\boldsymbol{X}}(\boldsymbol{x})$ 即可。

第四步：更新训练样本集 $\boldsymbol{T}$。对重要抽样样本集 $\boldsymbol{S}_{\mathrm{h}}$ 进行 K-means 聚类分析，得到 K 个形心后，将 K 个形心及其相应的功能函数值加入训练样本集 $\boldsymbol{T}$ 中，并由更新的 $\boldsymbol{T}$ 更新代理模型 $\hat{g}_1(\boldsymbol{x})$。一般为了使 K 个形心能包含所有失效域的信息，应选择较大的 K 值。

第五步：判别第一阶段代理模型 $\hat{g}_1(\boldsymbol{x})$ 的收敛性。由式（5-35）计算修正因子 α_{corr} 的留一法估计值 $\hat{\alpha}_{\mathrm{corrLOO}}$：

$$\hat{\alpha}_{\text{corrLOO}}=\frac{1}{m}\sum_{i=1}^{m}\frac{I_{\text{F}}(\boldsymbol{x}_i^{(\text{t})})}{\pi_{(\boldsymbol{T}-\boldsymbol{x}_i^{(\text{t})})}(\boldsymbol{x}_i^{(\text{t})})}=\frac{1}{m}\sum_{i=1}^{m}\frac{I_{\text{F}}(\boldsymbol{x}_i^{(\text{t})})}{\Phi\left(-\mu_{\hat{g}_{1(\boldsymbol{T}-\boldsymbol{x}_i^{(\text{t})})}}(\boldsymbol{x}_i^{(\text{t})})\Big/\sigma_{\hat{g}_{1(\boldsymbol{T}-\boldsymbol{x}_i^{(\text{t})})}}(\boldsymbol{x}_i^{(\text{t})})\right)} \tag{5-35}$$

式中，m 为迭代过程中构建代理模型 $\hat{g}_1(\boldsymbol{x})$ 的训练集 $\boldsymbol{T}$ 的尺寸，$\boldsymbol{T}=\left\{(\boldsymbol{x}_1^{(\text{t})},g(\boldsymbol{x}_1^{(\text{t})})),(\boldsymbol{x}_2^{(\text{t})},g(\boldsymbol{x}_2^{(\text{t})})),\cdots,(\boldsymbol{x}_m^{(\text{t})},g(\boldsymbol{x}_m^{(\text{t})}))\right\}$；$I_{\text{F}}(\boldsymbol{x}_i^{(\text{t})})$ 为训练点的失效域指示函数值，其可以由 $\boldsymbol{x}_i^{(\text{t})}$ 点的功能函数值求得，即 $I_{\text{F}}(\boldsymbol{x}_i^{(\text{t})})=\begin{cases}1, & g(\boldsymbol{x}_i^{(\text{t})})\leqslant 0\\ 0, & g(\boldsymbol{x}_i^{(\text{t})})>0\end{cases}$；$\pi_{(\boldsymbol{T}-\boldsymbol{x}_i^{(\text{t})})}(\cdot)$ 为训练集 $\boldsymbol{T}$ 中去掉第 i 个训练样本 $(\boldsymbol{x}_i^{(\text{t})},g(\boldsymbol{x}_i^{(\text{t})}))$ 后构建的代理模型 $\hat{g}_{1(\boldsymbol{T}-\boldsymbol{x}_i^{(\text{t})})}(\boldsymbol{x})$ 所建立的概率分类函数。

在 Meta-IS-AS 方法的第一阶段，构造抽取近似最优重要抽样密度函数的初始代理模型 $\hat{g}_1(\boldsymbol{x})$ 是比较粗糙的，因而并不能较为准确地抽取重要抽样样本集，利用此时的 $\hat{g}_1(\boldsymbol{x})$ 估计修正因子会耗费较大的计算量。为此，Meta-IS-AS 方法利用已有的训练集信息估计 $\hat{\alpha}_{\text{corrLOO}}$，并且利用 $\hat{\alpha}_{\text{corrLOO}}$ 的如下性质：$\hat{\alpha}_{\text{corrLOO}}\to 1$ 时说明概率分类函数 $\pi(\boldsymbol{x})$ 趋近于失效域指示函数 $I_{\text{F}}(\boldsymbol{x})$，且说明式（5-22）的近似最优重要抽样密度函数 $h_{\boldsymbol{X}}(\boldsymbol{x})$ 趋近于式（5-2）的理论最优重要抽样密度函数 $h_{\boldsymbol{X}}^{\text{opt}}(\boldsymbol{x})$，因此可以将 $\hat{\alpha}_{\text{corrLOO}}$ 与理论值“1”的接近程度达到给定的阈值作为第一阶段代理模型训练结束的准则。由于 $\hat{\alpha}_{\text{corrLOO}}=1$ 是最优的停止准则，因此 Meta-IS-AS 方法建议取 $\hat{\alpha}_{\text{corrLOO}}\in[0.1,10]$ 作为停止第一阶段训练 $\hat{g}_1(\boldsymbol{x})$ 的准则[5]。

若 $0.1\leqslant\hat{\alpha}_{\text{corrLOO}}\leqslant 10$，且训练样本的样本数量 m 大于规定的最小值 m_0（m_0 一般取 20），则认为构建近似最优重要抽样密度函数的代理模型 $\hat{g}_1(\boldsymbol{x})$ 达到收敛，进入第六步；否则返回第三步。

第六步： 由收敛的 $\hat{g}_1(\boldsymbol{x})$ 计算扩展失效概率的估计值 $\hat{P}_{\text{f}\varepsilon}$ 及其变异系数 $\text{Cov}(\hat{P}_{\text{f}\varepsilon})$。根据输入变量 $\boldsymbol{X}$ 的概率密度函数 $f_{\boldsymbol{X}}(\boldsymbol{x})$ 产生容量为 N_ε 的样本集 $\boldsymbol{S}_{\text{f}}=\{\boldsymbol{x}_1^{\text{f}},\boldsymbol{x}_2^{\text{f}},\cdots,\boldsymbol{x}_{N_\varepsilon}^{\text{f}}\}^{\text{T}}$，并由式（5-36）求得扩展失效概率估计值 $\hat{P}_{\text{f}\varepsilon}$ 及其变异系数 $\text{Cov}(\hat{P}_{\text{f}\varepsilon})$：

$$\hat{P}_{\text{f}\varepsilon}=\frac{1}{N_\varepsilon}\sum_{i=1}^{N_\varepsilon}\pi(\boldsymbol{x}_i^{\text{f}}) \tag{5-36}$$

$$\text{Cov}(\hat{P}_{\text{f}\varepsilon})=\frac{\sqrt{\text{Var}(\hat{P}_{\text{f}\varepsilon})}}{\hat{P}_{\text{f}\varepsilon}} \tag{5-37}$$

式中，$\pi(\boldsymbol{x}_i^{\text{f}})=P\{\hat{g}_1(\boldsymbol{x}_i^{\text{f}})\leqslant 0\}=\Phi(-\mu_{\hat{g}_1}(\boldsymbol{x}_i^{\text{f}})/\sigma_{\hat{g}_1}(\boldsymbol{x}_i^{\text{f}}))$；$\text{Var}(\hat{P}_{\text{f}\varepsilon})$ 根据式（5-38）求得

$$\mathrm{Var}(\hat{P}_{\mathrm{f\varepsilon}})=\frac{1}{N_{\varepsilon}-1}\left(\frac{1}{N_{\varepsilon}}\sum_{i=1}^{N_{\varepsilon}}\pi^{2}(\boldsymbol{x}_{i}^{\mathrm{f}})-\hat{P}_{\mathrm{f\varepsilon}}^{2}\right) \tag{5-38}$$

第七步： 在 $\boldsymbol{S}_{\mathrm{h}}$ 中训练 $\hat{g}_1(\boldsymbol{x})$ 以便得到收敛的 $\hat{g}_2(\boldsymbol{x})$ 来识别 $\boldsymbol{S}_{\mathrm{h}}$ 中样本点的状态。以 $\boldsymbol{S}_{\mathrm{h}}=\{\boldsymbol{x}_1^{\mathrm{h}},\boldsymbol{x}_2^{\mathrm{h}},\cdots,\boldsymbol{x}_{N_{\mathrm{corr}}}^{\mathrm{h}}\}^{\mathrm{T}}$ 作为备选样本池，并以 $\hat{g}_1(\boldsymbol{x})$ 作为第二阶段代理模型 $\hat{g}_2(\boldsymbol{x})$ 的初始模型，由 U 学习函数在 $\boldsymbol{S}_{\mathrm{h}}$ 中选择更新样本点 $\boldsymbol{x}^{\mathrm{u}}=\arg\min\limits_{\boldsymbol{x}_j^{\mathrm{h}}\in\boldsymbol{S}_{\mathrm{h}}}U_{\hat{g}_2}(\boldsymbol{x}_j^{\mathrm{h}})$，并更新训练样本集 $\boldsymbol{T}$ 为 $\boldsymbol{T}=\boldsymbol{T}\cup\{\boldsymbol{x}^{\mathrm{u}},g(\boldsymbol{x}^{\mathrm{u}})\}$，利用 $\boldsymbol{T}$ 更新当前的代理模型得到 $\hat{g}_2(\boldsymbol{x})$，直到 $\min\limits_{\boldsymbol{x}_j^{\mathrm{h}}\in\boldsymbol{S}_{\mathrm{h}}}U_{\hat{g}_2}(\boldsymbol{x}_j^{\mathrm{h}})\geqslant 2$ 时终止，此时得到的代理模型 $\hat{g}_2(\boldsymbol{x})$ 可以以不小于97.7%的概率准确识别 $\boldsymbol{S}_{\mathrm{h}}$ 中所有样本点的状态，从而可以准确估计 $\boldsymbol{x}_j^{\mathrm{h}}\in\boldsymbol{S}_{\mathrm{h}}$ 对应的失效域指示函数值 $I_{\mathrm{F}}(\boldsymbol{x}_j^{\mathrm{h}})$。

第八步： 由收敛的 $\hat{g}_2(\boldsymbol{x})$ 得到修正因子估计值 $\hat{\alpha}_{\mathrm{corr}}$ 及其变异系数 $\mathrm{Cov}(\hat{\alpha}_{\mathrm{corr}})$：

$$\hat{\alpha}_{\mathrm{corr}}=\frac{1}{N_{\mathrm{corr}}}\sum_{j=1}^{N_{\mathrm{corr}}}\frac{\hat{I}_{\mathrm{F}}(\boldsymbol{x}_j^{\mathrm{h}})}{\pi(\boldsymbol{x}_j^{\mathrm{h}})} \tag{5-39}$$

$$\hat{I}_{\mathrm{F}}(\boldsymbol{x}_j^{\mathrm{h}})=\begin{cases}1, & \mu_{\hat{g}_2}(\boldsymbol{x}_j^{\mathrm{h}})\leqslant 0\\ 0, & \mu_{\hat{g}_2}(\boldsymbol{x}_j^{\mathrm{h}})>0\end{cases}\quad (j=1,2,\cdots,N_{\mathrm{corr}}) \tag{5-40}$$

$$\pi(\boldsymbol{x}_j^{\mathrm{h}})=\varPhi\left(-\frac{\mu_{\hat{g}_2}(\boldsymbol{x}_j^{\mathrm{h}})}{\sigma_{\hat{g}_2}(\boldsymbol{x}_j^{\mathrm{h}})}\right) \tag{5-41}$$

$$\mathrm{Cov}(\hat{\alpha}_{\mathrm{corr}})=\frac{\sqrt{\mathrm{Var}(\hat{\alpha}_{\mathrm{corr}})}}{\hat{\alpha}_{\mathrm{corr}}} \tag{5-42}$$

$$\mathrm{Var}(\hat{\alpha}_{\mathrm{corr}})\approx\frac{1}{N_{\mathrm{corr}}-1}\left(\frac{1}{N_{\mathrm{corr}}}\sum_{j=1}^{N_{\mathrm{corr}}}\frac{\hat{I}_{\mathrm{F}}(\boldsymbol{x}_j^{\mathrm{h}})}{\pi^{2}(\boldsymbol{x}_j^{\mathrm{h}})}-\hat{\alpha}_{\mathrm{corr}}^{2}\right) \tag{5-43}$$

第九步： 由式（5-44）和式（5-45）计算失效概率估计值 $\hat{P}_{\mathrm{f}}$ 及其变异系数 $\mathrm{Cov}(\hat{P}_{\mathrm{f}})$：

$$\hat{P}_{\mathrm{f}}=\hat{P}_{\mathrm{f\varepsilon}}\hat{\alpha}_{\mathrm{corr}} \tag{5-44}$$

$$\mathrm{Cov}(\hat{P}_{\mathrm{f}})\approx\sqrt{\mathrm{Cov}^{2}(\hat{P}_{\mathrm{f\varepsilon}})+\mathrm{Cov}^{2}(\hat{\alpha}_{\mathrm{corr}})} \tag{5-45}$$

Meta-IS-AS 方法求解失效概率的详细流程图由图 5-4 给出。

分别使用第 4 章研究的 Kriging 模型、贝叶斯稀疏 PCE 模型和贝叶斯 SVR 模型作为上述求解步骤中的代理模型，即可形成相应的自适应 Kriging 模型结合元模型重要抽样（Meta-IS-AK）的方法、自适应 PCE 模型结合元模型重要抽样（Meta-IS-APCE）的方法和自适应 SVR 模型结合元模型重要抽样（Meta-IS-ASVR）的方法，以下将使用这三种方法进行算例分析。

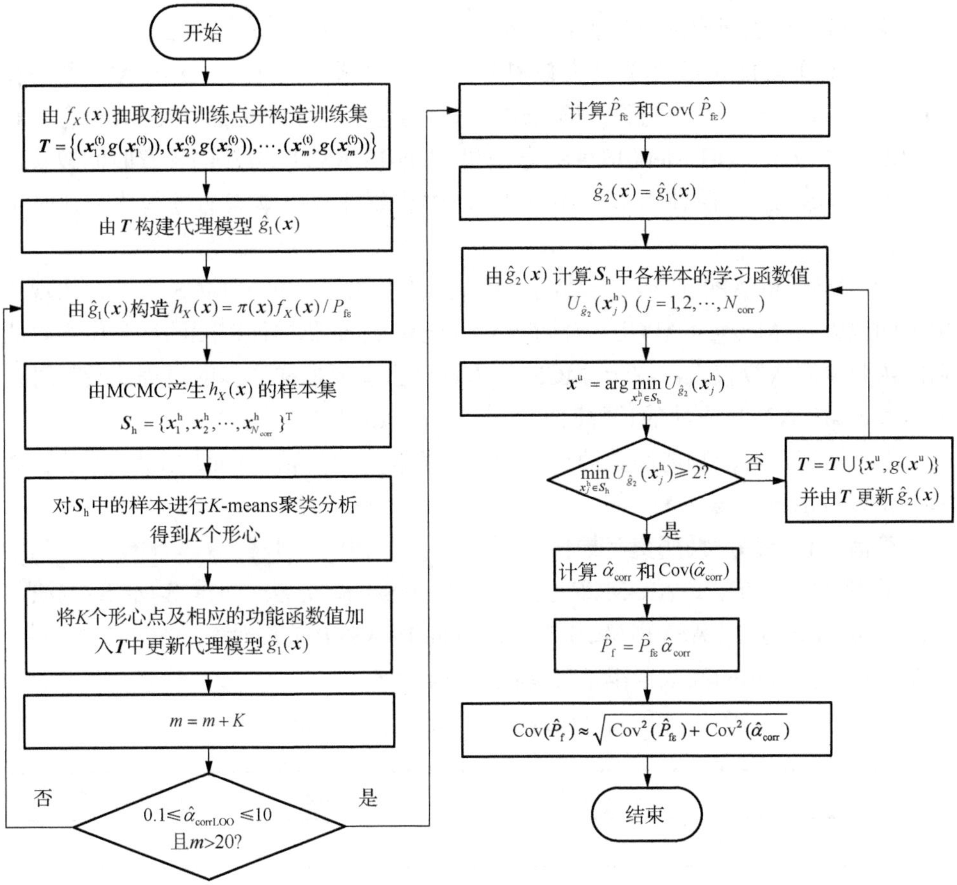

图 5-4　Meta-IS-AS 方法求解失效概率的详细流程图

5.2.3　算例分析

算例 5.3　简单数值算例

采用 MCS 方法、AK-MCS 方法、Meta-IS-AK 方法、APCE-MCS 方法、Meta-IS-APCE 方法、ASVR-MCS 方法和 Meta-IS-ASVR 方法计算算例 5.1 中简单数值功能函数的失效概率，计算结果见表 5-5。

表 5-5　算例 5.3 失效概率计算结果

方法	$\hat{P}_f$	$Cov(\hat{P}_f)$	相对误差	样本池规模	计算量	计算时间/ s
MCS	7.93×10^{-3}	0.0353	—	1×10^5	1×10^5	—
AK-MCS	7.93×10^{-3}	0.0353	0	1×10^5	40	8.09
Meta-IS-AK	8.10×10^{-3}	0.0335	0.0222	3000	33	234.87
APCE-MCS	8.03×10^{-3}	0.0351	0.0126	1×10^5	16	0.77
Meta-IS-APCE	7.88×10^{-3}	0.0354	0.0063	3000	23	289.01
ASVR-MCS	7.93×10^{-3}	0.0353	0	1×10^5	65	125.16
Meta-IS-ASVR	8.05×10^{-3}	0.0348	0.0153	3000	55	361.51

由表 5-5 可以得出如下结论：

（1）对于功能函数简单且失效概率较大的问题，虽然 Meta-IS-AK 方法和 Meta-IS-ASVR 方法的功能函数调用次数（计算量）小于对应的 AK-MCS 方法和 ASVR-MCS 方法，但 Meta-IS-AK 方法和 Meta-IS-ASVR 方法的计算时间较长，这是 Meta-IS-AS 方法使用 MCMC 方法产生重要抽样样本点的过程比较耗时引起的。

（2）Meta-IS-APCE 方法的功能函数调用次数大于 APCE-MCS 方法，出现该现象的原因是 Meta-IS-APCE 方法在第一阶段构造重要抽样密度函数时所需要的功能函数调用次数较大。由于 MCMC 方法产生重要抽样样本的过程比较耗时，因而 Meta-IS-APCE 方法的计算时间也大于 APCE-MCS 方法。

综上所述，对于功能函数简单且失效概率较大的问题，Meta-IS-AS 方法的效率不如 AS-MCS 方法。

算例 5.4 疲劳-蠕变交互损伤问题

采用 MCS 方法、AK-MCS 方法、Meta-IS-AK 方法、APCE-MCS 方法、Meta-IS-APCE 方法、ASVR-MCS 方法和 Meta-IS-ASVR 方法计算算例 5.2 中疲劳-蠕变交互损伤问题的失效概率，计算结果见表 5-6。

表 5-6 算例 5.4 失效概率计算结果

方法	$\hat{P}_f$	$\mathrm{Cov}(\hat{P}_f)$	相对误差	样本池规模	计算量	计算时间/s
MCS	7.65×10^{-5}	0.0402	—	8×10^6	8×10^6	—
AK-MCS	7.65×10^{-5}	0.0402	0	8×10^6	37	1072.34
Meta-IS-AK	7.81×10^{-5}	0.0393	0.0203	3000	31	34.24
APCE-MCS	7.74×10^{-5}	0.0402	0.0114	8×10^6	41	311.29
Meta-IS-APCE	7.67×10^{-5}	0.0387	0.0031	3000	41	37.28
ASVR-MCS	7.65×10^{-5}	0.0402	0	8×10^6	62	4541.14
Meta-IS-ASVR	7.43×10^{-5}	0.0440	0.0285	3000	60	192.93

由表 5-6 的计算结果可以得出如下结论：对于算例 5.4 中功能函数较为复杂且失效概率较小的问题，Meta-IS-AK 方法、Meta-IS-APCE 方法和 Meta-IS-ASVR 方法的计算时间远少于对应的 AK-MCS 方法、APCE-MCS 方法和 ASVR-MCS 方法，出现该现象的原因是 AS-MCS 方法的备选样本池较大，导致其更新代理模型中预测样本池中所有样本功能函数值的计算代价较大，而 Meta-IS-AS 方法则由于样本池容量较小而节约了更新代理模型的时间。在功能函数调用方面，Meta-IS-AS 方法与 AS-MCS 方法差异不大。

5.3　自适应代理模型结合自适应超球截断抽样的可靠性分析方法

本节将从自适应寻找安全域内半径最大的 β 超球的角度出发，逐层建立功能函数的代理模型，以便高效求解失效概率。与截断抽样法[6]相比，本节方法无需预先求解设计点，对于设计点求解困难及多设计点问题均适用。自适应代理模型结合自适应超球截断抽样（adaptive surrogate model based radial-truncated sampling，AS-radial-TS）方法可以看作是 AS-MCS 方法的改进，计算小失效概率时，MCS 方法需要大量样本的需求使得 AS-MCS 方法的备选样本以及后续分析失效概率的样本池规模较大，进而使得自适应更新代理模型的过程极度耗时。本节方法是对 AS-MCS 方法中的样本池进行分层，逐层更新构建代理模型，并且在自适应搜索超球的过程收敛后，也即寻找到了安全域内半径最大的 β 超球后，位于 β 超球内的样本由于可以被 β 超球判断为安全状态，因而 β 超球内的样本就无需参与代理模型的训练，从而进一步提高了训练代理模型的效率。总体来看，自适应代理模型结合自适应超球截断抽样的可靠性分析方法通过 β 超球缩减了 AS-MCS 方法备选样本池的规模，减少了功能函数的调用次数，而在自适应搜索 β 超球过程中的分层训练功能函数代理模型的策略，则减少了代理模型的训练时间，进一步提高了可靠性分析的效率。

5.3.1　自适应超球截断抽样法

在自适应超球截断抽样法[7]中，自适应超球的最优半径是在抽样的过程中利用失效域提供的信息逐步修正得到的。由于最优超球是安全域中半径最大的球，因此位于最优超球内的样本均为安全样本，即最优超球内的样本无需调用功能函数来判断其状态。自适应搜索最优超球过程示意图如图 5-5 所示，失效概率估计步骤如下。

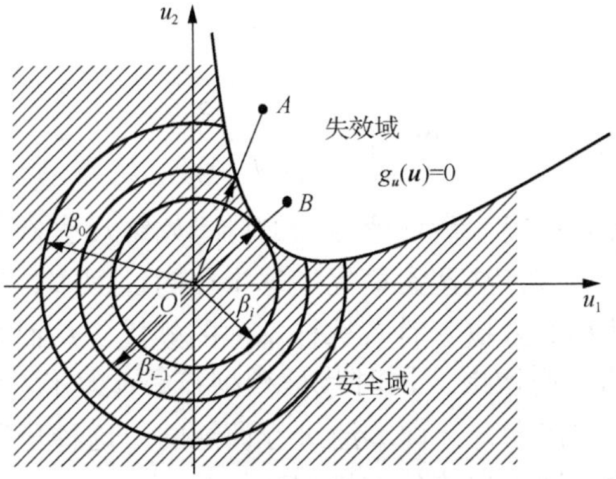

图 5-5　自适应搜索最优超球过程示意图

第一步：设置超球半径初始值 β_0 如下所示：

$$\beta_0=\sqrt{F^{-1}_{\chi^2(n)}(1-P_{\mathrm{f}0})} \tag{5-46}$$

式中，$F^{-1}_{\chi^2(n)}(\cdot)$ 表示自由度为 n 的 χ^2 分布的逆累积分布函数；通常情况下，$P_{\mathrm{f}0}$ 取小于真实的失效概率值即可。

第二步：由输入变量 $\boldsymbol{X}$ 的密度产生备选样本池 $\boldsymbol{S}_x$ 并进行标准化。根据概率密度函数 $f_{\boldsymbol{X}}(\boldsymbol{x})$ 产生容量为 N 的输入变量的样本池 $\boldsymbol{S}_x$，将 $\boldsymbol{S}_x$ 中的样本转换到标准正态空间后得到标准正态空间中的备选样本池 $\boldsymbol{S}_{\boldsymbol{u}}=\{\boldsymbol{u}_1,\boldsymbol{u}_2,\cdots,\boldsymbol{u}_N\}^{\mathrm{T}}$，并将 $\boldsymbol{X}$ 空间的功能函数 $g(\boldsymbol{x})$ 转化至标准正态空间，得到标准正态空间内的功能函数 $g_{\boldsymbol{u}}(\boldsymbol{u})$。

第三步：设置指针 k 的初始值 $k=0$，并筛选出 $\boldsymbol{S}_{\boldsymbol{u}}$ 中 β_k 为半径的超球外的样本置于 $\boldsymbol{S}_{\|\boldsymbol{u}\|\geqslant\beta_k}$ 中，估计这些样本的功能函数值，并记 $\boldsymbol{S}_{\|\boldsymbol{u}\|\geqslant\beta_k}$ 中失效样本数为 N_k。

第四步：令 $k=k+1$ 并利用线性搜索以确定第 k 次迭代的超球半径 β_k。记 $\boldsymbol{u}^{(k)}_{\max}=\arg\max\limits_{\boldsymbol{u}\in\boldsymbol{S}_{\|\boldsymbol{u}\|\geqslant\beta_k}}^{g_{\boldsymbol{u}}(\boldsymbol{u})\leqslant 0}\varphi_{\boldsymbol{u}}(\boldsymbol{u})$，其中 $\varphi_{\boldsymbol{u}}(\boldsymbol{u})$ 为标准正态变量 $\boldsymbol{U}$ 的联合概率密度函数。在 $\boldsymbol{u}^{(k)}_{\max}$ 与坐标原点的连线方向上进行线性搜索，找到该方向上满足功能函数等于零的点，该点的模为 β_k，具体需求解的方程如下：

$$g_{\boldsymbol{u}}\left(\beta_k\frac{\boldsymbol{u}^{(k)}_{\max}}{\|\boldsymbol{u}^{(k)}_{\max}\|}\right)=0 \tag{5-47}$$

求得 β_k 后，计算 $\boldsymbol{S}_{\boldsymbol{u}}$ 中落入半径为 β_k 与 β_{k-1} 的超球之间样本功能函数值，并将其中的失效样本数记为 N_k。

第五步：重复第四步直到前后两次超球半径差异小于某一个预设值，即可结束搜索，最终通过式（5-48）和式（5-49）计算失效概率的估计值 $\hat{P}_{\mathrm{f}}$ 及其变异系数 $\mathrm{Cov}(\hat{P}_{\mathrm{f}})$：

$$\hat{P}_{\mathrm{f}}=\frac{\sum\limits_{i=1}^{k}N_k}{N} \tag{5-48}$$

$$\mathrm{Cov}(\hat{P}_{\mathrm{f}})=\sqrt{\frac{1-\hat{P}_{\mathrm{f}}}{(N-1)\hat{P}_{\mathrm{f}}}} \tag{5-49}$$

通过上述过程可以看出，最优超球内的样本始终没有参与计算，因此若能将自适应代理模型嵌入到该方法搜索最优超球半径的过程中，就可以大量减少原始AS-MCS 方法在估计小失效概率时备选样本池的规模，从而减少训练过程的耗时以及最终功能函数的调用次数。同时代理模型在每次迭代中均是以半径为 β_k 和 β_{k-1} 的超球之间的样本作为备选样本池进行训练的，这种分层训练策略相比在最优 β 超球外完整的样本池内训练代理模型更加节省计算时间。

5.3.2　求解失效概率的自适应代理模型结合自适应超球截断抽样的方法

本节研究的自适应代理模型结合自适应超球截断抽样（AS-radial-TS）的方法[8]可以看作是 AS-MCS 方法的改进方法。

从 5.3.1 小节中综述的自适应超球截断抽样法的过程可以看出，最优超球是通过逐层搜索得到的，下一步搜索的超球半径是通过上一步超球半径外的信息得到的，因此最优超球内的样本始终没有参与到超球的搜索过程中。本节将利用自适应超球截断抽样法这一优点，建立 AS-radial-TS 方法。AS-radial-TS 方法继承了自适应超球截断抽样法的优点，将原始 AS-MCS 方法中的样本池分成连续无重叠的区域，并以分层的备选样本池逐层更新代理模型，当寻找到最优超球后，结束代理模型的更新。可以看出，AS-radial-TS 方法通过分层训练的策略改善了原始 AS-MCS 方法在计算小失效概率时备选样本池规模较大而使得搜索更新训练样本点过程耗时的缺点，其可以看作是将大规模备选样本池拆解为若干小规模样本池的过程。另外，相对于原始 AS-MCS 方法，本节建立的 AS-radial-TS 方法的备选样本池始终不包含最优超球内的样本，因此该方法总的备选样本池规模小于原始 AS-MCS 方法的备选样本池规模，节约了代理模型的训练时间和功能函数调用次数。AS-radial-TS 方法求解失效概率的流程图如图 5-6 所示，具体执行步骤如下。

第一步：产生备选样本池并进行标准化。根据概率密度函数 $f_{\boldsymbol{X}}(\boldsymbol{x})$ 产生容量为 N 的输入变量 $\boldsymbol{X}$ 的样本池 $\boldsymbol{S}_{\boldsymbol{x}}$，然后将 $\boldsymbol{S}_{\boldsymbol{x}}$ 中的样本转换到标准正态空间后得到标准正态空间中的备选样本池 $\boldsymbol{S}_{\boldsymbol{u}}=\{\boldsymbol{u}_1,\boldsymbol{u}_2,\cdots,\boldsymbol{u}_N\}^{\mathrm{T}}$。

第二步：设置指针 k 的初始值 $k=0$，并筛选出 $\boldsymbol{S}_{\boldsymbol{u}}$ 中半径为 β_k 的超球外的样本置于 $\boldsymbol{S}_{\|\boldsymbol{u}\|\geqslant\beta_k}$ 中，以 $\boldsymbol{S}_{\|\boldsymbol{u}\|\geqslant\beta_k}$ 作为 AS-radial-TS 方法的备选样本池 $\boldsymbol{S}_{\mathrm{A}}$，即 $\boldsymbol{S}_{\mathrm{A}}=\boldsymbol{S}_{\|\boldsymbol{u}\|\geqslant\beta_k}$。

第三步：构建初始训练样本集 $\boldsymbol{T}_{\mathrm{RTS}}$ 和代理模型 $\hat{g}_{\boldsymbol{u}}(\boldsymbol{u})$。从备选样本池 $\boldsymbol{S}_{\mathrm{A}}$ 中随机选取 N_1 个样本并计算其功能函数，将这 N_1 个输入-输出样本作为构建功能函数 $g_{\boldsymbol{u}}(\boldsymbol{u})$ 的代理模型 $\hat{g}_{\boldsymbol{u}}(\boldsymbol{u})$ 的初始训练样本集 $\boldsymbol{T}_{\mathrm{RTS}}$。根据 $\boldsymbol{T}_{\mathrm{RTS}}$ 和代理模型工具箱构建代理模型 $\hat{g}_{\boldsymbol{u}}(\boldsymbol{u})$。

第四步：最优超球收敛性判断。若 $\boldsymbol{S}_{\mathrm{A}}$ 中元素为空，说明当前搜索到的超球半径已收敛，执行第八步；否则执行第五步。

第五步：在样本池 $\boldsymbol{S}_{\mathrm{A}}$ 中更新代理模型。利用当前代理模型 $\hat{g}_{\boldsymbol{u}}(\boldsymbol{u})$ 计算 $\boldsymbol{S}_{\mathrm{A}}$ 中每个样本点的 U 学习函数值 $U_{\hat{g}_{\boldsymbol{u}}}(\boldsymbol{u})$，然后选择样本点 $\boldsymbol{u}^{\mathrm{u}}=\arg\min\limits_{\boldsymbol{u}\in\boldsymbol{S}_{\mathrm{A}}}U_{\hat{g}_{\boldsymbol{u}}}(\boldsymbol{u})$，当 $U_{\hat{g}_{\boldsymbol{u}}}(\boldsymbol{u}^{\mathrm{u}})\geqslant 2$ 时，表明 $\hat{g}_{\boldsymbol{u}}(\boldsymbol{u})$ 在 $\boldsymbol{S}_{\mathrm{A}}$ 中已收敛，执行第六步，否则计算 $g_{\boldsymbol{u}}(\boldsymbol{u}^{\mathrm{u}})$，并以 $\{\boldsymbol{u}^{\mathrm{u}},g_{\boldsymbol{u}}(\boldsymbol{u}^{\mathrm{u}})\}$ 更新训练集 $\boldsymbol{T}_{\mathrm{RTS}}$ 为 $\boldsymbol{T}_{\mathrm{RTS}}=\boldsymbol{T}_{\mathrm{RTS}}\cup\{\boldsymbol{u}^{\mathrm{u}},g_{\boldsymbol{u}}(\boldsymbol{u}^{\mathrm{u}})\}$，然后利用 $\boldsymbol{T}_{\mathrm{RTS}}$ 更新代理模型 $\hat{g}_{\boldsymbol{u}}(\boldsymbol{u})$，并重复第五步直至 $\hat{g}_{\boldsymbol{u}}(\boldsymbol{u})$ 在 $\boldsymbol{S}_{\mathrm{A}}$ 中训练收敛后执行第六步。

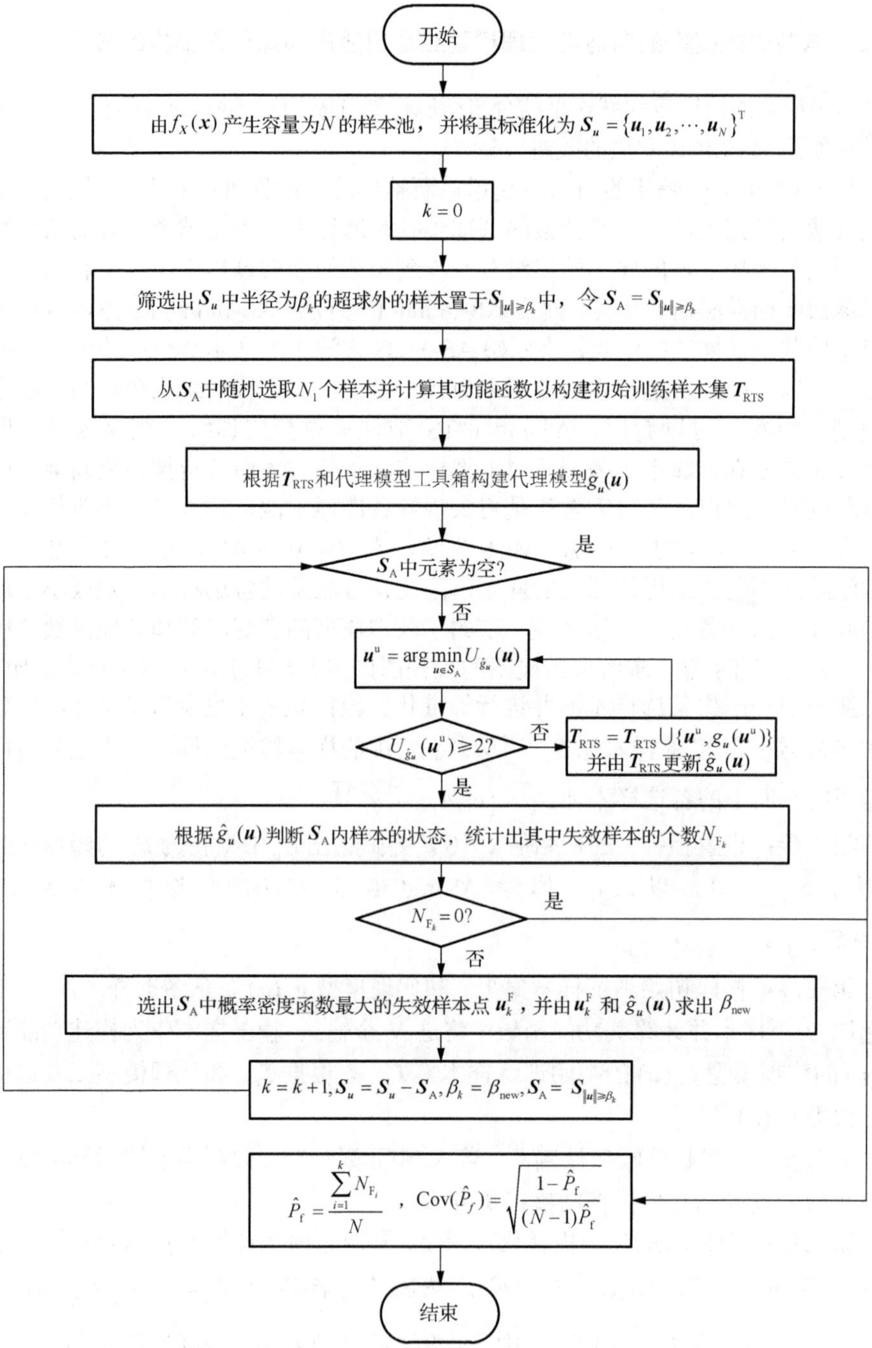

图 5-6　AS-radial-TS 方法求解失效概率的流程图

第六步：判断 $\boldsymbol{S}_{\mathrm{A}}$ 内样本的状态并搜索新的超球半径 β_{new} 。根据代理模型 $\hat{g}_{\boldsymbol{u}}(\boldsymbol{u})$ 判断 $\boldsymbol{S}_{\mathrm{A}}$ 内样本的状态，统计出其中失效样本的个数 N_{F_k} 。若 $N_{\mathrm{F}_k}=0$，跳转到第八步；否则在 $\boldsymbol{S}_{\mathrm{A}}$ 中选出概率密度函数最大的失效样本点，记为 $\boldsymbol{u}_k^{\mathrm{F}}$，通过求解式（5-50）所示的方程来确定新的超球半径 β_{new}：

$$\hat{g}_{\boldsymbol{u}}\left(\beta_{\mathrm{new}}\frac{\boldsymbol{u}_k^{\mathrm{F}}}{\|\boldsymbol{u}_k^{\mathrm{F}}\|}\right)=0 \tag{5-50}$$

第七步：更新参数。令 $k=k+1$，$\boldsymbol{S}_{\boldsymbol{u}}=\boldsymbol{S}_{\boldsymbol{u}}-\boldsymbol{S}_{\mathrm{A}}$，$\beta_k=\beta_{\mathrm{new}}$，$\boldsymbol{S}_{\mathrm{A}}=\boldsymbol{S}_{\|\boldsymbol{u}\|\geqslant\beta_k}$，返回第四步。

第八步：根据式（5-51）和式（5-52）计算失效概率的估计值 $\hat{P}_{\mathrm{f}}$ 及其变异系数 $\mathrm{Cov}(\hat{P}_{\mathrm{f}})$。

$$\hat{P}_{\mathrm{f}}=\frac{\sum_{i=1}^{k}N_{\mathrm{F}_i}}{N} \tag{5-51}$$

$$\mathrm{Cov}(\hat{P}_{\mathrm{f}})=\sqrt{\frac{1-\hat{P}_{\mathrm{f}}}{(N-1)\hat{P}_{\mathrm{f}}}} \tag{5-52}$$

从上述求解过程中可以看出，最优 β 超球内的样本始终没有参与到训练代理模型的备选样本池中，因此相对于原始 AS-MCS 方法，AS-radial-TS 方法减少的备选样本池内样本数为最优 β 超球内的样本数。对于最优 β 超球较大的小失效概率问题，AS-radial-TS 方法训练代理模型的备选样本池相对于 AS-MCS 方法也会减少得很多。因此 AS-radial-TS 方法在求解小失效概率问题时，效率优势会更为明显。

分别使用第 4 章研究的 Kriging 模型、贝叶斯稀疏 PCE 模型和贝叶斯 SVR 模型作为上述求解步骤中的代理模型，即可形成相应的自适应 Kriging 模型结合自适应超球截断抽样（AK-radial-TS）的方法、自适应 PCE 模型结合自适应超球截断抽样（APCE-radial-TS）的方法和自适应 SVR 模型结合自适应超球截断抽样（ASVR-radial-TS）的方法，以下将使用这三种方法进行算例分析。

5.3.3 算例分析

算例 5.5 简单数值算例

采用 MCS 方法、AK-MCS 方法、AK-radial-TS 方法、APCE-MCS 方法、APCE-radial-TS 方法、ASVR-MCS 方法和 ASVR-radial-TS 方法计算算例 5.1 中简单数值功能函数的失效概率，计算结果见表 5-7。

表 5-7　算例 5.5 失效概率计算结果

方法	$\hat{P}_f$	Cov($\hat{P}_f$)	相对误差	样本池规模	计算量	计算时间/s
MCS	7.93×10^{-3}	0.0353	—	1×10^5	1×10^5	—
AK-MCS	7.93×10^{-3}	0.0353	0	1×10^5	40	8.09
AK-radial-TS	7.93×10^{-3}	0.0353	0	18921	38	2.18
APCE-MCS	8.03×10^{-3}	0.0351	0.0126	1×10^5	16	0.77
APCE-radial-TS	7.90×10^{-3}	0.0354	0.0038	18833	23	2.85
ASVR-MCS	7.93×10^{-3}	0.0353	0	1×10^5	65	125.16
ASVR-radial-TS	7.93×10^{-3}	0.0353	0	18963	62	83.24

由表 5-7 可以得出如下结论：

（1）AK-radial-TS 方法和 ASVR-radial-TS 方法所需的功能函数调用次数（计算量）和计算时间均小于对应的 AK-MCS 方法和 ASVR-MCS 方法，验证了 AK-radial-TS 方法和 ASVR-radial-TS 方法在处理该问题时的高效性。

（2）APCE-radial-TS 方法的功能函数调用次数和计算时间均大于 APCE-MCS 方法，出现该现象的原因为 PCE 模型作为一种回归模型，其对备选样本池中样本点处功能函数值的预测可能存在一定的偏差，导致了使用 PCE 模型迭代搜索超球半径时不够准确，从而影响了求解最优超球半径的收敛速率，这在一定程度上增加了 APCE-radial-TS 方法的功能函数调用次数和计算时间。

算例 5.6　疲劳-蠕变交互损伤问题

采用 MCS 方法、AK-MCS 方法、AK-radial-TS 方法、APCE-MCS 方法、APCE-radial-TS 方法、ASVR-MCS 方法和 ASVR-radial-TS 方法计算算例 5.2 中疲劳-蠕变交互损伤问题的失效概率，计算结果见表 5-8。

表 5-8　算例 5.6 失效概率计算结果

方法	$\hat{P}_f$	Cov($\hat{P}_f$)	相对误差	样本池规模	计算量	计算时间/s
MCS	7.65×10^{-5}	0.0402	—	8×10^6	8×10^6	—
AK-MCS	7.65×10^{-5}	0.0402	0	8×10^6	37	1072.34
AK-radial-TS	7.70×10^{-5}	0.0403	0.0065	44833	31	4.55
APCE-MCS	7.74×10^{-5}	0.0402	0.0114	8×10^6	41	311.29
APCE-radial-TS	7.76×10^{-5}	0.0401	0.0147	42548	13	3.08
ASVR-MCS	7.65×10^{-5}	0.0402	0	8×10^6	62	4541.14
ASVR-radial-TS	7.73×10^{-5}	0.0402	0.0098	45051	49	73.28

由表 5-8 可以得出如下结论：AK-radial-TS 方法、APCE-radial-TS 方法和 ASVR-radial-TS 方法所需的功能函数调用次数和计算时间均小于对应的 AK-MCS 方法、APCE-MCS 方法和 ASVR-MCS 方法，验证了 AS-radial-TS 方法在分析复杂功能函数、小失效概率问题时的高效性。

5.4 自适应代理模型结合方向抽样的可靠性分析方法

方向抽样法[9-10]通过在极坐标系中的高效抽样提高了可靠性分析的效率，本节将利用方向抽样这一优势，使用方向抽样计算失效概率时的插值点，构造训练代理模型的备选样本池，并在此基础上建立自适应代理模型结合方向抽样（adaptive surrogate model based directional sampling，AS-DS）的失效概率求解方法。由于方向抽样法的高效性，其在计算失效概率时所需总的插值点数目小于 MCS 方法所需样本点的数目，使得借助方向抽样构造的训练代理模型的备选样本池规模小于 AS-MCS 方法的备选样本池规模。因此相比于 AS-MCS 方法，本节方法在求解失效概率时的功能函数调用次数和代理模型训练时间均有所降低。

5.4.1 方向抽样法

方向抽样法利用了独立标准正态空间内 n 维输入变量的平方和服从自由度为 n 的 χ^2 分布这一性质，因此在使用方向抽样进行可靠性分析之前需将输入变量空间独立标准正态化。在独立标准正态空间中，直角坐标系下的随机向量 $\boldsymbol{U}=\{U_1,U_2,\cdots,U_n\}^{\mathrm{T}}$ 在极坐标系下可以表示为 $\boldsymbol{U}=R\boldsymbol{A}$，其中 R 为极半径，$\boldsymbol{A}$ 为向量 $\boldsymbol{U}$ 对应的单位方向向量。

在极坐标系下，失效概率 P_{f} 的计算公式可以改写为

$$\begin{aligned}P_{\mathrm{f}}&=\int_{g_{\boldsymbol{u}}(\boldsymbol{u})\leqslant 0}f_{\boldsymbol{U}}(\boldsymbol{u})\mathrm{d}\boldsymbol{x}=\int_{\boldsymbol{A}}\int_{g_{\boldsymbol{u}}(r\boldsymbol{a})\leqslant 0}\varphi_{R\boldsymbol{A}}(r,\boldsymbol{a})\mathrm{d}r\mathrm{d}\boldsymbol{a}\\&=\int_{\boldsymbol{A}}\int_{R\geqslant r(\boldsymbol{a})}\varphi_{R|\boldsymbol{A}}(r)\cdot f_{\boldsymbol{A}}(\boldsymbol{a})\mathrm{d}r\mathrm{d}\boldsymbol{a}\\&=\int_{\boldsymbol{A}}\left[\int_{R\geqslant r(\boldsymbol{a})}\varphi_{R|\boldsymbol{A}}(r)\mathrm{d}r\right]\cdot f_{\boldsymbol{A}}(\boldsymbol{a})\mathrm{d}\boldsymbol{a}\end{aligned}\tag{5-53}$$

式中，$\varphi_{R\boldsymbol{A}}(r,\boldsymbol{a})$ 为 R 和 $\boldsymbol{A}$ 的联合概率密度函数；$f_{\boldsymbol{A}}(\cdot)$ 为单位方向向量 $\boldsymbol{A}$ 的概率密度函数，因为 $\boldsymbol{U}$ 服从 n 维独立标准正态分布，所以 $\boldsymbol{A}$ 服从单位球面上的均匀分布；$\varphi_{R|\boldsymbol{A}}(r)$ 为在抽样方向 $\boldsymbol{A}=\boldsymbol{a}$ 上，随机矢径 R 的条件概率密度函数；$R\geqslant r(\boldsymbol{a})$ 定义了抽样方向 $\boldsymbol{A}=\boldsymbol{a}$ 上的失效域，该失效域是超球 $R=r(\boldsymbol{a})$ 外的区域，如图 5-7 所示。

记抽样方向 $\boldsymbol{A}=\boldsymbol{a}$ 上从坐标原点到极限状态面 $g_{\boldsymbol{u}}(\boldsymbol{u})=0$ 的距离为 $r(\boldsymbol{a})$，因为是在独立标准正态空间中，所以在抽样方向 $\boldsymbol{A}=\boldsymbol{a}$ 上确定的 $R\geqslant r(\boldsymbol{a})$ 的概率 $\int_{R\geqslant r(\boldsymbol{a})}\varphi_{R|\boldsymbol{A}}(r)\mathrm{d}r$ 可以由自由度为 n 的 χ^2 分布的分布函数 $F_{\chi^2(n)}(\cdot)$ 求得，如式（5-54）所示：

$$\int_{R\geqslant r(\boldsymbol{a})}\varphi_{R|\boldsymbol{A}}(r)\mathrm{d}r=P\{R\geqslant r(\boldsymbol{a})\}=1-F_{\chi^2(n)}\left(r^2(\boldsymbol{a})\right)\tag{5-54}$$

将式（5-54）代入式（5-53）可得到在极坐标系下以数学期望形式表达的失

效概率计算公式为

$$P_{\mathrm{f}} = E_{A}\left(1 - F_{\chi^2(n)}\left(r^2(\boldsymbol{a})\right)\right) \tag{5-55}$$

式中，$E_A(\cdot)$表示联合概率密度函数为$f_A(\boldsymbol{a})$的数学期望。

根据$f_A(\boldsymbol{a})$抽取$\boldsymbol{A}$的N个样本$\boldsymbol{a}_j(j=1,2,\cdots,N)$，如图 5-8 所示，并用样本均值代替母体的期望，可得失效概率估计值$\hat{P}_{\mathrm{f}}$的计算公式如式（5-56）所示：

$$\hat{P}_{\mathrm{f}} = \frac{1}{N}\sum_{j=1}^{N}\left[1 - F_{\chi^2(n)}(r^2(\boldsymbol{a}_j))\right] \tag{5-56}$$

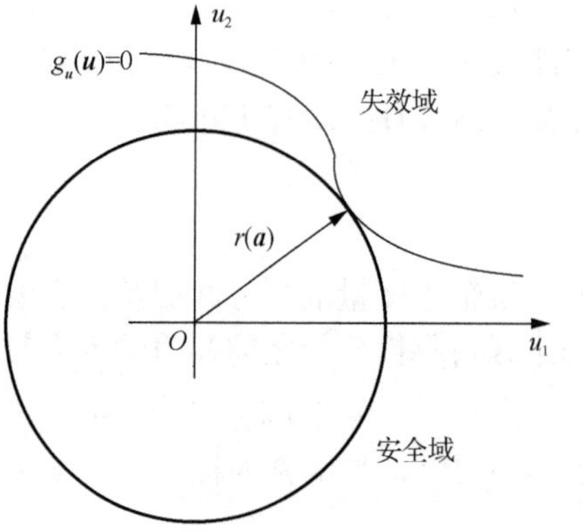

图 5-7　方向抽样示意图

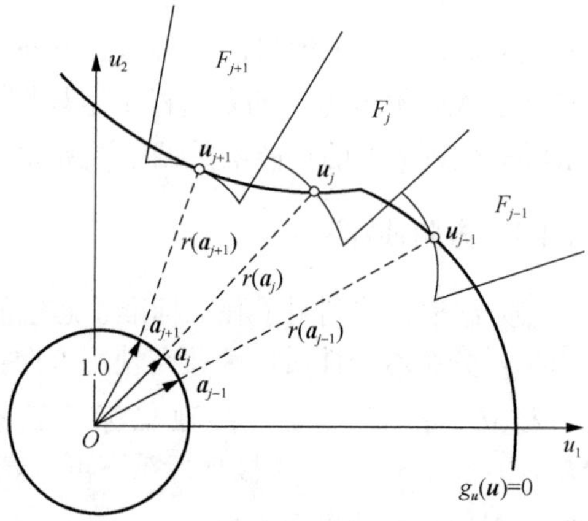

图 5-8　方向抽样法计算失效概率示意图

由文献[10]中的推导可知，失效概率估计值$\hat{P}_{\mathrm{f}}$的期望$E(\hat{P}_{\mathrm{f}})$、方差$\mathrm{Var}(\hat{P}_{\mathrm{f}})$和变异系数$\mathrm{Cov}(\hat{P}_{\mathrm{f}})$分别如式（5-57）～式（5-59）所示：

$$E(\hat{P}_{\mathrm{f}}) \approx \frac{1}{N}\sum_{j=1}^{N}\left[1 - F_{\chi^2(n)}(r^2(\boldsymbol{a}_j))\right] = \hat{P}_{\mathrm{f}} \tag{5-57}$$

$$\mathrm{Var}(\hat{P}_{\mathrm{f}}) \approx \frac{1}{N(N-1)}\sum_{j=1}^{N}\left[1 - F_{\chi^2(n)}(r^2(\boldsymbol{a}_j)) - \hat{P}_{\mathrm{f}}\right]^2 \tag{5-58}$$

$$\mathrm{Cov}(\hat{P}_{\mathrm{f}}) = \frac{\sqrt{\mathrm{Var}(\hat{P}_{\mathrm{f}})}}{\hat{P}_{\mathrm{f}}} \tag{5-59}$$

使用方向抽样法求解失效概率的步骤可简单总结为如下三步。

第一步：根据$f_A(\boldsymbol{a})$产生N个服从单位球面上均匀分布的随机单位方向向量$\boldsymbol{a}_j(j=1,2,\cdots,N)$。

第二步：通过求非线性方程$g_{\boldsymbol{u}}(r(\boldsymbol{a}_j)\cdot\boldsymbol{a}_j)=0$的根$r(\boldsymbol{a}_j)$或通过插值法来求解在随机单位方向向量$\boldsymbol{a}_j(j=1,2,\cdots,N)$上从坐标原点到极限状态面的距离$r(\boldsymbol{a}_j)$。

第三步： 重复第二步 N 次，然后用式（5-56）计算失效概率估计值 $\hat{P}_{\mathrm{f}}$，并用式（5-58）和式（5-59）估计 $\hat{P}_{\mathrm{f}}$ 的方差 $\mathrm{Var}(\hat{P}_{\mathrm{f}})$ 和变异系数 $\mathrm{Cov}(\hat{P}_{\mathrm{f}})$。

方向抽样法使用求解非线性方程或插值来代替一维的随机抽样，从而达到使原输入变量空间的维数降低一维的目的，提高了可靠性分析的效率。对于极限状态面接近球面的情况，方向抽样法的效率与在直角坐标空间的数字模拟法相比有较大优势，而对于线性极限状态面，方向抽样法的优势则不太明显。

5.4.2　求解失效概率的自适应代理模型结合方向抽样的方法

由 5.4.1 小节的内容可知，方向抽样估算失效概率的核心在于计算抽样方向 $\boldsymbol{A}=\boldsymbol{a}_j(j=1,2,\cdots,N)$ 上的条件失效概率 $P_j=P\{R\geqslant r(\boldsymbol{a}_j)\}$，即

$$P_j=P\{R\geqslant r(\boldsymbol{a}_j)\}=\int_{R\geqslant r(\boldsymbol{a}_j)}\varphi_{R|A}(r)\mathrm{d}r \tag{5-60}$$

而条件失效概率 P_j 计算的关键在于求解非线性方程 $g_{\boldsymbol{u}}(r(\boldsymbol{a}_j)\cdot\boldsymbol{a}_j)=0$ 的根 $r(\boldsymbol{a}_j)$，即标准正态空间中坐标原点到极限状态面的距离，具体可以通过牛顿法、二分法、插值法等方法来实现。二分法是一种常用的求解非线性方程根的方法，其基本思想：对于非线性方程 $H(z)=0$，当 $H(z_1)\cdot H(z_{\mathrm{r}})<0$ 时，区间 $[z_1,z_{\mathrm{r}}]$ 至少存在一个根，然后通过判断 $H\left(\dfrac{z_1+z_{\mathrm{r}}}{2}\right)$ 的正负号来缩减区间 $[z_1,z_{\mathrm{r}}]$ 的长度直到满足精度要求。由此可见，在使用二分法对非线性方程 $H(z)=0$ 进行求解时，只需要判断特定点（区间端点和中点）处函数值 $H(z)$ 的正负号，而不需要准确计算其具体值，因此可以使用基于 U 学习函数的自适应代理模型对极限状态面 $H(z)=0$ 进行代理以高效求解方程 $H(z)=0$ 的根。

在自适应代理模型结合方向抽样进行失效概率估计（AS-DS）的方法[11]中，首先需要在每个方向向量 $\boldsymbol{a}_j(j=1,2,\cdots,N)$ 上再次进行抽样以产生训练代理模型的备选样本池，目的是训练极限状态面的代理模型来搜索 $g_{\boldsymbol{u}}(r(\boldsymbol{a}_j)\cdot\boldsymbol{a}_j)=0$ 的根 $r(\boldsymbol{a}_j)$。具体方式：预设 $g_{\boldsymbol{u}}(r(\boldsymbol{a}_j)\cdot\boldsymbol{a}_j)=0$ 的根 $r(\boldsymbol{a}_j)$ 所在的区间为 $[0,r_{\max}]$（$r_{\max}$ 为一个较大的正数），然后将区间 $[0,r_{\max}]$ 均匀划分为一系列长度为 d 的子区间 $[r_k,r_{k+1}](k=1,2,\cdots,N_{\mathrm{r}})$，其中 $N_{\mathrm{r}}=r_{\max}/d$ 表示 $[0,r_{\max}]$ 的子区间数量，以各子区间端点对应的直角坐标系中的样本点 $\{r_k\boldsymbol{a}_j,k=1,\cdots,N_{\mathrm{r}}+1,j=1,\cdots,N\}^{\mathrm{T}}$ 构建训练 $g_{\boldsymbol{u}}(\boldsymbol{u})$ 的代理模型 $\hat{g}_{\boldsymbol{u}}(\boldsymbol{u})$ 的备选样本池 $\boldsymbol{S}_{\mathrm{DS}}=\{r_k\boldsymbol{a}_j,\ k=1,\cdots,N_{\mathrm{r}}+1,j=1,\cdots,N\}^{\mathrm{T}}$，如图 5-9 所示。$r_{\max}$ 和 d 的取值将在随后进行讨论。备选样本池构建完成后，利用 U 学习函数自适应构建代理模型 $\hat{g}_{\boldsymbol{u}}(\boldsymbol{u})$，以准确判断样本池 $\boldsymbol{S}_{\mathrm{DS}}$ 中所有样本的功能函数的正负号，从而确定 $g_{\boldsymbol{u}}(r(\boldsymbol{a}_j)\cdot\boldsymbol{a}_j)=0$ 的根 $r(\boldsymbol{a}_j)$ 所处的子区间 $[r_m\boldsymbol{a}_j,r_{m+1}\boldsymbol{a}_j]$，其中 r_m 和 r_{m+1} 应满足 $g_{\boldsymbol{u}}(r_m\boldsymbol{a}_j)\cdot g_{\boldsymbol{u}}(r_{m+1}\boldsymbol{a}_j)<0$。然后，利用 $\hat{g}_{\boldsymbol{u}}(\boldsymbol{u})$ 在子区间 $[r_m\boldsymbol{a}_j,r_{m+1}\boldsymbol{a}_j]$

搜索 $g_{\boldsymbol{u}}(r(\boldsymbol{a}_j)\cdot\boldsymbol{a}_j)=0$ 的根 $r(\boldsymbol{a}_j)$ 。最后，根据式（5-56）计算失效概率估计值 $\hat{P}_{\mathrm{f}}$ 。

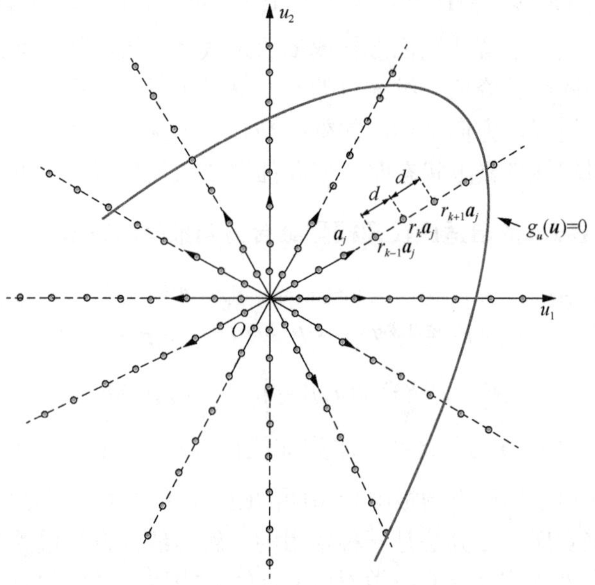

图 5-9　AS-DS 方法的备选样本池

下面讨论如何设置参数 $r_{\max}$ 和 d 的值。合适的 $r_{\max}$ 值应保证半径为 $r_{\max}$ 的超球能够包含 $g_{\boldsymbol{u}}(r(\boldsymbol{a}_j)\cdot\boldsymbol{a}_j)=0$ 的根。当 $r_{\max}$ 取值较小时，由于所构建的代理模型很难覆盖到半径为 $r_{\max}$ 的超球外部，因此若该超球外部存在 $g_{\boldsymbol{u}}(r(\boldsymbol{a}_j)\cdot\boldsymbol{a}_j)=0$ 的某些重要根，则 AS-DS 方法计算误差较大。当 $r_{\max}$ 取值较大时，所构建的代理模型备选样本池规模较大，这会影响到 AS-DS 方法的计算效率。一般来说，$r_{\max}=6$ 可以覆盖 10^{-10} 量级的失效概率，因此可以首先取 $r_{\max}=6$ 以构建 AS-DS 方法的备选样本池 $\boldsymbol{S}_{\mathrm{DS}}$，并通过自适应更新代理模型来判断 $\boldsymbol{S}_{\mathrm{DS}}$ 中所有样本点功能函数的正负号，若样本集 $\boldsymbol{S}_{\mathrm{DS}}$ 中没有失效样本，则应增加 $r_{\max}$ 的值，直至样本集 $\boldsymbol{S}_{\mathrm{DS}}$ 中出现失效样本。类似地，d 的取值也需要在失效概率估算精度和计算效率之间进行权衡。若 d 取值较小，则 AS-DS 方法备选样本池规模较大，效率较低；若 d 取值较大，则利用代理模型求解 $g_{\boldsymbol{u}}(r(\boldsymbol{a}_j)\cdot\boldsymbol{a}_j)=0$ 的根 $r(\boldsymbol{a}_j)$ 时搜索区间较大，$r(\boldsymbol{a}_j)$ 的估算精度较差，从而影响失效概率的估算精度。已有研究表明[11]，d 取值为 0.1 时可以保证中低维可靠性问题的分析精度，而当输入变量维度较高时，则需适当减小 d 的取值。

AS-DS 方法求解失效概率的流程图如图 5-10 所示，具体执行步骤如下。

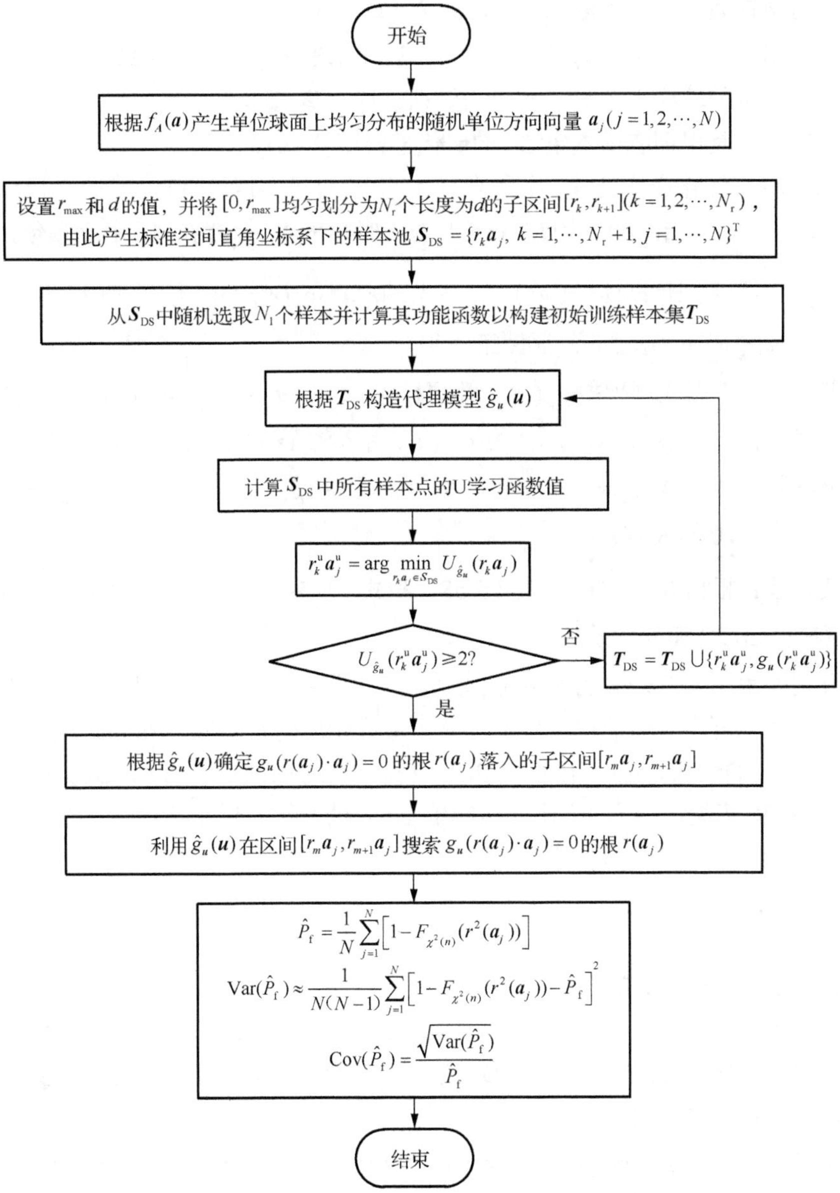

图 5-10　AS-DS 方法求解失效概率的流程图

第一步： 构建训练代理模型的备选样本池$\boldsymbol{S}_{DS}$。根据$f_{\boldsymbol{A}}(\boldsymbol{a})$产生$N$个服从单位球面上均匀分布的随机单位方向向量$\boldsymbol{a}_j (j=1,2,\cdots,N)$。设置$r_{\max}$和$d$的值，并将$[0,r_{\max}]$均匀划分为$N_r$个长度为$d$的子区间$[r_k,r_{k+1}](k=1,2,\cdots,N_r)$，由此产生标准

空间直角坐标系下的样本池 $\boldsymbol{S}_{\mathrm{DS}} = \{r_k \boldsymbol{a}_j,\ k = 1, \cdots, N_{\mathrm{r}} + 1, j = 1, \cdots, N\}^{\mathrm{T}}$。

第二步： 构建初始训练样本集 $\boldsymbol{T}_{\mathrm{DS}}$。从样本池 $\boldsymbol{S}_{\mathrm{DS}}$ 中随机选择 N_1 个样本，并计算这些样本的功能函数值，形成初始训练样本集 $\boldsymbol{T}_{\mathrm{DS}}$。

第三步： 利用训练样本集 $\boldsymbol{T}_{\mathrm{DS}}$ 构造代理模型 $\hat{g}_{\boldsymbol{u}}(\boldsymbol{u})$。

第四步： 计算样本池 $\boldsymbol{S}_{\mathrm{DS}}$ 中所有样本点的 U 学习函数值，然后选择样本点 $r_k^{\mathrm{u}} \boldsymbol{a}_j^{\mathrm{u}} = \arg \min\limits_{r_k \boldsymbol{a}_j \in \boldsymbol{S}_{\mathrm{DS}}} U_{\hat{g}_{\boldsymbol{u}}}(r_k \boldsymbol{a}_j)$，当 $U_{\hat{g}_{\boldsymbol{u}}}(r_k^{\mathrm{u}} \boldsymbol{a}_j^{\mathrm{u}}) \geqslant 2$ 时，表明 $\hat{g}_{\boldsymbol{u}}(\boldsymbol{u})$ 在 $\boldsymbol{S}_{\mathrm{DS}}$ 中已收敛，执行第五步；否则计算 $g_{\boldsymbol{u}}(r_k^{\mathrm{u}} \boldsymbol{a}_j^{\mathrm{u}})$，并以 $\{r_k^{\mathrm{u}} \boldsymbol{a}_j^{\mathrm{u}}, g_{\boldsymbol{u}}(r_k^{\mathrm{u}} \boldsymbol{a}_j^{\mathrm{u}})\}$ 更新训练集 $\boldsymbol{T}_{\mathrm{DS}}$，$\boldsymbol{T}_{\mathrm{DS}} = \boldsymbol{T}_{\mathrm{DS}} \cup \{r_k^{\mathrm{u}} \boldsymbol{a}_j^{\mathrm{u}}, g_{\boldsymbol{u}}(r_k^{\mathrm{u}} \boldsymbol{a}_j^{\mathrm{u}})\}$，返回第三步。

第五步： 根据代理模型 $\hat{g}_{\boldsymbol{u}}(\boldsymbol{u})$，计算样本 $\{r_1 \boldsymbol{a}_j, r_2 \boldsymbol{a}_j, \cdots, r_{N_{\mathrm{r}}+1} \boldsymbol{a}_j\} (j = 1, \cdots, N)$ 的功能函数值以确定 $g_{\boldsymbol{u}}(r(\boldsymbol{a}_j) \cdot \boldsymbol{a}_j) = 0$ 的根 $r(\boldsymbol{a}_j)$ 落入的子区间 $[r_m \boldsymbol{a}_j, r_{m+1} \boldsymbol{a}_j]$，其中 r_m 和 r_{m+1} 应满足 $\hat{g}_{\boldsymbol{u}}(r_m \boldsymbol{a}_j) \cdot \hat{g}_{\boldsymbol{u}}(r_{m+1} \boldsymbol{a}_j) < 0$。然后，利用 $\hat{g}_{\boldsymbol{u}}(\boldsymbol{u})$ 在区间 $[r_m \boldsymbol{a}_j, r_{m+1} \boldsymbol{a}_j]$ 搜索 $g_{\boldsymbol{u}}(r(\boldsymbol{a}_j) \cdot \boldsymbol{a}_j) = 0$ 的根 $r(\boldsymbol{a}_j)$。

第六步： 根据式（5-56）、式（5-58）和式（5-59）计算失效概率的估计值 $\hat{P}_{\mathrm{f}}$，$\hat{P}_{\mathrm{f}}$ 的方差 $\mathrm{Var}(\hat{P}_{\mathrm{f}})$ 和变异系数 $\mathrm{Cov}(\hat{P}_{\mathrm{f}})$。

分别使用第 4 章研究的 Kriging 模型、贝叶斯稀疏 PCE 模型和贝叶斯 SVR 模型作为上述求解步骤中的代理模型，即可形成相应的自适应 Kriging 模型结合方向抽样（AK-DS）的方法、自适应 PCE 模型结合方向抽样（APCE-DS）的方法和自适应 SVR 模型结合方向抽样（ASVR-DS）的方法，以下将使用这三种方法进行算例分析。

5.4.3 算例分析

算例 5.7 简单数值算例

采用 MCS 方法、AK-MCS 方法、AK-DS 方法、APCE-MCS 方法、APCE-DS 方法、ASVR-MCS 方法和 ASVR-DS 方法计算算例 5.1 中简单数值功能函数的失效概率，计算结果见表 5-9。

由表 5-9 可以得出如下结论：AS-DS 方法所需的计算时间少于对应的 AS-MCS 方法，而功能函数调用次数（计算量）方面，AS-DS 方法的次数不多于对应的 AS-MCS 方法，验证了 AS-DS 方法的高效性。此外，在三种 AS-DS 方法中，APCE-DS 方法计算效率最高，这是因为 APCE 模型在近似此类简单功能函数时效果最好且代理模型构造时间短。

表 5-9　算例 5.7 失效概率计算结果

方法	$\hat{P}_f$	$Cov(\hat{P}_f)$	相对误差	样本池规模	计算量	计算时间/s
MCS	7.93×10^{-3}	0.0353	—	1×10^5	1×10^5	—
AK-MCS	7.93×10^{-3}	0.0353	0	1×10^5	40	8.09
AK-DS	8.00×10^{-3}	0.0337	0.0051	4×10^4	33	1.21
APCE-MCS	8.03×10^{-3}	0.0351	0.0126	1×10^5	16	0.77
APCE-DS	8.15×10^{-3}	0.0345	0.0277	4×10^4	16	0.36
ASVR-MCS	7.93×10^{-3}	0.0353	0	1×10^5	65	125.16
ASVR-DS	7.97×10^{-3}	0.0357	0.0371	4×10^4	41	36.48

算例 5.8　疲劳-蠕变交互损伤问题

采用 MCS 方法、AK-MCS 方法、AK-DS 方法、APCE-MCS 方法、APCE-DS 方法、ASVR-MCS 方法和 ASVR-DS 方法计算算例 5.2 中疲劳-蠕变交互损伤问题的失效概率，计算结果见表 5-10。

表 5-10　算例 5.8 失效概率计算结果

方法	$\hat{P}_f$	$Cov(\hat{P}_f)$	相对误差	样本池规模	计算量	计算时间/s
MCS	7.65×10^{-5}	0.0402	—	8×10^6	8×10^6	—
AK-MCS	7.65×10^{-5}	0.0402	0	8×10^6	37	1072.34
AK-DS	7.76×10^{-5}	0.0398	0.0148	4×10^4	33	1.07
APCE-MCS	7.74×10^{-5}	0.0402	0.0114	8×10^6	41	311.29
APCE-DS	7.74×10^{-5}	0.0405	0.0124	4×10^4	31	1.55
ASVR-MCS	7.65×10^{-5}	0.0402	0	8×10^6	62	4541.14
ASVR-DS	7.87×10^{-5}	0.0414	0.0282	4×10^4	29	18.17

从表 5-10 的结果对比可以看出，在计算精度满足要求（相对误差小于 5%）的条件下，不论是功能函数调用次数（计算量）还是计算时间，AS-DS 方法均优于对应的 AS-MCS 方法，验证了 AS-DS 方法计算疲劳-蠕变交互损伤问题的失效概率时的准确性和高效性。

5.5　自适应代理模型结合子集模拟的可靠性分析方法

子集模拟[12]通过引入合理的中间失效事件，将小失效概率表示为一系列较大的条件失效概率的乘积，而较大的条件失效概率可利用 MCMC 方法产生的条件样本点来高效估计，提高了可靠性分析的效率。基于子集模拟的高效性及合理的分层策略，本节将自适应代理模型与子集模拟有机结合，建立自适应代理模型结合子集模拟（adaptive surrogate model based subset simulation，AS-SS）的可靠性分析方法[13]。在 AS-SS 方法中，训练代理模型的备选样本池由子集模拟中估算每个条件失效概率的 MCMC 样本集依次构成。由于条件失效概率通常较大，因此对应的 MCMC 样本集构建的备选样本池规模较小。另外在每个小规模备选样本池内采用改进的 U 学习函数训练代理模型以准确代理分层的极限状态面，从而达到快速准确地估计条件失效概率的目的。由于子集模拟的高效性，因此 AS-SS 方法训练代理模型的总的备选样本池规模小于 AS-MCS 方法备选样本池的规模，减少了代理模型的训练时间，而在估算条件失效概率过程中又对总的备选样本池进行了合理的分层，进一步提高了可靠性分析的效率。

5.5.1　子集模拟法

为提高传统 MCS 方法的计算效率，子集模拟法在求解失效概率的过程中引入了一系列中间失效事件 $F_k=\{\boldsymbol{x}:g(\boldsymbol{x})\leqslant b_k\}(k=1,2,\cdots,m)$（$b_1>b_2>\cdots>b_m=0$ 为一系列临界值，m 为中间失效事件的个数），如图 5-11 所示。由于 $b_1>b_2>\cdots>b_m=0$，因此中间失效域的关系为 $F_1\supset F_2\supset\cdots\supset F_m=F$ 且 $F_k=\bigcap_{i=1}^{k}F_i$。根据概率论中的乘法定理可将小失效概率 P_{f} 的求解转换为一系列较大的条件失效概率的乘积形式[12]：

$$\begin{aligned}P_{\mathrm{f}}&=P\{F\}=P\left\{\bigcap_{k=1}^{m}F_k\right\}\\&=P\left\{F_m\mid\bigcap_{k=1}^{m-1}F_k\right\}\cdot P\left\{\bigcap_{k=1}^{m-1}F_k\right\}\\&=P\{F_m\mid F_{m-1}\}\cdot P\left\{F_{m-1}\mid\bigcap_{k=1}^{m-2}F_k\right\}\cdot P\left\{\bigcap_{k=1}^{m-2}F_k\right\}\\&\qquad\cdots\cdots\\&=P\{F_1\}\cdot\prod_{k=2}^{m}P\{F_k\mid F_{k-1}\}\end{aligned}\tag{5-61}$$

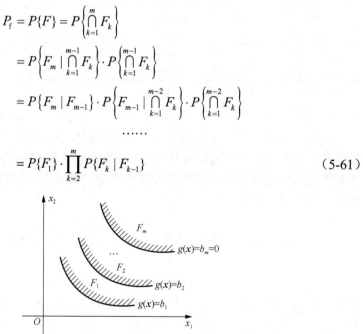

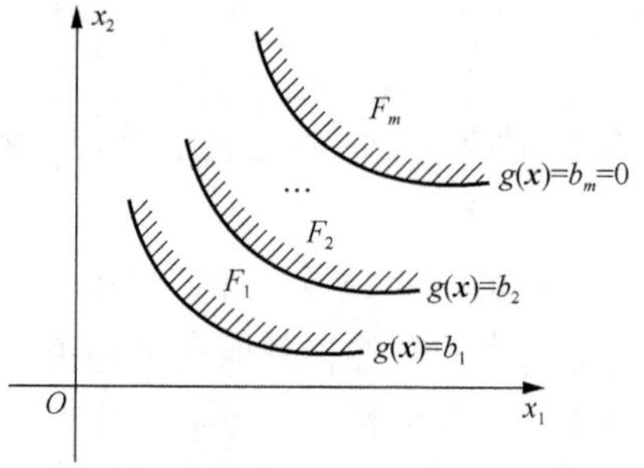

图 5-11　子集模拟中间失效事件的示意图

定义 $P_1 = P\{F_1\}$，$P_k = P\{F_k \mid F_{k-1}\}(k = 2,3,\cdots,m)$，则式（5-61）可以简化表示为

$$P_{\mathrm{f}} = \prod_{k=1}^{m} P_k \tag{5-62}$$

式（5-62）中的失效概率 P_1 可以通过式（5-63）进行估计：

$$\hat{P}_1 = \hat{P}\{F_1\} = \frac{1}{N_1}\sum_{j=1}^{N_1} I_{\mathrm{F}_1}(\boldsymbol{x}_j^{(1)}) \tag{5-63}$$

式中，$\boldsymbol{x}_j^{(1)}(j = 1,2,\cdots,N_1)$ 表示由输入变量 $\boldsymbol{X}$ 的联合概率密度函数 $f_{\boldsymbol{X}}(\boldsymbol{x})$ 产生的 N_1 个样本。

式（5-62）中的条件失效概率 $P_k(k=2,3,\cdots,m)$ 可由式（5-64）进行估计：

$$\hat{P}_k = \hat{P}\{F_k \mid F_{k-1}\} = \frac{1}{N_k}\sum_{j=1}^{N_k} I_{\mathrm{F}_k}(\boldsymbol{x}_j^{(k)}) \quad (k = 2,3,\cdots,m) \tag{5-64}$$

式中，$\boldsymbol{x}_j^{(k)}(j = 1,2,\cdots,N_k)$ 表示由式（5-65）所示的输入变量 $\boldsymbol{X}$ 的条件概率密度函数 $q_{\boldsymbol{X}}(\boldsymbol{x} \mid F_{k-1})$ 产生的 N_k 个样本：

$$q_{\boldsymbol{X}}(\boldsymbol{x} \mid F_{k-1}) = \frac{I_{\mathrm{F}_{k-1}}(\boldsymbol{x}) f_{\boldsymbol{X}}(\boldsymbol{x})}{P\{F_{k-1}\}} \quad (k = 2,3,\cdots,m) \tag{5-65}$$

式（5-63）～式（5-65）中的 $I_{\mathrm{F}_k}(\boldsymbol{x})(k=1,2,\cdots,m)$ 表示失效域 $F_k = \{\boldsymbol{x} : g(\boldsymbol{x}) \leqslant b_k\}$ 的指示函数，若 $\boldsymbol{x} \in F_k$，则 $I_{\mathrm{F}_k}(\boldsymbol{x}) = 1$，否则 $I_{\mathrm{F}_k}(\boldsymbol{x}) = 0$。

尽管服从条件概率密度函数 $q_{\boldsymbol{X}}(\boldsymbol{x} \mid F_{k-1})$ 的条件样本点 $\boldsymbol{x}_j^{(k)}(k = 2,3,\cdots,m)$ $(j = 1,2,\cdots,N_k)$ 可以由 MCS 方法直接抽取，但是这种抽样方法的效率很低，需要至少 $1/\prod_{s=1}^{k-1} P_s$ 次抽样才能得到 F_{k-1} 区域内的一个条件样本点，文献[12]建议采用 MCMC 方法来高效地抽取条件概率密度函数 $q_{\boldsymbol{X}}(\boldsymbol{x} \mid F_{k-1})$ $(k = 2,3,\cdots,m)$ 的条件样本点。

中间失效事件 $\{F_1, F_2, \cdots, F_m\}$ 的选择在子集模拟可靠性分析过程中起着重要作用。如果引入的中间失效事件较多（m 值很大），则 $b_i(i = 1,2,\cdots,m)$ 值下降缓慢，导致对应的条件失效概率比较大，可以用较少的条件样本进行估计，但总的抽样点数 $N = \sum_{k=1}^{m} N_k$ 将会增加。反之，若引入的中间失效事件较少，则对应的条件失效概率比较小，估计每个较小的条件失效概率将需要较多的条件样本点，这样也会增加总的样本点数。对于中间失效事件的选择，需要在模拟条件失效概率的样本点数 N_k 和中间失效事件的个数 m 上采取折中的方法，这种折中的思想可以通过设定一定的条件概率值 p_0 并通过自动分层的方法来实现[14]。

5.5.2 求解失效概率的自适应代理模型结合子集模拟的方法

子集模拟法对输入变量的维数、功能函数的非线性程度均没有限制，是一种适用于非线性程度较高的小失效概率可靠性问题的分析方法。但在计算每个条件失效概率时，子集模拟法仍需要大量调用结构功能函数，对于实际工程问题，其计算量依然较大。因此，本节将自适应代理模型嵌入子集模拟中，使用子集模拟估计中间失效事件所需的样本，构建训练代理模型的备选样本池，采用改进的 U 学习函数更新代理模型以准确识别备选样本池中的样本点的状态，从而建立 AS-SS 方法。AS-SS 方法求解失效概率的关键点总结如下。

（1）AS-SS 方法求解失效概率的核心在于建立每一层失效阈值 $b_k (k=1,2,\cdots,m)$ 对应的中间层功能函数 $g(\boldsymbol{x})-b_k$ 的代理模型，由于所构建的条件失效概率远大于所求的失效概率，因此构建中间层功能函数 $g(\boldsymbol{x})-b_k$ 的代理模型所需识别状态的备选样本点数相对于 AS-MCS 方法直接建立原始功能函数 $g(\boldsymbol{x})$ 的代理模型所需识别状态的备选样本点更少，因而也更加省时。对于小失效概率求解问题，尤其是对高维、多失效域且各个失效域的重要性程度相似时，失效域很难被准确估计，因为只有很少或者几乎没有训练样本点落在失效域内，这将会导致 AS-MCS 方法直接建立的代理模型 $\hat{g}(\boldsymbol{x})$ 与 $g(\boldsymbol{x})$ 差异较大，从而影响失效概率的估计精度。此外，AS-MCS 方法中用于建立代理模型 $\hat{g}(\boldsymbol{x})$ 的备选样本池规模也受到计算机存储容量的限制。同时，虽然 AS-MCS 方法降低了功能函数调用次数，但是使用代理模型 $\hat{g}(\boldsymbol{x})$ 预测大规模备选样本池的输出值十分耗时。AS-SS 方法因为利用 SS 方法将小失效概率转换成一系列较大的条件失效概率的乘积，通过在小规模样本池中更新代理模型 $\hat{g}(\boldsymbol{x})$ 以准确估计备选样本点与中间极限状态面 $g(\boldsymbol{x})-b_k=0$ 的关系，这在一定程度上缓解了上述问题。

（2）AS-SS 方法的备选样本池不是恒定的和单一的，在每个中间层条件失效概率求解的过程中，训练代理模型的备选样本池是由 MCMC 方法抽取的条件样本点不断更新的。

（3）AS-SS 方法不是同时而是依次建立每个中间失效事件对应功能函数的代理模型，因此，计算当前分层之前的各层条件失效概率所用的训练样本信息在计算当前层和后续层的条件失效概率时均被重复利用。

AS-SS 方法求解失效概率的流程图如图 5-12 所示，具体执行步骤如下。

第一步： 设置指针 k 的初始值 $k=1$，条件概率值 $p_0=0.1$。

第二步： 根据输入变量 $\boldsymbol{X}$ 的概率密度函数 $f_{\boldsymbol{X}}(\boldsymbol{x})$ 抽取 N_k 个样本，形成备选样本池 $\boldsymbol{S}_k=\{\boldsymbol{x}_1^{(k)},\boldsymbol{x}_2^{(k)},\cdots,\boldsymbol{x}_{N_k}^{(k)}\}^{\mathrm{T}}$。

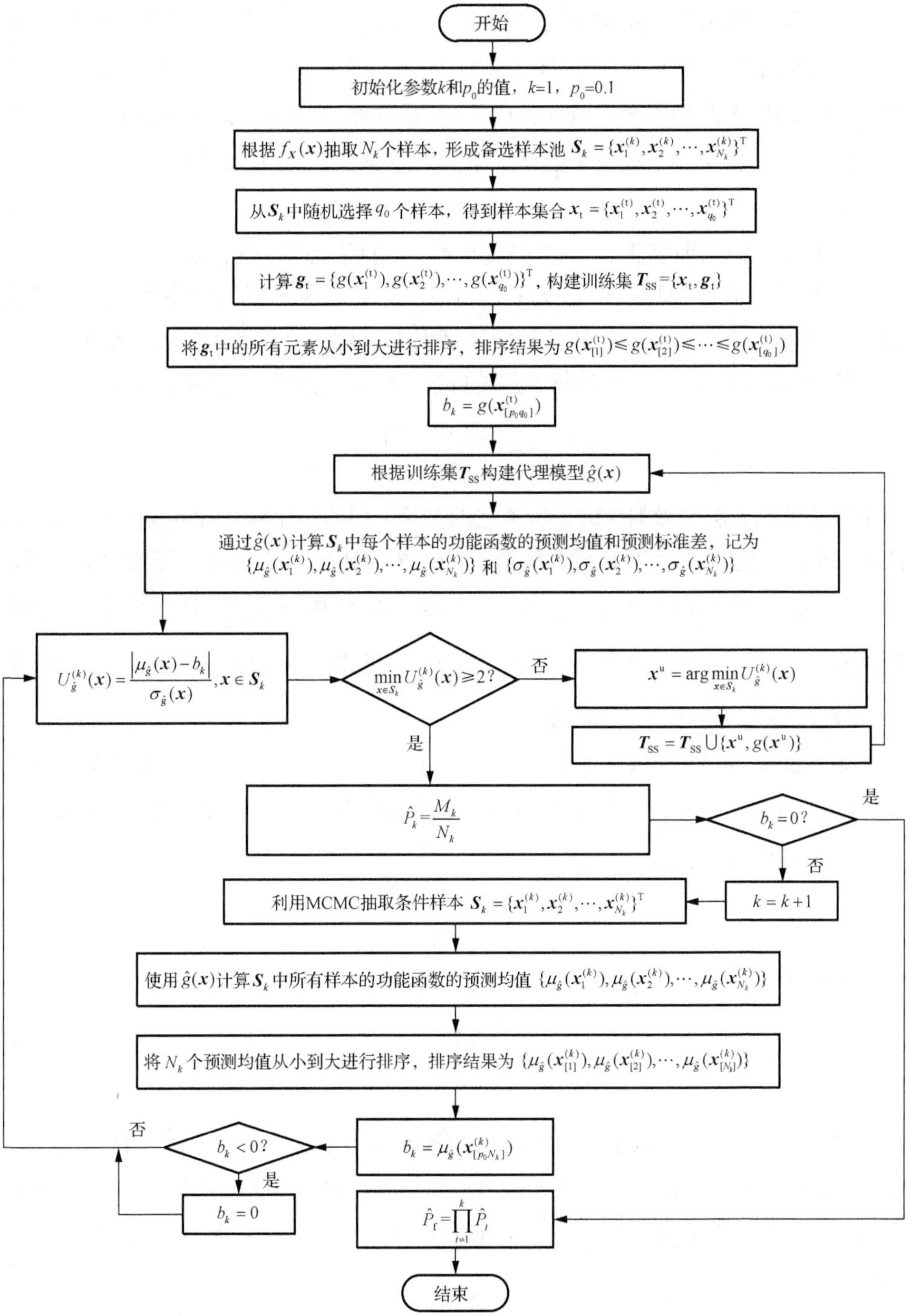

图 5-12　AS-SS 方法求解失效概率的流程图

第三步： 从 $\boldsymbol{S}_k$ 中随机抽取 q_0 个样本 $\boldsymbol{x}_{\mathrm{t}}=\{\boldsymbol{x}_1^{(\mathrm{t})},\boldsymbol{x}_2^{(\mathrm{t})},\cdots,\boldsymbol{x}_{q_0}^{(\mathrm{t})}\}^{\mathrm{T}}$ 作为初始训练样本，并计算其功能函数值 $\boldsymbol{g}_{\mathrm{t}}=\{g(\boldsymbol{x}_1^{(\mathrm{t})}),g(\boldsymbol{x}_2^{(\mathrm{t})}),\cdots,g(\boldsymbol{x}_{q_0}^{(\mathrm{t})})\}^{\mathrm{T}}$，构建训练集 $\boldsymbol{T}_{\mathrm{SS}}=\{\boldsymbol{x}_{\mathrm{t}},\boldsymbol{g}_{\mathrm{t}}\}$。将这 q_0 个训练样本的功能函数值按升序排列，排序结果记为 $g(\boldsymbol{x}_{[1]}^{(\mathrm{t})})\leqslant g(\boldsymbol{x}_{[2]}^{(\mathrm{t})})\leqslant\cdots\leqslant g(\boldsymbol{x}_{[q_0]}^{(\mathrm{t})})$，以该序列第 $[p_0q_0]$ 个值作为中间失效事件 F_k 的失效阈值 b_k，即

$$b_k=g(\boldsymbol{x}_{[p_0q_0]}^{(\mathrm{t})}) \tag{5-66}$$

第四步： 根据训练集 $\boldsymbol{T}_{\mathrm{SS}}$ 建立功能函数 $g(\boldsymbol{x})$ 的代理模型 $\hat{g}(\boldsymbol{x})$。

第五步： 通过代理模型 $\hat{g}(\boldsymbol{x})$ 计算 $\boldsymbol{S}_k$ 中的 N_k 个样本的功能函数的预测均值 $\{\mu_{\hat{g}}(\boldsymbol{x}_1^{(k)}),\mu_{\hat{g}}(\boldsymbol{x}_2^{(k)}),\cdots,\mu_{\hat{g}}(\boldsymbol{x}_{N_k}^{(k)})\}$ 和预测标准差 $\{\sigma_{\hat{g}}(\boldsymbol{x}_1^{(k)}),\sigma_{\hat{g}}(\boldsymbol{x}_2^{(k)}),\cdots,\sigma_{\hat{g}}(\boldsymbol{x}_{N_k}^{(k)})\}$。

第六步： 由式（5-67）计算 $\boldsymbol{S}_k$ 中的 N_k 个样本的改进 U 学习函数值：

$$U_{\hat{g}}^{(k)}(\boldsymbol{x})=\frac{\left|\mu_{\hat{g}}(\boldsymbol{x})-b_k\right|}{\sigma_{\hat{g}}(\boldsymbol{x})},\boldsymbol{x}\in\boldsymbol{S}_k \tag{5-67}$$

由于在计算第 k 层失效概率时，所关注的是第 k 层的极限状态面 $g(\boldsymbol{x})-b_k=0$，因此式（5-67）定义的改进 U 学习函数 $U_{\hat{g}}^{(k)}(\cdot)$ 与其他章节的 U 学习函数略有差异。

第七步： 当 $\min\limits_{\boldsymbol{x}\in\boldsymbol{S}_k}U_{\hat{g}}^{(k)}(\boldsymbol{x})\geqslant 2$ 时，表明 $\hat{g}(\boldsymbol{x})$ 在 $\boldsymbol{S}_k$ 中已收敛，执行第八步；否则选择样本点 $\boldsymbol{x}^{\mathrm{u}}=\arg\min\limits_{\boldsymbol{x}\in\boldsymbol{S}_k}U_{\hat{g}}^{(k)}(\boldsymbol{x})$，计算 $g(\boldsymbol{x}^{\mathrm{u}})$，并以 $\{\boldsymbol{x}^{\mathrm{u}},g(\boldsymbol{x}^{\mathrm{u}})\}$ 更新训练集 $\boldsymbol{T}_{\mathrm{SS}}$ 为 $\boldsymbol{T}_{\mathrm{SS}}=\boldsymbol{T}_{\mathrm{SS}}\cup\{\boldsymbol{x}^{\mathrm{u}},g(\boldsymbol{x}^{\mathrm{u}})\}$，返回第四步。

第八步： 从 $\boldsymbol{S}_k$ 中挑选出失效域 F_k 内的样本，即 $\mu_{\hat{g}}(\boldsymbol{x})\leqslant b_k$ 的样本，记为 $\boldsymbol{x}^{\mathrm{F}_k}=\{\boldsymbol{x}_1^{\mathrm{F}_k},\boldsymbol{x}_2^{\mathrm{F}_k},\cdots,\boldsymbol{x}_{M_k}^{\mathrm{F}_k}\}^{\mathrm{T}}$，其中 M_k 表示 F_k 内的样本数目。然后，由式（5-68）计算条件失效概率 P_k 的估计值 $\hat{P}_k$：

$$\hat{P}_k=\frac{M_k}{N_k} \tag{5-68}$$

第九步： 若 b_k=0，结束 AS-SS 方法，最终所得失效概率的估计值 $\hat{P}_{\mathrm{f}}$ 为

$$\hat{P}_{\mathrm{f}}=\prod_{i=1}^{k}\hat{P}_i \tag{5-69}$$

否则，执行第十步。

第十步： 令 $k=k+1$，使用在失效域 F_{k-1} 中的 M_{k-1} 个失效样本 $\boldsymbol{x}^{\mathrm{F}_{k-1}}=\{\boldsymbol{x}_1^{\mathrm{F}_{k-1}},\boldsymbol{x}_2^{\mathrm{F}_{k-1}},\cdots,\boldsymbol{x}_{M_k}^{\mathrm{F}_{k-1}}\}^{\mathrm{T}}$ 作为马尔可夫链的初始样本，根据 MCMC 方法产生规模为 N_k 的服从条件分布 $q_X(\boldsymbol{x}\,|\,F_{k-1})=I_{\mathrm{F}_{k-1}}(\boldsymbol{x})f_X(\boldsymbol{x})/P\{F_{k-1}\}$ 的样本池 $\boldsymbol{S}_k=\{\boldsymbol{x}_1^{(k)},\boldsymbol{x}_2^{(k)},\cdots,\boldsymbol{x}_{N_k}^{(k)}\}^{\mathrm{T}}$。

第十一步： 使用 $\hat{g}(\boldsymbol{x})$ 计算 $\boldsymbol{S}_k$ 中的 N_k 个样本的功能函数的预测均值 $\{\mu_{\hat{g}}(\boldsymbol{x}_1^{(k)}),$

$\mu_{\hat{g}}(\boldsymbol{x}_2^{(k)}),\cdots,\mu_{\hat{g}}(\boldsymbol{x}_{N_k}^{(k)})\}$，并按升序排列 $\mu_{\hat{g}}(\boldsymbol{x}_{[1]}^{(k)})\leqslant\mu_{\hat{g}}(\boldsymbol{x}_{[2]}^{(k)})\leqslant\cdots\leqslant\mu_{\hat{g}}(\boldsymbol{x}_{[N_k]}^{(k)})$，以该序列第$[p_0N_k]$个值作为中间失效事件 F_k 的失效阈值 b_k，即

$$b_k=\mu_{\hat{g}}(\boldsymbol{x}_{[p_0N_k]}^{(k)}) \tag{5-70}$$

若 $b_k<0$，令 $b_k=0$，返回第六步；否则直接返回第六步。

分别使用第 4 章研究的 Kriging 模型、贝叶斯稀疏 PCE 模型和贝叶斯 SVR 模型作为上述求解步骤中的代理模型，即可形成相应的自适应 Kriging 模型结合子集模拟（AK-SS）的方法、自适应 PCE 模型结合子集模拟（APCE-SS）的方法和自适应 SVR 模型结合子集模拟（ASVR-SS）的方法，以下将使用这三种方法进行算例分析。

5.5.3 算例分析

算例 5.9　简单数值算例

采用 MCS 方法、AK-MCS 方法、AK-SS 方法、APCE-MCS 方法、APCE-SS 方法、ASVR-MCS 方法和 ASVR-SS 方法计算算例 5.1 中简单数值功能函数的失效概率，计算结果见表 5-11。

表 5-11　算例 5.9 失效概率计算结果

方法	$\hat{P}_f$	$\mathrm{Cov}(\hat{P}_f)$	相对误差	样本池规模	计算量	计算时间/s
MCS	7.93×10^{-3}	0.0353	—	1×10^5	1×10^5	—
AK-MCS	7.93×10^{-3}	0.0353	0	1×10^5	40	8.09
AK-SS	8.20×10^{-3}	0.0452	0.0338	12000	54	2.05
APCE-MCS	8.03×10^{-3}	0.0351	0.0126	1×10^5	16	0.77
APCE-SS	8.23×10^{-3}	0.0452	0.0372	12000	32	1.44
ASVR-MCS	7.93×10^{-3}	0.0353	0	1×10^5	65	125.16
ASVR-SS	8.23×10^{-3}	0.0452	0.0372	12000	44	36.11

由表 5-11 可以得出如下结论：

（1）ASVR-SS 方法所需的功能函数调用次数（计算量）和计算时间均小于 ASVR-MCS 方法，验证了 ASVR-SS 方法的高效性。

（2）AK-SS 方法和 APCE-SS 方法的功能函数调用次数大于对应的 AK-MCS 方法和 APCE-MCS 方法，出现该现象的原因是 AK-SS 方法和 APCE-SS 方法需要准确判断样本点与多个中间失效面的关系，因而会需要更多的训练样本点。因此，在处理该功能函数简单且失效概率较大的问题时，AK-SS 方法和 APCE-SS 方法的计算效率会受到一定程度的影响。

算例 5.10　疲劳-蠕变交互损伤问题

采用 MCS 方法、AK-MCS 方法、AK-SS 方法、APCE-MCS 方法、APCE-SS

方法、ASVR-MCS 方法和 ASVR-SS 方法计算算例 5.2 中疲劳-蠕变交互损伤问题的失效概率，计算结果见表 5-12。

表 5-12　算例 5.10 失效概率计算结果

方法	$\hat{P}_f$	$\mathrm{Cov}(\hat{P}_f)$	相对误差	样本池规模	计算量	计算时间/s
MCS	7.65×10^{-5}	0.0402	—	8×10^6	8×10^6	—
AK-MCS	7.65×10^{-5}	0.0402	0	8×10^6	37	1072.34
AK-SS	7.54×10^{-5}	0.0442	0.0144	16000	57	2.18
APCE-MCS	7.74×10^{-5}	0.0402	0.0114	8×10^6	41	311.29
APCE-SS	7.46×10^{-5}	0.0443	0.0251	16000	40	1.70
ASVR-MCS	7.65×10^{-5}	0.0402	0	8×10^6	62	4541.14
ASVR-SS	7.62×10^{-5}	0.0441	0.0045	16000	52	37.16

从表 5-12 的计算结果中可以得出如下结论：对于本例中功能函数较为复杂且失效概率较小的问题，AK-SS 方法、APCE-SS 方法和 ASVR-SS 方法的计算时间均小于对应的 AK-MCS 方法、APCE-MCS 方法和 ASVR-MCS 方法，这验证了 AS-SS 方法在求解小失效概率问题时的高效性。AK-SS 方法相较于 AK-MCS 方法的功能函数调用次数（计算量）更多，这主要是 AK-SS 方法需要识别多个分层的极限状态面附近的样本点的状态而导致的。

5.6　本 章 小 结

本章主要研究了三类高斯输出型代理模型（Kriging 模型、贝叶斯稀疏多项式混沌展开模型和贝叶斯支持向量机模型）与五类高效抽样（改进重要抽样、元模型重要抽样、自适应超球截断抽样、方向抽样和子集模拟）相互结合形成的可靠性分析方法。相较于 AS-MCS 方法，由于利用高效抽样构建的训练代理模型的备选样本池规模较小，因而本章建立的各类方法缩短了每次重构代理模型后预测样本池内样本点功能函数值的时间，提高了可靠性分析的效率。但需要注意的是，相较于 MCS 方法，五类高效抽样方法均有特定的适用范围和一定的局限性，因此在应用过程中应根据功能函数的形式合理选择自适应代理模型结合高效抽样的方法进行可靠性分析。

参 考 文 献

[1] MELCHERS R E. Importance sampling in structural system [J]. Structural Safety, 1989, 6: 3-10.

[2] YUN W Y, LU Z Z, JIANG X. An efficient reliability analysis method for combining adaptive Kriging and modified importance sampling for small failure probability [J]. Structural and Multidisciplinary Optimization, 2018, 58:

1383-1393.

[3] MAO H Y, MAHADEVAN S. Reliability analysis of creep-fatigue failure [J]. International Journal of Fatigue, 2000, 22: 789-797.

[4] DUBOURG V, SUDRET B, DEHEEGER F. Metamodel-based importance sampling for structural reliability analysis [J]. Probabilistic Engineering Mechanics, 2013, 33: 47-57.

[5] ZHU X M, LU Z Z, YUN W Y. An efficient method for estimating failure probability of the structure with multiple implicit failure domains by combining Meta-IS with IS-AK [J]. Reliability Engineering and System Safety, 2020, 193: 106644.

[6] HARBITZ A. An efficient sampling method for probability of failure calculation [J]. Structural Safety, 1986, 3:109-115.

[7] GROOTEMAN F. Adaptive radial-based importance sampling method for structural reliability [J]. Structural Safety, 2008, 30: 533-542.

[8] YUN W Y, LU Z Z, JIANG X, et al. AK-ARBIS: An improved AK-MCS based on the adaptive radial-based importance sampling for small failure probability [J]. Structural Safety, 2020, 82: 101891.

[9] DITLEVSEN O, OLESEN R, MOHR G. Solution of a class of load combination problems by directional simulation [J]. Structural Safety, 1987, 4: 95-109.

[10] DITLEVSEN O, MELCHERS R E, GLUVER H. General multi-dimensional probability integration by directional simulation [J]. Computers and Structures, 1990, 36(2): 355-368.

[11] ZHANG X B, LU Z Z, CHENG K. AK-DS: An adaptive Kriging-based directional sampling method for reliability analysis [J]. Mechanical Systems and Signal Processing, 2021, 156: 107610.

[12] AU S K, BECK J L. Estimation of small failure probabilities in high dimensions by subset simulation [J]. Probabilistic Engineering Mechanics, 2001, 16: 263-277.

[13] LING C Y, LU Z Z, FENG K X, et al. A coupled subset simulation and active learning kriging reliability analysis method for rare failure events [J]. Structural and Multidisciplinary Optimization, 2019, 60(6): 2325-2341.

[14] AU S K. On the Solution of First Excursion Problems by Simulation with Applications to Probabilistic Seismic Performance Assessment [D]. California :California Institute of Technology, 2001.

第 6 章　基于代理模型的可靠性优化设计的解耦法

典型的可靠性优化设计（RBDO）模型将可靠性要求整合到优化问题的约束内，即在满足一定的结构系统可靠性要求下，通过调整可设计的参数使结构的某项性能达到最优（如质量或造价最小等），其具体数学模型如下[1]：

$$\begin{aligned}&\min_{\theta} C(\boldsymbol{\theta})\\&\text{s.t.}\begin{cases}P\left\{g_j(\boldsymbol{x}\,|\,\boldsymbol{\theta})\leqslant 0\right\}\leqslant P_{\mathrm{f}_j}^T, & j=1,\cdots,m\\ \boldsymbol{\theta}^{\mathrm{L}}\leqslant\boldsymbol{\theta}\leqslant\boldsymbol{\theta}^{\mathrm{U}}, & \boldsymbol{\theta}\in R^{n_\theta}\end{cases}\end{aligned}\tag{6-1}$$

式中，$\boldsymbol{x}$ 是随机变量，包括含可设计参数的随机变量 $\boldsymbol{d}$ 和不含可设计参数的随机变量 $\boldsymbol{p}$；$\boldsymbol{\theta}$ 是 n_θ 维的随机变量 $\boldsymbol{d}$ 的可设计参数（一般取随机变量的均值）；$C(\boldsymbol{\theta})$ 是目标函数；$g_j(\boldsymbol{x}\,|\,\boldsymbol{\theta})$ 是第 j 个功能函数；$P_{\mathrm{f}_j}^T$ 是第 j 个可靠性约束的失效概率目标值；m 是概率约束的个数；n_θ 是设计参数的个数。

为了提高 RBDO 的求解效率，使其更好地适用于实际工程问题，求解 RBDO 模型的解耦法通过将可靠性优化问题中包含的概率约束进行显式近似，实现内层嵌套的可靠性分析与外层优化设计的分离，从而将不确定性优化问题转化成一般的确定性优化问题，进而采用常规的确定性优化算法来进行求解。

RBDO 解耦法的主要思想是将可靠性优化转换为一个确定性优化或者一系列确定性优化的循环，利用独立于设计参数优化的可靠性分析过程来更新确定性优化搜索的可行域，即确定性优化的约束与可靠性分析相关联，由可靠性分析来定义确定性优化的可行域。解耦法包括完全解耦法[2]和序列解耦法[3]两类思路，其中完全解耦法是在优化之前获得失效概率函数或可行域边界的解析或代理模型，以便完全解除可靠性分析与最优设计参数搜索的耦合，而序列解耦法则是将可靠性优化转化成确定性优化和等价可靠性分析的串行过程。除此之外，还有一种类序列解耦法，其将可靠性约束中极限状态面的代理模型构造和优化过程相结合，随设计参数的搜索变更而实时更新极限状态面的代理模型，从而严格保证了整个优化过程中极限状态面代理的精度和可行域判断的准确性，并且避免了在设计参数的非访问域进行极限状态面的更新，有效控制了计算量。这三类解耦方法均可以有效提高 RBDO 的求解效率。

6.1　基于代理模型的可靠性优化设计的完全解耦法

6.1.1　基于失效概率函数的完全解耦法

可靠性优化设计模型的可靠性约束条件中，失效概率 P_{f} 随设计参数 $\boldsymbol{\theta}$ 的变化而变化，即失效概率 P_{f} 可视为可设计的分布参数 $\boldsymbol{\theta}$ 的函数，称其为失效概率函数，记为 $P_{\mathrm{f}}(\boldsymbol{\theta})$。如果在优化前能够得到失效概率函数 $P_{\mathrm{f}}(\boldsymbol{\theta})$，不确定性优化就可以彻底等价转化为确定性优化，从而实现 RBDO 求解的完全解耦。关于失效概率函数 $P_{\mathrm{f}}(\boldsymbol{\theta})$ 的求解，可以采用双层 MCS 方法、基于 Bayes 公式的单层 MCS 方法和基于 Bayes 公式的 AS-MCS 方法，以下将给出这三种方法的求解原理及实现的详细步骤。

1. 求解失效概率函数的双层 MCS 方法

求解失效概率函数的双层 MCS 方法的基本思想是首先产生设计参数 $\boldsymbol{\theta}$ 的若干样本点，其次用 MCS 方法求得每个设计参数对应的失效概率值，最后利用设计参数和相应的失效概率的实现值来拟合出失效概率函数 $P_{\mathrm{f}}(\boldsymbol{\theta})$。在 RBDO 求解之前得到 $P_{\mathrm{f}}(\boldsymbol{\theta})$，可靠性优化问题就可以完全转化成确定性优化问题。

求解失效概率函数 $P_{\mathrm{f}}(\boldsymbol{\theta})$ 的双层 MCS 方法的具体求解步骤如下。

第一步：在设计参数可能取值的空间中产生 $N_{\boldsymbol{\theta}}$ 个设计参数的样本点 $\{\boldsymbol{\theta}_1,\boldsymbol{\theta}_2,\cdots,\boldsymbol{\theta}_{N_{\boldsymbol{\theta}}}\}^{\mathrm{T}}$。

第二步：对设计参数的每个样本点 $\boldsymbol{\theta}_i\ (i=1,2,\cdots,N_{\boldsymbol{\theta}})$，根据 $f_{\boldsymbol{X}}(\boldsymbol{x}\,|\,\boldsymbol{\theta}_i)$ 产生相应的 N 个输入变量的样本 $\{\boldsymbol{x}_1^{\boldsymbol{\theta}_i},\boldsymbol{x}_2^{\boldsymbol{\theta}_i},\cdots,\boldsymbol{x}_N^{\boldsymbol{\theta}_i}\}^{\mathrm{T}}$。

第三步：计算功能函数值 $g(\boldsymbol{x}_k^{\boldsymbol{\theta}_i})$ 和失效域指示函数 $I_{\mathrm{F}}(\boldsymbol{x}_k^{\boldsymbol{\theta}_i})\ (k=1,2,\cdots,N)$。

第四步：计算 $\boldsymbol{\theta}=\boldsymbol{\theta}_i$ 时的失效概率函数值如式（6-2）所示：

$$P_{\mathrm{f}}(\boldsymbol{\theta}_i)=\frac{1}{N}\sum_{k=1}^{N}I_{\mathrm{F}}(\boldsymbol{x}_k^{\boldsymbol{\theta}_i}) \tag{6-2}$$

第五步：重复第二～四步 $N_{\boldsymbol{\theta}}$ 次，则可以得到每个设计参数样本点对应的失效概率函数值，之后由 $(\boldsymbol{\theta}_i,P_{\mathrm{f}}(\boldsymbol{\theta}_i))\ (i=1,2,\cdots,N_{\boldsymbol{\theta}})$ 采用多项式的形式拟合出 $P_{\mathrm{f}}(\boldsymbol{\theta})$ 与 $\boldsymbol{\theta}$ 的解析关系。

由双层 MCS 方法求解失效概率函数的步骤可以看出，该方法需要采用双层数字模拟来得到 $P_{\mathrm{f}}(\boldsymbol{\theta})$ 的近似解析表达式，较为费时，下面将介绍更为高效的基于 Bayes 公式的单层 MCS 方法。

2. 基于 Bayes 公式求解失效概率函数的单层 MCS 方法

文献[4]利用扩展可靠性思想，将设计参数$\boldsymbol{\theta}$考虑成其可能取值域内的不确定性变量，即假设第 s 个设计参数$\theta_s(s=1,2,\cdots,n_{\boldsymbol{\theta}})$的概率密度函数为$f_{\Theta_s}(\theta_s)$，然后依据 Bayes 公式，将失效概率函数转换为式（6-3）所示的商形式：

$$P_{\mathrm{f}}(\boldsymbol{\theta})=P\{F\mid\boldsymbol{\theta}\}=\frac{P\{F_{\boldsymbol{x},\boldsymbol{\theta}}\}f_{\boldsymbol{\Theta}}(\boldsymbol{\theta}\mid F_{\boldsymbol{x},\boldsymbol{\theta}})}{f_{\boldsymbol{\Theta}}(\boldsymbol{\theta})} \tag{6-3}$$

式中，$f_{\boldsymbol{\Theta}}(\boldsymbol{\theta})=\prod_{s=1}^{n_{\boldsymbol{\theta}}}f_{\Theta_s}(\theta_s)$，$F_{\boldsymbol{x},\boldsymbol{\theta}}=\{(\boldsymbol{x},\boldsymbol{\theta})\mid g(\boldsymbol{x})\leqslant 0\}$是将$\boldsymbol{X}$和$\boldsymbol{\theta}$同时看成随机变量时的扩展失效域；$f_{\boldsymbol{\Theta}}(\boldsymbol{\theta}\mid F_{\boldsymbol{x},\boldsymbol{\theta}})$是设计参数在$F_{\boldsymbol{x},\boldsymbol{\theta}}$条件下的条件联合概率密度函数，$P\{F_{\boldsymbol{x},\boldsymbol{\theta}}\}$是扩展域$F_{\boldsymbol{x},\boldsymbol{\theta}}$的概率，可由式（6-4）求得

$$P\{F_{\boldsymbol{x},\boldsymbol{\theta}}\}=\int\cdots\int_{F_{\boldsymbol{x},\boldsymbol{\theta}}}f_{\boldsymbol{X}}(\boldsymbol{x}\mid\boldsymbol{\theta})f_{\boldsymbol{\Theta}}(\boldsymbol{\theta})\mathrm{d}\boldsymbol{x}\mathrm{d}\boldsymbol{\theta} \tag{6-4}$$

式(6-3)将失效概率函数$P_{\mathrm{f}}(\boldsymbol{\theta})$表示为由设计参数的联合概率密度函数$f_{\boldsymbol{\Theta}}(\boldsymbol{\theta})$、扩展失效概率$P\{F_{\boldsymbol{x},\boldsymbol{\theta}}\}$和扩展失效域下设计参数的条件联合概率密度函数$f_{\boldsymbol{\Theta}}(\boldsymbol{\theta}\mid F_{\boldsymbol{x},\boldsymbol{\theta}})$三个部分组成的函数。由于$f_{\boldsymbol{\Theta}}(\boldsymbol{\theta})$是事先给定的，因此求解失效概率函数$P_{\mathrm{f}}(\boldsymbol{\theta})$就转换成了求解扩展失效概率$P\{F_{\boldsymbol{x},\boldsymbol{\theta}}\}$和设计参数的条件联合概率密度函数$f_{\boldsymbol{\Theta}}(\boldsymbol{\theta}\mid F_{\boldsymbol{x},\boldsymbol{\theta}})$。显然，设计参数的失效样本是求解扩展失效概率过程中的副产品，即$f_{\boldsymbol{\Theta}}(\boldsymbol{\theta}\mid F_{\boldsymbol{x},\boldsymbol{\theta}})$可以由求解扩展失效概率$P\{F_{\boldsymbol{x},\boldsymbol{\theta}}\}$中产生的$\boldsymbol{\theta}$的失效样本点利用概率密度函数拟合方法进行估计，而不需要额外调用功能函数。在求得扩展失效概率$P\{F_{\boldsymbol{x},\boldsymbol{\theta}}\}$和分布参数的条件联合概率密度函数$f_{\boldsymbol{\Theta}}(\boldsymbol{\theta}\mid F_{\boldsymbol{x},\boldsymbol{\theta}})$后，失效概率函数就可以通过式（6-3）求得，无需再调用原功能函数。因此，基于扩展可靠性的思想和 Bayes 公式，求解$P_{\mathrm{f}}(\boldsymbol{\theta})$的计算量仅存在于由数字模拟法求解扩展失效概率$P\{F_{\boldsymbol{x},\boldsymbol{\theta}}\}$的过程中，而扩展失效概率的求解只需单层 MCS 方法即可完成。

基于 Bayes 公式，求解$P_{\mathrm{f}}(\boldsymbol{\theta})$的单层 MCS 方法的具体求解步骤如下。

第一步：设定设计参数的先验概率分布。由 Bayes 公式求解$P_{\mathrm{f}}(\boldsymbol{\theta})$的单层 MCS 方法的基本原理可知，首先必须设定设计参数的先验概率密度函数$f_{\Theta_s}(\theta_s)$ $(s=1,2,\cdots,n_{\boldsymbol{\theta}})$，由已有研究可知$f_{\Theta_s}(\theta_s)$的形式对$P_{\mathrm{f}}(\boldsymbol{\theta})$的结果没有影响，因此可以假设$\boldsymbol{\theta}$服从简单的均匀分布或者正态分布，本章假设$\boldsymbol{\theta}$在其可能取值域中服从均匀分布。

第二步：根据$\boldsymbol{\theta}$的先验概率密度函数$f_{\boldsymbol{\Theta}}(\boldsymbol{\theta})=\prod_{s=1}^{n_{\boldsymbol{\theta}}}f_{\Theta_s}(\theta_s)$产生容量为$N$的设计参数样本池$\boldsymbol{S}_{\boldsymbol{\theta}}=\{\boldsymbol{\theta}_1,\boldsymbol{\theta}_2,\cdots,\boldsymbol{\theta}_N\}^{\mathrm{T}}$。

第三步：对每一个设计参数样本点$\boldsymbol{\theta}_i\in\boldsymbol{S}_{\boldsymbol{\theta}}$，由$f_{\boldsymbol{X}}(\boldsymbol{x}\mid\boldsymbol{\theta}_i)$产生输入变量$\boldsymbol{X}$的容

量为 N 的样本池 $\boldsymbol{S}_x$ 如式（6-5）所示：

$$f_{\Theta}(\boldsymbol{\theta}) \to \boldsymbol{S}_{\theta} = \begin{bmatrix} \boldsymbol{\theta}_1 \\ \boldsymbol{\theta}_2 \\ \vdots \\ \boldsymbol{\theta}_N \end{bmatrix} \xrightarrow{f_X(x|\theta_i)} \boldsymbol{S}_x = \begin{Bmatrix} \boldsymbol{x}_1 \\ \boldsymbol{x}_2 \\ \vdots \\ \boldsymbol{x}_N \end{Bmatrix} = \begin{bmatrix} x_{11} & x_{12} & \cdots & x_{1n} \\ x_{21} & x_{22} & \cdots & x_{2n} \\ \vdots & \vdots & & \vdots \\ x_{N1} & x_{N2} & \cdots & x_{Nn} \end{bmatrix} \tag{6-5}$$

第四步：由 $Y = g(\boldsymbol{x})$ 求得 $\boldsymbol{S}_x$ 中样本对应的功能函数值：

$$\begin{bmatrix} \boldsymbol{\theta}_1 \\ \boldsymbol{\theta}_2 \\ \vdots \\ \boldsymbol{\theta}_N \end{bmatrix} \xrightarrow{f_X(x|\theta_i)} \begin{Bmatrix} \boldsymbol{x}_1 \\ \boldsymbol{x}_2 \\ \vdots \\ \boldsymbol{x}_N \end{Bmatrix} \xrightarrow{Y=g(x)} \begin{Bmatrix} g(\boldsymbol{x}_1) \\ g(\boldsymbol{x}_2) \\ \vdots \\ g(\boldsymbol{x}_N) \end{Bmatrix} \tag{6-6}$$

第五步：记 N 个样本点中功能函数小于等于零的失效样本点为 $(\boldsymbol{\theta}_j^{\mathrm{F}}, \boldsymbol{x}_j^{\mathrm{F}})$（$j = 1, 2, \cdots, M_{\mathrm{F}}$，$M_{\mathrm{F}}$ 为失效样本数），且记 $F_{x,\theta} = \{(\boldsymbol{\theta}_1^{\mathrm{F}}, \boldsymbol{x}_1^{\mathrm{F}}), (\boldsymbol{\theta}_2^{\mathrm{F}}, \boldsymbol{x}_2^{\mathrm{F}}), \cdots, (\boldsymbol{\theta}_{M_{\mathrm{F}}}^{\mathrm{F}}, \boldsymbol{x}_{M_{\mathrm{F}}}^{\mathrm{F}})\}^{\mathrm{T}}$，则扩展失效概率 $P\{F_{x,\theta}\}$ 的估计值 $\hat{P}\{F_{x,\theta}\}$ 可由式（6-7）得到：

$$\hat{P}\{F_{x,\theta}\} = \frac{M_{\mathrm{F}}}{N} \tag{6-7}$$

第六步：利用 $F_{x,\theta}$ 中 $\boldsymbol{\theta}$ 的失效样本集 $F_{\theta} = \{\boldsymbol{\theta}_1^{\mathrm{F}}, \boldsymbol{\theta}_2^{\mathrm{F}}, \cdots, \boldsymbol{\theta}_{M_{\mathrm{F}}}^{\mathrm{F}}\}^{\mathrm{T}}$ 和概率密度函数估计方法（包括极大熵法和核密度估计法等），求解出设计参数的条件联合概率密度函数的估计式 $\hat{f}_{\Theta}(\boldsymbol{\theta} | F_{x,\theta})$。

第七步：将 $\hat{P}\{F_{x,\theta}\}$ 和 $\hat{f}_{\Theta}(\boldsymbol{\theta} | F_{x,\theta})$ 以及设定的 $f_{\Theta}(\boldsymbol{\theta})$ 代入式（6-3），则可求得失效概率函数的估计式 $\hat{P}_{\mathrm{f}}(\boldsymbol{\theta})$。

基于 Bayes 公式求解 $P_{\mathrm{f}}(\boldsymbol{\theta})$ 的单层 MCS 方法由一次扩展失效概率的分析就可以求得 $P_{\mathrm{f}}(\boldsymbol{\theta})$ 的表达式，效率较双层 MCS 方法有较大的提高。然而，当扩展失效概率较小时，单层 MCS 方法仍然需要大量的计算量来保证失效概率函数 $P_{\mathrm{f}}(\boldsymbol{\theta})$ 估计的精度。由以上分析可知，基于 Bayes 公式求解 $P_{\mathrm{f}}(\boldsymbol{\theta})$ 的计算量主要取决于求解扩展失效概率 $P\{F_{x,\theta}\}$ 的计算量，因此提高扩展失效概率的求解效率就可以提高 $P_{\mathrm{f}}(\boldsymbol{\theta})$ 的求解效率。据此结论，下面将利用自适应构建代理模型的策略来提高单层 MCS 方法求解 $P\{F_{x,\theta}\}$ 的效率（记作 AS-MCS 方法），进而提高求解 $P_{\mathrm{f}}(\boldsymbol{\theta})$ 的效率。

3. 基于 Bayes 公式求解失效概率函数的 AS-MCS 方法

基于 Bayes 公式求解 $P_{\mathrm{f}}(\boldsymbol{\theta})$ 的 AS-MCS 方法的基本思想：在基于 Bayes 公式求解 $P_{\mathrm{f}}(\boldsymbol{\theta})$ 的单层 MCS 方法产生的设计参数样本池 $\boldsymbol{S}_{\theta}$ 和含设计参数的随机输入变量的样本池 $\boldsymbol{S}_x$ 中，自适应构造功能函数的代理模型，以收敛的功能函数代理模型来识别样本池 $\boldsymbol{S}_x$ 中的失效样本点。由于自适应构造代理模型所需要的训练样本点的数目远小于样本池中样本的数目，因此，相比于基于 Bayes 公式的单层 MCS 方法，基于 Bayes 公式的 AS-MCS 方法可以大幅度提高求解 $P_f(\boldsymbol{\theta})$ 的效率，而且自适应构造功能函数代理模型的收敛准则也可以保证代理模型对失效样本的识别精度。基于 Bayes 公式求解 $P_f(\boldsymbol{\theta})$ 的 AS-MCS 方法的基本流程为首先选用少量的训练样本点构造一个粗糙的功能函数代理模型，然后根据一定的学习策略不断更新代理模型，直至满足预设的收敛条件，并依据收敛的代理模型代替功能函数识别失效样本来求解 $P_f(\boldsymbol{\theta})$。基于 Bayes 公式求解 $P_f(\boldsymbol{\theta})$ 的 AS-MCS 方法的详细流程图如图 6-1 所示，其具体执行步骤如下。

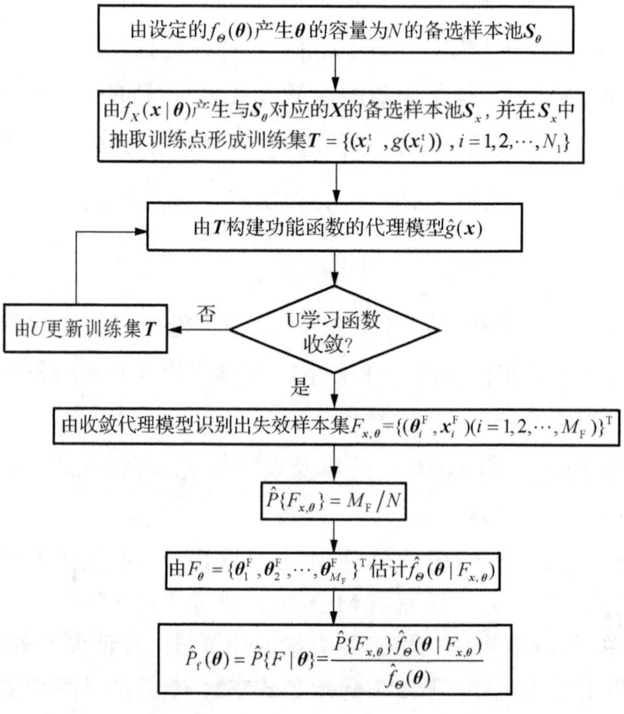

图 6-1　基于 Bayes 公式求解 $P_f(\boldsymbol{\theta})$ 的 AS-MCS 方法的详细流程图

第一步：给定设计参数的概率密度函数 $f_{\Theta_s}(\theta_s)\,(s=1,2,\cdots,n_{\theta})$。

第二步：根据 $f_{\boldsymbol{\Theta}}(\boldsymbol{\theta})=\prod_{s=1}^{n_{\theta}} f_{\Theta_s}(\theta_s)$ 产生 N 个设计参数的样本，构成备选样本池 $\boldsymbol{S}_{\boldsymbol{\theta}}=\{\boldsymbol{\theta}_1,\boldsymbol{\theta}_2,\cdots,\boldsymbol{\theta}_N\}^{\mathrm{T}}$。

第三步：对每个设计参数样本 $\boldsymbol{\theta}_i\in\boldsymbol{S}_{\boldsymbol{\theta}}$，根据 $f_{\boldsymbol{X}}(\boldsymbol{x}|\boldsymbol{\theta}_i)$ 产生相应的输入变量 $\boldsymbol{X}$ 的样本池 $\boldsymbol{S}_{\boldsymbol{x}}=\{\boldsymbol{x}_1,\boldsymbol{x}_2,\cdots,\boldsymbol{x}_N\}^{\mathrm{T}}$：

$$f_{\boldsymbol{\Theta}}(\boldsymbol{\theta}) \rightarrow \boldsymbol{S}_{\theta} = \begin{bmatrix} \boldsymbol{\theta}_1 \\ \boldsymbol{\theta}_2 \\ \vdots \\ \boldsymbol{\theta}_N \end{bmatrix} \overset{f_X(\boldsymbol{x}|\boldsymbol{\theta}_i)}{\rightarrow} \boldsymbol{S}_{x} = \begin{Bmatrix} \boldsymbol{x}_1 \\ \boldsymbol{x}_2 \\ \vdots \\ \boldsymbol{x}_N \end{Bmatrix} = \begin{bmatrix} x_{11} & x_{12} & \cdots & x_{1n} \\ x_{21} & x_{22} & \cdots & x_{2n} \\ \vdots & \vdots & & \vdots \\ x_{N1} & x_{N2} & \cdots & x_{Nn} \end{bmatrix} \tag{6-8}$$

第四步：从 $\boldsymbol{S}_x$ 中选出 N_1 个样本作为初始训练样本点 $\left\{\boldsymbol{x}_1^{\mathrm{t}}, \boldsymbol{x}_2^{\mathrm{t}}, \cdots, \boldsymbol{x}_{N_1}^{\mathrm{t}}\right\}^{\mathrm{T}}$，计算相应的真实的功能函数值并形成训练集 $\boldsymbol{T} = \{(\boldsymbol{x}_i^{\mathrm{t}}, g(\boldsymbol{x}_i^{\mathrm{t}})), i = 1, 2, \cdots, N_1\}$。

第五步：由 $\boldsymbol{T}$ 构建功能函数 $g(\boldsymbol{x})$ 的代理模型 $\hat{g}(\boldsymbol{x})$。

第六步：利用 $\hat{g}(\boldsymbol{x})$ 预测 $\boldsymbol{S}_x$ 中样本对应的功能函数值，并计算 $\boldsymbol{S}_x$ 中样本对应的 U 学习函数值。

第七步：若达到停止条件，停止更新代理模型，执行第八步。否则，由 $\boldsymbol{x}^{\mathrm{u}} = \arg\min\limits_{\boldsymbol{x} \in \boldsymbol{S}_x} U(\boldsymbol{x})$ 找到新的训练样本点，并更新训练集 $\boldsymbol{T} = \boldsymbol{T} \cup \{(\boldsymbol{x}^{\mathrm{u}}, g(\boldsymbol{x}^{\mathrm{u}}))\}$，$N_1 = N_1 + 1$，返回第五步。

第八步：以收敛的代理模型 $\hat{g}(\boldsymbol{x})$ 代替功能函数 $g(\boldsymbol{x})$ 识别出失效样本数 M_{F} 和失效样本集 $F_{\boldsymbol{x},\boldsymbol{\theta}} = \{(\boldsymbol{\theta}_1^{\mathrm{F}}, \boldsymbol{x}_1^{\mathrm{F}}), (\boldsymbol{\theta}_2^{\mathrm{F}}, \boldsymbol{x}_2^{\mathrm{F}}), \cdots, (\boldsymbol{\theta}_{M_{\mathrm{F}}}^{\mathrm{F}}, \boldsymbol{x}_{M_{\mathrm{F}}}^{\mathrm{F}})\}^{\mathrm{T}}$，则扩展失效概率的估计值 $\hat{P}\{F_{\boldsymbol{x},\boldsymbol{\theta}}\}$ 可由式（6-9）求得

$$\hat{P}\{F_{\boldsymbol{x},\boldsymbol{\theta}}\} = \frac{M_{\mathrm{F}}}{N} \tag{6-9}$$

第九步：由 $\boldsymbol{\theta}$ 的失效样本集 $F_{\boldsymbol{\theta}} = \{\boldsymbol{\theta}_1^{\mathrm{F}}, \boldsymbol{\theta}_2^{\mathrm{F}}, \cdots, \boldsymbol{\theta}_{M_{\mathrm{F}}}^{\mathrm{F}}\}^{\mathrm{T}}$ 和概率密度函数估计方法求得 $\hat{f}_{\boldsymbol{\Theta}}(\boldsymbol{\theta} \mid F_{\boldsymbol{x},\boldsymbol{\theta}})$。

第十步：将 $\hat{P}\{F_{\boldsymbol{x},\boldsymbol{\theta}}\}$ 和 $\hat{f}_{\boldsymbol{\Theta}}(\boldsymbol{\theta} \mid F_{\boldsymbol{x},\boldsymbol{\theta}})$ 以及设定的 $f_{\boldsymbol{\Theta}}(\boldsymbol{\theta})$ 代入式（6-3）中，即可得到失效概率函数的估计式 $\hat{P}_{\mathrm{f}}(\boldsymbol{\theta})$。

求得失效概率函数之后，直接将 $P_{\mathrm{f}}(\boldsymbol{\theta})$ 代入式（6-1），便可将原先的双层可靠性优化设计转换为单层的确定性优化设计进行求解，从而实现了对 RBDO 模型的完全解耦。该方法执行过程相对简单，但由于失效概率函数 $P_{\mathrm{f}}(\boldsymbol{\theta})$ 估计的准确性受到设计参数的条件联合概率密度函数估计的影响，当设计参数的维数升高时，其条件联合概率密度函数 $\hat{f}_{\boldsymbol{\Theta}}(\boldsymbol{\theta} \mid F_{\boldsymbol{x},\boldsymbol{\theta}})$ 的估计精度会大大下降，从而影响了该方法的准确性。因此，基于 Bayes 公式求解失效概率函数的完全解耦法只适用于设计参数维数较低的可靠性优化问题。

6.1.2　基于可行域函数代理模型的完全解耦法

RBDO 的完全解耦法的另一种思路是直接构造可行域边界的代理模型，之后直接利用可行域边界的代理模型进行确定性优化设计。

RBDO 中的可靠性约束条件可等价转换为

$$P\left\{g_j(\boldsymbol{x}\mid\boldsymbol{\theta})\leqslant 0\right\}-P_{\mathrm{f}_j}^{\mathrm{T}}\leqslant 0 \tag{6-10}$$

定义可行域函数 $L_j(\boldsymbol{\theta})$ 如式（6-11）所示，其目的是衡量第 j 个约束的失效概率函数 $P_{\mathrm{f}_j}(\boldsymbol{\theta})=P\left\{g_j(\boldsymbol{x}\mid\boldsymbol{\theta})\leqslant 0\right\}$ 与目标失效概率 $P_{\mathrm{f}_j}^{\mathrm{T}}$ 的差异。

$$L_j(\boldsymbol{\theta})=P\left\{g_j(\boldsymbol{x}\mid\boldsymbol{\theta})\leqslant 0\right\}-P_{\mathrm{f}_j}^{\mathrm{T}} \tag{6-11}$$

引入 $L_j(\boldsymbol{\theta})$ 后，式（6-10）所示的可靠性约束就可以通过可行域函数等价表示为

$$L_j(\boldsymbol{\theta})\leqslant 0 \tag{6-12}$$

从式（6-12）可以看出，$L_j(\boldsymbol{\theta})=0$ 为可靠性约束对应的可行域边界，则式（6-1）的 RBDO 数学模型最终转化为

$$\begin{aligned}&\min_{\boldsymbol{\theta}} C(\boldsymbol{\theta})\\&\text{s.t.}\begin{cases}L_j(\boldsymbol{\theta})\leqslant 0, & j=1,\cdots,m\\ \boldsymbol{\theta}^{\mathrm{L}}\leqslant\boldsymbol{\theta}\leqslant\boldsymbol{\theta}^{\mathrm{U}}, & \boldsymbol{\theta}\in R^{n_\theta}\end{cases}\end{aligned} \tag{6-13}$$

由此可见，若能够准确地代理 $L_j(\boldsymbol{\theta})=0$ 对应的可行域边界，便可以完成 RBDO 的完全解耦。可行域边界的代理是一个双层问题，需要构造两个代理模型，一个是在内层中求解与失效概率对应的实际功能函数的代理模型，另一个是在外层中构造可靠性优化的可行域边界的代理模型。值得指出的是，这两个代理模型在构造过程中均关心边界是否被正确识别，至于功能函数值和可行域函数值是否被准确识别对失效概率的求解和判别优化约束是否满足并无影响，这在一定程度上简化了代理模型的构造，提高了整个算法的效率。

基于可行域边界代理模型的 RBDO 完全解耦法的基本思路：首先构造设计参数 $\boldsymbol{\theta}$ 的备选样本池 $\boldsymbol{S_\theta}$（该样本池可以通过在设计参数的分布区间内均匀抽样产生），从中选取少量样本点作为设计参数 $\boldsymbol{\theta}$ 的初始训练样本集 $\boldsymbol{S}_{\boldsymbol{\theta}}^{\mathrm{t}}$，再在 $\boldsymbol{S}_{\boldsymbol{\theta}}^{\mathrm{t}}$ 的每一个样本点处自适应地构造和更新功能函数的代理模型 $\hat{g}_j(\boldsymbol{x})$（随机变量 $\boldsymbol{X}$ 的样本池根据外层设计参数决定的概率密度函数 $f_{\boldsymbol{X}}(\boldsymbol{x}\mid\boldsymbol{\theta})$ 产生）至收敛，并用收敛的 $\hat{g}_j(\boldsymbol{x})$ 计算相应的失效概率和 $L_j(\boldsymbol{\theta})$ 值。其次利用 $\boldsymbol{S}_{\boldsymbol{\theta}}^{\mathrm{t}}$ 中的 $\boldsymbol{\theta}$ 和对应的 $L_j(\boldsymbol{\theta})$ 值作为初始训练集构造可行域边界代理模型 $\hat{L}_j(\boldsymbol{\theta})$，接下来用学习函数在 $\boldsymbol{S_\theta}$ 中搜索设计参数 $\boldsymbol{\theta}$ 的新训练点，并在 $\boldsymbol{\theta}$ 的新训练点处继续更新功能函数的代理模型 $\hat{g}_j(\boldsymbol{x})$ 以获得此时的 $L_j(\boldsymbol{\theta})$ 值来更新可行域边界的代理模型 $\hat{L}_j(\boldsymbol{\theta})$，重复在 $\boldsymbol{S_\theta}$ 中进行该自适应学习过程直至收敛准则满足为止。最后用得到的可行域边界代理模型 $\hat{L}_j(\boldsymbol{\theta})$ 直接进行 RBDO 的求解即可。

本节以采用 U 学习函数和相应的收敛准则构造自适应代理模型为例，给出了基于可行域边界代理模型的完全解耦法的详细流程图见图 6-2，其具体步骤分为两个阶段，分别如下所示。

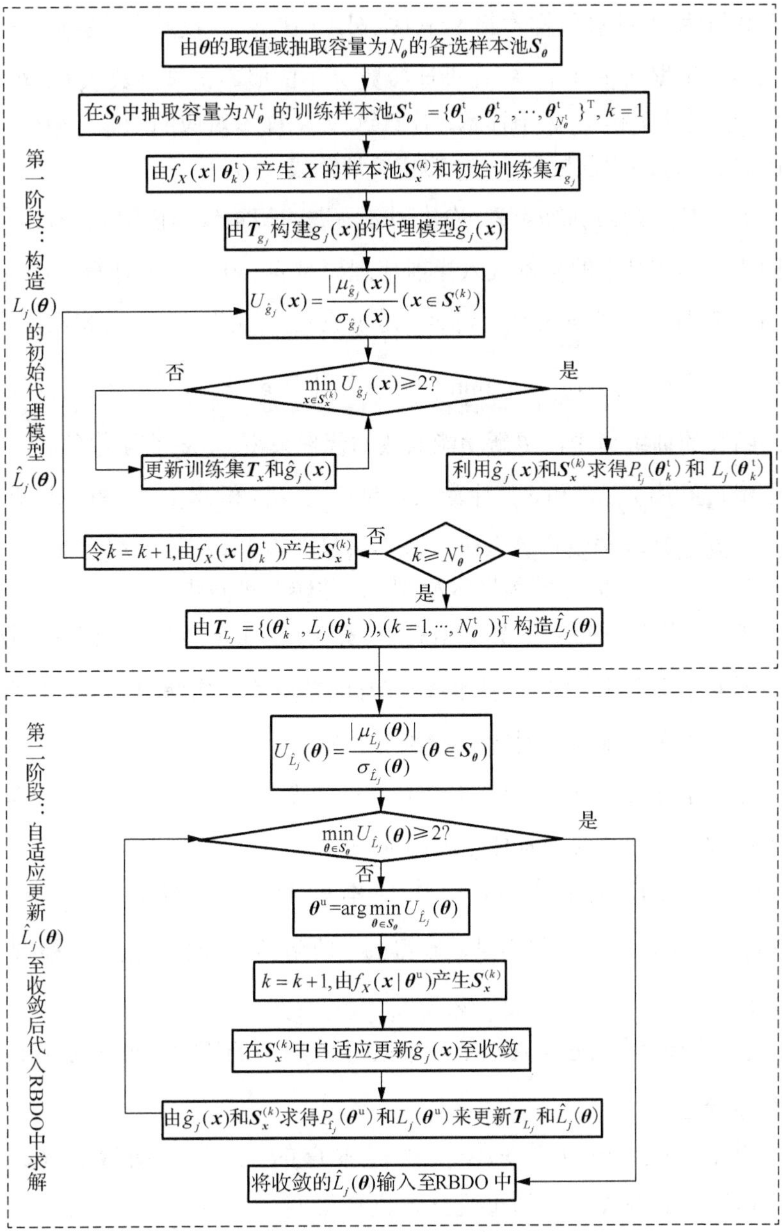

图 6-2　基于可行域边界代理模型的完全解耦法的详细流程图

第一阶段：在设计参数$\boldsymbol{\theta}$的备选样本池$\boldsymbol{S}_{\boldsymbol{\theta}}$中抽取初始训练点集，以便构造可行域函数$L_j(\boldsymbol{\theta})$的初始代理模型$\hat{L}_j(\boldsymbol{\theta})$，第一阶段的具体步骤如下。

第一步：由设计参数$\boldsymbol{\theta}$的取值域抽取容量为$N_{\boldsymbol{\theta}}$的备选样本池$\boldsymbol{S}_{\boldsymbol{\theta}}$，并在$\boldsymbol{S}_{\boldsymbol{\theta}}$中随机抽取容量为$N_{\boldsymbol{\theta}}^{\mathrm{t}}$的训练样本集$\boldsymbol{S}_{\boldsymbol{\theta}}^{\mathrm{t}}=\{\boldsymbol{\theta}_1^{\mathrm{t}},\boldsymbol{\theta}_2^{\mathrm{t}},\cdots,\boldsymbol{\theta}_{N_{\boldsymbol{\theta}}^{\mathrm{t}}}^{\mathrm{t}}\}^{\mathrm{T}}$，设置指针变量$k=1$。

第二步：根据随机变量$\boldsymbol{X}$在设计参数$\boldsymbol{\theta}_k^{\mathrm{t}}$下的概率密度函数$f_{\boldsymbol{X}}(\boldsymbol{x}\,|\,\boldsymbol{\theta}_k^{\mathrm{t}})$产生样本池$\boldsymbol{S}_{\boldsymbol{x}}^{(k)}$，然后从中挑选$N_1$个样本，计算这$N_1$个样本对应的功能函数值，形成构造功能函数$g_j(\boldsymbol{x})$的代理模型$\hat{g}_j(\boldsymbol{x})$的初始训练集$\boldsymbol{T}_{g_j}$。

第三步：利用当前训练集$\boldsymbol{T}_{g_j}$构建功能函数的初始代理模型$\hat{g}_j(\boldsymbol{x})$。

第四步：将$\boldsymbol{S}_{\boldsymbol{x}}^{(k)}$中的样本代入当前代理模型$\hat{g}_j(\boldsymbol{x})$中，并计算U学习函数值$U_{\hat{g}_j}(\boldsymbol{x})\,(\boldsymbol{x}\in\boldsymbol{S}_{\boldsymbol{x}}^{(k)})$。判断$\min\limits_{\boldsymbol{x}\in\boldsymbol{S}_{\boldsymbol{x}}^{(k)}}U_{\hat{g}_j}(\boldsymbol{x})\geqslant 2$是否成立，如果成立，继续执行第五步；否则选择下一个更新点$\boldsymbol{x}^{\mathrm{u}}=\arg\min\limits_{\boldsymbol{x}\in\boldsymbol{S}_{\boldsymbol{x}}^{(k)}}U_{\hat{g}_j}(\boldsymbol{x})$并计算$g_j(\boldsymbol{x}^{\mathrm{u}})$，将$\left\{\boldsymbol{x}^{\mathrm{u}},g_j(\boldsymbol{x}^{\mathrm{u}})\right\}$添加到代理功能函数的训练集中，更新功能函数的代理模型$\hat{g}_j(\boldsymbol{x})$直至收敛。

第五步：利用$\hat{g}_j(\boldsymbol{x})$和$\boldsymbol{S}_{\boldsymbol{x}}^{(k)}$计算失效概率$P_{\mathrm{f}_j}(\boldsymbol{\theta}_k^{\mathrm{t}})$和$L_j(\boldsymbol{\theta}_k^{\mathrm{t}})$，并判断$k\geqslant N_{\boldsymbol{\theta}}^{\mathrm{t}}$是否满足，若满足则继续执行第六步；若不满足，令$k=k+1$，根据概率密度函数$f_{\boldsymbol{X}}(\boldsymbol{x}\,|\,\boldsymbol{\theta}_k^{\mathrm{t}})$产生输入变量$\boldsymbol{X}$的新样本池$\boldsymbol{S}_{\boldsymbol{x}}^{(k)}$，并转至第四步。

第六步：利用当前得到的$\boldsymbol{T}_{L_j}=\{(\boldsymbol{\theta}_k^{\mathrm{t}},L_j(\boldsymbol{\theta}_k^{\mathrm{t}})),(k=1,\cdots,N_{\boldsymbol{\theta}}^{\mathrm{t}})\}^{\mathrm{T}}$，建立可行域函数$L_j(\boldsymbol{\theta})$的初始代理模型$\hat{L}_j(\boldsymbol{\theta})$，但此时$\hat{L}_j(\boldsymbol{\theta})$的精度不一定满足要求，因此还需要进入第二个阶段在样本池$\boldsymbol{S}_{\boldsymbol{\theta}}$中继续更新$\hat{L}_j(\boldsymbol{\theta})$。

第二阶段：在$\boldsymbol{S}_{\boldsymbol{\theta}}$中自适应更新可行域函数代理模型$\hat{L}_j(\boldsymbol{\theta})$至收敛后代入RBDO中求解，第二阶段的具体步骤如下所示。

第一步：由$\hat{L}_j(\boldsymbol{\theta})$计算$\boldsymbol{\theta}\in\boldsymbol{S}_{\boldsymbol{\theta}}$中样本点的U学习函数$U_{\hat{L}_j}(\boldsymbol{\theta})$，判断$\min\limits_{\boldsymbol{\theta}\in\boldsymbol{S}_{\boldsymbol{\theta}}}U_{\hat{L}_j}(\boldsymbol{\theta})\geqslant 2$是否满足，若满足，则得到了收敛的可行域函数代理模型$\hat{L}_j(\boldsymbol{\theta})$，转至第五步；否则，令$k=k+1$，继续执行第二步。

第二步：选择$\boldsymbol{\theta}^{\mathrm{u}}=\arg\min\limits_{\boldsymbol{\theta}\in\boldsymbol{S}_{\boldsymbol{\theta}}}U_{\hat{L}_j}(\boldsymbol{\theta})$，根据与$\boldsymbol{\theta}^{\mathrm{u}}$对应的概率密度函数$f_{\boldsymbol{X}}(\boldsymbol{x}\,|\,\boldsymbol{\theta}^{\mathrm{u}})$产生$\boldsymbol{X}$的样本池$\boldsymbol{S}_{\boldsymbol{x}}^{(k)}$。

第三步：由$\hat{g}_j(\boldsymbol{x})$计算$\boldsymbol{x}\in\boldsymbol{S}_{\boldsymbol{x}}^{(k)}$中样本点的U学习函数$U_{\hat{g}_j}(\boldsymbol{x})$，判断$\min\limits_{\boldsymbol{x}\in\boldsymbol{S}_{\boldsymbol{x}}^{(k)}}U_{\hat{g}_j}(\boldsymbol{x})\geqslant 2$是否成立，如果成立，执行第四步；否则，选择下一个更新点$\boldsymbol{x}^{\mathrm{u}}=\arg\min\limits_{\boldsymbol{x}\in\boldsymbol{S}_{\boldsymbol{x}}^{(k)}}U_{\hat{g}_j}(\boldsymbol{x})$并计算其功能函数值$g_j(\boldsymbol{x}^{\mathrm{u}})$，将$\left\{\boldsymbol{x}^{\mathrm{u}},g_j(\boldsymbol{x}^{\mathrm{u}})\right\}$添加到$\hat{g}_j(\boldsymbol{x})$的

训练样本集 $\boldsymbol{T}_{g_j}$ 中，利用更新后的训练样本集 $\boldsymbol{T}_{g_j}$ 更新功能函数的代理模型 $\hat{g}_j(\boldsymbol{x})$ 直至满足停止准则，停止准则满足后执行第四步。

第四步： 利用 $\hat{g}_j(\boldsymbol{x})$ 和 $\boldsymbol{S}_{\boldsymbol{x}}^{(k)}$ 计算失效概率 $P_{f_j}(\boldsymbol{\theta}^{u})$ 和 $L_j(\boldsymbol{\theta}^{u})$，将 $\boldsymbol{\theta}^{u}$ 和 $L_j(\boldsymbol{\theta}^{u})$ 加入到 $L_j(\boldsymbol{\theta})$ 的代理模型 $\hat{L}_j(\boldsymbol{\theta})$ 的训练集 $\boldsymbol{T}_{L_j}$ 中并更新 $\hat{L}_j(\boldsymbol{\theta})$，之后转入第一步。

第五步： 最后利用收敛的可行域函数代理模型 $\hat{L}_j(\boldsymbol{\theta})$ 执行式（6-14）完全解耦的 RBDO 求解：

$$\begin{aligned}&\min_{\boldsymbol{\theta}} C(\boldsymbol{\theta})\\&\text{s.t.}\begin{cases}\hat{L}_j(\boldsymbol{\theta})\leqslant 0, & j=1,\cdots,m\\ \boldsymbol{\theta}^{\mathrm{L}}\leqslant\boldsymbol{\theta}\leqslant\boldsymbol{\theta}^{\mathrm{U}}, & \boldsymbol{\theta}\in R^{n_\theta}\end{cases}\end{aligned}\tag{6-14}$$

需要说明的是，内层中功能函数代理模型的构造和对失效概率的求解也可以采用重要抽样、截断抽样和方向抽样等高效抽样方法，但与 MCS 方法相比，这些方法的稳健性有所欠缺。例如，重要抽样和截断抽样均需要预先求解设计点，如果是多设计点问题，局部最优的设计点可能导致这两种方法得到错误的结果。方向抽样法虽然可以降低抽样的维度，但其需要付出求解非线性方程的代价，对于实际工程中非线性程度较高的隐式功能函数，方向抽样求得的失效概率的精度受制于非线性方程的求解精度。对于较为复杂的工程问题，基于可行域边界代理模型的完全解耦法中内层失效概率的求解采用 MCS 方法是最为稳定的，且在很多情况下采用 MCS 方法调用模型的次数不会劣于其他的高效抽样方法。尽管采用 Monte Carlo 抽样训练代理模型需要较大规模的备选样本池，导致较长的训练时间，但该缺点可以通过引入第 4 章的多点加点准则和缩减样本池策略来改善。

6.1.3　算例分析

本节将考虑两个经典的 RBDO 数值算例，每个算例均采用本节所提的基于 Bayes 公式的解耦法（简称 Bayes-MCS-$P_f(\boldsymbol{\theta})$ 法）、基于 Bayes 公式和自适应 Kriging 模型的解耦法（简称 Bayes-AK-$P_f(\boldsymbol{\theta})$ 法）、基于 Bayes 公式和自适应 SVM 模型的解耦法（简称 Bayes-ASVM-$P_f(\boldsymbol{\theta})$ 法）和基于自适应 Kriging 和 MCS 抽样结合可行域边界函数的解耦法（简称 AK-MCS-$L(\boldsymbol{\theta})$ 法）进行可靠性优化的求解，其中 RBDO 的双层法得到的优化结果作为对照解。

算例 6.1

考虑一个包含 2 个含设计参数的随机变量 $\boldsymbol{X}=\{X_1,X_2\}^{\mathrm{T}}$ 和 3 个可靠性约束条件的数值算例[5]，算例中的所有随机变量均相互独立且服从正态分布，设计参数为随机变量的均值，分别记为 μ_{X_1} 和 μ_{X_2}。设定每个功能函数的目标失效概率和含设计参数的随机变量的标准差分别为 $P_{f_1}^T = P_{f_2}^T = P_{f_3}^T = 0.0013$ 和 $\boldsymbol{\sigma}_X = \left\{\sigma_{X_1}, \sigma_{X_2}\right\}^{\mathrm{T}} = \left\{0.3, 0.3\right\}^{\mathrm{T}}$，设计参数 $\boldsymbol{\mu}_X = \{\mu_{X_1}, \mu_{X_2}\}^{\mathrm{T}}$ 的初始点设置为 $\boldsymbol{\mu}_X^{(0)} = [3, 3]^{\mathrm{T}}$。本算例的 RBDO 数学模型如式（6-15）所示，所得可靠性优化的计算结果分别列于表 6-1 和表 6-2 中。

$$
\begin{aligned}
&\text{Find } \mu_{X_1}, \mu_{X_2} \\
&\min_{\mu_{X_1}, \mu_{X_2}} \ f = \mu_{X_1} + \mu_{X_2} \\
&\text{s.t.} \begin{cases} P\left\{G_j(\boldsymbol{X}) \leqslant 0\right\} \leqslant P_{f_j}^T & (j = 1, 2, 3) \\ 0 \leqslant \mu_{X_i} \leqslant 10 & (i = 1, 2) \end{cases}
\end{aligned}
\tag{6-15}
$$

其中，

$$
\begin{cases}
G_1(\boldsymbol{X}) = X_1^2 X_2 / 20 - 1 \\
G_2(\boldsymbol{X}) = \left(X_1 + X_2 - 5\right)^2 / 30 + \left(X_1 - X_2 - 12\right)^2 / 120 - 1 \\
G_3(\boldsymbol{X}) = 80 \Big/ \left(X_1^2 + 8X_2 + 5\right) - 1 \\
X_i \sim N(\mu_{X_i}, 0.3^2)\ (i = 1, 2) \\
P_{f_j}^T = 0.0013\ \ (j = 1, 2, 3)
\end{cases}
$$

表 6-1　算例 6.1 的最优设计参数及对应目标值和目标值相对误差

方法	μ_{X_1}	μ_{X_2}	目标值	目标值相对误差/%
对照解	3.4534	3.2748	6.7282	—
Bayes-MCS- $P_f(\boldsymbol{\theta})$	3.4575	3.2498	6.7072	0.31
Bayes-AK- $P_f(\boldsymbol{\theta})$	3.4575	3.2498	6.7072	0.31
Bayes-ASVM- $P_f(\boldsymbol{\theta})$	3.3540	3.2209	6.5749	2.28
AK-MCS- $L(\boldsymbol{\theta})$	3.4388	3.2896	6.7283	0.001

表 6-2　算例 6.1 的最优解对应的约束值和计算量

方法	功能函数失效概率			调用模型次数			
	G_1	G_2	G_3	G_1	G_2	G_3	总数
对照解	0.0013	0.0002	0	—	—	—	—
Bayes-MCS- $P_f(\boldsymbol{\theta})$	0.0013	0.0006	0	3×10^5	3×10^5	3×10^5	9×10^5
Bayes-AK- $P_f(\boldsymbol{\theta})$	0.0013	0.0006	0	25	18	43	86
Bayes-ASVM- $P_f(\boldsymbol{\theta})$	0.0014	0.0013	0	30	32	40	102
AK-MCS- $L(\boldsymbol{\theta})$	0.0013	0.0002	0	32	38	50	120

算例 6.2

该算例有 2 个含设计参数的随机变量 $\boldsymbol{X} = \left\{X_1, X_2\right\}^{\mathrm{T}}$ 和 2 个可靠性约束条件[6]，算例中的所有随机变量均相互独立且服从正态分布，设计参数为随机变量的均值，

分别记为 μ_{X_1} 和 μ_{X_2}。设置目标失效概率和含设计参数的随机变量的标准差分别为 $P_{f_1}^T = P_{f_2}^T = 0.0228$ 和 $\sigma_{X_1} = \sigma_{X_2} = 0.1$，设计参数 $\boldsymbol{\mu}_X = \{\mu_{X_1}, \mu_{X_2}\}^{\mathrm{T}}$ 的初始点设置为 $\boldsymbol{\mu}_X^{(0)} = [3, 3]^{\mathrm{T}}$。本算例的 RBDO 数学模型如式（6-16）所示，所得可靠性优化的计算结果分别列于表 6-3 和表 6-4 中。

$$\begin{aligned}&\text{Find } \mu_{X_1}, \mu_{X_2}\\&\min_{\mu_{X_1},\mu_{X_2}} f = \left(\mu_{X_1} - 3.7\right)^2 + \left(\mu_{X_2} - 4\right)^2\\&\text{s.t.}\begin{cases}P\left\{G_j(\boldsymbol{X}) \leqslant 0\right\} \leqslant P_{f_j}^T \quad (j = 1,2)\\0 \leqslant \mu_{X_1} \leqslant 3.7,\ 0 \leqslant \mu_{X_2} \leqslant 4\end{cases}\end{aligned} \tag{6-16}$$

其中，

$$\begin{cases}G_1\left(\boldsymbol{X}\right) = -X_1 \sin\left(4X_1\right) - 1.1X_2 \sin\left(2X_2\right)\\G_2\left(\boldsymbol{X}\right) = X_1 + X_2 - 3\\X_i \sim N(\mu_{X_i}, 0.1^2)\ (i = 1,2)\\P_{f_j}^T = 0.0228 \quad (j = 1,2)\end{cases}$$

表 6-3　算例 6.2 的最优设计参数及对应目标值和目标值相对误差

方法	μ_{X_1}	μ_{X_2}	目标值	目标值相对误差/%
对照解	2.8414	3.2327	1.3259	—
Bayes-MCS- $P_f(\boldsymbol{\theta})$	2.8734	3.1906	1.3384	0.94
Bayes-AK- $P_f(\boldsymbol{\theta})$	2.8734	3.1906	1.3384	0.94
Bayes-ASVM- $P_f(\boldsymbol{\theta})$	2.8636	3.1930	1.3425	1.25
AK-MCS- $L(\boldsymbol{\theta})$	2.8466	3.2271	1.3258	0.01

表 6-4　算例 6.2 的最优解对应的约束值和计算量

方法	功能函数失效概率		调用模型次数		
	G_1	G_2	G_1	G_2	总数
对照解	0.0228	0	—	—	—
Bayes-MCS- $P_f(\boldsymbol{\theta})$	0.0223	0	3×10^5	3×10^5	6×10^5
Bayes-AK- $P_f(\boldsymbol{\theta})$	0.0223	0	99	30	129
Bayes-ASVM- $P_f(\boldsymbol{\theta})$	0.0210	0	71	30	101
AK-MCS- $L(\boldsymbol{\theta})$	0.0228	0	114	40	154

通过分析以上两个算例的计算结果，可以得到如下结论：

（1）基于失效概率函数的完全解耦法和基于可行域函数代理的完全解耦法均能得到较为准确的 RBDO 的结果（误差最高不超过 2.28%），证明了所列方法的正确性。

（2）通过对基于失效概率函数代理模型的完全解耦法和基于可行域函数代理模型的完全解耦法进行比较，可以发现基于失效概率函数的完全解耦法的计算精度略低于基于可行域函数代理模型的完全解耦法，但是前者的计算效率要高于后者。这是由于可行域函数代理模型的完全解耦法除了需要构造功能函数的代理模型外，还需要构造可行域函数的代理模型。

（3）在基于失效概率函数的完全解耦法中，Bayes-AK-$P_{\mathrm{f}}(\boldsymbol{\theta})$法和 Bayes-ASVM-$P_{\mathrm{f}}(\boldsymbol{\theta})$法的调用模型次数均远小于 Bayes-MCS-$P_{\mathrm{f}}(\boldsymbol{\theta})$法，说明结合代理模型后均有效提高了 Bayes-MCS-$P_{\mathrm{f}}(\boldsymbol{\theta})$法的效率，而且 Bayes-AK-$P_{\mathrm{f}}(\boldsymbol{\theta})$法得到的结果与 Bayes-MCS-$P_{\mathrm{f}}(\boldsymbol{\theta})$法的结果完全一致。在两个算例中，Bayes-ASVM-$P_{\mathrm{f}}(\boldsymbol{\theta})$法均存在一定的误差，说明 Bayes-AK-$P_{\mathrm{f}}(\boldsymbol{\theta})$法要优于 Bayes-ASVM-$P_{\mathrm{f}}(\boldsymbol{\theta})$法，更适合运用于后续涡轮部件的优化求解中。

6.2 嵌入代理模型的可靠性优化设计的序列解耦法

完全解耦法尽管能够完全解除 RBDO 中的可靠性分析和优化设计的耦合，但存在选择设计参数备选样本池规模的困难，过大的备选样本池会导致计算量的增大，过小的备选样本池则会损失优化求解的精度，以致得到错误的结果。为此，本节将对 RBDO 求解的序列解耦策略进行研究，在 Du 等[7]所提的序列优化及可靠性评估（sequential optimization and reliability assessment,SORA）法的基础上，嵌入代理模型与高效抽样，从而进一步提升序列解耦法的计算效率。

6.2.1 逆设计点的定义及求解方法

逆最可能点（inverse most probable point, IMPP），又称为逆设计点，其是在以可靠度指标为约束的 RBDO 中，由判别可靠度指标约束是否被满足的问题而引出的概念，IMPP 是标准正态空间中以目标可靠度指标为半径的超球上满足功能函数值最小的点。为解释 IMPP 的定义，需要了解判别可靠度指标约束条件是否被满足的两种方法。

在以可靠度指标为约束的 RBDO 中，判别一组正态变量的设计参数$(\boldsymbol{\mu}_X,\boldsymbol{\sigma}_X)$是否满足可靠度指标约束可以有两种途径，分别是可靠度指标法（reliability index approach, RIA）和功能测度法（performance measure approach, PMA）。以下将分别给出 RIA 判别准则、PMA 判别准则以及 PMA 准则中关键判别量的求解方法。

1. RIA 判别准则

RIA 判别准则比较容易理解，将当前设计参数$(\boldsymbol{\mu}_X,\boldsymbol{\sigma}_X)$结合功能函数$g(\boldsymbol{x})$来求解当前的标准正态空间的设计点$\boldsymbol{u}_{\mathrm{MPP}}$和可靠度指标$\beta$分别如下所示：

$$\boldsymbol{u}_{\mathrm{MPP}} = \arg \min_{g_U(\boldsymbol{u})=0} \|\boldsymbol{u}\| \tag{6-17}$$

$$\beta = \|\boldsymbol{u}_{\mathrm{MPP}}\| \tag{6-18}$$

式中，$g_U(\boldsymbol{u})$ 是功能函数 $g(\boldsymbol{x})$ 转换到标准正态空间中的形式。$\boldsymbol{u}_{\mathrm{MPP}}$ 和 β 均为当前设计参数 $(\boldsymbol{\mu}_X, \boldsymbol{\sigma}_X)$ 的函数。

求得当前设计参数下的可靠度指标 β 后，比较 β 与目标可靠度指标 β^T，如果 $\beta \geqslant \beta^T$ 得到满足，则说明当前的设计参数 $(\boldsymbol{\mu}_X, \boldsymbol{\sigma}_X)$ 是满足可靠度指标约束的可行解，否则就是非可行解。

2. PMA 判别准则

PMA 判别准则也可称为功能函数分位点判别法，其依据与目标可靠度指标 β^T 的百分位数 $\Phi(\beta^T)$ 对应的 $g(\boldsymbol{x})$ 的分位点 g^T（图 6-3）是否大于零，来判别当前设计参数 $(\boldsymbol{\mu}_X, \boldsymbol{\sigma}_X)$ 是否为可行解。

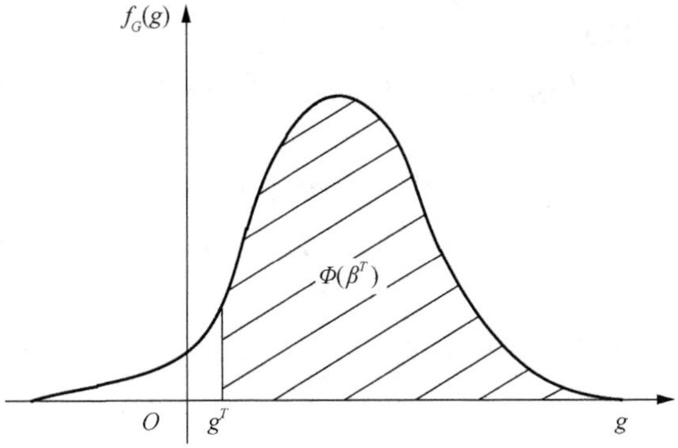

图 6-3　功能函数 g 的概率密度函数 $f_G(g)$ 与百分位数 $\Phi(\beta^T)$ 对应的 g^T

显然，可靠度指标约束条件 $\beta \geqslant \beta^T$ 与概率约束条件 $P\{g(\boldsymbol{x}) \geqslant 0\} \geqslant \Phi(\beta^T)$ 是近似等价的，即式（6-19）成立：

$$\beta \geqslant \beta^T \Leftrightarrow P\{g(\boldsymbol{x}) \geqslant 0\} \geqslant \Phi(\beta^T) \tag{6-19}$$

而依据分位点的定义，由式（6-20）求得百分位数 $\Phi(\beta^T)$ 对应的 $g(\boldsymbol{x})$ 的分位点 g^T 后：

$$g^T = \arg[P\{g(x) \geqslant g\} = \Phi(\beta^T)] \tag{6-20}$$

$\beta \geqslant \beta^T$ 与 $P\{g(\boldsymbol{x}) \geqslant 0\} \geqslant \Phi(\beta^T)$ 的等价关系就可以转化成如下的 $\beta \geqslant \beta^T$ 与 $g^T \geqslant 0$ 的等价关系：

$$\beta \geqslant \beta^T \Leftrightarrow g^T \geqslant 0 \tag{6-21}$$

式（6-21）将 RBDO 模型中的可靠度指标约束转化成了功能函数的分位点约束，因此称为 PMA，显然百分位数 $\Phi(\beta^T)$ 对应的 $g(\boldsymbol{x})$ 的分位点 g^T 是当前设计参数的$(\boldsymbol{\mu}_X, \boldsymbol{\sigma}_X)$的函数。以下将给出 PMA 判别准则中关键参量$g^T$的求解策略，该策略中就涉及 IMPP 的概念。

3. PMA 准则中百分位数$\Phi(\beta^T)$对应的功能函数分位点g^T的求解策略

满足百分位数$\Phi(\beta^T)$的功能函数$g(\boldsymbol{x})$分位点g^T可以通过求解标准正态空间的逆设计点$\boldsymbol{u}_{\text{IMPP}}$得到。对于当前设计参数$(\boldsymbol{\mu}_X, \boldsymbol{\sigma}_X)$和给定的目标可靠度指标$\beta^T$，逆设计点$\boldsymbol{u}_{\text{IMPP}}$必须满足如下的两个条件：

$$\begin{cases} \|\boldsymbol{u}_{\text{IMPP}}\| = \beta^T \\ \boldsymbol{u}_{\text{IMPP}} = \arg \min\limits_{g_U(\boldsymbol{u}) - g_U(\boldsymbol{u}_{\text{IMPP}})=0} \|\boldsymbol{u}\| \end{cases} \tag{6-22}$$

式（6-22）中标准正态空间的逆设计点$\boldsymbol{u}_{\text{IMPP}}$必须满足的第二个条件表明：$\boldsymbol{u}_{\text{IMPP}}$是极限状态方程$g_U(\boldsymbol{u}) - g_U(\boldsymbol{u}_{\text{IMPP}}) = 0$的设计点。

上述逆设计点$\boldsymbol{u}_{\text{IMPP}}$必须满足的两个条件表明：逆设计点在半径为$\beta^T$的超球上，且$\boldsymbol{u}_{\text{IMPP}}$是极限状态方程$g_U(\boldsymbol{u}) - g_U(\boldsymbol{u}_{\text{IMPP}}) = 0$的设计点，同时满足这两个条件表明式（6-23）近似成立：

$$P\{g_U(\boldsymbol{u}) - g_U(\boldsymbol{u}_{\text{IMPP}}) \geqslant 0\} = \Phi(\beta^T) \tag{6-23}$$

进而可得

$$g^T = g_U(\boldsymbol{u}_{\text{IMPP}}) \tag{6-24}$$

即通过求解逆设计点$\boldsymbol{u}_{\text{IMPP}}$，就可以求得功能测度判别准则中百分位数$\Phi(\beta^T)$对应的功能函数分位点$g^T$。

满足式（6-22）中两个条件的逆设计点$\boldsymbol{u}_{\text{IMPP}}$可以通过以下的优化模型求得，具体见图 6-4。

$$\begin{cases} \min\limits_{\boldsymbol{u}} \quad g_U(\boldsymbol{u}) \\ \text{s.t.} \quad \|\boldsymbol{u}\| = \beta^T \end{cases} \tag{6-25}$$

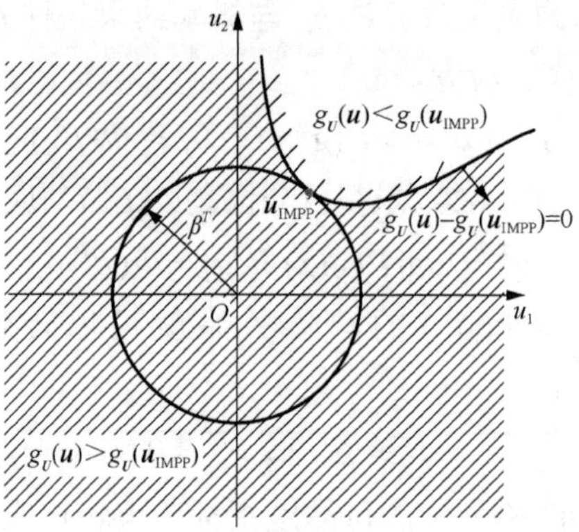

图 6-4　标准空间下逆设计点的几何示意图

式（6-25）所示的优化模型也可以写为如下简洁的形式：

$$\boldsymbol{u}_{\mathrm{IMPP}} = \arg\min_{\|\boldsymbol{u}\|=\beta^T} g_U(\boldsymbol{u}) \tag{6-26}$$

求得与当前设计参数$(\boldsymbol{\mu}_X, \boldsymbol{\sigma}_X)$和给定的目标可靠度指标 β^T 对应的逆设计点 $\boldsymbol{u}_{\mathrm{IMPP}}$（显然，$\boldsymbol{u}_{\mathrm{IMPP}}$ 是当前设计参数$(\boldsymbol{\mu}_X, \boldsymbol{\sigma}_X)$和给定的目标可靠度指标 β^T 的函数）后，即可求得百分位数 $\Phi(\beta^T)$ 对应的功能函数分位点 $g^T = g_U(\boldsymbol{u}_{\mathrm{IMPP}})$，此时功能测度判别准则可由如下的等价关系来判别当前设计参数是否为可行解：

$$\beta \geqslant \beta^T \Leftrightarrow g^T = g_U(\boldsymbol{u}_{\mathrm{IMPP}}) \geqslant 0 \tag{6-27}$$

4. 逆设计点的求解方法

由式（6-25）可知，搜索逆设计点的过程本质上为标准正态空间中的一个优化问题，可以通过一般的基于梯度的局部优化算法或者全局优化算法完成求解。但是，由于它是一个特殊的优化问题，约束只有一个显式的超球面，因此学者们提出了一系列求解逆设计点的优化算法，如改进均值（advanced mean value，AMV）法[8]、联合均值（conjugate mean value，CMV）法[9]和混合均值（hybrid mean value，HMV）法[5]等，采用这些方法的计算时间比直接采用优化算法要少很多。

AMV 法由于其迭代格式简洁、收敛速度快等优点，经常在 PMA 法和 SORA 法中用来搜索逆设计点。AMV 法的求解思路源自 Karush-Kuhn-Tucker（KKT）条件，其迭代格式为

$$\boldsymbol{u}_{k+1} = \beta^T \boldsymbol{n}(\boldsymbol{u}_k) \tag{6-28}$$

式中，$\boldsymbol{u}_k$ 为求解逆设计点的第 k 次迭代点；$\boldsymbol{n}(\boldsymbol{u}_k)$ 为在点 $\boldsymbol{u}_k$ 处功能函数的最速下降方向：

$$\boldsymbol{n}(\boldsymbol{u}_k) = -\frac{\nabla g_U(\boldsymbol{u}_k)}{\|\nabla g_U(\boldsymbol{u}_k)\|} \tag{6-29}$$

当 $\|\boldsymbol{u}_k - \boldsymbol{u}_{k-1}\| \leqslant \varepsilon$（$\varepsilon$ 为设定阈值，通常为一个较小的正数）时可以认为迭代结束，$\boldsymbol{u}_k$ 即为标准正态空间内的逆设计点 $\boldsymbol{u}_{\mathrm{IMPP}}$，其迭代示意图如图 6-5 所示。

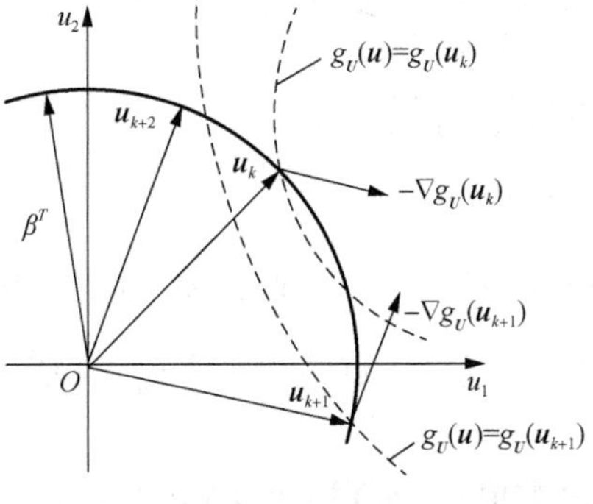

图 6-5　AMV 法的迭代示意图

但当功能函数非线性程度较高或为非凸非凹函数时，AMV 法易出现周期振荡等不收敛问题，从而无法求得逆设计点。因此以现有的 AMV 改进方法为基础，通过在迭代过程中控制搜索方向和步长，文献[10]提出一种逆设计点的改进搜索算法，并给出了具体的计算流程。

AMV 迭代过程中出现 $g_U(\boldsymbol{u}_{k+1}) > g_U(\boldsymbol{u}_k)$ 时，由于 $\boldsymbol{u}_k$ 不是真实的逆设计点，则 $\boldsymbol{u}_k$ 和 $\boldsymbol{u}_{k+1}$ 之间沿半径为 β^T 的超球面必存某点 $\tilde{\boldsymbol{u}}_{k+1}$ 使得 $g_U(\tilde{\boldsymbol{u}}_{k+1}) < g_U(\boldsymbol{u}_k)$，此时继续沿 $-\nabla g_U(\boldsymbol{u}_k)$ 方向搜索难以确定合适的步长。由于 $\boldsymbol{u}_{k+1} - \boldsymbol{u}_k$ 与 $-\nabla g_U(\boldsymbol{u}_k)$ 方向的夹角为锐角，故 $\boldsymbol{u}_{k+1} - \boldsymbol{u}_k$ 也是可行方向，因此可以先沿 $\boldsymbol{u}_{k+1} - \boldsymbol{u}_k$ 方向搜索 β^T 超球面上的点，得到的 $\tilde{\boldsymbol{u}}_{k+1}$ 使得 $g_U(\tilde{\boldsymbol{u}}_{k+1}) < g_U(\boldsymbol{u}_k)$。这样就可以保证每次迭代过程中功能函数值都有一定程度的下降，因此采用如下迭代公式：

$$\tilde{\boldsymbol{u}}_{k+1} = \beta^T \frac{\boldsymbol{u}_k + h \cdot (\boldsymbol{u}_{k+1} - \boldsymbol{u}_k)}{\left\| \boldsymbol{u}_k + h \cdot (\boldsymbol{u}_{k+1} - \boldsymbol{u}_k) \right\|} \tag{6-30}$$

式中，h 为步长。

文献[10]给出的求解逆设计点的改进搜索算法的具体计算流程图见图 6-6，具体步骤如下。

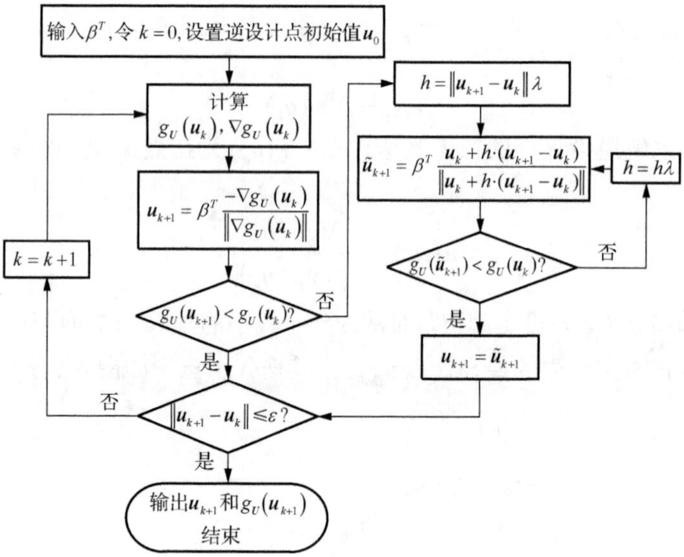

图 6-6 求解逆设计点的改进搜索算法的具体计算流程图[10]

第一步： 设置标准空间下逆设计点的初始值 $\boldsymbol{u}_0$、阈值 ε 和目标可靠度指标 β^T，并设指针变量 $k=0$。

第二步： 计算功能函数值 $g_U(\boldsymbol{u}_k)$ 和梯度 $\nabla g_U(\boldsymbol{u}_k)$，计算 $\nabla g_U(\boldsymbol{u}_k)$ 时可采用有

限差分法。

第三步：计算 $\boldsymbol{u}_{k+1}$ 为

$$\boldsymbol{u}_{k+1} = \beta^T \frac{-\nabla g_U(\boldsymbol{u}_k)}{\left\|\nabla g_U(\boldsymbol{u}_k)\right\|} \tag{6-31}$$

第四步：如果 $g_U(\boldsymbol{u}_{k+1}) < g_U(\boldsymbol{u}_k)$，执行第五步；否则转入第六步。

第五步：如果 $\left\|\boldsymbol{u}_{k+1} - \boldsymbol{u}_k\right\| \leqslant \varepsilon$，输出 $\boldsymbol{u}_{k+1}$ 和 $g_U(\boldsymbol{u}_{k+1})$，$\boldsymbol{u}_{k+1}$ 为最终所求的标准空间下的逆设计点，算法结束；否则令 $k = k+1$，转入第二步。

第六步：计算初始步长 $h = \left\|\boldsymbol{u}_{k+1} - \boldsymbol{u}_k\right\| \lambda$，$\lambda$ 为步长缩放系数，通常可取 0.5～0.9。

第七步：利用式（6-30）计算 $\tilde{\boldsymbol{u}}_{k+1}$。

第八步：如果 $g_U(\tilde{\boldsymbol{u}}_{k+1}) < g_U(\boldsymbol{u}_k)$，则令 $\boldsymbol{u}_{k+1} = \tilde{\boldsymbol{u}}_{k+1}$，转入第五步；否则令 $h = h\lambda$，转至第七步。

6.2.2　经典序列解耦法

在 RBDO 的求解过程中，大部分的计算量用在可靠性分析上以判别优化解的可行性，因此为了能提高优化的整体效率，需要尽可能地减少可靠性分析的次数，即尽可能用最少的迭代次数搜索到设计变量的最优解，SORA 法正是利用了一系列串行的确定性优化和等价的可靠性分析的循环来实现此目的的。SORA 法的每一次循环包括一次确定性优化设计和一次可靠性评估，其中可靠性评估指的是在当前设计参数下寻找与目标可靠度指标对应的功能函数的逆设计点，以判别优化参数的可行性，并构造下一步确定性优化设计的约束条件，基本流程如图 6-7 所示。

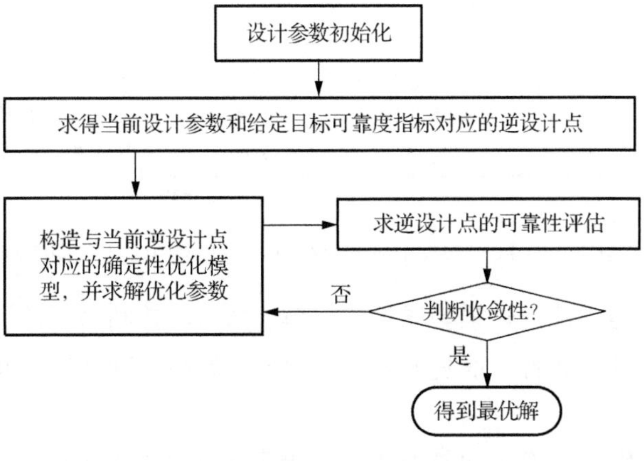

图 6-7　SORA 法的基本流程

经典的 SORA 法只适用于设计参数为正态随机输入变量均值的情况，即令 RBDO 模型中的设计参数为正态随机输入变量 $\boldsymbol{X}$ 的均值向量 $\boldsymbol{\mu}_{\boldsymbol{X}}$。SORA 法的基本执行过程：首先，基于初始的设计参数 $\boldsymbol{\mu}_{\boldsymbol{X}}^{(0)}$ 和要求的目标可靠度指标，由相应的可靠性评估方法求得第 j 个约束功能函数对应的原空间下的逆设计点 $\boldsymbol{x}_{j\mathrm{IMPP}}^{(0)}$；由 $\boldsymbol{x}_{j\mathrm{IMPP}}^{(0)}$ 和 $\boldsymbol{\mu}_{\boldsymbol{X}}^{(0)}$ 的位置定义转移向量 $\boldsymbol{s}_j^{(1)}=\boldsymbol{\mu}_{\boldsymbol{X}}^{(0)}-\boldsymbol{x}_{j\mathrm{IMPP}}^{(0)}$ 后，构造下一步确定性优化设计模型的约束为 $g_j(\boldsymbol{\mu}_{\boldsymbol{X}}-\boldsymbol{s}_j^{(1)})\geqslant 0$，如图 6-8 所示（此处考虑了只存在二维设计变量的情况），由上一次循环中求得的转移向量 $\boldsymbol{s}_j^{(k)}=\boldsymbol{\mu}_{\boldsymbol{X}}^{(k-1)}-\boldsymbol{x}_{j\mathrm{IMPP}}^{(k-1)}$，构造下一次循环中的确定性优化的约束条件 $g_j(\boldsymbol{\mu}_{\boldsymbol{X}}-\boldsymbol{s}_j^{(k)})\geqslant 0$，则等价的确定性优化模型如式（6-32）所示：

$$\begin{aligned}&\min_{\boldsymbol{\mu}_X}\quad C(\boldsymbol{\mu}_{\boldsymbol{X}})\\&\text{s.t.}\begin{cases}g_j\left(\boldsymbol{\mu}_{\boldsymbol{X}}-\boldsymbol{s}_j^{(k)}\right)\geqslant 0\ (j=1,2,\cdots,m)\\\boldsymbol{\mu}_{\boldsymbol{X}}^{\mathrm{L}}\leqslant\boldsymbol{\mu}_{\boldsymbol{X}}\leqslant\boldsymbol{\mu}_{\boldsymbol{X}}^{\mathrm{U}}\end{cases}\end{aligned}\tag{6-32}$$

式中，

$$\boldsymbol{s}_j^{(k)}=\boldsymbol{\mu}_{\boldsymbol{X}}^{(k-1)}-\boldsymbol{x}_{j\mathrm{IMPP}}^{(k-1)}\tag{6-33}$$

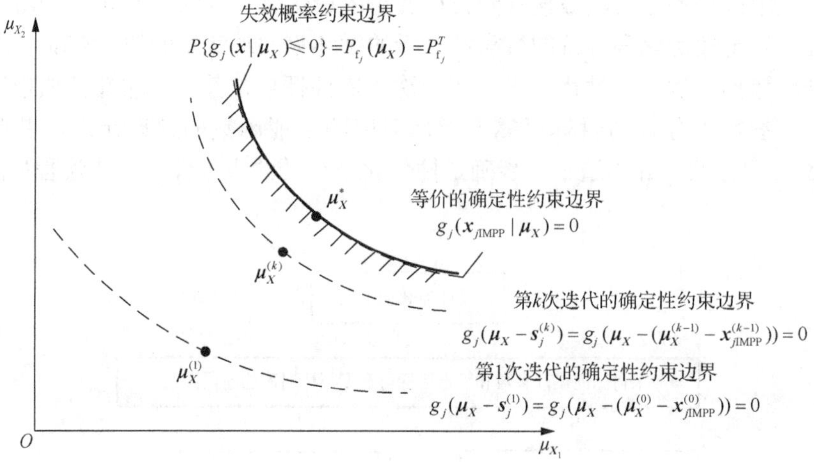

图 6-8　SORA 法每次迭代中确定性优化模型的约束边界的更新示意图

由第 k 次的确定性优化模型求得优化解 $\boldsymbol{\mu}_{\boldsymbol{X}}^{(k)}$ 后，并利用新的逆设计点更新等价确定性优化的约束条件，重复上述过程直至收敛条件满足，即可求得 RBDO 的最优解 $\boldsymbol{\mu}_{\boldsymbol{X}}^{*}$。

一般来说，SORA 法经过次数不多的确定性优化和关于逆设计点的可靠性评估组成的序列循环，就可以得到 RBDO 的最优解。SORA 法的具体流程图如图 6-9 所示，其详细的实施步骤介绍如下。

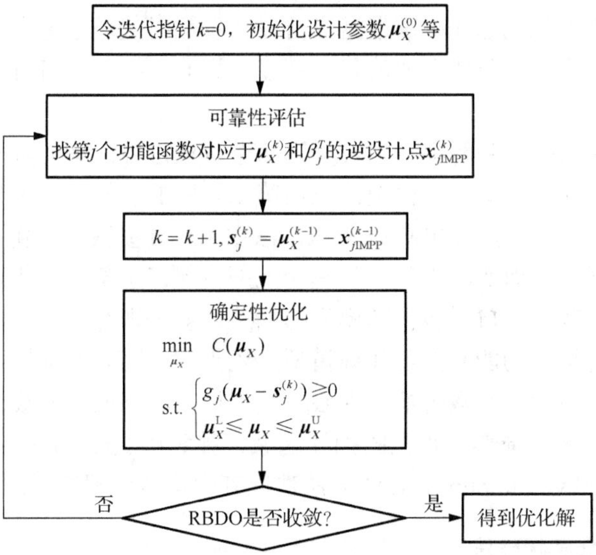

图 6-9　SORA 法的具体流程图

第一步：设置初始值。令迭代指针 $k=0$，并设置设计参数的初值 $\boldsymbol{\mu}_X^{(0)}$、输入判断收敛的阈值 ε_{c} 和目标可靠度指标 β_j^T。

第二步：搜索逆设计点。根据当前的设计参数 $\boldsymbol{\mu}_X^{(k)}$ 搜索各个功能函数对应于给定目标可靠度指标的逆设计点 $\boldsymbol{x}_{j\mathrm{IMPP}}^{(k)}\ (j=1,2,\cdots,m)$，具体搜索逆设计点的方法见 6.2.1 小节，之后令 $k=k+1$。

第三步：构造第 k 次循环的转移向量并进行等价确定性优化求解。根据 SORA 法的原理，第 j 个功能函数在第 k 次循环时的转移向量 $\boldsymbol{s}_j^{(k)}$ 可以通过式（6-34）构造：

$$\boldsymbol{s}_j^{(k)}=\boldsymbol{\mu}_X^{(k-1)}-\boldsymbol{x}_{j\mathrm{IMPP}}^{(k-1)}\ (j=1,2,\cdots,m) \tag{6-34}$$

而第 k 次循环中等价的确定性优化模型如式（6-32）所示，求解该模型得到的优化解记作 $\boldsymbol{\mu}_X^{(k)}$。

第四步：判断 SORA 法求解 RBDO 是否收敛。判断式（6-35）是否满足：

$$\left|C(\boldsymbol{\mu}_X^{(k)})-C(\boldsymbol{\mu}_X^{(k-1)})\right|\Big/\left|C(\boldsymbol{\mu}_X^{(k-1)})\right|\leqslant \varepsilon_{\mathrm{c}} \tag{6-35}$$

如果满足，则认为整个可靠性优化求解过程已经收敛，所得确定性优化解为 RBDO 优化解，停止计算；如果不满足，转至第二步。

6.2.3　嵌入代理模型与设计参数处局部抽样的序列解耦法

由于经典的 SORA 法没有与代理模型结合，在功能函数是复杂有限元模型的情况下，直接调用有限元模型进行优化求解会付出巨大的计算代价。为了将序列解耦法更好地应用于工程结构的 RBDO 求解中，需要用代理模型代替实际功能函数，并在每一步的优化迭代中都根据当前设计参数对代理模型进行更新，以保证设计参数搜索过程中极限状态面的代理精度。为此，接下来将讨论嵌入代理模型的序列解耦法。

嵌入代理模型的序列解耦法主要分为两个阶段进行：第一阶段是在扩展空间内构造极限状态面的全局代理模型，充当第二阶段的初始代理模型。第二阶段将极限状态面代理模型的局部更新与 SORA 法中的设计参数的优化搜索相结合，随设计参数的搜索变更而实时更新，从理论上严格保证了整个优化过程中极限状态面的代理精度。其中，自适应代理模型的构造依赖于训练样本点的选取，为了能够高效、准确地构造功能函数的代理模型，还需要与高效的训练点抽样方法相结合。本节将以当前设计参数为抽样中心，根据极限状态面的非线性程度和目标可靠度指标自适应调整局部训练点的抽样区域，并利用文献[11]提出的局部自适应抽样（local adaptive sampling，LAS）法选取其中构造代理模型的训练样本点。

1. *局部自适应抽样法*

在优化设计和可靠性分析的过程中，当前搜索得到的最优设计参数附近的局部区域需要被精确地代理，并且极限状态面附近的区域比远离极限状态面的区域更为重要，LAS 法将当前搜索得到的最优设计参数附近区域的极限状态面处的样本点加入代理模型的训练集中，使功能函数的自适应代理模型能准确且高效地代理关键区域。

首先，需要确定局部抽样的区域。局部自适应抽样区域应该大于目标可靠度指标 β^T 对应的 β 球的范围，定义该局部抽样区域为以当前设计参数为中心且以 R 为半径的超球区域，自适应抽样超球的半径可以根据约束功能函数在设计点附近的非线性程度自适应调整，根据文献[11]，局部自适应抽样半径 R 可以通过式（6-36）来确定：

$$R = (1.2 + 0.3\text{nc})\beta^T \tag{6-36}$$

式中，β^T 为 m 个可靠性约束中最大的目标可靠度指标，即 $\beta^T = \max_{j=1}^{m}\{\beta_j^T\}$。对于高度非线性函数，为了确保代理模型的准确性，需要增大超球半径，nc 为非线性修正系数，其可通过以下步骤自适应确定。

均匀产生 N_1 个在半径为 β^T 的超球区域内分布的样本点 $\{\boldsymbol{x}_1, \cdots, \boldsymbol{x}_{N_1}\}^{\mathrm{T}}$，计算在样本点 $\boldsymbol{x}_i$ 处的代理模型 $\hat{g}_j(\boldsymbol{x})$ 预测的梯度值向量 $\nabla\hat{g}_j(\boldsymbol{x}_i)\ (i = 1, \cdots, N_1)$，如式（6-37）所示：

$$\nabla\hat{g}_j(\boldsymbol{x}_i) = \left[\frac{\partial\hat{g}_j}{\partial x_1}, \cdots, \frac{\partial\hat{g}_j}{\partial x_n}\right]_{\boldsymbol{x}_i} \tag{6-37}$$

则在所有样本点$\{\boldsymbol{x}_1,\cdots,\boldsymbol{x}_{N_1}\}^{\mathrm{T}}$处，功能函数对每一维输入变量的偏导数构成的矩阵为

$$\begin{bmatrix} \left.\dfrac{\partial \hat{g}_j}{\partial x_1}\right|_{\boldsymbol{x}_1} & \left.\dfrac{\partial \hat{g}_j}{\partial x_1}\right|_{\boldsymbol{x}_2} & \cdots & \left.\dfrac{\partial \hat{g}_j}{\partial x_1}\right|_{\boldsymbol{x}_{N_1}} \\ \left.\dfrac{\partial \hat{g}_j}{\partial x_2}\right|_{\boldsymbol{x}_1} & \left.\dfrac{\partial \hat{g}_j}{\partial x_2}\right|_{\boldsymbol{x}_2} & \cdots & \left.\dfrac{\partial \hat{g}_j}{\partial x_2}\right|_{\boldsymbol{x}_{N_1}} \\ \vdots & \vdots & & \vdots \\ \left.\dfrac{\partial \hat{g}_j}{\partial x_n}\right|_{\boldsymbol{x}_1} & \left.\dfrac{\partial \hat{g}_j}{\partial x_n}\right|_{\boldsymbol{x}_2} & \cdots & \left.\dfrac{\partial \hat{g}_j}{\partial x_n}\right|_{\boldsymbol{x}_{N_1}} \end{bmatrix} \tag{6-38}$$

计算式（6-38）中功能函数对每一维输入变量$x_i(i=1,2,\cdots,n)$偏导数的样本方差行矩阵$\boldsymbol{v}_j=\{v_{j1},v_{j2},\cdots,v_{jn}\}$，式中$v_{jk}(k=1,2,\cdots,n;j=1,2,\cdots,m)$如下：

$$v_{jk}=\frac{1}{N_1}\sum_{i=1}^{N_1}\left[\left.\frac{\partial \hat{g}_j}{\partial x_k}\right|_{\boldsymbol{x}_i}-\frac{1}{N_1}\sum_{l=1}^{N_1}\left.\frac{\partial \hat{g}_j}{\partial x_k}\right|_{\boldsymbol{x}_l}\right]^2 \tag{6-39}$$

则非线性修正系数 nc 由式（6-40）决定[11]：

$$\mathrm{nc}=\frac{2}{\pi}\arctan\left(\max_{j=1}^{m}\left\{\left\|\boldsymbol{v}_j\right\|\right\}\right) \tag{6-40}$$

式中，$\left\|\boldsymbol{v}_j\right\|=\sqrt{\boldsymbol{v}_j\cdot\boldsymbol{v}_j^{\mathrm{T}}}$。

由式（6-36）和式（6-40）可知，局部抽样区域的半径R要大于β^T。对于线性的约束功能函数，nc 为 0，此时局部抽样区域的半径为$1.2\beta^T$。对于高度非线性的约束功能函数，nc 接近为 1，此时半径为$1.5\beta^T$。式（6-36）可以随着约束功能函数的非线性程度来自适应决定局部抽样的范围。

根据当前设计参数的最优解和抽样半径R即可确定抽样区域，如图 6-10 所示。当局部抽样区域与约束功能函数的极限状态面存在交界时，利用约束边界抽样（constraint boundary sampling，CBS）准则选取训练样本点，而当局部抽样区域与约束功能函数的极限状态面没有交界时，利用基于代理模型预测方差的均方误差（MSE）准则选取训练样本点。

CBS 准则用于衡量代理模型对于极限状态面的接近程度，定义为

$$\mathrm{CBS}(\boldsymbol{x})=\begin{cases}\displaystyle\sum_{j=1}^{m}\varphi\left(\frac{\mu_{\hat{g}_j}(\boldsymbol{x})}{\sigma_{\hat{g}_j}(\boldsymbol{x})}\right)\mathrm{ED}(\boldsymbol{x}), & \mu_{\hat{g}_j}(\boldsymbol{x})\geqslant 0,\forall j=1,\cdots,m \\ 0, & \text{其他}\end{cases} \tag{6-41}$$

式中，$\mathrm{ED}(\boldsymbol{x})=\dfrac{\min\left\|\boldsymbol{x}-\boldsymbol{x}_k^{\mathrm{t}}\right\|}{\max\left\|\boldsymbol{x}_k^{\mathrm{t}}-\boldsymbol{x}_l^{\mathrm{t}}\right\|}$（$\boldsymbol{x}_k^{\mathrm{t}},\boldsymbol{x}_l^{\mathrm{t}}\in\boldsymbol{X}^{\mathrm{t}}$，$\boldsymbol{X}^{\mathrm{t}}$为输入变量的训练点集合）为备

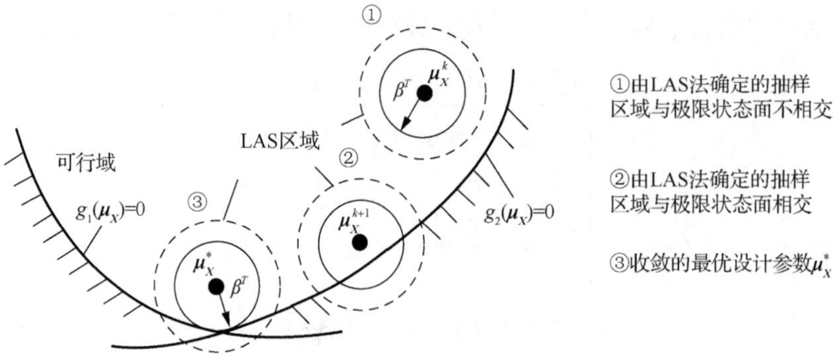

图 6-10　局部自适应抽样区域示意图[11]

选样本点 $\boldsymbol{x}$ 到所有训练样本点 $\boldsymbol{x}_k^{\mathrm{t}} \in \boldsymbol{X}^{\mathrm{t}}$ 距离的最小值与训练集内所有样本点两两之间距离最大值的比值；$\varphi(\cdot)$ 为标准正态分布的概率密度函数。

当局部抽样区域与约束函数的极限状态面不相交时，新的训练样本点 $\boldsymbol{x}^{\mathrm{new}}$ 应选为当前局部抽样区域中抽得的当前备选样本池 $\boldsymbol{S}_{\boldsymbol{x}}^{(k)}$ 中 $\mathrm{CBS}(\boldsymbol{x})$ 值最大的点加入训练集[11]，即 $\boldsymbol{x}^{\mathrm{new}} = \arg\max\limits_{\boldsymbol{x}\in\boldsymbol{S}_{\boldsymbol{x}}^{(k)}} \mathrm{CBS}(\boldsymbol{x})$。

当局部抽样区域与约束函数的极限状态面不存在交界时，利用代理模型的综合预测标准差作为训练点选取原则，即选取当前的备选样本池 $\boldsymbol{S}_{\boldsymbol{x}}^{(k)}$ 中综合预测标准差最大的点作为新训练点。对于具有多个可靠性约束的问题，综合预测方差 MSE[11]可表示如下：

$$\mathrm{MSE}(\boldsymbol{x}) = \mathrm{ED}(\boldsymbol{x})\sum_{j=1}^{m}\sigma_{\hat{g}_j}(\boldsymbol{x}) \tag{6-42}$$

式中，$\mathrm{ED}(\boldsymbol{x})$ 与式（6-41）中的含义一致；$\sigma_{\hat{g}_j}(\boldsymbol{x})$ 为代理模型 $\hat{g}_j(\boldsymbol{x})$ 的预测标准差。

$\mathrm{MSE}(\boldsymbol{x})$ 的值越大，表示代理模型在 $\boldsymbol{x}$ 处可能存在较大的误差，因此需要将 $\mathrm{MSE}(\boldsymbol{x})$ 值最大的 $\boldsymbol{x}$ 加入代理模型的训练样本中，即 $\boldsymbol{x}^{\mathrm{new}} = \arg\max\limits_{\boldsymbol{x}\in\boldsymbol{S}_{\boldsymbol{x}}^{(k)}} \mathrm{MSE}(\boldsymbol{x})$。

在每次 RBDO 迭代搜索得到的当前最优设计参数下，代理模型的自适应学习过程的收敛性判别量 Err 的定义如下：

$$\mathrm{Err} = \max_{j=1}^{m}\left\{\frac{\left|\mu_{\hat{g}_j}(\boldsymbol{x}^{\mathrm{new}}) - g_j(\boldsymbol{x}^{\mathrm{new}})\right|}{\max\limits_{\boldsymbol{x}\in\boldsymbol{X}^{\mathrm{t}}}(g_j(\boldsymbol{x})) - \min\limits_{\boldsymbol{x}\in\boldsymbol{X}^{\mathrm{t}}}(g_j(\boldsymbol{x}))}\right\} \tag{6-43}$$

式中，$\boldsymbol{X}^{\mathrm{t}}$ 表示当前代理模型的所有输入训练样本点，当 Err 小于等于某一阈值 ε_{E}（可以取 $\varepsilon_{\mathrm{E}}=10^{-4}$）时，即认为当前迭代步中代理模型已经收敛。

2. 嵌入代理模型与局部自适应抽样的序列解耦法求解 RBDO 的步骤

嵌入代理模型与局部自适应抽样的序列解耦法的流程图如图 6-11 所示，详细步骤如下。

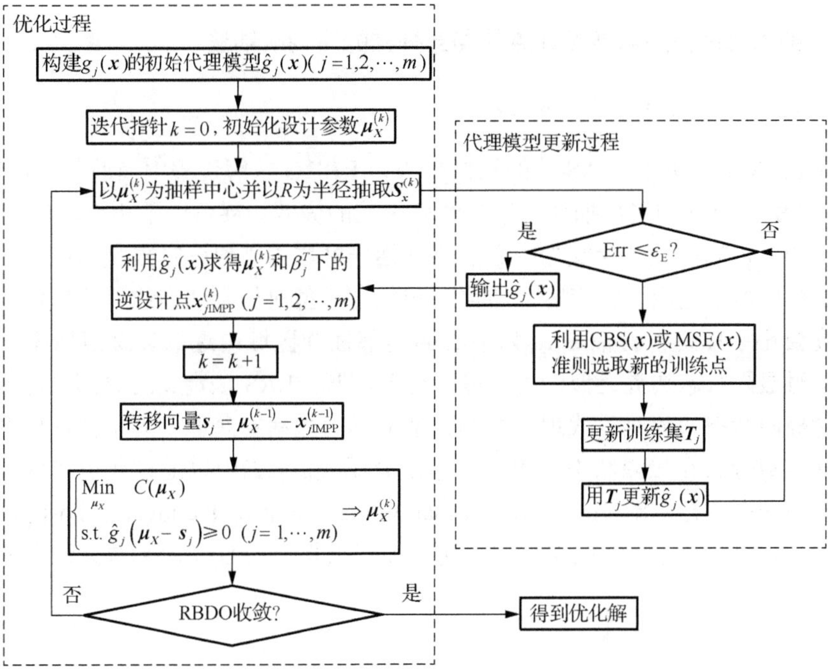

图 6-11　嵌入代理模型与局部自适应抽样的序列解耦法的流程图

第一步： 在扩展空间构造每个可靠性约束功能函数的初始代理模型 $\hat{g}_j(\boldsymbol{x})$ $(j=1,2,\cdots,m)$。

第二步： 设置设计参数初始值。令迭代指针 $k=0$，并设置设计参数的初值 $\boldsymbol{\mu}_X^{(k)}$，输入目标可靠度指标 β_j^T $(j=1,2,\cdots,m)$。

第三步： 产生以当前最优设计参数为中心的局部抽样区域并更新代理模型。以 $\boldsymbol{\mu}_X^{(k)}$ 为抽样中心并以 $R=(1.2+0.3\text{nc})\beta^T$ 为半径，产生局部抽样区域的备选样本池 $\boldsymbol{S}_x^{(k)}$。然后，判断局部抽样区域与极限状态面是否相交，若相交用 CBS($\boldsymbol{x}$) ($\boldsymbol{x}\in\boldsymbol{S}_x^{(k)}$) 准则选取新的训练点；若不相交则采用 MSE($\boldsymbol{x}$) ($\boldsymbol{x}\in\boldsymbol{S}_x^{(k)}$) 准则选取新的训练点。选出新的训练点后，计算新训练样本点功能函数值，并加入到上一步迭代的训练集中，更新功能函数的代理模型 $\hat{g}_j(\boldsymbol{x})$ 直至收敛，然后执行第四步。

第四步： 利用当前的最优设计参数 $\boldsymbol{\mu}_X^{(k)}$ 和 $\hat{g}_j(\boldsymbol{x})$ 求解在给定可靠度指标下当前

迭代步的逆设计点 $\boldsymbol{x}_{j\mathrm{IMPP}}^{(k)}$。

第五步：令 $k = k + 1$，利用 $\hat{g}_j(\boldsymbol{x})$ 和 SORA 法建立等价确定性优化模型，并得到第 k 次循环的优化设计参数 $\boldsymbol{\mu}_{\boldsymbol{X}}^{(k)}$，判断优化解的可行性和整个可靠性优化过程是否收敛，如果收敛，则结束计算；否则返回第三步。

6.2.4　嵌入代理模型与逆设计点处局部抽样的序列解耦法

1. 逆设计点处的局部自适应抽样

如 6.2.3 小节所述，LAS 法的抽样中心为 RBDO 求解过程中当前的设计参数，但是 LAS 法定义的局部抽样区域与约束函数的失效边界可能不相交，如图 6-12 所示，如果以当前设计参数为中心的局部抽样区域内不包含极限状态面，则在此局部抽样区域内选取训练点时，所得到的代理模型对极限状态边界近似能力的提升程度要小于以逆设计点 $\boldsymbol{x}_{\mathrm{IMPP}}$ 为中心的局部抽样区域内选取训练点所得到的代理模型对极限状态边界近似能力的提升程度，即当 LAS 法定义的局部抽样区域内不包含极限状态边界时，代理模型的自适应学习效率会降低。为了保证所产生的训练样本点分布在极限状态面附近，本节介绍文献[12]中以逆设计点作为局部抽样的中心来产生样本池（local approximation method using the inverse most probable point, L-IMPP）的方法，在该方法中新的训练点是依据 U 学习函数来选取的。

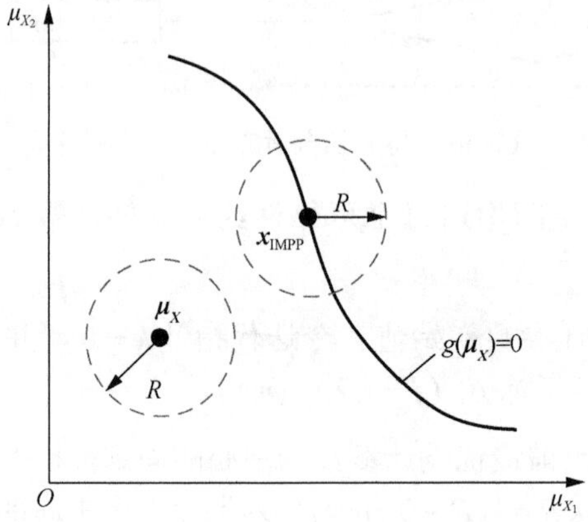

图 6-12　基于设计参数和逆设计点的局部抽样区域对比

在 LAS 法中，随着可靠性约束对应的功能函数的非线性程度的增加，非线性修正系数 nc 和局部抽样区域半径逐渐增大。在 LAS 法中所有失效概率约束的功能函数都共享同一局部抽样区域，但在 L-IMPP 方法中每一个可靠性约束的功能函数都有各自的抽样区域，即每一个与可靠性约束对应的功能函数都有其局部抽

样区域半径 R_j [7]，R_j 的求解如下所示：

$$R_j = (1.2 + 0.3\mathrm{nc}_j)\beta_j^T \tag{6-44}$$

式中，β_j^T 为每个可靠性约束的目标可靠度指标；nc_j 为如式（6-45）所示的非线性修正系数：

$$\mathrm{nc}_j = \frac{2}{\pi}\arctan\left(\left\|\boldsymbol{v}_j\right\|\right) \quad (j = 1,\cdots,m) \tag{6-45}$$

式中，$\left\|\boldsymbol{v}_j\right\| = \sqrt{\boldsymbol{v}_j \cdot \boldsymbol{v}_j^{\mathrm{T}}}$ ；m 为功能函数的个数。$\boldsymbol{v}_j=\{v_{j1},v_{j2},\cdots,v_{jn}\}$ 为功能函数对每一维输入变量 $x_i (i = 1,2,\cdots,n)$ 的偏导数的样本方差行矩阵，其分量 v_{jk} $(k = 1,2,\cdots,n;$ $j = 1,2,\cdots,m)$ 由式（6-46）求得

$$v_{jk} = \frac{1}{N_1}\sum_{i=1}^{N_1}\left[\left.\frac{\partial \hat{g}_j}{\partial x_k}\right|_{\boldsymbol{x}_i} - \frac{1}{N_1}\sum_{l=1}^{N_1}\left.\frac{\partial \hat{g}_j}{\partial x_k}\right|_{\boldsymbol{x}_l}\right]^2 \tag{6-46}$$

式中，$\boldsymbol{x}_i$ 和 $\boldsymbol{x}_l$ 表示 $\{\boldsymbol{x}_1,\cdots,\boldsymbol{x}_{N_1}\}^{\mathrm{T}}$ 为均匀分布在半径为 β_j^T 的超球区域内的 N_1 个样本点。

2. 多个约束边界代理模型更新的学习函数

在当前搜索得到的设计参数 $\boldsymbol{\mu}_X$ 条件下，分别以逆设计点 $\boldsymbol{x}_{j\mathrm{IMPP}}$ 为抽样中心，并以 R_j 为抽样半径，产生第 j $(j = 1,2,\cdots,m)$ 个约束边界功能函数对应的局部抽样区域，最后将这 m 个抽样区域共同作为当前设计参数下的局部抽样区域。当产生局部抽样区域的样本后，LAS 法所采用的策略是所有约束边界的功能函数都采用相同的训练点来更新相应约束边界功能函数的代理模型。这种策略可能导致的问题是每次选择的训练点并不是每个约束边界的功能函数各自对应的最佳训练样本点，从而导致对某些约束边界的功能函数代理模型的更新不是最有效的问题，还有可能导致对某些约束边界功能函数已收敛的代理模型的过度更新而引起不必要的计算量的问题。

对于 RBDO 模型中的约束，如果 m 个约束中存在一个约束不满足，则当前设计参数不满足约束条件，当且仅当所有约束都被满足时，当前设计参数才是可行解。因此可以将 m 个约束边界功能函数对应的不可行域 $F_j = \{g_j(\boldsymbol{x}) \leqslant 0\}$ $(j = 1,2,\cdots,m)$ 视为一种串联关系，即 m 个约束边界共同组成的串联系统的不可行域 F_s 与单个约束边界的不可行域 F_j $(j = 1,2,\cdots,m)$ 的关系为 $F_s = \{F_1 \cup F_2 \cup \cdots \cup F_m\}$。一般来说，单个不可行域对系统不可行域的贡献是不同的，更新重要不可行域边界的功能函数的代理模型将有助于减少总的计算量，提高计算的效率，因此以下将给出在更新约束边界代理模型的过程中逐步识别重要不可行域的约束边界功能函数的策略。

以 $\boldsymbol{w}$ 记备选样本点 $\boldsymbol{x}$ 落入由当前约束边界代理模型确定的单个不可行域的约束编号集合，即 $\boldsymbol{w}=\left\{j \middle| \mu_{\hat{g}_j}(\boldsymbol{x}) \leqslant 0, j=1,2,\cdots,m\right\}$。当 $\boldsymbol{w}=\varnothing$ 时，说明备选点 $\boldsymbol{x}$ 没有落入当前约束边界代理模型确定的任何一个不可行域，此时备选样本池中 U 学习函数值 $\dfrac{|\mu_{\hat{g}_j}(\boldsymbol{x})|}{\sigma_{\hat{g}_j}(\boldsymbol{x})}(j=1,2,\cdots,m)$ 最小（即约束边界的代理模型在 $\boldsymbol{x}$ 点取值符号的误判风险最大），对应约束边界功能函数的代理模型需要优先被更新，以确保误判 $\boldsymbol{x}$ 落入系统可行域风险最大的代理模型被优先更新，进而保证 $\boldsymbol{w}=\varnothing$ 不被误判。此时 $\min\limits_{j=1}^{m}\dfrac{|\mu_{\hat{g}_j}(\boldsymbol{x})|}{\sigma_{\hat{g}_j}(\boldsymbol{x})}$ 对应的约束为最重要的约束，其编号记为 $I_{\text{im}}(\boldsymbol{x})=\arg\min\limits_{j=1}^{m}\dfrac{|\mu_{\hat{g}_j}(\boldsymbol{x})|}{\sigma_{\hat{g}_j}(\boldsymbol{x})}$。当 $\boldsymbol{w}\neq\varnothing$ 时，说明当前备选点 $\boldsymbol{x}$ 落入了编号属于 $\boldsymbol{w}$ 的约束的不可行域，此时只要在 $\boldsymbol{w}$ 所包含的约束中选择 U 学习函数值 $\dfrac{|\mu_{\hat{g}_j}(\boldsymbol{x})|}{\sigma_{\hat{g}_j}(\boldsymbol{x})}(j\in\boldsymbol{w})$ 最大（即约束边界的代理模型在 $\boldsymbol{x}$ 点取值符号的误判风险最小），对应约束边界功能函数的代理模型需要优先被更新，以确保误判 $\boldsymbol{x}$ 落入系统可行域风险最小的功能函数代理模型被优先更新，进而保证 $\boldsymbol{w}\neq\varnothing$ 不被误判。此时 $\max\limits_{j\in\boldsymbol{w}}\dfrac{|\mu_{\hat{g}_j}(\boldsymbol{x})|}{\sigma_{\hat{g}_j}(\boldsymbol{x})}$ 对应的约束为最重要的约束，其编号记为 $I_{\text{im}}(\boldsymbol{x})=\arg\max\limits_{j\in\boldsymbol{w}}\dfrac{|\mu_{\hat{g}_j}(\boldsymbol{x})|}{\sigma_{\hat{g}_j}(\boldsymbol{x})}$。综上所述，多个约束下备选点 $\boldsymbol{x}$ 的 U 学习函数 $U_X(\boldsymbol{x})$ 定义如下：

$$U_X(\boldsymbol{x})=\begin{cases}\min\limits_{j=1}^{m}\dfrac{|\mu_{\hat{g}_j}(\boldsymbol{x})|}{\sigma_{\hat{g}_j}(\boldsymbol{x})}, & \boldsymbol{w}=\varnothing\\ \max\limits_{j\in\boldsymbol{w}}\dfrac{|\mu_{\hat{g}_j}(\boldsymbol{x})|}{\sigma_{\hat{g}_j}(\boldsymbol{x})}, & \boldsymbol{w}\neq\varnothing\end{cases} \tag{6-47}$$

与单个约束的 U 学习函数类似，每次选取多个约束下当前备选样本池 $\boldsymbol{S}_x^{(k)}$ 中式（6-47）定义的 U 学习函数值最小的点作为新训练点加入重要约束 I_{im} 的训练集中，即 $\boldsymbol{x}^{\text{new}}=\arg\min\limits_{\boldsymbol{x}\in\boldsymbol{S}_x^{(k)}}U_X(\boldsymbol{x})$。此外，多个约束的 U 学习函数同样可以选择 $\min\limits_{\boldsymbol{x}\in\boldsymbol{S}_x^{(k)}}U_X(\boldsymbol{x})\geqslant 2$ 作为代理模型自适应更新过程的收敛终止条件。

通过采用多个约束条件下的 U 学习函数，可以识别逆设计点局部区域产生的备选样本池中需要更新的重要约束及对应的训练样本点，自适应地更新重要约束对应的约束边界功能函数的代理模型，避免了更新非重要约束边界功能函数的代理模型而引入额外计算量的问题，从而进一步提高了嵌入代理模型的 RBDO 序列解耦法的效率，有效地缩短求解 RBDO 所需的计算时间。

3. 嵌入代理模型与逆设计点处局部抽样的序列解耦法求解步骤

嵌入代理模型与逆设计点处局部抽样的序列解耦法流程图如图 6-13 所示，详细步骤如下。

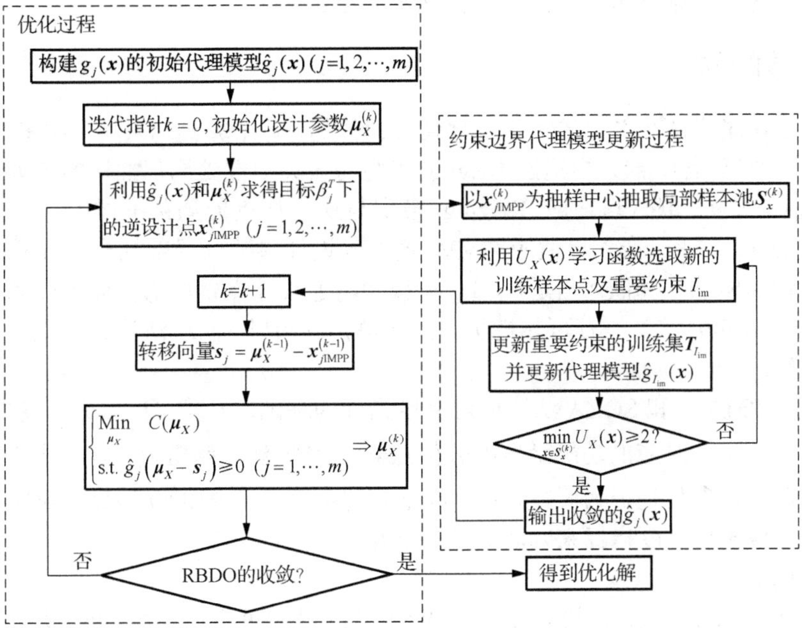

图 6-13　嵌入代理模型与逆设计点处局部抽样的序列解耦法流程图

第一步：在扩展空间构造每个约束边界功能函数的初始代理模型 $\hat{g}_j(\boldsymbol{x})\ (j=1,2,\cdots,m)$。

第二步：设置设计参数初始值。令迭代指针 $k=0$，并设置设计参数的初值 $\boldsymbol{\mu}_X^{(k)}$，输入目标可靠度指标 $\beta_j^T\ (j=1,2,\cdots,m)$。

第三步：利用当前的设计变量参数 $\boldsymbol{\mu}_X^{(k)}$ 和 $\hat{g}_j(\boldsymbol{x})$ 求解每个约束在给定目标可靠度 β_j^T 下对应的逆设计点 $\boldsymbol{x}_{j\text{IMPP}}^{(k)}(j=1,2,\cdots,m)$。

第四步：产生以逆设计点为中心的局部抽样区域并更新代理模型。分别以 $\boldsymbol{x}_{j\text{IMPP}}^{(k)}(j=1,2,\cdots,m)$ 为抽样中心且以 $R_j=\left(1.2+0.3\text{nc}_j\right)\beta_j^T$ 为半径，产生各自的局部抽样区域，进而将所有抽样区域内产生的样本共同创建备选样本池 $\boldsymbol{S}_{\boldsymbol{x}}^{(k)}$。在 $\boldsymbol{S}_{\boldsymbol{x}}^{(k)}$ 中用多个约束边界代理模型的 U 学习函数 $U_{\boldsymbol{X}}(\boldsymbol{x})$ 选取新的训练样本点 $\boldsymbol{x}^{\text{new}}$ 及重要约束 $I_{\text{im}}=I_{\text{im}}(\boldsymbol{x}^{\text{new}})$，计算新训练点 $\boldsymbol{x}^{\text{new}}$ 处第 I_{im} 个约束的功能函数值，并将其加入到重要约束的代理模型 $\hat{g}_{I_{\text{im}}}(\boldsymbol{x})$ 的训练集 $\boldsymbol{T}_{I_{\text{im}}}$ 中更新代理模型 $\hat{g}_{I_{\text{im}}}(\boldsymbol{x})$，重复该过程直

至多个约束边界代理模型的 U 学习函数收敛，即 $\min\limits_{x\in S_x^{(k)}} U_X(\boldsymbol{x}) \geqslant 2$，然后执行第五步。

第五步： 令 $k=k+1$，利用 SORA 法建立等价确定性优化模型，并求得第 k 次循环的优化设计参数 $\boldsymbol{\mu}_X^{(k)}$，判断优化解的可行性和整个可靠性优化过程是否收敛，如果收敛，则结束计算；否则返回第三步。

6.2.5　算例分析

本节将考虑两个经典的可靠性优化数值算例，每个算例均采用 RBDO 的功能测度法（PMA 法）、嵌入自适应 Kriging 模型与设计参数处局部抽样的序列解耦法（AK-LAS 法）、嵌入自适应 Kriging 模型与逆设计点处局部抽样的序列解耦法（AK-L-IMPP 法）、嵌入自适应 SVM 模型与设计参数处局部抽样的序列解耦法（ASVM-LAS 法）和嵌入自适应 SVM 模型与逆设计点处局部抽样的序列解耦法（ASVM-L-IMPP 法）进行可靠性优化的求解，其中以 PMA 法得到的优化结果充当对照解。

由于 PMA 法和 SORA 法均以可靠度指标为基础，依据与目标可靠度指标 β^T 百分位数 $\Phi(\beta^T)$ 对应的功能函数的分位点 g^T（功能测度函数值）是否大于零，来判别当前设计参数是否为可行解，故以下算例中给出了 RBDO 最优解对应的功能测度函数值和可靠度指标来判断其是否满足可靠性约束。

算例 6.3

重新考虑算例 6.1，设定 3 个功能函数的目标可靠度指标和含设计参数的随机变量的标准差分别为 $\beta_1^T=\beta_2^T=\beta_3^T=3$ 和 $\boldsymbol{\sigma}_X=\left\{\sigma_{X_1},\sigma_{X_2}\right\}^{\mathrm{T}}=\left\{0.3,0.3\right\}^{\mathrm{T}}$，设计参数 $\boldsymbol{\mu}_X=\{\mu_{X_1},\mu_{X_2}\}^{\mathrm{T}}$ 的初始点设置为 $\boldsymbol{\mu}_X^{(0)}=[3,3]^{\mathrm{T}}$。本算例的 RBDO 数学模型如式（6-48）所示，所得可靠性优化的计算结果分别列于表 6-5 和表 6-6 中。

$$
\begin{aligned}
&\text{Find } \mu_{X_1},\mu_{X_2}\\
&\min_{\mu_{X_1},\mu_{X_2}} \ f=\mu_{X_1}+\mu_{X_2}\\
&\text{s.t.}\begin{cases} P\left\{G_j(\boldsymbol{X})\leqslant 0\right\}\leqslant P_{\mathrm{f}_j}^T & (j=1,2,3)\\ 0\leqslant \mu_{X_i}\leqslant 10 & (i=1,2)\end{cases}
\end{aligned}
\tag{6-48}
$$

其中，

$$
\begin{cases}
G_1(\boldsymbol{X})=X_1^2X_2/20-1\\
G_2(\boldsymbol{X})=\left(X_1+X_2-5\right)^2/30+\left(X_1-X_2-12\right)^2/120-1\\
G_3(\boldsymbol{X})=80/\left(X_1^2+8X_2+5\right)-1\\
X_i\sim N(\mu_{X_i},0.3^2)\ (i=1,2)\\
P_{\mathrm{f}_j}^T=\Phi(-\beta_j^T)\ \ (\beta_j^T=3,\ j=1,2,3)
\end{cases}
$$

表 6-5 算例 6.3 的最优设计参数及对应目标值和调用模型次数

优化方法	μ_{X_1}	μ_{X_2}	目标值	目标值相对误差/%	调用模型次数			
					G_1	G_2	G_3	总数
PMA	3.4391	3.2866	6.7257	0	1728	3228	1278	6234
AK-LAS	3.4391	3.2866	6.7257	0	59	59	59	177
AK-L-IMPP	3.4391	3.2866	6.7257	0	29	24	22	75
ASVM-LAS	3.4394	3.2865	6.7259	0.002	62	62	62	186
ASVM-L-IMPP	3.4391	3.2866	6.7257	0	51	43	20	114

表 6-6 算例 6.3 最优设计参数约束值

优化方法	功能测度函数值 g^T			可靠度指标 β		
	G_1	G_2	G_3	G_1	G_2	G_3
PMA	0.9436	0.2690	0.8553	3.0001	3.0001	10.0388
AK-LAS	0.9436	0.2690	0.8553	3.0001	3.0001	10.0388
AK-L-IMPP	0.9436	0.2690	0.8553	3.0001	3.0001	10.0388
ASVM-LAS	0.9439	0.2689	0.8552	3.0001	2.9994	10.0381
ASVM-L-IMPP	0.9436	0.2690	0.8553	3.0001	3.0001	10.0388

算例 6.4

重新考虑算例 6.2 进行可靠性优化设计，设置目标可靠度指标和含设计参数的随机变量的标准差分别为 $\beta_1^T=\beta_2^T=2$ 和 $\sigma_{X_1}=\sigma_{X_2}=0.1$，设计参数 $\boldsymbol{\mu}_{\boldsymbol{X}}=\{\mu_{X_1},\mu_{X_2}\}^{\mathrm{T}}$ 的初始点设置为 $\boldsymbol{\mu}_{\boldsymbol{X}}^{(0)}=[3,3]^{\mathrm{T}}$。本算例的 RBDO 数学模型如式（6-49）所示，所得可靠性优化的计算结果分别列于表 6-7 和表 6-8 中。

$$
\begin{aligned}
&\text{Find } \mu_{X_1},\mu_{X_2}\\
&\min_{\mu_{X_1},\mu_{X_2}} f=\left(\mu_{X_1}-3.7\right)^2+\left(\mu_{X_2}-4\right)^2\\
&\text{s.t.}\begin{cases}P\left\{G_j(\boldsymbol{X})\leqslant 0\right\}\leqslant P_{f_j}^T\ \ (j=1,2)\\ 0\leqslant \mu_{X_1}\leqslant 3.7,\ 0\leqslant \mu_{X_2}\leqslant 4\end{cases}
\end{aligned}
\tag{6-49}
$$

其中，

$$
\begin{cases}
G_1\left(\boldsymbol{X}\right)=-X_1\sin\left(4X_1\right)-1.1X_2\sin\left(2X_2\right)\\
G_2\left(\boldsymbol{X}\right)=X_1+X_2-3\\
X_i\sim N(\mu_{X_i},0.1^2)\ (i=1,2)\\
P_{f_j}^T=\Phi(-\beta_j^T)\ \ (\beta_j^T=2,\ j=1,2)
\end{cases}
$$

表 6-7　算例 6.4 的最优设计参数及对应目标值和调用模型次数

优化方法	μ_{X_1}	μ_{X_2}	目标值	目标值相对误差/%	调用模型次数		
					G_1	G_2	总数
PMA	2.8163	3.2769	1.3038	0	29948	756	30704
AK-LAS	2.8167	3.2763	1.3038	0	83	83	166
AK-L-IMPP	2.8140	3.2797	1.3038	0	41	20	61
ASVM-LAS	2.8191	3.2738	1.3034	0.03	73	73	146
ASVM-L-IMPP	2.8100	3.2847	1.3038	0	76	30	106

表 6-8　算例 6.4 最优设计参数约束值

优化方法	功能测度函数值 g^T		可靠度指标 β	
	G_1	G_2	G_1	G_2
PMA	1.7512	3.0932	2.0000	21.8721
AK-LAS	1.7545	3.0930	2.0006	21.8708
AK-L-IMPP	1.7351	3.0937	2.0000	21.8758
ASVM-LAS	1.7678	3.0927	1.9977	21.8701
ASVM-L-IMPP	1.7066	3.0946	1.9985	21.8828

通过分析以上两个算例的计算结果，可以得到如下结论：

（1）嵌入代理模型与设计参数处局部抽样的序列解耦法与嵌入代理模型与逆设计点处局部抽样的序列解耦法均能得到较为准确的 RBDO 的结果（误差最高不超过 0.03%）。

（2）当采用相同的自适应代理模型不同抽样方法时，LAS 法对实际功能函数的调用次数多于 L-IMPP 法，充分说明了采用逆设计点处局部抽样策略比设计参数处局部抽样策略能更高效地构造功能函数的代理模型。与此同时，通过分析不同约束中对实际功能函数的调用次数，也证明了采用逆设计点处局部抽样结合多个约束下的 U 学习函数的方法能够有效地更新重要约束的功能函数的代理模型。

（3）当采用相同的抽样方法时，Kriging 模型所得到的优化结果与 PMA 法的完全一致，而 SVM 模型中只有 ASVM-L-IMPP 法的结果与 PMA 法一致，且对可靠度指标约束的满足情况劣于 Kriging 模型。此外，Kriging 模型的调用实际功能函数的次数也明显小于 SVM 模型，由此可见在嵌入代理模型的序列解耦法中采用 Kriging 模型比 SVM 模型有更好的代理精度和计算效率。

（4）总的来说，在本节发展的嵌入代理模型的可靠性优化设计的序列解耦法中，AK-L-IMPP 法的计算效率和精度都最高，因此，在进行后续涡轮部件的可靠性优化设计时推荐采用 AK-L-IMPP 法。

6.3　嵌入代理模型的可靠性优化设计的类序列解耦法

基于代理模型的完全解耦法实现了可靠性分析和优化设计的完全分离，执行过程相对简单，但其存在选择合适的设计参数样本池的困难，过大的样本池会导致计算量过大或代理模型难以收敛，过小的样本池则会损失优化求解的精度。嵌入代理模型的序列解耦法利用给定可靠度指标对应的逆设计点进行可靠性分析，只需要在设计参数优化搜索过程中访问到的设计参数处对代理模型进行更新，无需在优化搜索过程中未访问到的设计参数处对代理模型的更新，从而提高优化效率和保证优化的精度。但可靠度指标与失效概率并不完全等价，当功能函数非线性程度较高时，该方法的精度不够，另外该方法只适用于随机变量服从正态分布的情况，对非正态变量的情况包含较为复杂的转换。为了弥补以上方法的缺陷，本节给出一种更为通用的嵌入代理模型的类序列解耦法。类序列解耦法不仅适用于失效概率作为可靠性约束的情况，还不受输入变量的分布类型和极限状态面的非线性程度的限制，适用范围更加广泛。

6.3.1　嵌入代理模型的类序列解耦法

嵌入代理模型的类序列解耦法的基本思路：将极限状态面的代理模型的构造嵌入可靠性优化设计求解的双层方法中，在每一次迭代更新的设计参数处构建或更新可靠性约束中功能函数的代理模型，并利用该收敛的代理模型适时求解当前设计参数对应的失效概率和可靠性局部灵敏度，支撑下一轮迭代中新的设计参数的搜索和当前设计参数可行性的判别[13]。与嵌入代理模型的序列解耦法相比，嵌入代理模型的类序列解耦法也是在设计参数的迭代访问处进行可靠性约束对应的功能函数代理模型的更新，节省了在非访问设计参数处代理模型的更新，从而在理论上严格保证了整个优化过程中极限状态面代理的精度，并能够有效提高优化效率。与嵌入代理模型的序列解耦法不同的是，嵌入代理模型的类序列解耦法是直接利用当前的代理模型来计算失效概率，而不像序列解耦法那样去构造可能造成误差的等价确定性约束，从而使得该方法适用于任何随机变量的分布情况，且不受极限状态面的非线性程度影响。

另外，对于正态分布输入随机变量的情况，嵌入代理模型的类序列解耦法不仅适用于设计参数为随机输入变量均值的情况，也适用于设计参数为随机输入变量标准差的情况。因此，在本小节中将设计参数重新用 $\boldsymbol{\theta}=\{\boldsymbol{\mu}_X,\boldsymbol{\sigma}_X\}$ 进行表示。

由于本节中构造代理模型的目的是计算相应的失效概率，因此本节采用 U 学习函数和相应的收敛准则来自适应构造代理模型。图 6-14 给出嵌入代理模型的类序列解耦法流程图，具体步骤给出如下。

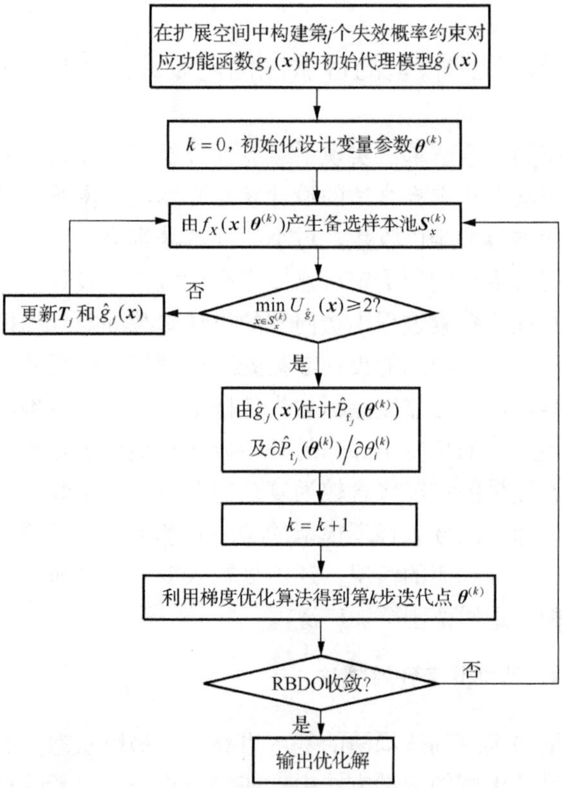

图 6-14　嵌入代理模型的类序列解耦法流程图

第一步： 在扩展空间中构建每个约束功能函数的初始代理模型 $\hat{g}_j(\boldsymbol{x})$ $(j=1,2,\cdots,m)$。

第二步： 设置迭代指针 $k=0$，并输入可靠性约束条件的目标失效概率 $P_{f_j}^T$ $(j=1,2,\cdots,m)$，初始化设计变量参数 $\boldsymbol{\theta}^{(k)}$。

第三步： 由当前设计变量参数 $\boldsymbol{\theta}^{(k)}$ 下的概率密度函数 $f_{\boldsymbol{X}}(\boldsymbol{x}|\boldsymbol{\theta}^{(k)})$ 产生随机变量 $\boldsymbol{X}$ 当前迭代步的备选样本池 $\boldsymbol{S}_{\boldsymbol{x}}^{(k)}$。

第四步： 判断当前的代理模型 $\hat{g}_j(\boldsymbol{x})$ $(j=1,2,\cdots,m)$ 在备选样本池 $\boldsymbol{S}_{\boldsymbol{x}}^{(k)}$ 中是否满足的收敛条件。如果满足 $\min\limits_{\boldsymbol{x}\in\boldsymbol{S}_{\boldsymbol{x}}^{(k)}} U_{\hat{g}_j}(\boldsymbol{x})\geqslant 2$，则 $\hat{g}_j(\boldsymbol{x})$ 在 $\boldsymbol{S}_{\boldsymbol{x}}^{(k)}$ 中已收敛，执行第六步；若不满足，则选择下一个更新点 $\boldsymbol{x}^u=\arg\min\limits_{\boldsymbol{x}\in\boldsymbol{S}_{\boldsymbol{x}}^{(k)}} U(\boldsymbol{x})$ 并计算 $g_j(\boldsymbol{x}^u)$，将 $\left\{\boldsymbol{x}^u, g_j(\boldsymbol{x}^u)\right\}$ 添加到代理模型 $\hat{g}_j(\boldsymbol{x})$ 的训练集 $\boldsymbol{T}_j$ 中，执行第五步。

第五步： 利用当前训练集 $\boldsymbol{T}_j$ 更新代理模型 $\hat{g}_j(\boldsymbol{x})$，并返回第四步。

第六步： 估计局部灵敏度。根据当前收敛的 $\hat{g}_j(\boldsymbol{x})$ $(j=1,2,\cdots,m)$ 和样本池 $\boldsymbol{S}_{\boldsymbol{x}}^{(k)}$，

估计当前设计参数$\boldsymbol{\theta}^{(k)}$下的失效概率$\hat{P}_{\mathrm{f}_j}(\boldsymbol{\theta}^{(k)})$对$\boldsymbol{\theta}^{(k)}=\left\{\theta_1^{(k)},\theta_2^{(k)},\cdots,\theta_{n_\theta}^{(k)}\right\}$（$n_\theta$为设计参数的维度）中每一维分量的$\theta_i^{(k)}(i=1,2,\cdots,n_\theta)$的可靠性局部灵敏度指标$\partial\hat{P}_{\mathrm{f}_j}(\boldsymbol{\theta}^{(k)})\big/\partial\theta_i^{(k)}$ $(i=1,2,\cdots,n_\theta,\ j=1,2,\cdots,m)$。

第七步：令$k=k+1$，基于可靠性局部灵敏度$\partial\hat{P}_{\mathrm{f}_j}(\boldsymbol{\theta}^{(k-1)})\big/\partial\theta_i^{(k-1)}$提供的梯度信息，采用梯度优化算法搜索得到第$k$步优化迭代的优化解$\boldsymbol{\theta}^{(k)}$。

第八步：判断整个优化过程是否收敛。如果收敛，则结束计算，输出设计参数的最优解$\boldsymbol{\theta}^{(k)}$，并结束优化过程；否则返回第三步。

6.3.2　算例分析

分别采用本节的嵌入自适应 Kriging 模型的类序列解耦法（S-AK-MCS）和嵌入自适应 SVM 模型的类序列解耦法（S-ASVM-MCS）求解该算例，并与 6.1 节的 Bayes-AK-$P_{\mathrm{f}}(\boldsymbol{\theta})$的完全解耦法和 AK-MCS-$L(\boldsymbol{\theta})$的完全解耦法以及 6.2 节的嵌入自适应 Kriging 模型与设计参数处局部抽样的序列解耦法（AK-LAS 法）和嵌入自适应 Kriging 模型与逆设计点处局部抽样的序列解耦法（AK-L-IMPP 法）相对比，其中基于失效概率约束的 RBDO 的双层法得到的优化结果作为对照解。

算例 6.5

重新考虑算例 6.1 并利用上述方法进行可靠性优化设计，设定 3 个可靠性约束的目标失效概率和含设计参数的随机变量的标准差分别为$P_{\mathrm{f}_1}^T=P_{\mathrm{f}_2}^T=P_{\mathrm{f}_3}^T=0.0013$和$\boldsymbol{\sigma}_{\boldsymbol{X}}=\left\{\sigma_{X_1},\sigma_{X_2}\right\}^{\mathrm{T}}=\left\{0.3,0.3\right\}^{\mathrm{T}}$，设计参数$\boldsymbol{\mu}_{\boldsymbol{X}}=\{\mu_{X_1},\mu_{X_2}\}^{\mathrm{T}}$的初始点设置为$\boldsymbol{\mu}_{\boldsymbol{X}}^{(0)}=[3,3]^{\mathrm{T}}$。本算例的 RBDO 数学模型如式（6-50）所示，所得可靠性优化的计算结果分别列于表 6-9 和表 6-10 中。

$$
\begin{aligned}
&\text{Find}\ \mu_{X_1},\mu_{X_2}\\
&\min_{\mu_{X_1},\mu_{X_2}}\ f=\mu_{X_1}+\mu_{X_2}\\
&\text{s.t.}\begin{cases}P\left\{G_j(\boldsymbol{X})\leqslant 0\right\}\leqslant P_{\mathrm{f}_j}^T & (j=1,2,3)\\ 0\leqslant\mu_{X_i}\leqslant 10 & (i=1,2)\end{cases}
\end{aligned}
\tag{6-50}
$$

其中，

$$
\begin{cases}
G_1(\boldsymbol{X})=X_1^2X_2/20-1\\
G_2(\boldsymbol{X})=(X_1+X_2-5)^2/30+(X_1-X_2-12)^2/120-1\\
G_3(\boldsymbol{X})=80\big/(X_1^2+8X_2+5)-1\\
X_i\sim N(\mu_{X_i},0.3^2)\ (i=1,2)\\
P_{\mathrm{f}_j}^T=0.0013\ \ (j=1,2,3)
\end{cases}
$$

表 6-9　算例 6.5 的最优设计参数及对应目标值和目标值相对误差

优化方法	μ_{X_1}	μ_{X_2}	目标值	目标值相对误差/%
对照解	3.4534	3.2748	6.7282	—
Bayes-AK- $P_f(\boldsymbol{\theta})$	3.4575	3.2498	6.7072	0.31
AK-MCS- $L(\boldsymbol{\theta})$	3.4388	3.2896	6.7283	0.001
AK-LAS	3.4391	3.2866	6.7257	0.04
AK-L-IMPP	3.4391	3.2866	6.7257	0.04
S-AK-MCS	3.4548	3.2732	6.7281	0.001
S-ASVM-MCS	3.4531	3.2780	6.7311	0.04

表 6-10　算例 6.5 的最优解对应的约束值和计算量

优化方法	功能函数失效概率			调用模型次数			
	G_1	G_2	G_3	G_1	G_2	G_3	总数
对照解	0.0013	0.0002	0	—	—	—	—
Bayes-AK- $P_f(\boldsymbol{\theta})$	0.0013	0.0006	0	25	18	43	86
AK-MCS- $L(\boldsymbol{\theta})$	0.0013	0.0002	0	32	38	50	120
AK-LAS	0.0015	0.0011	0	59	59	59	177
AK-L-IMPP	0.0015	0.0011	0	29	24	22	75
S-AK-MCS	0.0013	0.0013	0	14	12	12	38
S-ASVM-MCS	0.0013	0.0013	0	23	23	20	66

算例 6.6

重新考虑算例 6.2 并利用上述方法进行可靠性优化设计，设置目标失效概率和含设计参数的随机变量的标准差分别为 $P_{f_1}^T = P_{f_2}^T = 0.0228$ 和 $\sigma_{X_1} = \sigma_{X_2} = 0.1$，设计参数 $\boldsymbol{\mu}_X = \{\mu_{X_1}, \mu_{X_2}\}^{\mathrm{T}}$ 的初始点设置为 $\boldsymbol{\mu}_X^{(0)} = [3, 3]^{\mathrm{T}}$。本算例的 RBDO 数学模型如式（6-51）所示，所得可靠性优化的计算结果分别列于表 6-11 和表 6-12 中。

$$
\begin{aligned}
&\text{Find } \mu_{X_1}, \mu_{X_2} \\
&\min_{\mu_{X_1}, \mu_{X_2}} \ f = \left(\mu_{X_1} - 3.7\right)^2 + \left(\mu_{X_2} - 4\right)^2 \\
&\text{s.t.} \begin{cases} P\left\{G_j(\boldsymbol{X}) \leqslant 0\right\} \leqslant P_{f_j}^T \ \ (j = 1, 2) \\ 0 \leqslant \mu_{X_1} \leqslant 3.7, \ 0 \leqslant \mu_{X_2} \leqslant 4 \end{cases}
\end{aligned} \tag{6-51}
$$

其中，

$$
\begin{cases}
G_1(\boldsymbol{X}) = -X_1 \sin(4X_1) - 1.1X_2 \sin(2X_2) \\
G_2(\boldsymbol{X}) = X_1 + X_2 - 3 \\
X_i \sim N(\mu_{X_i}, 0.1^2) \ (i = 1, 2) \\
P_{f_j}^T = 0.0228 \ \ (j = 1, 2)
\end{cases}
$$

表 6-11　算例 6.6 的最优设计参数及对应目标值和目标值相对误差

方法	μ_{X_1}	μ_{X_2}	目标值	目标值相对误差/%
对照解	2.8414	3.2327	1.3259	—
Bayes-AK- $P_f(\boldsymbol{\theta})$	2.8734	3.1906	1.3384	0.94
AK-MCS- $L(\boldsymbol{\theta})$	2.8466	3.2271	1.3258	0.01
AK-LAS	2.8167	3.2763	1.3038	1.67
AK-L-IMPP	2.8140	3.2797	1.3038	1.67
S-AK-MCS	2.8415	3.2326	1.3259	0.00
S-ASVM-MCS	2.8415	3.2326	1.3259	0.00

表 6-12　算例 6.6 的最优解对应的约束值和计算量

方法	功能函数失效概率		调用模型次数		
	G_1	G_2	G_1	G_2	总数
对照解	0.0228	0	—	—	—
Bayes-AK- $P_f(\boldsymbol{\theta})$	0.0223	0	3×10^5	3×10^5	6×10^5
AK-MCS- $L(\boldsymbol{\theta})$	0.0228	0	114	40	154
AK-LAS	0.0315	0	83	83	166
AK-L-IMPP	0.0323	0	41	20	61
S-AK-MCS	0.0228	0	30	20	50
S-ASVM-MCS	0.0228	0	34	26	70

通过分析以上算例的计算结果，可以得到如下结论：

（1）本节的 S-AK-MCS 类序列解耦法和 S-ASVM-MCS 类序列解耦法均能得到较为精确且满足目标失效概率的可靠性优化结果，说明了所提类序列解耦法的合理和准确性。

（2）从精度上来看，AK-LAS 和 AK-L-IMPP 这两种序列解耦法精度低于类序列解耦法，且最优解处的失效概率存在不满足目标失效概率约束的情况，这是由于序列解耦法是基于可靠度指标来判断优化解是否满足可靠性约束，失效概率和可靠度指标本身并不是完全等价的，从而在导致高度非线性功能函数情况下以失效概率作为约束的优化问题存在一定求解误差。除去这两类方法，其他四种以目标失效概率作为约束的方法（Bayes-AK- $P_f(\boldsymbol{\theta})$ 法、AK-MCS- $L(\boldsymbol{\theta})$ 法、S-AK-MCS 法和 S-ASVM-MCS 法）得到的优化解均满足目标失效概率约束，且四种方法中 Bayes-AK- $P_f(\boldsymbol{\theta})$ 法精度最低，AK-MCS- $L(\boldsymbol{\theta})$ 完全解耦法和类序列解耦法精度较高。

（3）从计算量上来看，类序列解耦法的计算量最低，充分说明类序列解耦法在保证优化精度的同时，能够大大减少计算代价，这是由于该类方法只在优化搜索访问到的设计参数处更新可靠性约束对应的功能函数的代理模型，提高了计算效率。同时该类方法直接以失效概率作为约束进行求解，相比于将失效概率约束转换成可靠性指标约束的序列解耦法来说，保证了计算的精度。

（4）进一步比较 S-AK-MCS 类序列解耦法和 S-ASVM-MCS 类序列解耦法的优化结果发现，S-AK-MCS 类序列解耦法在效率方面优于 S-ASVM-MCS 类序列解耦法，因此在涡轮部件的疲劳寿命可靠性优化设计中推荐采用 S-AK-MCS 类序列解耦法。

6.4　本 章 小 结

本章详细探讨了可靠性优化设计（RBDO）模型求解的多种解耦法，研究的方法包括基于代理模型的完全解耦法、嵌入代理模型的序列解耦法和嵌入代理模型的类序列解耦法三类。基于代理模型的完全解耦法在优化之前获得失效概率函数的近似表达式或可行域边界函数的代理模型，从而完全解除可靠性分析与最优设计参数搜索的耦合，将可靠性优化彻底转换为确定性优化。在基于代理模型的完全解耦法中，基于失效概率函数的完全解耦法通过利用 Bayes 公式，将失效概率函数的求解转化为扩展失效概率和分布参数条件概率密度函数的求解，从而使得利用一次可靠性分析的过程就可以完成失效概率函数的求解，提高了计算效率，在此基础利用嵌入自适应代理模型的策略，则又进一步提高了基于失效概率函数的完全解耦法的效率。基于可行域边界函数代理的完全解耦法在优化之前构造可行域边界函数的代理模型，该方法是建立在可行域边界函数的代理模型只需识别备选设计参数的状态而不需精准识别备选设计参数对应的可行域边界函数值基础上的，这一基础使得代理可行域边界函数变得更加容易。在基于可行域边界函数代理的完全解耦法中还内嵌了对应的功能函数极限状态面的自适应代理，进一步提高了求解效率。嵌入代理模型的序列解耦法利用功能测度法的原理将可靠度指标约束等价转换为功能函数在逆设计点处的确定性约束，进而将以可靠度指标为约束的RBDO求解转化成确定性优化和关于逆设计点求解的可靠性分析的串行过程。在RBDO求解的序列解耦法中，嵌入自适应代理模型，并构建代理模型训练样本池的以设计参数为中心的局部抽样法和以逆设计点为中心的局部抽样法，则可以进一步提高确定性优化和求解逆设计点的可靠性分析的效率。嵌入代理模型的类序列解耦法是直接自适应构造可靠性约束对应的极限状态面的代理模型，并利用代理模型求得的失效概率和失效概率的梯度函数来搜索设计参数的最优解，从而保证了优化解能严格满足失效概率约束，同时该方法在每次迭代搜索到的设计参数处实时更新极限状态面，严格保证了整个优化过程中极限状态面代理的精度和可行域判断的准确性。本章的三类可靠性优化求解的解耦法均可以有效提高RBDO 模型的求解效率，其中类序列解耦法的适用范围较为广泛，且精度和效率也是三类解耦法中最高的。

参考文献

[1] ZHANG X B, LU Z Z, CHENG K. Reliability index function approximation based on adaptive double-loop Kriging for reliability-based design optimization [J]. Reliability Engineering and System Safety, 2021, 216: 108020.

[2] CHENG K, LU Z Z, XIAO S N, et al. Resampling method for reliability-based design optimization based on thermodynamic integration and parallel tempering [J]. Mechanical Systems and Signal Processing, 2021, 156: 107630.

[3] SHI Y, LU Z Z, XU L Y, et al. Novel decoupling method for time-dependent reliability-based design optimization [J]. Structural and Multidisciplinary Optimization, 2020, 61: 507-524.

[4] AU S K. Reliability-based design sensitivity by efficient simulation [J]. Computers and Structures, 2005, 83(14): 1048-1061.

[5] YOUN B D, CHOI K K. An investigation of nonlinearity of reliability-based design optimization approaches [J]. Journal of Mechanical Design, 2004, 126(3): 403-411.

[6] LEE T H, JUNG J J. A sampling technique enhancing accuracy and efficiency of metamodel-based RBDO: Constraint boundary sampling [J]. Computer and Structures, 2008, 86(13-14): 1463-1476.

[7] DU X P, CHEN W. Sequential optimization and reliability assessment method for efficient probabilistic design[J]. Journal of Mechanical Design (ASME), 2004, 126(2):225-233.

[8] LI H, FOSCHI R O. An inverse reliability method and its application [J]. Structural Safety, 1998, 20(3): 257-270.

[9] YOUN B D, CHOI K K, DU L. Enriched performance measure approach for reliability-based design optimization [J]. AIAA Journal, 2005, 43(4): 874-884.

[10] 钱云鹏，涂宏茂，刘勤, 等. 结构逆可靠度最可能失效点的改进搜索算法[J]. 工程力学, 2013, 30(1): 394-399.

[11] CHEN Z Z, QIU H B, GAO L, et al. A local adaptive sampling method for reliability-based design optimization using Kriging model[J].Structural and Multidisciplinary Optimization, 2014, 49:401-416.

[12] LI X K, QIU H B, CHEN Z Z, et al. A local Kriging approximation method using MPP for reliability-based design optimization [J]. Computers and Structures, 2016, 162: 102-115.

[13] ZHOU Y C, LU Z Z. Active polynomial chaos expansion for reliability-based design optimization [J]. AIAA Journal, 2019, 57(12): 5431-5446.

第 7 章　嵌入代理模型的疲劳寿命可靠性优化设计的单层法

RBDO 模型存在外层设计优化和内层可靠性分析的耦合，目前已有的求解方法主要是通过在可靠性分析中引入近似或重新构造优化问题，降低 RBDO 模型求解的计算成本。RBDO 模型的求解方法主要分为双层法、单层法和解耦方法[1]，另外，由于代理模型技术的引入，一些将代理模型嵌入这三类方法的 RBDO 模型求解策略也已较为普遍。本章将着重介绍 RBDO 模型的单层法，首先对 RBDO 模型进行描述，之后再对其单层法进行综述分析，并在此基础上对嵌入代理模型的单层法进行详细介绍。

7.1　可靠性优化设计的单层法

7.1.1　可靠性优化设计模型描述

在常规的结构确定性优化模型中，结构所处的载荷环境、失效模式、设计要求、目标函数、约束条件和设计参数等均被考虑为确定性的，这在一定程度上简化了结构的优化设计求解，降低了计算成本。确定性优化设计问题的数学模型可表示为

$$
\begin{aligned}
&\min_{\boldsymbol{\theta}} C(\boldsymbol{\theta}) \\
&\text{s.t.}\begin{cases} h_j(\boldsymbol{\theta}) \leqslant 0 & (j=1,2,\cdots,m) \\ \boldsymbol{\theta}^{\mathrm{L}} \leqslant \boldsymbol{\theta} \leqslant \boldsymbol{\theta}^{\mathrm{U}} & (\boldsymbol{\theta} \in R^{n_\theta}) \end{cases}
\end{aligned} \tag{7-1}
$$

式中，$C(\boldsymbol{\theta})$ 为优化的目标函数，一般为费用、质量等；$h_j(\boldsymbol{\theta})$ 为第 j 个约束的功能函数；$\boldsymbol{\theta}$ 为确定性的设计参数；上标“U”和“L”分别为设计参数取值范围的上界和下界；m 为约束的数目；n_{θ} 为设计参数的个数。

由于没有考虑到不确定性的影响，当输入变量具有一定分散性时，确定性优化设计的结果就有可能不再满足约束条件。与确定性优化设计相比，典型的 RBDO 模型将可靠性要求结合到优化模型的约束内，即在满足一定的可靠性要求下，通过调整结构参数使与结构质量或费用有关的目标函数最小，其具体的数学模型表示如下：

$$
\begin{aligned}
&\min_{\boldsymbol{\theta}} C(\boldsymbol{\theta}) \\
&\text{s.t.} \begin{cases} P\left\{g_j(\boldsymbol{x}\,|\,\boldsymbol{\theta}) \leqslant 0\right\} \leqslant P_{\mathrm{f}_j}^{T} & (j=1,2,\cdots,m) \\ \boldsymbol{\theta}^{\mathrm{L}} \leqslant \boldsymbol{\theta} \leqslant \boldsymbol{\theta}^{\mathrm{U}} & (\boldsymbol{\theta} \in R^{n_{\theta}}) \end{cases}
\end{aligned}
\tag{7-2}
$$

式中，$\boldsymbol{x}$ 是随机变量，包括含可设计参数的随机变量和不含可设计参数的随机变量；可设计参数记为 $\boldsymbol{\theta}$，$\boldsymbol{\theta}$ 一般取随机变量的均值；$P_{\mathrm{f}_j}^{T}$ 是第 j 个可靠性约束的失效概率目标值；m 是概率约束的个数；n_{θ} 是设计参数的个数。

如图 7-1 所示，RBDO 模型的求解本质上是一个双层循环问题，其中外层的搜索最优设计参数的循环中包含了给定设计参数下的内层可靠性分析。内层的可靠性分析需要在当前设计参数的条件下采用数值方法估算失效概率或寻找最可能失效点（most probable failure point，MPP），也称为设计点，失效概率的估算和设计点的迭代搜索过程占用了 RBDO 模型求解的主要计算成本。

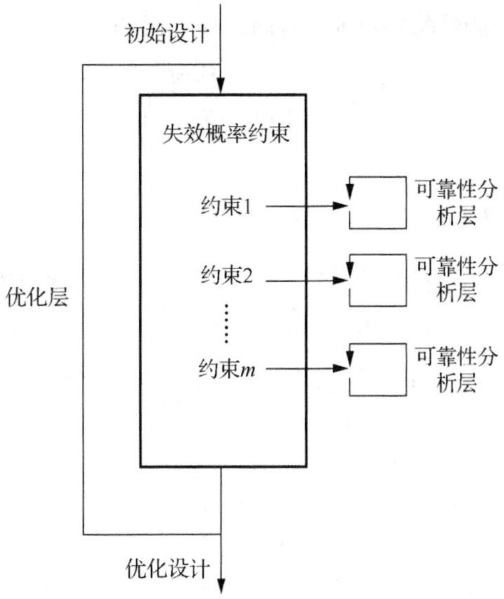

图 7-1　RBDO 模型的双层优化过程

7.1.2　RBDO 模型求解的单层法

RBDO 模型求解的单层法和序列解耦法类似，二者均是将可靠度指标约束 $\beta_j(\boldsymbol{\mu}_X,\boldsymbol{\sigma}_X) \geqslant \beta_j^T$ 转化成功能测度约束 $g_j(\boldsymbol{x}_{\mathrm{IMPP}}) \geqslant 0$（以下为表达方便，略去可靠度指标约束 $\beta_j(\boldsymbol{\mu}_X,\boldsymbol{\sigma}_X) \geqslant \beta_j^T$ 中的下标标号 j），但二者对逆设计点 $\boldsymbol{x}_{\mathrm{IMPP}}$ 的近似方式有所不同。以下将详细介绍 RBDO 模型求解的单层法的基本思想。

1. 设计点与可靠度指标的关系

对于任一含 n 维独立正态变量 $\boldsymbol{x}=[x_1,x_2,\cdots,x_n]^{\mathrm{T}}$ 的功能函数 $g(\boldsymbol{x})$，将 $\boldsymbol{x}$ 经过式（7-3）的标准正态化变换，可以得到功能函数 $g(\boldsymbol{x})$ 在标准正态 $\boldsymbol{U}$ 空间中的形式 $g_U(\boldsymbol{u})$ 如式（7-4）所示：

$$u_i=\frac{x_i-\mu_{X_i}}{\sigma_{X_i}}\quad (i=1,2,\cdots,n) \tag{7-3}$$

$$g_U(\boldsymbol{u})=g(\boldsymbol{\mu}_X+\boldsymbol{\sigma}_X*\boldsymbol{u}) \tag{7-4}$$

式中，$\boldsymbol{\mu}_X=[\mu_{X_1},\mu_{X_2},\cdots,\mu_{X_n}]^{\mathrm{T}}$ 和 $\boldsymbol{\sigma}_X=[\sigma_{X_1},\sigma_{X_2},\cdots,\sigma_{X_n}]^{\mathrm{T}}$ 分别是 $\boldsymbol{x}=[x_1,x_2,\cdots,x_n]^{\mathrm{T}}$ 的均值向量和标准差向量；$\boldsymbol{\sigma}_X*\boldsymbol{u}=[\sigma_{X_1}u_1,\sigma_{X_2}u_2,\cdots,\sigma_{X_n}u_n]^{\mathrm{T}}$；$\boldsymbol{u}=[u_1,u_2,\cdots,u_n]^{\mathrm{T}}$ 是与 $\boldsymbol{x}=[x_1,x_2,\cdots,x_n]^{\mathrm{T}}$ 对应的 n 维标准正态变量。

在给定的均值向量 $\boldsymbol{\mu}_X$ 和标准差向量 $\boldsymbol{\sigma}_X$ 条件下，功能函数 $g(\boldsymbol{x})$ 的可靠度指标 β 与标准正态 $\boldsymbol{U}$ 空间中的设计点 $\boldsymbol{u}_{\mathrm{MPP}}$ 存在如下关系：

$$\boldsymbol{u}_{\mathrm{MPP}}=-\frac{\nabla g_U(\boldsymbol{u}_{\mathrm{MPP}})}{\|\nabla g_U(\boldsymbol{u}_{\mathrm{MPP}})\|}\beta \tag{7-5}$$

式中，

$$\begin{cases}\boldsymbol{u}_{\mathrm{MPP}}=[u_{\mathrm{MPP},1},u_{\mathrm{MPP},2},\cdots,u_{\mathrm{MPP},n}]^{\mathrm{T}}\\ \nabla g_U(\boldsymbol{u}_{\mathrm{MPP}})=\left[\dfrac{\partial g_U(\boldsymbol{u})}{\partial u_1}\Big|_{\boldsymbol{u}_{\mathrm{MPP}}},\dfrac{\partial g_U(\boldsymbol{u})}{\partial u_2}\Big|_{\boldsymbol{u}_{\mathrm{MPP}}},\cdots,\dfrac{\partial g_U(\boldsymbol{u})}{\partial u_n}\Big|_{\boldsymbol{u}_{\mathrm{MPP}}}\right]^{\mathrm{T}}\\ \qquad\qquad\quad=\left[\dfrac{\partial g_U(\boldsymbol{u}_{\mathrm{MPP}})}{\partial u_1},\dfrac{\partial g_U(\boldsymbol{u}_{\mathrm{MPP}})}{\partial u_2},\cdots,\dfrac{\partial g_U(\boldsymbol{u}_{\mathrm{MPP}})}{\partial u_n}\right]^{\mathrm{T}}\\ \|\nabla g_U(\boldsymbol{u}_{\mathrm{MPP}})\|=\sqrt{\displaystyle\sum_{i=1}^{n}\left(\frac{\partial g_U(\boldsymbol{u}_{\mathrm{MPP}})}{\partial u_i}\right)^2}\end{cases} \tag{7-6}$$

由于 $\boldsymbol{u}$ 是经过式（7-3）变换的与 $\boldsymbol{x}$ 对应的标准正态变量，因此与标准正态 $\boldsymbol{U}$ 空间中设计点 $\boldsymbol{u}_{\mathrm{MPP}}$ 对应的 $\boldsymbol{X}$ 坐标空间的设计点 $\boldsymbol{x}_{\mathrm{MPP}}$ 如下所示：

$$\boldsymbol{x}_{\mathrm{MPP}}=\boldsymbol{\mu}_X+\boldsymbol{\sigma}_X*\boldsymbol{u}_{\mathrm{MPP}} \tag{7-7}$$

式中，

$$\begin{aligned}\boldsymbol{x}_{\mathrm{MPP}}&=[x_{\mathrm{MPP},1},x_{\mathrm{MPP},2},\cdots,x_{\mathrm{MPP},n}]^{\mathrm{T}}\\ \boldsymbol{\sigma}_X*\boldsymbol{u}_{\mathrm{MPP}}&=[\sigma_{X_1}u_{\mathrm{MPP},1},\sigma_{X_2}u_{\mathrm{MPP},2},\cdots,\sigma_{X_n}u_{\mathrm{MPP},n}]^{\mathrm{T}}\end{aligned} \tag{7-8}$$

将标准正态空间中的设计点 $\boldsymbol{u}_{\mathrm{MPP}}$ 的表达式（7-5）代入 $\boldsymbol{X}$ 坐标空间中的设计点 $\boldsymbol{x}_{\mathrm{MPP}}$ 的表达式（7-7）中，则式（7-9）成立：

$$\boldsymbol{x}_{\mathrm{MPP}}=\boldsymbol{\mu}_X-\boldsymbol{\sigma}_X*\frac{\nabla g_U(\boldsymbol{u}_{\mathrm{MPP}})}{\|\nabla g_U(\boldsymbol{u}_{\mathrm{MPP}})\|}\beta \tag{7-9}$$

由于 $g_U(\boldsymbol{u})=g(\boldsymbol{\mu}_X+\boldsymbol{\sigma}_X*\boldsymbol{u})$ 且 $u_i=\dfrac{x_i-\mu_{X_i}}{\sigma_{X_i}}(i=1,2,\cdots,n)$，因此有

$$\frac{\partial g_U(\boldsymbol{u}_{\text{MPP}})}{\partial u_i}=\frac{\partial g(\boldsymbol{x}_{\text{MPP}})}{\partial x_i}\frac{\mathrm{d}x_i}{\mathrm{d}u_i}=\frac{\partial g(\boldsymbol{x}_{\text{MPP}})}{\partial x_i}\sigma_{X_i}\qquad(i=1,2,\cdots,n)\tag{7-10}$$

$$\frac{\nabla g_U(\boldsymbol{u}_{\text{MPP}})}{\left\|\nabla g_U(\boldsymbol{u}_{\text{MPP}})\right\|}=\frac{\boldsymbol{\sigma}_X*\nabla g(\boldsymbol{x}_{\text{MPP}})}{\left\|\boldsymbol{\sigma}_X*\nabla g(\boldsymbol{x}_{\text{MPP}})\right\|}\tag{7-11}$$

式中，

$$\nabla g(\boldsymbol{x}_{\text{MPP}})=\left[\frac{\partial g(\boldsymbol{x}_{\text{MPP}})}{\partial x_1},\frac{\partial g(\boldsymbol{x}_{\text{MPP}})}{\partial x_2},\cdots,\frac{\partial g(\boldsymbol{x}_{\text{MPP}})}{\partial x_n}\right]^{\mathrm{T}}\tag{7-12}$$

$$\left\|\boldsymbol{\sigma}_X*\nabla g(\boldsymbol{x}_{\text{MPP}})\right\|=\sqrt{\sum_{i=1}^{n}\left(\sigma_{X_i}\cdot\frac{\partial g(\boldsymbol{x}_{\text{MPP}})}{\partial x_i}\right)^2}\tag{7-13}$$

将式（7-11）代入式（7-9），可得到给定的均值向量 $\boldsymbol{\mu}_X$ 和标准差向量 $\boldsymbol{\sigma}_X$ 条件下 $\boldsymbol{X}$ 坐标空间设计点 $\boldsymbol{x}_{\text{MPP}}$，如式（7-14）所示：

$$\boldsymbol{x}_{\text{MPP}}=\boldsymbol{\mu}_X-\boldsymbol{\sigma}_X*\frac{\boldsymbol{\sigma}_X*\nabla g(\boldsymbol{x}_{\text{MPP}})}{\left\|\boldsymbol{\sigma}_X*\nabla g(\boldsymbol{x}_{\text{MPP}})\right\|}\beta\tag{7-14}$$

2.满足目标可靠度指标 β^T 的功能测度约束

当前设计参数 $[\boldsymbol{\mu}_X,\boldsymbol{\sigma}_X]^T$ 下满足目标可靠度指标 β^T 要求的设计点被称为逆设计点 $\boldsymbol{x}_{\text{IMPP}}$，则由上述分析可知逆设计点 $\boldsymbol{x}_{\text{IMPP}}$ 也应该满足式（7-15）：

$$\boldsymbol{x}_{\text{IMPP}}=\boldsymbol{\mu}_X-\boldsymbol{\sigma}_X*\frac{\boldsymbol{\sigma}_X*\nabla g(\boldsymbol{x}_{\text{IMPP}})}{\left\|\boldsymbol{\sigma}_X*\nabla g(\boldsymbol{x}_{\text{IMPP}})\right\|}\beta^T\tag{7-15}$$

式中，逆设计点 $\boldsymbol{x}_{\text{IMPP}}$ 是当前设计参数 $[\boldsymbol{\mu}_X,\boldsymbol{\sigma}_X]^{\mathrm{T}}$ 和目标可靠度指标 β^T 的函数，可记为式（7-16）：

$$\boldsymbol{x}_{\text{IMPP}}=\boldsymbol{x}_{\text{IMPP}}(\boldsymbol{\mu}_X,\boldsymbol{\sigma}_X,\beta^T)\tag{7-16}$$

又由第 6 章的分析可知，RBDO 模型的可靠度指标约束 $\beta(\boldsymbol{\mu}_X,\boldsymbol{\sigma}_X)\geqslant\beta^T$ 可以等价转换成在逆设计点处的功能测度约束，即

$$\beta(\boldsymbol{\mu}_X,\boldsymbol{\sigma}_X)\geqslant\beta^T\Leftrightarrow g(\boldsymbol{x}_{\text{IMPP}}(\boldsymbol{\mu}_X,\boldsymbol{\sigma}_X,\beta^T))\geqslant 0\tag{7-17}$$

将式（7-15）代入式（7-17）中的等价功能测度约束中，可以得到式（7-18）所示的包含设计参数的功能测度约束：

$$g\left(\boldsymbol{\mu}_X-\boldsymbol{\sigma}_X*\frac{\boldsymbol{\sigma}_X*\nabla g(\boldsymbol{x}_{\text{IMPP}}(\boldsymbol{\mu}_X,\boldsymbol{\sigma}_X,\beta^T))}{\left\|\boldsymbol{\sigma}_X*\nabla g(\boldsymbol{x}_{\text{IMPP}}(\boldsymbol{\mu}_X,\boldsymbol{\sigma}_X,\beta^T))\right\|}\beta^T\right)\geqslant 0\tag{7-18}$$

式（7-18）的功能测度约束 $g\left(\boldsymbol{\mu}_X-\boldsymbol{\sigma}_X*\dfrac{\boldsymbol{\sigma}_X*\nabla g(\boldsymbol{x}_{\text{IMPP}}(\boldsymbol{\mu}_X,\boldsymbol{\sigma}_X,\beta^T))}{\left\|\boldsymbol{\sigma}_X*\nabla g(\boldsymbol{x}_{\text{IMPP}}(\boldsymbol{\mu}_X,\boldsymbol{\sigma}_X,\beta^T))\right\|}\beta^T\right)\geqslant 0$

中包含了与当前设计参数 $(\boldsymbol{\mu}_X,\boldsymbol{\sigma}_X)$ 和目标可靠度指标 β^T 对应的逆设计点 $\boldsymbol{x}_{\text{IMPP}}(\boldsymbol{\mu}_X,\boldsymbol{\sigma}_X,\beta^T)$ 的求解，即转化为功能测度约束后的 RBDO 模型求解仍然是一个嵌套有逆设计点可靠性分析的优化过程，此过程非常耗时。为解除参数寻优过程中的可靠性分析，单层法的思想是由上一步优化得到的逆设计点的值近似作为本次优化约束中的逆设计点，这样就将式（7-18）的约束转换成了如式（7-19）所示的近似等价约束：

$$g\left(\boldsymbol{\mu}_X^{(k)}-\boldsymbol{\sigma}_X^{(k)}*\frac{\boldsymbol{\sigma}_X^{(k-1)}*\nabla g(\boldsymbol{x}_{\text{IMPP}}^{(k-1)})}{\left\|\boldsymbol{\sigma}_X^{(k-1)}*\nabla g(\boldsymbol{x}_{\text{IMPP}}^{(k-1)})\right\|}\beta^T\right)\geqslant 0 \tag{7-19}$$

即在当前求解最优设计参数优化模型的约束函数中，当前的逆设计点是由上一次迭代的最优参数求得的逆设计点近似替代的，这样就将可靠性优化模型转换成了确定性优化和逆设计点近似的一个串行过程，该思想与序列解耦法是一致的，但是单层法在逆设计点的近似方面更加简单。

通过式（7-19）的近似，RBDO 的优化模型就转化成如下所示的确定性优化设计模型[2]：

$$\begin{aligned}&\min_{\boldsymbol{\mu}_X^{(k)},\boldsymbol{\sigma}_X^{(k)}} C(\boldsymbol{\mu}_X^{(k)},\boldsymbol{\sigma}_X^{(k)})\\ &\text{s.t.}\begin{cases}g\left(\boldsymbol{\mu}_X^{(k)}-\boldsymbol{\sigma}_X^{(k)}*\dfrac{\boldsymbol{\sigma}_X^{(k-1)}*\nabla g(\boldsymbol{x}_{\text{IMPP}}^{(k-1)})}{\left\|\boldsymbol{\sigma}_X^{(k-1)}*\nabla g(\boldsymbol{x}_{\text{IMPP}}^{(k-1)})\right\|}\beta^T\right)\geqslant 0 \quad (k=1,2,\cdots)\\ \boldsymbol{\mu}_X^{\text{L}}\leqslant\boldsymbol{\mu}_X^{(k)}\leqslant\boldsymbol{\mu}_X^{\text{U}},\boldsymbol{\sigma}_X^{\text{L}}\leqslant\boldsymbol{\sigma}_X^{(k)}\leqslant\boldsymbol{\sigma}_X^{\text{U}}\end{cases}\end{aligned} \tag{7-20}$$

式中，

$$\begin{cases}\boldsymbol{x}_{\text{IMPP}}^{(k)}=\boldsymbol{\mu}_X^{(k)}-\boldsymbol{\sigma}_X^{(k)}*\dfrac{\boldsymbol{\sigma}_X^{(k)}*\nabla g(\boldsymbol{\mu}_X^{(k)})}{\left\|\boldsymbol{\sigma}_X^{(k)}*\nabla g(\boldsymbol{\mu}_X^{(k)})\right\|}\beta^T & (k=0)\\ \boldsymbol{x}_{\text{IMPP}}^{(k)}=\boldsymbol{\mu}_X^{(k)}-\boldsymbol{\sigma}_X^{(k)}*\dfrac{\boldsymbol{\sigma}_X^{(k-1)}*\nabla g(\boldsymbol{x}_{\text{IMPP}}^{(k-1)})}{\left\|\boldsymbol{\sigma}_X^{(k-1)}*\nabla g(\boldsymbol{x}_{\text{IMPP}}^{(k-1)})\right\|}\beta^T & (k=1,2,\cdots,\text{opt})\end{cases} \tag{7-21}$$

在二维独立正态变量 $\boldsymbol{x}=[x_1,x_2]^{\text{T}}$ 且只以均值向量 $\boldsymbol{\mu}_X=[\mu_{X_1},\mu_{X_2}]^{\text{T}}$ 作为设计参数的情况下，为便于理解，图 7-2 给出了式（7-20）的确定性优化模型中约束边界随设计参数变化的示意图，同时给出了在 $\boldsymbol{X}$ 空间中极限状态面 $g(\boldsymbol{x})=0$ 与迭代搜索变更的设计参数 $\boldsymbol{\mu}_X^{(k)}=[\mu_{X_1}^{(k)},\mu_{X_2}^{(k)}]^{\text{T}}\ (k=1,2,\cdots,\text{opt})$（opt 表示迭代收敛时的迭代次数）的关系示意图如图 7-3 所示，还给出了标准正态 $\boldsymbol{U}$ 空间中极限状态面 $g_U(\boldsymbol{u}\,|\,\boldsymbol{\mu}_X^{(k)})=0$ 与迭代搜索的设计参数 $\boldsymbol{\mu}_X^{(k)}=[\mu_{X_1}^{(k)},\mu_{X_2}^{(k)}]^{\text{T}}\ (k=1,2,\cdots,\text{opt})$ 的关系示意图如图 7-4 所示。

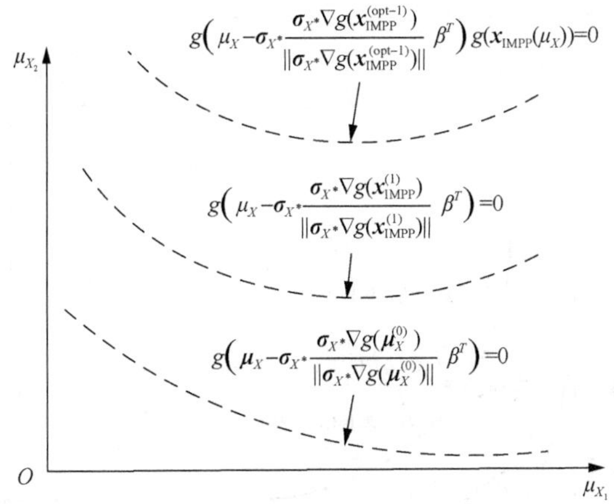

图 7-2　确定性优化模型中约束边界随设计参数变化的示意图

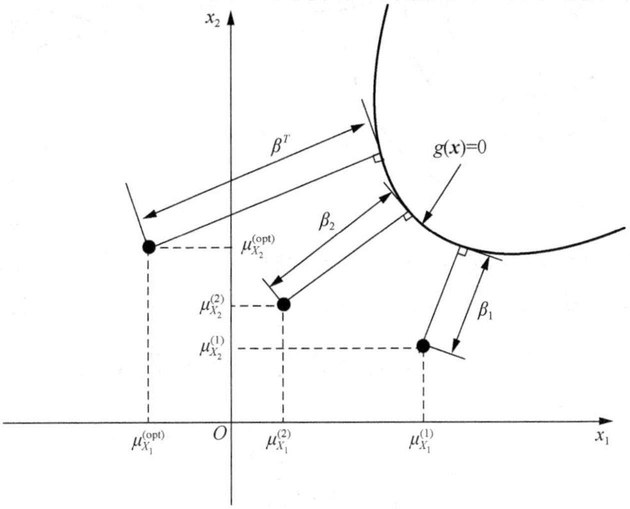

图 7-3　$\boldsymbol{X}$ 空间中 $g(\boldsymbol{x})=0$ 与迭代搜索变更的设计参数 $\boldsymbol{\mu}_X^{(k)}(k=1,2,\cdots,\mathrm{opt})$ 的关系示意图

可靠性优化设计模型转换成式（7-20）所示的形式后，图 7-1 的双层优化过程就转换成了图 7-5 所示的确定性优化和逆设计点近似的一个串行求解过程。

文献[3]为了简化起见，将式（7-18）中的逆设计点处的梯度向量替换成了均值设计参数向量处的梯度向量，即

$$\frac{\boldsymbol{\sigma}_X*\nabla g(\boldsymbol{x}_{\mathrm{IMPP}}(\boldsymbol{\mu}_X,\boldsymbol{\sigma}_X,\beta^T))}{\left\|\boldsymbol{\sigma}_X*\nabla g(\boldsymbol{x}_{\mathrm{IMPP}}(\boldsymbol{\mu}_X,\boldsymbol{\sigma}_X,\beta^T))\right\|}\approx\frac{\boldsymbol{\sigma}_X*\nabla g(\boldsymbol{\mu}_X)}{\left\|\boldsymbol{\sigma}_X*\nabla g(\boldsymbol{\mu}_X)\right\|}\tag{7-22}$$

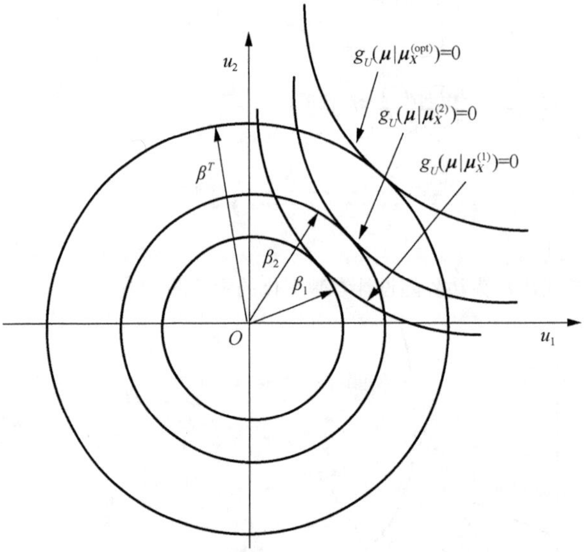

图 7-4　$\boldsymbol{U}$ 空间中 $g_{\boldsymbol{U}}(\boldsymbol{u}\,|\,\boldsymbol{\mu}_X^{(k)})=0$ 与迭代搜索的设计参数 $\boldsymbol{\mu}_X^{(k)}(k=1,2,\cdots,\text{opt})$ 的关系示意图

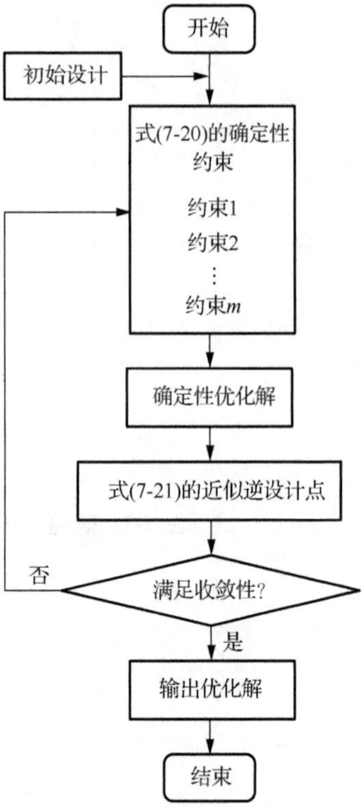

图 7-5　RBDO 模型的单层优化过程

基于式（7-22）的近似，RBDO 优化模型可以简化成如式（7-23）：

$$\min_{\boldsymbol{\theta}} C(\boldsymbol{\theta})$$

$$\text{s.t.}\begin{cases} g\left(\boldsymbol{\mu}_X - \boldsymbol{\sigma}_X * \dfrac{\boldsymbol{\sigma}_X * \nabla g(\boldsymbol{\mu}_X)}{\|\boldsymbol{\sigma}_X * \nabla g(\boldsymbol{\mu}_X)\|}\beta^{\mathrm{T}}\right) \geqslant 0 \\ \boldsymbol{\theta}=[\boldsymbol{\mu}_X,\boldsymbol{\sigma}_X]^{\mathrm{T}}, \boldsymbol{\mu}_X^{\mathrm{L}} \leqslant \boldsymbol{\mu}_X \leqslant \boldsymbol{\mu}_X^{\mathrm{U}}, \boldsymbol{\sigma}_X^{\mathrm{L}} \leqslant \boldsymbol{\sigma}_X \leqslant \boldsymbol{\sigma}_X^{\mathrm{U}} \end{cases} \tag{7-23}$$

式中，

$$\nabla g(\boldsymbol{\mu}_X)=\left[\frac{\partial g(\boldsymbol{\mu}_X)}{\partial x_1},\frac{\partial g(\boldsymbol{\mu}_X)}{\partial x_2},\cdots,\frac{\partial g(\boldsymbol{\mu}_X)}{\partial x_n}\right]^{\mathrm{T}} \tag{7-24}$$

$$\boldsymbol{\sigma}_X * \nabla g(\boldsymbol{\mu}_X)=\left[\sigma_{X_1}\cdot\frac{\partial g(\boldsymbol{\mu}_X)}{\partial x_1},\sigma_{X_2}\cdot\frac{\partial g(\boldsymbol{\mu}_X)}{\partial x_2},\cdots,\sigma_{X_n}\cdot\frac{\partial g(\boldsymbol{\mu}_X)}{\partial x_n}\right]^{\mathrm{T}} \tag{7-25}$$

3. RBDO 模型求解的单层法的流程和步骤

为区分式（7-20）和式（7-23）的求解方法，称式（7-20）为 RBDO 模型单层解法（single-loop RBDO，SL-RBDO），而称式（7-23）为简化的 RBDO 模型单层解法（simplified-SL-RBDO，S-SL-RBDO）。SL-RBDO 和 S-SL-RBDO 的流程图分别如图 7-6 和图 7-7 所示，其具体实现步骤如下所示。

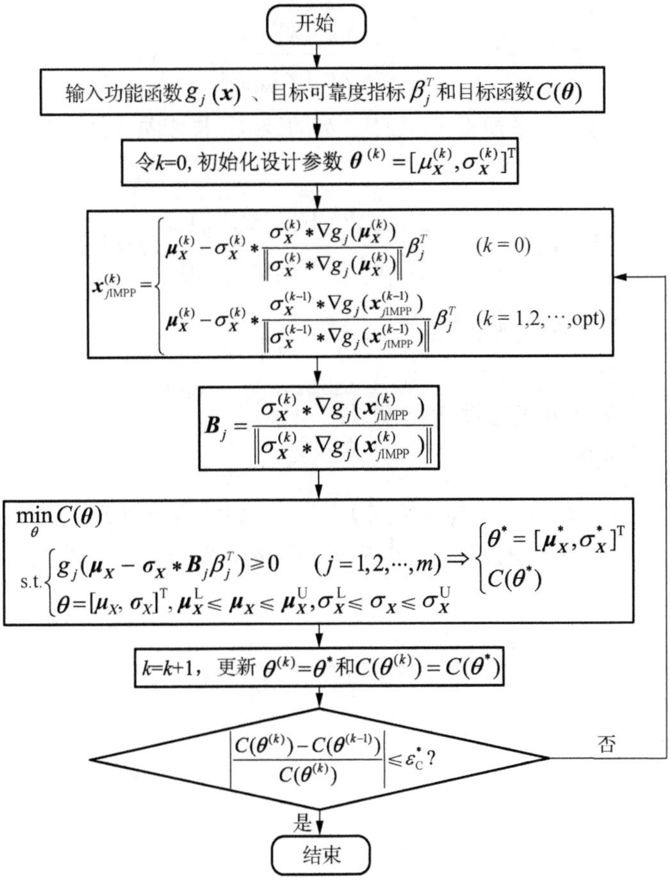

图 7-6　SL-RBDO 的流程图

1）SL-RBDO 的具体实现步骤

第一步：输入第 j 个约束的功能函数 $g_j(\boldsymbol{x})$ 和相应的目标可靠度指标 β_j^T $(j=1,2,\cdots,m)$，并输入 RBDO 模型的目标函数 $C(\boldsymbol{\theta})$。

第二步：设置指针变量 $k=0$，并初始化设计参数 $\boldsymbol{\theta}^{(k)}=[\boldsymbol{\mu}_X^{(k)},\boldsymbol{\sigma}_X^{(k)}]^{\mathrm{T}}$，估计当前目标函数值 $C(\boldsymbol{\theta}^{(k)})$。

第三步：估计第 j 个约束在当前逆设计点处的规范化梯度向量 $\boldsymbol{B}_j=[B_{j1},B_{j2},\cdots,B_{jn}]^{\mathrm{T}}$ $(j=1,2,\cdots,m)$。

首先估计第 j 个约束的当前逆设计点 $\boldsymbol{x}_{j\mathrm{IMPP}}^{(k)}$ $(j=1,2,\cdots,m)$，然后估计 $\boldsymbol{x}_{j\mathrm{IMPP}}^{(k)}$ 处

的梯度向量 $\boldsymbol{B}_j=[B_{j1},B_{j2},\cdots,B_{jn}]^{\mathrm{T}}$， $\boldsymbol{x}_{j\mathrm{IMPP}}^{(k)}$ 的估计如下所示：

$$\boldsymbol{x}_{j\mathrm{IMPP}}^{(k)}=\begin{cases}\boldsymbol{\mu}_{\boldsymbol{X}}^{(k)}-\boldsymbol{\sigma}_{\boldsymbol{X}}^{(k)}*\dfrac{\boldsymbol{\sigma}_{\boldsymbol{X}}^{(k)}*\nabla g_j(\boldsymbol{\mu}_{\boldsymbol{X}}^{(k)})}{\left\|\boldsymbol{\sigma}_{\boldsymbol{X}}^{(k)}*\nabla g_j(\boldsymbol{\mu}_{\boldsymbol{X}}^{(k)})\right\|}\beta_j^T & (k=0)\\ \boldsymbol{\mu}_{\boldsymbol{X}}^{(k)}-\boldsymbol{\sigma}_{\boldsymbol{X}}^{(k)}*\dfrac{\boldsymbol{\sigma}_{\boldsymbol{X}}^{(k-1)}*\nabla g_j(\boldsymbol{x}_{j\mathrm{IMPP}}^{(k-1)})}{\left\|\boldsymbol{\sigma}_{\boldsymbol{X}}^{(k-1)}*\nabla g_j(\boldsymbol{x}_{j\mathrm{IMPP}}^{(k-1)})\right\|}\beta_j^T & (k=1,2,\cdots,\mathrm{opt})\end{cases}\tag{7-26}$$

对于第 j 个约束，当前逆设计点 $\boldsymbol{x}_{j\mathrm{IMPP}}^{(k)}$ 处的规范化梯度向量 $\boldsymbol{B}_j=[B_{j1},\ B_{j2},\cdots,B_{jn}]^{\mathrm{T}}$ 如下所示：

$$\boldsymbol{B}_j=[B_{j1},B_{j2},\cdots,B_{jn}]^{\mathrm{T}}=\frac{\boldsymbol{\sigma}_{\boldsymbol{X}}^{(k)}*\nabla g_j(\boldsymbol{x}_{j\mathrm{IMPP}}^{(k)})}{\left\|\boldsymbol{\sigma}_{\boldsymbol{X}}^{(k)}*\nabla g_j(\boldsymbol{x}_{j\mathrm{IMPP}}^{(k)})\right\|}\quad (j=1,2,\cdots,m)\tag{7-27}$$

式中，分量 $B_{jl}=\dfrac{\sigma_{X_l}^{(k)}\partial g_j(\boldsymbol{x}_{j\mathrm{IMPP}}^{(k)})/\partial x_l}{\left\|\boldsymbol{\sigma}_{\boldsymbol{X}}^{(k)}*\nabla g_j(\boldsymbol{x}_{j\mathrm{IMPP}}^{(k)})\right\|}(l=1,2,\cdots,n)$。

第四步：求解下列确定性优化模型：

$$\begin{aligned}&\min_{\boldsymbol{\theta}} C(\boldsymbol{\theta})\\ &\mathrm{s.t.}\begin{cases}g_j(\boldsymbol{\mu}_{\boldsymbol{X}}-\boldsymbol{\sigma}_{\boldsymbol{X}}*\boldsymbol{B}_j\beta_j^T)\geqslant 0 & (j=1,2,\cdots,m)\\ \boldsymbol{\theta}=[\boldsymbol{\mu}_{\boldsymbol{X}},\boldsymbol{\sigma}_{\boldsymbol{X}}]^{\mathrm{T}},\boldsymbol{\mu}_{\boldsymbol{X}}^{\mathrm{L}}\leqslant\boldsymbol{\mu}_{\boldsymbol{X}}\leqslant\boldsymbol{\mu}_{\boldsymbol{X}}^{\mathrm{U}},\boldsymbol{\sigma}_{\boldsymbol{X}}^{\mathrm{L}}\leqslant\boldsymbol{\sigma}_{\boldsymbol{X}}\leqslant\boldsymbol{\sigma}_{\boldsymbol{X}}^{\mathrm{U}}\end{cases}\end{aligned}\tag{7-28}$$

式中，

$$\begin{aligned}\boldsymbol{\sigma}_{\boldsymbol{X}}*\boldsymbol{B}_j&=\boldsymbol{\sigma}_{\boldsymbol{X}}*\frac{\boldsymbol{\sigma}_{\boldsymbol{X}}^{(k)}*\nabla g_j(\boldsymbol{x}_{j\mathrm{IMPP}}^{(k)})}{\left\|\boldsymbol{\sigma}_{\boldsymbol{X}}^{(k)}*\nabla g_j(\boldsymbol{x}_{j\mathrm{IMPP}}^{(k)})\right\|}=\frac{1}{\left\|\boldsymbol{\sigma}_{\boldsymbol{X}}^{(k)}*\nabla g_j(\boldsymbol{x}_{j\mathrm{IMPP}}^{(k)})\right\|}\\ &*\left[\sigma_{X_1}\sigma_{X_1}^{(k)}\frac{\partial g_j(\boldsymbol{x}_{j\mathrm{IMPP}}^{(k)})}{\partial x_1},\sigma_{X_2}\sigma_{X_2}^{(k)}\frac{\partial g_j(\boldsymbol{x}_{j\mathrm{IMPP}}^{(k)})}{\partial x_2},\cdots,\sigma_{X_n}\sigma_{X_n}^{(k)}\frac{\partial g_j(\boldsymbol{x}_{j\mathrm{IMPP}}^{(k)})}{\partial x_n}\right]^{\mathrm{T}}\end{aligned}\tag{7-29}$$

$$\left\|\boldsymbol{\sigma}_{\boldsymbol{X}}^{(k)}*\nabla g_j(\boldsymbol{x}_{j\mathrm{IMPP}}^{(k)})\right\|=\sqrt{\sum_{i=1}^{n}\left(\sigma_{X_i}^{(k)}\cdot\frac{\partial g_j(\boldsymbol{x}_{j\mathrm{IMPP}}^{(k)})}{\partial x_i}\right)^2}\tag{7-30}$$

记由式（7-30）求得的优化解为 $\boldsymbol{\theta}^*=[\boldsymbol{\mu}_{\boldsymbol{X}}^*,\boldsymbol{\sigma}_{\boldsymbol{X}}^*]^{\mathrm{T}}$。

第五步：令 $k=k+1$，记 $\boldsymbol{\theta}^{(k)}=\boldsymbol{\theta}^*$，相应的目标函数为 $C(\boldsymbol{\theta}^{(k)})=C(\boldsymbol{\theta}^*)$。

第六步：判别优化结果的收敛性。如果前后两次的目标函数相对误差满足预先设定的阈值 $\varepsilon_{\mathrm{C}}^*$，即 $\left|\dfrac{C(\boldsymbol{\theta}^{(k)})-C(\boldsymbol{\theta}^{(k-1)})}{C(\boldsymbol{\theta}^{(k)})}\right|\leqslant\varepsilon_{\mathrm{C}}^*$，则结束优化过程，$\boldsymbol{\theta}^{(k)}=[\boldsymbol{\mu}_{\boldsymbol{X}}^{(k)},\boldsymbol{\sigma}_{\boldsymbol{X}}^{(k)}]^{\mathrm{T}}$ 和 $C(\boldsymbol{\theta}^{(k)})$ 为最优的设计参数和最优的目标值；若 $\left|\dfrac{C(\boldsymbol{\theta}^{(k)})-C(\boldsymbol{\theta}^{(k-1)})}{C(\boldsymbol{\theta}^{(k)})}\right|>\varepsilon_{\mathrm{C}}^*$，则转入第三步。

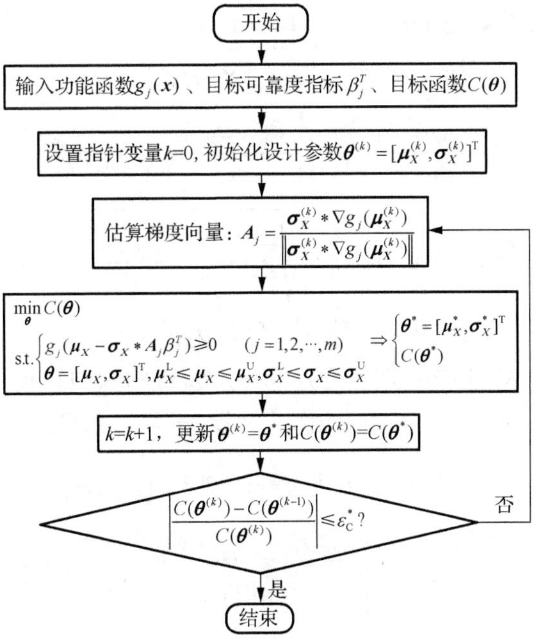

图 7-7　S-SL-RBDO 的流程图

2）S-SL-RBDO 的具体实现步骤

第一步：输入第 j 个约束的功能函数 $g_j(\boldsymbol{x})$ 和相应的目标可靠度指标 $\beta_j^T\ (j=1,2,\cdots,m)$，并输入 RBDO 模型的目标函数 $C(\boldsymbol{\theta})$。

第二步：设置指针变量 $k=0$，并初始化设计参数 $\boldsymbol{\theta}^{(k)}=[\boldsymbol{\mu}_X^{(k)},\boldsymbol{\sigma}_X^{(k)}]^{\mathrm{T}}$，估计当前目标函数值 $C(\boldsymbol{\theta}^{(k)})$。

第三步：估计第 j 个约束在当前均值向量处的规范化梯度向量：

$$\boldsymbol{A}_j=\frac{\boldsymbol{\sigma}_X^{(k)}*\nabla g_j(\boldsymbol{\mu}_X^{(k)})}{\left\|\boldsymbol{\sigma}_X^{(k)}*\nabla g_j(\boldsymbol{\mu}_X^{(k)})\right\|}\ (j=1,2,\cdots,m)$$

第 j 个约束在当前均值向量处的梯度向量 $\boldsymbol{A}_j=[A_{j1},A_{j2},\cdots,A_{jn}]^{\mathrm{T}}$ 的分量为

$$A_{jl}=\frac{\sigma_{X_l}^{(k)}\cdot\partial g_j(\boldsymbol{\mu}_X^{(k)})/\partial x_l}{\left\|\boldsymbol{\sigma}_X^{(k)}*\nabla g_j(\boldsymbol{\mu}_X^{(k)})\right\|}\ (l=1,2,\cdots,n)$$

第四步：求解下列确定性优化模型：

$$\begin{aligned}&\min_{\boldsymbol{\theta}} C(\boldsymbol{\theta})\\&\text{s.t.}\begin{cases}g_j(\boldsymbol{\mu}_X-\boldsymbol{\sigma}_X*\boldsymbol{A}_j\beta_j^T)\geqslant 0 \quad (j=1,2,\cdots,m)\\\boldsymbol{\theta}=[\boldsymbol{\mu}_X,\boldsymbol{\sigma}_X]^{\mathrm{T}},\boldsymbol{\mu}_X^{\mathrm{L}}\leqslant\boldsymbol{\mu}_X\leqslant\boldsymbol{\mu}_X^{\mathrm{U}},\boldsymbol{\sigma}_X^{\mathrm{L}}\leqslant\boldsymbol{\sigma}_X\leqslant\boldsymbol{\sigma}_X^{\mathrm{U}}\end{cases}\end{aligned}\tag{7-31}$$

式中，

$$\boldsymbol{\sigma}_X * \boldsymbol{A}_j = \boldsymbol{\sigma}_X * \frac{\boldsymbol{\sigma}_X^{(k)} * \nabla g_j(\boldsymbol{\mu}_X^{(k)})}{\left\|\boldsymbol{\sigma}_X^{(k)} * \nabla g_j(\boldsymbol{\mu}_X^{(k)})\right\|} = \frac{1}{\left\|\boldsymbol{\sigma}_X^{(k)} * \nabla g_j(\boldsymbol{\mu}_X^{(k)})\right\|} * \left[\sigma_{X_1}\sigma_{X_1}^{(k)}\frac{\partial g_j(\boldsymbol{\mu}_X^{(k)})}{\partial x_1}, \sigma_{X_2}\sigma_{X_2}^{(k)}\frac{\partial g_j(\boldsymbol{\mu}_X^{(k)})}{\partial x_2}, \cdots, \sigma_{X_n}\sigma_{X_n}^{(k)}\frac{\partial g_j(\boldsymbol{\mu}_X^{(k)})}{\partial x_n}\right]^{\mathrm{T}} \tag{7-32}$$

$$\left\|\boldsymbol{\sigma}_X^{(k)} * \nabla g_j(\boldsymbol{\mu}_X^{(k)})\right\| = \sqrt{\sum_{i=1}^{n}\left(\sigma_{X_i}^{(k)} \cdot \frac{\partial g_j(\boldsymbol{\mu}_X^{(k)})}{\partial x_i}\right)^2} \tag{7-33}$$

记由式（7-31）求得的优化解为$\boldsymbol{\theta}^* = [\boldsymbol{\mu}_X^*, \boldsymbol{\sigma}_X^*]^{\mathrm{T}}$。

第五步：令$k = k+1$，记$\boldsymbol{\theta}^{(k)} = \boldsymbol{\theta}^*$，相应的目标函数为$C(\boldsymbol{\theta}^{(k)}) = C(\boldsymbol{\theta}^*)$。

第六步：如果前后两次的目标相对误差满足预先设定的阈值$\varepsilon_{\mathrm{C}}^*$，即$\left|\dfrac{C(\boldsymbol{\theta}^{(k)}) - C(\boldsymbol{\theta}^{(k-1)})}{C(\boldsymbol{\theta}^{(k)})}\right| \leqslant \varepsilon_{\mathrm{C}}^*$，则结束优化过程，$\boldsymbol{\theta}^{(k)} = [\boldsymbol{\mu}_X^{(k)}, \boldsymbol{\sigma}_X^{(k)}]^{\mathrm{T}}$和$C(\boldsymbol{\theta}^{(k)})$即为最优的设计参数和最优的目标值；若$\left|\dfrac{C(\boldsymbol{\theta}^{(k)}) - C(\boldsymbol{\theta}^{(k-1)})}{C(\boldsymbol{\theta}^{(k)})}\right| > \varepsilon_{\mathrm{C}}^*$，则转入第三步。

7.1.3　算例分析

本小节将对一个经典的 RBDO 模型数值算例进行求解，采用的求解方法有 SL-RBDO 和 S-SL-RBDO 方法，在所给算例中以基于失效概率约束的 RBDO 模型的双层法得到的优化结果作为对照解。算例中给出了 RBDO 模型最优解对应的可靠度指标和失效概率来判断其是否满足可靠性约束。

算例 7.1　该算例有两个随机设计变量$\boldsymbol{x} = \{x_1, x_2\}^{\mathrm{T}}$和两个可靠性约束条件，所有随机变量均相互独立且服从正态分布，设计参数为随机变量的均值，分别记为μ_{X_1}和μ_{X_2}。设定功能函数的目标可靠度指标为$\beta_1^T = \beta_2^T = 2$，$x_1$和$x_2$的标准差为$\sigma_{X_1} = \sigma_{X_2} = 0.1$。本算例的 RBDO 数学模型如下：

$$\begin{aligned} &\min_{\boldsymbol{\mu}_X}\ C(\boldsymbol{\mu}_X) = (\mu_{X_1} - 3.7)^2 + (\mu_{X_2} - 4)^2 \\ &\text{s.t.} \begin{cases} P\{g_j(\boldsymbol{x}) \leqslant 0\} \leqslant P_{\mathrm{f}_j}^T & (j = 1,2) \\ 0 \leqslant \mu_{X_i} \leqslant 10 & (i = 1,2) \end{cases} \end{aligned} \tag{7-34}$$

式中，

$$\begin{cases} g_1(\boldsymbol{x}) = -x_1\sin(4x_1) - 1.1x_2\sin(2x_2) \\ g_2(\boldsymbol{x}) = x_1 + x_2 - 3 \\ X_i \sim N(\mu_{X_i}, \sigma_{X_i}^2) & (i = 1,2) \\ P_{\mathrm{f}_j}^T = \varPhi(-\beta_j^T) & (j = 1,2) \end{cases} \tag{7-35}$$

选用序列二次规划算法对单层法的 RBDO 模型进行求解，迭代过程中使用四点有限差分法求解功能函数的梯度，模型调用次数为$4\times n\times(\text{opt}-1)$（opt 表示优化收敛时的迭代次数）。

设计参数的初始点选择为[4,4]，表 7-1 和表 7-2 分别给出了 SL-RBDO 和 S-SL-RBDO 方法的迭代过程中设计参数和目标函数值随迭代次数的变化情况，表 7-3 和表 7-4 则给出了两种方法的最优结果对照。

表 7-1　初始点为[4,4]情况下 SL-RBDO 方法的迭代结果

迭代次数	设计参数		目标函数值
	μ_{X_1}	μ_{X_2}	
0	4.0000	4.0000	0.0900
1	2.9810	4.0000	0.5168
2	2.9761	4.0000	0.5201
3	2.8355	3.3972	1.1106
4	2.8060	3.3439	1.2296
5	2.8098	3.2863	1.3016
6	2.8149	3.2786	1.3037
7	2.8167	3.2763	1.3038

表 7-2　初始点为[4,4]情况下 S-SL-RBDO 方法的迭代结果

迭代次数	设计参数		目标函数值
	μ_{X_1}	μ_{X_2}	
0	4.0000	4.0000	0.0900
1	2.9811	4.0000	0.5168
2	2.9761	4.0000	0.5240
3	2.5822	4.0000	1.2494
4	2.5809	4.0000	1.2523
5	4.2386	4.5386	0.5802
6	2.9742	4.0000	0.5267
7	3.1052	3.5431	0.5625
8	2.8106	3.3565	1.2051
9	2.8051	3.2974	1.2945
10	2.8910	3.2462	1.2227
11	2.8963	3.2462	1.2141
12	2.8383	3.2590	1.2916
13	2.8361	3.2602	1.2936
14	2.8684	3.2485	1.2563
15	2.8700	3.2482	1.2540

续表

迭代次数	设计参数		目标函数值
	μ_{X_1}	μ_{X_2}	
16	2.8491	3.2540	1.2806
17	2.8482	3.2543	1.2815
18	2.8608	3.2502	1.2664
19	2.8614	3.2501	1.2657
20	2.8534	3.2524	1.2756
21	2.8531	3.2525	1.2760
22	2.8580	3.2510	1.2700
23	2.8582	3.2509	1.2697
24	2.8551	3.2519	1.2735
25	2.8550	3.2519	1.2737
26	2.8569	3.2513	1.2714
27	2.8570	3.2513	1.2713
28	2.8558	3.2516	1.2727
29	2.8557	3.2517	1.2728

表 7-3　初始点为[4,4]情况下最优设计参数及对应目标值和模型调用次数

方法	设计参数		目标值	目标值相对误差/%	模型调用次数		
	μ_{X_1}	μ_{X_2}			g_1	g_2	总数
理论解	2.8421	3.2320	1.3258	—	—	—	—
SL-RBDO	2.8168	3.2763	1.3038	1.66	64	64	128
S-SL-RBDO	2.8557	3.2517	1.2728	4.00	240	240	480

表 7-4　初始点为[4,4]情况下最优设计参数对应的约束值

方法	功能函数测度		可靠度指标	
	g_1	g_2	β_1	β_2
理论解	0	2.7913	2.07	21.64
SL-RBDO	0	2.8107	2.00	21.87
S-SL-RBDO	0	2.8246	1.84	21.97

为了测试初始设计参数对单层法的影响，本小节又将设计参数初始点选择为[8,8]，表 7-5 和表 7-6 分别给出了 SL-RBDO 和 S-SL-RBDO 方法的迭代过程中设计参数和目标函数值随迭代次数的变化情况，表 7-7 和表 7-8 则给出了两种方法的最优结果对照。

表 7-5　初始点为[8,8]情况下 SL-RBDO 方法的迭代结果

迭代次数	设计参数		目标函数值
	μ_{X_1}	μ_{X_2}	
0	8.0000	8.0000	34.4900
1	3.7000	3.1125	0.7876
2	3.7000	3.0106	0.9790
3	3.1026	3.3829	0.7377
4	2.7296	3.9896	0.9418
5	2.6026	3.9962	1.2042
6	2.8270	3.3858	1.1395
7	2.8094	3.2873	1.3012
8	2.8113	3.2839	1.3026
9	2.8160	3.2773	1.3038
10	2.8169	3.2762	1.3038

表 7-6　初始点为[8,8]情况下 S-SL-RBDO 方法的迭代结果

迭代次数	设计参数		目标函数值
	μ_{X_1}	μ_{X_2}	
0	8.0000	8.0000	34.4900
1	3.7000	3.1125	0.7876
2	3.7000	3.1125	0.7876

表 7-7　初始点为[8,8]情况下最优设计参数及对应目标值和模型调用次数

方法	设计参数		目标值	目标值相对误差/%	模型调用次数		
	μ_{X_1}	μ_{X_2}			g_1	g_2	总数
理论解	2.8421	3.2320	1.3258	—	—	—	—
SL-RBDO	2.8168	3.2762	1.3038	1.6	88	88	176
S-SL-RBDO	3.7000	3.1125	0.7876	40.59	24	24	48

表 7-8　初始点为[8,8]情况下最优设计参数对应的约束值

优化方法	功能函数测度		可靠度指标	
	g_1	g_2	β_1	β_2
理论解	0	2.7913	2.07	21.64
SL-RBDO	0	2.8104	2.00	21.87
S-SL-RBDO	0	3.5297	−1.97	26.96

当设计参数初始点选择为[8,8]的情况下，S-SL-RBDO 方法不能收敛于理论解，这是由于 S-SL-RBDO 方法将逆设计点处的梯度向量替换成均值设计参数处的梯度向量，这种近似方法有较大误差，尤其是当选择的设计参数初始点距离最优解较远时，这种误差可能使得 S-SL-RBDO 方法求得的优化结果是错误的。上述算例结果表明 SL-RBDO 方法受初始点的影响小于 S-SL-RBDO 方法，结果也更加稳健。S-SL-RBDO 方法得到的优化结果可能存在的误差较大，且优化结果可能不满足目标可靠性指标约束。

7.2 基于代理模型的单层法

基于代理模型的单层法求解思路为执行可靠性优化之前先在考虑设计参数可能取值范围的扩展的可靠性空间中建立全局的功能函数代理模型，然后将可靠性优化的双层嵌套寻优转换成单层法执行确定性优化和逆设计点近似的串行过程进行 RBDO 模型的求解，在串行求解的过程中自适应更新功能函数代理模型，以保证优化过程的求解精度。

7.2.1 扩展的可靠性空间中概率密度函数

扩展的可靠性空间中概率密度函数 $h_{\boldsymbol{X}}(\boldsymbol{x})$ 考虑了由设计参数 $\boldsymbol{\theta}$ 描述的主观不确定性和随机输入向量 $\boldsymbol{x}$ 自身的客观不确定性。设计参数 $\boldsymbol{\theta}$ 在其可能取值域内服从均匀分布，概率密度函数表示为 $\pi(\boldsymbol{\theta})$，分布上界和下界分别为 $\boldsymbol{\theta}^{\mathrm{U}}$ 和 $\boldsymbol{\theta}^{\mathrm{L}}$，则扩展空间中概率密度函数 $h_{\boldsymbol{X}}(\boldsymbol{x})$ 的表达形式为

$$h_{\boldsymbol{X}}(\boldsymbol{x})=\int_{\boldsymbol{\theta}^{\mathrm{L}}}^{\boldsymbol{\theta}^{\mathrm{U}}} f_{\boldsymbol{X}}(\boldsymbol{x}\,|\,\boldsymbol{\theta})\pi(\boldsymbol{\theta})\mathrm{d}\boldsymbol{\theta} \tag{7-36}$$

构建功能函数代理模型时，输入变量的样本应均匀分布在扩展的可靠性空间中，以保证代理模型所描述的极限状态面在优化历程中的准确性。为此在扩展的可靠性空间中定义一个超矩形置信区域 $D_{\boldsymbol{X}}$ [4]：

$$D_{\boldsymbol{X}}=\prod_{i=1}^{n}[q_i^-,q_i^+] \tag{7-37}$$

式中，q_i^+ 和 q_i^- 是与设计参数分布上界和下界有关的分位数。置信区域 $D_{\boldsymbol{X}}$ 是单个随机变量 $x_i(i=1,\cdots,n)$ 的置信区间 $[q_i^-,q_i^+]$ 的张量积，对于每一维随机变量 x_i，下分位数 q_i^- 和上分位数 $q_i^+(i=1,\cdots,n)$ 可通过求解下面的优化问题得到：

$$\begin{aligned} q_i^- &= \min_{\boldsymbol{\theta}\in[\boldsymbol{\theta}^{\mathrm{L}},\boldsymbol{\theta}^{\mathrm{U}}]} F_{X_i}^{-1}\left(\Phi(-\beta_{\max}^T)\,|\,\boldsymbol{\theta}\right) \\ q_i^+ &= \max_{\boldsymbol{\theta}\in[\boldsymbol{\theta}^{\mathrm{L}},\boldsymbol{\theta}^{\mathrm{U}}]} F_{X_i}^{-1}\left(\Phi(+\beta_{\max}^T)\,|\,\boldsymbol{\theta}\right) \end{aligned} \quad (i=1,\cdots,n) \tag{7-38}$$

式中，$\beta_{\max}^T$ 为 m 个目标可靠度指标 $\beta_j^T(j=1,2,\cdots,m)$ 的最大值，即 $\beta_{\max}^T=\max\{\beta_1^T,\beta_2^T,\cdots,\beta_m^T\}$。

为了获取置信区域 D_X 内输入变量的样本，定义一个加权的概率密度函数 $h_W(\boldsymbol{x})$ 如下：

$$h_W(\boldsymbol{x})=h_X(\boldsymbol{x})\boldsymbol{I}_{D_X}(\boldsymbol{x}) \tag{7-39}$$

式中，指示函数 $\boldsymbol{I}_{D_X}(\boldsymbol{x})$：

$$\boldsymbol{I}_{D_X}(\boldsymbol{x})=\begin{cases}1, & \bigcap_{i=1}^{n} q_i^- \leqslant x_i \leqslant q_i^+ \\ 0, & \text{其他}\end{cases} \tag{7-40}$$

7.2.2　嵌入代理模型的单层法求解 RBDO 模型的流程

求解 RBDO 优化解的嵌入代理模型的单层法分成两个阶段，第一阶段是在扩展的可靠性空间内构造功能函数的代理模型，第二阶段是自适应更新代理模型来执行确定性优化和逆设计点近似的串行迭代过程，以求解 RBDO 模型的最优设计参数。结合第一阶段和第二阶段，图 7-8 给出了嵌入代理模型的单层法详细流程图，以下将给出该方法的具体步骤。

第一阶段的具体步骤如下。

第一步：由式（7-38）获得到每一维输入变量 $X_i(i=1,\cdots,n)$ 的置信区间下界和上界 $[q_i^-,q_i^+](i=1,\cdots,n)$，进而获得式（7-39）所示的加权的概率密度函数 $h_W(\boldsymbol{x})$。

第二步：由扩展空间中的加权概率密度函数 $h_W(\boldsymbol{x})$ 抽取扩展可靠性空间中的容量为 N 的备选样本池 $\boldsymbol{S}_{\boldsymbol{x}}^{\mathrm{E}}=\{\boldsymbol{x}_1,\boldsymbol{x}_2,\cdots,\boldsymbol{x}_N\}^{\mathrm{T}}$。

第三步：从 $\boldsymbol{S}_{\boldsymbol{x}}^{\mathrm{E}}$ 中抽取容量为 N_t 的初始训练点 $\{\boldsymbol{x}_1^{\mathrm{t}},\boldsymbol{x}_2^{\mathrm{t}},\cdots,\boldsymbol{x}_{N_t}^{\mathrm{t}}\}^{\mathrm{T}}$，计算相应的功能函数值形成第 j 个功能函数的训练集 $\boldsymbol{T}_j=\{(\boldsymbol{x}_1^{\mathrm{t}},g_j(\boldsymbol{x}_1^{\mathrm{t}}),(\boldsymbol{x}_2^{\mathrm{t}},g_j(\boldsymbol{x}_2^{\mathrm{t}}),\cdots,(\boldsymbol{x}_N^{\mathrm{t}},g_j(\boldsymbol{x}_{N_t}^{\mathrm{t}})\}^{\mathrm{T}}$ $(j=1,2,\cdots,m)$。

第四步：利用 $\boldsymbol{T}_j$ 建立代理模型 $\hat{g}_j(\boldsymbol{x})$，代理模型的预测均值和预测标准差分别表示为 $\mu_{\hat{g}_j}(\boldsymbol{x})$ 和 $\sigma_{\hat{g}_j}(\boldsymbol{x})(j=1,\cdots,m)$。

第五步：用第 6 章给出的多个约束的 U 学习函数[5] $U_X(\boldsymbol{x})$ 在备选样本池 $\boldsymbol{S}_{\boldsymbol{x}}^{\mathrm{E}}$ 中找到新的训练点 $\boldsymbol{x}^{\mathrm{new}}=\arg\min\limits_{\boldsymbol{x}\in\boldsymbol{S}_{\boldsymbol{x}}^{\mathrm{E}}}U_X(\boldsymbol{x})$ 和重要约束的标号 $I^*=I_{\mathrm{im}}(\boldsymbol{x}^{\mathrm{new}})$。

第六步：若 $U_X(\boldsymbol{x}^{\mathrm{new}})\geqslant 2$，说明功能函数的代理模型已收敛，此时停止扩展可靠性空间中功能函数代理模型的更新，并转入第二阶段；若 $U_X(\boldsymbol{x}^{\mathrm{new}})<2$，则转到第一阶段的第七步。

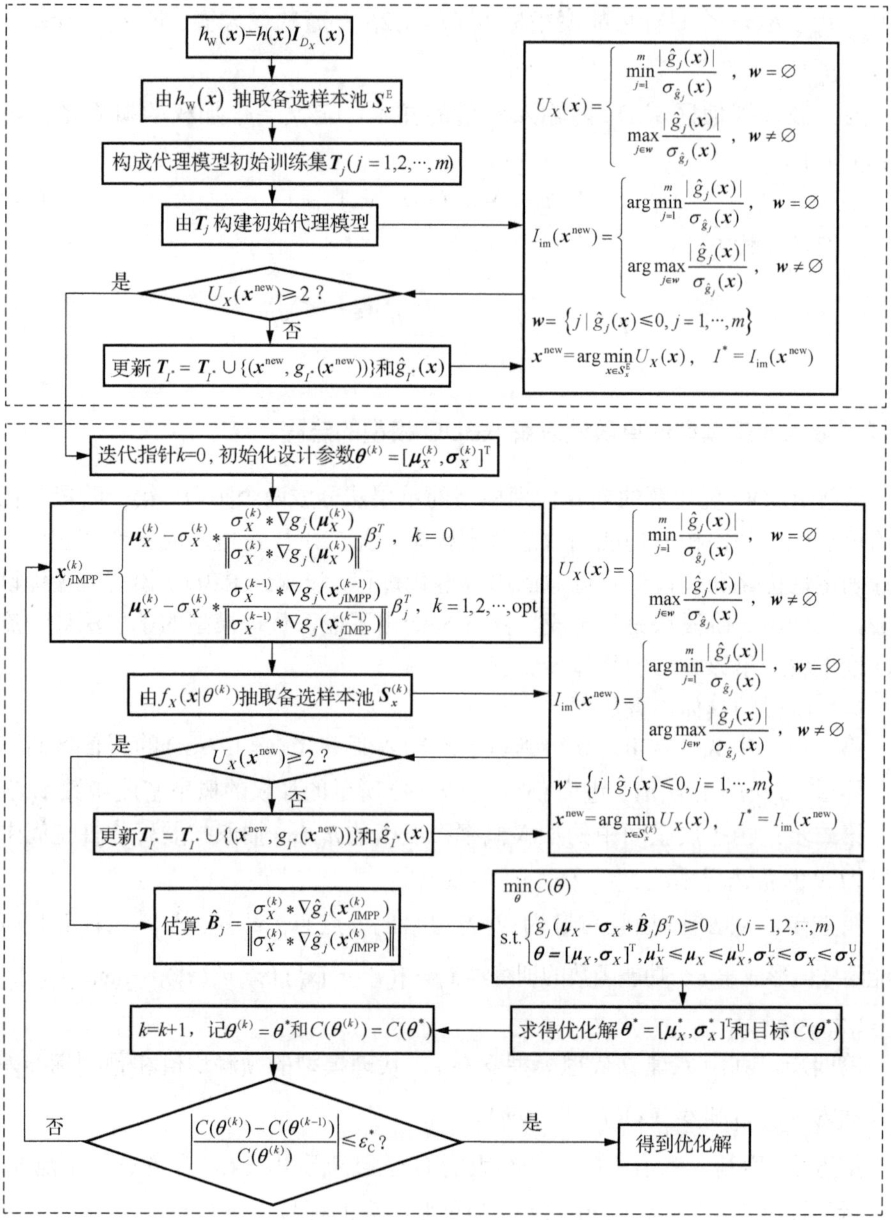

图 7-8　嵌入代理模型的单层法详细流程图

第七步： 调用第 I^* 个功能函数 $g_{I^*}(\boldsymbol{x})$ 求得新的训练点 $\boldsymbol{x}^{new}$ 处的输出响应 $g_{I^*}(\boldsymbol{x}^{new})$，更新训练集 $\boldsymbol{T}_{I^*}=\boldsymbol{T}_{I^*}\cup\{(\boldsymbol{x}^{new},g_{I^*}(\boldsymbol{x}^{new}))\}$ 和相应的代理模型 $\hat{g}_{I^*}(\boldsymbol{x})$，转到第一阶段的第五步。

第二阶段的具体步骤如下。

第一步：设置指针变量 $k=0$，并初始化设计参数 $\boldsymbol{\theta}^{(k)}=[\boldsymbol{\mu}_X^{(k)},\boldsymbol{\sigma}_X^{(k)}]^{\mathrm{T}}$，估计当前目标函数值 $C(\boldsymbol{\theta}^{(k)})$。

第二步：由概率密度函数 $f_X(\boldsymbol{x}|\boldsymbol{\theta}^{(k)})$ 抽取容量为 N 的备选样本池 $\boldsymbol{S}_{\boldsymbol{x}}^{(k)}=\{\boldsymbol{x}_1,\ \boldsymbol{x}_2,\ \cdots,\boldsymbol{x}_N\}^{\mathrm{T}}$。

第三步：用第6章给出的多个约束的U学习函数 $U_X(\boldsymbol{x})$ 在备选样本池 $\boldsymbol{S}_{\boldsymbol{x}}^{(k)}$ 中找到新训练点 $\boldsymbol{x}^{\mathrm{new}}=\arg\min\limits_{\boldsymbol{x}\in\boldsymbol{S}_{\boldsymbol{x}}^{(k)}}U_X(\boldsymbol{x})$ 和重要约束的标号 $I^*=I_{\mathrm{im}}(\boldsymbol{x}^{\mathrm{new}})$。

第四步：若 $U_X(\boldsymbol{x}^{\mathrm{new}})\geqslant 2$，则代理模型已收敛，此时停止功能函数代理模型的更新，转到第二阶段第六步；若 $U_X(\boldsymbol{x}^{\mathrm{new}})<2$，则转到第二阶段第五步。

第五步：调用第 I^* 个功能函数 $g_{I^*}(\boldsymbol{x})$ 求得新的训练点 $\boldsymbol{x}^{\mathrm{new}}$ 处的输出响应 $g_{I^*}(\boldsymbol{x}^{\mathrm{new}})$，更新训练集 $\boldsymbol{T}_{I^*}=\boldsymbol{T}_{I^*}\cup\{(\boldsymbol{x}^{\mathrm{new}},g_{I^*}(\boldsymbol{x}^{\mathrm{new}}))\}$ 和相应的代理模型 $\hat{g}_{I^*}(\boldsymbol{x})$，转到第二阶段的第三步。

第六步：求解下列确定性优化模型：

$$\begin{aligned}&\min_{\boldsymbol{\theta}} C(\boldsymbol{\theta})\\&\text{s.t.}\begin{cases}\hat{g}_j(\boldsymbol{\mu}_X-\boldsymbol{\sigma}_X*\hat{\boldsymbol{B}}_j\beta_j^T)\geqslant 0 \qquad (j=1,2,\cdots,m)\\\boldsymbol{\theta}=[\boldsymbol{\mu}_X,\boldsymbol{\sigma}_X]^{\mathrm{T}},\boldsymbol{\mu}_X^{\mathrm{L}}\leqslant\boldsymbol{\mu}_X\leqslant\boldsymbol{\mu}_X^{\mathrm{U}},\boldsymbol{\sigma}_X^{\mathrm{L}}\leqslant\boldsymbol{\sigma}_X\leqslant\boldsymbol{\sigma}_X^{\mathrm{U}}\end{cases}\end{aligned}\tag{7-41}$$

式中，

$$\begin{aligned}\hat{\boldsymbol{B}}_j&=\frac{\boldsymbol{\sigma}_X^{(k)}*\nabla\hat{g}_j(\boldsymbol{x}_{j\mathrm{IMPP}}^{(k)})}{\left\|\boldsymbol{\sigma}_X^{(k)}*\nabla\hat{g}_j(\boldsymbol{x}_{j\mathrm{IMPP}}^{(k)})\right\|}=\frac{1}{\left\|\boldsymbol{\sigma}_X^{(k)}*\nabla\hat{g}_j(\boldsymbol{x}_{j\mathrm{IMPP}}^{(k)})\right\|}\\&\quad*\left[\sigma_{X_1}^{(k)}\frac{\partial\hat{g}_j(\boldsymbol{x}_{j\mathrm{IMPP}}^{(k)})}{\partial x_1},\sigma_{X_2}^{(k)}\frac{\partial\hat{g}_j(\boldsymbol{x}_{j\mathrm{IMPP}}^{(k)})}{\partial x_2},\cdots,\sigma_{X_n}^{(k)}\frac{\partial\hat{g}_j(\boldsymbol{x}_{j\mathrm{IMPP}}^{(k)})}{\partial x_n}\right]^{\mathrm{T}}\end{aligned}\tag{7-42}$$

$$\left\|\boldsymbol{\sigma}_X^{(k)}*\nabla\hat{g}_j(\boldsymbol{x}_{j\mathrm{IMPP}}^{(k)})\right\|=\sqrt{\sum_{i=1}^{n}\left(\sigma_{X_i}^{(k)}\cdot\frac{\partial\hat{g}_j(\boldsymbol{x}_{j\mathrm{IMPP}}^{(k)})}{\partial x_i}\right)^2}\tag{7-43}$$

记由式（7-41）求得的优化解和目标分别为 $\boldsymbol{\theta}^*=[\boldsymbol{\mu}_X^*,\boldsymbol{\sigma}_X^*]^{\mathrm{T}}$ 和 $C(\boldsymbol{\theta}^*)$。

第七步：令 $k=k+1$，记 $\boldsymbol{\theta}^{(k)}=\boldsymbol{\theta}^*$，相应的目标为 $C(\boldsymbol{\theta}^{(k)})=C(\boldsymbol{\theta}^*)$。

第八步：判别优化结果的收敛性。如果前后两次的目标相对误差满足预先设定的阈值 $\varepsilon_{\mathrm{C}}^*$，即 $\left|\dfrac{C(\boldsymbol{\theta}^{(k)})-C(\boldsymbol{\theta}^{(k-1)})}{C(\boldsymbol{\theta}^{(k)})}\right|\leqslant\varepsilon_{\mathrm{C}}^*$，则结束优化过程，$\boldsymbol{\theta}^{(k)}=[\boldsymbol{\mu}_X^{(k)},\boldsymbol{\sigma}_X^{(k)}]^{\mathrm{T}}$ 和 $C(\boldsymbol{\theta}^{(k)})$ 为最优的设计参数和最优的目标值；若 $\left|\dfrac{C(\boldsymbol{\theta}^{(k)})-C(\boldsymbol{\theta}^{(k-1)})}{C(\boldsymbol{\theta}^{(k)})}\right|>\varepsilon_{\mathrm{C}}^*$，则转入第二阶段的第二步。

7.3 代理模型与改进数字模拟法结合的单层法

为了进一步提高求解 RBDO 模型单层法的效率，本节介绍了代理模型与重要抽样（importance sampling，IS）、截断抽样（truncated sampling，TS）和方向抽样（directional sampling，DS）相结合的单层法。

7.3.1 代理模型与重要抽样相结合的单层法

利用代理模型与重要抽样相结合的单层法来求解RBDO模型方法基本思路为通过重要抽样密度函数代替原来的抽样密度函数，使得样本落入可行域边界附近的概率增加，以此来提升代理模型自适应学习过程的抽样效率和收敛速度。对于含有 m 个概率约束的 RBDO 模型，代理模型与重要抽样结合的单层法流程图如图 7-9 所示，具体步骤如下。

第一步：构建扩展的可靠性空间内收敛的代理模型至收敛（参见 7.2.2 小节），代理模型预测均值和预测方差分别表示为 $\mu_{\hat{g}_j}(\boldsymbol{x})$ 和 $\sigma_{\hat{g}_j}(\boldsymbol{x})(j=1,\cdots,m)$ 。

第二步：设置指针变量 $k=0$ ，初始化设计参数 $\boldsymbol{\theta}^{(k)}=[\boldsymbol{\mu}_X^{(k)},\boldsymbol{\sigma}_X^{(k)}]^{\mathrm{T}}$ 。

第三步：在给定目标可靠度 β_j^T 下估计第 j 个约束的当前逆设计点 $\boldsymbol{x}_{j\mathrm{IMPP}}^{(k)}$ $(j=1,2,\cdots,m)$ 。$\boldsymbol{x}_{j\mathrm{IMPP}}^{(k)}$ 的近似估计为

$$
\begin{cases}
\boldsymbol{x}_{j\mathrm{IMPP}}^{(k)}=\boldsymbol{\mu}_X^{(k)}-\boldsymbol{\sigma}_X^{(k)}*\dfrac{\boldsymbol{\sigma}_X^{(k)}*\hat{g}_j(\boldsymbol{\mu}_X^{(k)})}{\left\|\boldsymbol{\sigma}_X^{(k)}*\hat{g}_j(\boldsymbol{\mu}_X^{(k)})\right\|}\beta_j^T, & k=0\\
\boldsymbol{x}_{j\mathrm{IMPP}}^{(k)}=\boldsymbol{\mu}_X^{(k)}-\boldsymbol{\sigma}_X^{(k)}*\dfrac{\boldsymbol{\sigma}_X^{(k-1)}*\hat{g}_j(\boldsymbol{x}_{j\mathrm{IMPP}}^{(k-1)})}{\left\|\boldsymbol{\sigma}_X^{(k-1)}*\hat{g}_j(\boldsymbol{x}_{j\mathrm{IMPP}}^{(k-1)})\right\|}\beta_j^T, & k=1,2,\cdots,\mathrm{opt}
\end{cases}
\tag{7-44}
$$

第四步：分别以 $\boldsymbol{x}_{j\mathrm{IMPP}}^{(k)}$ 和 $\boldsymbol{\sigma}_X^{(k)}$ 为均值和标准差，构建重要抽样的概率密度函数 $h_{jX}(\boldsymbol{x})(j=1,\cdots,m)$ ，并由 $h_{jX}(\boldsymbol{x})(j=1,\cdots,m)$ 抽取容量为 N_j 的样本集 $\boldsymbol{S}_{jx}^{(k)}$ ，令 $\boldsymbol{S}_{\boldsymbol{x}}^{(k)}=\bigcup\limits_{j=1}^{m}\boldsymbol{S}_{jx}^{(k)}=\{\boldsymbol{x}_1^{(k)},\boldsymbol{x}_2^{(k)},\cdots,\boldsymbol{x}_N^{(k)}\}^{\mathrm{T}}$ ，$N=\sum\limits_{j=1}^{m}N_j$ 为 $\boldsymbol{S}_{jx}^{(k)}(j=1,\cdots,m)$ 的样本总数。

第五步：用第 6 章给出的多个约束的 U 学习函数在备选样本池 $\boldsymbol{S}_{\boldsymbol{x}}^{(k)}$ 中找到新训练点 $\boldsymbol{x}^{\mathrm{new}}=\arg\min\limits_{\boldsymbol{x}\in\boldsymbol{S}_{\boldsymbol{x}}^{(k)}}U_X(\boldsymbol{x})$ 和重要约束的标号 $I^*=I_{\mathrm{im}}(\boldsymbol{x}^{\mathrm{new}})$ 。

第六步：若 $U_X(\boldsymbol{x}^{\mathrm{new}})\geqslant 2$ ，则代理模型收敛，此时停止功能函数代理模型的更新，转到第十步；若 $U_X(\boldsymbol{x}^{\mathrm{new}})<2$ ，则转到第七步。

第七步：调用第 I^* 个功能函数 $g_{I^*}(\boldsymbol{x})$ 求得新的训练点 $\boldsymbol{x}^{\mathrm{new}}$ 处的输出响应 $g_{I^*}(\boldsymbol{x}^{\mathrm{new}})$ ，更新训练集 $\boldsymbol{T}_{I^*}=\boldsymbol{T}_{I^*}\cup\{(\boldsymbol{x}^{\mathrm{new}},g_{I^*}(\boldsymbol{x}^{\mathrm{new}}))\}$ 和相应的代理模型 $\hat{g}_{I^*}(\boldsymbol{x})$ 。

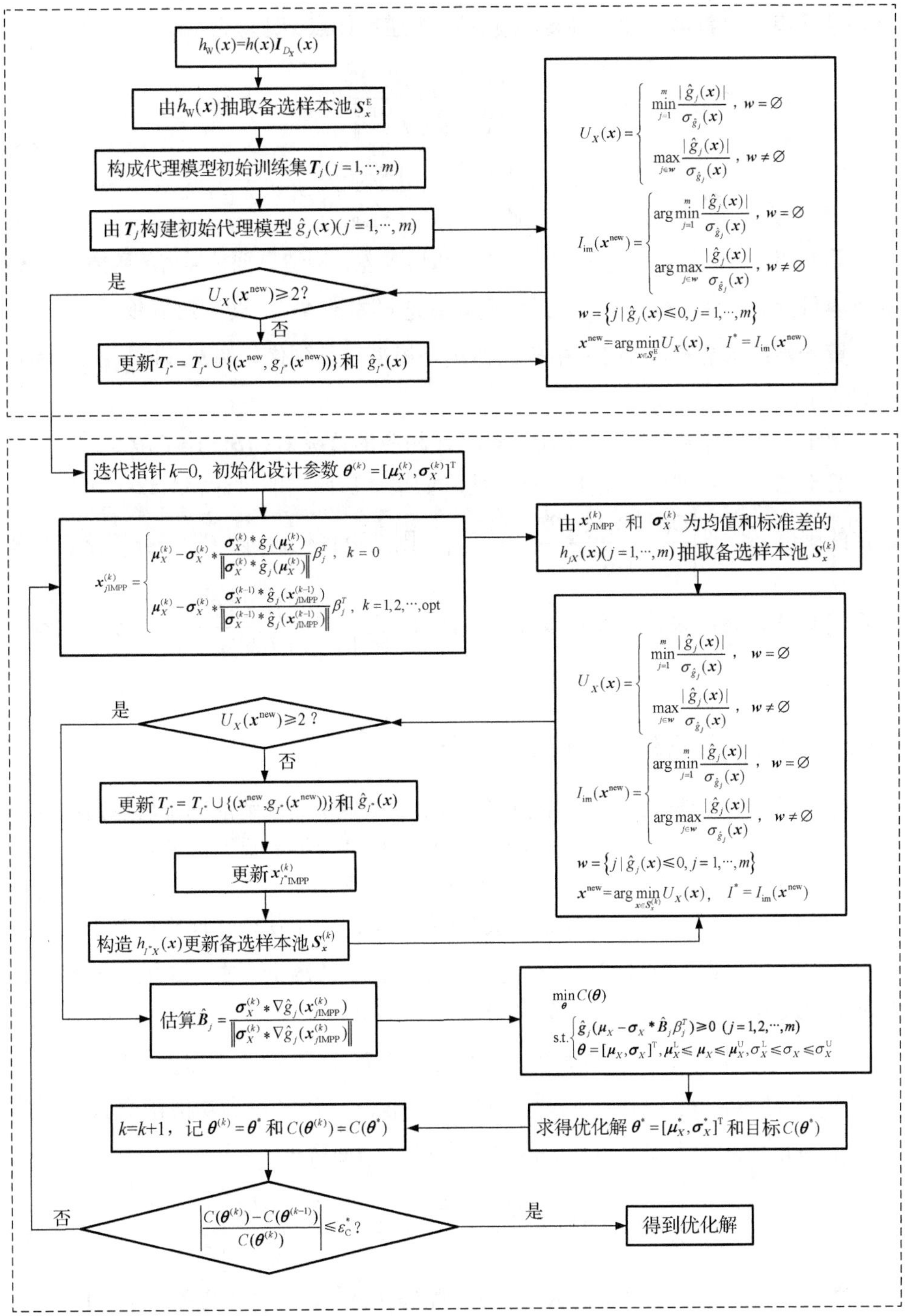

图 7-9　代理模型与重要抽样结合的单层法流程图

第八步：更新第 I^* 个功能函数 $g_{I^*}(\boldsymbol{x})$ 的逆设计点 $\boldsymbol{x}_{I^*\text{IMPP}}^{(k)}$ 为

$$\begin{cases} \boldsymbol{x}_{I^*\text{IMPP}}^{(k)} = \boldsymbol{\mu}_X^{(k)} - \boldsymbol{\sigma}_X^{(k)} * \dfrac{\boldsymbol{\sigma}_X^{(k)} * \hat{g}_{I^*}(\boldsymbol{\mu}_X^{(k)})}{\left\| \boldsymbol{\sigma}_X^{(k)} * \hat{g}_{I^*}(\boldsymbol{\mu}_X^{(k)}) \right\|} \beta_j^T, & k=0 \\ \boldsymbol{x}_{I^*\text{IMPP}}^{(k)} = \boldsymbol{\mu}_X^{(k)} - \boldsymbol{\sigma}_X^{(k)} * \dfrac{\boldsymbol{\sigma}_X^{(k-1)} * \hat{g}_{I^*}(\boldsymbol{x}_{j\text{IMPP}}^{(k-1)})}{\left\| \boldsymbol{\sigma}_X^{(k-1)} * \hat{g}_{I^*}(\boldsymbol{x}_{j\text{IMPP}}^{(k-1)}) \right\|} \beta_j^T, & k=1,2,\cdots \end{cases} \tag{7-45}$$

第九步：分别以 $\boldsymbol{x}_{I^*\text{IMPP}}^{(k)}$ 和 $\boldsymbol{\sigma}_X^{(k)}$ 为均值和标准差，构造重要抽样密度函数 $h_{I^*X}(\boldsymbol{x})$ 抽取容量为 N_{I^*} 的样本集 $\boldsymbol{S}_{I^*x}^{(k)}$，进而更新备选样本池 $\boldsymbol{S}_x^{(k)}$，转到第五步。

第十步：求解式（7-41）中确定性优化模型，得到优化解 $\boldsymbol{\theta}^* = [\boldsymbol{\mu}_X^*, \boldsymbol{\sigma}_X^*]^{\mathrm{T}}$ 和目标 $C(\boldsymbol{\theta}^*)$。

第十一步：令 $k=k+1$，记 $\boldsymbol{\theta}^{(k)} = \boldsymbol{\theta}^*$，相应的目标为 $C(\boldsymbol{\theta}^{(k)}) = C(\boldsymbol{\theta}^*)$。

第十二步：判别优化结果的收敛性。如果前后两次的目标相对误差满足预先设定的阈值 $\varepsilon_{\mathrm{C}}^*$，即 $\left| \dfrac{C(\boldsymbol{\theta}^{(k)}) - C(\boldsymbol{\theta}^{(k-1)})}{C(\boldsymbol{\theta}^{(k)})} \right| \leqslant \varepsilon_{\mathrm{C}}^*$，则结束优化过程，$\boldsymbol{\theta}^{(k)} = [\boldsymbol{\mu}_X^{(k)}, \boldsymbol{\sigma}_X^{(k)}]^{\mathrm{T}}$ 和 $C(\boldsymbol{\theta}^{(k)})$ 即为最优的设计参数和最优的目标值；若 $\left| \dfrac{C(\boldsymbol{\theta}^{(k)}) - C(\boldsymbol{\theta}^{(k-1)})}{C(\boldsymbol{\theta}^{(k)})} \right| > \varepsilon_{\mathrm{C}}^*$，则转入第三步。

7.3.2 代理模型与截断抽样相结合的单层法

与代理模型相结合的截断抽样进行RBDO模型单层求解的基本思想是在约束边界的重要区域附近抽取备选样本池，以提高代理模型在重要区域对真实约束边界的近似精度。在独立的标准正态 $\boldsymbol{U}$ 空间中，以坐标原点为中心且以目标可靠度指标 $\beta_j^T (j=1,\cdots,m)$ 为半径的区域是最重要的区域，为了使得代理模型对于非线性约束功能函数在此重要区域以外的更大区域对约束边界也具有一定的近似精度，通常需要对 β_j^T 进行修正[6]。对 β_j^T 的修正过程如下。

根据 7.3.1 小节的重要抽样密度函数 $h_{jX}(\boldsymbol{x})(j=1,\cdots,m)$ 抽取第 j 个约束功能函数的 N_{R} 个样本点 $\boldsymbol{x}_j^{(l)} = \{x_{j,1}^{(l)}, \cdots, x_{j,n}^{(l)}\}^{\mathrm{T}}$ $(l=1,\cdots,N_{\mathrm{R}})$，计算得到功能函数代理模型 $\hat{g}_j(\boldsymbol{x})(j=1,\cdots,m)$ 在样本点 $\boldsymbol{x}_j^{(l)}$ 处的梯度向量 $\nabla \hat{g}_j(\boldsymbol{x}_j^{(l)})$ 如下：

$$\nabla \hat{g}_j(\boldsymbol{x}_j^{(l)}) = \left[\frac{\partial \hat{g}_j(\boldsymbol{x}_j^{(l)})}{\partial x_1}, \frac{\partial \hat{g}_j(\boldsymbol{x}_j^{(l)})}{\partial x_2}, \cdots, \frac{\partial \hat{g}_j(\boldsymbol{x}_j^{(l)})}{\partial x_n} \right]^{\mathrm{T}} \tag{7-46}$$

进一步得到第 j 个约束的 N_{R} 个偏导数 $\partial \hat{g}_j(\boldsymbol{x}) / \partial x_i$ 的样本方差 $v_{j,i}(i=1,\cdots,n)$ 如下：

$$v_{j,i}=\frac{1}{N_{\mathrm{R}}}\sum_{l=1}^{N_{\mathrm{R}}}\left(\frac{\partial \hat{g}_j(\boldsymbol{x}_j^{(l)})}{\partial x_i}-\frac{1}{N_{\mathrm{R}}}\sum_{k=1}^{N_{\mathrm{R}}}\frac{\partial \hat{g}_j(\boldsymbol{x}_j^{(k)})}{\partial x_i}^2\right) \tag{7-47}$$

偏导数的样本方差行向量 $\boldsymbol{v}_j=\{v_{j,1},v_{j,2},\cdots,v_{j,n}\}(j=1,\cdots,m)$ 的 L_2 范数 $\|\boldsymbol{v}_j\|=\sqrt{\boldsymbol{v}_j\cdot\boldsymbol{v}_j^{\mathrm{T}}}$ 反映了第 j 个功能函数的非线性程度，使用 $\|\hat{\boldsymbol{v}}_j\|$ 可以定义非线性修正系数 nc_j 如下：

$$\mathrm{nc}_j=\frac{2}{\pi}\arctan\left(\|\hat{\boldsymbol{v}}_j\|\right)\quad(j=1,\cdots,m) \tag{7-48}$$

由非线性修正系数 nc_j 进行修正得到的超球半径 R_j 定义为

$$R_j=(1.2+0.3\mathrm{nc}_j)\beta_j^T \tag{7-49}$$

对于线性的功能函数，$\mathrm{nc}_j=0$，此时半径 $R_j=1.2\beta_j^T$，对于高度非线性的功能函数，nc_j 接近 1，此时半径 $R_j\approx1.5\beta_j^T$。修正的 R_j 实际上定义的是标准正态 $\boldsymbol{U}$ 空间的抽样区域半径，转换到 $\boldsymbol{X}$ 坐标空间后，由于每一维度量的标准差和最重要的逆设计点坐标是不同的，考虑这些因素后，对于第 j 个模式的第 i 个坐标方向可以确定其抽样区间 $\tilde{D}_{jX_i}$ 如下：

$$\tilde{D}_{jX_i}=\left[x_{j\mathrm{IMPP},i}-R_j\sigma_{X_i},x_{j\mathrm{IMPP},i}+R_j\sigma_{X_i}\right]\quad(j=1,\cdots,m;i=1,\cdots,n) \tag{7-50}$$

式中，$\boldsymbol{x}_{j\mathrm{IMPP}}=\{x_{j\mathrm{IMPP},1},x_{j\mathrm{IMPP},2},\cdots,x_{j\mathrm{IMPP},n}\}^{\mathrm{T}}$。

利用抽样区域 $\tilde{D}_{jX}=\bigcap_{i=1}^{n}\tilde{D}_{jX_i}(j=1,\cdots,m)$ 对 $h_{jX}(\boldsymbol{x})$ 抽取的样本点进行筛选后，形成的训练约束功能函数代理模型的备选样本池更加集中在对提高优化求解精度贡献大的区域。基于上述截断的抽样区域，可以构建代理模型与截断抽样相结合的 RBDO 模型求解的单层法，其流程如图 7-10 所示，具体的求解步骤如下。

第一步：构建扩展的可靠性空间内的代理模型 $\hat{g}_j(\boldsymbol{x})$ 至收敛（参见 7.2.2 小节），代理模型的预测均值和预测方差分别表示为 $\hat{g}_j(\boldsymbol{x})$ 和 $\sigma_{\hat{g}_j}(\boldsymbol{x})(j=1,\cdots,m)$。

第二步：设置指针变量 k=0，初始化设计参数 $\boldsymbol{\theta}^{(k)}=[\boldsymbol{\mu}_X^{(k)},\boldsymbol{\sigma}_X^{(k)}]^{\mathrm{T}}$。

第三步：由式（7-44）估计给定目标可靠度 β_j^T 下第 j 个约束的当前逆设计点 $\boldsymbol{x}_{j\mathrm{IMPP}}^{(k)}(j=1,2,\cdots,m)$。

第四步：分别以 $\boldsymbol{x}_{j\mathrm{IMPP}}^{(k)}$ 和 $\boldsymbol{\sigma}_X^{(k)}$ 为均值和标准差，构建重要抽样密度函数 $h_{jX}(\boldsymbol{x})$ $(j=1,\cdots,m)$，并由 $h_{jX}(\boldsymbol{x})(j=1,\cdots,m)$ 抽取容量为 N_{R} 的样本池 $\boldsymbol{x}_j^{(l)}=\{x_{j,1}^{(l)},\cdots,x_{j,n}^{(l)}\}^{\mathrm{T}}$ $(l=1,\cdots,N_{\mathrm{R}})$。

第五步：由式（7-46）～式（7-50）计算局部抽样半径 $R_j(j=1,\cdots,m)$、抽样区间 $\tilde{D}_{jX_i}$ $(i=1,\cdots,n)$ 和抽样区域 $\tilde{D}_{jX}$。

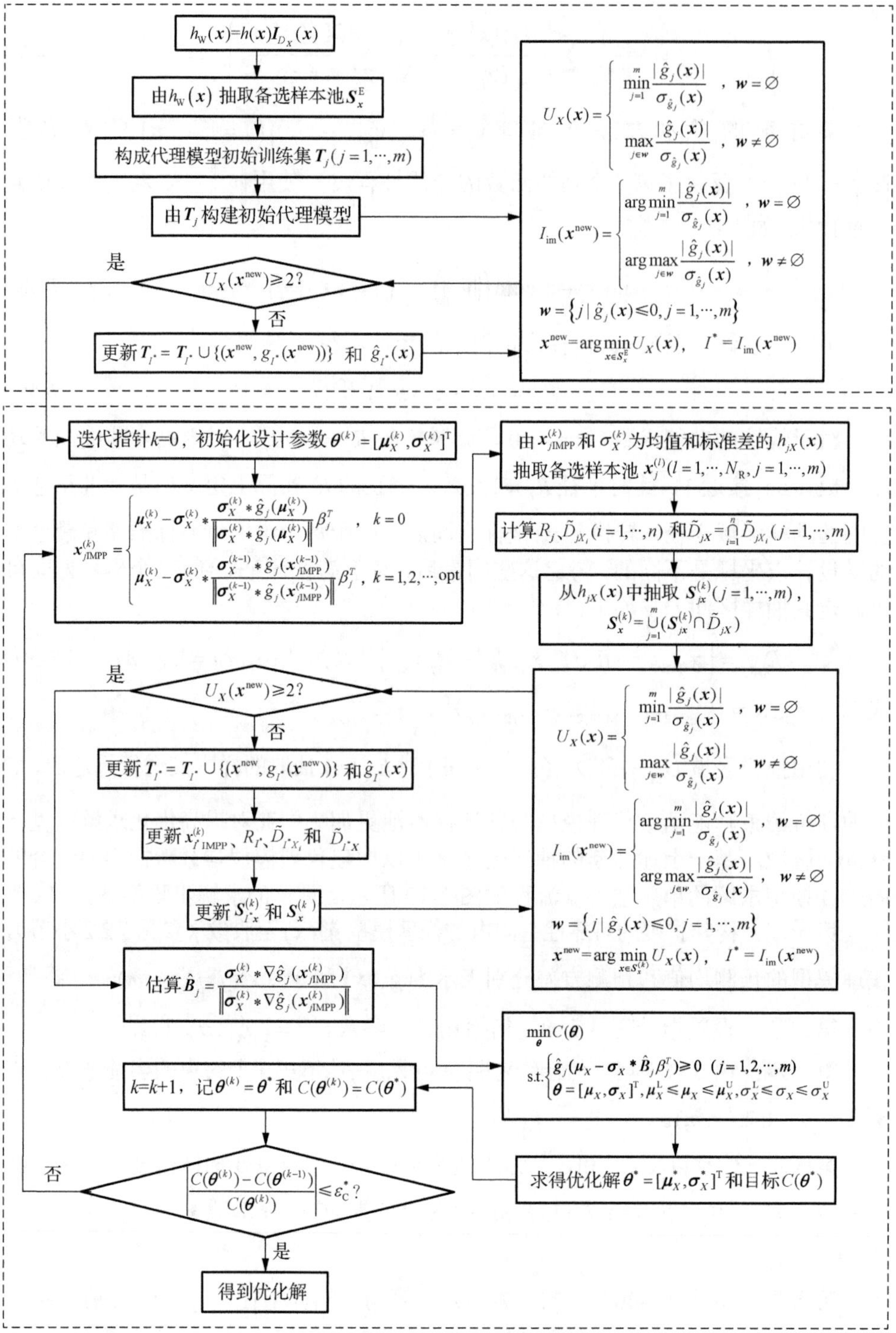

图 7-10　代理模型与截断抽样相结合的 RBDO 模型求解的单层法流程图

第六步：以 $h_{jX}(\boldsymbol{x})$ 抽取备选样本池 $\boldsymbol{S}_{jx}^{(k)}(j=1,\cdots,m)$，从 $\boldsymbol{S}_{jx}^{(k)}$ 筛选出落入 $\tilde{D}_{jX}$ 的样本，共同形成备选样本池 $\boldsymbol{S}_{\boldsymbol{x}}^{(k)}$，即 $\boldsymbol{S}_{\boldsymbol{x}}^{(k)}=\bigcup_{j=1}^{m}\left(\boldsymbol{S}_{jx}^{(k)}\cap\tilde{D}_{jX}\right)$。

第七步：用第 6 章给出的多个约束的 U 学习函数在备选样本池 $\boldsymbol{S}_{\boldsymbol{x}}^{(k)}$ 中找到新训练点 $\boldsymbol{x}^{\text{new}}=\arg\min\limits_{\boldsymbol{x}\in\boldsymbol{S}_{\boldsymbol{x}}^{(k)}}U_{\boldsymbol{X}}(\boldsymbol{x})$ 和重要约束的标号 $I^*=I_{\text{im}}(\boldsymbol{x}^{\text{new}})$。

第八步：若 $U_{\boldsymbol{X}}(\boldsymbol{x}^{\text{new}})\geqslant 2$，则代理模型收敛，此时停止功能函数代理模型的更新，转到第十二步；若 $U_{\boldsymbol{X}}(\boldsymbol{x}^{\text{new}})<2$，则转到第九步。

第九步：调用第 I^* 个功能函数 $g_{I^*}(\boldsymbol{x})$ 求得新的训练点 $\boldsymbol{x}^{\text{new}}$ 处的输出响应 $g_{I^*}(\boldsymbol{x}^{\text{new}})$，更新训练集 $\boldsymbol{T}_{I^*}=\boldsymbol{T}_{I^*}\cup\{(\boldsymbol{x}^{\text{new}},g_{I^*}(\boldsymbol{x}^{\text{new}}))\}$ 和相应的代理模型 $\hat{g}_{I^*}(\boldsymbol{x})$。

第十步：由式（7-45）更新第 I^* 个功能函数 $g_{I^*}(\boldsymbol{x})$ 的逆设计点 $\boldsymbol{x}_{I^*\text{IMPP}}^{(k)}$，并且由式（7-46）～式（7-50）更新 R_{I^*}、$\tilde{D}_{I^*X_i}$ $(i=1,\cdots,n)$ 和 $\tilde{D}_{I^*X}$。

第十一步：分别以 $\boldsymbol{x}_{I^*\text{IMPP}}^{(k)}$ 和 $\boldsymbol{\sigma}_{\boldsymbol{X}}^{(k)}$ 为均值和标准差更新 $h_{I^*X}(\boldsymbol{x})$，从 $h_{I^*X}(\boldsymbol{x})$ 中重新抽取 $\boldsymbol{S}_{I^*\boldsymbol{x}}^{(k)}$，并以更新的 $\boldsymbol{S}_{I^*\boldsymbol{x}}^{(k)}$ 替换第六步中的 $\boldsymbol{S}_{jx}^{(k)}$，形成更新的备选样本池 $\boldsymbol{S}_{\boldsymbol{x}}^{(k)}$，转到第七步。

第十二步：求解式（7-41）中确定性优化模型，得到优化解 $\boldsymbol{\theta}^*=[\boldsymbol{\mu}_{\boldsymbol{X}}^*,\boldsymbol{\sigma}_{\boldsymbol{X}}^*]^{\mathrm{T}}$ 和目标 $C(\boldsymbol{\theta}^*)$。

第十三步：令 $k=k+1$，记 $\boldsymbol{\theta}^{(k)}=\boldsymbol{\theta}^*$，相应的目标为 $C(\boldsymbol{\theta}^{(k)})=C(\boldsymbol{\theta}^*)$。

第十四步：判别优化结果的收敛性。如果前后两次的目标相对误差满足预先设定的阈值 $\varepsilon_{\mathrm{C}}^*$，即 $\left|\dfrac{C(\boldsymbol{\theta}^{(k)})-C(\boldsymbol{\theta}^{(k-1)})}{C(\boldsymbol{\theta}^{(k)})}\right|\leqslant\varepsilon_{\mathrm{C}}^*$，则结束优化过程，$\boldsymbol{\theta}^{(k)}=[\boldsymbol{\mu}_{\boldsymbol{X}}^{(k)},\boldsymbol{\sigma}_{\boldsymbol{X}}^{(k)}]^{\mathrm{T}}$ 和 $C(\boldsymbol{\theta}^{(k)})$ 为最优的设计参数和最优的目标值；若 $\left|\dfrac{C(\boldsymbol{\theta}^{(k)})-C(\boldsymbol{\theta}^{(k-1)})}{C(\boldsymbol{\theta}^{(k)})}\right|>\varepsilon_{\mathrm{C}}^*$，则转入第三步。

7.3.3　代理模型与方向抽样相结合的单层法

在可靠性分析中，方向抽样的方法利用 n 维独立标准正态变量的平方和服从自由度为 n 的 χ^2（chi-square）分布的性质，通过矢径方向上的插值或非线性方程的求解，可以使得可靠性分析降低一维，从而提高可靠性分析的效率。本小节借鉴可靠性分析中的方向抽样来构建训练约束功能函数代理模型的备选样本池，以此策略来达到降低备选样本池尺寸，提高训练效率的目的。

在使用方向抽样方法之前需将 $\boldsymbol{X}$ 坐标空间独立标准正态化，在独立的标准正态 $\boldsymbol{U}$ 空间中，直角坐标系下任意随机向量 $\boldsymbol{u}\in\mathbb{R}^n$ 可以用极坐标表示为 $\boldsymbol{u}=R\boldsymbol{a}$，其

中 R 为极半径，$\boldsymbol{a}$ 为与 $\boldsymbol{u}$ 对应的单位方向向量。在极坐标系下，以 $f_A(\boldsymbol{a})$ 表示单位方向向量 $\boldsymbol{a}$ 的概率密度函数，由于 $\boldsymbol{u}$ 服从 n 维独立的标准正态分布，因此 $f_A(\boldsymbol{a})$ 服从单位球面上的均匀分布。

在利用方向抽样策略抽取备选样本池之前，需要依据功能函数的非线性程度确定极半径取值范围 $R \in [0, R_{\max}]$ 的上限 $R_{\max}$，$R_{\max}$ 的确定需要考虑每个约束功能函数对应的目标可靠度指标 $\beta_j^T (j=1,\cdots,m)$ 及功能函数非线性程度。关于功能函数 $g_j(\boldsymbol{x})$ $(j=1,\cdots,m)$ 的非线性程度，可以在当前设计参数下 $\boldsymbol{X}$ 坐标空间中由概率密度函数 $f_{\boldsymbol{X}}(\boldsymbol{x}|\boldsymbol{\theta})$ 产生样本 $\boldsymbol{x}_l = \{x_{l,1}, x_{l,2}, \cdots, x_{l,n}\}^{\mathrm{T}}$ $(l=1,\cdots,N_{\mathrm{R}})$ 处梯度向量的样本方差来估计，计算功能函数代理模型 $\hat{g}_j(\boldsymbol{x})(j=1,\cdots,m)$ 在样本点 $\boldsymbol{x}_l$ $(l=1,\cdots,N_{\mathrm{R}})$ 处的梯度向量 $\nabla\hat{g}_j(\boldsymbol{x}_l)$：

$$\nabla\hat{g}_j(\boldsymbol{x}_l) = \left[\frac{\partial\hat{g}_j(\boldsymbol{x}_l)}{\partial x_1}, \frac{\partial\hat{g}_j(\boldsymbol{x}_l)}{\partial x_2}, \cdots, \frac{\partial\hat{g}_j(\boldsymbol{x}_l)}{\partial x_n}\right]^{\mathrm{T}} \tag{7-51}$$

得到每一个约束功能函数代理模型 $\hat{g}_j(\boldsymbol{x})$ 对于第 i 维变量的偏导数 $\partial\hat{g}_j(\boldsymbol{x})/\partial x_i$ $(i=1,\cdots,n)$ 的样本方差 $v_{j,i}(j=1,\cdots,m;i=1,\cdots,n)$ 如下：

$$v_{j,i} = \frac{1}{N_{\mathrm{R}}}\sum_{l=1}^{N_{\mathrm{R}}}\left(\frac{\partial\hat{g}_j(\boldsymbol{x}_l)}{\partial x_i} - \frac{1}{N_{\mathrm{R}}}\sum_{l=1}^{N_{\mathrm{R}}}\frac{\partial\hat{g}_j(\boldsymbol{x}_l)}{\partial x_i}\right)^2 \tag{7-52}$$

使用 $\boldsymbol{v}_j = \{v_{j,1}, v_{j,2}, \cdots, v_{j,n}\}(j=1,\cdots,m)$ 的 L_2 范数 $\|\boldsymbol{v}_j\| = \sqrt{\boldsymbol{v}_j \cdot \boldsymbol{v}_j^{\mathrm{T}}}$ 定义如下所示的 m 维功能函数的最大非线性修正系数 nc：

$$\mathrm{nc} = \frac{2}{\pi}\arctan(\max\{\|\boldsymbol{v}_1\|, \cdots, \|\boldsymbol{v}_m\|\}) \tag{7-53}$$

由 nc 可以确定 m 维功能函数构造备选样本池的极半径的上限 $R_{\max}$ 如下：

$$R_{\max} = (1.2 + 0.3\mathrm{nc})\beta_{\max}^T \tag{7-54}$$

在确定了 $R_{\max}$ 的基础上，图 7-11 给出了代理模型与方向抽样相结合的 RBDO 模型求解单层法的流程，具体步骤如下。

第一步：构建扩展的可靠性空间内代理模型至收敛（参见 7.2.2 小节），代理模型的预测均值和预测方差分别记为 $\hat{g}_j(\boldsymbol{x})$ 和 $\sigma_{\hat{g}_j}(\boldsymbol{x})(j=1,\cdots,m)$。

第二步：设置指针变量 $k=0$，并初始化设计参数 $\boldsymbol{\theta}^{(k)} = [\boldsymbol{\mu}_{\boldsymbol{X}}^{(k)}, \boldsymbol{\sigma}_{\boldsymbol{X}}^{(k)}]^{\mathrm{T}}$，估计当前目标函数值 $C(\boldsymbol{\theta}^{(k)})$。

第三步：使用方向抽样法得到备选样本池 $\boldsymbol{S}_{\boldsymbol{x}}^{(k)}$。

（1）由最小势能原理[7]等分 n 维单位球面，得到单位球面上均匀分布的单位矢量 $\boldsymbol{a}_l(l=1,2,\cdots,N_{\mathrm{DS}})$；

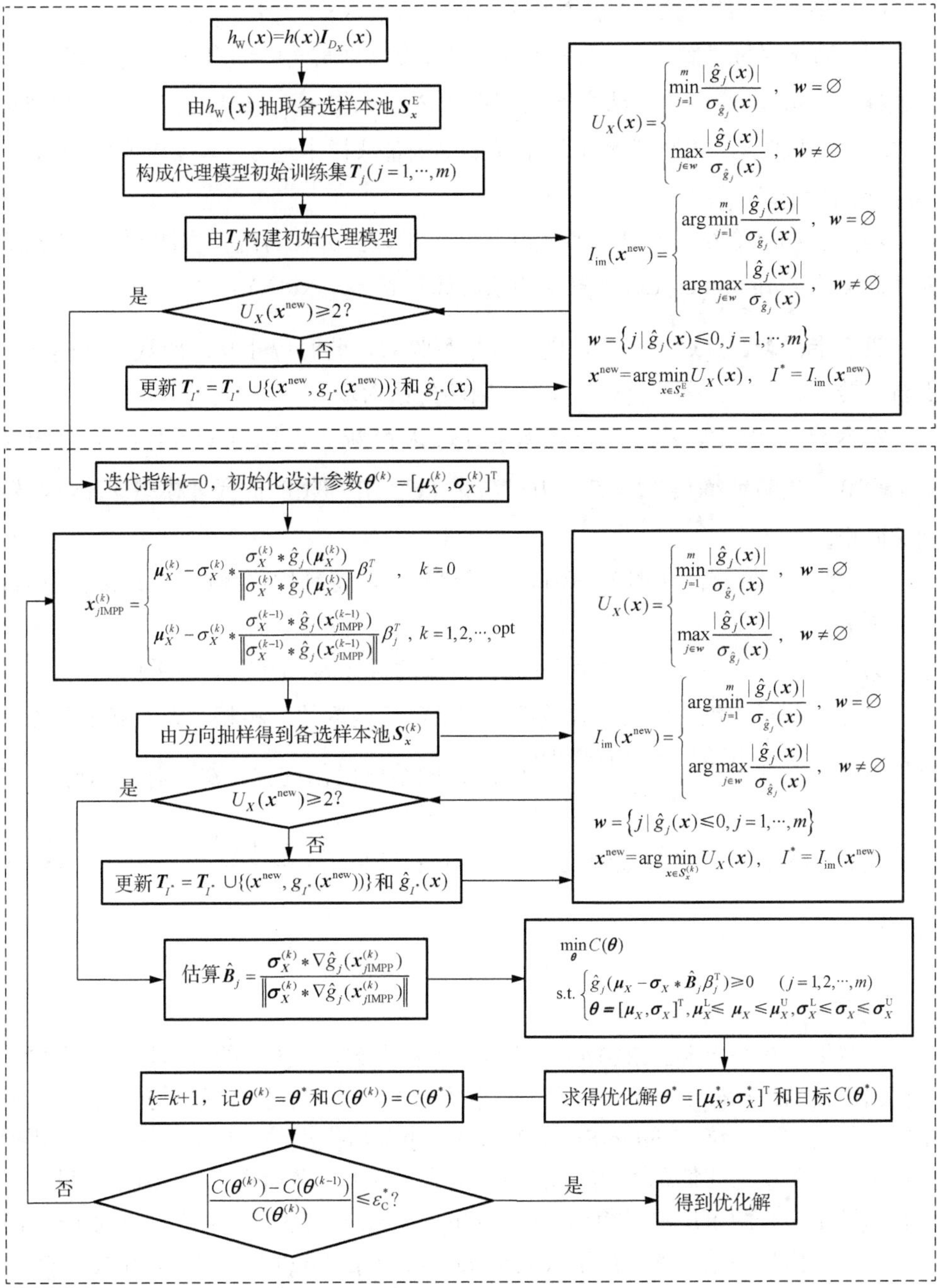

图 7-11　代理模型与方向抽样相结合的 RBDO 模型求解单层法的流程图

（2）由式（7-51）～式（7-54）得到极半径的上限 $R_{\max}$；

（3）将 $R_{\max}$ 均匀离散成 n_{R} 个值 $R_s = R_{\max} s/n_{\mathrm{R}}$ $(s=1,2,\cdots,n_{\mathrm{R}})$；

（4）将极坐标半径 $R_s(s=1,\cdots,n_{\mathrm{R}})$ 和单位方向向量 $\boldsymbol{a}_l(l=1,2,\cdots,N_{\mathrm{DS}})$ 组合，可构建标准正态 $\boldsymbol{U}$ 空间中备选样本池 $\boldsymbol{S}_{\boldsymbol{u}}^{(k)} = \left\{R_s\boldsymbol{a}_l, s\in[1,n_{\mathrm{R}}], l\in[1,N_{\mathrm{DS}}]\right\}^{\mathrm{T}}$，将标准正态 $\boldsymbol{U}$ 空间中的 $\boldsymbol{S}_{\boldsymbol{u}}^{(k)}$ 转换到 $\boldsymbol{X}$ 坐标空间中得到备选样本池 $\boldsymbol{S}_{\boldsymbol{x}}^{(k)} = \{\boldsymbol{\mu}_{\boldsymbol{X}}^{(k)} + R_s\boldsymbol{a}_l * \sigma_{\boldsymbol{X}}^{(k)}, s\in[1,n_{\mathrm{R}}], l\in[1,N_{\mathrm{DS}}]\}^{\mathrm{T}}$。

第四步：用第 6 章给出的多个约束的 U 学习函数在备选样本池 $\boldsymbol{S}_{\boldsymbol{x}}^{(k)}$ 中找到新训练点 $\boldsymbol{x}^{\mathrm{new}} = \arg\min\limits_{\boldsymbol{x}\in\boldsymbol{S}_{\boldsymbol{x}}^{(k)}} U_{\boldsymbol{X}}(\boldsymbol{x})$ 和重要约束的标号 $I^* = I_{\mathrm{im}}(\boldsymbol{x}^{\mathrm{new}})$。

第五步：若 $U_{\boldsymbol{X}}(\boldsymbol{x}^{\mathrm{new}}) \geqslant 2$，则代理模型收敛，此时停止功能函数代理模型的更新，转到第七步；若 $U_{\boldsymbol{X}}(\boldsymbol{x}^{\mathrm{new}}) < 2$，则转到第六步。

第六步：调用第 I^* 个功能函数 $g_{I^*}(\boldsymbol{x})$ 求得新的训练点 $\boldsymbol{x}^{\mathrm{new}}$ 处的输出响应 $g_{I^*}(\boldsymbol{x}^{\mathrm{new}})$，更新训练集 $\boldsymbol{T}_{I^*} = \boldsymbol{T}_{I^*} \cup \{(\boldsymbol{x}^{\mathrm{new}}, g_{I^*}(\boldsymbol{x}^{\mathrm{new}}))\}$ 和相应的代理模型 $\hat{g}_{I^*}(\boldsymbol{x})$，转到第四步。

第七步：求解式（7-41）中确定性优化模型，得到优化解 $\boldsymbol{\theta}^* = [\boldsymbol{\mu}_{\boldsymbol{X}}^*, \boldsymbol{\sigma}_{\boldsymbol{X}}^*]^{\mathrm{T}}$ 和目标 $C(\boldsymbol{\theta}^*)$。

第八步：令 $k=k+1$，记 $\boldsymbol{\theta}^{(k)} = \boldsymbol{\theta}^*$，相应的目标为 $C(\boldsymbol{\theta}^{(k)}) = C(\boldsymbol{\theta}^*)$。

第九步：判别优化结果的收敛性。如果前后两次的目标相对误差满足预先设定的阈值 $\varepsilon_{\mathrm{C}}^*$，即 $\left|\dfrac{C(\boldsymbol{\theta}^{(k)}) - C(\boldsymbol{\theta}^{(k-1)})}{C(\boldsymbol{\theta}^{(k)})}\right| \leqslant \varepsilon_{\mathrm{C}}^*$，则结束优化过程，$\boldsymbol{\theta}^{(k)} = [\boldsymbol{\mu}_{\boldsymbol{X}}^{(k)}, \boldsymbol{\sigma}_{\boldsymbol{X}}^{(k)}]^{\mathrm{T}}$ 和 $C(\boldsymbol{\theta}^{(k)})$ 即为最优的设计参数和最优的目标值；若 $\left|\dfrac{C(\boldsymbol{\theta}^{(k)}) - C(\boldsymbol{\theta}^{(k-1)})}{C(\boldsymbol{\theta}^{(k)})}\right| > \varepsilon_{\mathrm{C}}^*$，则转入第三步。

7.3.4 算例分析

本节将对两个经典的 RBDO 数值算例进行求解，在扩展的可靠性空间内构建的代理模型为 Kriging 模型，采用的求解方法有 7.2.2 小节所提出的嵌入 Kriging 模型的单层法（简称 Kriging-Single）、7.3.1 小节所提出的 Kriging 模型与重要抽样相结合的单层法（简称 IS-Kriging-Single）、7.3.2 小节所提出的 Kriging 模型与截断抽样相结合的单层法（简称 TS-Kriging-Single）、7.3.3 小节所提出的 Kriging 与方向抽样模型相结合的单层法（简称 DS-Kriging-Single），同时使用 RBDO 的双层法得到的优化结果作为对比方法。

由于单层法均以可靠度指标为约束，依据功能测度函数值是否大于零，来判别当前设计参数是否为可行解，故以下算例中给出了 RBDO 最优解对应的功能测度函数值和可靠度指标来判断其是否满足可靠性约束。

算例 7.2　重新考虑算例 7.1，利用上述方法进行可靠性优化设计，首先构建初始的 Kriging 模型，初始训练点的个数为 10。所得优化结果列于表 7-9 和表 7-10 中。

表 7-9　算例 7.2 最优设计参数及对应目标值和模型调用次数

方法	设计参数		目标值	目标值相对误差/%	模型调用次数		
	μ_{X_1}	μ_{X_2}			g_1	g_2	合计
理论解	2.8421	3.2320	1.3258	—	—	—	—
Kriging-Single	2.8208	3.2731	1.3013	1.85	93	13	106
IS-Kriging-Single	2.8150	3.2785	1.3038	1.66	85	13	98
TS-Kriging-Single	2.8161	3.2772	1.3038	1.66	79	13	92
DS-Kriging-Single	2.8155	3.2779	1.3038	1.66	80	13	93

表 7-10　算例 7.2 最优设计参数约束值

优化方法	功能函数测度		可靠度指标	
	g_1	g_2	β_1	β_2
理论解	0	2.7913	2.07	21.64
Kriging-Single	−0.0108	2.8111	1.99	21.88
IS-Kriging-Single	0	2.8105	2.00	21.87
TS-Kriging-Single	0	2.8104	2.00	21.87
DS-Kriging-Single	0	2.8143	2.00	21.87

从模型调用次数可以发现，自学习过程主要更新的是第一个功能函数代理模型，原因在于第一个功能函数的非线性程度明显高于第二个功能函数，也就是说多个约束的 U 学习函数识别出第一个功能函数所代表的概率约束为重要约束，通过增加此功能函数 Kriging 模型的训练点以提升代理模型对约束极限状态边界的拟合精度。本节所提的 IS-Kriging-Single 法、TS-Kriging-Single 法和 DS-Kriging-Single 法均能得到较为精确且满足可靠性约束的优化结果，Kriging-Single 法所得的计算结果存在不满足可靠性约束的情况。从模型调用次数来看，Kriging-Single 法的调用次数最多，而改进的数字模拟法可以在保证精度的情况下减少了模型调用次数，提高了优化求解的效率。

算例 7.3　考虑一个包含两个随机设计变量 $\boldsymbol{x}=\{x_1,x_2\}^{\mathrm{T}}$ 和三个可靠性约束条件的数值算例，所有随机变量均相互独立且服从正态分布，设计参数为随机变量的均值，分别记为 μ_{X_1} 和 μ_{X_2}。设定功能函数的目标可靠度指标和设计变量的标准差分别为 $\beta_1^T=\beta_2^T=\beta_3^T=3$ 和 $\sigma_{X_1}=\sigma_{X_2}=0.1$，设计参数的初始点设置为[5, 5]。本算例的 RBDO 数学模型为

$$
\begin{aligned}
&\min_{\boldsymbol{\mu}_X} \ C(\boldsymbol{\mu}_X) = 10 - \mu_{X_1} + \mu_{X_2} \\
&\text{s.t.} \begin{cases} P\{g_j(\boldsymbol{x}) \leqslant 0\} \leqslant P_{f_j}^T & (j=1,2,3) \\ 0 \leqslant \mu_{X_i} \leqslant 10 & (i=1,2) \end{cases}
\end{aligned}
$$

式中，

$$
\begin{cases}
g_1(\boldsymbol{x}) = x_1^2 x_2 / 20 - 1 \\
g_2(\boldsymbol{x}) = (x_1 + x_2 - 5)^2/30 + (x_1 - x_2 - 12)^2/120 - 1 \\
g_3(\boldsymbol{x}) = 80/(x_1^2 + 8x_2 + 5) - 1 \\
X_i \sim N(\mu_{X_i}, 0.3^2) \qquad (i=1,2) \\
P_{f_j}^T = \Phi(-\beta_j^T) \qquad (j=1,2,3)
\end{cases}
$$

首先构建初始的 Kriging 模型，初始训练样本的个数为 20。表 7-11 和表 7-12 展示了几种方法的最优设计结果。通过结果对比可以发现，DS-Kriging-Single 法能得到最为准确的优化结果且效率最高，Kriging-Single 法所得的优化结果仍然存在不满足可靠性约束的情况。

表 7-11　算例 7.3 优化设计结果对比

方法	设计参数		目标值	目标值相对误差/%	模型调用次数			
	μ_{X_1}	μ_{X_2}			g_1	g_2	g_3	合计
理论解	7.1109	2.4327	5.3218	—	—	—	—	—
Kriging-Single	8.7221	1.5880	2.8660	46.15	21	17	33	71
IS-Kriging-Single	7.1155	2.4259	5.3104	0.21	20	26	45	91
TS-Kriging-Single	7.1146	2.4270	5.3124	0.18	21	25	42	88
DS-Kriging-Single	7.1131	2.4277	5.3146	0.13	21	26	36	83

表 7-12　算例 7.3 最优设计参数约束值对照

优化方法	功能函数测度			可靠度指标		
	g_1	g_2	g_3	β_1	β_2	β_3
理论解	4.2557	0	0	20.18	3.04	3.01
Kriging-Single	3.8506	−0.0111	−0.1969	13.23	2.77	−7.41
IS-Kriging-Single	4.2542	0	0	20.17	3.00	3.00
TS-Kriging-Single	4.2556	0	0	20.18	3.00	3.00
DS-Kriging-Single	4.2551	0	0	28.19	3.00	3.01

通过分析以上算例的计算结果，可以得到如下结论：

（1）本节所介绍的 IS-Kriging-Single 法、TS-Kriging-Single 法和 DS-Kriging-Single 法均能得到较为精确且满足目标可靠性约束的可靠性优化结果，说明了基于代理模型与高效抽样相结合的单层法的合理性和准确性。

（2）从精度上来看，算例 7.2 中 Kriging-Single 法、IS-Kriging-Single 法、TS-Kriging-Single 法和 DS-Kriging-Single 法精度相差不大，算例 7.3 中 DS-Kriging-Single 法的精度优于其他几种方法，这是由于方向抽样是在独立的标准正态 $\boldsymbol{U}$ 空间极坐标系下进行抽样的，可以保证功能函数代理模型的备选样本池具有优良的空间填充性。

（3）从模型调用次数上来看，算例 7.2 中 Kriging-Single 法模型调用次数最多，而与改进的抽样技术相结合的单层法却能以少于 Kriging-Single 法的计算量获得高精度的优化解。这是由于改进的抽样技术中，TS-Kriging-Single 法和 DS-Kriging-Single 法通过功能函数的非线性程度自适应定义代理模型的抽样区域，以保证当前设计参数下备选样本池中的样本能传递关于功能函数变化趋势的最有效信息。虽然算例 7.3 中 Kriging-Single 法的模型调用次数少于 DS-Kriging-Single 法，但是其结果不满足目标可靠性约束。

（4）从优化的训练时间上来看，Kriging-Single 法、IS-Kriging-Single 法、TS-Kriging-Single 法和 DS-Kriging-Single 法的时间成本由三部分组成，分别是构造代理模型上的时间成本、模型调用方面的时间成本和单层法迭代优化方面的时间成本。其中构造代理模型上的时间成本主要受备选样本池规模的影响，相比于 Kriging-Single 法和 IS-Kriging-Single 法，TS-Kriging-Single 法和 DS-Kriging-Single 法使用超球构建代理模型局部抽样区域会缩减备选样本池的规模，进而可以减少算法的时间成本。

7.4 本章小结

本章介绍了嵌入代理模型的单层求解 RBDO 模型方法的基本原理和实现步骤。单层法进行 RBDO 模型求解主要分成两个阶段：第一阶段是在充分考虑不确定性来源的一个扩展可靠性空间内完成代理模型的构建。第二阶段则是将功能函数代理模型嵌入到优化设计参数的整个迭代更新的过程，随设计参数的更新而实时增强代理模型在输入空间内不同区域对极限状态边界的近似能力，在与之相关联的局部抽样区域内进行代理模型的改善。由于实时自动更新的局部区域能够实时匹配当前设计参数，因此该策略不存在输入空间全局代理精度的困难，可以避免在对结果影响较小的非重要区域的抽样，从而节省计算消耗，提高了优化的效率。

为了进一步提高功能函数代理模型对 RBDO 模型求解的效率，又研究了代理模型与不同改进的数字模拟法相结合的方法，给出了功能函数代理模型分别与重要抽样、截断抽样和方向抽样相结合进行求解的流程和实现步骤，并用数值算例验证了不同方法的效率。

参考文献

[1] DU X, CHEN W. Sequential optimization and reliability assessment method for efficient probabilistic design[J]. Journal of Mechanical Design, 2004, 126(2): 225-233.

[2] LIANG J, MOURELATOS Z P, TU J. A single-loop method for reliability-based design optimization[C]. International Design Engineering Technical Conferences and Computers and Information in Engineering Conference,Salt Lake City, 2004, 46946: 419-430.

[3] SHAN S, WANG G G. Reliable design space and complete single-loop reliability-based design optimization[J]. Reliability Engineering & System Safety, 2008, 93(8): 1218-1230.

[4] DUBOURG V, SUDRET B, BOURINET J M. Reliability-based design optimization using kriging surrogates and subset simulation[J]. Structural and Multidisciplinary Optimization, 2011, 44(5): 673-690.

[5] YUN W Y, LU Z Z, ZHOU Y C, et al. AK-SYSi: An improved adaptive Kriging model for system reliability analysis with multiple failure modes by a refined U learning function[J]. Structural and Multidisciplinary Optimization, 2019, 59(1): 263-278.

[6] LI X, QIU H, CHEN Z, et al. A local Kriging approximation method using MPP for reliability-based design optimization[J]. Computers & Structures, 2016, 162: 102-115.

[7] SMITH K H, WASTON P, TOPPER T H. A stress-strain function for the fatigue of metals [J]. Journal of Materials, 1970, 5： 767-778.

第 8 章　涡轮部件疲劳寿命可靠性分析与优化设计的实例

发动机涡轮部件处于高温及复杂交变载荷的严苛工作环境中，疲劳蠕变是其主要的破坏模式，而影响其疲劳蠕变寿命的基本因素普遍存在随机不确定性，因此十分有必要开展涡轮部件疲劳寿命在随机不确定性作用下的可靠性分析研究，以便掌握涡轮部件的疲劳寿命可靠性，进而了解发动机的可靠性。另外，为了在随机不确定性作用下设计出满足可靠性要求的涡轮部件，也非常有必要开展涡轮部件在随机不确定性条件下的疲劳寿命可靠性优化设计研究工作。为此，本章将对涡轮盘、涡轮叶片和涡轮轴三种涡轮部件开展疲劳寿命可靠性分析与优化设计的实例分析。

8.1　涡轮盘疲劳寿命可靠性分析与优化设计

涡轮盘是主要的涡轮部件之一，其在高温、高速下工作，所承受的载荷复杂，所处的环境严酷，一旦发生破坏将导致严重的后果。在涡轮盘的实际工作环境中，有许多影响涡轮盘疲劳寿命的因素具有随机不确定性，如模型尺寸参数、材料参数、边界条件等，这些随机不确定性因素导致涡轮盘疲劳寿命也具有随机不确定性。随着航空发动机的发展，涡轮盘工作时的温度和转速提高，如何在保证可靠性的条件下提高涡轮盘的疲劳寿命就显得尤为重要。因此，有必要开展涡轮盘疲劳寿命可靠性分析与优化设计，这对于保证发动机正常、稳定、安全地运行具有重要意义。

涡轮盘的疲劳寿命可靠性分析与优化设计的难点主要在于涡轮盘有限元分析过程复杂，一次结构有限元静力分析会耗费较长的时间，而进行疲劳寿命可靠性分析时需要进行大样本量的结构分析，这将导致涡轮盘疲劳寿命可靠性优化设计中可靠性约束函数的估计会非常费时，进而导致疲劳寿命可靠性优化求解的效率低下。

由前面理论研究部分的内容可知，基于自适应代理模型的方法是一类高效求解可靠性优化设计 RBDO 模型的算法，通过代理模型来自适应构造可靠性优化模型中隐式目标和约束函数的显式表达，则可以方便地利用确定性的优化算法求得可靠性优化模型的最优解[1]。由于自适应构造可靠性优化设计模型中隐式目标和约束函数的代理模型所需的训练样本点集规模远小于备选样本点集规模，因此自适应代理模型法是一种求解疲劳寿命可靠性优化的高效方法。

使用基于代理模型的优化算法求解RBDO模型时的核心是代理模型构建的准确性，这关系到了RBDO模型的求解精度。在构建可靠性约束对应功能函数的代理模型来估计失效概率时，训练点的分布对失效概率估计值的精度有着重要的影响。文献[2]～[6]均在整个输入变量空间中选取训练点，依据这些训练点生成代理模型，但是这样构建的代理模型一般较难满足失效概率估计的精度要求，原因在于这些方法生成的训练样本点均布于整个输入变量空间中，而失效域边界附近的训练样本点数量不多，可能导致失效概率估计不准确。为解决该问题，自适应选取训练点的策略被提出[7]，该策略采用学习函数有目的地从备选样本池中选择新的训练点，添加到代理模型的训练点集中，使训练点更多地集中在对提高失效概率估计精度贡献大的失效边界附近，从而更准确地估计失效概率。这类自适应构造代理模型与数字模拟结合来估计失效概率的方法被称为数字模拟结合代理模型的方法。相较于传统的抽样方法，该方法能以较少的训练点获得较高的代理模型精度，因此得到了广泛应用[7-11]。另外，值得指出的是，随着优化设计参数的搜索迭代更新，相应地对提高失效概率估计精度贡献大的区域是发生变化的。因此，随设计参数的迭代更新而自适应更新可靠性约束对应的功能函数的代理模型是保证计算精度的必要条件。同时必须指出的是本节所研究的涡轮盘疲劳寿命RBDO模型中的目标函数也是隐式函数。因此在构造目标函数代理模型时也必须随设计参数的迭代更新而自适应更新目标函数的代理模型，以便保证涡轮盘疲劳寿命可靠性优化模型的求解精度。

本节将针对某型涡轮盘进行疲劳寿命可靠性优化设计的实例分析，该实例分析分两个阶段，第一阶段主要是涡轮盘的疲劳寿命可靠性分析，第二阶段是涡轮盘的疲劳寿命可靠性优化设计。在第一阶段的研究中，建立基于多软件联合的涡轮盘疲劳寿命可靠性分析与优化设计软件平台的框架，在给出某型涡轮盘结构模型、其工作的典型工况、影响结构分析的基本随机变量和涡轮盘结构有限元分析参数化模型的基础上，并在结构分析的输入变量取均值的情况下，进行了涡轮盘结构的热分析、热固耦合分析和模态分析。然后在考虑结构分析中材料性能、结构几何、载荷环境和材料寿命性能随机不确定性的基础上，进行涡轮盘榫槽、盘心等考核部位的高低周疲劳寿命可靠性分析。

在涡轮盘疲劳寿命实例分析第二阶段的研究中，建立以最大化疲劳寿命均值为目标，并以疲劳寿命失效概率小于给定阈值为约束的可靠性优化设计模型。然后介绍了涡轮盘高低周复合疲劳寿命可靠性优化设计的联合仿真平台的两项核心技术。其一是利用寿命函数和寿命可靠性分析功能函数中的共性需求，提出在优化迭代的过程中自适应构建寿命函数 Kriging 模型和寿命可靠性分析功能函数 Kriging 模型时共用训练样本点的策略，从而在保证精度的基础上提高涡轮盘疲劳寿命可靠性优化设计的效率；其二是提出一种构建寿命函数 Kriging 模型的最大方差缩减（steepest diminished variance, SDV）学习函数。SDV 学习函数从构建寿命代理模型的目的是估计可靠性优化目标中的寿命均值出发，依据寿命函数 Kriging 模型的预测特性，解析推导由寿命函数 Kriging 模型估计的寿命均值的方差，并将该方差分解为每个备选样本点的方差贡献，然后以备选样本点的方差贡献作为 SDV 学习函数。SDV 学习函数将具有最大方差缩减贡献的备选样本点加入到训练点集中，可以最大限度降低寿命均值估计值的方差，提高寿命函数 Kriging 模型对寿命均值估计的精度。本节最后利用所搭建的疲劳寿命可靠性分析与优化设计平台，完成某型涡轮盘盘心、榫槽和涡轮盘系统高低周复合疲劳寿命的可靠性优化设计，以获得满足可靠性约束的均值寿命最大化的设计方案。

8.1.1　涡轮盘疲劳寿命可靠性分析与优化设计平台的构成

涡轮盘疲劳寿命可靠性分析与优化设计过程涉及多个软件，包括使用 Solidworks 构建涡轮盘参数化模型，使用 Ansys 进行涡轮盘有限元分析，以及使用 Matlab 运行可靠性优化算法等。本节使用 Matlab 建立控制平台，整个涡轮盘疲劳优化设计过程由仿真输入、有限元分析、疲劳寿命计算、疲劳寿命可靠性优化设计和优化结果组成，仿真平台各部分关系如图 8-1 所示。

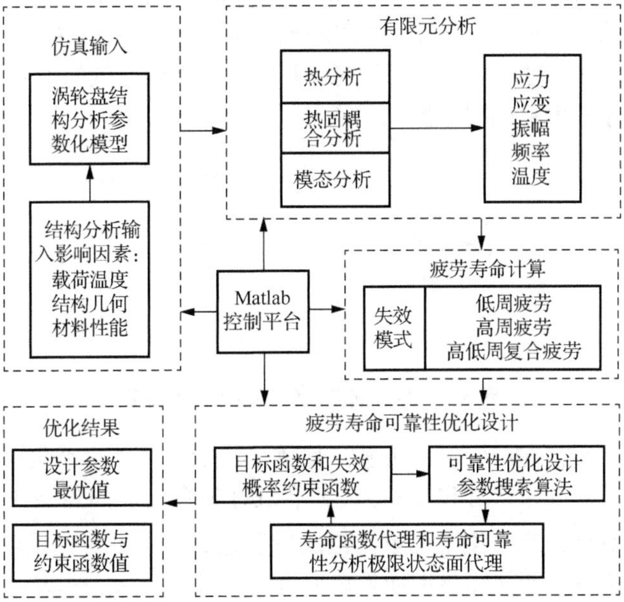

图 8-1　涡轮盘疲劳寿命可靠性分析与优化设计联合仿真平台

仿真输入部分的主要功能是由 Matlab 控制平台输入结构分析的各类参数，包括定义结构分析的输入影响因素，如载荷温度、结构几何和材料性能等，然后由

Matlab 控制参数建立涡轮盘结构分析参数化模型，并控制 Ansys 执行结构的热分析、热固耦合分析和模态分析等，得到与输入参数对应考核位置的应力、应变、振幅、频率和温度等结构分析结果。疲劳寿命计算部分则完成 Matlab 控制下的不同失效模式和输入参数下的疲劳寿命计算，为寿命可靠性优化设计迭代过程中的目标函数和可靠性约束对应功能函数代理模型的构建提供基础。疲劳寿命可靠性优化设计部分则完成设计参数的优化搜索，在设计参数的优化搜索过程中自适应地更新目标函数和可靠性约束对应功能函数的代理模型，并且在构建可靠性约束对应功能函数和目标函数代理模型的过程中，利用目标函数和约束功能函数中共同需求的寿命函数代理模型，采用共用训练样本的策略来提高优化设计中代理模型的构建效率，进而提高可靠性分析和可靠性优化设计的效率。优化结果部分则输出优化的结果，包括收敛的优化设计参数方案、最优方案对应的寿命均值和失效概率等。整个仿真过程中的有限元分析部分需要在 Matlab 中使用外部文件调用 Ansys 程序，其余四个部分均在 Matlab 内部完成。整个分析过程不需要进入软件界面的人工操作，实现了涡轮盘疲劳寿命可靠性分析与优化设计的自动化。

8.1.2　涡轮盘结构模型及典型工况

本节研究的某型涡轮盘整体模型如图 8-2（a）所示，涡轮盘在结构上呈现旋转周期性，通过对结构进行模型简化和处理，可以有效减小网格划分难度，提高计算效率。因此分析时对模型进行几何分割，取整体涡轮盘的 1/41，即 8.78°的扇形对称体来进行分析，如图 8-2（b）所示。

（a）整体模型　　（b）简化模型

图 8-2　某型涡轮盘结构的 CAD 模型

涡轮盘的榫槽存在应力集中现象，榫槽形状对于榫槽寿命影响较大，因此本节选取榫槽剖面处九个尺寸 $[X_1, X_2, \cdots, X_9]^{\mathrm{T}}$ 进行参数化，如图 8-3（a）所示。涡轮盘盘心虽然不存在应力集中现象，但涡轮盘盘心疲劳寿命受涡轮盘的转动惯量影响较大，因此本节在涡轮盘剖面处选取五个尺寸 $[X_{10}, X_{11}, \cdots, X_{14}]^{\mathrm{T}}$ 进行参数化，如图 8-3（b）所示。

本节所研究涡轮盘的材料为 FGH96，FGH96 材料在 450℃和 750℃的循环应力应变曲线关系分别如图 8-4（a）和（b）所示，其他温度下的循环应力应变曲线关系可通过插值获得。

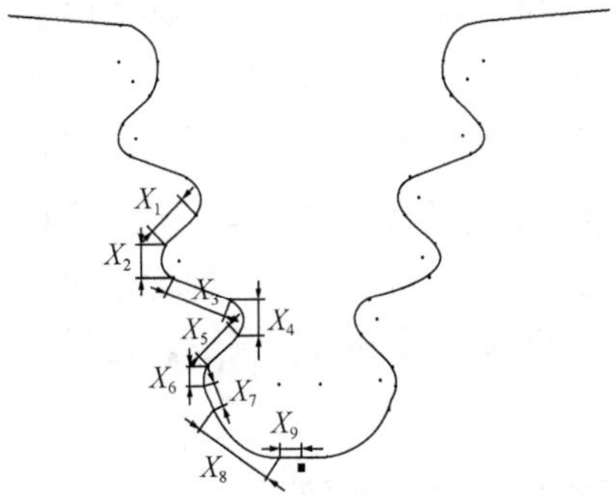

（a）榫槽剖面参数

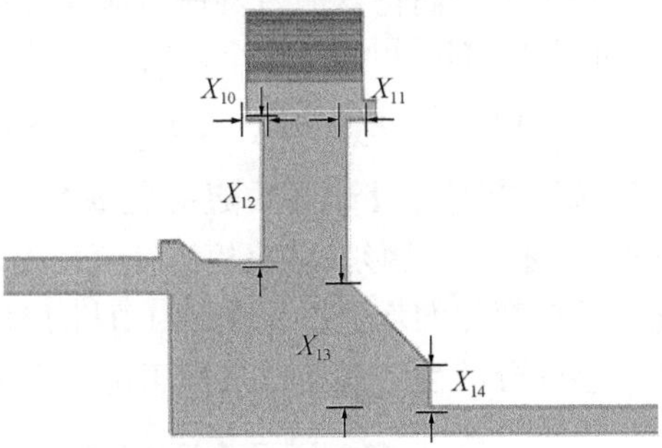

（b）涡轮盘剖面参数

图 8-3　涡轮盘参数化部位

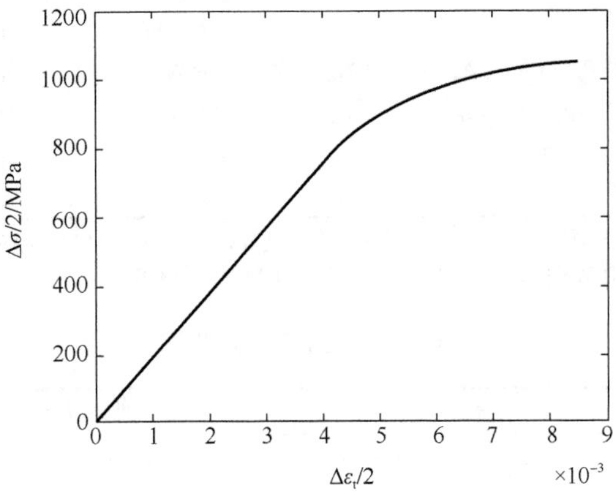

（a）450℃

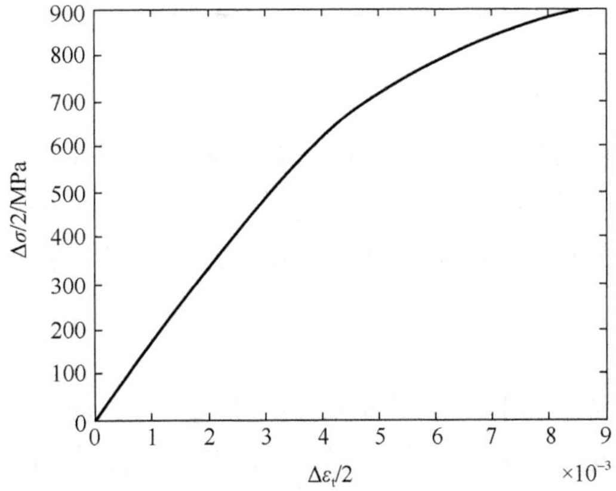

（b）750℃

图 8-4　FGH96 材料循环应力应变曲线

在本节的涡轮盘疲劳寿命可靠性分析与优化设计联合仿真平台中共选取了上述 14 个几何尺寸中的 8 个$[X_7, X_8, \cdots, X_{14}]^{\mathrm{T}}$作为含设计参数的随机变量，并选取它们的均值向量$[\mu_{X_7}, \mu_{X_8}, \cdots, \mu_{X_{14}}]^{\mathrm{T}}$作为疲劳寿命可靠性优化的设计变量。对涡轮盘所选取的不含设计参数随机变量的分布类型与分布参数如表 8-1 所示，其中 FGH96 材料的线膨胀系数随温度变化的均值、弹性模量随温度变化的均值和泊松比随温度变化的均值参见文献[12]和[13]，表中的寿命模型辅助变量u表达材料寿命模型的分散性。涡轮盘典型工况如表 8-2 所示。

表 8-1　不含设计参数随机变量的分布类型与分布参数

环境随机变量	符号	记号	分布	均值	标准差
转速/（r/min）	ω	X_{15}	正态分布	25410	1274.8
密度/（kg/m³）	ρ	X_{16}	正态分布	8.34×10^3	83.4
弹性模量系数比例*	α_E	X_{17}	正态分布	1	0.01
泊松比系数比例*	α_μ	X_{18}	正态分布	1	0.01
榫槽温度/℃	T_0	X_{19}	正态分布	750	37.5
线膨胀系数比例*	α_λ	X_{20}	正态分布	1	0.01
寿命模型辅助变量	u	X_{21}	正态分布	0	1

* 弹性模量系数比例 α_E 表达了随温度变化的弹性模量 $E(T)$ 随机性，$E(T)=\alpha_E\cdot\mu_E(T)$，$\mu_E(T)$ 为随温度变化的弹性模量的均值，可查文献[12]和[13]得到。α_μ 和 α_λ 的定义是类似的。

表 8-2　涡轮盘典型工况

工况	转速/（r/min）	榫槽温度/℃	频率比例
零-最大-零	$0-1.05\omega-0$	$20-T_0-20$	1
慢车-最大-慢车	$0.7\omega-1.05\omega-0.7\omega$	$0.73T_0-T_0-0.73T_0$	6.25
巡航-最大-巡航	$0.85\omega-1.05\omega-0.85\omega$	$0.91T_0-T_0-0.91T_0$	7.5

8.1.3　涡轮盘的有限元分析

本小节对涡轮盘结构进行了热分析、热固耦合分析和叶盘系统的模态分析，所给的结果是在几何参数$[X_1, X_2, \cdots, X_{14}]^{\mathrm{T}}$取值为$[0.90, 0.64, 1.33, 0.72, 0.90, 0.43, 0.51, 1.72, 0.46, 2.5, 2.5, 21.15, 12.73, 6.25]^{\mathrm{T}}$（mm）且不含设计参数的随机变量取均值时得到的。

1）热分析

涡轮盘处于高温工况下，温度对于涡轮盘的应力、应变有较大影响。盘心处温度较低，设其温度在最大、慢车、巡航工况状态下均为 450℃。涡轮盘榫槽与叶片榫头之间有热接触，接触部位的温度在最大、慢车、巡航工况状态下分别为T_0、$0.91T_0$、$0.73T_0$。T_0取均值时，不同工作状态下涡轮盘温度云图分别如图 8-5（a）～（c）所示。涡轮盘热分析结果将作为边界条件加入到热固耦合分析中。

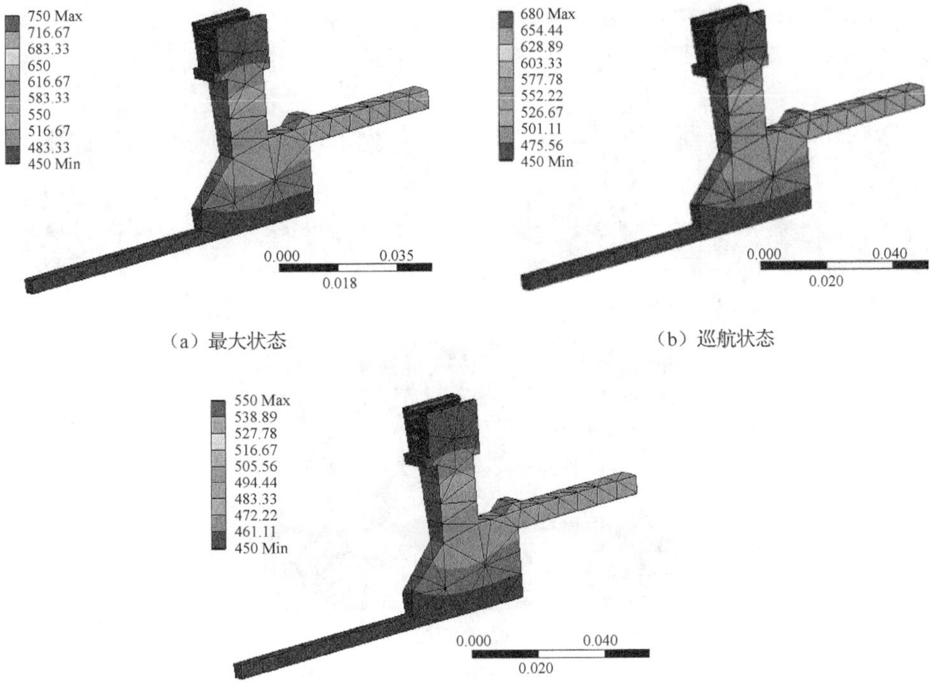

（a）最大状态　（b）巡航状态

（c）慢车状态

图 8-5　不同工作状态下涡轮盘温度云图

2）热固耦合分析

涡轮盘所受载荷除热分析中的温度载荷外，还受到离心力、气动载荷、协调载荷等的作用，本小节主要考虑对涡轮盘应力、应变影响较大的离心力。使用 Ansys 进行热固耦合分析获得涡轮盘榫槽处应力云图如图 8-6 所示，涡轮盘盘心处应力云图如图 8-7 所示。分析涡轮盘的应力分布可以发现：涡轮盘的危险点有两个，分别位于涡轮盘盘中心部位和榫槽底部，因此后续的疲劳寿命可靠性分析与优化设计中均选取涡轮盘盘心和涡轮盘榫槽底部两个疲劳寿命考核部位。

3）模态分析

本小节取叶片和涡轮盘组成的叶盘系统进行模态分析。叶盘系统所受的激振力为尾流激振力[14]。尾流激振力的频率为 $F_e = k \cdot N_c \cdot \omega / 60$ [15]，其中 N_c 为构造系数，本小节以静子叶片数作为构造系数，且取 $N_c = 35$，ω 为叶盘转速，k 为谐波阶次且 $k = 1$。取第一阶激振力为叶片所受离心力的 15%[16-17]，在叶尖部位施加横向激励。激振力作用下各随机变量取均值时涡轮盘榫槽考核点处振动响应如表 8-3 所示，所得应力响应将用于后续涡轮盘的高周疲劳寿命分析。

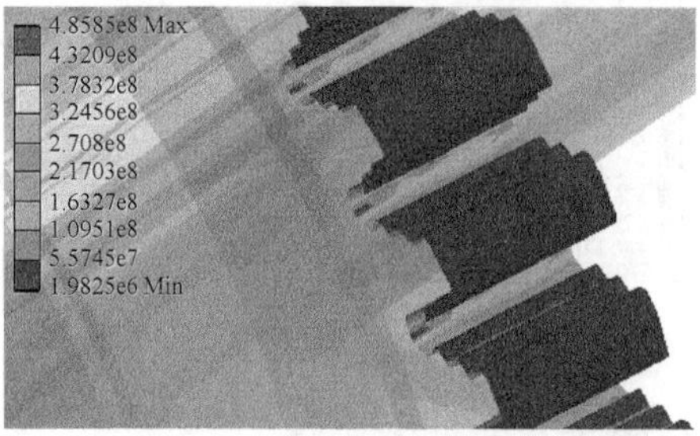

（a）最大状态

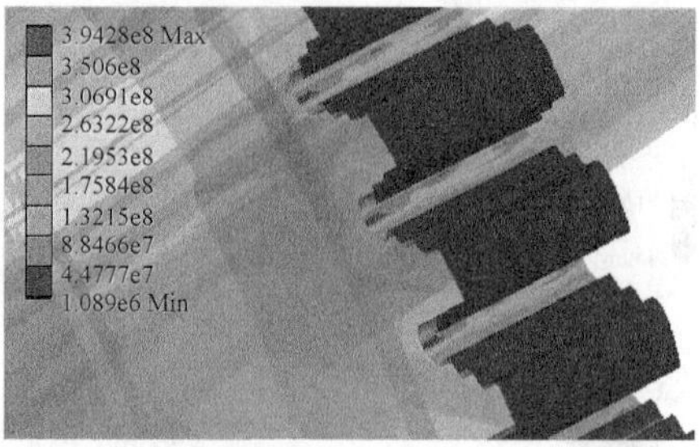

（b）巡航状态

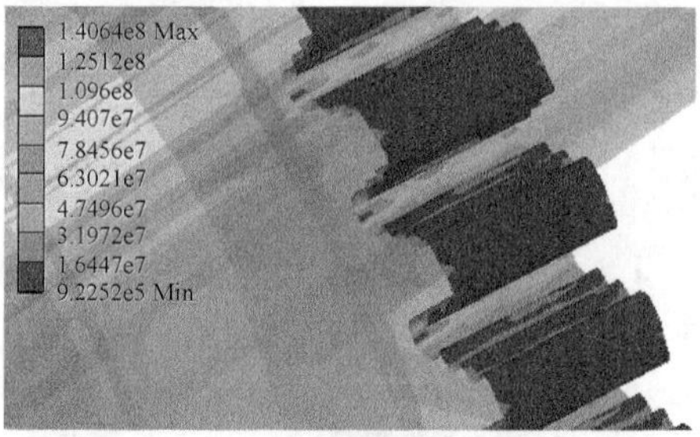

（c）慢车状态

图 8-6　涡轮盘榫槽处应力云图

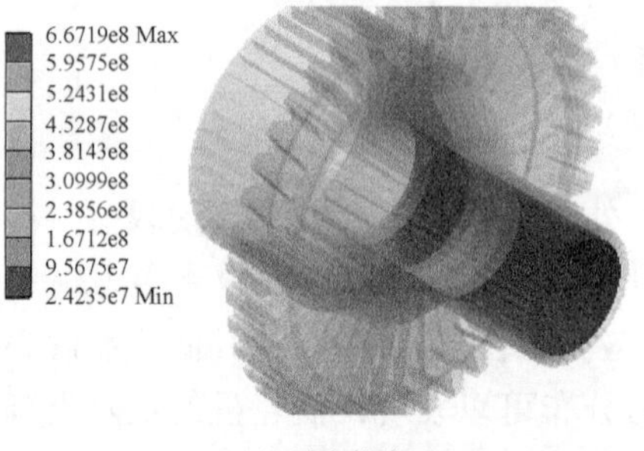

（a）最大状态

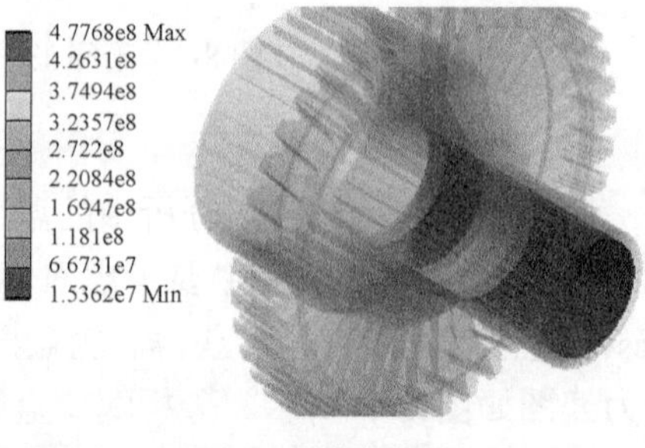

（b）巡航状态

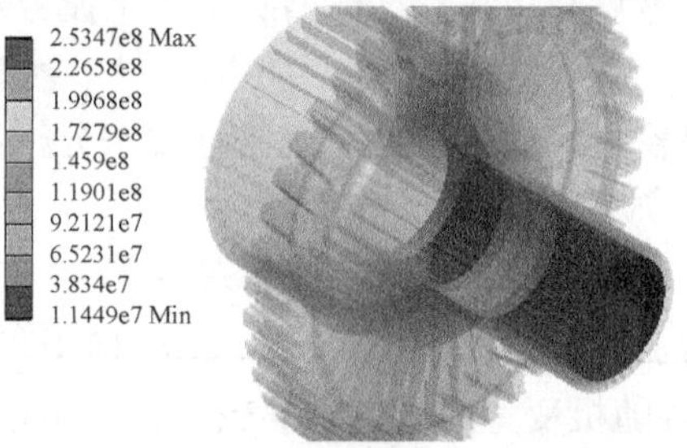

（c）慢车状态

图 8-7　涡轮盘盘心处应力云图

表 8-3　涡轮盘榫槽考核点处振动响应

状态	频率/Hz	应力响应/Pa
最大状态	10729	1.81×10^5
巡航状态	13027	2.99×10^5
慢车状态	16093	6.72×10^6

8.1.4　涡轮盘疲劳寿命计算

本小节使用 Morrow 修正的 Manson-Coffin 模型[18-19]计算单级循环载荷作用下的疲劳寿命，如下所示：

$$\varepsilon_{\mathrm{t}}=\frac{\sigma_{\mathrm{f}}'-\sigma_{\mathrm{m}}}{E}(2N_{\mathrm{f}})^{b}+\varepsilon_{\mathrm{f}}'(2N_{\mathrm{f}})^{c} \tag{8-1}$$

式中，ε_{t} 为应变幅值；b 为疲劳强度指数；c 为疲劳延性指数；σ_{f}' 为疲劳强度系数；$\varepsilon_{\mathrm{f}}'$ 为疲劳延性系数；σ_{m} 为应力均值；N_{f} 为疲劳寿命。其中，四个参数 $\frac{\sigma_{\mathrm{f}}'}{E}$、$b$、$\varepsilon_{\mathrm{f}}'$ 和 c 由 FGH96 材料的低周疲劳试验数据进行异方差回归分析获得[20-21]，其值如表 8-4 所示。其中，寿命模型辅助变量 u 表达了材料疲劳寿命模型的随机分布特性。

表 8-4　FGH96 材料的低周疲劳寿命模型参数

系数	450℃	750℃
$\varepsilon_{\mathrm{f}}'$	$10^{\frac{0.605-0.020u}{0.881+0.014u}}$	$10^{\frac{1.037-0.443u}{0.881+0.022u}}$
b	$-\frac{1}{6.771+0.848u}$	$-\frac{1}{6.771+1.340u}$
c	$-\frac{1}{0.881+0.014u}$	$-\frac{1}{0.881+0.022u}$
$\frac{\sigma_{\mathrm{f}}'}{E}$	$10^{-\frac{13.915-1.785u}{6.771+0.848u}}$	$10^{-\frac{14.543-2.376u}{6.771+1.340u}}$

对于多级循环载荷作用下的寿命估计，本小节采用如下所示的线性损伤累积法则[18,22-23]：

$$D=\sum_{i=1}^{k}D_i=\sum_{i=1}^{k}\frac{n_i}{N_i} \tag{8-2}$$

式中，D_i 为第 i 级循环应力（对应表 8-2 中的三种工况）导致的损伤；n_i 为第 i 级应力水平循环次数；N_i 为第 i 级循环应力水平作用下由式（8-1）求得的疲劳寿命。

对于高低周复合疲劳寿命分析，本小节采用 Corten 和 Dolan 提出的考虑载荷间相互作用的疲劳损伤指数累积模型[24]：

$$N_{\text{f-total}} = \frac{N_{\text{f-min}}}{\sum_{i=1}^{l} \alpha_i \left(\frac{\sigma_i}{\sigma_{\max}} \right)^{\gamma}} \tag{8-3}$$

式中，l 为循环应力总级数；$N_{\text{f-total}}$ 为 l 级循环应力作用下的疲劳总寿命；$N_{\text{f-min}}$ 为 l 级循环应力中最大应力对应的最小疲劳寿命；α_i 为第 i 级循环应力幅值 $\sigma_i (i=1,2,\cdots,l)$ 作用下的循环数与总循环数的比值；$\sigma_{\max}$ 为 l 级循环应力中的最大应力幅值；γ 为材料常数，通常由试验来确定，当缺乏试验数据时，可依据经验公式取近似值。对于 FGH96 材料，本小节取 $\gamma = 8.081$[25]。

8.1.5 涡轮盘疲劳寿命可靠性优化设计

1. 涡轮盘疲劳寿命可靠性优化模型

本小节以疲劳寿命均值最大为目标函数，并以疲劳寿命可靠性为约束条件，建立的涡轮盘榫槽疲劳寿命可靠性优化模型如下：

$$\begin{aligned} &\text{Find} \quad \boldsymbol{\theta} = \{\mu_{X_1}, \mu_{X_2}, \cdots, \mu_{X_{14}}\} \\ &\text{Max} \quad E\left(N_{\text{f}}(\boldsymbol{X})\right) \\ &\text{s.t.} \quad \begin{cases} P\{N_{\text{f}}(\boldsymbol{X}) - N_{\text{f}}^* \leqslant 0\} \leqslant 0.01 \\ m_{\text{b}}(\boldsymbol{\theta}) \leqslant 110 \\ \boldsymbol{\theta}^{\text{L}} \leqslant \boldsymbol{\theta} \leqslant \boldsymbol{\theta}^{\text{U}} \end{cases} \end{aligned} \tag{8-4}$$

式中，设计变量 $\boldsymbol{\theta}$ 为 8.1.2 小节给出的具体几何尺寸随机变量的均值向量，$\boldsymbol{\theta}^{\text{L}} \leqslant \boldsymbol{\theta} \leqslant \boldsymbol{\theta}^{\text{U}}$ 为 $\boldsymbol{\theta}$ 的取值范围。RBDO 模型中的目标为最大化疲劳寿命函数 $N_{\text{f}}(\boldsymbol{X})$ 的均值 $E\left(N_{\text{f}}(\boldsymbol{X})\right)$，$\boldsymbol{X}$ 为影响疲劳寿命的随机输入变量，$\boldsymbol{X}$ 包含了涡轮盘的几何尺寸随机变量 $X_1 \sim X_{14}$ 和表 8-1 中不含设计参数的随机变量 $X_{15} \sim X_{21}$。约束条件中要求疲劳寿命 $N_{\text{f}}(\boldsymbol{X})$ 与目标寿命 N_{f}^* 的差所对应的功能函数 $g(\boldsymbol{X})$ 小于等于零的概率小于等于 0.01，即 $P\{g(\boldsymbol{X}) = N_{\text{f}}(\boldsymbol{X}) - N_{\text{f}}^* \leqslant 0\} \leqslant 0.01$，在本小节的实例分析中，取目标寿命 $N_{\text{f}}^* = 1000$，$P\{\}$ 为概率算子。$m_{\text{b}}(\boldsymbol{\theta})$ 为涡轮盘模型的质量，在本小节的实例分析中取质量的限制值为 110g。

从上述涡轮盘疲劳寿命 RBDO 模型可以看出，其目标函数与可靠性约束所对应的功能函数均为寿命函数 $N_{\text{f}}(\boldsymbol{X})$ 的统计特征，显然疲劳寿命函数 $N_{\text{f}}(\boldsymbol{X})$ 的均值 $E\left(N_{\text{f}}(\boldsymbol{X})\right)$ 和约束中的关于寿命的失效概率 $P\{g(\boldsymbol{X}) = N_{\text{f}}(\boldsymbol{X}) - N_{\text{f}}^* \leqslant 0\} = P\{g(\boldsymbol{X}) \leqslant 0\}$ 均是设计参数 $\boldsymbol{\theta}$ 的函数，因此可以将 $E\left(N_{\text{f}}(\boldsymbol{X})\right)$ 和 $P\{g(\boldsymbol{X}) \leqslant 0\}$ 简记如下：

$$E\left(N_{\text{f}}(\boldsymbol{X})\right) = \mu_{N_{\text{f}}}(\boldsymbol{\theta}) \tag{8-5}$$

$$P\{g(\boldsymbol{X}) \leqslant 0\} = P_{\text{f}}(\boldsymbol{\theta}) \tag{8-6}$$

式中，$\mu_{N_{\mathrm{f}}}(\boldsymbol{\theta})$ 和 $P_{\mathrm{f}}(\boldsymbol{\theta})$ 分别为寿命的均值函数和失效概率函数。

2. 涡轮盘疲劳寿命 RBDO 模型的求解策略

在涡轮盘疲劳寿命 RBDO 模型中，寿命函数 $N_{\mathrm{f}}(\boldsymbol{X})$ 是由涡轮盘有限元分析的应力应变结果代入寿命模型中获得的，其为随机变量 $\boldsymbol{X}$ 的隐式函数，且寿命函数与进行寿命可靠性分析的功能函数 $g(\boldsymbol{X})$ 有如下关系：

$$g(\boldsymbol{X}) = N_{\mathrm{f}}(\boldsymbol{X}) - N_{\mathrm{f}}^{*} \tag{8-7}$$

显然，如果直接采用由有限元分析和寿命分析确定隐式函数 $N_{\mathrm{f}}(\boldsymbol{X})$ 和 $g(\boldsymbol{X})$ 进行疲劳寿命 RBDO 模型的求解将造成极大的计算量。为此本节基于已有的基于代理模型法的优化求解策略[1,26-27]，建立了涡轮盘疲劳寿命 RBDO 模型求解的类序列解耦法。本节建立的类序列解耦法所包含的两个基本步骤详细叙述如下。

第一个步骤是在设计参数和输入变量的扩展空间中自适应构造计算失效概率的功能函数 $g(\boldsymbol{X})$ 的 Kriging 模型 $\hat{g}(\boldsymbol{X})$，该部分自适应构建 $\hat{g}(\boldsymbol{X})$ 的过程中利用的是 U 学习函数，这是因为 U 学习函数可以保证自适应构造收敛之后的 $\hat{g}(\boldsymbol{X})$ 能够以预先设定的概率来正确估计原隐式功能函数的失效概率。在第一步训练获得收敛的 $\hat{g}(\boldsymbol{X})$ 后，将利用 $\hat{g}(\boldsymbol{X})$ 由式（8-8）来构造寿命函数 $N_{\mathrm{f}}(\boldsymbol{X})$ 的初始 Kriging 模型 $\hat{N}_{\mathrm{f}}(\boldsymbol{X})$：

$$\hat{N}_{\mathrm{f}}(\boldsymbol{X}) = \hat{g}(\boldsymbol{X}) + N_{\mathrm{f}}^{*} \tag{8-8}$$

这种利用 $\hat{g}(\boldsymbol{X})$ 来构造初始 $\hat{N}_{\mathrm{f}}(\boldsymbol{X})$ 的策略可以充分利用已有的训练点来同时得到 $\hat{g}(\boldsymbol{X})$ 和 $\hat{N}_{\mathrm{f}}(\boldsymbol{X})$。在得到初始 $\hat{N}_{\mathrm{f}}(\boldsymbol{X})$ 后，需要继续对 $\hat{N}_{\mathrm{f}}(\boldsymbol{X})$ 进行自适应训练，以便得到收敛的 $\hat{N}_{\mathrm{f}}(\boldsymbol{X})$ 可用以计算 RBDO 模型中寿命的均值函数 $\mu_{N_{\mathrm{f}}}(\boldsymbol{\theta})$。在下一部分中提出一种 SDV 学习函数来自适应训练 $\hat{N}_{\mathrm{f}}(\boldsymbol{X})$，SDV 学习函数可以保证由收敛的 $\hat{N}_{\mathrm{f}}(\boldsymbol{X})$ 估计 $\mu_{N_{\mathrm{f}}}(\boldsymbol{\theta})$ 的方差满足预先设定的精度要求值。

第二个步骤是在第一个步骤构造的 $\hat{N}_{\mathrm{f}}(\boldsymbol{X})$ 和 $\hat{g}(\boldsymbol{X})$ 基础上，完成当前设计参数下代理模型的更新以及基于更新后的代理模型进行 RBDO 模型的求解。由于 $\hat{N}_{\mathrm{f}}(\boldsymbol{X})$ 和 $\hat{g}(\boldsymbol{X})$ 将 RBDO 模型中的目标函数和约束函数均显式化了，因此可以用序列二次规划法（sequential quadratic programming，SQP）[28]或者遗传算法（genetic algorithm，GA）等轻松搜索得到设计参数的优化解，然后基于当前最优设计参数来判别优化的收敛性，若收敛则输出优化结果，否则将在当前搜索得到的设计参数下继续第二个步骤代理模型的实时更新及优化迭代求解，直至最后收敛。

3. 构建代理模型 $\hat{g}(\boldsymbol{X})$ 和 $\hat{N}_{\mathrm{f}}(\boldsymbol{X})$ 的学习函数

1）构建 $\hat{g}(\boldsymbol{X})$ 的 U 学习函数

本节构建寿命可靠性分析功能函数 $g(\boldsymbol{X})=N_{\mathrm{f}}(\boldsymbol{X})-N_{\mathrm{f}}^{*}$ 的代理模型 $\hat{g}(\boldsymbol{X})$ 的目的是以收敛的 $\hat{g}(\boldsymbol{X})$ 代替 $g(\boldsymbol{X})$ 进行失效概率的计算，目前已有文献[7-9,29-31]中已发展了自适应 Kriging 模型结合 Monte Carlo 模拟（AK-MCS）的方法来高效构建 $\hat{g}(\boldsymbol{X})$ 并进行失效概率的计算。AK-MCS 方法的基本思想是在 MCS 产生的计算失效概率的备选样本池 $\boldsymbol{S}_{\boldsymbol{x}}$ 中自适应训练 $g(\boldsymbol{X})$ 的 Kriging 模型 $\hat{g}(\boldsymbol{X})$，以收敛的 $\hat{g}(\boldsymbol{X})$ 代替 $g(\boldsymbol{X})$ 识别 $\boldsymbol{S}_{\boldsymbol{x}}$ 中样本点状态并进行失效概率计算。由于得到收敛的 $\hat{g}(\boldsymbol{X})$ 的训练集规模远小于 $\boldsymbol{S}_{\boldsymbol{x}}$ 的规模，因此 AK-MCS 方法具有较高的效率。

由 Kriging 模型的基本理论[32]可知，备选样本点 $\boldsymbol{x}_i \in \boldsymbol{S}_{\boldsymbol{x}}$ 处的 Kriging 模型预测值 $\hat{g}(\boldsymbol{x}_i)$ 服从正态分布，即 $\hat{g}(\boldsymbol{x}_i)\sim N(\mu_{\hat{g}}(\boldsymbol{x}_i),\sigma_{\hat{g}}^2(\boldsymbol{x}_i))$，其中 $\mu_{\hat{g}}(\boldsymbol{x}_i)$ 和 $\sigma_{\hat{g}}^2(\boldsymbol{x}_i)$ 分别为 Kriging 模型的预测均值和方差。在 AK-MCS 方法执行过程中，新训练点 $\boldsymbol{x}_{\mathrm{new}}$ 是由如式（8-9）所示的 U 学习函数[7]，按式（8-10）进行自适应选择的，式（8-11）为停止准则：

$$U_{\hat{g}}(\boldsymbol{x}_i)=\frac{\left|\mu_{\hat{g}}(\boldsymbol{x}_i)\right|}{\sigma_{\hat{g}}(\boldsymbol{x}_i)} \tag{8-9}$$

$$\boldsymbol{x}_{\mathrm{new}}=\arg\min_{\boldsymbol{x}_i\in \boldsymbol{S}_{\boldsymbol{x}}} U_{\hat{g}}(\boldsymbol{x}_i) \tag{8-10}$$

$$\min_{\boldsymbol{x}_i\in \boldsymbol{S}_{\boldsymbol{x}}} U_{\hat{g}}(\boldsymbol{x}_i)\geqslant 2 \tag{8-11}$$

由 U 学习函数的基本理论可知[7]，当式（8-11）成立时，表明当前 $\hat{g}(\boldsymbol{X})$ 可以大于 $\Phi(2)=0.977$（其中 $\Phi(\cdot)$ 为标准正态分布的累积分布函数）的概率正确识别 $\boldsymbol{S}_{\boldsymbol{x}}$ 中样本点状态。本节在构建 $\hat{g}(\boldsymbol{X})$ 时采用这种 U 学习函数。

2）构建 $\hat{N}_{\mathrm{f}}(\boldsymbol{X})$ 的 SDV 学习函数

在本节的疲劳寿命可靠性优化模型中，构建寿命函数 $N_{\mathrm{f}}(\boldsymbol{X})$ 的 Kriging 模型 $\hat{N}_{\mathrm{f}}(\boldsymbol{X})$ 的目的是由收敛的 $\hat{N}_{\mathrm{f}}(\boldsymbol{X})$ 代替 $N_{\mathrm{f}}(\boldsymbol{X})$ 求解可靠性优化模型中的寿命均值，即 $\mu_{N_{\mathrm{f}}}(\boldsymbol{\theta})\approx E\left(\hat{N}_{\mathrm{f}}(\boldsymbol{X})\right)$。设 MCS 样本池 $\boldsymbol{S}_{\boldsymbol{x}}$ 尺寸为 N，即 $\boldsymbol{S}_{\boldsymbol{x}}=\{\boldsymbol{x}_1,\boldsymbol{x}_2,\cdots,\boldsymbol{x}_N\}^{\mathrm{T}}$，则由 $\hat{N}_{\mathrm{f}}(\boldsymbol{X})$ 估计得到的寿命均值 $\hat{E}$ 如下所示：

$$\hat{E}=\frac{1}{N}\sum_{i=1}^{N}\hat{N}_{\mathrm{f}}(\boldsymbol{x}_i) \tag{8-12}$$

由于 Kriging 模型预测值 $\hat{N}_{\mathrm{f}}(\boldsymbol{x}_i)$ 服从正态分布，即 $\hat{N}_{\mathrm{f}}(\boldsymbol{x}_i)\sim N(\mu_{\hat{N}_{\mathrm{f}}}(\boldsymbol{x}_i),\ \sigma_{\hat{N}_{\mathrm{f}}}^2(\boldsymbol{x}_i))$，依据正态分布的性质，可以推得 $\hat{E}$ 也服从正态分布，且 $\hat{E}$ 的均值 $E(\hat{E})$ 如式（8-13）所示，方差 $D(\hat{E})$ 如式（8-14）所示：

$$E(\hat{E}) = E\left(\frac{1}{N}\sum_{i=1}^{N}\hat{N}_{\mathrm{f}}(\boldsymbol{x}_i)\right) = \frac{1}{N}\sum_{i=1}^{N}E\left(\hat{N}_{\mathrm{f}}(\boldsymbol{x}_i)\right) = \frac{1}{N}\sum_{i=1}^{N}\mu_{\hat{N}_{\mathrm{f}}}(\boldsymbol{x}_i) \tag{8-13}$$

$$D(\hat{E})=\frac{1}{N^2}\sum_{i=1}^{N}\sigma_{\hat{N}_{\mathrm{f}}}^2(\boldsymbol{x}_i)+\frac{1}{N^2}\left[\sum_{i=1}^{N}\sum_{j=1,j\neq i}^{N}\mathrm{Cov}(\hat{N}_{\mathrm{f}}(\boldsymbol{x}_i),\hat{N}_{\mathrm{f}}(\boldsymbol{x}_j))\right] \tag{8-14}$$

式中，$\mathrm{Cov}(\cdot)$ 为协方差算子，$\mathrm{Cov}(\hat{N}_{\mathrm{f}}(\boldsymbol{x}_i),\hat{N}_{\mathrm{f}}(\boldsymbol{x}_j))$ 可以由 Kriging 模型的协方差函数求得。

由正态分布性质可知，$\hat{E}$ 的方差 $D(\hat{E})$ 越大，由 $\hat{N}_{\mathrm{f}}(\boldsymbol{X})$ 估计的寿命均值 $\hat{E}$ 越不准确，为了提高 $\hat{N}_{\mathrm{f}}(\boldsymbol{X})$ 估计 $\hat{E}$ 的精度，应选出使得对缩减 $\hat{E}$ 的方差 $D(\hat{E})$ 贡献最大的样本点加入到 $\hat{N}_{\mathrm{f}}(\boldsymbol{X})$ 的训练点集中，以最大限度降低估计值 $\hat{E}$ 的方差。因此本节采用式（8-15）所示的最大方差缩减学习函数，即 SDV 学习函数进行代理模型的训练，并依据式（8-16）在备选样本点集 $\boldsymbol{S}_x$ 中选择新的训练点 $\boldsymbol{x}_{\mathrm{new}}$，所采用的停止准则是式（8-17）所示的寿命均值估计 $\hat{E}$ 的变异系数 $C(\hat{E})$ 小于等于预先设定的阈值 $\xi_{C(\hat{E})}$（本节的可靠性优化设计中取 $\xi_{C(\hat{E})}=10^{-3}$），即不等式 $C(\hat{E})\leqslant\xi_{C(\hat{E})}$ 得到满足时停止对寿命函数的 Kriging 模型 $\hat{N}_{\mathrm{f}}(\boldsymbol{X})$ 的更新。

$$\mathrm{SDV}(\boldsymbol{x}_i)=\sigma_{\hat{N}_{\mathrm{f}}}^2(\boldsymbol{x}_i)+\sum_{j=1,j\neq i}^{N}\mathrm{Cov}(\hat{N}_{\mathrm{f}}(\boldsymbol{x}_i),\hat{N}_{\mathrm{f}}(\boldsymbol{x}_j)) \tag{8-15}$$

$$\boldsymbol{x}_{\mathrm{new}} = \arg\max_{\boldsymbol{x}_i\in\boldsymbol{S}_x}\mathrm{SDV}(\boldsymbol{x}) \tag{8-16}$$

$$C(\hat{E}) = \frac{\sqrt{D(\hat{E})}}{E(\hat{E})}\leqslant\xi_{C(\hat{E})} \tag{8-17}$$

上述 SDV 学习函数在自适应训练寿命函数 $N_{\mathrm{f}}(\boldsymbol{X})$ 的代理模型 $\hat{N}_{\mathrm{f}}(\boldsymbol{X})$ 时，可以最大限度地降低由 $\hat{N}_{\mathrm{f}}(\boldsymbol{X})$ 估计寿命均值的方差 $D(\hat{E})$。为验证 SDV 学习函数相对于已有的均方误差（MSE）学习函数[33-35]和最小距离（minimum distance approach，MDA）学习函数[36]的优越性，下面给出一个简单算例。

3）SDV 学习函数数值算例验证

一个具有四个失效域边界的串联问题的极限状态方程如式（8-18）所示[7]，x_1 和 x_2 均为标准正态分布且相互独立。

$$g(x_1,x_2) = \min\begin{cases}3+0.1(x_1-x_2)^2-(x_1+x_2)/\sqrt{2}\\3+0.1(x_1-x_2)^2+(x_1+x_2)/\sqrt{2}\\(x_1-x_2)+6/\sqrt{2}\\-(x_1-x_2)+6/\sqrt{2}\end{cases} \tag{8-18}$$

分别使用 SDV 学习函数、MDA 学习函数和 MSE 学习函数训练 $g(x_1,x_2)$ 的 Kriging 模型 $\hat{g}(x_1,x_2)$，以便由收敛的 $\hat{g}(x_1,x_2)$ 计算 $g(x_1,x_2)$ 的均值 $E(g)$。三种方

法的备选样本池均相同，初始训练点集相同且数量为 20 个，收敛准则均为式（8-17），获得的结果比较如表 8-5 所示。

表 8-5　三种学习函数获得的结果比较

学习函数	$E(g)$ 估计值相对误差/%	训练点数
SDV	0.55	146
MDA	0.70	168
MSE	0.97	196

通过表 8-5 的对比可以看出，相比于 MDA 学习函数和 MSE 学习函数，在相同初始训练点集下，SDV 学习函数需要的训练点数最少，同时也能获得相对误差最小的均值估计值，这是因为 SDV 学习函数总是选择能使 $E(g)$ 估计值方差减小最多的备选样本点加入到训练点集中。

4. 涡轮盘疲劳寿命可靠性优化设计求解的类序列解耦法流程及步骤

按照本小节设计的涡轮盘疲劳寿命可靠性优化设计策略和选择的构建寿命可靠性分析功能函数和寿命函数代理模型的学习函数，本部分将建立涡轮盘疲劳寿命 RBDO 模型求解的类序列解耦法流程及步骤，RBDO 模型求解的类序列解耦法流程如图 8-8，主要步骤如下所示。

第一步：构建包含涡轮盘设计参数 $\boldsymbol{\theta}$ 不确定性和输入变量 $\boldsymbol{X}$ 不确定性的扩展空间，在扩展空间中使用 Sobol 序列抽取所有输入随机变量的备选样本池 $\boldsymbol{S}_x$ 和初始训练点集 $\boldsymbol{T}_x$。

第二步：使用 U 学习函数在 $\boldsymbol{S}_x$ 中自适应构建涡轮盘疲劳寿命可靠性分析功能函数 $g(\boldsymbol{X})$ 代理模型 $\hat{g}(\boldsymbol{X})$ 至收敛。

第（2.1）步：使用训练点集 $\boldsymbol{T}_x$ 构建或更新 $g(\boldsymbol{X})$ 的代理模型 $\hat{g}(\boldsymbol{X})$。

第（2.2）步：依据 U 学习函数停止准则，即式（8-11）判别 $\hat{g}(\boldsymbol{X})$ 的自适应学习过程的收敛性。当满足 U 学习函数停止准则时，则得到收敛的代理模型 $\hat{g}(\boldsymbol{X})$ 并转入第三步；否则执行第（2.3）步。

第（2.3）步：在 $\boldsymbol{S}_x$ 中依据 U 学习函数选取训练样本点加入训练点集 $\boldsymbol{T}_x$ 中，返回第（2.1）步。

第三步：使用 SDV 学习函数在 $\boldsymbol{S}_x$ 中自适应更新代理模型 $\hat{N}_{\mathrm{f}}(\boldsymbol{X})$ 至收敛。

第（3.1）步：取初始的寿命函数代理模型为 $\hat{N}_{\mathrm{f}}(\boldsymbol{X}) = \hat{g}(\boldsymbol{X}) + N_{\mathrm{f}}^{*}$。

第（3.2）步：依据 SDV 学习函数停止准则，即式（8-17）判别 $\hat{N}_{\mathrm{f}}(\boldsymbol{X})$ 的自适应学习过程的收敛性。当满足 SDV 学习函数停止准则时，得到收敛的代理模型 $\hat{N}_{\mathrm{f}}(\boldsymbol{X})$ 并转入第四步，否则执行第（3.3）步。

第（3.3）步：在 $\boldsymbol{S}_x$ 中依据 SDV 学习函数选取训练样本点加入训练点集 $\boldsymbol{T}_x$ 中，使用训练点集 $\boldsymbol{T}_x$ 更新代理模型 $\hat{N}_{\mathrm{f}}(\boldsymbol{X})$，返回第（3.2）步。

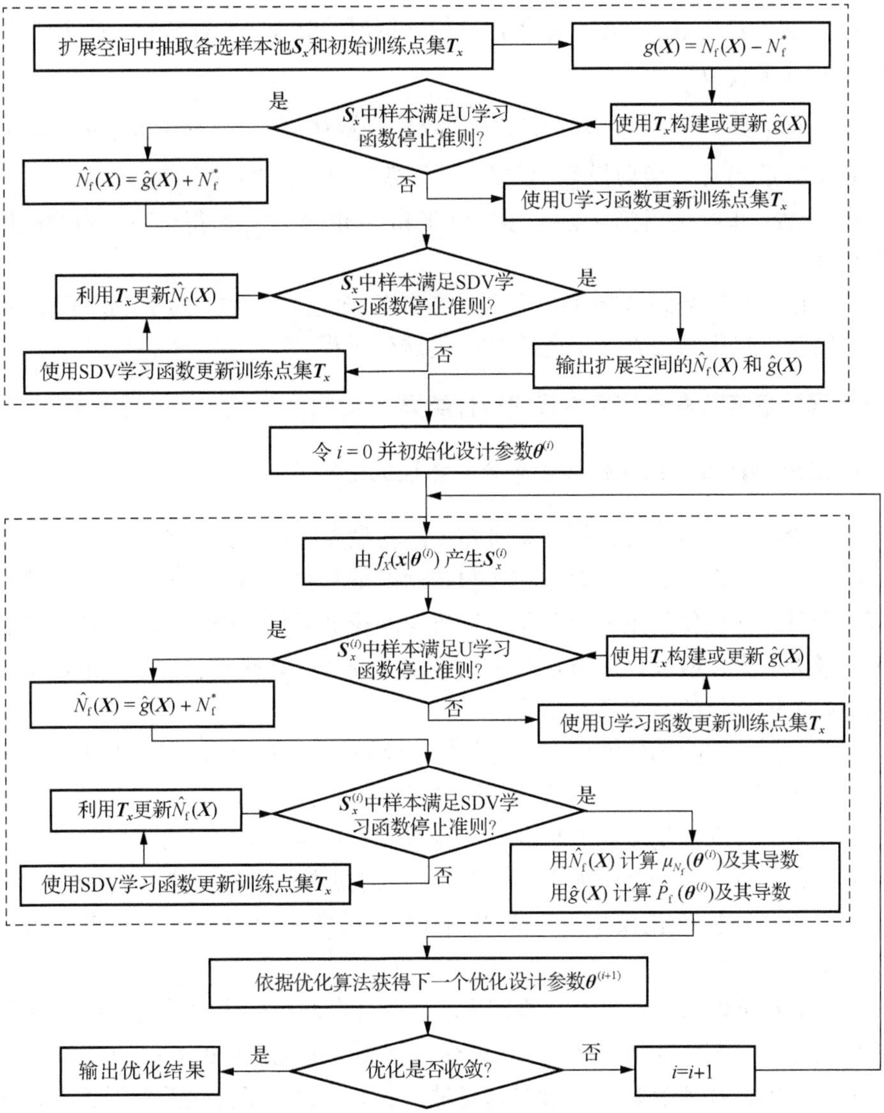

图 8-8　涡轮盘疲劳寿命 RBDO 模型求解的类序列解耦法流程图

第四步：迭代搜索最优设计参数并实时更新 $\hat{g}(\boldsymbol{X})$ 和 $\hat{N}_{\mathrm{f}}(\boldsymbol{X})$ 至优化迭代收敛。

第（4.1）步：令优化迭代指针 $i=0$，并初始化设计参数 $\boldsymbol{\theta}^{(i)}$。

第（4.2）步：由当前设计参数 $\boldsymbol{\theta}^{(i)}$ 得到输入变量的概率密度函数 $f_X(\boldsymbol{x}\,|\,\boldsymbol{\theta}^{(i)})$

产生备选样本池 $\boldsymbol{S}_{\boldsymbol{x}}^{(i)}$。

第（4.3）步：取 $\hat{g}(\boldsymbol{X})=\hat{N}_{\mathrm{f}}(\boldsymbol{X})-N_{\mathrm{f}}^{*}$，并使用 U 学习函数在当前设计参数产生的备选样本池 $\boldsymbol{S}_{\boldsymbol{x}}^{(i)}$ 中自适应更新代理模型 $\hat{g}(\boldsymbol{x})$ 至收敛。

第（4.4）步：取 $\hat{N}_{\mathrm{f}}(\boldsymbol{X})=\hat{g}(\boldsymbol{X})+N_{\mathrm{f}}^{*}$，并使用 SDV 学习函数在 $\boldsymbol{S}_{\boldsymbol{x}}^{(i)}$ 中自适应更新 $\hat{N}_{\mathrm{f}}(\boldsymbol{X})$ 至收敛。

第（4.5）步：使用 $\hat{N}_{\mathrm{f}}(\boldsymbol{X})$ 计算当前设计参数 $\boldsymbol{\theta}^{(i)}$ 下寿命均值 $\mu_{N_{\mathrm{f}}}(\boldsymbol{\theta}^{(i)})$ 及其导数，并使用 $\hat{g}(\boldsymbol{x})$ 计算当前设计参数 $\boldsymbol{\theta}^{(i)}$ 下失效概率 $P_{\mathrm{f}}(\boldsymbol{\theta}^{(i)})$ 及其导数。

第（4.6）步：利用第（4.5）步的结果和 SQP 算法搜索得到下一步的最优设计参数 $\boldsymbol{\theta}^{(i+1)}$。

第（4.7）步：判断 SQP 算法是否收敛，若未收敛则令 $i=i+1$，返回第（4.1）步；否则输出优化结果 $\boldsymbol{\theta}^{(i+1)}$，结束优化的迭代过程。

8.1.6 涡轮盘疲劳寿命可靠性优化设计结果

1. 涡轮盘盘心考核点处疲劳寿命可靠性优化结果

由涡轮盘的热固耦合分析结果可知，涡轮盘盘心危险部位的最大应力主要受到离心力影响，而离心力主要与转速和转动惯量有关。因此涡轮盘盘心考核点处疲劳寿命可靠性优化的主要思路是通过改变涡轮盘形状，降低转动惯量，从而降低盘心最大应力、应变，最终达到在满足疲劳寿命可靠性要求的条件下，尽可能提高盘心考核点处的疲劳寿命均值。

涡轮盘盘心危险部位疲劳寿命可靠性优化设计选取的设计变量为图 8-3（b）中 5 个几何参数 $X_{10}\sim X_{14}$ 的均值，即设计参数为 $\boldsymbol{\theta}=[\mu_{X_{10}},\mu_{X_{11}},\cdots,\mu_{X_{14}}]^{\mathrm{T}}$，$X_{10}\sim X_{14}$ 这 5 个变量的标准差均取为 0.1mm。涡轮盘盘心危险部位疲劳寿命可靠性优化设计所取设计参数的设计范围如表 8-6 所示，针对盘心危险部位建立式（8-4）所示的疲劳寿命可靠性优化模型后，采用图 8-8 的流程图进行求解，所得优化结果见表 8-6 和表 8-7。

从表 8-6 可以看出，盘心危险部位的疲劳寿命均值由优化前的 19556 次循环提高到优化后的 37143 次循环，疲劳寿命可靠度则由优化前的 0.9934 提高到了优化后的 0.9996。在所有随机变量取均值时，表 8-7 给出了优化前后涡轮盘转动惯量、质量和各种状态下危险部位的最大应力的对照。从表 8-7 可以看出，优化后的模型相比于优化前的模型转动惯量更小，从而导致离心力减小、危险部位最大应力降低和疲劳寿命提高。

表 8-6　涡轮盘盘心危险部位疲劳寿命可靠性优化结果

设计参数	$\mu_{X_{10}}$	$\mu_{X_{11}}$	$\mu_{X_{12}}$	$\mu_{X_{13}}$	$\mu_{X_{14}}$	疲劳寿命均值	可靠度
设计范围	[2.5,4.5]	[2.5,4.5]	[21,35]	[12,22]	[1,6.25]	—	—
初始设计	2.50	2.50	21.15	12.73	6.25	19556	0.9934
最优设计	4.50	4.50	21.94	18.96	4.46	37143	0.9996

表 8-7　涡轮盘盘心危险部位疲劳寿命可靠性优化前后最大应力的对比

物理量	初始设计	最优设计
转动惯量/（$kg \cdot mm^2$）	45.491	43.258
质量/g	105.31	101.43
最大状态局部最大应力/MPa	667	578
巡航状态局部最大应力/MPa	478	411
慢车状态局部最大应力/MPa	253	225

2. 涡轮盘榫槽考核点处疲劳寿命可靠性优化结果

涡轮盘榫槽处存在应力集中现象，榫槽处的最大应力与榫槽危险部位的应力集中有关，因此涡轮盘榫槽危险部位的疲劳寿命可靠性优化的主要思路是改进榫槽的构型，减小榫槽危险部位的应力集中，从而降低危险部位的应力应变，并提高榫槽危险部位的疲劳寿命均值。榫槽的最大应力点位于榫槽开口结构的底部，因此在榫槽危险部位的疲劳寿命可靠性优化设计中，选择榫槽底部的三个正态分布的几何尺寸参数 $X_7 \sim X_9$ 的均值向量 $\boldsymbol{\theta}=[\mu_{X_7},\mu_{X_8},\mu_{X_9}]^{\mathrm{T}}$ 作为设计变量，并设定 $X_7 \sim X_9$ 标准差为 0.1mm，而其余的榫槽剖面尺寸参数 $X_1 \sim X_6$ 取作均值向量为 $[\mu_{X_1},\mu_{X_2},\cdots,\mu_{X_6}]^{\mathrm{T}}=[0.90,0.64,1.33,0.72,0.90,0.43]^{\mathrm{T}}$ 时的不含设计参数的正态随机变量，标准差设定为 0.1mm。

涡轮盘榫槽危险部位疲劳寿命可靠性优化设计所取设计参数的设计范围如表 8-8 所示，针对榫槽危险部位建立式（8-4）所示的疲劳寿命可靠性优化模型后，采用图 8-8 的流程图进行求解，所得榫槽危险部位疲劳寿命可靠性优化结果见表 8-8 和表 8-9。优化前后榫槽几何尺寸变量取均值时的榫槽结构对照见图 8-9，而相应的所有输入变量都取均值时最大状态下榫槽处应力分布云图对照见图 8-10。

表 8-8　涡轮盘榫槽危险部位疲劳寿命可靠性优化结果

设计参数	μ_{X_7}	μ_{X_8}	μ_{X_9}	疲劳寿命均值	可靠度
设计范围	[0.4,1]	[1.5,2.5]	[0.3,1]	—	—
初始设计	0.51	1.73	0.46	42386	0.9942
最优设计	0.87	1.91	0.74	72290	0.9996

表 8-9　涡轮盘榫槽危险部位疲劳寿命可靠性优化前后最大应力的对比

应力	初始设计	最优设计
最大状态局部最大应力/MPa	491	432
巡航状态局部最大应力/MPa	397	353
慢车状态局部最大应力/MPa	140	121

(a) 优化前　　(b) 优化后

图 8-9　榫槽结构

(a) 优化前

(b) 优化后

图 8-10　最大状态下榫槽处应力分布云图

对比榫槽危险部位疲劳寿命可靠性优化前后榫槽的形状可以看出，优化后榫槽底部的开口更为圆滑，应力集中较优化前降低，从而使得涡轮盘榫槽危险部位的高低周复合疲劳寿命均值由 42386 次循环提高到 72290 次循环，而可靠度由优化前的 0.9942 提高到优化后的 0.9996。

3. 涡轮盘盘心和榫槽系统疲劳寿命可靠性优化结果

以上部分分别对涡轮盘盘心和榫槽的危险部位进行了疲劳寿命可靠性优化设计，在本部分将盘心和榫槽作为一个系统进行疲劳寿命的可靠性优化设计，此时涡轮盘系统是由盘心和榫槽串联的一个系统，记盘心和榫槽的寿命分别为 $N_{\text{f-certre}}$ 和 $N_{\text{f-notch}}$，则系统的寿命 $N_{\text{f-system}}$ 与 $N_{\text{f-certre}}$ 和 $N_{\text{f-notch}}$ 的关系如式（8-19）所示：

$$N_{\text{f-system}} = \min(N_{\text{f-certre}}, N_{\text{f-notch}}) \tag{8-19}$$

而涡轮盘系统的可靠性约束表示为式（8-20）：

$$P\{\min(N_{\text{f-certre}}, N_{\text{f-notch}}) \leqslant N_{\text{f}}^{*}\} \leqslant 0.01 \tag{8-20}$$

涡轮盘系统的疲劳寿命可靠性优化设计的设计变量取为榫槽和盘心部位的几何尺寸参数 $X_7 \sim X_{14}$ 的均值向量 $\boldsymbol{\theta} = [\mu_{X_7}, \mu_{X_8}, \cdots, \mu_{X_{14}}]^{\text{T}}$，将式（8-19）和式（8-20）代入式（8-4）的优化模型中，采用图 8-8 的流程图进行求解，涡轮盘不同模式下疲劳寿命可靠性优化所得优化结果对照见表 8-10。

表 8-10　涡轮盘不同模式下疲劳寿命可靠性优化所得优化结果对照

设计参数	初始设计	系统最优设计	盘心最优设计	榫槽最优设计
μ_{X_7}	0.51	0.88	—	0.87
μ_{X_8}	1.72	1.92	—	1.91
μ_{X_9}	0.46	0.75	—	0.74
$\mu_{X_{10}}$	2.50	4.50	4.50	—
$\mu_{X_{11}}$	2.50	4.50	4.50	—
$\mu_{X_{12}}$	21.15	21.22	21.94	—
$\mu_{X_{13}}$	12.73	18.77	18.96	—
$\mu_{X_{14}}$	6.25	4.93	4.46	—
疲劳寿命均值	12127	32745	37143	72290
可靠度	0.9860	0.9960	0.9996	0.9996

从表 8-10 给出的涡轮盘系统多模式疲劳寿命可靠性优化的结果与盘心、榫槽单模式疲劳寿命可靠性优化设计的结果对照可以看出，系统的可靠度比单模式的可靠度低，并且系统的均值寿命比单模式的均值寿命低，涡轮盘系统的疲劳寿命主要是由盘心的疲劳寿命决定的。

8.2 涡轮叶片多模式寿命可靠性分析与优化设计

处于严苛工作环境的高压涡轮转子冷却叶片是航空发动机中的关键部件，其寿命和可靠性在很大程度上决定了航空发动机的寿命和安全程度。在高温环境和复杂交变载荷的作用下，涡轮冷却叶片的失效模式较多且存在复杂的耦合[37]。同时，影响寿命的众多输入因素也广泛存在着随机不确定性，这将导致输出性能的随机不确定性，使得实际中寿命的准确预测难度加大。为了更准确地预测叶片寿命以及保证叶片的结构可靠性，并在设计工作中考虑可靠性要求，开展涡轮冷却叶片多种寿命耦合失效模式下的概率寿命预测及可靠性分析和优化设计工作十分有必要。

本节将依靠参数化有限元仿真模型和概率寿命模型，结合理论部分发展的可靠性分析及优化设计方法，建立适应于涡轮冷却叶片复杂结构的可靠性分析与优化分析平台，拓展这些方法的工程实用性，为实际工程型号中发动机的涡轮冷却叶片寿命可靠性分析与设计提供理论基础和实现工具。本节将重点介绍随机不确定性下，涡轮冷却叶片结构分析的网格与有限元仿真参数化、多模式疲劳寿命可靠性分析与优化设计方法等内容，并对某型涡轮叶片进行了可靠性的实例分析与优化设计。

8.2.1 涡轮叶片参数化联合分析平台的构成

涡轮冷却叶片寿命可靠性分析与优化设计涉及多个仿真软件，需要建立统一的参数化控制调用平台以实现各功能模块的协调执行。本节使用 Matlab 建立图 8-11 所示的联合仿真分析与设计平台，其中每个模块相互独立，联合控制调用平台负责将各个子模块连成一体，通过编写控制程序来更改参数，完成复杂涡轮冷却叶片结构的寿命可靠性分析及可靠性优化。整个联合仿真分析与设计平台利用命令流实现对子模块的控制，命令流语句和参数控制相互分离，所有参数都在外部文档中独立存储，整个分析过程不需要人工进入软件界面操作，实现了更改参数、可靠性分析中的重复抽样、有限元仿真预测及可靠性优化迭代的自动化，提高叶片可靠性分析和可靠性优化的效率。

完整的平台包含输入模块、涡轮冷却叶片的结构参数化网格及有限元仿真模块、结构分析结果提取模块、概率寿命模型模块、寿命可靠性分析模块和寿命可靠性优化模块六个独立的内嵌部分。通过在控制平台中输入叶片的结构几何、工作状态和材料参数等信息，控制结构分析中的参数化网格划分和有限元仿真并提

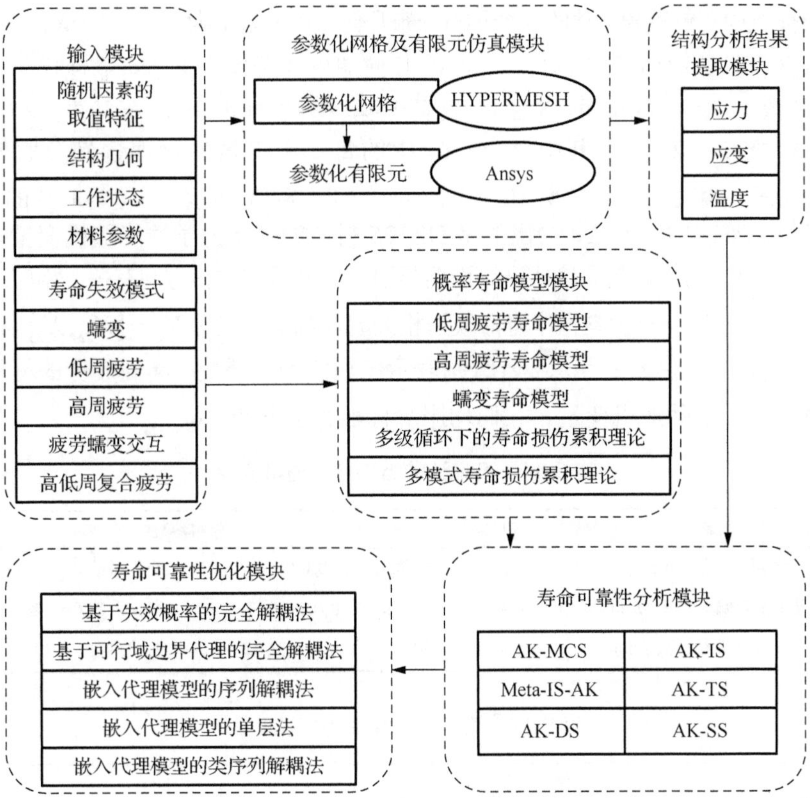

图 8-11 涡轮冷却叶片疲劳寿命可靠性分析与优化设计的联合仿真分析与设计平台

取结构分析结果；同时输入叶片的寿命失效模式、单级循环单模式概率寿命模型、多级循环多模式损伤累积理论，形成多级循环载荷下的多模式概率寿命模型；然后将结构分析结果和概率寿命分析结果送入寿命可靠性分析模块，完成寿命可靠性分析流程；最后在寿命可靠性优化模块中使用可靠性分析流程，并利用基于代理模型的类序列解耦法实现涡轮冷却叶片基于寿命可靠性的优化设计。

8.2.2 输入变量分析

影响涡轮冷却叶片疲劳寿命的因素众多，需要全面考虑影响寿命的随机因素和不同的寿命失效模式。结构几何、载荷环境和材料参数决定了结构特征响应量（应力、应变、温度），而结构特征响应量与寿命模型中的辅助变量决定了多模式的寿命取值。以下将分为随机变量和确定性变量两部分来介绍影响涡轮叶片疲劳寿命的输入变量，其中随机变量包括含设计参数的 3 维结构几何随机变量、9 维载荷环境随机变量、9 维与工作温度相关的材料参数随机变量以及 3 维分别与低周疲劳、高周疲劳和蠕变概率寿命模型相关的辅助随机变量，共计 24 维随机变量。

表征气膜孔位置和尺寸的 3 个正态分布几何随机变量记为 $\boldsymbol{X}_{\rm A}=[X_1,X_2,X_3]^{\rm T}$，其物理意义和具体取值见表 8-11，这三个几何随机变量的均值是可靠性优化设计的设计参数。影响寿命可靠性的载荷环境相关的正态分布随机变量记为 $\boldsymbol{X}_{\rm B}=[X_4,X_5,\cdots,X_{21}]^{\rm T}$，其中 $X_4\sim X_{12}$ 中的每一维变量的物理含义及取值见表 8-12，载荷环境随机变量中涉及的三循环谱[38]如表 8-13 所示。该型号叶片的材料为 DZ125[39]，$\boldsymbol{X}_{\rm B}$ 中 $X_{13}\sim X_{21}$ 给出的是 DZ125 材料的基本力学性能随机变量取值规律，$X_{13}\sim X_{21}$ 的均值随温度的升高而明显退化，并且与材料方向有关，相应的取值如表 8-14 所示[40]。与材料概率寿命模型相关的随机变量记为 $\boldsymbol{X}_{\rm C}=[X_{22},X_{23},X_{24}]^{\rm T}=[\mu_{\rm L},\mu_{\rm C},\mu_{\rm H}]^{\rm T}$，其中 $\mu_{\rm L}$、$\mu_{\rm C}$、$\mu_{\rm H}$ 分别表示低周疲劳、蠕变、高周疲劳的材料概率寿命模型中的辅助随机变量，它们均服从标准正态分布。

表 8-11　可设计的结构几何随机变量

名称	记号	分布参数	
气膜孔半径 r/mm	X_1	均值 $\mu_{X_1}\in[0.3,0.6]$	变异系数 $\mathrm{Cov}(X_1)=0.01$
气膜孔纵向偏移距离 M/mm	X_2	均值 $\mu_{X_2}\in[0,0.6-\mu_{X_1}]$	变异系数 $\mathrm{Cov}(X_2)=0.01$
气膜孔横向偏移距离 L/mm	X_3	均值 $\mu_{X_3}\in[\mu_{X_1}-0.6,0.6-\mu_{X_1}]$	变异系数 $\mathrm{Cov}(X_3)=0.01$

表 8-12　载荷环境相关的随机变量

工作状态	名称	记号	均值	变异系数
最大	叶尖温度 $T_{\rm top}$ /℃	X_4	1204.6	0.01
	叶根温度 $T_{\rm bot}$ /℃	X_5	803.2	0.01
	转速 n/（r/min）	X_6	19152	0.01
慢车	叶尖温度 $T_{\rm top}$ /℃	X_7	670.9	0.01
	叶根温度 $T_{\rm bot}$ /℃	X_8	659.4	0.01
	转速 n/（r/min）	X_9	11125	0.01
巡航	叶尖温度 $T_{\rm top}$ /℃	X_{10}	735.3	0.01
	叶根温度 $T_{\rm bot}$ /℃	X_{11}	660.8	0.01
	转速 n/（r/min）	X_{12}	13357	0.01

表 8-13　载荷谱

载荷谱	工况及工作转速/（r/min）		每 900h 循环次数	每次运行时间
主循环	启动-最大-停车	0- X_6-0	1014	53′15″
次循环一	慢车-最大-慢车	X_9- X_6- X_9	1190	3′48″
次循环二	巡航-最大-巡航	X_{12}- X_6- X_{12}	1053	7′20″

表 8-14　与温度相关的 DZ125 合金材料基本力学性能随机变量

物理量	方向	X_i	20℃	500℃	600℃	700℃	800℃	900℃	1000℃	变异系数
			均值 μ_{X_i}							
弹性模量	横	X_{13}	176.5	161.5	151.5	145.5	139.5	135	123	0.01
E /GPa	纵	X_{14}	127	112.5	108.5	104.5	102	97	89	0.01
泊松比	横	X_{15}	0.26	0.27	0.27	0.29	0.29	0.3	0.31	0.01
ν	纵	X_{16}	0.41	0.41	0.415	0.43	0.43	0.435	0.45	0.01
剪切模量	横	X_{17}	70	63.5	59.5	56.5	52.5	52	46.5	0.01
G /GPa	纵	X_{18}	107	101.5	97.5	92.5	90.5	89	72.5	0.01
硬化模量 Γ /MPa	—	X_{19}	—	32000	30000	28900	28100	26800	24400	0.01
屈服强度	横	X_{20}	840	—	—	775	785	665	420	0.01
$\sigma_{0.2}$ /MPa	纵	X_{21}	985	—	—	930	933	580	395	0.01

叶片寿命可靠性分析中涉及的确定性变量记为 $\boldsymbol{X}_{\mathrm{D}}=[X_{25},X_{26},\cdots,X_{52}]^{\mathrm{T}}$，其中每一维变量的物理含义及取值见表 8-15。

表 8-15　确定性变量

名称	记号	取值	名称	记号	取值
密度 ρ /（kg/m^3）	X_{25}	8570	叶片个数 M_{b}	X_{34} X_{35}	静叶 14 动叶 16
内壁对流系数 β_{in} /[W/（m^2·K）]	X_{26}	100	疲劳蠕变临界损伤系数 a_{LC}	X_{36}	0.98
外壁对流系数 β_{out} /[W/（m^2·K）]	X_{27}	20	高低周疲劳临界损伤系数 a_{LH}	X_{37}	0.93
冷却温度 T_{cool} /℃	X_{28}	100	疲劳蠕变交互系数 A_{LC} B_{LC}	X_{38} X_{39}	A_{LC} =0.02 B_{LC} =0.22
榫头接触温度 T_{tenon} /℃	X_{29}	最大 600.7 慢车 553.3 巡航 574.2	高低周疲劳复合系数 A_{LH} B_{LH}	X_{40} X_{41}	A_{LH} =0.16 B_{LH} =0.15
热导率 λ /[W/（m·℃）]	X_{30}	最大 19.57 慢车 17.4 巡航 17.45	气动力参量 P /MPa	X_{42} X_{43}	压力面 1.66 吸力面 0.98
线膨胀系数 α	X_{31}	最大 14.83 慢车 13.77 巡航 13.81	低周循环次数 n_{L1} n_{L2} n_{L3}	X_{44} X_{45} X_{46}	主循环 1 次循环一 1.1736 次循环二 1.0385
断裂强度 σ_{b} /MPa	X_{32}	最大 990 慢车 1250 巡航 1241	蠕变持久时间 t_{C1} t_{C2} t_{C3}	X_{47} X_{48} X_{49}	主循环 53′15″ 次循环一 3′48″ 次循环二 7′20″
名义应力修正系数 K	X_{33}	0.64	高低周频率比 R_{f1} R_{f2} R_{f3}	X_{50} X_{51} X_{52}	主循环 1.4278×10^7 次循环一 8.0537×10^5 次循环二 1.6632×10^6

8.2.3　结构分析

1. 参数化网格及有限元仿真

1）叶片的结构简化模型

涡轮冷却叶片的网格划分及有限元仿真是估计寿命的前提，而网格和有限元的参数化是自动实现可靠性分析及优化中重复计算随机变量不同实现值处输出性能的必要步骤。所研究的涡轮冷却叶片在几何构型上属于含孔、扭转肋、回形通道的复杂扭转变截面空腔结构，本节对原叶身上的内部结构和气膜孔个数进行合理简化，得到涡轮冷却叶片的几何模型如图 8-12 所示。叶片的网格划分在有限元前处理软件 HYPERMESH 中完成，最终得到的网格节点数量为 54598，单元数量为 68719，如图 8-13 所示。

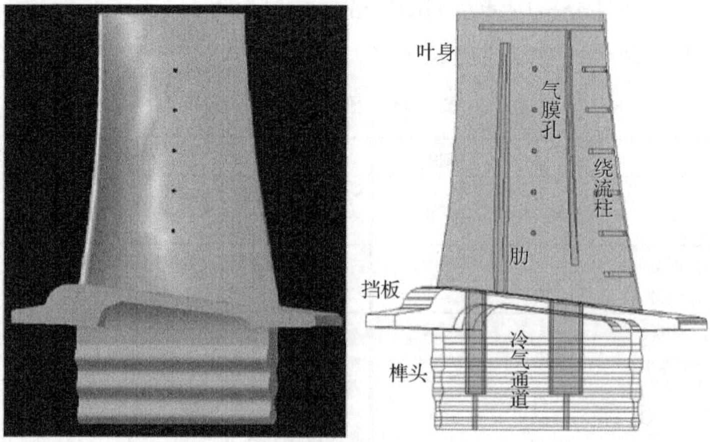

图 8-12　涡轮冷却叶片的几何模型

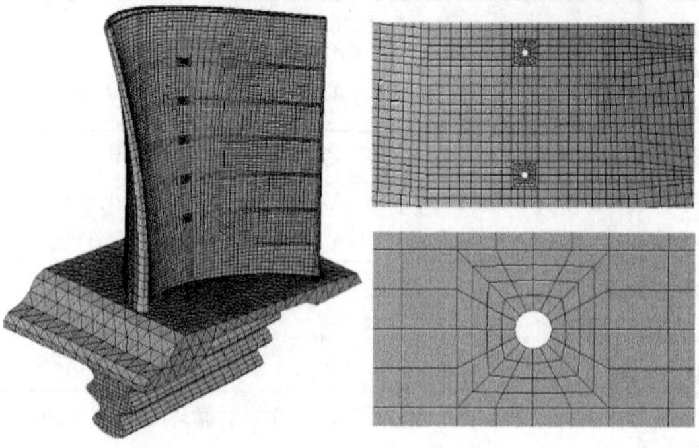

网格形状检测

参数	单元数量			
	个数	警告	错误	合计占比
长宽比	68719	14	0	0.02%
平行偏移量	38465	29	0	0.08%
最大角度	68719	90	0	0.13%
雅可比	68719	0	0	0
弯曲率	38465	0	0	0

图 8-13　有限元网格数量及质量

2）叶片的结构分析

叶片的结构分析主要包括热力耦合静力计算和谐响应振动计算。涡轮冷却叶片的热力学分析关心整个叶片上的稳态温度分布，主要涉及热传导和热对流两种传热形式。首先在叶身和缘板等接触燃气的部位施加不同工作状态下的热导率和环境温度，环境温度如表 8-16 所示。其次在冷却通道内壁和气膜孔内壁上施加空气强制对流条件，在叶身外表面施加空气自然对流条件。在静力分析过程中，施加的载荷包括激振力、热应力、离心力和气动压力，边界条件为第一榫齿的接触面沿法向固定，榫头底面沿榫槽方向固定，如图 8-14 所示。

表 8-16　各工作状态的环境温度

工作状态	转速/（r/min）	涡轮前温度/℃	叶身顶面接触温度/℃	叶身底面接触温度/℃	榫头底面接触温度/℃
最大	19152	1267.7	X_4	X_5	600.7
慢车	11125	719.7	X_7	X_8	553.3
巡航	13357	897.4	X_{10}	X_{11}	574.2

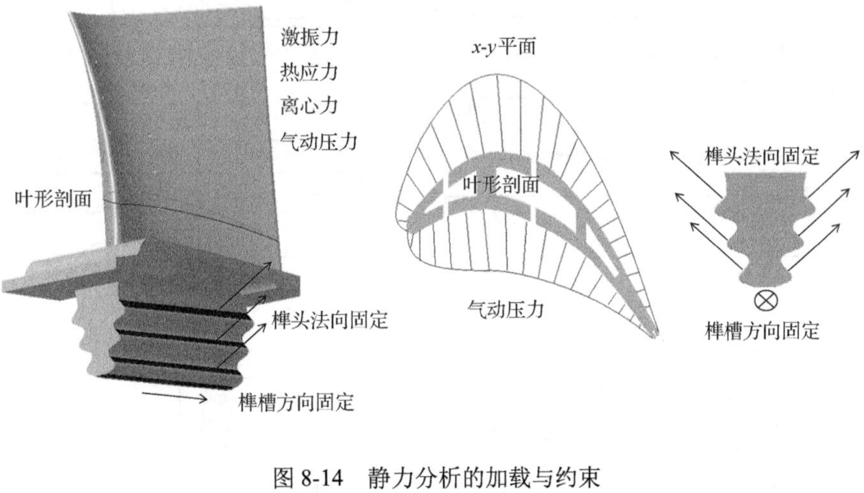

图 8-14　静力分析的加载与约束

由于叶片处在高温环境下，需要考虑热力耦合静力计算中的塑性变形，此时采用双线性随动强化塑性模型描述考虑温度和材料方向影响的应力应变本构关系，并使用考虑材料方向特性的 Hill 屈服准则[41]进行 DZ125 材料的塑性判定，其中各向异性修正系数和屈服比由材料试验测定[42]。在上述条件下进行弹塑性分析，得到叶片的应力、应变和温度场。

动力学先分析振动特性得到固有频率，再计算谐振响应获取振动应力。振动特性包括模态、固有频率和振动裕度，其中固有频率分为静频和动频。由固有频率分析计算出的各阶次和各状态下的固有频率可绘制成坎贝尔图，以了解叶片是否处于安全的振动范围。谐响应分析用来确定结构在简谐激振下的稳态响应，其计算得到的振动应力用于高周疲劳寿命的估计。本节计算规律气流冲刷激振下的振动应力，即在各转速下施加位于叶尖中心处沿气流冲刷方向的激振载荷，激振力幅值设为 1.5%离心力（高周疲劳工程经验值），激振频率为气流冲刷频率，即静子叶片数量与各个状态下的转速频率之积。

3）叶片结构网格和有限元的参数化流程

由于可靠性分析和优化中需要计算不确定性变量在不同实现值处的输出响应，因此需要编写命令流程序来实现网格划分和有限元分析的参数化，从而达到可靠性计算和优化迭代过程中随机变量不同实现值处自动调用输出功能函数的目的。本节选择 Matlab 作为修改变量取值、生成命令流及联合协调调用不同模块软件的控制器，网格生成使用 HYPERMESH 软件，有限元分析使用 Ansys 软件，叶片结构网格划分和有限元分析的参数化流程如图 8-15 所示。

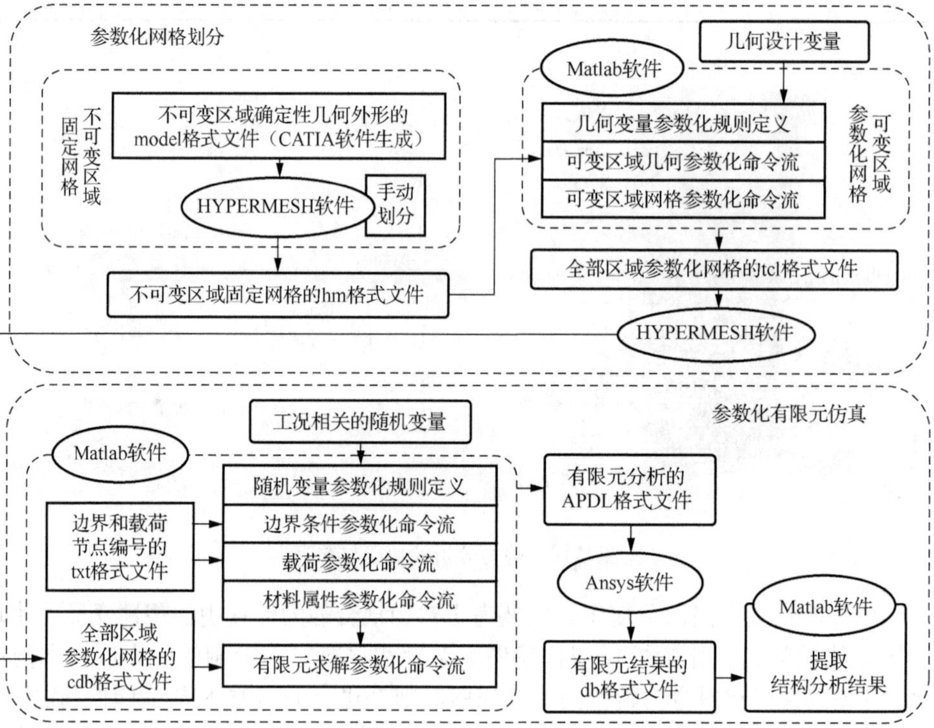

图 8-15　叶片结构网格划分与有限元分析的参数化流程

在参数化网格划分模块中，叶片几何被分为固定网格区域和可变网格区域，如图 8-16 所示。本节中只对气膜孔局部区域作参数化几何重构，在可参数化区域的网格会随气膜孔位置和尺寸参数的改变自动调整网格大小，并自动完成网格的拉伸或压缩，全部网格节点编号、顺序及数量、网格控制点位置在改变参数的过程中保持一致，从而实现在优化迭代中局部网格的自动重构。在网格参数化的过程中，可参数化的区域按照网格控制点进行实体分割，依据控制点-控制线-面网格-体网格的生成顺序，全部采用映射法生成几何切割分块下的六面体网格。在参数化有限元模块中，有限元仿真通过自动加载、求解及结果提取，实现工况随机变量取不同实现值下的有限元结构分析自动调用。

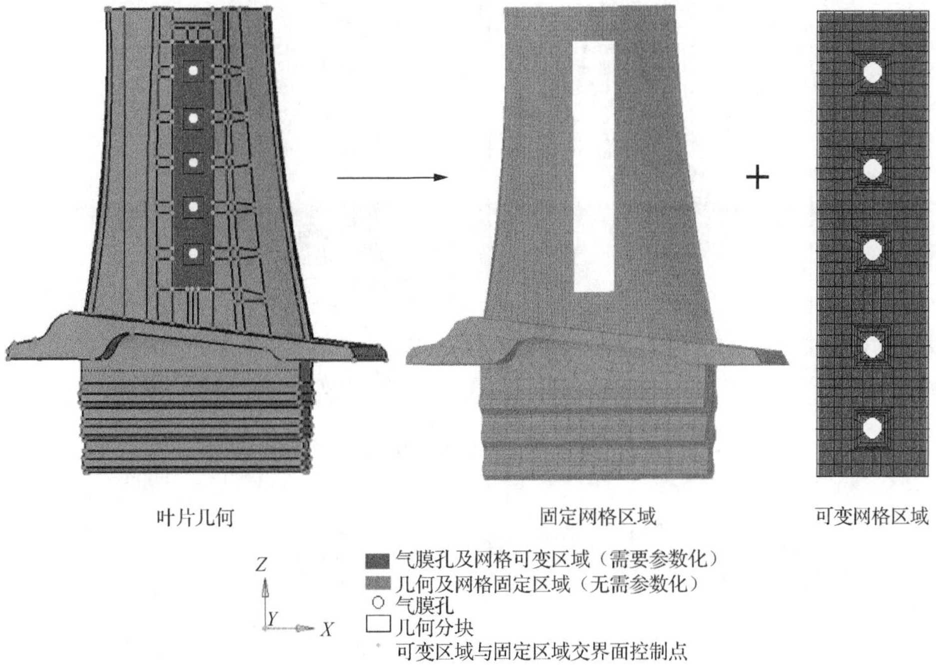

图 8-16　参数化网格

2. 结构分析结果

在涡轮叶片疲劳寿命可靠性分析与优化设计联合仿真平台的结构分析结果提取模块中，提供了所有随机变量取均值时的结果。图 8-17（a）给出了气膜孔中冷却气体流动示意图，经 Ansys 求解热传导及热对流方程得到的温度场如图 8-17(b)所示。图 8-17（b）的结果表明，在所有随机变量取均值的条件下，温度明显不均匀分布于叶高方向，且经过冷却的内壁温度比外表面低，整个叶身的温度较高温燃气温度明显降低，局部冷却效果明显。弹塑性静力学分析可得到不同转速下热力耦合后的等效应力、应变云图，图 8-18 给出了最大工作状态下的应力云图，从图中可以看出，叶盆的当量应力水平较叶背的当量应力水平高，且叶盆和叶背的高应力区均在叶身根部区域，最严重应力集中发生在底部气膜孔处。各工作状态下最大应力点的位置没有明显变化，所以本节选取考核部位为叶盆根部的气膜孔处。在所有随机变量取均值时，三种工作状态（最大、慢车、巡航）下的应力、应变如表 8-17 所示。

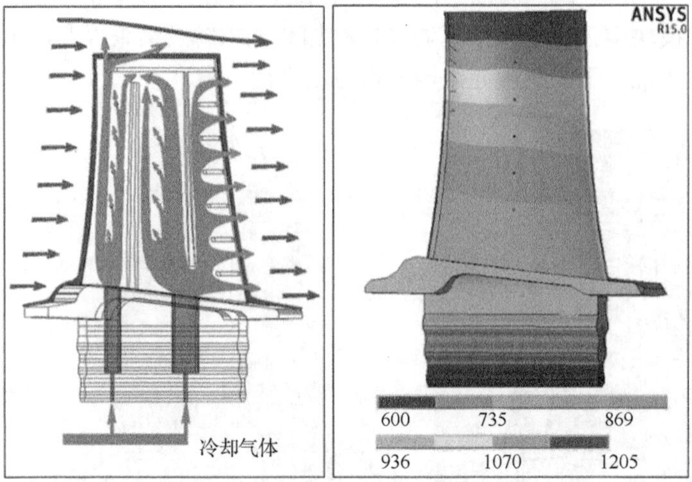

（a）冷却气体流动示意图　（b）温度场（单位：MPa）

图 8-17　气膜孔冷却方式及最大工作状态下的温度场分布

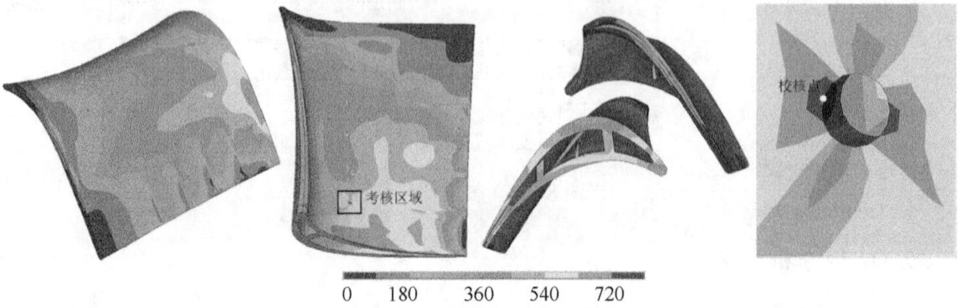

图 8-18　最大工作状态下的应力云图（单位：MPa）

表 8-17　各工作状态下校核点处的应力应变

工作状态	温度/℃	最大等效应力/MPa	最大等效应力对应的应变		
			弹性应变	塑性应变	总应变
最大	862.4	738.1	0.0059	0.0055	0.0114
慢车	661.1	389.9	0.0027	0	0.0027
巡航	672.1	559.6	0.0039	0	0.0039

在影响叶片振动分析的各随机变量取均值条件下，有限元谐响应分析得到的不同状态下的振动响应应力计算结果如图 8-19 所示，不同工作状态下校核点处的振动应力如表 8-18 所示。由图 8-19 可以看出，在最大状态下考核部位的振动响应应力最大，且振动应力较静力分析中的应力小很多。

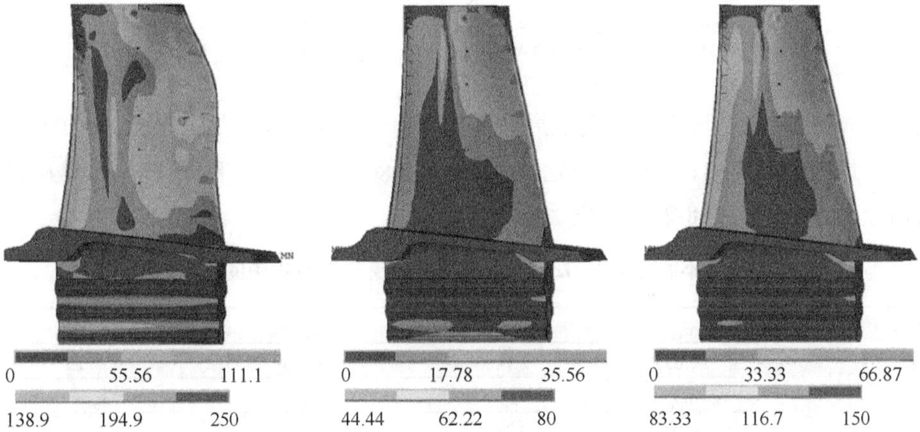

（a）最大　（b）慢车　（c）巡航

图 8-19　不同状态下的振动响应应力计算结果（单位：MPa）

表 8-18　不同工作状态下校核点处的振动应力

工作状态	状态点转速/（r/min）	激振频率/Hz	最大等效振动应力/MPa
最大	19152	4468.8	162.22
慢车	11125	2595.8	10.426
巡航	13357	3116.6	14.343

8.2.4　不同失效模式下的概率寿命模型

现有的概率寿命模型包括 P-ε-N 曲线[43]、P-S-N 曲线[44]和 P-M-S 方程[45]，它们分别针对低周疲劳、高周疲劳和蠕变失效模式。在这些概率寿命模型中，寿命的概率特征是由辅助标准正态变量来表征的，而通过不同温度水平下概率寿命模型的插值，可以考虑温度对寿命的影响。对于多级循环载荷作用下的低周疲劳、高周疲劳和蠕变这三种单模式的概率寿命模型，本节使用线性累积损伤准则进行多级循环载荷下的寿命估计，而对于疲劳蠕变交互和高低周复合疲劳这两种多模式概率寿命模型，本节则使用非线性累积损伤准则进行多模式寿命的估计。

1. 低周疲劳概率寿命模型

在低周疲劳对数寿命的标准差随应变幅的减小而线性增大的假设条件下，引入表征低周寿命概率分布规律的标准正态辅助随机变量u_L后，可以采用异方差线性回归[46]分析求得单级载荷作用下低周疲劳寿命的概率模型如式（8-21）所示：

$$\varepsilon_a=\left(10^{-\frac{a_{e1}+a_{e2}u_L}{a_{e3}+a_{e4}u_L}}-\frac{\sigma_m}{E}\right)(2N_L)^{\frac{1}{a_{e3}+a_{e4}u_L}}+10^{-\frac{a_{p1}+a_{p2}u_L}{a_{p3}+a_{p4}u_L}}(2N_L)^{\frac{1}{a_{p3}+a_{p4}u_L}} \tag{8-21}$$

式中，N_L是单级循环载荷下的低周疲劳寿命；ε_a和σ_m分别是有限元计算的应变幅和平均应力。表 8-19 给出了 DZ125 材料在 980℃和 800℃下由材料试验数据[40]回归分析得到的式（8-21）中的系数。

表 8-19　不同温度下 DZ125 材料低周疲劳寿命方程中的回归系数

980℃	a_{e1}	a_{e2}	a_{e3}	a_{e4}
	−23.6555	−2.7480	−12.5589	−1.3715
	a_{p1}	a_{p2}	a_{p3}	a_{p4}
	−3.7165	−0.2367	−2.7074	−0.1708
800℃	a_{e1}	a_{e2}	a_{e3}	a_{e4}
	−18.2321	−4.6947	−10.5194	−2.4160
	a_{p1}	a_{p2}	a_{p3}	a_{p4}
	−1.8189	0.1163	−1.5018	−0.0160

2. 高周疲劳概率寿命模型

类似地，在高周疲劳对数寿命的标准差随应力幅的减小而线性增大的假设条件下，引入表征高周寿命概率分布规律的标准正态辅助随机变量u_H后，可以采用异方差线性回归分析求得单级载荷作用下高周疲劳寿命的概率模型如式（8-22）所示：

$$N_H=10^{a_1+a_2u_H}\left[\frac{K\sigma_a}{1-1.1\sigma_m/\sigma_{bm}}\right]^{a_3+a_4u_H} \tag{8-22}$$

式中，N_H是单级循环载荷下的高周疲劳寿命；σ_m是相应的平均应力；σ_{bm}和K是修正参数。式（8-22）中考虑了应力集中效应以及基于 Goodman 曲线[47]的等寿命循环变换，保证了寿命从材料级向构件级的修正。表 8-20 给出了 DZ125 材料在 900℃和 700℃下由材料试验数据[40]回归分析得到的式（8-22）中的系数。

表 8-20　高周疲劳寿命方程中的回归系数

900℃	a_1	a_2	a_3	a_4
	32.3463	2.4767	−9.8980	−0.8831
700℃	a_1	a_2	a_3	a_4
	29.5376	1.1514	−8.8044	−0.4060

3. 蠕变概率寿命模型

在假设蠕变对数寿命的标准差不随应力和温度变化的情况下，通过引入表征蠕变寿命概率分布规律的标准正态辅助随机变量u_C后，可以采用同方差多项式回归分析求得单级载荷作用下蠕变寿命的概率模型如式（8-23）所示：

$$T_C = 10^{(a_0 + a_1 u_C) + a_2 T + a_3 \lg\sigma_h + a_4 \lg^2\sigma_h + a_5 \lg^3\sigma_h} \tag{8-23}$$

式中，T_C是单级循环载荷下的蠕变寿命；σ_h是保载应力。表 8-21 给出了由 760℃、850℃、900℃、980℃下 DZ125 材料试验数据[40]回归分析得到的式（8-23）中的系数。

表 8-21　蠕变寿命方程中的回归系数

回归系数	a_0	a_1	a_2	a_3	a_4	a_5
取值	32.2658	0.0543	−0.0096	−12.4685	7.3787	−1.5654

4. 多级循环载荷作用下的多模式概率寿命模型

在上述单模式概率寿命模型的基础上，根据线性累积损伤准则[48]即可建立式（8-24）所示的多级循环载荷作用下的低周疲劳N_L、高周疲劳N_H和蠕变T_C概率寿命模型：

$$\begin{cases} N_L = 1 / \sum_{i=1}^{m_L} n_{Li} / N_{Li} \\ N_H = 1 / \sum_{i=1}^{m_L} n_{Li} R_{fi} / N_{Hi} \\ T_C = 1 / \sum_{i=1}^{m_C} t_{Ci} / T_{Ci} \end{cases} \tag{8-24}$$

式中，下标i代表循环的级数；n_{Li}为第i（$i=1,2,\cdots,m_L$，m_L为低周循环载荷的总级数）级的循环数；$R_{fi} = f_{Hi} / f_{Li}$为第i（$i=1,2,\cdots,m_L$）级循环下的高周载荷频率f_{Hi}与低周载荷频率f_{Li}之比；t_{Ci}为第i（$i=1,2,\cdots,m_C$，m_C为蠕变保载应力的总级数）级循环下的保载时间。

基于低周疲劳、高周疲劳、蠕变三种单模式的概率寿命模型，分别根据双参数交叉项修正的唯象模型[49]和非线性交叉项修正唯象模型[50]，可以建立式（8-25）和式（8-26）所示的疲劳蠕变交互概率寿命模型N_{LC}和高低周复合疲劳概率寿命模型N_{LH}：

$$N_{LC} = a_{LC}(N_L^{-1} + T_C^{-1} + A_{LC} N_L^{B_{LC}-1} T_C^{-B_{LC}})^{-1} \tag{8-25}$$

$$N_{LH} = a_{LH}(N_L^{-1} + N_H^{-1} + A_{LH} N_L^{B_{LH}-1} N_H^{-B_{LH}})^{-1} \tag{8-26}$$

式中，模型参数 a_{LC}、a_{LH}、A_{LC}、A_{LH}、B_{LC}、B_{LH} 由疲劳蠕变交互试验及高低周疲劳复合试验测得，具体取值如表 8-15 所示。

8.2.5　多模式寿命可靠性分析

1. 多模式寿命可靠性分析的功能函数及失效概率定义

当假设疲劳蠕变交互和高低周复合疲劳两种耦合失效模式下的寿命 N_{LC} 和 N_{LH} 均高于寿命安全阈值为 N^*=1000 时结构安全，可建立疲劳蠕变交互和高低周复合疲劳两种模式的功能函数 $g_{LC}(\boldsymbol{X})$ 和 $g_{LH}(\boldsymbol{X})$ 分别如式（8-27）和式（8-28）所示，两种模式组成的串联系统的功能函数 $g(\boldsymbol{X})$如式（8-29）所示，而串联系统的叶片寿命失效概率 P_f 如式（8-30）所示，其中输入变量为 $\boldsymbol{X}=[\boldsymbol{X}_A,\boldsymbol{X}_B,\boldsymbol{X}_C,\boldsymbol{X}_D]$，$P\{\cdot\}$为概率算子。

$$g_1(\boldsymbol{X})=g_{LC}(\boldsymbol{X})=N_{LC}-N^*=0 \tag{8-27}$$

$$g_2(\boldsymbol{X})=g_{LH}(\boldsymbol{X})=N_{LH}-N^*=0 \tag{8-28}$$

$$g(\boldsymbol{X})=\min[g_{LC}(\boldsymbol{X}),g_{HL}(\boldsymbol{X})]=\min[g_1(\boldsymbol{X}),g_2(\boldsymbol{X})] \tag{8-29}$$

$$P_f=P\{g(\boldsymbol{X})<0\} \tag{8-30}$$

2. 代理模型与数字模拟相结合的多模式寿命可靠性分析方法

由以上分析可知，涡轮冷却叶片多模式寿命可靠性分析的主要特点是输入变量维度较高，寿命与基本影响因素之间是高度复杂且计算费时的非线性隐函数关系，使用传统的可靠性分析方法会存在效率和精度不足的问题。因此本节选择在数字模拟中嵌入极限状态面自适应 Kriging 模型的 AK-MCS 方法[51]，在 AK-MCS 方法中采用改进的多模式 U 学习函数[52]来自适应挑选训练代理模型的训练点，从而高效、高精度地求解涡轮叶片多模式串联系统的寿命可靠性。多模式串联系统寿命可靠性分析的 AK-MCS 方法主要步骤总结如下。

第一步：根据输入随机变量的联合概率产生容量为 N 的备选样本池 $\boldsymbol{S}_x=\{\boldsymbol{x}_1,\boldsymbol{x}_2,\cdots,\boldsymbol{x}_N\}^T$（$\boldsymbol{x}_i$ 中的确定性变量取其确定性值即可）。

第二步：从 $\boldsymbol{S}_x$ 中随机抽取 $N_x^{(t)}$ 个初始训练样本，调用结构参数化有限元程序和寿命分析程序计算每个初始训练样本点对应的寿命功能函数值，形成式（8-27）和式（8-28）所示的两个功能函数的训练集如下所示：

$$\boldsymbol{T}_j=[(\boldsymbol{x}_1^{(t)},g_j(\boldsymbol{x}_1^{(t)})),(\boldsymbol{x}_2^{(t)},g_j(\boldsymbol{x}_2^{(t)})),\cdots,(\boldsymbol{x}_{N_x^{(t)}}^{(t)},g_j(\boldsymbol{x}_{N_x^{(t)}}^{(t)}))]^T(j=1,2) \tag{8-31}$$

式中，$\{\boldsymbol{x}_1^{(t)},\boldsymbol{x}_2^{(t)},\cdots,\boldsymbol{x}_{N_x^{(t)}}^{(t)}\}^T$ 为从 $\boldsymbol{S}_x$ 中抽取的 $N_x^{(t)}$ 个训练点。

第三步：由 $\boldsymbol{T}_j$ 和 Kriging 工具箱构造 $g_j(\boldsymbol{x})$ 的代理模型 $\hat{g}_j(\boldsymbol{x})(j=1,2)$。

第四步：使用如下所示多模式串联系统的 U 学习函数 $U_{\boldsymbol{X}}(\boldsymbol{x})$判断由 $\hat{g}_j(\boldsymbol{x})(j=1,2)$

计算串联系统失效概率是否收敛：

$$U_{X}(\boldsymbol{x})=\begin{cases}\min\limits_{j=1}^{2}\dfrac{\left|\mu_{\hat{g}_j}(\boldsymbol{x})\right|}{\sigma_{\hat{g}_j}(\boldsymbol{x})}, & \boldsymbol{\omega}=\phi\\ \max\limits_{j=1}^{2}\dfrac{\left|\mu_{\hat{g}_j}(\boldsymbol{x})\right|}{\sigma_{\hat{g}_j}(\boldsymbol{x})}, & \boldsymbol{\omega}\neq\phi\end{cases} \tag{8-32}$$

式中，$\mu_{\hat{g}_j}(\boldsymbol{x})$ 和 $\sigma_{\hat{g}_j}(\boldsymbol{x})$ 分别为 $\hat{g}_j(\boldsymbol{x})(j=1,2)$ 的预测均值与标准差；$\boldsymbol{\omega}=\{j\,|\,\mu_{\hat{g}_j}(\boldsymbol{x})\leqslant 0, j=1,2\}$ 为 $\boldsymbol{x}$ 落入单个模式代理模型确定的失效域的模式编号集合；ϕ 表示空集。

采用上述多模式串联系统的U学习函数对功能函数代理模型进行更新时无需更新所有模式的代理模型，而只需更新重要模式的代理模型，对于备选样本点 $\boldsymbol{x}$，其对应的重要模式的标号 $I_{\text{im}}(\boldsymbol{x})$ 可以由下式确定：

$$I_{\text{im}}(\boldsymbol{x})=\begin{cases}\arg\min\limits_{j=1}^{2}\dfrac{\left|\mu_{\hat{g}_j}(\boldsymbol{x})\right|}{\sigma_{\hat{g}_j}(\boldsymbol{x})}, & \boldsymbol{\omega}=\phi\\ \arg\max\limits_{j=1}^{2}\dfrac{\left|\mu_{\hat{g}_j}(\boldsymbol{x})\right|}{\sigma_{\hat{g}_j}(\boldsymbol{x})}, & \boldsymbol{\omega}\neq\phi\end{cases} \tag{8-33}$$

依据学习函数 U_X（$\boldsymbol{x}$），多模式串联系统的收敛性可以由式 $\min\limits_{\boldsymbol{x}\in\boldsymbol{S}_x}U_X(\boldsymbol{x})\geqslant 2$ 是否被满足来判别。若该式满足，则迭代收敛，执行第五步；若该式不满足，则需选择新的训练点 $\boldsymbol{x}_{\text{new}}$ 及对应的重要模式标号 I_{im}：

$$\boldsymbol{x}_{\text{new}}=\arg\min_{\boldsymbol{x}\in\boldsymbol{S}_x}U_X(\boldsymbol{x}) \tag{8-34}$$

$$I_{\text{im}}=I_{\text{im}}(\boldsymbol{x}_{\text{new}}) \tag{8-35}$$

然后计算 $g_{I_{\text{im}}}(\boldsymbol{x}_{\text{new}})$，更新 $\boldsymbol{T}_{I_{\text{im}}}=\boldsymbol{T}_{I_{\text{im}}}\cup(\boldsymbol{x}_{\text{new}},g_{I_{\text{im}}}(\boldsymbol{x}_{\text{new}}))$，再由 $\boldsymbol{T}_{I_{\text{im}}}$ 更新 $\hat{g}_{I_{\text{im}}}(\boldsymbol{x})$，继续执行第四步直至收敛。

第五步： 由自适应更新收敛后的串联系统代理模型估计叶片多模式系统的寿命可靠性分析的失效概率。

3. 寿命可靠性分析结果

表 8-22 给出了各模式下的概率寿命特征，图 8-20 给出了各种失效模式下的概率寿命随机分布。为了分析不同因素的不确定性对概率寿命的影响，分别对比了概率寿命和材料寿命模型中辅助标准正态变量取 50%分位值时的寿命分布情况及寿命特征。其中概率寿命模型全面考虑了工况相关变量和材料寿命方程中辅助变量的随机性的影响。当材料寿命模型中的辅助变量取 50%分位值（如 u_{L}、u_{H} 和

u_C 分别取 50%的分位值 $u_{L0.5}$、$u_{H0.5}$ 和 $u_{C0.5}$）来去除寿命方程的随机性后，叶片的寿命仍然存在来自影响结构响应特征量的随机不确定性而导致的分散性。可以看出，考虑载荷环境相关变量和寿命模型中辅助变量的随机性后，各模式下的寿命分散性均大于 u_L、u_H 和 u_C 分别取 $u_{L0.5}$、$u_{H0.5}$ 和 $u_{C0.5}$ 时寿命的分散性。

表 8-22　各模式下的概率寿命特征

寿命特征值	形式	低周疲劳/周	高周疲劳/周	蠕变/h	疲劳蠕变交互/周	高低周复合疲劳/周
均值	寿命	17502	5.6506×10^7	43047	10894	16976
	对数寿命	4.2431	7.7521	4.6339	4.0372	4.2298
$u_{L0.5}$、$u_{H0.5}$ 和 $u_{C0.5}$ 下均值	寿命	18696	5.8971×10^7	42818	11052	17352
	对数寿命	4.2717	7.7706	4.6316	4.0434	4.2393

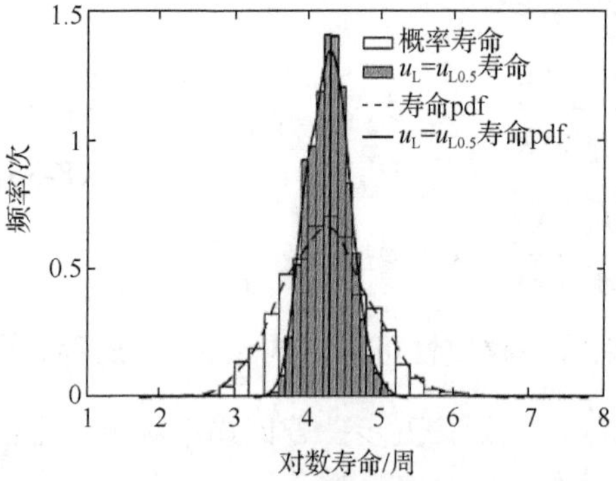

（a）低周疲劳

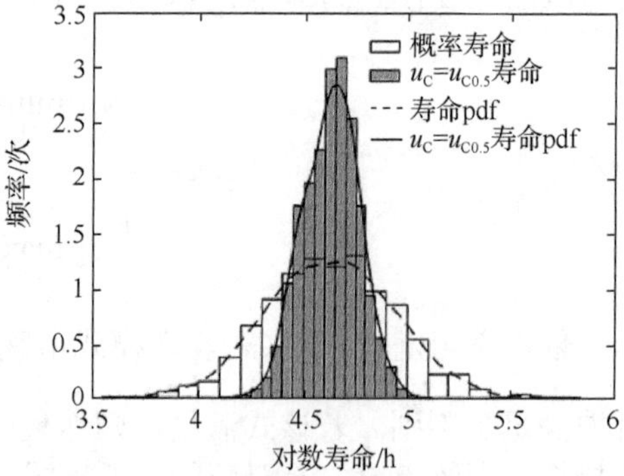

（b）蠕变

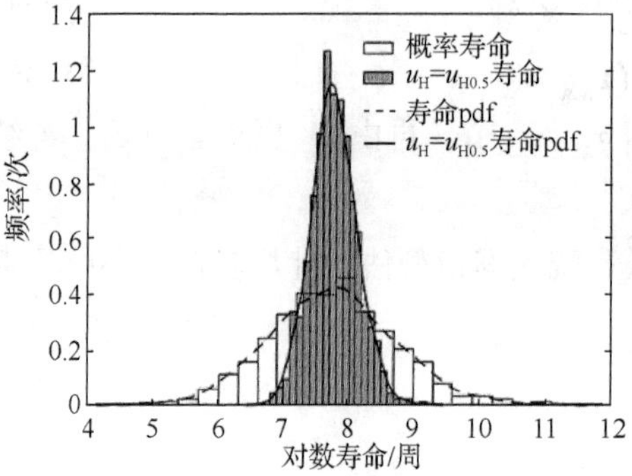

（c）高周疲劳

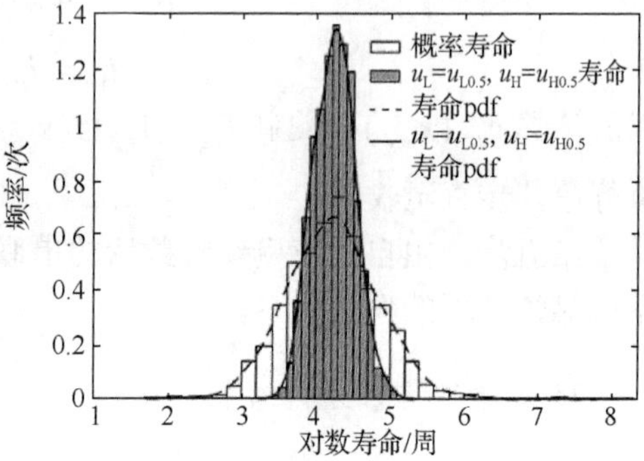

（d）高低周复合疲劳

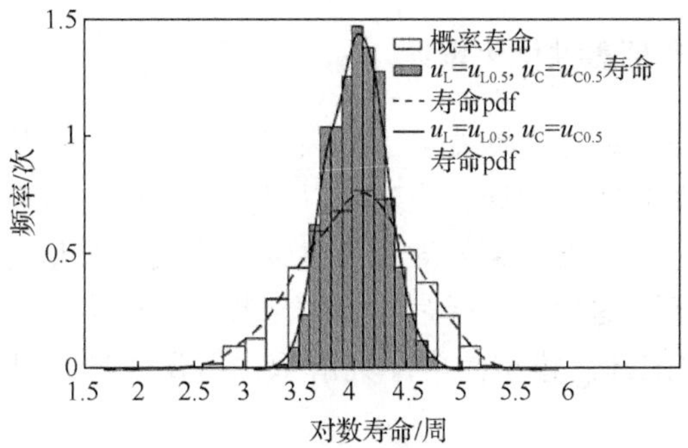

（e）疲劳蠕变

图 8-20　各种失效模式下的概率寿命随机分布

从两种复合失效模式下寿命分布的对比可以看出，疲劳蠕变交互模式和高低周复合疲劳模式两种复合寿命的分布与低周疲劳寿命的分布差异较小，说明两种复合失效模式中低周疲劳占据主导地位。疲劳蠕变交互的寿命均值相比于高低周复合疲劳的寿命均值更短，且疲劳蠕变交互的寿命可靠度比高低周复合疲劳寿命可靠度更低，由疲劳蠕变交互和高低周复合疲劳模式组成的涡轮冷却叶片串联系统寿命的均值为 10894 周。

在利用 AK-MCS 方法进行多模式涡轮叶片寿命可靠性分析时，选取备选样本池容量为 50000，寿命可靠性分析极限状态面的初始训练集容量选择为 200。利用初始训练集构建的多模式寿命可靠性分析的极限状态面的代理模型在备选样本池中自适应更新至收敛，此时构造疲劳蠕变交互模式和高低周复合疲劳模式的极限状态面代理模型所需的训练集总容量相差很小，分别为 476 和 461，而代理两个模式串联系统极限状态面所需的训练集总容量为 543。在参数化有限元仿真的基础上，分别采用 AK-MCS 方法和 MCS 方法计算得到的涡轮叶片多模式下的寿命失效概率如表 8-23 所示。可以看出，依据代理模型求得的寿命可靠度相对直接蒙特卡洛法求解的可靠度的误差仅为 0.02%，计算精度高，所提方法的计算时间也有较大幅度的缩短。此外，串联系统的寿命可靠度为 97.40%，相较于两种复合失效模式下的可靠度有所降低。

表 8-23　涡轮叶片多模式下的寿命失效概率

失效模式	备选样本池容量	代理模型解				蒙特卡洛解		相对误差/%
		初始训练集容量	训练集总容量	失效概率	可靠度/%	失效概率	可靠度/%	
疲劳蠕变	50000	200	476	0.0136	98.64	0.0138	98.62	0.02
高低周	50000	200	461	0.0125	98.75	0.0124	98.76	0.01
串联系统	50000	200	543	0.0259	97.41	0.0260	97.40	0.01

8.2.6 多模式寿命可靠性优化设计

为了进一步在满足可靠度要求下提高涡轮叶片的寿命均值，本节将对涡轮叶片进行基于可靠性的优化设计。当建立以极大化涡轮叶片寿命均值为目标，并以失效概率小于规定阈值为约束的寿命可靠性优化设计模型时，该模型的目标函数和失效概率约束函数均为计算耗时的隐式函数。因此本节选用基于适用范围广且效率高的自适应 Kriging 模型的类序列解耦法对涡轮冷却叶片寿命可靠性优化设计模型进行求解。

1. 可靠性优化模型

考虑到应力集中对寿命及其可靠性的显著影响，带有气膜孔冷却结构的叶片优化的关键参数为气膜孔的几何形状和位置。叶片寿命可靠性优化模型的目标为极大化多模式串联系统的寿命均值，约束条件为多模式串联系统的寿命可靠度大于 99%。设计参数为气膜孔位置和尺寸随机变量 X_1、X_2 和 X_3 的均值 $[\mu_{X_1},\mu_{X_2},\mu_{X_3}]^{\mathrm{T}}$，同时气膜孔几何设计变量均值需满足结构布局要求，设计变量均值的上下界需要考虑叶片中肋的限制。

随设计参数 $\boldsymbol{\theta}=[\mu_{X_1},\mu_{X_2},\mu_{X_3}]^{\mathrm{T}}$ 变化的失效概率函数记为 $P_{\mathrm{f}}(\boldsymbol{\theta})=P\{g(\boldsymbol{X})\leqslant 0\}$，目标函数为寿命函数 $N_{\mathrm{f}}(\boldsymbol{X})=E\left(N_{\mathrm{f}}(\boldsymbol{X})\right)$ 的均值 $\mu_{N_{\mathrm{f}}}$，由于 $\mu_{N_{\mathrm{f}}}$ 随设计参数而变化，叶片可靠性优化模型的目标函数记为 $\mu_{N_{\mathrm{f}}}(\boldsymbol{\theta})$。引入上述记号后，叶片多模式寿命可靠性优化设计的模型如式（8-36）所示：

$$
\begin{aligned}
&\text{Find} \quad \boldsymbol{\theta}=[\mu_{X_1},\mu_{X_2},\mu_{X_3}]^{\mathrm{T}} \\
&\text{Max} \quad \mu_{N_{\mathrm{f}}}(\boldsymbol{\theta})=E\left(N_{\mathrm{f}}(\boldsymbol{X})\right) \\
&\text{s.t.} \quad \begin{cases} P_{\mathrm{f}}(\boldsymbol{\theta})=P\{g(\boldsymbol{X})\leqslant 0\}\leqslant 0.01 \\ 0.3\leqslant \mu_{X_1}\leqslant 0.6 \\ 0\leqslant \mu_{X_2}\leqslant 0.6-\mu_{X_1} \\ \mu_{X_1}-0.6\leqslant \mu_{X_3}\leqslant 0.6-\mu_{X_1} \end{cases}
\end{aligned}
\tag{8-36}
$$

2. 叶片多模式寿命可靠性优化模型的求解流程与步骤

为了高效求解式（8-36）的涡轮叶片寿命可靠性优化模型，本节采用理论部分所提的类序列解耦法，寿命可靠性优化类序列解耦法流程图如图 8-21 所示，具体步骤如下。

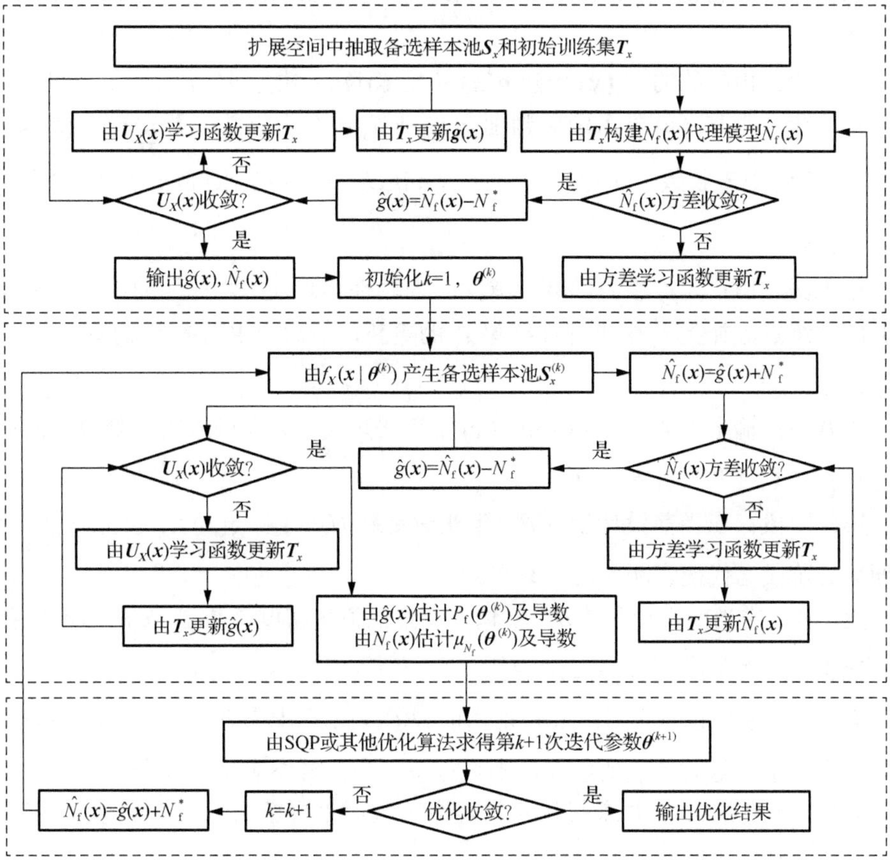

图 8-21　寿命可靠性优化类序列解耦法流程图

第一阶段：采用协作代理和共用训练样本点的策略，在扩展空间中分别构建寿命函数 $N_f(\boldsymbol{X})=\min(g_1(\boldsymbol{X}),g_2(\boldsymbol{X}))$ 和功能函数 $g(\boldsymbol{X})=N_f(\boldsymbol{X})-N_f^*$ 的代理模型 $\hat{N}_f(\boldsymbol{x})$ 和 $\hat{g}(\boldsymbol{x})$。

第一步：在设计参数和输入变量的扩展空间生成容量为 N 的备选样本池 $\boldsymbol{S_x}=\{\boldsymbol{x}_1,\boldsymbol{x}_2,\cdots,\boldsymbol{x}_N\}^{\mathrm{T}}$。

第二步：从 $\boldsymbol{S_x}$ 中抽取 N_t 个初始样本，计算每个初始样本点对应的寿命值，形成寿命函数的初始训练集 $\boldsymbol{T_x}=[(\boldsymbol{x}_1^{(t)},N_f(\boldsymbol{x}_1^{(t)})),\cdots,(\boldsymbol{x}_{N_t}^{(t)},N_f(\boldsymbol{x}_{N_t}^{(t)}))]^{\mathrm{T}}$。

第三步：由 $\boldsymbol{T_x}$ 和 Kriging 工具箱构建 $N_f(\boldsymbol{X})$ 的 Kriging 模型 $\hat{N}_f(\boldsymbol{x})$。

第四步：使用方差学习函数判断 $\hat{N}_f(\boldsymbol{x})$ 是否收敛。若 $\hat{N}_f(\boldsymbol{x})$ 的方差学习函数收敛，则执行下一步；若不收敛，则在 $\boldsymbol{S_x}$ 中利用方差学习函数选取新的训练样本点并求得相应的寿命响应值，将新的训练点添加到 $\boldsymbol{T}_x$ 进行 $\boldsymbol{T}_x$ 的更新，然后返回第三步。

第五步： 由收敛的 $\hat{N}_{\mathrm{f}}(\boldsymbol{x})$ 构建 $g(\boldsymbol{x})$ 初始 Kriging 模型 $\hat{g}(\boldsymbol{x})=\hat{N}_{\mathrm{f}}(\boldsymbol{x})-N_{\mathrm{f}}^{*}$。

第六步： 由 $U_{\boldsymbol{X}}(\boldsymbol{x})$ 学习函数判别 $\hat{g}(\boldsymbol{x})$ 在 $\boldsymbol{S}_x$ 中是否收敛。若 $\min\limits_{\boldsymbol{x}\in\boldsymbol{S}_x} U_{\boldsymbol{X}}(\boldsymbol{x})<2$，则 $\hat{g}(\boldsymbol{x})$ 在 $\boldsymbol{S}_x$ 中未收敛，执行下一步；若 $\min\limits_{\boldsymbol{x}\in\boldsymbol{S}_x} U_{\boldsymbol{X}}(\boldsymbol{x})\geqslant 2$，则 $\hat{g}(\boldsymbol{x})$ 在 $\boldsymbol{S}_x$ 中收敛，转入第八步。

第七步： 由 $U_{\boldsymbol{X}}(\boldsymbol{x})$ 学习函数选取新的训练样本点并求得相应的功能函数值，将新的训练点添加到 $\boldsymbol{T}_x$ 中进行训练集 $\boldsymbol{T}_x$ 的更新，然后由更新的 $\boldsymbol{T}_x$ 构建 $\hat{g}(\boldsymbol{x})$，返回第六步。

第八步： 输出收敛的 $\hat{N}_{\mathrm{f}}(\boldsymbol{x})$ 和 $\hat{g}(\boldsymbol{x})$ 至第二阶段，且在进入第二阶段之前初始化迭代指针 $k=1$ 和设计参数 $\boldsymbol{\theta}^{(k)}$。

第二阶段：在当前设计参数 $\boldsymbol{\theta}^{(k)}$ 下实时更新 $\hat{N}_{\mathrm{f}}(\boldsymbol{x})$ 和 $\hat{g}(\boldsymbol{x})$ 至优化迭代收敛，以便第三阶段迭代搜索新的设计参数。

第一步： 由当前设计参数 $\boldsymbol{\theta}^{(k)}$ 下输入变量的概率密度函数 $f_{\boldsymbol{X}}(\boldsymbol{x}|\boldsymbol{\theta}^{(k)})$ 产生备选样本池 $\boldsymbol{S}_x^{(k)}$，并令 $\hat{N}_{\mathrm{f}}(\boldsymbol{x})=\hat{g}(\boldsymbol{x})+N_{\mathrm{f}}^{*}$。

第二步： 使用方差学习函数判别当前 $\hat{N}_{\mathrm{f}}(\boldsymbol{x})$ 在 $\boldsymbol{S}_x$ 中是否收敛。若 $\hat{N}_{\mathrm{f}}(\boldsymbol{x})$ 在 $\boldsymbol{S}_x$ 中满足方差学习函数的收敛条件，则执行下一步；若不满足，则利用方差学习函数选取新的训练样本点并求得相应的寿命函数值来更新训练集 $\boldsymbol{T}_x$，以 $\boldsymbol{T}_x$ 来更新 $\hat{N}_f(\boldsymbol{x})$ 后，继续执行第二步至收敛。

第三步： 取 $\hat{g}(\boldsymbol{x})=\hat{N}_{\mathrm{f}}(\boldsymbol{x})-N_{\mathrm{f}}^{*}$，并使用多模式串联系统 U 学习函数 $U_{\boldsymbol{X}}(\boldsymbol{x})$ 在 $\boldsymbol{S}_x^{(k)}$ 中自适应更新 $\hat{g}(\boldsymbol{x})$ 至收敛。

第四步： 使用收敛的 $\hat{N}_{\mathrm{f}}(\boldsymbol{x})$ 和 $\hat{g}(\boldsymbol{x})$ 分别计算当前设计参数下优化模型的目标函数值、目标函数导数值、约束函数值及约束函数导数值，然后进入第三阶段。

第三阶段：利用 SQP 或其他优化算法搜索下一步优化参数并判别优化收敛性。

第一步： 由第二阶段求得的目标函数和约束函数结果，可以采用 SQP 或其他优化算法求得下一步优化参数 $\boldsymbol{\theta}^{(k+1)}$。

第二步： 比较前后两次的优化目标值，若前后两次得到的优化目标值满足优化收敛条件，则结束优化迭代，输出优化结果；若不满足优化收敛条件，则令 $k=k+1$，且 $\hat{N}_{\mathrm{f}}(\boldsymbol{x})=\hat{g}(\boldsymbol{x})+N_{\mathrm{f}}^{*}$，返回第二阶段。

3. 涡轮叶片寿命可靠性优化设计结果

利用基于代理模型的类序列解耦法进行叶片寿命可靠性优化模型的求解，叶片寿命可靠性优化结果如表 8-24 所示，扩展空间的备选样本池容量为 $N=5\times10^5$，扩展空间初始训练样本池的容量为 300，寿命函数更新样本量为 237，功能函数更新样本量为 46，总训练样本量为 583，搜索设计参数的优化迭代 3 次即达到收敛。

表 8-24　叶片寿命可靠性优化结果

代理模型规模	扩展空间的备选样本池	扩展空间初始训练样本量	寿命函数更新样本量	功能函数更新样本量	总训练样本量
	5×10^5	300	237	46	583
优化结果	方法	初始点	最优解	优化迭代次数	
	类序列二次规划法	[0.3, 0, 0]	[0.3004, 0.2996, −0.3000]	3	

由上述优化方法得到的涡轮冷却叶片的设计参数经圆整后如表 8-25 所示。优化后的方案表明，当设计参数为 [0.3, 0.3, −0.3]时叶片的寿命均值在满足失效概率要求的条件下达到最大值。优化后的叶片寿命均值较原方案提高 53.51%；可靠度为 0.9904，较原方案提高 1.67%，而失效概率则较原方案降低 62.93%。

表 8-25　叶片寿命可靠性优化设计方案与原方案对比

方案	$\boldsymbol{\theta}$	寿命均值/周	可靠度	失效概率
原方案	[0.3, 0, 0]	10894	0.9741	0.0259
优化方案	[0.3, 0.3, −0.3]	16723	0.9904	0.0096
优化幅度	—	提高 53.51%	提高 1.67%	降低 62.93%

与原方案半径相比，优化后的方案气膜孔半径不变，位置向上移动 0.3mm 且向左移动 0.3mm，即叶根最下面的校核点处气膜孔远离叶根并向前缘移动。这种移动使得气膜孔从高应力区偏向了可行的低应力区，降低了孔边应力水平，提高了寿命的均值。所得到的涡轮叶片寿命可靠性优化设计的结果表明，由局部气膜孔应力危险点决定的叶片寿命问题，通过微调危险点处气膜孔的位置来降低危险点的应力水平，即可达到大幅提高叶片结构寿命均值的目的。

8.3　涡轮轴疲劳寿命可靠性分析与优化设计

本节以某型航空发动机涡轮轴为研究对象，对其疲劳寿命进行可靠性分析和可靠性优化设计。为实现涡轮轴可靠性分析与可靠性优化设计的自动执行，本节基于 Matlab 和 Ansys 软件，建立了某型航空发动机涡轮轴疲劳寿命可靠性分析与设计联合仿真平台，该平台的框架如图 8-22 所示。建立的联合仿真平台中包含了涡轮轴的有限元分析模块、疲劳寿命分析模块、疲劳寿命可靠性分析模块和疲劳寿命可靠性优化设计模块，通过编写参数化控制平台程序，实现了各模块之间数据的交换和自主有序调用，避免了分析过程中人工的介入。

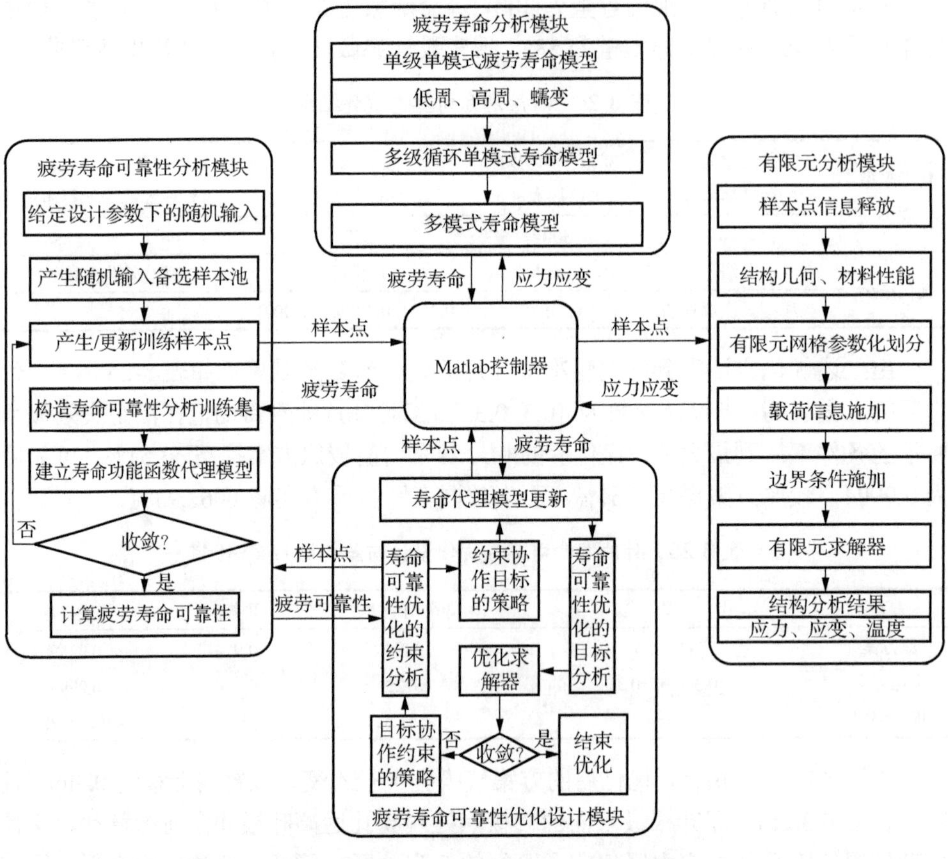

图 8-22　涡轮轴疲劳寿命可靠性分析与设计的联合仿真平台

8.3.1　涡轮轴疲劳寿命预测

1. 涡轮轴结构与载荷分析

某型航空发动机涡轮轴由 GH4169 材料（主要性能参数见表 8-26）加工而成，其装配情况如图 8-23 所示。由图 8-23 可知，涡轮轴通过连接涡轮盘组件及涡轮叶片结构获得驱动载荷，同时通过花键连接浮动轴与中心拉杆实现载荷的传递，此外通过 1 号轴承和 2 号轴承实现径向支撑。

表 8-26　GH4169 材料主要性能参数

温度 T/℃	弹性模量 E / GPa	泊松比 γ	线膨胀系数 α / (10^{-6}/℃)	热导率 λ / [W / (m·C)]	密度 ρ / (kg / cm^3)
20	204	0.30	—	13.5	8240
100	197	0.30	11.8	14.7	8240
200	189	0.30	12.9	15.9	8240
300	181	0.30	13.5	17.8	8240
400	176	0.31	14.1	18.3	8240
500	160	0.32	14.4	19.6	8240
600	150	0.32	14.8	21.2	8240

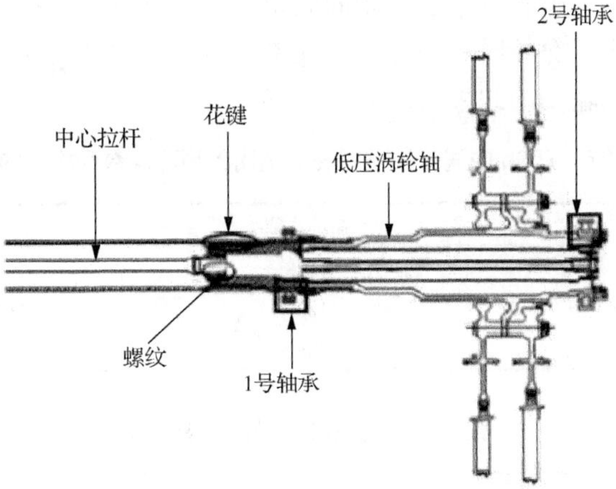

图 8-23　涡轮轴装配示意图

图 8-24 给出了简化后的涡轮轴结构示意图。由图 8-24 可知，该涡轮轴是一个空心圆柱杆件，其整体结构较为复杂，轴上包含法兰盘、连接孔、台阶、沟槽、花键和通气孔等复杂的结构形式，这些部位使得涡轮轴的截面发生突变，因此涡轮轴在这些部位处很容易发生应力集中现象，进而导致裂纹的产生及涡轮轴结构的疲劳破坏。

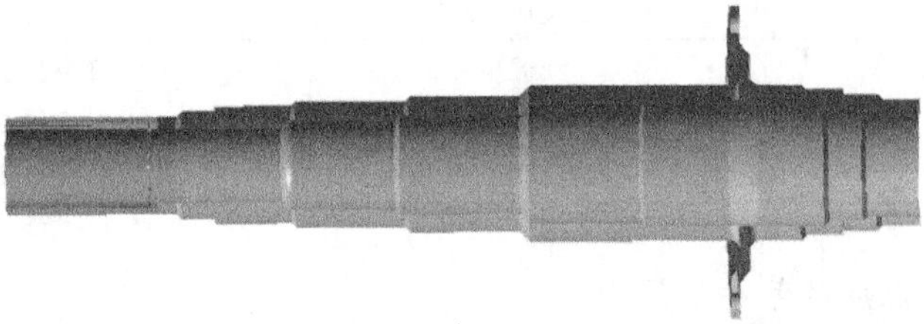

图 8-24　简化后的涡轮轴结构示意图

在实际飞行过程中，飞行姿态和飞行任务的不同，航空发动机的工作状态在不断变化，从而导致涡轮轴承受的载荷也随之变化。根据相关文献[53]，本节考虑三个典型的飞行任务剖面“起动-最大-起动”、“慢车-最大-慢车”和“巡航-最大-巡航”，其在 750h 内的工作循环次数和相应的转速如表 8-27 所示。根据研究的任务剖面，需要分别对最大状态、慢车状态和巡航状态下涡轮轴进行有限元分析。涡轮轴承受的载荷主要包括轴向力和工作扭矩，其在各个工作状态下的加载情况见表 8-28。作为发动机热端部件，涡轮轴在高温环境中工作，理论上应考虑温度载荷引起的热应力对结构的影响。但文献[54]的研究结果表明，温度载荷产生的热应力对涡轮轴的应力影响不大，因此为简化分析，本节在对涡轮轴进行应力分析时不考虑温度载荷的作用，而主要考虑温度对材料属性的影响。在涡轮轴的工作过程中，其主要通过花键端进行轴向固定，通过轴承进行径向支撑。因此，在对涡轮轴进行有限元分析时，在花键端面施加轴向无位移约束，在轴承处施加径向无位移约束。涡轮轴的约束情况见表 8-29。

表 8-27　750h 内涡轮轴不同任务剖面的循环次数和相应的转速

任务剖面	循环次数	转速/（r/min）
起动-最大-起动	1128	0-10733-0
慢车-最大-慢车	1805	3438-10733-3438
巡航-最大-巡航	23046	9607-10733-9607

表 8-28　涡轮轴承受的主要载荷

载荷类型	施加部位	载荷大小		
		最大	巡航	慢车
轴向力/N	轮盘与轴的安装端面	16812	8130	8130
工作扭矩 1/（N·m）	轮盘与轴的连接孔	1800	1650	148
工作扭矩 2/（N·m）	花键键齿接触面	−1800	−1650	−148
转速/（r/min）	涡轮轴	10733	9607	3438

表 8-29　涡轮轴的约束情况

约束类型	施加位置	约束设置
轴向约束	花键端面	轴向位移约束为 0
径向约束	靠近花键端的轴承处	径向位移约束为 0
径向约束	远离花键端的轴承处	径向位移约束为 0

2. 涡轮轴低周疲劳寿命预测

由于低周疲劳失效是涡轮轴结构的主要失效模式，因而本节主要关注涡轮轴的低周疲劳寿命，其分析流程如图 8-25 所示，具体包括以下步骤：

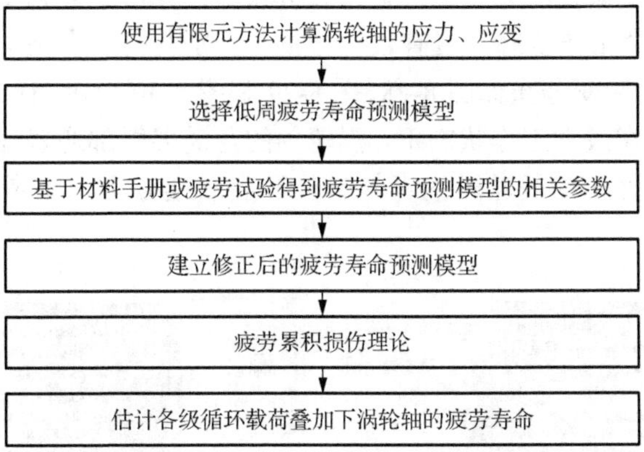

图 8-25　涡轮轴低周疲劳寿命分析流程

1）基于有限元仿真的应力、应变分析

基于涡轮轴的结构和疲劳载荷情况，使用 Ansys 软件开展涡轮轴的应力、应变分析。涡轮轴低周疲劳载荷加载及约束施加情况如图 8-26 所示，涡轮轴网格划分示意图如图 8-27 所示。

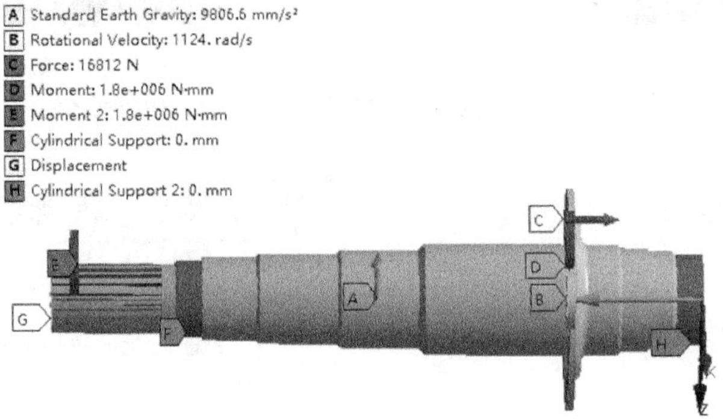

图 8-26　涡轮轴低周疲劳载荷加载及约束施加情况

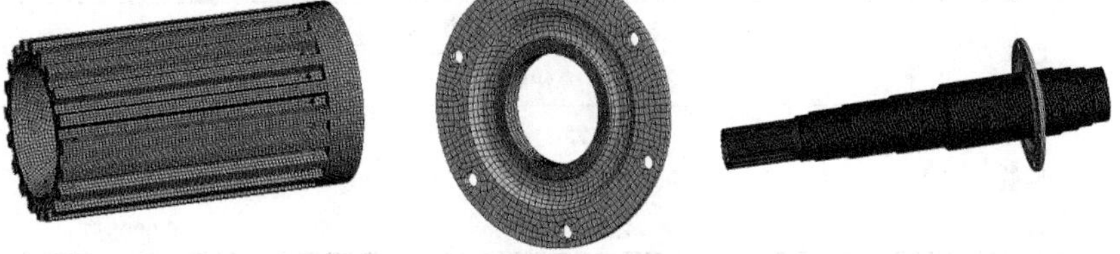

图 8-27　涡轮轴网格划分示意图

在 Ansys 中逐步完成模型的建立、材料参数的输入、网格的划分、载荷与边界条件的施加等步骤后，即可由有限元分析软件计算得到涡轮轴的应力、应变。针对涡轮轴的三个工作状态开展有限元分析，分别获得了在最大、巡航和慢车状态下的等效应力、应变分布如图 8-28、图 8-29 和图 8-30 所示，详细数据见表 8-30。由图 8-28 可知，在最大工作状态下，涡轮轴的花键端根部通气孔处的应力和应变最大，因此将此处作为涡轮轴的考核部位开展后续分析，该考核部位的温度为 360℃。

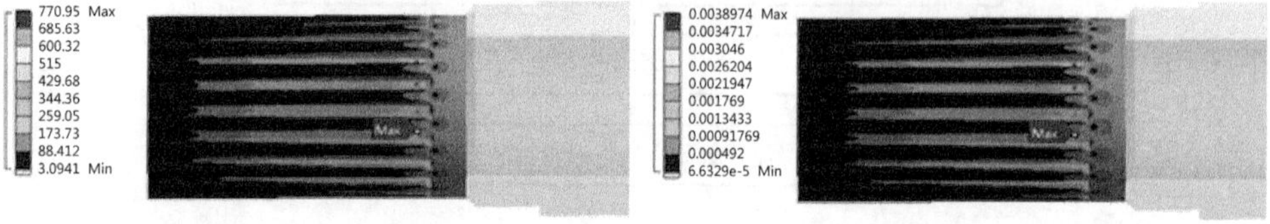

图 8-28　最大状态下涡轮轴的等效应力、应变分布

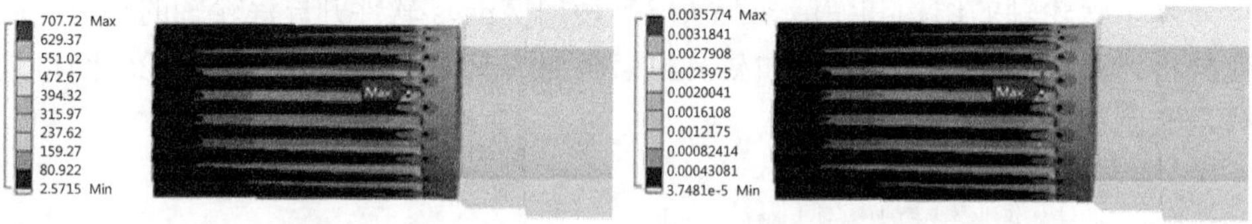

图 8-29　巡航状态下涡轮轴的等效应力、应变分布

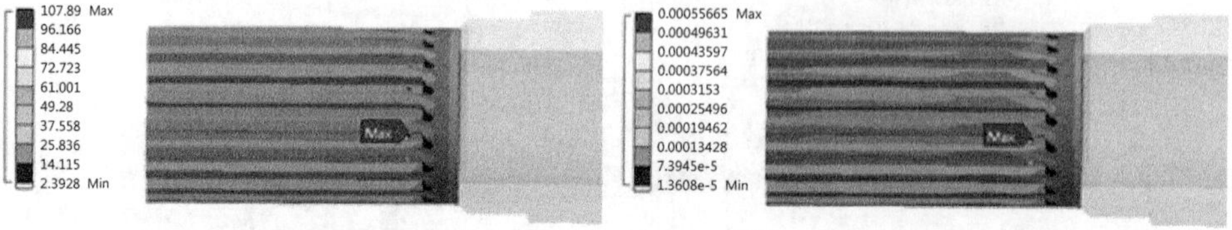

图 8-30　慢车状态下涡轮轴的等效应力、应变分布

表 8-30　不同工作状态下涡轮轴花键端根部通气孔的等效应力、应变

状态	花键端根部通气孔	
	等效应力/MPa	等效应变
最大	770.95	0.003897
巡航	707.72	0.003577
慢车	107.89	0.000557

2）涡轮轴低周疲劳寿命预测模型

Manson-Coffin 公式[55]是常用的低周疲劳寿命预测模型之一，其表达式为

$$\frac{\varepsilon_{\mathrm{t}}}{2}=\frac{\varepsilon_{\mathrm{e}}}{2}+\frac{\varepsilon_{\mathrm{p}}}{2}=\frac{\sigma_{\mathrm{f}}'}{E}(2N_{\mathrm{f}})^{b}+\varepsilon_{\mathrm{f}}'(2N_{\mathrm{f}})^{c} \tag{8-37}$$

式中，ε_{t}、ε_{e}、ε_{p} 和 E 分别为总应变幅、弹性应变幅、塑性应变幅和材料弹性模量；σ_{f}'、$\varepsilon_{\mathrm{f}}'$、$b$ 和 c 分别为疲劳强度系数、疲劳延性系数、疲劳强度指数和疲劳延性指数；N_{f} 为疲劳寿命。

Manson-Conffin 公式表征了疲劳寿命均值和循环应变幅之间的关系，为了描述疲劳寿命的分散性，文献[21]将 Manson-Conffin 公式进行随机化处理，建立了低周疲劳寿命预测的概率模型。根据《中国航空材料手册》中提供的 GH4169 材料在 360℃下低周疲劳性能试验数据，基于传统的最小二乘法对相关数据进行回归分析，得到 GH4169 材料在 360℃下低周疲劳概率寿命预测模型（应变比为−1）如下：

$$\frac{\varepsilon_{\mathrm{t}}}{2}=10^{-\frac{28.3541+3.4310u_{\mathrm{L}}}{13.6937+1.6267u_{\mathrm{L}}}}(2N_{\mathrm{f}})^{-\frac{1}{13.6937+1.6267u_{\mathrm{L}}}}+10^{\frac{0.0640+0.1667u_{\mathrm{L}}}{1.1604}}(2N_{\mathrm{f}})^{-0.8618} \tag{8-38}$$

式中，u_{L} 为表达低周疲劳寿命随机不确定性地服从标准正态分布的辅助变量。

考虑到涡轮轴考核点的应变循环通常为非对称循环，因此需要考虑平均应力 σ_{m} 对疲劳寿命的影响。采用 Morrow 提出的修正公式[56]，将 σ_{m} 引入式（8-38）可得到如下所示的用来描述非对称循环下 GH4169 材料在 360℃时的概率疲劳寿命预测模型：

$$\frac{\varepsilon_{\mathrm{t}}}{2}=\left(10^{-\frac{28.3541+3.4310u_{\mathrm{L}}}{13.6937+1.6267u_{\mathrm{L}}}}-\frac{\sigma_{\mathrm{m}}}{E}\right)(2N_{\mathrm{f}})^{-\frac{1}{13.6937+1.6267u_{\mathrm{L}}}}+10^{\frac{0.0640+0.1667u_{\mathrm{L}}}{1.1604}}(2N_{\mathrm{f}})^{-0.8618} \tag{8-39}$$

对于三个任务剖面循环载荷的叠加作用，本节采用 Miner 线性累积损伤理论[57]来估计寿命。依据 Miner 线性累积损伤理论，单个任务剖面的单级循环载荷作用 $n_i(i=1,2,3)$ 个循环造成的损伤 D_i 如下：

$$D_i=\frac{n_i}{N_{\mathrm{f}i}} \tag{8-40}$$

式中，$N_{\mathrm{f}i}$ 表示第 i 个任务剖面单级循环载荷作用下结构的疲劳寿命。

在三个任务剖面的循环载荷复合作用下，结构的总损伤 D 等于单个剖面单级循环载荷作用下的损伤之和，即

$$D=\sum_{i=1}^{3}D_i=\sum_{i=1}^{3}\frac{n_i}{N_{\mathrm{f}i}} \tag{8-41}$$

而总的疲劳寿命则等于总损伤的倒数，即

$$N_{\mathrm{f}}=\frac{1}{D}=\frac{1}{\sum_{i=1}^{3}\frac{n_i}{N_{\mathrm{f}i}}} \tag{8-42}$$

根据表 8-27 中各个任务剖面循环数之间的关系，式（8-42）可以简化为

$$N_{\mathrm{f}}=\frac{1}{D}=\frac{1}{n_1\left(\frac{1}{N_{\mathrm{f}1}}+\frac{n_2/n_1}{N_{\mathrm{f}2}}+\frac{n_3/n_1}{N_{\mathrm{f}3}}\right)}=\frac{1}{n_1\left(\frac{1}{N_{\mathrm{f}1}}+\frac{1.60}{N_{\mathrm{f}2}}+\frac{20.43}{N_{\mathrm{f}3}}\right)} \tag{8-43}$$

本节以发动机执行一次“起动-最大-起动”任务作为一个循环块，以该循环块为标准，涡轮轴的疲劳寿命 N_{f} 可表示为

$$N_{\mathrm{f}}=\frac{1}{1\times\left(\frac{1}{N_{\mathrm{f}1}}+\frac{n_2/n_1}{N_{\mathrm{f}2}}+\frac{n_3/n_1}{N_{\mathrm{f}3}}\right)}=\frac{1}{\frac{1}{N_{\mathrm{f}1}}+\frac{1.60}{N_{\mathrm{f}2}}+\frac{20.43}{N_{\mathrm{f}3}}} \tag{8-44}$$

基于以上涡轮轴概率疲劳寿命公式（8-44）可知，涡轮轴在给定应力、应变下的疲劳寿命的随机分布规律取决于寿命方程（8-39）中的标准正态随机变量 u_{L}。图 8-31（a）给出了涡轮轴在表 8-30 中的应力、应变下的疲劳寿命随标准正态随机变量 u_{L} 的变化情况。由图 8-31（a）可知，涡轮轴的疲劳寿命与 u_{L} 之间存在单调递增的函数关系，即 u_{L} 值越大，涡轮轴的疲劳寿命值越大。图 8-31（b）给出了涡轮轴在表 8-30 中的应力、应变下对数疲劳寿命概率密度函数曲线。由图 8-31（b）可知，涡轮轴的对数疲劳寿命 $\lg N_{\mathrm{f}}$ 服从均值为 6.5281 且标准差为 0.3670 的正态分布，即 $\lg N_{\mathrm{f}}\sim N(6.2581,0.3670^2)$。

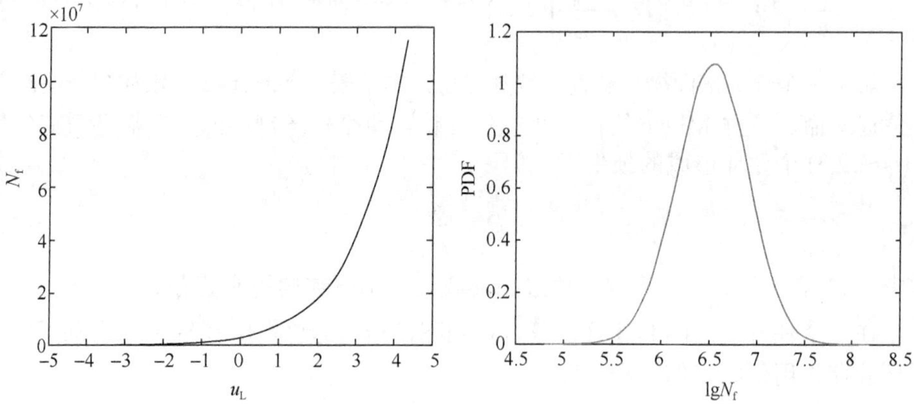

（a）涡轮轴疲劳寿命随 u_{L} 的变化情况　　（b）涡轮轴的对数疲劳寿命概率密度函数曲线

图 8-31　涡轮轴疲劳寿命概率分布情况

8.3.2 涡轮轴疲劳寿命可靠性分析

1. 涡轮轴的随机因素分析

由于式（8-38）中的概率疲劳寿命预测模型仅考虑了辅助变量 u_L 的随机性对疲劳寿命的影响，故式（8-44）中的涡轮轴结构的疲劳寿命中也仅包含了 u_L 的随机性。然而，在涡轮轴实际的设计、制造和使用过程中，加工误差、装配误差、服役环境等因素的不确定性也会影响涡轮轴的疲劳寿命统计性能。因此，本节将综合考虑几何尺寸、材料性能、载荷环境和寿命预测模型参数四类不确定性因素影响下的涡轮轴的概率疲劳寿命预测模型。影响涡轮轴概率疲劳寿命的四类随机变量的参数的确定过程如下。

1）几何尺寸类随机变量

几何尺寸的随机性主要是加工误差引起的，统计数据表明结构的几何尺寸大多服从正态分布，其分布参数可依据测量数据或工程经验确定。对于本节研究的涡轮轴结构，其考核点为花键端根部通气孔，故选择通气孔半径 r_1 和花键端涡轮轴内径 r_2 两个对该考核点应力、应变影响较大的尺寸变量作为几何尺寸类随机输入变量。

2）材料性能类随机变量

材料的弹性模量和泊松比一般认为服从正态分布，其均值和标准差可以在材料数据手册中查出或者根据经验给出。对于本节中制造涡轮轴的 GH4169 材料，所选取的材料性能类随机变量包括 360℃下的弹性模量 E 和泊松比 γ 。

3）载荷环境类随机变量

对于涡轮轴等高速运转的部件，转速是一个重要的载荷环境类随机变量。通常情况下，可认为转速服从正态分布，其均值为设计转速，标准差则可根据转速控制的精度确定。本节选取的载荷环境类随机变量包括最大状态转速 n_1 、巡航状态转速 n_2 和慢车状态转速 n_3 。

4）寿命预测模型参数

式（8-38）中的疲劳寿命预测方程中的参数 u_L 服从标准正态分布。

基于以上分析，本节考虑三种工作状态下八个随机变量，即 r_1 、 r_2 、 E 、 γ 、 n_1 、 n_2 、 n_3 和 u_L ，对涡轮轴疲劳寿命的影响，其具体的分布形式及分布参数如表 8-31 所示。

记 $\boldsymbol{X}=\{X_1,X_2,X_3,X_4,X_5,X_6,X_7,X_8\}^{\mathrm{T}}=\{r_1,r_2,E,\gamma,n_1,n_2,n_3,u_L\}^{\mathrm{T}}$ 为表 8-31 中的八个随机输入变量组成的向量，由于涡轮轴的疲劳寿命 N_f 受到 $\boldsymbol{X}$ 的影响，因此 N_f 可以表示为 $\boldsymbol{X}$ 的函数 $N_f(\boldsymbol{X})$ ，对应的对数寿命为 $\lg(N_f(\boldsymbol{X}))$ 。

表 8-31 影响涡轮轴疲劳寿命的随机变量的分布形式及分布参数

输入变量	记号 X_i	分布形式	均值 μ_{X_i}	标准差 σ_{X_i}
通气孔半径 r_1 / mm	X_1	正态分布	0.85	0.02805
花键端涡轮轴内径 r_2 / mm	X_2	正态分布	20	0.4
弹性模量 E / GPa	X_3	正态分布	181	5.43
泊松比 γ	X_4	正态分布	0.3	0.006
最大状态转速 n_1 / (r / min)	X_5	正态分布	10733	33.72
巡航状态转速 n_2 / (r / min)	X_6	正态分布	9607	30.18
慢车状态转速 n_3 / (r / min)	X_7	正态分布	3438	10.8
寿命预测模型参数 u_L	X_8	正态分布	0	1

2. 涡轮轴疲劳寿命可靠性分析的功能函数

设涡轮轴疲劳寿命阈值为 $N_f^* = 50000$，对应的对数疲劳寿命阈值为 $\lg(N_f^*) = \lg(50000)$，则涡轮轴疲劳寿命可靠性分析中的功能函数定义为

$$g(\boldsymbol{X}) = \lg(N_f(\boldsymbol{X})) - \lg(N_f^*) \tag{8-45}$$

当 $g(\boldsymbol{X}) \leqslant 0$，即 $\lg(N_f(\boldsymbol{X})) \leqslant \lg(N_f^*)$ 时，表明涡轮轴的实际疲劳寿命小于等于疲劳寿命阈值，涡轮轴处于失效状态；当 $g(\boldsymbol{X}) > 0$，即 $\lg(N_f(\boldsymbol{X})) > \lg(N_f^*)$ 时，表明涡轮轴的实际疲劳寿命大于疲劳寿命阈值，涡轮轴处于安全状态。因此，涡轮轴结构疲劳寿命可靠性分析的失效域可以表示为 $F = \{\boldsymbol{X} : g(\boldsymbol{X}) \leqslant 0\}$，进而涡轮轴的疲劳寿命失效概率可以表示为

$$P_f = P\{F\} = \int I_F(\boldsymbol{x}) f_{\boldsymbol{X}}(\boldsymbol{x}) \mathrm{d}\boldsymbol{x} \tag{8-46}$$

式中，$I_F(\boldsymbol{x})$ 表示失效域指示函数，当 $g(\boldsymbol{x}) \leqslant 0$ 时，$I_F(\boldsymbol{x}) = 1$，否则 $I_F(\boldsymbol{x}) = 0$；$f_{\boldsymbol{X}}(\boldsymbol{x})$ 表示随机输入向量 $\boldsymbol{X}$ 的联合概率密度函数。

3. 涡轮轴疲劳寿命失效概率的计算结果

采用第 4 章提出的基于加权 K-medoids 聚类的多点加点准则的自适应 Kriging 模型，对式（8-46）定义的涡轮轴疲劳寿命失效概率进行求解，具体过程：首先，根据涡轮轴随机因素分析得到的随机输入向量 $\boldsymbol{X}$ 的联合概率密度函数 $f_{\boldsymbol{X}}(\boldsymbol{x})$ 产生 MCS 备选样本池 $\boldsymbol{S}_x$。从 $\boldsymbol{S}_x$ 中选择少量的样本点构成初始训练样本集 $\boldsymbol{T}_x$，并利用 $\boldsymbol{T}_x$ 构建初始的 Kriging 模型。其次，基于当前的 Kriging 模型计算 $\boldsymbol{S}_x$ 中所有样本的 U 学习函数，并根据 U 学习函数信息将 $\boldsymbol{S}_x$ 划分为功能函数值已被准确识别的样本点集 $\boldsymbol{S}_x^+$ 以及功能函数值未被准确识别的样本点集 $\boldsymbol{S}_x^-$。再次，基于加权 K-medoids 聚类的多点加点准则在 $\boldsymbol{S}_x^-$ 中选出 K（K 为预先设定的类别数，详见第

4 章）个对提高涡轮轴疲劳寿命可靠性分析极限状态面逼近精度贡献较大的点来更新 Kriging 模型。最后，确保 Kriging 模型在一定的精度水平下正确识别 $\boldsymbol{S}_x$ 内备选样本点功能函数的取值符号，即备选样本点的状态。Matlab 与有限元软件联合仿真求解涡轮轴疲劳寿命失效概率的流程图如图 8-32 所示。

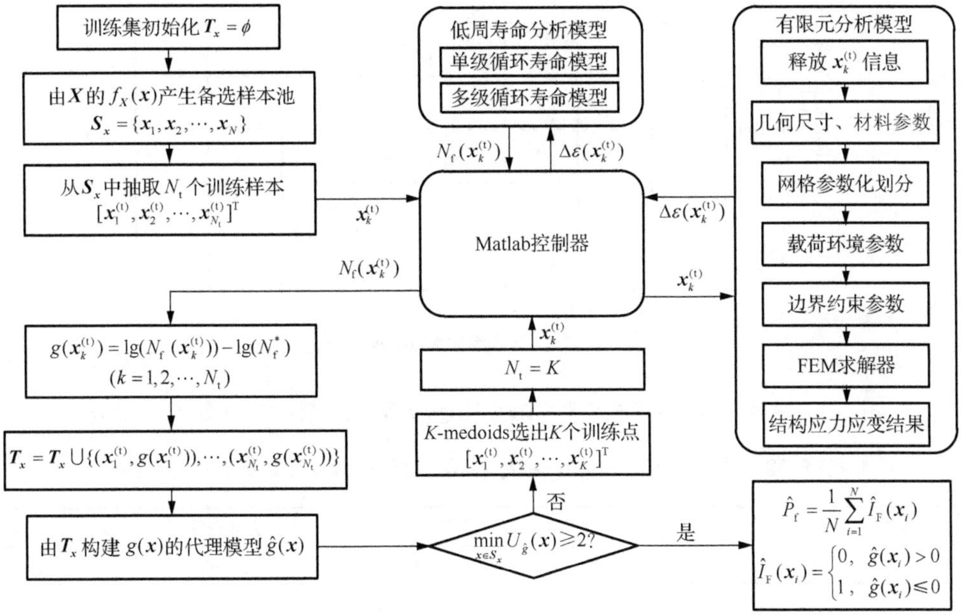

图 8-32　Matlab 与有限元软件联合仿真求解涡轮轴疲劳寿命失效概率的流程图

在计算本节建立的涡轮轴疲劳寿命失效概率时，MCS 样本池规模设置为 3×10^4，初始训练样本点个数设置为 300，最终收敛的自适应 Kriging 模型所用的总训练样本点数为 657。涡轮轴疲劳寿命失效概率随着 Kriging 模型训练样本点增加的收敛情况如图 8-33 所示，可以看出，随着训练样本点的增加，涡轮轴疲劳寿命失效概率逐渐收敛。最终的涡轮轴疲劳寿命失效概率估算结果见表 8-32。从表 8-32 可以看出，涡轮轴的疲劳寿命失效概率估计值为 0.01706，其变异系数为 0.0438，小于 5%，说明所设置的样本池规模下可以求得疲劳寿命失效概率的稳健估计结果，如果在初始设置的样本池规模下所得失效概率估计值的变异系数大于 5%，则需利用第 4 章的方法增加备选样本池规模。图 8-34 给出了考虑本节所分析的各类随机因素下涡轮轴对数疲劳寿命概率密度函数曲线。由图 8-34 可知，涡轮轴对数疲劳寿命服从均值为 5.7505、标准差为 0.4924 的正态分布，即 $\lg N_f\sim N(5.7505,0.4924^2)$。

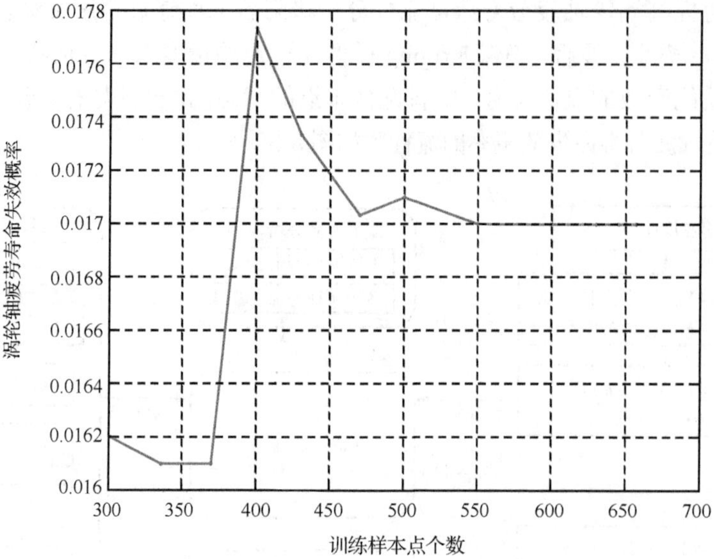

图 8-33　涡轮轴疲劳寿命失效概率随着 Kriging 模型训练样本点增加的收敛情况

表 8-32　基于自适应 Kriging 模型的涡轮轴疲劳寿命失效概率估算结果

样本池规模	初始训练样本点个数	训练样本点总数	失效概率	变异系数
3×10^4	300	657	0.01706	0.0438

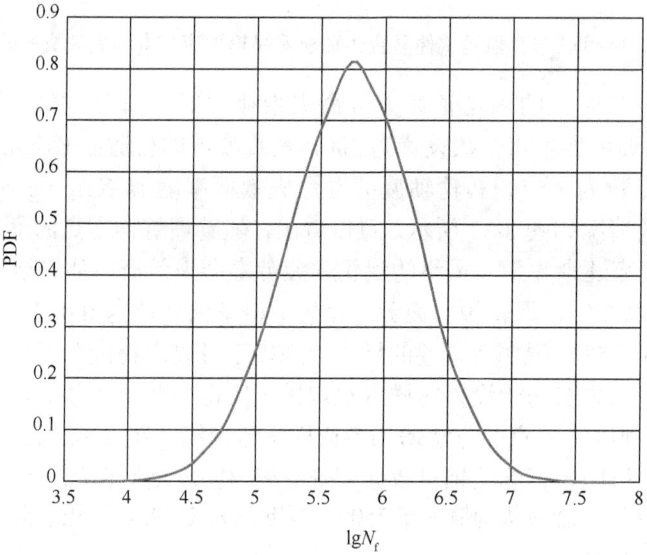

图 8-34　涡轮轴对数疲劳寿命概率密度函数曲线

8.3.3 涡轮轴疲劳寿命可靠性优化设计

1. 涡轮轴疲劳寿命可靠性优化设计的数学模型

由于本节研究的涡轮轴的考核点为花键端根部通气孔，故选择通气孔半径 r_1 和花键端涡轮轴内径 r_2 两个对考核点应力、应变影响较大尺寸变量来进行优化设计以提高涡轮轴的疲劳寿命可靠性。由于 r_1 和 r_2 均为随机变量，因此将它们的均值 μ_{r_1} 和 μ_{r_2}，即 μ_{X_1} 和 μ_{X_2} 作为涡轮轴疲劳寿命可靠性优化设计中的设计参数。同时，以对数疲劳寿命均值最大为设计目标，结构质量 M 和疲劳寿命可靠性为约束，建立如下的涡轮轴疲劳寿命可靠性优化设计模型：

$$\begin{aligned}&\text{Find }\ \boldsymbol{\theta}=(\mu_{X_1},\mu_{X_2})\\&\text{Max }E\left([N_{\text{f}}(\boldsymbol{X}|\boldsymbol{\theta})]\right)\\&\text{s.t.}\ \begin{cases}P\{g(\boldsymbol{X}|\boldsymbol{\theta})\}\leqslant P_{\text{f}}^{T}\\E\left(M((X_1,X_2)|\boldsymbol{\theta})\right)\leqslant m^{T}\\\mu_{X_1}^{\text{L}}\leqslant\mu_{X_1}\leqslant\mu_{X_1}^{\text{U}}\\\mu_{X_2}^{\text{L}}\leqslant\mu_{X_2}\leqslant\mu_{X_2}^{\text{U}}\end{cases}\end{aligned}\tag{8-47}$$

式中，$g(\boldsymbol{X}|\boldsymbol{\theta})$ 为涡轮轴结构疲劳寿命可靠性分析的功能函数，定义为

$$g(\boldsymbol{X}|\boldsymbol{\theta})=\lg[N_{\text{f}}(\boldsymbol{X}|\boldsymbol{\theta})]-\lg(5\times10^{4})\tag{8-48}$$

P_{f}^{T} 为失效概率的阈值，设置为 $P_{\text{f}}^{T}=0.005$，m^{T} 为涡轮轴质量均值的阈值，设置为 $m^{\text{T}}=6.35\text{kg}$，设计参数 μ_{X_1} 的上界和下界分别为 $\mu_{X_1}^{\text{U}}=1\text{ mm}$ 和 $\mu_{X_1}^{\text{L}}=0.5\text{ mm}$，设计参数 μ_{X_2} 的上界和下界分别为 $\mu_{X_2}^{\text{U}}=21\text{ mm}$ 和 $\mu_{X_2}^{\text{L}}=17\text{ mm}$。

2. 涡轮轴疲劳寿命可靠性优化设计模型的求解方法

为了充分利用有限元计算得到的疲劳寿命样本信息，提高计算效率，本节采用扩展空间自适应 Kriging 模型结合序列二次规划法（SQP）的类序列解耦求解策略对涡轮轴开展疲劳寿命可靠性优化设计，其求解过程可分为四个阶段，如图 8-35 所示。第一阶段在同时考虑设计参数 $\boldsymbol{\theta}$ 和随机输入变量 $\boldsymbol{X}$ 不确定性的扩展空间中，自适应构建一个能够反映在分布参数设计域内涡轮轴疲劳寿命可靠性分析极限状态面信息的功能函数的 Kriging 模型。第二阶段以第一阶段收敛的功能函数的 Kriging 模型为基础，在当前设计参数下自适应更新涡轮轴疲劳寿命可靠性分析的功能函数的 Kriging 模型，以便准确求得当前设计参数对应的失效概率及相应的失效概率对设计参数的梯度值。第三阶段以第二阶段收敛的涡轮轴疲劳寿命可靠性分析的功能函数的 Kriging 模型作为疲劳寿命函数在当前设计参数下的初始代理模型，然后在当前设计参数下对疲劳寿命函数的 Kriging 模型进行全局收

敛的自适应更新，以准确求得当前设计参数下疲劳寿命的均值及相应的疲劳寿命均值对设计参数的梯度值。第四阶段在第二阶段和第三阶段的基础上采用 SQP 搜索新的设计参数值，重复第二阶段和第三阶段直至搜索到的设计参数收敛并得到最优设计方案时停止。上述求解涡轮轴疲劳寿命可靠性优化设计最优解的类序列解耦策略的详细步骤如下。

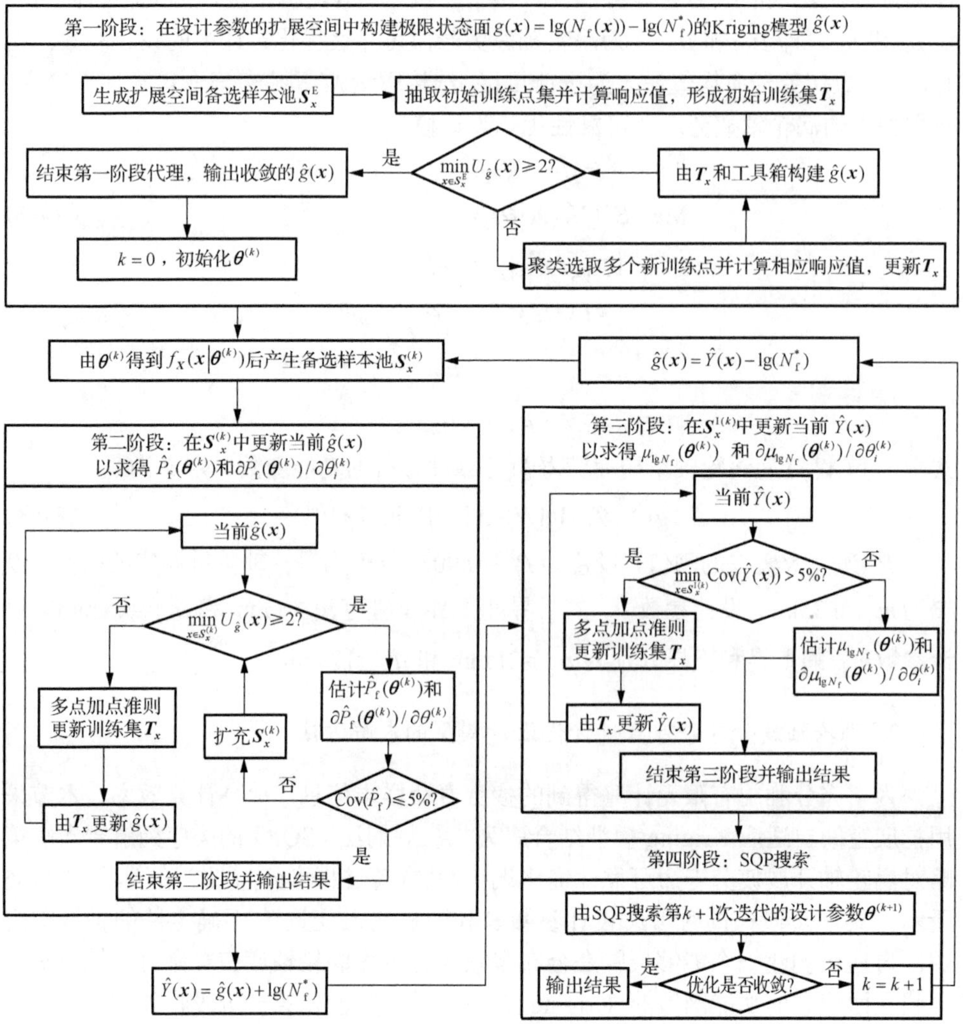

图 8-35　涡轮轴疲劳寿命可靠性优化设计求解的类序列解耦法流程图

第一阶段：在设计参数 $\boldsymbol{\theta}$ 扩展的空间中自适应构建涡轮轴疲劳寿命可靠性分析功能函数 $g(\boldsymbol{x})=\lg(N_f(\boldsymbol{x}))-\lg(N_f^*)$ 的 Kriging 模型 $\hat{g}(\boldsymbol{x})$。

第（1.1）步：构造规模为N_{E}的扩展空间备选样本池$\boldsymbol{S}_{\boldsymbol{x}}^{\mathrm{E}}$，其中，在扩展空间$[\mu_{X_i}^{\mathrm{L}}-3\sigma_{X_i},\mu_{X_i}^{\mathrm{U}}+3\sigma_{X_i}]$内对设计变量$X_i(i=1,2)$进行均匀抽样，其他输入变量根据其概率密度函数进行抽样。

第（1.2）步：产生初始训练样本集$\boldsymbol{T}_{\boldsymbol{x}}$。在扩展样本池$\boldsymbol{S}_{\boldsymbol{x}}^{\mathrm{E}}$内随机抽取$N_{\mathrm{t}}$个输入变量的初始训练样本点，并基于有限元和寿命分析计算获得式（8-48）定义的功能函数值，以构建初始训练样本集$\boldsymbol{T}_{\boldsymbol{x}}$。

第（1.3）步：根据训练样本集$\boldsymbol{T}_{\boldsymbol{x}}$构建$g(\boldsymbol{x})$的 Kriging 模型$\hat{g}(\boldsymbol{x})$。

第（1.4）步：判断当前 Kriging 模型$\hat{g}(\boldsymbol{x})$的收敛性。当$\min\limits_{\boldsymbol{x}\in\boldsymbol{S}_{\boldsymbol{x}}^{\mathrm{E}}}U_{\hat{g}}(\boldsymbol{x})\geqslant 2$时，说明当前 Kriging 模型$\hat{g}(\boldsymbol{x})$能够以不小于 97.7%的概率正确识别备选样本池$\boldsymbol{S}_{x}^{\mathrm{E}}$中每一个样本点对应的功能函数值的正负号（对应于备选样本点的状态），此时即可停止$\hat{g}(\boldsymbol{x})$的自适应学习过程，转入第（1.6）步；若$\min\limits_{\boldsymbol{x}\in\boldsymbol{S}_{\boldsymbol{x}}^{\mathrm{E}}}U_{\hat{g}}(\boldsymbol{x})<2$，则执行第（1.5）步。

第（1.5）步：基于加权 *K*-medoids 聚类的多点加点准则选出需增加的训练样本点，并基于有限元和寿命分析计算其对应的功能函数值，将新增训练样本点及其功能函数值加入到训练集$\boldsymbol{T}_{\boldsymbol{x}}$中对$\boldsymbol{T}_{\boldsymbol{x}}$进行更新，返回第（1.3）步。

第（1.6）步：第一阶段代理结束，获得扩展空间的备选样本池$\boldsymbol{S}_{x}^{\mathrm{E}}$下涡轮轴疲劳寿命可靠性分析功能函数的收敛的 Kriging 模型$\hat{g}(\boldsymbol{x})$。设置迭代指针$k=0$，转入第二阶段。

第二阶段：针对当前设计参数$\boldsymbol{\theta}^{(k)}$，自适应构建涡轮轴疲劳寿命可靠性分析功能函数的收敛 Kriging 模型$\hat{g}(\boldsymbol{x})$，以准确求取$\boldsymbol{\theta}^{(k)}$下的失效概率估计值$\hat{P}_{\mathrm{f}}(\boldsymbol{\theta}^{(k)})$及其对设计参数的梯度值$\partial\hat{P}_{\mathrm{f}}(\boldsymbol{\theta}^{(k)})/\partial\theta_i^{(k)}$ $(i=1,2,\cdots,n_{\boldsymbol{\theta}},n_{\boldsymbol{\theta}}$为设计参数的数量$)$。

第（2.1）步：利用当前设计参数$\boldsymbol{\theta}^{(k)}$（当$k=0$时，设计参数为给定的初始值$\boldsymbol{\theta}^{(0)}$），根据输入变量的联合概率密度函数$f_{\boldsymbol{X}}(\boldsymbol{x}|\boldsymbol{\theta}^{(k)})$产生备选样本池$\boldsymbol{S}_{\boldsymbol{x}}^{(k)}$。

第（2.2）步：判断当前 Kriging 模型$\hat{g}(\boldsymbol{x})$的收敛性。若$\min\limits_{\boldsymbol{x}\in\boldsymbol{S}_{\boldsymbol{x}}^{(k)}}U_{\hat{g}}(\boldsymbol{x})<2$，执行第（2.3）步；否则执行第（2.4）步。

第（2.3）步：基于加权 *K*-medoids 聚类的多点加点准则选出更新训练样本点并计算相应的功能函数值，将其加入到训练集$\boldsymbol{T}_{\boldsymbol{x}}$中，由$\boldsymbol{T}_{\boldsymbol{x}}$更新$\hat{g}(\boldsymbol{x})$，然后返回第（2.2）步。

第（2.4）步：根据收敛的 Kriging 模型$\hat{g}(\boldsymbol{x})$计算设计参数$\boldsymbol{\theta}^{(k)}$对应的失效概率估计值$\hat{P}_{\mathrm{f}}(\boldsymbol{\theta}^{(k)})$，同时计算失效概率估计值$\hat{P}_{\mathrm{f}}(\boldsymbol{\theta}^{(k)})$的变异系数$\mathrm{Cov}[\hat{P}_{\mathrm{f}}(\boldsymbol{\theta}^{(k)})]$，若$\mathrm{Cov}[\hat{P}_{\mathrm{f}}(\boldsymbol{\theta}^{(k)})]>5\%$，则需要扩充样本池$\boldsymbol{S}_{\boldsymbol{x}}^{(k)}$的规模并返回第（2.2）步；若$\mathrm{Cov}[\hat{P}_{\mathrm{f}}(\boldsymbol{\theta}^{(k)})]\leqslant 5\%$，即可认为利用$\boldsymbol{S}_{\boldsymbol{x}}^{(k)}$获得的失效概率估计值$\hat{P}_{\mathrm{f}}(\boldsymbol{\theta}^{(k)})$是稳健的，

此时即可由当前 $\hat{g}(\boldsymbol{x})$ 估计失效概率对设计参数 $\theta_i^{(k)}$ $(i=1,2,\cdots,n_{\boldsymbol{\theta}})$ 的梯度值 $\partial\hat{P}_{\mathrm{f}}(\boldsymbol{\theta}^{(k)})/\partial\theta_i^{(k)}$ $(i=1,2,\cdots,n_{\boldsymbol{\theta}})$，然后将第二阶段的结果代入到第三阶段，执行第三阶段流程。

第三阶段：在 $\boldsymbol{S}_{\boldsymbol{x}}^{(k)}$ 的子样本池 $\boldsymbol{S}_{\boldsymbol{x}}^{\mathrm{I}(k)}$ 下利用变异系数学习函数自适应构建对数疲劳寿命的全局 Kriging 模型，以求解对数疲劳寿命均值及相应对数疲劳寿命均值对设计参数的梯度。

根据对数疲劳寿命 $Y=\lg(N_{\mathrm{f}}(\boldsymbol{x}))$ 和涡轮轴疲劳寿命可靠性分析中功能函数 $g(\boldsymbol{x})$ 的关系 $Y=\lg(N_{\mathrm{f}}(\boldsymbol{x}))=g(\boldsymbol{x})+\lg(N_{\mathrm{f}}^*)$，可以利用第二阶段求解失效概率构建的功能函数收敛的 Kriging 模型 $\hat{g}(\boldsymbol{x})$，建立对数疲劳寿命的初始代理模型 $\hat{Y}(\boldsymbol{x})$，然后在样本池 $\boldsymbol{S}_{\boldsymbol{x}}^{(k)}$ 中对 $\hat{Y}(\boldsymbol{x})$ 进行全局学习至变异系数学习函数满足要求。为减少自适应构建 $\hat{Y}(\boldsymbol{x})$ 的计算量，可选择规模小于 $\boldsymbol{S}_{\boldsymbol{x}}^{(k)}$ 的 $\boldsymbol{S}_{\boldsymbol{x}}^{(k)}$ 的子样本池 $\boldsymbol{S}_{\boldsymbol{x}}^{\mathrm{I}(k)}$ 来训练 $\hat{Y}(\boldsymbol{x})$，$\boldsymbol{S}_{\boldsymbol{x}}^{\mathrm{I}(k)}$ 的大小视具体问题而定。

第（3.1）步：在 $\boldsymbol{S}_{\boldsymbol{x}}^{(k)}$ 中随机选取部分样本构建子样本池 $\boldsymbol{S}_{\boldsymbol{x}}^{\mathrm{I}(k)}$，利用第二阶段收敛的功能函数 $g(\boldsymbol{x})$ 的 Kriging 模型 $\hat{g}(\boldsymbol{x})$，构造当前设计参数 $\boldsymbol{\theta}^{(k)}$ 下的 $Y(\boldsymbol{x})$ 的初始 Kriging 模型 $\hat{Y}(\boldsymbol{x})=\hat{g}(\boldsymbol{x})+\lg(N_{\mathrm{f}}^*)$。

第（3.2）步：判断当前 Kriging 模型 $\hat{Y}(\boldsymbol{x})$ 的收敛性。若 $\min\limits_{\boldsymbol{x}\in\boldsymbol{S}_{\boldsymbol{x}}^{\mathrm{I}(k)}}\mathrm{Cov}(\hat{Y}(\boldsymbol{x}))>5\%$，则执行第（3.3）步；否则执行第（3.4）步。

第（3.3）步：基于加权 K-medoids 聚类的多点加点准则选出更新训练样本点并计算相应的功能函数值，将其加入到训练集 $\boldsymbol{T}_{\boldsymbol{x}}$ 中，由 $\boldsymbol{T}_{\boldsymbol{x}}$ 更新 $\hat{Y}(\boldsymbol{x})$，然后返回第（3.2）步。

第（3.4）步：根据当前收敛的 Kriging 模型 $\hat{Y}(\boldsymbol{x})$ 估计设计参数 $\boldsymbol{\theta}^{(k)}$ 处的对数疲劳寿命均值 $\mu_{\lg N_{\mathrm{f}}}(\boldsymbol{\theta}^{(k)})$ 及对应的梯度值 $\partial\mu_{\lg N_{\mathrm{f}}}(\boldsymbol{\theta}^{(k)})/\partial\theta_i^{(k)}$ $(i=1,2,\cdots,n_{\boldsymbol{\theta}})$，然后进入第四阶段。

第四阶段：由第二阶段和第三阶段获得的涡轮轴疲劳寿命可靠性优化设计模型中约束函数、约束函数梯度值以及目标函数、目标函数梯度值，即可利用 SQP 搜索下一次迭代的设计参数，并判别优化结果的收敛性，若收敛，则结束优化迭代获得最优参数；否则令 $k=k+1$，且令 $\hat{g}(\boldsymbol{x})=\hat{Y}(\boldsymbol{x})-\lg(N_{\mathrm{f}}^*)$ 后返回第二阶段。

3. 涡轮轴疲劳寿命可靠性优化设计结果分析

采用扩展空间自适应 Kriging 模型结合 SQP 的类序列解耦法对式（8-47）中的优化模型进行求解，在整个优化过程中，涡轮轴对数疲劳寿命均值和疲劳寿命失效概率随着优化迭代的更新情况如图 8-36 所示。可以看出，经过 11 次优化迭代后，在满足涡轮轴疲劳寿命失效概率及结构质量约束的条件下，涡轮轴的对数疲劳寿命均值已经收敛。在整个优化过程中所用训练样本点的总数为 1823，远小于备选样本点的数量，说明采用扩展空间中的自适应 Kriging 模型结合 SQP 的类序列解耦法能够极大地提高涡轮轴疲劳寿命可靠性优化设计的效率。

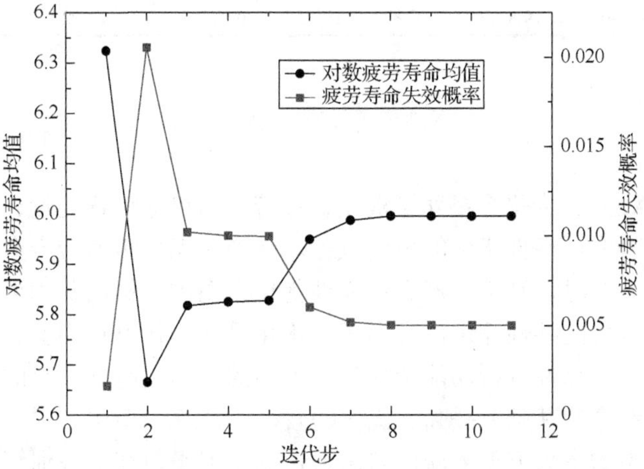

图 8-36　涡轮轴对数疲劳寿命均值和疲劳寿命失效概率迭代收敛曲线

涡轮轴优化设计前、后对数疲劳寿命概率密度函数曲线如图 8-37 所示，可以看出，优化后的对数疲劳寿命概率密度函数整体向右移动，即对数疲劳寿命均值及可靠性均有所提高，具体对比结果见表 8-33。由表 8-33 可知，与优化设计前相比，优化后的涡轮轴结构在满足质量不大于 6.35kg 且疲劳寿命失效概率不大于 0.005 的设计要求下，疲劳寿命均值提高了 67.02%。

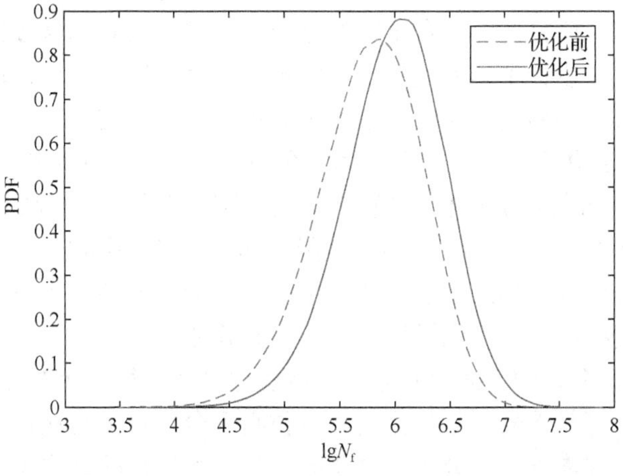

图 8-37　涡轮轴优化前、后对数疲劳寿命概率密度函数曲线

表 8-33　涡轮轴疲劳寿命可靠性优化结果

优化阶段	μ_{X_1} /mm	μ_{X_2} /mm	疲劳寿命均值	失效概率	质量均值/kg	寿命变异系数
优化前	0.85	20	5.8989×10^5	0.0171	6.3045	0.0814
优化后	0.7790	19.8813	9.8525×10^5	0.0050	6.3225	0.0753

8.4　本章小结

8.1 节以 Matlab 为平台搭建了涡轮盘疲劳寿命可靠性优化设计平台，实现了对涡轮盘疲劳寿命可靠性优化的自动执行。在构建涡轮盘疲劳寿命可靠性优化设计模型的求解方法时，利用了寿命可靠性优化模型中目标函数和可靠性约束中功能函数对寿命函数的共性需求，提出了在优化设计迭代过程中实时更新寿命函数代理模型与寿命可靠性分析功能函数代理模型的共用训练样本点的策略，从而在保证优化求解精度的基础上提高了优化的效率。在 8.1 节中还提出了一种构建寿命函数代理模型的最大方差缩减学习函数，该学习函数在选择训练样本点时可以最大限度地降低寿命均值估计的方差，提高了利用寿命函数代理模型估计优化模型中目标寿命均值的精度。利用 8.1 节的疲劳寿命可靠性分析与优化设计平台对某型涡轮盘的盘心、榫槽以及多模式系统的疲劳寿命可靠性进行了优化设计，所获得的结果在保证疲劳寿命可靠性的基础上显著提高了涡轮盘疲劳寿命的均值。

8.2 节主要针对复杂的涡轮叶片搭建了其多模式寿命可靠性分析及优化设计的参数化联合分析平台。所搭建的联合分析平台利用基于 Matlab 的控制编程实现了多软件的自主有序调用，进而实现了涡轮冷却叶片寿命可靠性分析及可靠性优化设计的自动化。所搭建的平台中网格划分与有限元仿真的参数化奠定了可靠性分析和可靠性优化设计中输入变量不同实现值条件下结构分析自动执行的基础。考虑了低周疲劳、高周疲劳和蠕变单种失效模式以及不同失效模式耦合的寿命模型，使得所搭建的联合分析平台中概率寿命模型更加全面和完整。8.2 节搭建的叶片寿命可靠性分析的自适应代理模型结合数字模拟的高效算法具有广泛的适用性，其精度和效率均得到了叶片算例的验证。8.2 节平台中融入的基于代理模型的可靠性优化的类序列解耦法也非常适用于复杂结构可靠性优化问题的求解，该特性得到了叶片结构可靠性优化设计算例的充分验证。

8.3 节对某型涡轮轴的疲劳寿命可靠性优化设计进行了实例分析，简要介绍了涡轮轴疲劳寿命可靠性分析与优化的联合仿真平台，对影响涡轮轴疲劳寿命的各类输入不确定性因素进行了分析，这些因素包括涡轮轴的结构尺寸、材料性能、载荷环境以及材料的疲劳寿命模型。通过对涡轮轴的结构参数化建模和结构有限元分析，利用材料疲劳寿命模型的修正形式，获得了涡轮轴的概率疲劳寿命分布。

在建立疲劳寿命可靠性分析功能函数的基础上，又得到了涡轮轴的疲劳寿命可靠性分析结果。建立了以最大化对数寿命均值为目标和以疲劳寿命可靠性及质量均满足要求为约束的涡轮轴可靠性优化设计模型，并使用所提的扩展空间自适应 Kriging 模型结合序列二次规划的类序列解耦法对所建可靠性优化设计模型进行了求解，实现了在满足涡轮轴质量不大于 6.35kg 且疲劳寿命失效概率不高于 0.005 的设计要求下，极大化涡轮轴的疲劳寿命均值的设计目标。进行可靠性优化设计后，涡轮轴疲劳寿命均值提高了 67.02%。

本章所建立的涡轮部件疲劳寿命可靠性分析与优化设计方法、所搭建的联合仿真平台以及进行的实例分析，可以为工程实际中涡轮部件的疲劳寿命可靠性分析和优化设计提供理论支撑和实现工具。

参 考 文 献

[1] MALIKI M, BRUNO S. Surrogate-assisted reliability-based design optimization: A survey and a unified modular framework [J]. Structural and Multidisciplinary Optimization, 2019, 60(5): 2157-2176.

[2] 胡殿印, 王荣桥, 陈景阳, 等. 航空发动机结构可靠性优化方法研究 [J]. 燃气涡轮试验与研究, 2011, 24(5): 7-10.

[3] 由于, 陆山. 基于静强和寿命可靠性的双辐板涡轮盘/榫结构优化设计方法 [J]. 航空动力学报, 2017, 32(6): 1388-1393.

[4] 陈智, 白广忱. 涡轮盘结构可靠性与稳健性综合优化设计[J]. 航空发动机, 2012, 38(1): 9-12.

[5] 李磊, 李宏林, 杨子龙, 等. 基于网格参数化变形的单级涡轮多学科可靠性设计优化 [J]. 航空动力学报, 2019, 34(8): 1764-1772.

[6] 曹大录, 白广忱, 吕晶薇, 等. 考虑多工况性能可靠性的航空发动机循环设计方法 [J]. 航空动力学报, 2019, 34(1): 224-234.

[7] ZHANG X B, LU Z Z, CHENG K. AK-DS: An adaptive Kriging-based directional sampling method for reliability analysis [J]. Mechanical Systems and Signal Processing, 2021, 156: 107610.

[8] ZHANG X, WANG L, DALSGAARD J. REIF : A novel active-learning function toward adaptive Kriging surrogate models for structural reliability analysis [J]. Reliability Engineering and System Safety, 2019, 185: 440-454.

[9] XIAO N, ZUO M J, ZHOU C. A new adaptive sequential sampling method to construct surrogate models for efficient reliability analysis [J]. Reliability Engineering and System Safety, 2018, 169: 330-338.

[10] SUN Z, WANG J, LI R, et al. LIF: A new Kriging based learning function and its application to structural reliability analysis [J]. Reliability Engineering and System Safety, 2017, 157(1): 152-165.

[11] JIAN W, SUN Z, QIANG Y, et al. Two accuracy measures of the Kriging model for structural reliability analysis [J]. Reliability Engineering and System Safety, 2017, 167(1): 494-505.

[12] 《工程材料实用手册》编辑委员会. 工程材料实用手册 第 5 卷 [M]. 北京: 中国标准出版社, 2002.

[13] 《航空发动机设计用材料数据手册》编委会. 航空发动机设计用材料数据手册 第五册[M]. 北京: 航空工业出版社, 2010.

[14] 宋兆泓. 航空燃气涡轮发动机强度设计 [M]. 北京: 北京航空学院出版社, 1988.

[15] 王延荣, 李其汉. 航空发动机结构强度设计问题 [M]. 上海: 上海交通大学出版社, 2014.

[16] 徐鹤山. 发动机叶片工程应用分析 [M]. 北京: 航空工业出版社, 2011.

[17] 徐鹤山. 发动机转动部件的应力分析和强度设计 [M]. 北京: 国防工业出版社, 2015.

[18] GEKTIN V, BAR-COHEN A, WITZMAN S. Coffin-Manson based fatigue analysis of underfilled DCAs [J]. IEEE Transactions on Components Packaging and Manufacturing Technology Part A, 2002, 21(4): 577-584.

[19] RICHARD C. Fatigue Design Handbook [M]. Warrendale: Society of Automotive Engineers, 1988.

[20] 傅惠民. 百分回归分析 [J]. 航空学报, 1994, 15(2): 141-148.

[21] 傅惠民. 线性异方差回归分析 [J]. 航空学报, 1994, 15(3): 295-302.

[22] MINER M A. Cumulative damage in fatigue [J]. Applied Mechanics, 1945, 12(3): 159-164.

[23] 刘惟信. 机械可靠性设计 [M]. 北京: 清华大学出版社, 1996.

[24] 陈传尧. 疲劳与断裂 [M]. 武汉: 华中科技大学出版社, 2002.

[25] 赵少汴, 王忠保. 抗疲劳设计：方法与数据 [M]. 北京: 机械工业出版社, 1997.

[26] MOUSTAPHA M, BOURINET J M, GUILLAUME B, et al. Comparative study of Kriging and support vector regression for structural engineering applications [J]. ASCE-ASME Journal of Risk and Uncertainty in Engineering Systems, Part A: Civil Engineering, 2018, 4(2): 1-38.

[27] MOUSTAPHA M, SUDRET B, BOURINET J M, et al. Quantile-based optimization under uncertainties using adaptive Kriging surrogate models [J]. Structural and Multidisciplinary Optimization, 2016, 54(6): 1-19.

[28] CHOI M J, CHO H, CHOI K K, et al. Sampling-based RBDO of ship hull structures considering thermo-elasto-plastic residual deformation [J]. Journal of Structural Mechanics, 2015, 43(2): 183-208.

[29] BICHON B J, ELDRED M S, SWILER L P, et al. Efficient global reliability analysis for nonlinear implicit performance functions [J]. AIAA Journal, 2008, 46(10): 2459-2468.

[30] LV Z Y, LU Z Z, WANG P. A new learning function for Kriging and its applications to solve reliability problems in engineering [J]. Computers and Mathematics with Applications, 2015, 70(5): 1182-1197.

[31] WANG Z, SHAFIEEZADEH A. ESC: An efficient error-based stopping criterion for Kriging-based reliability analysis methods [J]. Structural and Multidisciplinary Optimization, 2019, 59(5): 1621-1637.

[32] 李永. 基于梯度法的 Kriging 优化方法研究 [D]. 西安：西安电子科技大学, 2014.

[33] CURRIN C, MITCHELL T, YLVISAKER M D. Bayesian prediction of deterministic functions, with applications to the design and analysis of computer experiments [J]. Journal of the American Statistical Association, 1991, 86(416): 953-963.

[34] SHANNON C E. A mathematical theory of communication [J]. Bell Labs Technical Journal, 1948, 27(4): 379-423.

[35] JIN R, CHEN W. On Sequential Sampling for Global Metamodeling in Engineering Design [C]. ASME Design Engineering Technical Conferences and Computers and Information in Engineering Conference, Montreal, 2002: 1-10.

[36] JOHNSON M E, MOORE L M, YLVISAKER D. Minimax and maximin distance designs [J]. Journal of Statistical Planning and Inference, 1990, 26(2): 131-148.

[37] 闫晓军, 聂景旭. 涡轮叶片疲劳 [M]. 北京: 科学出版社, 2014.

[38] 王荣桥, 胡殿印. 发动机结构可靠性设计理论及应用[M]. 北京: 科学出版社, 2017.

[39] 付娜. 某航空发动机涡轮盘和叶片的强度分析与寿命计算 [D]. 西安: 西北工业大学，2006.

[40] 《中国航空材料手册》编委会. 中国航空材料手册(第二卷)变形高温合金、铸造高温合金 [M]. 北京:中国标准出版社，2001.

[41] 马凤飞. 镍基单晶合金的屈服准则及叶片疲劳寿命 [D]. 哈尔滨: 哈尔滨工程大学, 2012.

[42] 黄佳, 杨晓光, 石多奇, 等. 基于临界距离-临界平面法预测 DZ125 缺口低循环疲劳寿命 [J]. 机械工程学报, 2013, 49(22):109-115.

[43] MORROW J. Cyclic plastic strain energy and fatigue of metals[J]. Internal Friction and Damping and Cyclic Plasticity, 1965(378): 45-86.

[44] 殷之平. 结构疲劳与断裂 [M]. 西安: 西北工业大学出版社, 2012.

[45] MACKAY R A, MAIER R D. The influence of orientation on the stress rupture properties of nickel-base superalloy single crystals [J]. Metallurgical Transactions A, 1982, 13(10):1747-1754.

[46] 傅惠民, 高镇同, 梁美训. *P-S-N* 曲线拟合法[J]. 航空学报, 1988, 9(7):338-341.

[47] GOODMAN J. Mechanics Applied to Engineering [M]. New York: Longmans Green, 1919.
[48] 李睿. 结构件的高低周复合疲劳分析方法研究[D]. 北京: 北京航空航天大学, 2010.
[49] LEMAITRE J. A Course on Damage Mechanics [M]. Berlin: Springer, 1996.
[50] 岳鹏. 发动机涡轮叶片高低周复合疲劳寿命预测与可靠性分析[D]. 成都：电子科技大学，2017.
[51] ECHARD B, GAYTON N, LEMAIRE M. AK-MCS: An active learning reliability method combining Kriging and Monte Carlo simulation [J]. Structural Safety, 2011, 33: 145-154.
[52] YUN W Y, LU Z Z, ZHOU Y C, et al. AK-SYSi: An improved adaptive Kriging model for system reliability analysis with multiple failure modes by a refined U learning function [J]. Structural and Multidisciplinary Optimization, 2019, 59:263-278.
[53] 陈浩. 某型涡扇航空发动机涡轮轴有限元及寿命分析 [D]. 成都: 电子科技大学, 2016.
[54] 刘丁玮. 航空发动机涡轮轴疲劳可靠性建模与分析方法研究 [D]. 成都: 电子科技大学，2019.
[55] 傅惠民, 刘成瑞. ε-N 曲线和 P-ε-N 曲线整体推断方法 [J]. 航空动力学报, 2006, 21(6): 957-961.
[56] 姚卫星. 结构疲劳寿命分析 [M]. 北京：国防工业出版社, 2003.
[57] 杨晓华, 姚卫星, 段成美. 确定性疲劳累积损伤理论进展 [J]. 中国工程科学, 2003, 5(4): 81-87.